KB117072

마음의 미래

마음의 미래

THE FUTURE OF THE MIND

미치오 카쿠

박병철 옮김

김영사

마음의 미래

1판 1쇄 발행 2015. 4. 14.
1판 13쇄 발행 2021. 2. 26.

지은이 미치오 카쿠
옮긴이 박병철

발행인 고세규
편집 조혜영 | 디자인 이경희
발행처 김영사
등록 1979년 5월 17일 (제406-2003-036호)
주소 경기도 파주시 문발로 197(문발동) 우편번호 10881
전화 마케팅부 031)955-3100, 편집부 031)955-3200
팩스 031)955-3111

값은 뒤표지에 있습니다.
ISBN 978-89-349-7057-6 03400

홈페이지 www.gimmyoung.com 블로그 blog.naver.com/gybook
인스타그램 instagram.com/gimmyoung 이메일 bestbook@gimmyoung.com

좋은 독자가 좋은 책을 만듭니다.
김영사는 독자 여러분의 의견에 항상 귀 기울이고 있습니다.

이 도서의 국립중앙도서관 출판시도서목록(CIP)은 서지정보유통지원시스템 홈페이지
(http://seoji.nl.go.kr)와 국가자료공동목록시스템(http://www.nl.go.kr/kolisnet)에서
이용하실 수 있습니다.(CIP제어번호 : CIP2015009413)

미래의 제국은 정신의 제국일 것이다.

—

윈스턴 처칠
Winston Churchill

| CONTENTS |

THE FUTURE OF THE MIND

서문 10

1부 마음과 의식

1. 마음 해독하기

브로카의 뇌 33 | 두뇌지도 36 | 진화하는 두뇌 38 | MRI: 뇌를 들여다보는 창문 43 | EEG 스캔 47 | PET 스캔 50 | 두뇌 속의 자기장 51 | 뇌심부자극술 53 | 광유전학, 뇌를 밝히다 54 | 투명한 뇌 55 | 네 가지 기본 힘 56 | 새로운 두뇌모형 58 | 우리가 느끼는 '현실'은 진정한 현실인가? 64 | 분리된 뇌의 역설 66 | 최종 책임자는 누구인가? 70

2. 의식: 물리학적 관점

물리학자들은 우주를 어떻게 이해하는가? 74 | 의식의 정의 76 | 3단계 의식: 미래 예측 80 | 유머란 무엇인가? 우리는 왜 감정이 있는가? 85 | 인간은 왜 가십거리와 놀이를 좋아하는가? 87 | 1단계: 의식의 흐름 89 | 2단계: 집단 속에서 자신의 위치를 파악하다 91 | 3단계: 미래 시뮬레이션하기 94 | 자아인식의 미스터리 96 | '나'는 어디에 있는가? 98

2부 마음으로 육체를 극복하다

3. 텔레파시: 무슨 생각을 그리 골똘히 하는가?

마음의 동영상 108 | 마음 읽기 112 | 마음으로 글자 입력하기 114 | 텔레파시 받아쓰기 115 | 텔레파시 헬멧 116 | 휴대전화 속의 MRI 118 | DARPA와 인간능력향상 120 | 개인적인 문제들 123 | 나노탐침을 이용한 텔레파시 126 | 법적인 문제들 127

4. 염력: 마음으로 물체를 조종하다

척수손상 환자의 치료법 135 | 보철의학의 혁명 137 | 생활 속의 염력 139 | 똑똑한 손과 생각공유기 141 | 토털 이머전 엔터테인먼트 145 | 브레인넷 구축하기 146 | 브레인넷과 문명 147 | "인간은 운영체제의 일부가 될 것이다" 148 | 인공외골격 149 | 아바타와 서로게이트 151 | 미래 159 | 신의 위력 162 | 윤리적 문제들 164 | '나'를 바꾸다: 기억과 지능 수정하기 167

5. 주문 제작된 생각과 기억들

기억이란 무엇인가? 170 | 기억 저장하기 175 | 인공해마 177 | 연구방법 178 | 시각과 기억 180 | 미래를 기억하다 182 | 인공피질 183 | 인공소뇌 185 | 알츠하이머병: 파괴되는 기억 186 | 똑똑한 쥐 188 | 똑똑한 파리와 기억상실증 쥐 190 | 똑똑한 알약 193 | 기억을 지울 수 있을까? 194 | 기억을 지우는 약 196 | 부작용은 없는가? 199 | 사회적 문제와 법적 문제들 201 | 영혼도서관 203 | 첨단기술의 이면 205

6. 아인슈타인의 뇌: 지능 높이기

천재성은 학습될 수 있는가? 214 | 지능을 어떻게 측정할 것인가? 216 | 성공적인 삶과 만족지연 217 | 새로운 지능측정법 219 | 지능 높이기 222 | 서번트: 슈퍼천재? 224 | 아스퍼거증후군과 실리콘밸리 229 | 서번트의 두뇌스캔 데이터 231 | 우리도 서번트가 될 수 있을까? 234 | 망각을 망각하다: 사진 같은 기억력 236 | 두뇌를 위한 줄기세포 239 | 지능의 유전학 240 | 원숭이와 유전자, 그리고 천재 248 | 지능의 근원 251 | 진화의 미래 254 | 뇌의 물리학 256 | 분리된 생각들 258

3부 변형된 의식

7. 꿈속에서

꿈의 특성 270 | 꿈을 스캔하다 272 | 꿈은 어떻게 만들어지는가? 274 | 꿈을 찍다 277 | 자각몽 279 | 꿈속으로 들어가다 282

8. 마음 조종하기

냉전과 마인드컨트롤 288 | CIA의 마인드컨트롤 실험 289 | 당신은 지금 졸음이 쏟아진다… 293 | '마음 바꾸기 약'과 '진실의 약' 295 | 약은 어떻게 마음을 바꾸는가? 296 | 광유전학을 이용한 두뇌탐사 299 | 마인드컨트롤의 미래 302

9. 달라진 의식

정신질환 312 | 환영 316 | 망상 317 | 조울증 319 | 의식이론과 정신질환 321 | 뇌심부자극술 324 | 혼수상태에서 깨어나다 327 | 정신질환은 유전되는가? 329 | 전망 331

10. 인공정신과 실리콘의식

미디어 홍보전: 로봇이 온다! 336 | 인공지능의 파란만장한 역사 337 | 형태인식과 상식 341 | 두뇌는 컴퓨터인가? 344 | 로봇에게도 의식이 있을까? 346 | 양자역학이라는 걸림돌 349 | 비호감 계곡 351 | 실리콘의식 354 | 감정이 있는 로봇 358 | 감정: 무엇이 중요한지를 결정하는 주체 360 | 감정의 메뉴 362 | 감정 프로그램하기 365 | 로봇도 거짓말을 할 수 있을까? 366 | 로봇이 고통을 느낄 수 있을까? 368 | 윤리적 로봇 370 | 로봇이 무언가를 이해하거나 느낄 수 있을까? 373 | 자아의식이 있는 로봇 377 | 로봇이 사람을 능가할 수 있을까? 381 | 우호적 AI 385 | "나는 기계다" 387 | 로봇과 하나가 되다? 389

11. 두뇌의 역설계

두뇌 만들기 395 | 뇌를 향한 세 가지 접근법 397 | 뇌 만들기 400 | 그것은 정말로 뇌인가? 404 | 난도질 접근법 405 | 인간 커넥톰 프로젝트 408 | 앨런 두뇌지도 409 | 역설계에 대한 반대의견들 411 | 미래 412

12. 미래: 물질을 초월한 정신

유체이탈 418 | 임사체험 421 | 의식이 육체를 이탈할 수 있을까? 423 | 영생 429 | 정신질환과 영생 431 | 동굴인간원리 432 | 동굴인간과 신경과학 443 | 서서히 로봇이 되다 437 | 노화란 무엇인가? 439 | 나노봇: 현실인가, 환상인가? 441

13. 순수한 에너지로 존재하는 의식

에너지 형태로 떠다니는 존재들 452 | 빛보다 빠르게? 454

14. 외계인의 마음

금세기 최초의 접촉 462 | SETI와 외계문명 464 | 외계인 사냥꾼 467 | 드레이크 방정식 469 | 외계인은 왜 지구를 방문하지 않는가? 470 | 최초의 접촉 471 | 동물의 의식 473 | 똑똑한 벌? 478 | 외계인은 어떻게 생겼을까? 482 | 후-생물학 시대 485 | 그들은 무엇을 원할까? 487 | 외계 우주비행사와의 조우 491

15. 맺음말

빌 조이의 글에 대한 각계의 반응 498 | '미래정신'의 함축적 의미 499 | 지혜와 민주주의에 관한 논쟁 503 | 철학적 질문들 504 | 철학과 신경과학 508 | 의식의 기적 511

부록 513

감사의 글 536 | **역자의 글** 546 | **후주** 550 | **참고문헌** 562 | **찾아보기** 565

서문

자연에 존재하는 가장 큰 미스터리 두 가지를 꼽으라고 한다면 나는 주저 없이 '우주'와 '인간의 정신'을 꼽을 것이다. 지난 수십 년 동안 과학기술이 눈부시게 발전한 덕에, 우리는 수십억 광년 거리에 있는 은하의 사진을 찍을 수 있게 되었고, 생명을 제어하는 유전자를 조작할 수 있게 되었으며, 원자의 내부세계까지 탐험할 수 있게 되었다. 그러나 인간의 정신세계와 방대한 우주는 아직도 상당 부분이 미지로 남아 있다. 이들은 가장 신비로우면서 가장 흥미로운 과학분야이기도 하다.

우주가 얼마나 큰지 알고 싶다면 당장 밤하늘을 올려다보라. 수십억 개의 별들이 그곳에서 반짝이고 있다. 우리 선조들이 별빛 찬란한 밤하늘에 매료된 후로, 인류는 가장 근본적이면서 난해한 질문을 떠올렸다. "이 모든 것은 대체 무엇으로부터 생겨났는가? 이들의 존재는 과연 무엇을 의미하는가?"

정신세계의 미스터리도 간단하게 경험할 수 있다. 거울을 응시하면서 질문을 떠올리면 된다. "저 거울 속의 눈 뒤에는 무엇이 숨어 있는가?" 답을 생각하다 보면 또 다른 질문이 연달아 떠오른다. "나는 영혼이 있는가? 사람이 죽은 후에는 어떻게 되는가? 다른 건 다 그렇다

치고, 이런 질문을 떠올리는 '나'는 대체 누구인가?" 그러다가 결국은 가장 중요하면서 궁극적인 질문에 도달하게 된다. "이 방대한 우주에서 인간의 위치는 어디인가?" 영국 빅토리아 여왕 시대의 위대한 생물학자였던 토머스 헉슬리Thomas Huxley는 이렇게 말했다. "자연에서 인간의 위치는 어디인가? 그리고 인간은 우주와 어떤 관계에 있는가? 나는 이것이 인간과 관련된 질문 중 가장 심오하면서 흥미로운 질문이라고 생각한다."

우리 태양계가 속한 은하수에는 대략 1천억 개의 별이 존재한다. 이 숫자는 한 인간의 두뇌 속에 들어 있는 뉴런(neuron: 신경계의 기본 단위세포-옮긴이)의 수와 비슷하다. 당신의 어깨에 앉아 있는 작은 벌레나 박테리아와 비슷한(또는 적어도 이보다 복잡한) 생명체를 지구 밖에서 찾으려면 약 40조km를 날아가야 할지도 모른다.[1] 태양을 제외하고 지구에서 가장 가까운 별이 이 정도 거리에 있기 때문이다. 인간 정신과 우주의 실체는 우리가 풀어야 할 가장 중요한 도전과제임이 분명하다. 그런데 이 두 가지는 정말 신기한 방식으로 연결되어 있다. 어떤 면에서 보면 이들은 완전히 극과 극이다. 우주는 방대한 규모의 '바깥세상'으로, 블랙홀과 폭발하는 별, 충돌하는 은하 등 거시적 스케일의 온갖 현상이 끊임없이 일어나고 있다. 그리고 정신세계는 내면의 공간으로, 희망과 절망, 기쁨과 슬픔, 환희와 분노 등 지극히 개인적이고 사사로운 일들이 수시로 교차하고 있다. 정신세계는 '제2의 사고思考'라 부를 정도로 우리에게 친숙한 영역이지만, 그것을 설명하라고 하면 사람들은 갑자기 꿀 먹은 벙어리가 된다.

이런 점에서 보면 우주와 정신은 완전히 정반대 세계인 것 같다. 그러나 이들의 역사를 되돌아보면 놀라울 정도로 공통점이 많다. 먼 옛날부터 우주와 정신은 미신과 마술의 대상이었다. 고대의 점성술사들은 황도대(zodiac : 황도의 남북으로 약 8도 이내에 놓인 천구의 영역. 여기 속하는 12개의 별자리로 사람의 기질과 운명을 예견하는 것이 점성술이다 – 옮긴이)에 속한 별자리에 의미를 부여하여 우주의 원리를 추정했고, 골상학자들은 머리의 윤곽으로 각 개인의 운명을 예측했다. 독심술사들이 사람의 마음을 읽는 것도 미지의 대상에서 원리와 규칙을 찾는다는 점에서는 점성술과 크게 다르지 않다.

우주와 정신은 다양한 부분에서 공통점이 있는데, 이들 중 상당수는 공상과학 소설이나 영화에서 쉽게 찾아볼 수 있다. 나는 어린 시절에 반 보그트(A. E. van Vogt : 캐나다 출신의 미국 SF 작가 – 옮긴이)의 소설 《슬랜Slan》에 등장하는 텔레파시 종족에 완전히 매료되었고, 아이작 아시모프Isaac Asimov의 《파운데이션 3부작Foundation Trilogy》을 읽을 때는 뮬Mule이라는 돌연변이가 막강한 텔레파시 능력을 발휘하여 은하계 전체를 통제하는 장면에서 더할 나위 없는 경이감을 느꼈다. 영화 〈금지된 행성Forbidden Planet〉에서는 우리보다 수백만 년 이상 문명이 발달한 종족들이 가공할 염력을 발휘하여 자기 마음대로 실체를 바꾸는 장면 또한 놀라움과 경이 그 자체였다.

내가 열 살쯤 되었을 때, TV에서 〈마법사 더닝거The Amazing Dunninger〉라는 프로그램을 방영한 적이 있다. 여기 등장했던 조지프 더닝거Joseph Dunninger는 환상적인 마술로 방청객과 시청자들을 완전히 사로잡곤 했는데, 그의 모토는 "믿는 사람에게는 설명이 필요 없고, 믿지 않는 사람은 아무리 설명해도 믿지 않는다"였다. 어느 날, 그는 TV에 출연하여 "전국에 있는 수백만의 사람들에게 내 생각을 전달해 보이겠다"고 선언하고는 눈을 지그시 감고 무언가에 집중하는 표정을 지으면서 "나는 지금 미국 역대 대통령 중 한 사람을 생각하고 있다"고 말했다. 그러고는 잠시 후 시청자들에게 "지금 당신의 머릿속에 떠오른 대통령의 이름을 우편엽서에 적어 방송국으로 보내달라"고 부탁했다. 과연 어떤 결과가 나왔을까? 일주일 후 같은 프로에 출연한 그는 "수천 명의 사람들이 나와 똑같이 루스벨트Roosevelt의 이름을 떠올렸다"며, 자신의 시도를 '성공'으로 결론지었다.

그러나 나는 별로 놀라지 않았다. 당시만 해도 많은 사람들이 경제공황과 제2차 세계대전을 직접 겪었기 때문에, 더닝거가 텔레파시를 보내지 않아도 루스벨트를 떠올릴 가능성이 가장 컸다. [만일 그가 루스벨트 대신 밀러드 필모어(Millard Fillmore : 미국의 제13대 대통령. 재임기간은 1850~1853)를 떠올려서 비슷한 적중률을 보였다면 나도 충분히 인정했을 것이다.]

과거에 나는 텔레파시에 유난히 관심이 많아서, 내 생각을 다른 사람에게 전달하거나 다른 사람의 생각을 읽는 실험을 꼭 한 번 해보고 싶었다. 그래서 가끔씩 눈을 감고 정신을 한 곳에 집중하여 다른 사람의 생각을 읽거나 방 안의 물건을 움직여보려고 애쓰곤 했다.

그러나 아쉽게도 성공사례는 단 한 건도 없었다.

텔레파시를 보낼 수 있는 사람이 이 세상 어딘가에 살지 모르지만, 어쨌거나 나는 그런 사람이 아니었다. 실패가 반복되면서 나는 텔레파시라는 것이 아예 불가능할 수도 있겠다는 회의적인 생각을 품게 되었다(외부에서 누군가가 은밀하게 도와준다면 모를까). 그런데 그로부터 몇 년 사이 나는 또 다른 사실을 서서히 깨닫게 되었다. 우주의 가장 큰 비밀을 간파하는 데에는 텔레파시나 초인적 능력이 전혀 필요하지 않다는 것이다. 그저 개방적이고 단호하면서 호기심으로 가득 찬 마음만 있으면 된다. 특히 공상과학물에 등장하는 환상적인 기계장치들이 정말로 실현 가능한지 알고 싶다면, 물리학에서 해답을 찾는 것이 상책이다. 불가능이 가능해지는 정확한 시점을 알고 싶다면, 물리학의 법칙을 이해하는 수밖에 없다. 내가 아는 한 그 외의 방법은 이 세상에 존재하지 않는다.

"물리학의 기본법칙은 무엇이며, 이들이 어떤 식으로 작용하여 지금과 같은 우주가 형성되었는가?" 그리고 "과학은 인간의 미래를 어떻게 바꿔놓을 것인가?" 나는 이 두 질문의 답을 구하기 위해 많은 시간을 투자해왔고, 한 길을 오래 걷다 보니 결국 이론물리학자가 되었다. 그리고 궁극의 물리학 법칙을 탐구하면서 느꼈던 희열을 많은 사람과 나누기 위해 《초공간Hyperspace》과 《아인슈타인을 넘어서Beyond Einstein》《평행우주Parallel Worlds》를 집필했고, 미래에 대한 나의 관점을 정리하여 《비전Visions》《불가능은 없다Physics of the Impossible》《미래의 물리학Physics of the Future》을 출간했다. 그런데 이 책들을 집필하는 동안 "인간의 마음(정신)은 이 우주에서 가장 위대하고 신비한 힘"이라는 생각이 머릿속에서 계속 맴돌았다.

역사를 돌아봐도 인간의 정신은 항상 알 수 없는 미지의 대상이었다. 정신의 실체는 무엇이며 어떤 식으로 작동하는가? 질문은 간단하지만, 답은 여전히 오리무중이다. 높은 수준의 예술과 과학을 향유했던 고대 이집트인들은 두뇌를 필요 없는 장기로 생각하여, 파라오의 시체를 방부 처리할 때 머리에서 두뇌를 깨끗하게 제거했다. 아리스토텔레스는 인간의 영혼이 두뇌가 아닌 심장에 있으며 혈관계를 식히는 기능만 할 뿐이라고 믿었다. 그런가 하면 데카르트 같은 철학자는 사람의 영혼이 두뇌의 송과선(松果腺, pineal gland : 척추동물의 간뇌 등

면에 돌출되어 있는 내분비선-옮긴이)을 통해 들어온다고 생각했다. 그러나 뚜렷한 증거가 없었으므로 이들의 생각은 가설 이상의 대접을 받지 못했다.

이런 '암흑기dark age'가 수천 년 동안 계속된 데에는 그럴 만한 이유가 있다. 두뇌의 질량은 약 1.4kg밖에 안 되지만, 적어도 태양계 안에서는 그 구조가 가장 복잡한 물체이다(태양계 밖에서는 아직 확인된 바가 없어서 장담하기 어렵다). 사람 몸무게의 2%에 불과한 이 장기는 식욕이 엄청나서 생명유지에 필요한 에너지의 20%를 소모하며(갓 태어난 아기의 두뇌는 총 에너지의 65%를 소모한다), 유전자의 80%가 두뇌에 할당되어 있다. 인간의 두뇌에는 거의 1천억 개에 달하는 뉴런이 곳곳에 분포되어 있고, 뉴런 사이를 연결하는 통로의 수는 이보다 훨씬 많다.

1977년에 천문학자 칼 세이건Carl Sagan은 신경과학neuroscience을 주제로 한 《에덴의 용The Dragons of Eden》을 출간하여 퓰리처상을 받았다. 이 책에서 그는 70년대 두뇌과학의 최첨단 내용을 소개했는데, 당시 두뇌과학자들은 인간의 뇌를 크게 세 가지 방법으로 연구하고 있었다. 첫 번째는 인간의 뇌를 다른 종의 뇌와 비교하는 방법으로, 수천 종의 뇌를 일일이 분해하는 것 말고는 다른 방법이 없어서 매우 지루하고 어려운 작업이었다. 두 번째 방법은 외상이나 질병으로 뇌에 손상을 입은 사람들의 행동과 사고방식을 집중적으로 연구하는 것인데, 이것도 직접적인 방법은 아니어서 시간이 걸리기는 마찬가지였다. 특히 관찰결과를 두뇌의 작동과 연결하려면 환자가 사망한 후에 그의 뇌를 해부하여 원인을 일일이 추적하는 수밖에 없었다. 세 번째 방법은 살아 있는 사람의 머리에 여러 개의 전극을 연결하여 각종 데이터를 수집한 뒤, 두뇌와 행동의 연결관계를 실시간으로 추적하는 것이다. 물론 이것도 많은 양의 데이터를 종합·분석하고 인과관계를 일일이 추적해야 하므로 결코 쉬운 작업이 아니었다.

이런 식으로는 인간의 두뇌를 체계적으로 분석할 수 없다. 예를 들어 뇌의 특정 부위가 손상되었을 때 어떤 이상행동이 나타나는지를 연구하려면 원하는 부위에 손상을 입은 환자를 찾아야 하는데, 이런 식으로는 연구가 거의 불가능하다. 게다가 두뇌는 살아 있는 역동적 시스템이므로, 일단 해부를 하면 대부분의 흥미로운 현상들이 사라져 버린다. 사랑, 증오, 질투, 호기심과 같은 감정은 고사하고, 각 부위가 어떻게 상호 작용하는지조차 알아낼 방법이 없는 것이다.

두 가지 혁명

지금으로부터 약 400년 전, 가히 '광학의 기적'이라 할 만한 망원경이 발명되면서 인류는 역사상 처음으로 천체의 심장부를 들여다보게 되었다. 그것은 모든 역사를 통틀어 가장 혁명적인(그리고 반란의) 발명품이었다. 오랜 세월 동안 우리의 눈을 가려왔던 미신과 도그마는 망원경의 등장과 함께 새벽안개처럼 한순간에 사라졌고, 우주의 적나라한 모습이 눈앞에 생생하게 펼쳐졌다. 망원경에 나타난 것은 창조주가 만들어낸 완벽한 피조물이 아니라, 어딘가에 흠집이 나 있고 대칭적이지도 않은 자연 그 자체의 모습이었다. 달의 표면은 수많은 운석공(운석이 충돌하면서 생긴 흔적-옮긴이)으로 덮여 있었고 태양의 표면에서는 흑점이 발견되었으며, 목성 주변에서는 여러 개의 위성이, 토성에서는 숨 막힐 정도로 아름다운 띠가 발견되었다. 망원경 발명 후

15년 동안 알아낸 사실은 그 이전에 인류역사를 통틀어 알아냈던 사실보다 훨씬 많았다.

망원경이 천문학에 일대 혁명을 불러온 것처럼, 1990년대~2000년대 사이에는 자기공명영상(MRI, Magnetic Resonance Imaging)을 비롯하여 두뇌를 스캔하는 각종 장비가 개발되면서 신경과학에 새로운 장이 열렸다. 지난 15년 동안 두뇌와 관련하여 새롭게 알게 된 지식의 양은 지난 수천 년 동안 쌓아온 지식보다 훨씬 많다. 그리고 과거에는 과학적으로 접근할 엄두조차 내지 못하던 인간의 정신세계가 지금은 신경과학의 주된 연구분야로 떠올랐다.

독일 튀빙겐에 있는 막스플랑크연구소의 에릭 캔들(Eric R. Kandel: 2000년도 노벨 생리의학상 수상자-옮긴이)은 자신의 저서에 다음과 같이 적어놓았다. "최근 들어 우리는 인간의 정신세계에 관하여 매우 많은 사실을 새롭게 알게 되었다. 그런데 새로운 지식의 원천은 철학이나 심리학, 또는 정신분석학이 아니라 두뇌생물학이었다…."[2]

그런데 이 과정에서 가장 큰 역할을 한 것은 다름 아닌 물리학이었다. 물리학자들은 MRI, EEG, PET, CAT, TCM, DBS 등 두뇌연구를 위한 각종 장비를 개발하여 이 분야의 새로운 장을 열었으며, 그 덕분에 뇌과학자들은 생명체 안에서 진행되는 생각을 추적하고 읽을 수 있게 되었다. 샌디에이고 캘리포니아대학교의 신경과학자 라마찬드란V. S. Ramachandran은 이렇게 말했다. "지금 과학자들은 지난 수천 년 동안 철학자들이 제기해온 모든 질문을 체계적으로 연구할 수 있게 되었다. 두뇌 사진을 찍고, 환자를 연구하고, 올바른 질문을 던짐으로써 인과관계가 분명한 해답을 찾게 된 것이다."[3]

내가 학창시절에 배웠던 물리학의 상당 부분은 정신세계를 연구하는 기술로 발전했다. 나는 고등학생 때 반물질antimatter이라는 신기한 물질에 완전히 매료되어, 그에 관한 과학 프로젝트를 실행하기로 결심했다. 그런데 반물질은 지구에서 가장 귀한 재료였기 때문에, 그것을 구하는 단계부터 난관에 봉착했다. 나는 여러 곳을 수소문한 끝에 미국원자력위원회Atomic Energy Commission에 부탁하여 소량의 ^{22}Na(나트륨-22)를 얻을 수 있었다. ^{22}Na는 자연적으로 붕괴하면서 양전하를 띤 전자(반전자, 또는 양전자)를 방출한다. 어렵게 샘플을 확보한 나는 당장 안개상자(cloud chamber: 하전입자가 지나간 궤적을 관측하는 장치-옮긴이)를 만들었고, 그 안에 강한 자기장을 걸어서 증기 속에 남겨진 반입자의 흔적을 눈으로 확인할 수 있었다. 그런데 당시에 나는 몰랐지만, ^{22}Na는 얼마 지나지 않아 PET(positron emission tomography: 양전자방출단층촬영)라는 새로운 기술의 원천이 되었다. 그 후로 PET는 다양한 목적에 응용되면서 두뇌를 바라보는 우리의 관점을 크게 바꿔놓았다.

나는 고등학생 때 자기공명 장치를 만든 적도 있다. 핵자기공명nuclear magnetic resonance을 발견하여 1952년 에드워드 퍼셀Edward Purcell과 함께 노벨 물리학상을 공동으로 수상한 펠릭스 블로흐Felix Bloch는 당시 스탠퍼드대학교의 교수로 재직 중이었다. 그때 고등학생들을 위한 그의 강연회에 참석했다가 "특정 공간에 강력한 자기장을 걸어주면 그 일대의 원자들이 마치 나침반처럼 자기장에 수직 방향으로 정렬된다"는 사실을 처음으로 알게 되었다. 이 원자들에 정확한 진동수의 라디오파 펄스를 보내면 정렬방향이 반대로 뒤집어졌다가 다시 되돌아오는데, 이때 메아리처럼 방출되는 펄스를 분석하면 원자의 구조를 알 수 있다(그로부터 얼마 후, 나는 어머니의 창고에서 자기공명 원리를 이용하여 2.3메가전자볼트MeV짜리 입자가속기를 만들었다).

그로부터 몇 년 후, 나는 하버드대학교에 입학하여 퍼셀 박사에게 전자기학 강의를 직접 듣는 영광을 누렸다. 또한 그 무렵에 여름학교 프로그램에 참여했다가 리처드 에른스트Richard Ernst 박사와 공동연구 기회를 얻기도 했다. 그는 블로흐와 퍼셀이 발견한 자기공명 현상을 일반화한 물리학자로서, 현대 MRI의 기초를 확립한 공로를 인정받아 1991년 노벨 물리학상을 수상했다. 바로 이 MRI 장치 덕분에 과학자들은 살아 있는 뇌의 선명한 사진을 찍을 수 있게 되었다(MRI 장치로 찍은 영상은 PET 스캐너로 찍은 영상보다 훨씬 선명하다).

정신 강화하기

세월이 흘러 나는 이론물리학 교수가 되었지만, 정신세계에 관한 궁금증은 여전히 해소되지 않은 채 남아 있었다. 그런데 어린 시절 나의 호기심을 한껏 자극했던 정신적 현상들이 지난 10년 동안 물리학을 통해 현실로 구현되는 장면을 지켜보면서, 나는 무언가 오싹해지는 느낌을 받았다. 이제 과학자들은 MRI를 이용하여 머릿속에 맴도는 생각을 읽을 수 있고, 두뇌와 컴퓨터를 연결하여 생각만으로 물건을 움직일 수도 있다. 사지가 마비된 환자의 뇌에 컴퓨터 칩을 이식한 후 컴퓨터와 연결하면, 환자는 오직 생각만으로 웹서핑을 하고, 이메일을 읽거나 쓸 수 있으며, 휠체어와 각종 전기제품을 제어하고, 몸에 부착된 인공팔까지 마음대로 움직일 수 있다. 마비 환자도 일반인과 똑같이 컴퓨터를 다룰 수 있게 된 것이다.

과학자들은 여기서 한 걸음 더 나아가 두뇌와 외골격(exoskeleton: 사람의 팔과 다리 등 골격구조의 관절작동을 똑같이 구현하도록 고안한 장치—옮긴이)을 직접 연결하여 마비된 팔과 다리를 움직이게 하는 연구를 진행 중이다. 머지않아 사지마비 환자가 일반인과 거의 동일한 삶을 누리는 날이 찾아올 것이다. 외골격의 기능을 향상하면 위기 상황에서 초능력을 발휘할 수도 있다. 미래에는 우주인이 자신의 거실 소파에 편안히 앉아서 생각만으로 서로게이트(surrogate: 대리인, 대행자라는 뜻으로, 여기서는 사람이 할 일을 대신 해주는 로봇이나 기계장치를 의미함—옮긴이)를 조종하여 외계행성을 탐사하게 될지도 모른다.

영화 〈매트릭스The Matrix〉에서처럼, 언젠가는 컴퓨터를 통해 특정 기억이나 기술을 사람의 뇌에 다운로드하게 될 것이다. 동물의 두뇌에 칩을 삽입하여 특정한 생각을 유발하는 실험은 이미 성공단계에 와있다. 사람의 뇌에 인공기억을 주입하여 새로운 기술을 배우고, 환상적인 장소에서 휴가를 즐기거나 새로운 취미를 익히는 날이 곧 도래할 것이다. 인부와 과학자의 머릿속에 기술이나 지식을 다운로드하게 되면 인력수급이 자유로워질 것이므로 세계경제는 가히 혁명적인 변화를 겪게 된다. 게다가 이 기억은 여러 사람이 공유할 수도 있다. 미래에는 전기신호를 통해 생각과 감정을 전 세계 모든 사람과 교환하는 '마음의 인터넷Internet of the mind'이나 '브레인넷brain-net' 등이 대세로 떠오를지 모른다. 심지어 꿈을 동영상으로 찍어서 실시간 인터넷으로 전송하는 '브레인메일brain-mail'이 등장할 수도 있다.

기술은 인간의 지적능력까지 향상시킬 수 있다. 과학자들은 정신적 능력이나 예술적 재능, 또는 수학적 능력이 현저하게 뛰어난 '대학자'의 두뇌구조를 연구하여 상당한 진전을 이루었다. 그뿐만 아니라 유전자 지도에서 인간과 영장류의 차이점을 완벽하게 규명하여, 두뇌의 진화과정을 더욱 자세히 이해하게 되었다. 동물의 경우에도 유전자의 어떤 부위가 기억력과 정신력을 향상하는지, 거의 완벽하게 알려졌다.

신경과학이 눈부시게 발전하면서, 과학자뿐만 아니라 정치가들도 이 분야에 관심을 갖기 시작했다. 현재 두뇌과학은 세계에서 가장 강력한 두 진영이 대서양을 사이에 두고 치열한 경쟁을 벌이는 분야 중 하나다. 2013년 1월, 미국 대통령 버락 오바마Barack Obama와 유럽연합은 두뇌의 역설계(reverse engineering: 완성된 제품이나 자연물체를 분석하여 기본적인 구조를 파악한 후 처음부터 재현하는 기법-옮긴이)에 수십억 달러의 예산을 지원하겠다고 발표했다. 과거의 과학자들은 두뇌의 뉴런 연결망이 너무 복잡하여 현대과학으로는 도저히 알아낼 수 없다고 생각했지만, 지금은 인간 게놈 프로젝트(Human Genome Project: 인간 유전자의 모든 염기서열을 해석하는 프로젝트. 1990년에 시작되어 2003년에 완료됨-옮긴이)처럼 두 진영에서 적극적으로 추진하고 있다. 이 연구가 완료되면 정신세계에 관한 이해가 깊어지는 것은 물론이고, 새로운 산업이 등장하면서 세계경제가 크게 활성화될 것이며, 신경과학은 새로운 영역으로 도약할 것이다.

두뇌의 뉴런 연결망 지도가 완성되면 오랜 세월 동안 수많은 사람을 괴롭혀왔던 정신질환의 원인이 정확하게 밝혀질 것이다. 또한 두뇌의 복사본을 만들어서 철학적, 윤리적 질문의 해답을 찾을 수도 있다. 당신의 의식을 컴퓨터에 옮긴 후 "나는 누구인가?"라는 질문을 던진다면, 컴퓨터는 어떤 답을 출력할 것인가? 이뿐만이 아니다. 인간의 몸은 언젠가 죽어서 분해되겠지만, 컴퓨터에 정신을 저장해놓으면 불사不死의 존재가 될 수 있다. 그런데 정신이 살아 있으면 과연 영원히 사는 것일까?

이보다 시간은 좀 더 걸리겠지만, 일부 과학자들이 예견한 대로 인간의 정신이 육체로부터 해방되어 우주공간을 여행하는 날이 올지도 모른다. 뉴런의 청사진을 레이저에 실어 우주공간으로 발사하면 멀리 있는 별을 탐사할 수 있다. 공상과학소설처럼 들리겠지만, 뉴런의 모든 정보를 알아낼 수만 있다면 얼마든지 가능한 이야기다. 이보다 편리하고 아늑한 우주여행이 또 어디 있을까?

머지않아 과학은 인간의 삶과 운명을 완전히 바꿔놓을 것이다. 지금 우리는 신경과학의 황금시대를 눈앞에 두고 있다.

지금까지 언급한 내용은 신경과학 및 관련 분야에서 탁월한 업적을 남긴 여러 과학자의 이야기를 정리한 것이다. 그들은 바쁜 연구일정에도 불구하고 인터뷰에 응해주었고, 라디오와 TV에 출연하여 첨단과학을 알기 쉽게 설명해주었다. 미래의 정신세계가 어떤 형태로 구현될지는 전적으로 이들의 손에 달려 있다고 해도 과언이 아니다. 나는 이 책을 집필하면서 시종일관 두 가지 원칙을 충실하게 따랐다. (1)과학자들의 예견은 물리학의 법칙에 어긋나지 않아야 하고, (2)그들의 아이디어를 원리적으로 구현한 시제품이 존재해야 한다는 것이다.

정신질환

10여 년 전에 나는 알베르트 아인슈타인Albert Einstein의 전기를 집필하면서 그의 사생활을 깊이 파고든 적이 있다(이 책은 《아인슈타인의 우주Einstein's Cosmos》라는 제목으로 2004년에 출간되었다–옮긴이). 아인슈타인의 막내아들이 정신분열증(조현병)을 앓았다는 사실은 그전부터 알고 있었지만, 책을 집필하면서 그 위대한 과학자가 아들로 인해 정신적으로 이루 말할 수 없는 고통을 겪었다는 사실을 새로이 알게 되었다. 아인슈타인이 겪은 정신적 고통은 이뿐만이 아니었다. 그의 가장 가까운 연구동료이자 일반상대성이론의 탄생에 일조했던 파울 에렌페스트Paul Ehrenfest는 1933년 다운증후군을 앓던 자기 아들을 총으로 쏴 죽이고 스스로 목숨을 끊었다. 알고 보니 나의 친구와 연구동료 중에도 정신질환을 앓는 가족 때문에 마음고생이 심한 사람이 의외로 많았다.

정신질환은 내 삶과도 밀접한 관계가 있다. 나의 어머니는 오랜 세월 동안 알츠하이머병과 싸우다가 몇 년 전에 돌아가셨다. 그토록 사랑했던 가족에 대한 기억을 모두 잃고 나마저 알아보지 못하는 어머니를 바라볼 때마다 내 마음은 무너져 내리는 것 같았다. 어머니의 마음이 서서히 꺼져 가는 모습을 옆에서 지켜보는 것은 정말로 가슴 아픈 일이었다. 어머니는 평생 가족을 위해 헌신해오다가, 정작 인생을 즐겨야 할 무렵에 소중한 기억을 모두 잃고 거의 빈손으로 돌아가셨다.

베이비붐 세대에 태어난 사람 중에는 나와 비슷한 일을 겪은 사람들이 의외로 많다. 부디 신경과학이 하루빨리 발전하여 정신질환과 노인성 치매로 고통을 겪는 사람들이 조금이라도 줄어들기를 간절히 기원한다.

혁명의 원동력

현재 과학자들은 두뇌를 스캔하여 얻은 방대한 데이터를 대부분 해독하여 괄목할 만한 진보를 이루었다. 요즘은 1년에도 몇 번씩 이와 관련된 기사가 신문의 헤드라인을 장식할 정도이다(사실 과학 관련 기사가 헤드라인에 실리는 경우는 거의 없다). 망원경이 처음 발명된 후 우주시대가 도래하기까지는 거의 350년이라는 세월이 걸렸지만, MRI와 두뇌스캔 장치가 발명된 후 두뇌와 바깥세계를 연결하는 데에는 겨우 15년밖에 걸리지 않았다. 이 분야는 왜 이렇게 발전속도가 빠른 것일까? 그리고 앞으로 또 어떤 것들이 우리에게 발견되기를 기다리고 있을까?

발전이 빠른 이유 중 하나는 전자기학electromagnetism에 관한 이해가 과거 어느 때보다 깊어졌기 때문이다. 전자기학은 전기 및 자기와 관련한 현상을 연구하는 분야로서, 뉴런을 통해 전달되는 전기신호를 분석하려면 전자기학을 반드시 알아야 한다. 전자기학의 모든 내용은 제임스 클럭 맥스웰James Clerk Maxwell이 정리한 네 가지 방정식으로 요약되며, 안테나와 레이더, 라디오 수신기, 마이크로파 송전탑, 그리고 MRI의 기본원리 등은 모두 이 방정식으로 계산한 것이다. 전자기학의 모든 비밀이 밝혀지기까지는 거의 한 세기가 걸렸지만, 최근에 탄생한 신경과학은 그 결과를 맘껏 활용하면서 거침없이 나아가고 있다. 이 책의 1부에서는 뇌과학의 역사를 되돌아보고, 새로 발명된 다양한 장비들이 어떤 과정을 거쳐 개발되었으며 사람의 생각을 어떻게 휘황찬란한 컬러사진으로 촬영할 수 있는지, 그 원리를 설명할 예정이다. 또한 정신세계에서는 인간의 의식이 핵심적인 역할을 하므로, 물리학자의 관점에서 인간과 동물의 의식을 가능한 한 정확하게 정의할 것이다. 그리고 의식의 수준을 가늠하는 한 가지 방법으로 다양한 단계의 의식에 숫자를 부여하여 독자들의 이해를 돕고자 한다.

뇌과학의 앞날을 정확하게 예견하려면 컴퓨터의 연산능력이 1년에 두 배씩 향상된다는 무어의 법칙Moore's law을 고려하지 않을 수 없다. 당신의 휴대전화에 들어 있는 칩의 성능은 1969년 사람을 달에 보냈을 때 NASA가 보유하고 있던 모든 컴퓨터의 연산능력을 합한 것보다 훨씬 강력하다! 요즘 사용되는 고성능 컴퓨터는 두뇌의 모든 전기신호를 저장할 수 있으며, 그중 일부를 해독하여 우리에게 친숙한 디지털 언어로 표현할 수 있다. 그리고 이 기술을 이용하면 두뇌와 컴퓨터를 직접 연결하여 근처에 있는 물건을 움직일 수도 있다. 흔히 'BMI(brain-machine interface: 뇌-기계 인터페이스)'라 불리는 이 기술의 핵심은 컴퓨터의 성능이다. 2부에서는 기억을 저장하고, 생각을 읽고, 꿈을 촬영하고, 마음으로 물체를 움직이는 새로운 기술을 자세히 소개할 예정이다.

3부에서는 꿈과 약, 그리고 정신질환에서 시작하여 로봇과 외계인에 이르기까지, 다양한 형태의 의식을 살펴볼 것이다. 그리고 미래에는 우울증, 파킨슨병, 알츠하이머병과 같은 두뇌 관련 질환을 극복할 수 있을지, 그 가능성을 타진해보고자 한다. 그 외에 오바마 대통령이 추진하는 '오바마 뇌 프로젝트(Brain Research Through Advancing Innovative Neurotechnologies, BRAIN)'와 유럽연합의 '인간 두뇌 프로젝트Human Brain Project'도 소개할 예정이다. 이들은 모두 수십억 달러가 소요되는 방대한 규모의 프로젝트로서(BRAIN 프로젝트에는 2014년

한 해에만 1억 달러의 예산이 배정되었다-옮긴이), 주된 목적은 두뇌의 암호를 뉴런 단위까지 완벽하게 해독하는 것이다. 이 연구가 성공하면 정신질환을 극복하는 길이 열리는 것은 물론, 의식세계의 가장 깊은 비밀이 만천하에 드러날 것이며, 새로운 연구분야가 탄생하여 더욱 활발한 후속연구로 이어질 것이다.

의식에 대한 과학적 정의가 내려지면 이로부터 인간이 아닌 대상(예를 들면 로봇 등)의 의식까지 연구할 수 있다. 로봇은 과연 어디까지 발전할 것인가? 로봇도 감정이 있을까? 로봇이 인간에게 위협적인 존재가 될 수 있을까? 그 외에 우리와 완전히 다른 외계인의 의식까지 짐작해보기로 한다.

뒷부분에 첨부한 부록에는 과학 역사상 가장 희한한 이론인 양자물리학의 기본개념을 설명해놓았다. 가장 기본적인 단계에서 양자적 실체를 떠받치는 것은 아마도 관측자의 의식일 것이다.

뇌와 관련한 연구분야에서 온갖 가설이 넘쳐나는 것은 전혀 문제가 되지 않는다. 오히려 가설은 많을수록 좋다. 시간이 지나면 어느 것이 공상이고 어느 것이 과학인지 확연하게 드러날 것이다. 지금 신경과학은 하루가 다르게 발전하고 있으며, 여러 가지 면에서 그 핵심은 현대물리학이다. 전자기학과 핵물리학은 인간의 마음속 깊은 곳에 숨어 있는 비밀을 과학적인 언어로 풀어줄 것이다.

물론 나는 신경과학자가 아니다. 그저 정신세계에 관심이 많은 이론물리학자일 뿐이다. 하지만 가장 친숙하면서도 낯선 우주, 즉 인간의 정신세계를 물리학자의 관점에서 바라본다면, 새로운 방향으로 이해를 도모할 수 있지 않을까? (이것이 나의 희망사항이다.)

그러나 신경과학의 발전과 함께 새롭고 파격적인 관점들이 속속 등장하고 있으므로, 도중에 길을 잃지 않으려면 두뇌의 구조를 정확하게 파악하는 것이 무엇보다 중요하다.

그래서 현대 신경과학의 기원을 살펴보는 것으로 이 책을 시작하고자 한다. 일부 역사가는 쇠막대가 피니어스 게이지Phineas Gage의 머리를 관통하는 사고가 일어났을 때 현대적 의미의 신경과학이 시작되었다고 믿는다. 실제로 이 사건을 계기로 과학자들은 인간의 두뇌를 체계적으로 연구하기 시작했다. 사고 당사자인 게이지에게는 불행한 일이었지만, 그것은 현대과학의 앞날을 개척한 역사적 사건이었다.

MICHIO KAKU

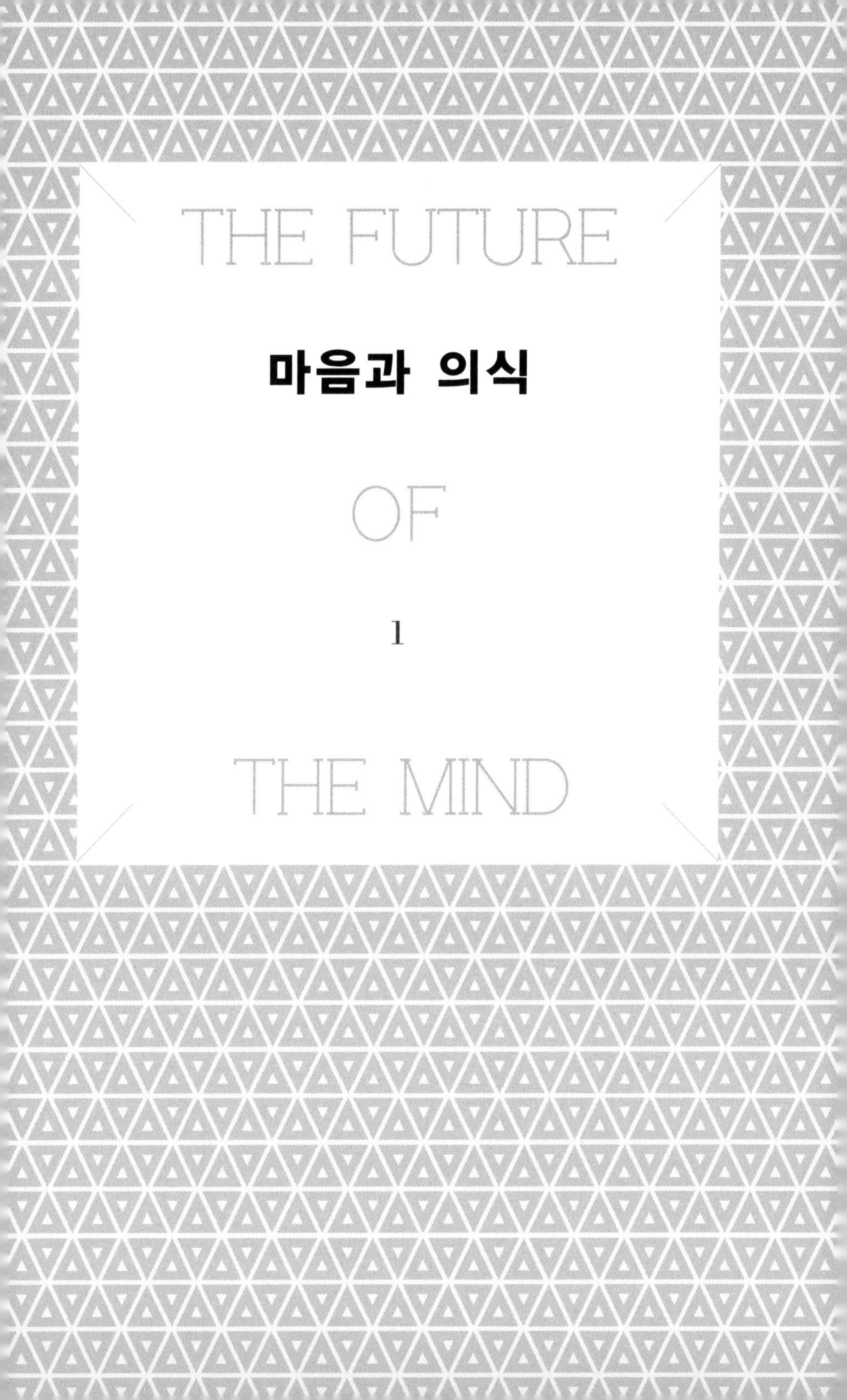
THE FUTURE
마음과 의식
OF
1
THE MIND

두뇌에 관한 나의 기본가정은 그 작동원리가 해부학과 생리학에 기초한다는 것이다. 그 외에는 아무것도 필요 없다.

_칼 세이건Carl Sagan

1 마음 해독하기

1848년, 미국의 버몬트주에서 철도공사에 동원된 25살의 피니어스 게이지는 커다란 바위를 부수기 위해 다이너마이트를 설치하고 있었다. 그러던 중 뇌관을 잘못 건드리는 바람에 다이너마이트가 폭발했고, 1m짜리 쇠막대가 날아와 그의 얼굴에 박히고 말았다. 쇠막대는 게이지의 이마를 관통하여 머리 위로 뚫고 나왔고, 그의 몸은 거의 25m나 날아갔다. 혼비백산한 동료들이 급히 의사를 부르긴 했지만, 모두 게이지가 죽었다고 생각했다. 그런데 놀랍게도 게이지는 살아 있었다.

그는 몇 주 동안 혼수상태를 헤매다가 의식이 돌아왔고, 4개월 후에는 업무에 복귀할 정도로 건강을 되찾았다.[1] (인터넷에는 준수한 외모에 자신감 있는 표정의 게이지 사진이 올라와 있는데, 사고 후유증으로 왼쪽 눈이 감겨 있고 한 손에는 자신을 다치게 한 쇠막대를 들고 있다.) 그러나 그의 동료들은 한결같이 "게이지가 사고를 겪은 후 완전히 다른 사람이 되었다"고 증인했다. 예선에는 매우 쾌활하고 협동심이 강한 청년이었는데, 사고를 당한 후부터는 툭하면 욕설을 입에 담고 매사 적대적이면서 이기심 강한 사람으로 돌변했다는 것이다. 그를 치료했던 존 할로John Harlow 박사는 게이지가 "우유부단하고 변덕스러우며, 앞으로 할 일을 계획했다가도 사소한 일 때문에 쉽게 포기하곤 했다. 지적능력과 표현력은 어린아이 수준이면서 동물 같은 열정을 지닌 강인한 사람이었다"고 평했다.[2] 그는 게이지의 성격이 "급격하게 변했다"고 했고, 함께 일했던 철도노동자들은 "내가 알던 게이지가 아니었다"고 했다. 밥 먹기, 옷 갈아입기, 집 찾기 등 일상적인 행동에는 아무런 지장이 없었지만, 논리적 생각이나 무언가를 예측하는 능력, 그리고 상황을 판단하는 능력은 거의 상실한 것처럼 보였다. 게이지는 사고 후 12년을 더 살다가 1860년에 사망했는데, 할로 박사가 유족의 동의를 얻어 그의 두개골을 X선으로 정밀 분석해보니 이마의 바로 뒷부분, 즉 좌뇌와 우뇌의 전두엽frontal lobe에 해당하는 부분이 거의 사라지고 없었다.

이 기적 같은 사건은 피니어스 게이지의 개인적인 삶뿐만 아니라, 과학계 전반에 걸쳐 지대한 영향을 미쳤다. 그전까지만 해도 과학자들은 두뇌와 영혼을 별개의 존재로 간주했고, 철학자들은 이것을 이원설dualism이라 불렀다. 그러나 전두엽에 손상을 입은 후로 게이지의 성격이 크게 달라졌다는 사실이 알려지면서, 과학적 사고의 패러다임 자체가 흔들리기 시작했다. 혹시 두뇌의 각 부분이 인간의 생각과 행동을 분야별로 제어하는 것은 아닐까?

브로카의 뇌

피니어스 게이지가 사망한 직후인 1861년, 파리의 의사 피에르 폴 브로카Pierre Paul Broca는 "다른 기능은 모두 정상이면서 언어능력만 크게 떨어지는" 환자를 집중적으로 조사하여 보고서를 발표했다. 이 환자는 다른 사람의 말을 듣고 이해하는 데는 아무 문제가 없었지만, 정작 남들이 본인에게 말을 걸면 "탄tan"이라는 발음만 간신히 할 수 있을 뿐이었다. 이 환자의 사망 후에 부검을 하던 브로카는 왼쪽 귀 근처의 측두엽이 크게 손상되었음을 발견했다. 그 후 브로카 박사는 뇌의 특정 부위에 손상을 입은 환자 12명을 추가로 조사하여 두뇌와 신체기능 사이의 연결고리를 밝히는 데 크게 기여했다. 요즘은 측두엽의 손상(흔히 좌뇌에서 발견된다)으로 나타나는 증세를 '브로카 실어증Broca's aphasia'이라 한다(이 병을 앓는 환자들은 다른 사람의 말을 이해하면서 정작 본인은 아무 말도 하지 못한다. 또는 말을 하더라도 단어의 상당 부분을 빼먹는다).

그 후 1874년, 독일 의사 칼 베르니케Carl Wernicke는 이와 정반대의 증상을 보이는 환자들을 연구했다. 이들 중에는 언어를 자유롭게 구사하면서 다른 사람의 말이나 글은 전혀 이해하지 못하는 사람도 있었고, 평소에는 정확한 문장을 구사하면서 간간이 이치에 맞지 않는 단어나 알아들을 수 없는 말을 웅얼거리는 사람도 있었다. 그러나 본인들은 자신의 언어가 비정상이라는 사실을 전혀 자각하지 못했다. 베르니케는 이들이 사망한 후 부검을 시행했는데, 환자마다 왼쪽 측두엽의 각기 다른 부분에서 손상이 발견되었다.

브로카와 베르니케의 연구는 행동장애와 두뇌 손상 사이의 연결고리를 밝히면서 신경과학의 새로운 장을 열었다.

이 분야에 또 다른 발전을 가져온 계기는 다름 아닌 전쟁이었다. 과거에 각 종교단체는 사망자의 시신을 훼손하는 것을 금기시했고(아마도 사후세계의 삶에 지장을 줄지 모른다고 생각했기 때문일 것이다), 이것은 의학발전에 커다란 걸림돌로 작용했다. 그러나 수천, 수만 명의 병사가 피를 흘리며 고통을 호소하는 전쟁터에서는 당장 이들을 살릴 치료법이 무엇보다 시급했다. 프러시아와 덴마크가 한창 전쟁 중이던 1864년에 독일인 의사 구스타프 프리치Gustav Fritsch는 머리를 다친 병사들을 치료하다가 두뇌의 반쪽(왼쪽 또는 오른쪽)을 건드리면 그 반대쪽 팔다리에 경련이 일어난다는 사실을 알아냈다. 전쟁이 끝난 후 프리치는 후속연구를 통해 "왼쪽 두뇌에 전기충격을 가하면 몸의 오른쪽 부위가 반응을 보이고, 그 반대도 마찬가지"라는 결론을 내렸다. 이것은 두뇌가 기본적으로 전기적 성질을 띠고 있으며, 좌뇌와 우뇌의 관할구역이 분리되어 있다는 확실한 증거였다(신기하게도 뇌의 전기적 특성은 거의 2천 년 전부터 알려졌다. 서기 43년에 기록된 로마제국의 문서에 의하면 클라우디우스Claudius 황제 시대의 왕실의사는 두통 환자를 치료할 때 전기가오리를 이마에 갖다 댔다고 한다[3]).

두뇌와 신체를 이어주는 전기적 연결망의 구조는 1930년대에 와서야 체계적으로 연구되기 시작했다. 이 무렵에 와일더 펜필드Wilder Penfield라는 의사는 여러 명의 간질병 환자를 치료 중이었는데, 발작이나 경련이 일어나면 당장 환자의 목숨이 위태로웠으므로 뇌수술 외에는 다른 방도가 없었고, 이를 위해서는 두개골 일부를 절개하여 뇌를 노출하는 수밖에 없었다(뇌에는 통증을 느끼는 신경이 없어서, 환자는 수술 내내 깨어 있을 수 있다. 그래서 펜필드는 뇌수술을 할 때 부분마취를 했다).

펜필드는 수술 도중 대뇌피질의 특정 부분에 전기적 자극을 주면 각기 다른 신체 부위가 반응한다는 사실을 알아냈다. 그렇다면 대뇌피질의 각 부분과 신체 부위의 일대일 대응관계를 그림으로 나타낼 수 있지 않을까? 그는 당장 이 작업에 착수했고, 이때 완성된 그림은 놀라울 정도로 정확하여 지금까지 거의 원형 그대로 사용되고 있다. 당시 이 그림이 발표되자 과학계는 엄청난 충격에 휩싸였으며, 일반 대중조차 지대한 관심을 보였다. 펜필드는 몇 장의 그림을 그렸는데,

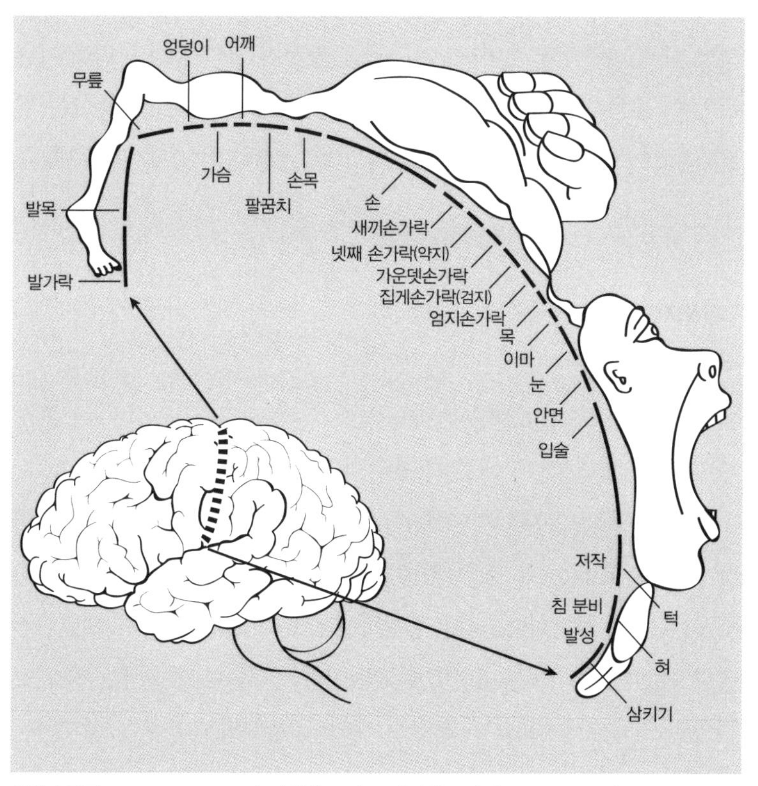

와일더 펜필드Wilder Penfield가 작성한 그림. 두뇌의 운동피질motor cortex과 신체 각 부위의 대응관계를 한눈에 보여준다.

그중 하나는 두뇌 각 부위의 기능이 인간의 삶에 얼마나 중요한지를 한눈에 보여준다. 예를 들어 손과 입은 생존에 매우 중요한 기능이어서 뇌의 상당 부분이 이 기능을 통제하는 데 할당되어 있지만, 등과 관련된 부분은 아주 미미하다(35페이지 그림 참조).

또한 펜필드는 측두엽의 특정 부위에 자극을 주면 오래된 기억이 뚜렷하게 되살아난다는 사실도 알아냈다. 뇌수술을 하던 도중 환자가 갑자기 "저는… 제가 다니던 고등학교 교문 앞에 서 있어요… 어머니가 전화했는데, 오늘 밤 이모님이 오신다고 했어요"라며 까마득한 옛날 일을 기억해낸 것이다.[4] 펜필드는 환자가 뇌의 특정 부위에 자극을 받아 깊은 곳에 묻혀 있던 기억을 되살려냈다고 생각했다. 그는 이 결과를 1951년 논문에 발표했고, 과학계는 또 한 번 충격에 휩싸였다.

두뇌지도

두뇌의 대략적인 지도는 1950~1960년대에 완성되었다. 이 무렵에 공개된 그림에는 두뇌의 각 부위와 몇 가지 기능이 명시되어 있다.

뇌의 제일 바깥층에 해당하는 신피질neocortex은 크게 네 개의 엽(葉, lobe)으로 나눌 수 있다(37페이지 그림 참조). 신피질이 가장 발달한 생물은 단연 인간이다. 뇌를 구성하는 모든 엽葉은 감각기관에서 전달한 신호를 처리하는 데 전문화되었지만 단 하나, 이마 바로 뒤에 있는 전두엽(前頭葉, frontal lobe)만은 예외다. 전두엽 대부분을 차지하는 전전두피질prefrontal cortex은 가장 이성적이고 논리적인 생각이 진행되는 곳이다. 지금 이 책에서 수집된 정보는 당신의 전전두피질을 통

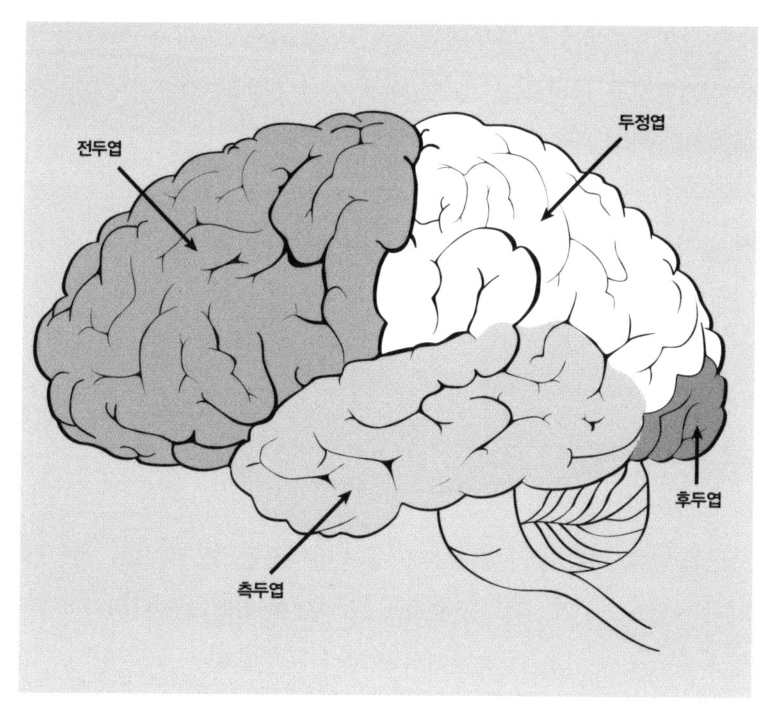

신피질을 구성하는 네 개의 엽은 서로 연결되어 있지만, 각기 다른 기능을 맡는다.

해 처리된다. 이 부위에 손상을 입으면 앞일을 계획하거나 미래를 상상하기가 매우 어려워진다(이것이 바로 피니어스 게이지에게 나타났던 증세이다). 전전두피질은 감각정보를 평가하고 향후 행동을 결정한다.

두정엽(頭頂葉, parietal lobe)은 뇌의 위쪽에 자리 잡고 있다. 그중 오른쪽 절반은 감각 집중과 몸에 대한 느낌을 제어하고, 왼쪽은 특별한 기술과 언어 일부를 제어한다. 그래서 두정엽에 손상을 입은 환자는 많은 문제에 직면하는데, 예를 들어 "손가락으로 무릎을 가리켜보라"는 단순한 명령조차 이행하지 못한다.

뇌의 뒷부분에 있는 후두엽(後頭葉, occipital lobe)은 눈을 통해 들어온 시각정보를 처리하는 곳으로, 이 부위에 손상을 입으면 시력이 약해지거나 아예 시력을 잃을 수도 있다.

측두엽(側頭葉, temporal lobe)은 언어(왼쪽)와 얼굴인식, 그리고 특정한 감정을 처리한다. 이 부위에 손상을 입으면 말을 못하거나 친숙한 얼굴을 알아보지 못한다.

진화하는 두뇌

근육과 뼈, 허파 등 우리 몸을 이루는 장기들은 구조적으로 어떤 통일된 패턴을 보이며, 겉모습만 봐도 그 패턴이 확연하게 드러난다. 그런데 유독 두뇌만은 이 패턴에서 벗어나 몹시 혼란스러운 구조로 되어 있다. 뇌의 그림을 보고 있노라면 마치 '바보들을 위해 특별히 만든 지도'를 보는 듯한 느낌이다.

1967년 미국국립정신건강연구소National Institute of Mental Health의 폴 맥린Paul MacLean 박사는 마구잡이로 된 듯한 두뇌구조를 이해하기 위해 찰스 다윈Charles Darwin의 진화론을 뇌에 적용해보았다. 그는 사람의 뇌를 세 부분으로 나누었는데(그 후 거듭된 연구를 통해 더욱 복잡한 세부구조가 밝혀졌지만, 이 책에서는 맥린의 두뇌지도를 기본 가이드로 사용할 것이다), 그중 가장 안쪽에는 뇌간(brain stem: 뇌줄기)과 소뇌cerebellum 그리고 기저핵(基底核, basal ganglia)이 자리한다. 이 부분은 파충류의 뇌와 구조가 거의 같아서 하나로 묶어 '파충류 뇌reptilian brain'라고 한다. 파충류 뇌는 진화역사가 가장 오래된 부위로서, 생명

활동의 기본적 기능인 균형감각과 호흡, 소화, 심장박동 그리고 혈압을 관장한다. 또한 생존과 번식에 필수적인 싸움, 사냥, 짝짓기, 영역 보존본능도 파충류 뇌의 소관이다. 과학자들은 파충류 뇌가 지금으로부터 약 5억 년 전에 생성되었으리라 추정하고 있다(아래 그림 참조).

그러나 파충류 뇌에서 출발한 뇌는 복잡한 진화과정을 거치면서 바깥쪽으로 점점 자라났고, 부피가 커지면서 완전히 새로운 구조가 탄생했다. 이것을 '포유류 뇌mammalian brain' 또는 '대뇌변연계limbic

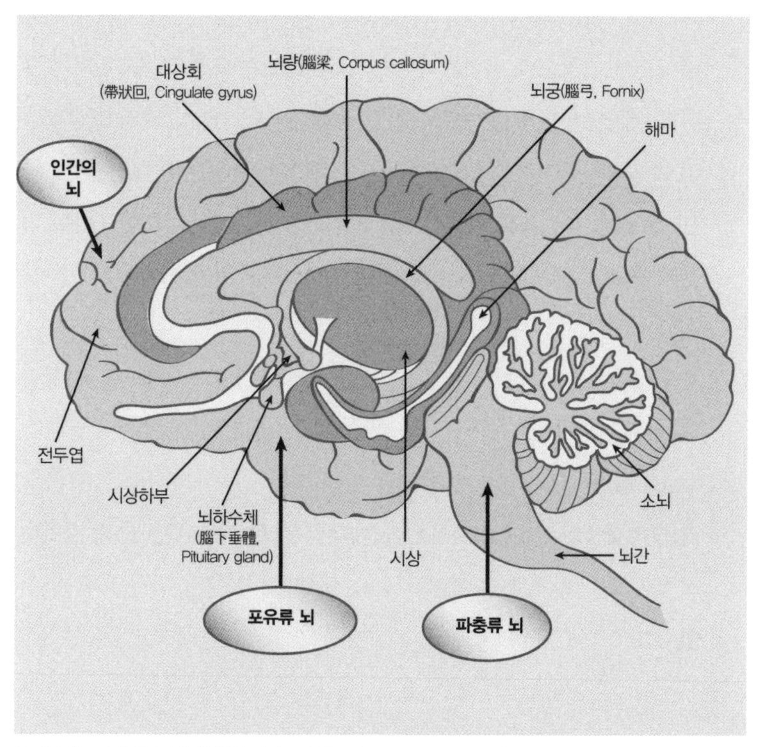

우리 뇌는 파충류 뇌에서 출발하여 포유류 뇌(대뇌변연계)를 거쳐 지금의 인간 뇌(신피질) 형태로 진화해왔다.

system'라 하며, 두뇌의 중심부 근처에서 파충류 뇌를 감싸고 있다. 대뇌변연계는 원숭이처럼 집단생활을 하는 포유류에서 특히 발달하였다. 집단생활은 매우 복잡한 사회체계라서 잠재적인 적과 우리 편 그리고 경쟁자를 구별하는 능력이 필수적인데, 이 기능을 담당하는 곳이 바로 대뇌변연계다.

집단생활을 하는 포유류의 대뇌변연계를 기능별로 세분하면 다음과 같다.

- **해마(海馬, hippocampus)**: 기억의 세계로 들어가는 입구. 이곳에서 단기기억이 장기기억으로 전환된다. hippocampus는 '해마seahorse'라는 뜻인데, 생긴 모양이 비슷해서 이런 이름이 붙었다. 이 부위에 손상을 입으면 장기기억력을 잃고 '현재'라는 감옥에 갇히게 된다.
- **편도체(扁桃體, amygdala)**: 감정(특히 두려움)을 느끼는 부위. 이곳에서 감정이 최초로 기록되고 생성된다. amygdala는 '아몬드almond'라는 뜻이다.
- **시상(視床, thalamus)**: 뇌간에서 전달된 감각신호의 중계국에 해당하는 부위. 모든 신호는 이곳을 거쳐 대뇌피질의 각 부위로 전달된다. thalamus는 '내실(안쪽 방)'이라는 뜻이다.
- **시상하부(視床下部, hypothalamus)**: 체온과 생체리듬, 배고픔, 갈증 그리고 생식적 쾌락을 느끼는 부위. 시상 아래쪽에 있어서 이런 이름이 붙었다.

마지막으로 포유류 뇌를 감싸는 것은 비교적 최근에 발달한 대뇌피질cerebral cortex로서, 두뇌의 가장 바깥부분에 해당한다. 이 중에서 가장 최근에 형성된 부위를 신피질(neocortex: '새로 생긴 껍질'이라는 뜻)이라 하며, 고도의 인식기능을 담당한다. 신피질이 가장 발달한 동물은 단연 인간이다. 인간의 두뇌는 전체질량의 80%가 신피질인데, 두께는 냅킨 정도밖에 되지 않는다. 쥐의 신피질은 매끄러운 반면, 사람의 신피질은 복잡하게 꼬여 있어서 표면적이 훨씬 넓다.

어떤 면에서 보면 인간의 두뇌는 지난 수백만 년 동안 진행되어온 진화의 박물관이라 할 수 있다. 그 사이 우리의 뇌는 바깥쪽으로, 그리고 앞쪽으로 계속 커지면서 기능도 다양해졌다(갓 태어난 아기의 두뇌도 이와 동일한 과정을 거치면서 성장한다. 즉, 갓난아이의 두뇌가 자라나는 과정은 지난 수백만 년 동안 진행되어온 두뇌의 진화과정과 거의 비슷하다).

신피질의 겉모습만 보면 별로 특별한 부분이 없는 것 같지만, 사실은 전혀 그렇지 않다. 현미경을 통해 들여다보면 인간의 두뇌가 얼마나 복잡한 구조물인지 비로소 실감하게 된다. 특히 회색을 띤 부분은 수십억 개의 작은 두뇌세포, 즉 뉴런neuron으로 이루어져 있는데, 이들은 거대한 전화 네트워크처럼 다른 뉴런으로부터 신호를 수신한다. 뉴런 사이를 연결하는 가지돌기(dendrite: 수상돌기)는 뉴런의 끝 부분에서 덩굴처럼 뻗어 나와 있으며, 그 반대쪽 끝에 달린 기다란 축삭돌기(axon: 신경돌기)를 통해 하나의 뉴런이 다른 수만 개의 뉴런과 연결되어 있다. 또한 두 개의 뉴런이 연결되는 지점에는 시냅스synapse라 불리는 작은 공간이 있는데, 이것은 뇌 안에서 정보의 흐름을 통제하는 일종의 '문'으로, 신경전달물질 같은 특별한 화학물질이 시냅스로 유입되면 신호의 흐름이 바뀌게 된다. 도파민이나 세로토닌, 또는 노르아드레날린 같은 신경전달물질은 두뇌에서 정보가 이동하는 수많은 경로를 제어하면서 우리의 기분과 감정, 생각, 마음 상태 등을 크

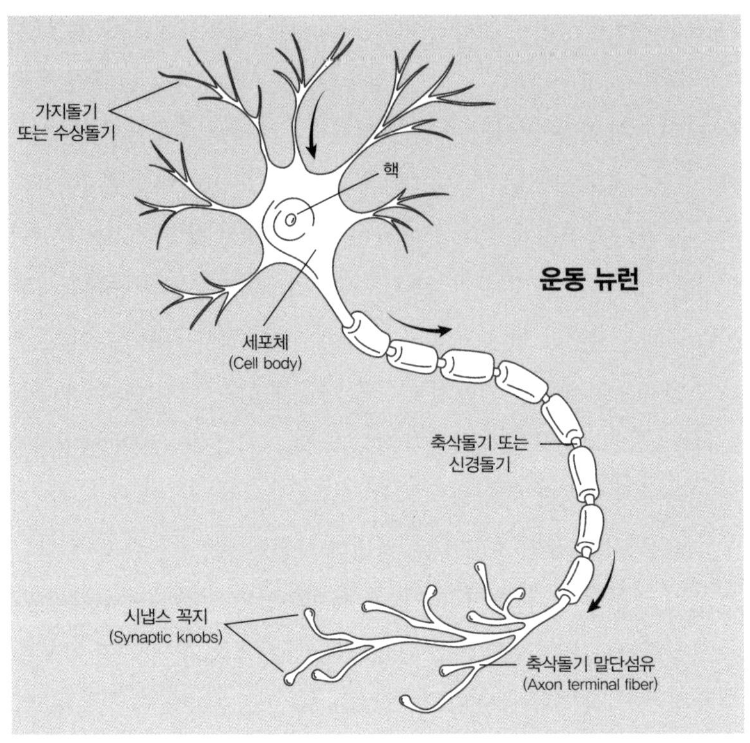

뉴런의 구조. 전기신호가 뉴런의 축삭돌기를 따라 흐르다가 시냅스에 도달하면 신경전달물질이 흐름을 조절한다.

게 좌우한다(위의 그림 참조).

1980년대까지 두뇌에 관하여 알려진 내용은 대충 이 정도였다. 그러나 1990년대에 물리학을 이용한 새로운 기술이 도입되면서 생각의 발생과 진행 과정을 훨씬 구체적으로 규명하게 되었으며, 그 후로도 새로운 발견이 연이어 이루어지면서 신경과학과 뇌과학은 비약적인 발전을 이루었다. 이 과정에서 가장 큰 공헌을 한 장치는 단연 MRI였다.

MRI: 뇌를 들여다보는 창문

"새로운 기술은 두뇌의 구조를 해독하는 데 크게 이바지했다." 사실 이렇게 대충 말하고 넘어가도 별문제는 없다. 그러나 이 책의 목적은 신경과학을 물리학의 관점에서 이해하는 것이므로 새로운 기술에 물리학의 어떤 원리가 적용되었는지, 좀 더 자세히 알아볼 필요가 있다.

전자기파의 한 종류인 라디오파radio wave를 생체조직에 발사하면 아무런 손상 없이 가뿐하게 통과한다. MRI는 바로 이런 특성을 이용한 장치다. 전자기파는 사람의 두뇌를 자유롭게 통과하는데, 이 과정에 약간의 기술을 적용하면 과거에는 꿈도 꾸지 못했을 선명한 사진을 찍을 수 있다. 간단히 말해서, 감각과 감정을 일으키는 살아 있는 두뇌의 모습을 눈으로 확인할 수 있는 것이다. MRI 장치 안에서 깜박이는 빛을 따라가면 두뇌 안에서 진행되는 사고의 움직임을 추적할 수 있다. 이것은 마치 시계를 망가뜨리지 않은 채 내부를 들여다보는 것과 비슷하다.

MRI 장치를 처음 보는 사람은 일단 그 육중한 크기에 압도된다. 장치의 부피 대부분은 원통 모양의 거대한 자기코일이 차지하는데, 여기서 만들어지는 자기장은 지구의 자기장보다 2만~6만 배나 강하다. 이 거대한 자석 때문에 MRI의 무게는 대부분 '톤(1톤=1,000kg)' 단위이며, 웬만한 연구실에 이 장치 하나만 들여놓으면 더 남는 공간이 없을 정도다. 게다가 MRI 한 대당 가격은 수백만 달러에 달한다(MRI는 인체에 유해한 이온을 방출하지 않기 때문에 X선 촬영기보다 안전하다. CT 스캐너도 3차원 영상을 만들어낼 수 있지만, 이 또한 X선을 사용하므로 신중하게 다뤄야 한다. 반면에 MRI는 사용법을 제대로 따르기만 하면 인체에 해로운 요소가 거의 없다. 한 가지 문제는, 자기장이 너무 강해서 의외의 사고가 발생할 수 있다는 점이다. MRI를 다루는 사람은 전원을 켜기 전에 주변의 금속성 물체를 말끔하게 치워야 한다. 그렇지 않으면 전원을 켰을 때 무거운 물체가 자석에 끌려 날아와 사람이 다칠 수 있다. 실제로 연구실이나 병원에서 이런 사고가 종종 일어났으며, 심지어 사망자가 발생한 사례도 있다).

MRI의 작동원리는 다음과 같다. 환자를 눕혀서 두 개의 대형코일이 에워싼 실린더 안으로 밀어 넣고 전원을 켜면, 기기 내부에 강력한 자기장이 형성되면서 환자의 몸을 구성하는 원자핵들이 자기장의 방향을 따라 일사불란하게 정렬한다(이것은 나침반 바늘이 자석의 방향을 따라 정렬하는 현상과 비슷하다). 여기에 약간의 라디오파 에너지 펄스를 가하면 원자핵 일부가 반대방향으로 뒤집어졌다가 금방 원래 위치로 되돌아오는데, 이 과정에서 두 번째 라디오파 에너지 펄스가 방출된다. 두 번째 펄스는 첫 번째 펄스에 대한 일종의 메아리로서, 이 신호를 분석하면 각 원자의 위치를 판독할 수 있다. 초음파의 메아리를 감지하여 먹이의 위치를 가늠하는 박쥐처럼, MRI는 라디오파의 메아리를 분석하여 두뇌의 내부구조를 방대한 데이터로 변환하고, 이 데이터를 컴퓨터로 보내면 스크린에 두뇌의 3차원 영상이 선명하게 나타난다.

초기의 MRI는 두뇌 각 부위의 정적靜的인 구조만 촬영할 수 있었다. 그러나 1990년대 중반에 혈류 속의 산소를 감지하는 '기능성 MRI(functional MRI, fMRI)'가 개발되면서 이 분야는 획기적인 발전을 이룩했다(전문가들은 MRI의 종류를 구별할 때 종종 'fMRI'처럼 맨 앞에 소문자를 적어넣는다. 그러나 이 책에서는 다양한 MRI를 구별하지 않고 그냥 'MRI'로 표기할 것이다). MRI는 뉴런에 흐르는 전기신호를 직접 촬영할 수 없다. 그러나 뉴런에 에너지가 공급되려면 산소가 반드시 있어야 하므로, 산소를 함유한 피는 뉴런에 흐르는 전기신호와 간접적으로 연결된다. 그래서 산소의 흐름을 추적하면 두뇌의 다양한 부위들이 상호 작용하는 패턴을 알아낼 수 있다.

MRI 스캐너가 등장한 후로 인간의 사고思考가 뇌의 중심부에서 진행된다는 주장은 완전히 폐기되었다. 실제로 무언가를 생각할 때, 전기에너지는 뇌의 각 부위를 순환하듯이 돈다. 따라서 생각의 경로를 추적하면 알츠하이머병과 파킨슨병 그리고 정신분열증 등 다양한 정신질환의 원인과 치료법을 알아낼 수 있다. 과학자들이 MRI에 주목하는 것은 바로 이런 이유 때문이다.

MRI의 장점 중 하나는 두뇌의 스캔 영역을 몇 분의 1mm 단위로 세분할 수 있다는 것이다. MRI 영상은 2차원 스크린에 점(이것을 '픽셀pixel'이라 한다)으로 표현할 수 있고, 3차원 공간상의 점(이것을 '복셀voxel'이라 한다)으로 표현할 수도 있다. MRI가 수집한 수만 개의 복셀을 조합하면 두뇌의 모습이 선명한 3차원 컬러 입체영상으로 재현된다.

개개의 화학성분은 라디오파의 각기 다른 진동수(주파수)에 반응한다. 따라서 라디오파 펄스의 진동수를 바꾸면 신체의 다양한 부위를 촬영할 수 있다. 앞서 말한 대로 기능성 MRI(fMRI)는 혈류의 흐름을 추적하기 위한 장치이므로, 피에 함유된 산소 원자를 감지하는 데 특화되어 있다. 그러나 MRI의 라디오파 진동수를 바꾸면 다른 원자를 감지할 수도 있다. 예를 들어 지난 10년 사이에 개발된 '확산텐서영상 MRI(diffusion tensor imaging MRI, DTI)'는 두뇌에서 물의 흐름을 추적하는 장치다. 뇌 안에서 물은 뉴런의 연결망을 따라가기 때문에, DTI는 정원에서 자라는 덩굴처럼 복잡하게 얽힌 뉴런 네트워크를 선명한 사진으로 보여준다. 지금 과학자들은 DTI를 이용하여 두뇌 각 부위의 상호 연결관계를 거의 다 판독한 상태다.

그러나 이 기술에는 몇 가지 문제점이 있다. 가장 심각한 것은 동영상에 관한 문제다. MRI의 공간적 해상도는 비슷한 기종 중에서 가장 뛰어나지만, 시간적 해상도는 그리 높지 않다. MRI로 뇌 속에 흐르는 피의 모든 경로를 촬영하는 데 거의 1초가 걸린다. 다시 말해서, 혈류의 동영상을 찍는 데 한 프레임당 1초가 걸린다는 뜻이다(참고로 TV 영상은 1초당 약 30프레임이 지나간다 – 옮긴이). 그런데 뇌 속의 전기신호는 전달 속도가 매우 빠르기 때문에 사고와 관련된 구체적인 정보를 얻기가 쉽지 않다.

두 번째 문제는 비용이다. MRI는 한 대당 수백만 달러에 달하는 비싼 장비여서, 여러 명의 의사가 한 대의 기계를 공유하는 경우가 많다. 하지만 이 문제는 시간이 해결해줄 것이다. 모든 분야가 그렇듯이, 기술이 발달할수록 비용은 줄어들기 마련이다.

그러나 엄청난 가격에도 불구하고 MRI의 상업적 수요는 꾸준히 증가하고 있다. MRI를 거짓말탐지기로 활용하는 것도 그중 하나인데, 일부 연구에 의하면 신뢰도가 95%에 육박한다고 한다. 정확한 수치는 다소 논란의 여지가 있지만, 원리적으로 생각해보면 신뢰도가 높을 수밖에 없다. 거짓말을 하는 사람은 머릿속에 진실을 함께 떠올리면서 지금 하는 거짓말이 어느 정도 설득력이 있는지 수시로 가늠하기 때문이다. 이 기술을 개발 중인 일부 과학자에 의하면, 사람이 거짓말할 때는 전전두엽prefrontal lobe과 두정엽이 활성화된다고 한다.

좀 더 정확하게 말해서, 거짓말할 때 제일 바빠지는 부위는 '안와전두피질orbitofrontal cortex'이다(이 부분은 두뇌의 '팩트-체커fact-checker 즉, 사실검증 전담부서'에 해당한다). 무언가가 잘못되었을 때 안와전두피질은 경고신호를 내보내는데, 안구 근처에 있어서 이런 이름이 붙었다. 안와전두피질의 주된 기능은 진실과 거짓말의 차이를 이해하는 것이다. 그래서 거짓말을 계속하다 보면 이 부위에 과부하가 걸려 MRI에 쉽게 감지된다(거짓말할 때는 안와전두피질 외에 인식기능을 주관하는 횡돌기superiormedial와 전전두엽의 하측피질inferolateral prefrontal cortex이 함께 활성화되는 것으로 알려져 있다).

MRI 거짓말탐지기는 이미 방송을 통해 광고되고 있으며, 재판에서 증거로 제출된 사례도 있다. 그러나 여기서 한 가지 명심할 것은 MRI로 거짓말을 탐지할 때는 활성화되는 두뇌의 특정 영역만을 촬영할 수 있다는 점이다. 실제로 거짓말할 때는 두뇌의 여러 부분이 동시에 활성화되고 이 부분들은 다른 생각도 주관하므로, MRI 거짓말탐지기의 신뢰도를 높이려면 더 많은 연구가 이루어져야 한다.

EEG 스캔

두뇌의 내부를 탐색하는 또 다른 장치로는 뇌전도(electroencephalogram, EEG) 스캐너가 있다. EEG는 1924년에 처음 발명되었지만, 전극을 통해 쏟아지는 데이터를 컴퓨터로 분석하게 된 것은 비교적 최근의 일이다.

EEG를 사용하려면 환자는 전극이 잔뜩 연결된 헬멧을 써야 한다.

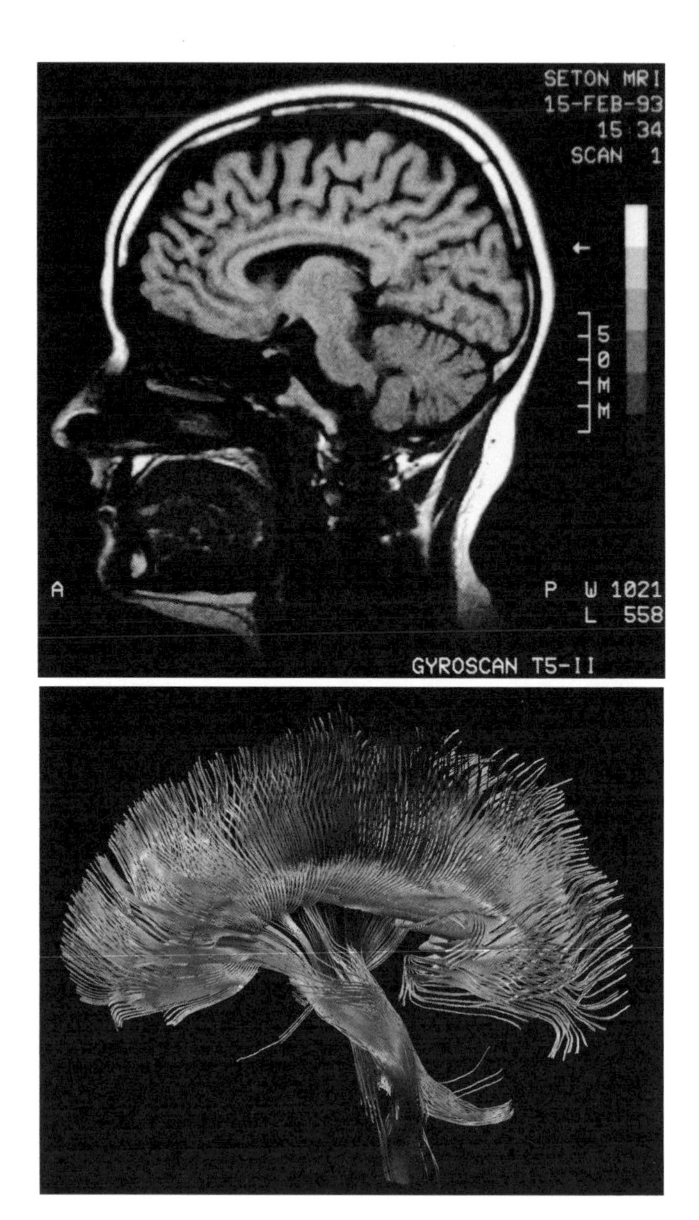

위 기능성 MRI fMRI로 촬영한 뇌의 영상. 생각이 진행되는 부분이 확연하게 드러난다.
아래 확산 MRI diffusion MRI로 촬영한 두뇌의 뉴런 연결통로

(최신버전 헬멧은 초소형 전극이 줄줄이 달린 헤어네트hairnet 형태로 되어 있다.) 이 전극이 뇌에 흐르는 미세한 전류신호를 감지하여 컴퓨터로 전송하면, 그에 해당하는 두뇌영상이 만들어지는 식이다.

EEG 스캔은 몇 가지 면에서 MRI 스캔과 확연하게 구별된다. 앞서 말한 대로 MRI는 두뇌 속으로 라디오파 펄스를 발사한 후 그 '메아리'를 분석하는 장치로서, 펄스의 진동수를 조절하면 특정 원자를 골라서 분석할 수 있다. 그러나 EEG는 매우 '수동적인' 장치다. 즉, EEG는 뇌가 자연적으로 방출하는 희미한 전자기파를 받아서 그냥 분석할 뿐이다. 다만 뇌에 흐르는 넓은 진동수 대역의 전자기파를 전체적으로 감지하는 능력이 뛰어나기 때문에, 과학자들은 환자가 잠잘 때나 무언가에 집중할 때, 휴식할 때, 그리고 꿈꿀 때 뇌의 활동을 기록하고 분석하는 데 주로 EEG를 사용한다. 뇌파의 진동수는 의식의 수준에 따라 다르게 나타나는데, 예를 들어 깊은 숙면 상태에서 발생하는 델타파δ-wave는 1초당 진동수가 0.5~4회이고, 수학문제를 푸는 등 집중적인 사고를 할 때 발생하는 베타파β-wave는 1초당 진동수가 12~30회이다. 뇌의 각 부위는 이렇게 다양한 진동수로 진동하면서 서로 정보를 교환하고 있다. 두뇌의 정반대 쪽에 있는 부위들 사이에서도 필요한 정보는 '즉각적으로' 교환된다. MRI는 시간에 따른 피의 흐름을 1초당 몇 장밖에 찍을 수 없지만, EEG는 뇌의 전기적 활동을 순식간에 촬영할 수 있다.

EEG의 장점은 사용이 편리하고 값이 싸다는 것이다. 집에서 머리에 EEG 센서를 부착하고 뇌파를 측정하는 실험은 고등학생도 할 수 있을 만큼 간단하다(물론 비용도 용돈으로 충분히 해결된다).

그러나 EEG는 해상도가 낮다는 단점을 갖고 있다. 지난 수십 년 동안 꾸준히 개선되어 왔음에도 불구하고 이 단점은 아직 해결되지 못했다. EEG는 두개골을 통과하면서 흩어진 전기신호를 감지하기 때문에, 두뇌 깊은 곳에서 발생하는 비정상적 뇌파를 원래 형태 그대로 재현할 수 없고, 최종적으로 얻은 EEG 사진으로부터 '어떤 뇌파가 두뇌의 어느 부위에서 발생했는지'조차 알아내기가 쉽지 않다. 게다가 환자가 손가락을 움직이는 등 아주 사소한 행동만 해도 신호가 크게 왜곡되어 판독이 거의 불가능해진다.

PET 스캔

물리학을 이용한 두뇌촬영 장비 중에는 '양전자방출단층촬영(positron emission tomopraphy, PET)'이라는 것도 있다. PET는 세포에너지의 원천인 포도당(설탕 분자)의 위치를 추적하여 두뇌 속의 에너지 흐름을 감지하는 장치로서, 기본원리는 포도당 속의 나트륨(^{22}Na)에서 방출된 소립자를 추적하는 것이다(내가 고등학생 때 만들었던 안개상자와 비슷하다). PET 스캐너를 사용하려면, 먼저 약간의 방사능을 띤 설탕 용액을 환자 몸에 주입해야 한다. 그러면 설탕 분자에 포함된 나트륨 Na 원자가 방사성 ^{22}Na 원자로 대치되고, 이 원자가 붕괴될 때 방출한 양전자positron가 감지기에 검출된다. 이런 식으로 방사성 원자의 이동경로를 추적하면 살아 있는 뇌 안에서 에너지 흐름을 파악할 수 있다.

PET는 MRI와 많은 장점을 공유하고 있지만, MRI처럼 해상도가 높지는 않다. 그러나 MRI는 혈류를 통해 신체의 에너지소모 현황을 간접적으로 추정하는 반면, PET는 에너지가 소모되는 현장을 직접 관측하기 때문에 신경활동에 관한 정보를 훨씬 많이 담을 수 있다.

PET에는 또 하나의 단점이 있다. MRI나 EEG와 달리 PET는 미약하나마 방사능을 방출하므로, 같은 환자에게 지속해서 사용할 수 없다. 일반적으로 환자 한 사람에게 허용된 PET 촬영횟수는 1년에 한 번 정도다.

두뇌 속의 자기장

과학자들은 지난 10년 사이에 다양한 최첨단장비를 도입하여 신경과학의 발전을 크게 앞당겼다. 그중 대표적인 것으로는 경두개 전자기스캐너(transcranial electromagnetic scanner, TES, transcranial은 '뇌를 통과하여~'라는 뜻이다 - 옮긴이)와 뇌자도측정기(magnetoencephalography, MEG), 근적외선분광기(near-infrared spectroscopy, NIRS) 그리고 광유전학optogenetics을 들 수 있다.

특히 자기장은 두개골을 절개하지 않고 뇌 특정 부위의 활동을 잠재우는 데 이용되었다. 이런 식의 조작이 가능한 이유는 "빠르게 변하는 전기장은 자기장을 만들어내고, 빠르게 변하는 자기장은 전기장을 만들어낸다"는 전자기학의 기본원리 때문이다. 두뇌에 생성된 전기장은 생각이 진행되면서 수시로 변하고, 이 '변하는 전기장'은 미세한 자기장을 만들어낸다. 물론 두뇌에서 생성된 자기장은 지구 자기장의 10억 분의 1에 불과할 정도로 미세하지만, MEG는 바로 이 자기장을 감지하도록 만들어진 장치다. MEG는 EEG처럼 시간에 따른 해

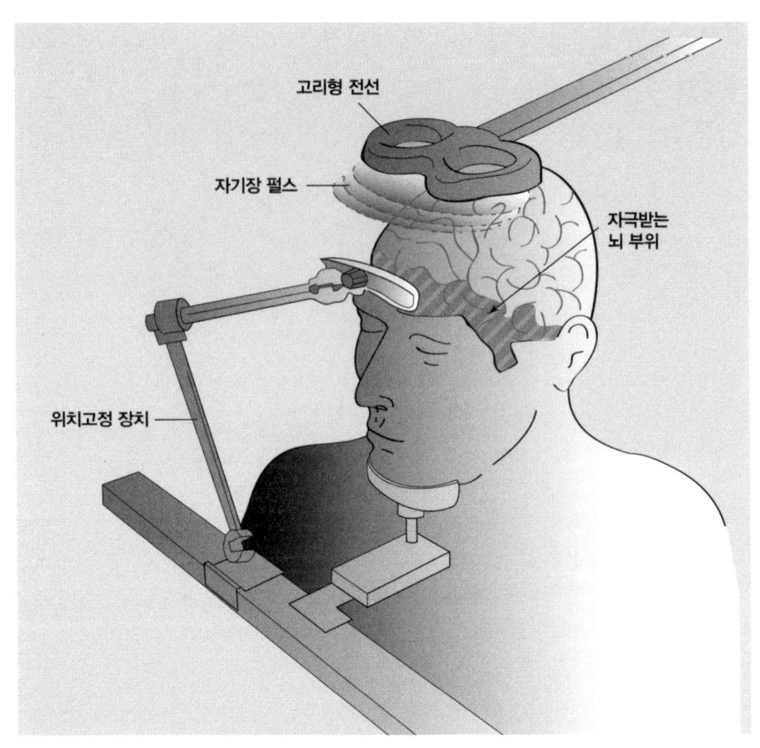

경두개전자기스캐너와 뇌자도측정기는 라디오파 대신 자기장을 두개골 안으로 투과하여 뇌의 사고과정을 분석하는 장치다. 자기장은 뇌 일부를 잠깐 마비시키기 때문에, 각 부분이 어떤 기능을 하는지 구체적으로 알아낼 수 있다. 그리고 실험자가 원하는 부위를 마음대로 골라 마비시킬 수 있으므로, 특정 부위에 손상을 입은 환자를 따로 구할 필요가 없다.

상도가 매우 높아서, 한 프레임을 찍는 데 천 분의 1초밖에 걸리지 않는다. 그러나 공간 해상도는 사진을 구성하는 픽셀(복셀) 하나의 크기가 무려 1cm³나 될 정도로 낮다.

수동적 장치인 MEG와 달리, TES는 강력한 전기펄스로부터 폭발적인 자기에너지를 발생시키는 장치다. 이것을 환자의 머리 근처에 고

정해놓으면 자기펄스가 두개골을 투과하면서 뇌 안에 또 다른 전기펄스를 만들어낸다. 이 두 번째 전기펄스는 뇌에서 미리 선택해놓은 영역의 활동을 둔화시키거나 아예 정지시킬 정도로 강력하다.

과거에 과학자들은 두뇌의 특정 부위가 기능을 멈췄을 때 어떤 증세가 나타나는지 알아보려면 뇌졸중 환자나 뇌종양 환자를 집중적으로 관찰하는 수밖에 없었다. 그러나 TES는 아무 부위나 골라서 마음대로 기능을 정지할 수 있으며, 장치를 제거하면 환자(피험자)는 곧바로 정상을 회복한다. 뇌의 특정 부위에 자기에너지를 발사한 후 피험자의 거동에서 바뀐 점을 관찰하기만 하면 그 부위의 기능을 알아낼 수 있다(예를 들어 자기펄스를 측두엽에 발사하면 피험자는 언어능력의 상당 부분을 상실한다).

TES의 단점 중 하나는 자기에너지가 뇌의 깊은 부분에까지 침투하지 못한다는 것이다(전기력은 거리가 멀어질수록 거리의 제곱에 반비례하여 약해지는데, 자기력은 거리가 멀어질수록 이보다 훨씬 빠르게 감소한다). 그래서 TES는 두개골 근처의 뇌를 잠재우는 데는 효과적이지만, 대뇌변연계와 같이 깊은 내부에는 적용할 수 없다. 그러나 앞으로 자기장의 정확도가 높아지면 TES는 이와 같은 기술적 한계를 극복하게 될 것이다.

뇌심부자극술

뇌심부자극술(deep brain stimulation, DBS)도 신경과학자들에게 필수적인 도구 중 하나다. 초기에 펜필드 박사는 투박한 탐침을 사용했지만, 요즘 쓰이는 전극은 머리카락처럼 가늘어서 두뇌 깊은 곳까지 도달할 수 있다. DBS는 뇌 각 부분의 기능을 알아내는 연구장비인 동시에 정신적 장애를 치료하는 의료장비이기도 한데, 특히 파킨슨병을 치료하는 데 효과적인 것으로 알려졌다(파킨슨병에 걸리면 뇌의 특정 부위가 지나치게 활성화되고, 종종 손을 떠는 증세가 나타난다).

최근 들어 과학자들은 뇌의 새로운 부분('브로드만 영역 25Brodmann's area number 25'이라 불리는 부위로, 이 부위가 특히 활성화된 우울증 환자들은 정신요법과 약물치료를 받아도 별다른 효과를 보지 못한다)을 조사하는 특수탐침을 개발하여, 수십 년 동안 우울증으로 고생해온 환자들에게 새로운 희망을 안겨주고 있다.

DBS의 적용분야는 해가 거듭될수록 광범위해지고 있다. 실제로 두뇌에 발생하는 기능장애의 대부분이 DBS를 통해 알려졌다고 해도 과언이 아니다. 앞으로도 DBS는 두뇌 관련 질병을 진단하고 치료하는 데 선도적인 역할을 하게 될 것이다.

광유전학, 뇌를 밝히다

그러나 뭐니뭐니해도 신경과학의 가장 최신기술이자 가장 주목받는 분야는 공상과학을 방불케 하는 광유전학optogenetics이다. 두뇌에 밝은 빛을 쪼이면 마치 마술지팡이로 건드린 것처럼 해당 부위의 신경망이 활성화되는데, 광유전학은 바로 이런 특성을 이용한 기술이다.

외과수술을 통해 빛에 민감하면서 세포를 활성화하는 유전자를 뉴런에 직접 삽입한 후 빛을 쪼이면 해당 부위의 뉴런이 활성화된다. 여기서 중요한 점은 스위치를 on-off 함으로써 피험자에게 특정 행동을 유발하거나 방지할 수 있다는 것이다.

광유전학은 역사가 10년 정도에 불과하지만, 동물의 행동을 제어하는 데 탁월한 효과가 있다. 빛 스위치를 켜면 과실파리가 갑자기 날아오르고, 꿈틀대던 지렁이가 조용해지며, 가만히 있던 쥐가 미친 듯이 달리기 시작한다. 지금은 원숭이 실험을 막 시작한 단계인데, 사람을 대상으로 한 실험도 활발하게 논의 중이다. 과학자들은 광유전학이 파킨슨병이나 우울증 치료에 새로운 장을 열어줄 것으로 기대하고 있다.

투명한 뇌[5]

광유전학처럼 두뇌를 완전히 투명하게 만들어서 신경망을 맨눈으로 관측하는 또 하나의 새로운 기술이 최근에 개발되었다. 2013년 스탠퍼드대학교의 과학자들은 "쥐의 뇌 전체와 인간의 뇌 일부를 투명하게 들여다보는 데 성공했다"고 발표했다. 당시 〈뉴욕 타임스〉는 "인간의 두뇌, 투명한 젤-오(Jell-O: 디저트용 젤리의 상표이름 -옮긴이)가 되다"라는 헤드라인과 함께 관련 기사를 대서특필했다.

사실 모든 세포는 투명하다. 현미경으로 들여다보면 세포를 이루는 모든 요소가 있는 그대로 드러난다. 그러나 이런 세포 수십억 개가 모여서 두뇌와 같은 장기를 이루면 지질(脂質, lipid: 지방, 기름, 밀랍 등 물에는 녹지 않고 유기용매에 녹는 생체구성물질-옮긴이)이 추가되어 투명성을 잃게 된다. 새로운 기술의 핵심은 뉴런에 아무런 영향을 주지 않은 채

지질을 제거하는 것이다. 스탠퍼드의 과학자들은 지질을 제외한 두뇌의 모든 분자를 결합해주는 히드로겔(hydrogel: 주로 물로 이루어진 겔gel 형태의 물질)에 뇌를 담가서 투명성을 구현했다. 미끌미끌한 용액 속에 뇌를 담그고 전기장을 걸어주면 지질이 말끔하게 제거되면서 뇌 전체가 투명해지고, 여기에 적절한 염료를 추가하면 신경망이 적나라하게 드러난다. 이 방법을 이용하면 뇌의 신경망 지도를 작성할 수 있다.

생체조직을 투명하게 만드는 것은 새로운 기술이 아니지만, 뇌 전체를 투명하게 만들려면 고도로 정교한 기술이 필요하다. 이 분야 연구를 선도하고 있는 스탠퍼드의 한국인 과학자 정광훈 박사는 "그동안 수백 개의 뇌를 태우거나 녹이면서 다양한 시행착오를 겪었다"고 고백했다. 흔히 '클래러티Clarity'라 불리는 이 신기술은 두뇌 이외의 다른 장기에도 적용할 수 있는데(포르말린 같은 화학약품 속에 넣고 1년 이상 보관한 장기에도 적용 가능하다), 정광훈 박사는 이미 간과 허파를 투명하게 만드는 데 성공했다. 그러나 뭐니뭐니해도 클래러티의 가장 중요한 대상은 인간의 두뇌다. 뇌를 투명하게 만들어서 신경망 지도를 작성하는 연구는 지금 세계 각지에서 진행 중이며, 다양한 단체에서 연구비를 지원하고 있다.

네 가지 기본 힘

두뇌스캔의 1세대 기술은 획기적인 성공을 거두었다. 이 기술이 도입되기 전까지만 해도 기능이 알려진 두뇌 부위는 약 30곳에 불과했다. 그러나 지금 과학자들은 MRI만으로 200~300곳의 뇌 부위 기능을 알아내는 등 뇌과학의 새로운 장을 열고 있다. 그리고 지난 15년 사이에 새로 도입된 각종 두뇌스캔 기술은 한결같이 물리학에 기반을 두고 있다. 그렇다면 여기서 한 가지 질문이 떠오른다. "새로 개발될 기술이 아직도 남아 있는가?" 대답은 "yes"다. 그러나 새 기술은 갑자기 나타난 별종이 아니라, 기존의 기술을 변형하거나 개선한 '후속작'일 가능성이 높다. 왜 그런가? 독자들은 선뜻 이해하기 어렵겠지만, 우주에 존재하는 기본적인 힘이 단 네 종류(중력, 전자기력, 약한 핵력, 강한 핵력)뿐이기 때문이다(일부 물리학자들은 다섯 번째 힘을 찾기 위해 고군분투하고 있지만, 아직 아무런 성과도 거두지 못했다).

새로 도입된 두뇌스캔 기술 대부분은 도시의 밤을 밝히고 전기와 자기의 에너지를 설명하는 전자기력에 기초한다(단 하나, PET만은 예외다. PET의 원리는 전자기력이 아니라 약한 핵력이다). 전자기력은 지난 150여 년 동안 집중적으로 연구해왔으므로, 새로운 전기장이나 자기장을 창출하는 데 미스터리 같은 것은 존재하지 않는다. 따라서 앞으로 개발될 두뇌스캔 장비는 완전히 새로운 기술이 아니라, 이미 개발된 기술의 수정·보완을 거쳐 탄생할 가능성이 높다. 그리고 기술 대부분이 그렇듯이, 두뇌스캔 장비도 시간이 흐를수록 크기가 작아지고 가격이 떨어지면서 널리 보급될 것이다. 지금 물리학자들은 MRI를 휴대전화 크기로 줄이기 위한 계산을 열심히 수행하고 있다. 크기도 문제지만 사진의 공간 해상도와 시간 해상도를 높이는 것 역시 시급한 문제다. 자기장이 지금보다 더욱 균일해지고 전기장치의 감도가 향상되면 MRI의 공간 해상도 또한 높아질 것이다. 현재 MRI 영상의 픽셀(또는 복셀)은 몇 분의 1mm 수준으로, 픽셀 하나당 수천 개의 뉴런이 들어 있다(사진을 구성하는 최소단위의 점 안에 수천 개의 뉴런 영상이 뭉개져 있다는 뜻이다 – 옮긴이). 새로운 스캔 기술이 개발되면 이 숫자는 크게 줄어들 것이다. 이 분야 뇌과학자들의 최종목적은 개개의 뉴런을 식별하고 이들 사이의 연결망을 보여주는 미래형 MRI를 개발하는 것이다.

MRI의 시간 해상도에도 넘을 수 없는 한계가 있다. 뇌 속의 혈류를 분석하려면 어느 정도의 시간이 걸리기 때문이다. 기계 자체는 짧은 간격으로 연속사진을 찍는 데 아무런 문제가 없지만, 혈류를 추적하는 데는 시간이 걸리므로 긴 시간 간격을 두고 천천히 찍을 수밖에 없다. 미래의 MRI는 뉴런을 활성화하는 물질을 직접 추적하여 인간의 사고과정을 실시간으로 분석할 수 있을 것이다. 지난 15년 동안 뇌과학이 제아무리 발전했다 해도, 장비의 성능으로 볼 때 아직은 시작 단계에 불과하다.

새로운 두뇌모형

뇌과학의 역사를 되돌아보면, 새로운 과학적 발견이 이루어질 때마다 새로운 두뇌모형이 등장했음을 알 수 있다. 그 기원은 확실치 않지만, 최초의 두뇌모형은 아마도 '호문쿨루스(homunculus: 뇌 난쟁이)'일 것이다. 호문쿨루스란 "뇌 속에 살면서 모든 결정을 내리는 작은 인간"을 뜻하는데, 인간의 몸 안에 인간이 또 있으면 그 작은 인간의 뇌를 또 문제 삼아야 하므로, 뇌과학에는 별로 도움이 되지 않는다(호문쿨루스 안에 더 작은 호문쿨루스가 존재할 수도 있다).

단순한 역학적 기계장치가 처음 발명되었을 무렵, 사람들은 인간의 두뇌를 '바퀴와 기어로 이루어진 시계 같은 기계장치'로 생각했다. 그래서 레오나르도 다빈치Leonardo da Vinci를 비롯한 과학자와 발명가들은 역학적 장치로 작동하는 인조인간을 설계하기도 했다.

1800년대 말에는 증기기관의 시대가 도래하면서 '증기기관 두뇌 모형'이 제시되었다. 역사학자들은 이 모형이 지그문트 프로이트Sigmund Freud의 두뇌이론에 영향을 받은 것으로 추정한다. 그는 인간의 내면에 에고(ego: 이성적 자아)와 이드(id: 억눌린 욕망) 그리고 슈퍼에고(superego: 양심을 관장하는 초자아)라는 세 가지 힘이 서로 경쟁하고 있으며, 이들이 서로 충돌하여 심리적 압박이 커지면 뇌 기능이 저하하거나 시스템 전체가 와해할 수 있다고 생각했다. 프로이트의 모형은 매우 정교하면서 독창적이지만, 뉴런 단위의 자세한 분석이 없기 때문에 인과관계를 규명하기 어렵다(프로이트도 이 사실을 인정했다). 게다가 이 분석은 거의 100년 이상 걸리는 방대한 작업이었다.

20세기 초에는 전화가 널리 보급되면서 전화교환기와 비슷한 두뇌 모형이 관심을 끌기 시작했다. 이 이론에 의하면 두뇌는 거대한 네트워크에 연결된 일종의 전화망이며, 인간의 의식은 거대한 계기판 앞에 일렬로 앉아 전화선을 연결하거나 차단하는 교환원 무리와 비슷하다. 그러나 이런 식으로는 여러 메시지가 두뇌 안에서 하나로 종합되는 과정을 설명할 수 없다.

그 후 트랜지스터가 최신발명품으로 떠오르자, 컴퓨터에 기초한 두뇌모형이 각광을 받기 시작했다. 이 모형에서 구식 개폐소(송전선을 연결하거나 끊는 장치-옮긴이)는 수백만 개의 트랜지스터가 박힌 마이크로칩으로 대체되었으며, 인간의 마음은 '웨트웨어(wetware: 트랜지스터 역할을 하는 두뇌조직)'에서 돌아가는 소프트웨어 프로그램과 비슷하다.

컴퓨터 두뇌모형은 오늘날까지 살아남았지만, 여기에도 명백한 한계가 있다. 두뇌에서 진행되는 모든 연산을 실시간으로 구현하려면 컴퓨터 크기가 뉴욕시와 비슷해야 한다. 게다가 두뇌에는 프로그램도, 펜티엄칩도 없고 윈도우와 같은 운영체제도 없다(펜티엄칩이 탑재된 개인용 컴퓨터는 연산속도가 매우 빠르긴 하지만, 모든 연산이 하나의 프로세서를 통해 이루어지므로 병목현상을 피해갈 수 없다. 그러나 인간의 두뇌는 이것과 정반대다. 개개의 뉴런이 활성화되는 속도는 상대적으로 느리지만, 1천억 개에 달하는 뉴런이 동시에 작동하므로 병렬처리가 가능하다. 병렬처리 프로세서는 속도가 느려도 빠른 프로세서 한 개보다 나을 수 있다).

가장 최근에 등장한 두뇌모형은 수십억 개의 컴퓨터를 하나로 연결한 '인터넷 모형'이다. 이 모형은 인간의 의식을 "수십억 뉴런의 행동이 하나로 종합되어 나타나는 기적 같은 현상"으로 설명한다(그러나 이 기적이 어떻게 일어나는지는 알 길이 없다. 그저 혼돈이론chaos theory을 도입하여 두루뭉술하게 설명할 뿐이다).

지금까지 언급한 두뇌모형들은 각기 부분적으로 진실을 반영하고 있지만, 어떤 이론도 두뇌의 복잡성을 완벽하게 설명하지 못한다. 나의 개인적 소견으로는 두뇌를 거대한 주식회사에 비유한 모형이 가장 그럴듯한 것 같다. 이 모형에 의하면 인간의 두뇌에는 거대한 관료체계와 일련의 지휘계통이 존재하며, 방대한 정보들이 수많은 사무실 사이에서 수시로 교환되고 있다. 그러나 중요한 정보는 최종 결정권자인 CEO의 지시에 따라 처리된다.

주식회사 모형이 맞는다면, 두뇌의 몇 가지 특이한 성질을 이 이론으로 설명할 수 있어야 한다.

• 대부분의 정보는 '잠재의식'에 저장되어 있다

즉, CEO는 주식회사 안에서 유통되는 복잡다단한 정보를 모두 알 필요가 없다. 실제로 CEO의 책상 앞에 배달되는 정보는 극히 일부분이다. (CEO의 집무실은 전전두피질prefrontal cortex일 것으로 추정된다.) CEO는 회사의 운명을 좌우하는 중요한 정보만 알고 있으면 된다. 그렇지 않으면 홍수처럼 쏟아지는 정보에 파묻혀 아무런 결정도 내릴 수 없다.

이와 같은 구조는 진화의 산물일 가능성이 높다. 과거 우리 선조들은 비상사태에 직면했을 때 지나치게 많은 정보 때문에 혼란스러웠을 것이고, 오랜 세월 동안 시행착오를 거치면서 정보 대부분을 잠재의식에서 처리하도록 진화해왔을 것이다. 우리 두뇌는 매 순간 수조 회의 연산을 수행하고 있지만, 다행히 의식은 그것을 인지하지 못한다. 숲 속에서 호랑이와 마주쳤을 때 자신의 위장이나 발가락, 또는 머리카락 상태까지 일일이 감지할 필요가 어디 있겠는가? 이럴 때는 그저 '뛰어야 산다'는 사실만 알면 충분하다.

• '감정'이란 하위부서에서 속성으로 내리는 결정이다

이성적 사고는 시간이 오래 걸리므로 비상시에 가동하기에는 부적절하다. 이때는 하위부서에서 상황을 빨리 판단하여 CEO나 중간임원의 결재 없이 결정을 내리는 것이 상책인데, 이 역할을 하는 것이 바로 '감정emotion'이다.

즉, 감정(두려움, 분노, 공포 등)은 하위부서에서 들어올리는 '경고용 적색 깃발'로서, 진화를 통해 얻은 능력이다. 우리는 감정을 발휘할 때 생각을 거의 하지 않는다. 예를 들어 많은 청중 앞에서 연설하는 사람은 아무리 연습을 많이 해도 긴장하기 마련이다.

리타 카터Rita Carter는 자신의 저서 《뇌 맵핑마인드Mapping the Mind》에 다음과 같이 적어놓았다. "감정은 느낌이 아니라 육체에 기반을 둔 생존 본능으로, 즉각적인 위험을 피하고 자신에게 이익이 되는 쪽으로 움직이게 하는 원동력이다."[6]

• 모든 생각은 CEO의 관심을 끌기 위해 항상 노력한다

두뇌에서 내리는 결정은 하나의 호문쿨루스나 CPU, 또는 펜티엄칩을 통하지 않는다. 실제로는 지휘본부 안에 있는 다양한 지부들이 CEO의 관심을 끌기 위해 끊임없이 경쟁하고 있다. 따라서 '매끄럽고 연속적인 사고'란 존재하지 않으며, 각 부서가 치열하게 경쟁하면서 온갖 불협화음이 양산되는 중이다. 모든 결정을 연속적으로 내리는 '나'라는 존재감은 잠재의식이 만들어낸 환영에 불과하다.

사람들은 자신의 마음이 하나이며, 정보를 매끄럽게 처리하여 나름대로 타당한 결정을 내린다고 생각한다. 그러나 두뇌스캔을 통해 나타난 영상은 우리가 알고 있는 '마음'과 완전 딴판이다.

MIT 교수이자 인공지능 창시자의 한 사람인 마빈 민스키Marvin Minsky는 언젠가 나와 대화를 나누던 중 이렇게 말했다. "한 개인의 마음은 하나가 아니라 여러 마음의 집합체에 가깝다. 마음에는 다양한 하부구조가 존재하며, 각 구조는 서로 치열하게 경쟁하고 있다."[7]

내가 하버드대학교의 심리학자 스티븐 핑커Steven Pinker와 인터뷰하면서 "이 복잡한 체계 안에서 어떻게 생각이 탄생할 수 있는가?"라고 물었더니, 그는 "의식이란 뇌 안에서 휘몰아치는 폭풍과 비슷하다"고 했다.[8]

또한 그는 자신의 저서에 다음과 같이 적어놓았다. "사람들은 '나'라는 존재가 두뇌의 통제실에 앉아 모든 장면을 스캔하면서 근육의 움직임을 통제하고 있다고 생각한다. 그러나 이 모든 느낌은 환상에 불과하다.[9] 인간의 의식은 뇌 전체에 퍼져 있는 수많은 사건의 소용돌이이며, 이 사건들은 CEO의 관심을 끌기 위해 치열한 경쟁을 벌이고 있다. 하나의 사건이 자신의 존재를 가장 큰 소리로 외치면, 두뇌는 거기에 합리적인 해석을 내림과 동시에 '하나의 자아가 모든 결정을 내린다'는 느낌을 만들어낸다."[10]

• 최종결정은 지휘본부에서 CEO가 내린다

두뇌 관료체제의 목적은 정보를 수집하고 조합하여 CEO에게 보고하는 것이며, CEO는 각 부서의 책임자하고만 접촉한다. 또한 CEO는 중앙통제실로 쏟아져 들어오는 정보 중 서로 상충하는 것들을 적절히 조정하여 딜레마를 피한다. 바로 여기가 두뇌의 최종 결정기관이며, 더 이상의 상부구조는 없다. 즉, 전전두피질에 있는 CEO가 최후의 결정을 내린다. 대부분의 동물은 본능에 따라 결정을 내리지만, 유독 인간만은 다양한 정보 덩어리를 이리저리 조합하고 변형한 후 좀 더 고차원적인 결정을 내린다.

• 정보의 흐름은 계층적이다

CEO에게 전달되는 정보와 CEO가 각 부서로 하달하는 정보는 너무 방대해서, 여러 분기점으로 이루어진 네트워크 형태를 취해야 한다. 즉, 인간의 두뇌는 중앙통제실이 맨 꼭대기에 있는 나무와 비슷하며, 아래로 갈수록 많은 분기점이 나타난다.

물론 관료체제와 인간의 사고에는 분명한 차이점이 있다. 관료체제의 제1계명은 "체제의 영향을 받지 않는 곳이 없도록 가능한 한 모든 공간으로 세력을 확장하는 것"이다. 그러나 두뇌는 최소한의 에너지로 운영되어야 하므로, 에너지를 낭비할 여력이 없다. 우리의 두뇌는 20W 정도의 에너지를 소모하고 있으며(희미한 전구의 전력소모량과 비슷하다), 이 값은 몸이 고장 나지 않는 한 절대 증가하지 않는다. 만일 뇌에서 이보다 많은 열이 발생한다면 뇌조직이 손상되면서 심각한 장애가 발생할 것이다. 그러므로 두뇌가 정상적인 상태를 유지하려면 에너지를 최대한 절약해야 하고, 이를 위해서는 '지름길'을 택하는 수밖에 없다. 우리의 뇌는 긴 진화과정을 겪으면서 '절차를 무시하고 빠른 결정을 내리는 장치'를 다양하게 개발해왔다(우리는 이런 장치가 가동되고 있음을 전혀 인식하지 못한다). 이 내용은 앞으로 이 책 전반에 걸쳐 광범위하게 논의될 것이다.

우리가 느끼는 '현실'은 진정한 현실인가?

"보는 것이 곧 믿는 것이다Seeing is believing." 누구나 한 번쯤 들어봤을 정도로 유명한 격언이다. 아무리 의심스러워도 일단 보기만 하면 믿지 않을 수 없다. 그러나 우리가 눈을 통해 '보는 것'은 사실 환영幻影에 불과하다. 예를 들어 독자들은 여행하다가 아름다운 자연경관과 마주쳤을 때 '매끄러우면서 한 편의 영화 같은 파노라마'라고 느낀 적이 있을 것이다. 그러나 인간의 시계(視界, field of vision)에는 시신경이 연결되지 않은 부위가 있어서, 실제로 우리 눈에 보이는 것은 검은 점이 곳곳에 찍힌 이상한 풍경이다. 이것을 두뇌가 수정하여 매끄러운 풍경으로 만들어내는 것이다. 다시 말해서, 우리 눈에 보이는 영상 중 일부는 잠재의식의 보정작업을 거쳐 조작된 것이다.

우리는 시야의 중심, 즉 중심와(中心窩, fovea)에 맺힌 영상만 또렷하게 볼 수 있다. 그 주변에 맺힌 영상은 초점이 맞지 않은 사진처럼 흐릿하다. 이것은 에너지를 절약하기 위한 자구책이다. 사실 중심와는 우리가 볼 수 있는 시야각의 극히 일부에 불과하다. 좁은 중심와로 가능한 한 많은 정보를 입수하려면 눈동자를 끊임없이 움직여야 한다. 이렇게 눈동자가 좁은 폭으로 빠르게 움직이는 것을 '도약운동 saccade'이라 하는데, 이 모든 과정은 무의식적으로 진행되며 그 결과 자신의 시야가 또렷하다는 착각을 하게 된다.

어린 시절, 나는 전자기파의 스펙트럼을 설명하는 그림을 보고 매우 놀랐었다. 전자기파에는 우리 눈에 보이지 않는 빛(적외선, 자외선, X선, 감마선 등)이 눈에 보이는 빛(가시광선)보다 훨씬 많았기 때문이다. 나는 이 세상의 극히 일부만 보아왔으며, 그나마도 실체와 다른 '근사적 형태'에 불과했다(그래서 이런 격언이 생겼을 것이다. "사물의 본질이 그 겉모습에 정확하게 담겨 있다면 과학은 존재할 필요가 없다"). 인간의 망막은 붉은색과 초록색 그리고 푸른색만 감지할 수 있다. 이는 곧 우리의 눈이 노란색이나 갈색, 주황색 등 그 외의 색상을 직접 느낄 수 없다는 뜻이다. 노란색과 갈색은 분명히 존재하지만, 우리의 뇌는 그것을 직접 인식하지 못하고 붉은색, 초록색, 푸른색을 적절히 조합하여 대략적인 색상을 만들어낸다(이 사실은 구식 컬러 TV를 자세히 들여다보면 알 수 있다. TV 스크린에는 붉은 점과 초록색 점 그리고 푸른색 점밖에 없다. 구식 TV의 색채야말로 완전한 환영이었던 셈이다).

우리 눈은 거리를 판단할 때도 환영을 만들어낸다. 원래 인간의 망막은 2차원 곡면이어서 3차원 입체감을 표현할 수 없다. 그러나 두 개의 눈이 몇 cm 간격으로 떨어져 있기 때문에, 좌뇌와 우뇌가 두 개의 다른 영상을 접수한 후 하나로 겹치는 과정에서 세 번째 차원(거리)이라는 환영이 만들어지는 것이다. 물체가 아주 멀리 떨어져 있으면 머리를 움직였을 때 물체가 따라 움직이는 정도로부터 거리를 판단하는데, 이런 현상을 '시차(視差, parallax)'라 한다(밤에 어린아이들이 "달이 자꾸 나를 따라온다"며 무서워하는 것도 바로 이 시차 때문이다. 아이의 두뇌는 달처럼 멀리 떨어진 물체의 시차로부터 거리가 산출되는 과정을 선뜻 이해하지 못한다. 그런 까닭에 아이 눈에는 달과 자신 사이의 거리가 고정되어 있는 것처럼 보인다. 이것도 '지름길 논리'가 낳은 착각 중 하나이다).

분리된 뇌의 역설

주식회사 모형은 두뇌의 특성 중 상당 부분을 설명해주지만, 결정적으로 틀린 부분이 있다. 두뇌는 크기와 모양이 거의 같은 좌뇌와 우뇌로 나뉘는데, 현실 세계에서 이런 구조로 운영되는 주식회사는 존재하지 않는다. 그래서 좌뇌와 우뇌의 연결고리에 이상이 생긴 환자에게는 주식회사 모형을 적용할 수 없다. 두뇌는 왜 양분되어 있을까? 어떤 집단이건 최고사령부는 하나만 있으면 될 것 같은데, 인간의 뇌에는 무슨 이유로 사령부가 두 개나 존재하는 것일까? 실제로 좌뇌나 우뇌 중 하나가 완전히 제거되어도 나머지 반쪽은 멀쩡하게 작동한다. 주식회사를 이런 식으로 운영한다면 어느 모로 보나 낭비일 것이다. 게다가 두 개의 반구hemisphere가 각각 의식이 있다면, 결국 우리 머릿속에는 두 개의 의식이 공존한다는 뜻이다. 인간의 뇌는 왜 이런 구조를 갖게 되었을까?

캘리포니아공과대학 교수인 로저 스페리Roger W. Sperry 박사는 좌뇌와 우뇌가 완전히 같지 않으며, 각기 다른 임무를 수행하고 있음을 알아냈다(그는 이 공로를 인정받아 1981년에 노벨상을 수상했다). 이 사실은 신경과학계에 일대 센세이션을 일으켰고, 좌뇌와 우뇌의 분리된 기능을 설명하는 책들이 봇물 터지듯 쏟아져 나오면서 하나의 사회현상으로까지 확대되었다(이 무렵에 출간된 자기계발서 대부분은 "좌뇌와 우뇌를 적절한 분야에 활용하면 삶의 질을 높일 수 있다"고 주장하고 있다. 그러나 이제 곧 언급하겠지만 좌-우뇌는 서로 분리되어 있으면서 교묘한 방식으로 연결되어 있기 때문에, 본인의 의지에 따라 한쪽 뇌만 선택적으로 사용하는 것은 불가능하다).

스페리 박사는 수시로 대발작(大發作, grand mal seizure)을 일으키는 간질병 환자들을 치료하면서 필요한 자료를 수집했다. 대발작은 두 반구 사이를 연결하는 피드백회로에 이상이 생겼을 때 나타나는 증세로서, 마이크와 스피커 사이에 하울링(howling: 한 장치의 출력이 다른 장치의 입력으로 유입되어 출력이 계속 증폭되는 현상-옮긴이)이 일어날 때 찢어지는 소리가 나는 현상과 비슷하다. 뇌에서 이런 일이 발생하면 환자의 목숨이 위태로울 수 있다. 스페리 박사는 좌뇌와 우뇌를 연결하는 뇌량(腦梁, corpus callosum)을 절단하여 정보교환을 차단하는 식으로 대발작 환자들을 치료했다.

뇌량이 절단된 환자들은 겉으로 보기에 전혀 이상이 없다. 정신은 멀쩡하게 깨어 있고, 정상적인 상황에서는 대화를 나누는 데에도 아무런 문제가 없다. 그러나 이들을 주의 깊게 관찰해보면 뭔가 크게 달라졌음을 알 수 있다.

정상적인 사람이 무언가를 생각할 때, 좌뇌와 우뇌는 상호보완적인 관계에 있다. 좌뇌는 좀 더 분석적이고 논리적이며, 언어기능을 담당한다. 반면에 우뇌는 정보를 전체적으로 종합하면서 예술적인 기능을 담당한다. 그러나 최종결정을 내리는 쪽은 우뇌가 아닌 좌뇌이다. 좌뇌는 뇌량을 통해 우뇌로 명령을 하달하는데, 이 연결고리가 끊어지면 우뇌는 좌뇌의 명령에서 자유로워진다. 다시 말해서, 우뇌 자체가 독립적인 사령부 역할을 수행하는 것이다. 이때 우뇌는 좌뇌의 욕구에 상반되는 의지를 발휘할 수도 있다.

간단히 말해, 우리 머릿속에서는 두 개의 의지가 육체를 지배하기 위해 서로 경쟁하고 있다. 그래서 가끔씩 왼손(우뇌의 지배를 받는 손)이 자신의 욕구와 상반되는 행동을 하는 경우가 있다.

몇 가지 신기한 사례를 들어보자. 뇌량이 절단된 어떤 환자는 왼손으로 자신의 아내를 끌어안으면서 오른손으로는 아내의 얼굴을 내리쳤다. 아내를 사랑하고 미워하는 감정이 별개로 작용한 것이다. 또 어떤 여성은 한 손으로 옷을 고를 때마다 다른 손은 완전히 다른 스타일의 옷을 집어들어서 패션을 결정할 수 없었으며, 한 남성환자는 자신의 오른손이 자기 목을 조를까 봐 무서워서 잠을 잘 수 없었다고 한다.

좌-우뇌가 분리된 환자 중에는 '한 손이 다른 손을 제어하려고 애쓰는' 만화 속에 살고 있다고 생각하는 사람도 있다. 의사들은 이 증세를 '닥터스트레인지러브증후군(Dr. Strangelove syndrome: 인간의 부조리를 묘사한 스탠리 큐브릭 감독의 영화 〈닥터 스트레인지러브〉에서 유래됨—옮긴이)'이라 부르고 있다.

스페리 박사는 좌-우뇌가 분리된 환자들을 관찰한 끝에 다음과 같은 결론을 내렸다. "하나의 뇌 안에는 서로 다른 두 개의 정신이 존재할 수 있다. 좌뇌와 우뇌는 그 자체로 의식을 가진 독립적 시스템으로, 인지하고, 생각하고, 기억하고, 의지를 발휘하고, 감정도 있다… 또한 좌뇌와 우뇌는 하나의 대상을 각기 다르게 인식할 수 있으며, 심하면 서로 충돌을 일으키기도 한다."[11]

내가 캘리포니아대학교(산타바바라)에서 분리된 뇌를 연구하는 마이클 가자니가Michael Gazzaniga 교수와 인터뷰하면서 "좌-우뇌와 관련된 이론을 어떻게 실험으로 검증할 수 있는가?"라고 물었더니[12] 그는 놀랍게도 "좌뇌(또는 우뇌)가 전혀 모르는 상태에서 우뇌(또는 좌뇌)와 소통하는 방법은 다양하게 개발되어 있다"고 했다. 예를 들어 특수 제작된 안경을 피험자에게 씌워주고 특정 질문이 안경의 한쪽에만 뜨게 하면, 다른 쪽 뇌의 방해를 받지 않은 채 한쪽 뇌와 소통할 수 있다. 이것은 별로 어렵지 않은 기술이다. 정작 어려운 부분은 좌우반구로부터 답을 얻어내는 것이다. 우뇌는 말을 할 수 없기 때문에(언어중추는 좌뇌에 있다) 직접 답을 얻어내기가 쉽지 않다. 가자니가는 우뇌의 생각을 알아내기 위해 피험자가 쓴 글이나 낙서를 분석한다고 했다.

어느 날 그는 한 환자의 좌뇌에 "학교를 졸업하면 무슨 일을 하고 싶으냐"고 물었다. 환자는 아무런 망설임 없이 제도사가 되겠다고 대답했는데, 똑같은 질문을 우뇌에 물었더니 메모지에 "자동차 레이서"라고 적었다. 바로 옆에 있는 좌뇌도 모르는 사이에, 우뇌는 완전히 다른 욕구를 키우고 있었던 것이다. 이런 정황으로 볼 때, 우뇌는 자기만의 감정을 가진 것이 분명하다.

리타 카터는 자신의 저서에 다음과 같이 적어놓았다. "지금까지 알려진 사실로 미루어볼 때, 우리 머릿속에는 고유한 인격과 욕망 그리고 자아인식이 있는 또 하나의 인격체가 존재한다고 생각할 수밖에 없다. 게다가 이 인격체는 일상생활 속에서 우리가 '나'라고 생각하는 인격체와 완전히 다를 수도 있다."[13]

"당신의 내면에는 자유를 갈구하는 또 한 사람의 당신이 있다"는 말은 사실일지 모른다. 좌뇌와 우뇌는 완전히 다른 믿음을 가질 수도 있다. 신경과학자 라마찬드란V. S. Ramachandran이 뇌량이 절단된 환자에게 종교가 무엇이냐고 물었을 때, 그는 곧바로 자신이 무신론자라고 대답했다. 그러나 그의 우뇌에 같은 질문을 던졌더니 종교가 있다고 대답했다. 이것은 한 사람의 머릿속에 두 가지 종교에 대한 믿음이 공존할 수 있음을 보여주는 대표적 사례다. 라마찬드란은 말한다. "그 환자가 사망하면 어떤 일이 일어날 것인가? 뇌의 반쪽은 천국에 가고, 다른 반쪽은 지옥으로 떨어질 것인가? 나로서는 도저히 알 길이 없다."[14] (좌뇌와 우뇌가 단절된 사람은 공화당과 민주당을 동시에 지지할 수도 있다. 이런 사람에게 "누구에게 투표할 생각이냐"고 묻는다면, 그는 좌뇌의 생각을 말할 것이다. 우뇌는 말을 할 수 없기 때문이다. 그러나 정작 투표소에 가면 결정을 내리지 못해 혼란스러워질 가능성이 높다.)

최종책임자는 누구인가?

베일러의과대학Baylor College of Medicine의 데이비드 이글먼David Eagleman은 인간의 잠재의식을 오랫동안 연구해온 신경과학자다. 나는 그와 인터뷰를 하면서 "우리가 겪는 정신적 과정의 대부분이 잠재의식 속에서 진행된다면, 우리는 왜 이 중요한 사실을 모르고 있는가?"라고 물었다. 그랬더니 그는 "왕위를 비롯하여 국가의 모든 권리를 상속받은 철없는 왕" 이야기를 예로 들었다.[15] 그 젊은 왕이 정치 경험이 전혀 없어 왕권을 유지하려면 몇 명의 공무원이 필요한지, 군대는 어느 정도 규모여야 하는지, 그리고 백성을 먹여 살리려면 몇 명의 농부가 필요한지 아무것도 모른다면, 과연 국가를 통치할 수 있을까? 답은 "얼마든지 할 수 있다"이다. 그런 정보는 신하들만 알고 있으면 된다.

우리는 한평생을 살면서 수많은 결정을 내린다. 어느 정당을 지지할 것인가? 결혼은 어떤 사람과 할 것인가? 누구를 친구로 삼을 것이며, 미래에는 어떤 일을 할 것인가? 이런 문제들은 다양한 요인에 의해 영향을 받지만, 우리는 그것을 모두 인식하지 못한다(이글먼은 다음과 같은 통계사례를 들려주었다. 이름이 '데니스Denise'나 '데니스Dennis'인 사람들은 치과의사dentist가 되는 경우가 별로 없는 반면, 이름이 '로라Laura'나 '로렌스Lawrence'인 사람들은 변호사lawyer가 될 확률이 상대적으로 높다. 그리고 이름이 '조지George'나 '조지나Georgina'인 사람은 지질학자geologist가 될 가능성이 높다. 그런데 이런 사람들에게 "직업을 결정하는 데 이름의 영향을 받았는가?"라고 물으면 십중팔구는 어이없다는 표정을 짓는다[16]). 다시 말해서, 우리가 '현실reality'이라고 느끼는 것은 '두뇌가 빠진 틈새를 메우면서 대충 만들어낸 근사치'에 불과하다. 우리 모두는 현실을 저마다 다른 방식으로 바라본다. 예를 들어 이글먼은 여성의 15% 이상이 유전자 변이에 의해 '네 번째 광수용체(photoreceptor : 빛의 자극을 수용하는 감각세포-옮긴이)'를 갖고 있다고 했다. 이런 여성들은 광수용체가 세 개인 보통사람들이 대개 똑같다고 느끼는 색에서 차이점을 발견할 수 있다.[17]

사고의 메커니즘에 관한 이해가 깊어질수록 질문도 많아질 수밖에 없다. 마음속 통제센터가 또 하나의 통제센터와 충돌을 일으키면 어떤 일이 일어날 것인가? 의식이 둘로 나뉘어 있다면, '의식'이라는 단어의 진정한 의미는 과연 무엇인가? 그리고 의식과 자아는 어떤 관계인가?

이 난해한 질문의 답을 찾는다면, 두뇌구조가 인간과 완전히 다른 로봇이나 외계인의 의식까지 이해할 수 있을 것이다. 그러므로 우리의 급선무는 인간의 의식을 제대로 이해하는 것이다. 의식이란 대체 무엇일까?

인간의 정신세계에서 불가능이란 존재하지 않는다…
과거와 미래를 비롯한 모든 것이 그 안에 들어 있기 때문이다.
_조지프 콘래드Joseph Conrad

제아무리 생각 깊은 철학자라 해도,
그의 의식은 알아들을 수 없는 헛소리로 발현될 수 있다.
_콜린 맥긴Colin McGinn

2
의식: 물리학적 관점

철학자들은 지난 수천 년 동안 인간의 의식을 이해하기 위해 무진 애를 써왔지만, 이해는커녕 정의조차 제대로 내리지 못했다. 철학자 데이비드 차머스David Chalmers는 의식과 관련한 논문 2천여 편을 수집해서 분석해보았는데, 뚜렷한 경향이나 공통점을 찾지 못했다. 과학의 어떤 분야에서도 연구결과가 이토록 중구난방인 사례는 찾아보기 어렵다. 17세기 독일의 수학자이자 철학자였던 고트프리트 라이프니츠Gottfried Leibniz는 "인간의 두뇌를 방앗간 크기로 확장하여 그 안을 아무리 헤집어도 의식을 찾지는 못할 것"이라고 했다.

일부 철학자들은 의식의 존재 자체를 의심하기도 했다. 이들은 "하나의 객체가 자기 자신을 이해하는 것이 원리적으로 불가능하므로, 인간의 의식은 '의식이란 무엇인가?'라는 질문에 결코 해답을 찾을 수 없다"고 주장했다. 하버드대학교의 심리학자 스티븐 핀커Steven Pinker의 저서에는 다음과 같이 적혀 있다. "우리는 자외선을 볼 수 없으며, 네 번째 차원에서 회전하는 물체를 머릿속에 그릴 수 없다. 이런 성능의 두뇌로는 '자유의지와 감각'이라는 수수께끼도 풀 수 없을 것이다."[1]

20세기 심리학을 주도했던 행동주의(behaviorism: 심리학적 탐구대상을 겉으로 드러나는 행동으로 제한해야 한다는 주의-옮긴이)학자들은 의식의 중요성을 철저하게 부정했다. 이들은 동물과 인간의 객관적인 행동만이 연구할 가치가 있으며, 마음이나 정신과 같은 주관적 객체는 심리학의 탐구대상이 아니라고 주장했다.

다른 심리학자들도 의식을 간단하게 서술만 할 뿐 정의를 내리는 것은 일찌감치 포기했다. 정신의학자 줄리오 토노니Giulio Tononi는 말한다. "의식이 무엇인지는 누구나 안다. 의식은 매일 밤 꿈 없는 잠을 자는 동안 주인을 저버렸다가, 다음 날 아침에 깨어날 때 되돌아오는 그 무엇이다."[2]

철학자들은 "의식이란 무엇인가?"라는 간단한 질문을 놓고 지난 수백 년 동안 열띤 공방을 벌여왔지만 아직 아무런 결론을 내리지 못했다. 그러나 현실적으로 생각할 때, 지난 수십 년 동안 뇌과학의 발전을 이끌어온 일등공신은 철학자가 아니라, 다양한 관측장비를 발명한 물리학자들이었다. 그래서 일단은 의식과 관련한 질문을 물리학적 관점에서 파헤쳐보기로 한다.

물리학자들은 우주를 어떻게 이해하는가?

물리학자들은 무언가를 이해하고 싶을 때 제일 먼저 데이터를 수집하여 분석한 후, 연구대상의 기본적 특성을 잘 담아낸 '모형model'을 만든다. 물리학에서 모형은 일련의 변수들(온도, 에너지, 시간 등)로 표현되며, 물리학자는 이 모형에 기초하여 계의 향후 움직임과 물리적 상태를 예측한다. 여기에 세계에서 가장 큰 슈퍼컴퓨터를 동원하면 양성자의 운동과 핵폭발, 일기예보, 빅뱅, 그리고 블랙홀의 중심부에서 일어나는 사건까지 예측할 수 있다. 예측결과가 실제와 잘 맞지 않는다면, 모형을 수정하거나 좀 더 복잡한 변수를 도입하여 모형의 정확도를 개선한다. 오랜 세월 동안 물리학은 이런 과정을 거쳐 발전해왔다.

아이작 뉴턴은 달의 운동을 관찰하다가 '허공으로 던져진 사과'를 떠올렸다. 언뜻 보기에 달과 사과는 완전히 무관한 물체 같지만, 사실 이것은 인류의 역사를 바꾼 위대한 모형이었다. 허공을 향해 사과를 빠르게 던질수록 사과는 더 멀리 날아간다. 따라서 사과를 아주 빠르게 던지면 지구를 한 바퀴 돌아 출발점으로 되돌아올 수도 있다. 뉴턴은 이 모형으로 달의 궤적을 정확하게 설명할 수 있었다. 사과의 움직임과 달의 운동은 결국 동일한 힘에 의해 좌우되었던 것이다.

그러나 모형만으로는 아무런 의미가 없다. 뉴턴이 물리학의 슈퍼스타로 칭송받는 이유는 새로운 이론을 이용하여 움직이는 물체가 놓이게 될 '미래의 위치'를 정확하게 예견했기 때문이다. 게다가 그는 미적분학이라는 새로운 분야를 개척하여 달의 궤적뿐만 아니라 태양계 안의 행성들과 핼리혜성Halley's Comet의 궤적까지 수학적으로 완벽하게 설명했다. 그 후로 과학자들은 대포알을 비롯한 투사체와 온갖 기계장치들, 자동차, 로켓, 소행성과 운석 그리고 별과 은하에 이르기까지, 움직이는 모든 물체의 궤적을 계산할 때 뉴턴의 운동방정식을 사용했다.

모형의 성공 여부는 기본변수의 재현 가능성에 의해 좌우된다. 떨어지는 사과나 공전하는 달의 경우, 기본변수는 공간상에서의 위치다. 뉴턴은 이 변수를 추적한 끝에 역사상 처음으로 움직이는 물체의 미래를 완벽하게 예견할 수 있었다. 이것은 과학 역사상 가장 위대한 발견으로 꼽힌다.

하나의 모형이 제안된 후, 좀 더 정확한 변수가 발견되면 기존의 모형은 새로운 모형으로 대치된다. 아인슈타인은 '시공간의 곡률'이라는 새로운 변수를 도입하여 사과와 달에 작용하는 뉴턴의 중력모형을 새로운 모형으로 대치시켰다. 이제 사과가 떨어지는 것은 지구가 그것을 잡아당기기 때문이 아니라, 지구 질량에 의해 근처의 시공간이 휘어졌기 때문이다. 사과는 중력에 끌려가는 것이 아니라, 휘어진 시공간을 따라 '가장 자연스러운 길'로 이동하는 것뿐이다. 아인슈타인은 이 아이디어에 기초하여 우주 전체의 미래를 시뮬레이션할 수 있었다. 그의 이론 덕분에 우리는 컴퓨터만 있으면 우주의 미래를 예견할 뿐만 아니라, 충돌하는 블랙홀을 환상적인 그림으로 표현할 수 있게 되었다.

이제 뉴턴과 아인슈타인이 사용했던 방법을 의식이론에 그대로 적용해보자.

의식의 정의

지금까지 언급한 신경의학과 생물학적 지식을 총동원하여 의식에 관한 정의를 내린다면 대충 다음과 같을 것이다.

의식이란 목적(음식과 집, 그리고 짝 찾기 등)을 이루기 위해 다양한 변수(온도, 시간, 공간, 타인과의 관계 등)로 이루어진 다중 피드백회로를 이용하여 이 세계의 모형을 만들어내는 과정이다.

동물은 주로 공간 및 다른 생명체와의 관계에서 이 세계의 모형을 만들어내는 반면, 인간은 여기서 한 걸음 더 나아가 시간(과거와 미래)까지 고려하여 모형을 만들어낸다. 그래서 나는 이것을 '시공간 의식 이론space-time theory of consciousness'으로 부르고자 한다.

예를 들어 가장 낮은 단계의 의식을 지닌 '0단계' 개체는 움직임이 전혀 없거나 극히 제한된 운동만 할 수 있으며, 단 몇 개의 변수(온도 등)만으로 이루어진 피드백회로를 이용하여 자신이 속한 세계의 모형을 만들어낸다. 이 단계의 대표적 사례로는 자동온도조절기를 들 수 있다. 온도조절기는 다른 개체의 도움 없이 에어컨이나 난방기의 전원을 켜서 실내온도를 알맞게 조절한다. 여기서 중요한 것은 온도가 너무 높거나 낮을 때 스위치를 켜는 피드백회로이다(금속은 온도가 높을수록 크게 팽창하므로, 팽창 정도가 임계값을 넘어서면 자동온도조절장치가 스위치를 켜도록 만들 수 있다).

개개의 피드백회로는 '하나의 의식'에 해당한다. 따라서 자동온도조절장치는 단 하나의 0단계 의식을 지닌다. 이것을 '0단계:1'로 표기하자.

이 방식을 도입하면 모형을 만들 때 쓰인 피드백회로의 복잡성과 개수에 따라 의식수준을 수치화할 수 있다. 그러면 의식은 더 이상 정의되지 않은 모호한 개념의 집합체가 아니라, 숫자로 레벨을 나타낼 수 있는 계층구조가 된다. 예를 들어 박테리아나 꽃은 여러 개의 피드백회로를 갖고 있으므로 0단계 중에서 비교적 높은 수준의 의식이 있다고 할 수 있다. 구체적인 사례로 10개의 피드백회로(온도, 습도, 햇빛, 중력 등)가 있는 꽃의 의식수준은 '0단계:10'이다.

스스로 움직일 수 있으면서 중앙신경계를 보유한 생명체의 의식은 1단계에 해당한다. 이들은 자신의 위치변화를 가늠하는 새로운 변수들을 갖고 있는데, 대표적 사례로는 파충류를 들 수 있다. 이들은 수많은 피드백회로를 제어하기 위해 중앙신경계를 발달시켰으며, 두뇌는 한 번에 100여 개의 피드백회로를 처리할 수 있다(파충류가 제어해야 할 변수는 후각, 촉각, 청각, 시각, 혈압 등이며, 각 항목은 여러 개의 피드백회로로 구성되어 있다). 예를 들어 파충류의 눈은 먹잇감의 색상과 움직임, 형태, 빛의 광도, 그림자 등을 파악해야 하므로, 이들의 시각에는 여러 개의 피드백회로가 포함되어 있다. 청각이나 미각 등 파충류의 다른 감각기관 또한 여러 개의 피드백회로가 필요하다. 이 많은 피드백회로가 모여서 파충류의 의식이 형성되고, 이 세계에서 파충류와 다른 동물들(파충류의 먹이)의 위치가 결정된다. 인간 두뇌의 뒷부분과 중앙에 있는 '파충류 뇌reptilian brain'는 바로 이 1단계 의식을 창출하는 곳이다.

그 다음 단계인 2단계 의식은 자신이 속한 세계의 모형을 만들 때 공간과 함께 다른 개체까지 고려하는 수준의 의식이다(감정이 있는 사회적 동물이 여기 속한다). 의식이 1단계에서 2단계로 접어들면 피드백회로가 기하급수적으로 증가하므로, 세부수준을 논하려면 새로운 숫자를 도입해야 한다. 동료들끼리 뭉치고 적을 방어하며 우두머리에게 복종하는 등 무리를 유지하기 위한 모든 행동은 매우 복잡한 사고가 필요하기 때문에, 파충류 뇌만으로는 수행하기 어렵다. 그래서 2단계

의식은 대뇌변연계limbic system의 형성과 밀접하게 관련되어 있다. 앞서 말한 대로 대뇌변연계는 기억을 관장하는 해마hippocampus와 감각정보를 처리하는 시상thalamus 등으로 이루어져 있는데, 이 모든 것은 다른 개체와의 관계를 정립하는 새로운 변수를 지니므로, 피드백회로의 형태가 파충류 뇌보다 훨씬 복잡하고 다양하다.

무리의 다른 개체들과 의사소통하는 데 필요한 (서로 다른) 피드백회로의 개수를 기준으로 2단계 의식의 수준을 가늠해보자. 그런데 안타깝게도 동물 의식에 관한 연구가 아직 충분히 이루어지지 않아서, 다른 개체들과 소통하는 방식에 관해서는 알려진 바가 거의 없다. 그러나 상황을 크게 단순화하면 '공동체를 구성하는 개체 수'와 '각 개체 사이에 감정을 교환하는 방법의 수'를 기준으로 2단계 의식의 수준을 가늠할 수 있을 것이다. 여기에는 협력자와 경쟁자를 구별하고, 다른 개체와 무리를 짓고, 우호적인 감정을 교환하고, 자신보다 우월한 개체를 존중하고, 열등한 개체를 제압하고, 자신의 사회적 지위를 상승시키려는 모든 행위가 포함된다(2단계 의식에서 곤충은 제외된다. 곤충은 무리를 짓고 살지만, 적어도 지금까지는 감정이 없다고 알려졌기 때문이다).

동물 행동에 관한 연구는 아직 미비한 상태이므로 2단계 인식의 세부수준은 '생존에 반드시 필요한 감정과 사회적 행동의 종류'를 근거로 구분하는 수밖에 없다. 예를 들어 늑대들이 평균 10마리 단위로 무리 지어 살고, 늑대 한 마리가 15가지 감정과 몸짓으로 다른 개체와 소통한다면, 1차 근사법에 의해 늑대의 의식수준은 '2단계:150'이 된다. 이 숫자는 한 무리의 개체 수와 한 개체가 사용하는 소통방법의 수를 곱한 값으로, 동물들이 서로 교환할 수 있는 의사소통의 가짓수를 대략적으로 반영하고 있다(엄밀히 따지면 자기 자신을 제외해야 하므로

9×15=135지만, 개체 수가 많을 때는 별 의미가 없어서 그냥 '무리의 수×소통 방법의 수'로 계산한 것이다—옮긴이). 앞으로 늑대에 관하여 더 많이 알게 되면 150이라는 숫자는 더 큰 값으로 대치될 것이다(물론 진화는 명확한 단계를 거쳐 진행되지 않으므로, 무리의 수로 의식수준을 가늠하는 것은 다소 문제가 있다. 사회적 동물 중에는 호랑이처럼 혼자 사냥하는 동물도 있는데, 이 경우는 후주에 따로 설명해놓았으니 참고하기 바란다[3]).

3단계 의식: 미래예측

위와 같은 방법으로 의식수준을 가늠한다면 인간은 결코 독보적 존재가 아니며, 다양한 동물의 의식에는 어떤 연속성이 존재한다. 진화론의 원조인 찰스 다윈Charles Darwin은 "인간은 영장류와 같은 고등동물과 별다른 차이가 없다"[4]고 했지만, 우리가 느끼기에는 엄청난 차이가 있는 것 같다. 그렇다면 인간의 의식과 동물의 의식을 구별하는 기준은 무엇인가? 인간은 동물의 왕국에서 유일하게 '내일'이라는 개념을 이해하는 동물이다. 다른 동물과 달리 우리는 스스로 끊임없이 자문한다. "내일은 어떻게 될까? 다음 주는? 다음 달은? 내년은? 10년 후에 나는 어떤 모습으로 살게 될까?" 그래서 나는 '대략적인 논리로 미래예측 모형을 만들어낼 수 있는 의식'을 3단계 의식으로 정의하고자 한다. 이 내용을 요약하면 다음과 같다.

> 인간의 의식은 이 세상의 모형을 만들 수 있을 뿐만 아니라, 과거에서 미래로 시간이 흐름에 따라 그 모형이 어떻게 변해가는지도 예측할 수

있다. 이것이 가능하려면 수많은 피드백회로를 조정하고 값을 매길 수 있어야 한다.

진화과정에서 인간의 의식이 3단계에 이르렀을 때 피드백회로가 너무 많았으므로, 미래를 시뮬레이션하고 실시간으로 최종결정을 내리려면 CEO가 반드시 필요했다. 그리하여 인간의 두뇌는 동물과 다르게 진화했는데, 특히 이마 부위에 있는 전두엽이 크게 확장되어 미래를 상상할 수 있게 되었다.

하버드대학교의 심리학자 대니얼 길버트Daniel Gilbert는 자신의 저서에 다음과 같이 적어놓았다. "인간 두뇌의 가장 큰 특징은 현실 세계에 존재하지 않는 물체나 사건을 상상할 수 있다는 점이다. 바로 이 능력 덕분에 인간은 미래를 생각하고 예측할 수 있다. 그래서 한 철학자는 인간의 두뇌를 '미래를 만드는 예측기계'라고 했다."[5]

두뇌스캔을 이용하면 미래에 대한 시뮬레이션이 어느 부위에서 진행되는지 알 수 있다. 여기서 잠시 신경과학자 마이클 가자니가의 설명을 들어보자. "사람의 뇌에서 측면 전두엽피질에 있는 영역 10(내과립층 IV, internal granular layer IV)[6]은 원숭이보다 거의 두 배 가까이 크다. 이 영역은 기억과 계획, 사고의 유연성, 추상적 사고의 원천으로, 적절한 행동을 권장하고 부적절한 행동을 자제하며, 규칙을 습득하고 감각기관을 통해 들어온 다양한 정보 중에서 중요한 것만 골라내는 기능을 수행한다." (영역 10은 주로 최종결정이 내려지는 부위다. 물론 이 기능은 다른 부위에도 분산되어 있지만, 영역 10이 가장 중요한 역할을 한다. 이 책에서는 영역 10을 '배외측 전전두피질dorsolateral prefrontal cortex'로 부르기로 한다.)

다른 동물들도 공간 속에서 자신의 위치를 가늠하고 다른 개체의 존재를 인식할 수 있지만, 그들이 미래를 체계적으로 계획하고 '내일'이라는 개념을 이해하는지는 확실치 않다. 사회적 성향이 있으면서 대뇌변연계가 발달한 동물 대부분은 포식자나 짝을 만났을 때 미래에 대한 계획 없이 주로 본능에 따라 행동한다.

예를 들어 포유류의 겨울잠(동면)은 월동계획의 일환이 아니라, 기온하강에 대한 본능적 반응일 뿐이다. 그들의 뇌 속에는 겨울잠을 조절하는 피드백회로가 작동하고 있다. 동물학자들은 겨울잠이 임박한 동물들을 세밀히 관찰해보았으나, 계획을 세워서 실행에 옮긴다는 증거는 발견되지 않았다. 물론 포식동물이 먹이를 발견하고 은밀하게 접근할 때는 미래에 일어날 사건을 어느 정도 예측하고 있다. 그러나 이 계획은 본능의 범주를 벗어나지 않으며, 그나마 사냥하는 순간에만 잠시 발휘될 뿐이다. 영장류는 음식을 찾을 때 단기적인 계획을 세우기도 하지만, 몇 시간 뒤에 일어날 사건까지 예측한다는 증거는 없다.

그러나 인간은 다르다. 물론 인간도 본능이나 감정에 치우칠 때가 있지만, 다양한 피드백회로를 통해 끊임없이 정보를 분석·평가한다. 게다가 인간은 자신의 수명을 넘어서는 수백, 수천 년 후의 미래까지 시뮬레이션하면서, 최고의 선택을 하기 위해 다양한 가능성을 고려하고 있다. 이 모든 과정은 전전두피질에서 진행된다. 이곳은 미래를 시뮬레이션하고, 모든 가능성을 고려하여 최고의 선택을 내리는 곳이다(물론 여기서 말하는 '최고'란 각자 개인적 관점에서 최고라는 뜻이다–옮긴이).

인간이 이런 능력을 갖추게 된 데에는 몇 가지 이유가 있다. 첫째, 미래를 예측할 수 있으면 포식자를 피하거나 음식과 짝을 찾는 데 엄청나게 유리하다. 둘째, 여러 가지 가능성 중에서 자신이 최선이라고 생각하는 하나를 선택할 수 있으므로 성공확률을 크게 높일 수 있다.

세 번째 이유는 두뇌의 기능을 총괄하는 CEO가 필요했기 때문이다. 0단계 의식에서 1단계, 2단계로 넘어가면 피드백회로가 너무 많아져서 정보의 일관성을 잃게 된다. 이때 본능만으로는 서로 상충하는 정보를 적절하게 조화시킬 수 없다. 이 일을 수행할 수 있는 주체는 CEO뿐이다. 즉, 개개의 피드백회로에서 최적의 값을 추출하는 총괄책임자가 필요한 것이다. 인간의 의식은 CEO가 존재한다는 점에서 동물의 의식과 확연하게 구별된다. CEO는 다양한 피드백회로에서 최적값을 추출한 후, 이로부터 미래를 예측하고 최선의 행동지침을 결정한다. 만일 인간의 두뇌에 CEO가 없다면, 정보의 홍수 속에서 아무것도 결정할 수 없을 것이다.

이것은 간단한 실험으로 입증할 수 있다. 데이비드 이글먼은 수컷 가시고기가 암컷을 만났을 때 어떤 행동을 취하는지 설명해주었다. 수컷은 암컷과 짝짓기를 원하지만, 그와 동시에 자신의 영역을 방어해야 하기 때문에 머릿속이 혼란스러워진다.[7] 서로 상충하는 정보가 들어와 결정을 내리지 못하는 것이다. 그 결과 수컷은 암컷에게 공격과 구애 행동을 동시에 시도한다. 암컷에게 구애하면서 동시에 암컷을 죽이려 드는 것이다.

쥐의 경우도 마찬가지다. 치즈 조각 앞에 전극을 설치해두고 쥐의 행동을 관찰해보면 쉽게 알 수 있다. 쥐가 가까이 다가오면 전극에 스파크가 일면서 쥐를 놀라게 한다. 이때 쥐는 치즈를 먹고 싶어 하면서, 다른 한편으로는 위험을 피해야 한다는 본능이 작동하여 총체적인 혼란에 빠진다. 전극의 위치를 바꿔가면서 실험을 반복하면 쥐는 서로 상충하는 피드백회로 때문에 갈피를 잡지 못하고 우왕좌왕한다. 인간의 뇌에는 CEO가 상주하고 있어서 상황의 이불리利不利를 판단할 수 있지만, 쥐는 피드백회로 두 개가 서로 상충하여 결정을 내리지 못하는 것이다(건초 두 더미 사이에서 어느 쪽을 먹어야 할지 몰라 우왕좌왕하다가 굶어 죽었다는 당나귀의 일화가 떠오른다).

그렇다면 인간의 두뇌는 어떤 과정을 거쳐 미래를 예측하는 것일까? 두뇌는 감각과 감정의 방대한 데이터로 가득 차 있다. 이런 와중에 미래를 예측하려면 사건들 사이의 인과관계를 파악해야 한다. 즉, "사건 A가 일어나면 그 후에 사건 B가 반드시 일어난다"는 식이다. 물론 B가 일어나면 후속 사건 C와 D가 연달아 일어날 수도 있다. 이 일련의 연쇄 사건들은 수많은 '가능성의 가지'로 이루어진 '미래'라는 나무를 만들어내고, 전전두피질에 있는 CEO는 인과율의 나무를 분석하여 최종결정을 내린다.

예를 들어 당신이 은행을 털기로 마음먹었다면, 가능한 결과를 몇 가지나 떠올릴 수 있을까? 이런 경우에 미래를 시뮬레이션하려면 경찰과 군중, 경보장치, 공범자들과의 관계, 도로의 교통상황, 금고의 보안상태 등 다양한 요인을 한꺼번에 고려해야 한다. 따라서 범행이 성공하려면 적어도 수백 가지의 인과관계를 시뮬레이션하여 가치를 판단하고, 이들 중에서 최선의 계획을 선택해야 한다.

이런 수준의 의식은 수치상으로 분석할 수 있다. 평범한 사람에게 위와 비슷한 상황에서 모든 가능한 미래를 떠올리게 한 후, 그가 생각할 수 있는 모든 인과관계를 도표로 작성하여 개수를 헤아리면 된다. [한 가지 문제는 머리에 떠올릴 수 있는 인과관계의 수에 아무런 제한이 없다는 것이다. 그러나 큰 통계집단을 대상으로 여론조사를 시행하여 평균값(A)을 구한 후, 피험자가 떠올린 인과관계의 수(B)를 평균값으로 나누면(B÷A) 이 문제를 피해갈 수 있다. IQ를 산출할 때처럼, 이 숫자에 100을 곱하면(×100) 적절한 수치

여러 종種의 의식수준

수준	종	변수	해당 두뇌 부위
0	식물	온도, 일조량(햇빛)	없음
1	파충류	공간	뇌간
2	포유류	사회적 관계	대뇌변연계
3	인간	시간(특히 미래)	전전두피질

시공간 의식이론. 여기서 의식의 수준은 "여러 개의 변수(공간, 시간, 다른 개체와의 관계 등)로 이루어진 다중 피드백회로를 이용하여 이 세계의 모형을 만들어내는 과정"으로 정의한다. 인간의 의식은 여러 개의 피드백회로를 조정하여 과거를 평가하고 미래를 예측한다는 점에서 다른 동물의 의식과 확연하게 구별된다.

를 얻을 수 있다. 이 방식을 도입하면 평범한 사람의 의식수준은 '3단계:100'이다. 즉, 이 사람이 미래를 시뮬레이션하는 능력은 평균치와 같다는 뜻이다.]

지금까지 언급한 의식수준을 표로 정리하면 위와 같다. [여기 제시된 종(파충류 → 포유류 → 인간)은 생명체의 진화과정과 대충 비슷하다. 그러나 자연에는 이 표에 속하지 않으면서 약간의 예측능력을 보유한 동물도 있다. 심지어 다른 개체와 의사소통하는 단세포동물도 존재한다. 이 표는 동물 종에 따라 의식수준이 어떻게 다른지를 포괄적으로 보여줄 뿐이다.]

유머란 무엇인가? 우리는 왜 감정이 있는가?

모든 과학이론은 반증 가능해야 한다. 반증할 수 없다면 신념이나 종교는 될 수 있어도 과학이론은 될 수 없다. 따라서 내가 제시한 시공간 의식이론도 인간의식의 모든 양상을 설명할 수 있어야 하며, 이 이론으로 설명할 수 없는 사고패턴이 존재한다면 당장 폐기되어야 한다. 비평가들은 "인간의 유머감각은 아주 짧은 순간에 발휘되는 비현실적 능력이므로, 시공간 의식이론으로는 설명할 수 없다"고 주장할지 모른다. 실제로 우리는 꽤 많은 시간을 친구들(또는 코미디언)과 함께 웃으면서 보내지만, 유머는 미래를 예측하는 능력과 아무런 상관이 없다. 하지만 이 점을 생각해보라. 우리가 구사하는 유머와 농담 대부분은 펀치라인(punch line: 연설이나 농담의 핵심이 되는 부분-옮긴이)이 얼마나 적절한가에 따라 그 효과가 좌우된다.

누군가에게 농담을 들었을 때, 우리는 스스로 미래를 시뮬레이션하여 이야기를 완성한 후에야 웃을 수 있다(자신이 그러고 있다는 사실을 전혀 인식하지 못한다 해도, 이 과정은 자연스럽게 진행된다). 우리는 모두 물리적 세계와 사회적 세계에 관하여 충분히 알고 있으므로, 어떤 이야기를 들으면 그 결말을 예측할 수 있다. 그런데 이야기에 펀치라인이 존재하여 예상을 완전히 뒤엎는 결말에 도달하면 갑자기 웃음이 터진다. 따라서 누군가를 웃기려면 그의 예측능력을 의외의 방식으로 순식간에 와해시킬 수 있어야 한다(이것은 진화과정에서도 중요한 요인으로 작용했다. 미래를 예측하는 능력이 삶의 성공 여부를 부분적으로나마 좌우했기 때문이다. 정글에서 살다 보면 의외의 상황에 쉽게 노출될 수 있으므로, 앞날을 내다보는 능력이 뛰어날수록 생존확률 또한 높아진다. 이런 점에서 볼 때 유머감각, 즉 미래를 시뮬레이션하는 능력은 3단계 의식과 지성을 가늠하는 잣대라 할 수 있다).

미국의 코미디언 W.C. 필즈W.C. Fields는 언젠가 젊은이의 사회활동과 관련하여 "젊은 사람들을 위한 클럽(club: '모임'이나 '동호회'라는 뜻 외에 '곤봉'이라는 뜻도 있음-옮긴이)이 정말 있다고 생각하는가?"라는 질문을 받고 이렇게 대답했다. "친절이 먹히지 않으면 당연히 있지요!"

위와 같은 질문을 들으면 누구나 "젊은 사람들을 위한 모임은 당연히 있다"는 식으로 미래를 시뮬레이션한다. 그러나 필즈는 '클럽'이라는 단어를 '무기(곤봉)'로 해석하여 사람들이 미처 떠올리지 못한 미래를 제시했고, 바로 이 지점에서 펀치라인이 작동하여 폭소를 자아낸 것이다(물론 이 농담을 낱낱이 분해하여 재구성하면 더는 농담 역할을 하지 못한다. 분해하는 과정에서 모든 가능한 미래가 이미 시뮬레이션되었기 때문이다).

이 농담은 코미디언이라면 누구나 알고 있는 하나의 사실을 말해준다. 유머의 핵심은 '타이밍'이라는 것이다. 펀치라인이 너무 일찍 제시되면 듣는 사람이 미래를 시뮬레이션할 시간이 부족하여 의외의 결과를 만끽할 수 없고, 펀치라인이 너무 늦게 제시되면 모든 가능한 미래가 이미 시뮬레이션되어 농담의 기능을 상실한다. [농담은 웃음을 유도하여 긴장을 해소하는 것 외에 다른 기능이 있다. 악의 없는 농담은 동족(또는 친구들) 사이의 유대관계를 더욱 돈독하게 해준다. 실제로 우리는 다른 사람의 성격을 판단하는 수단으로 농담을 구사하는 때가 종종 있다. 나의 농담에 크게 반응하는 사람은 나에게 호의적인 사람일 가능성이 높다. 이것은 2단계 의식(사회성)에서 나의 위치를 결정하는 중요한 요인으로 작용한다.]

인간은 왜 가십거리와 놀이를 좋아하는가?

시공간 의식이론은 한가하게 잡담을 나누거나 친구들과 법석을 떠는 등 단순한 행동의 원인도 설명할 수 있어야 한다. (만일 화성인이 지구의 슈퍼마켓을 방문하여 계산대 옆에 잔뜩 쌓인 잡지를 본다면, 그는 지구인에게 가장 중요한 행동이 잡담이라고 생각할 것이다. 이것은 결코 과장된 이야기가 아니다!)

사람들 간의 사회적 역학관계는 끊임없이 변하고 있으므로, 잡담(가십, gossip)은 인간의 생존에 필수적이다. 변하는 관계 속에서 살아남으려면 현재 자신이 속한 사회의 지형도를 꾸준히 업그레이드해야 하는데, 이 과정은 2단계 의식에서 진행된다. 그러나 일단 가십을 한 토막이라도 들으면, 즉각적으로 앞날을 시뮬레이션하여 이 가십이 공동체에서 자신의 위치에 어떤 영향을 미치는지 가늠하게 되고, 이 과정에서 우리의 의식은 3단계로 넘어간다. 지금으로부터 수천 년 전, 가십은 자신이 속한 공동체의 정보를 수집하는 유일한 수단이었으며, 최신 가십의 수집 여부가 삶의 질을 좌우했다.

삶에 별로 도움될 것 같지 않은 각종 '놀이play'도 의식의 중요한 부분을 차지한다. 아이들에게 "왜 노는 걸 좋아하느냐"고 물어보면, 당장 "재미있으니까요!"라는 대답이 돌아온다. 당연한 이야기다. 그런데 '재미'란 대체 무엇일까? 사실 아이들이 좋아하는 놀이 대부분은 어른들의 사회활동을 간단한 형태로 재현한 것이다. 어린이들이 이해하기에는 실제 사회가 너무 복잡하기 때문에, 아이들은 어른들의 사회를 단순한 게임 형태로 바꿔서 시뮬레이션한다. 병원놀이, 경찰놀이, 인형놀이, 학교놀이 등 대부분이 이런 식이다. 그리고 모든 게임은 어른들이 하는 행동 일부를 직접 실행하면서 미래를 시뮬레이션하는 식으로 진행된다(포커와 같은 어른용 게임도 이와 비슷하다. 포커를 치는 사람들은 패를 돌릴 때마다 미래모형을 만들고, 지금까지 공개된 카드와 각 개인의 성향, 블러핑 가능성 등 다양한 데이터에 기초하여 자신의 모형을 앞으로 펼쳐질 상황에 투영한다. 체스나 카드게임, 도박과 같은 성인용 놀이에서도 가장 중요한 것은 미래를 시뮬레이션하는 능력이다. 일반적으로 동물들은 게임에 취약한

데, 특히 무언가를 계획하는 능력은 사람보다 한참 떨어진다. 어린 동물들은 놀이를 좋아하는 것처럼 보이지만, 사실 이것은 미래를 시뮬레이션하는 행동이 아니라 근력을 키우고 미래에 있을 싸움을 연습하며, 무리 안에서의 서열을 미리 탐색하는 행동으로 보아야 한다).

내가 제안한 시공간 의식이론은 여전히 논쟁의 대상이 되는 '지능'에 관해서도 그럴듯한 실마리를 제공한다. 많은 사람은 IQ 테스트를 "지능을 측정하는 시험"으로 생각하지만, 사실 지능은 아직 정의조차 내려지지 않았다. 그래서 일부 비평가들은 IQ 테스트가 "IQ 시험을 얼마나 잘 보는지 테스트하는 시험"이라며 냉소적인 반응을 보이고 있다. 게다가 어떤 학자들은 IQ 테스트가 "특정 문화권에 유리하도록 편향되어 있다"고 주장하기도 한다. 그러나 시공간 의식이론을 받아들인다면, 지능은 미래 시뮬레이션의 복잡한 정도를 가늠하는 수치로 생각할 수 있다. 글을 읽거나 쓸 줄 모르고 IQ도 매우 낮은 범죄자들이 경찰의 수사망을 피해가며 뛰어난 능력을 발휘하는 것은 이런 맥락에서 이해할 수 있을 것이다. 이들이 경찰을 능가하는 이유는 미래를 시뮬레이션하는 능력이 경찰보다 뛰어나기 때문이다.

1단계: 의식의 흐름

인간은 지구에서 유일하게 모든 단계의 의식을 가진 생명체일 것이다. MRI를 이용하면 각 의식단계에 대응하는 두뇌구조를 분리해낼 수 있다.

1단계 의식의 흐름은 대부분이 전전두피질과 시상thalamus 사이에

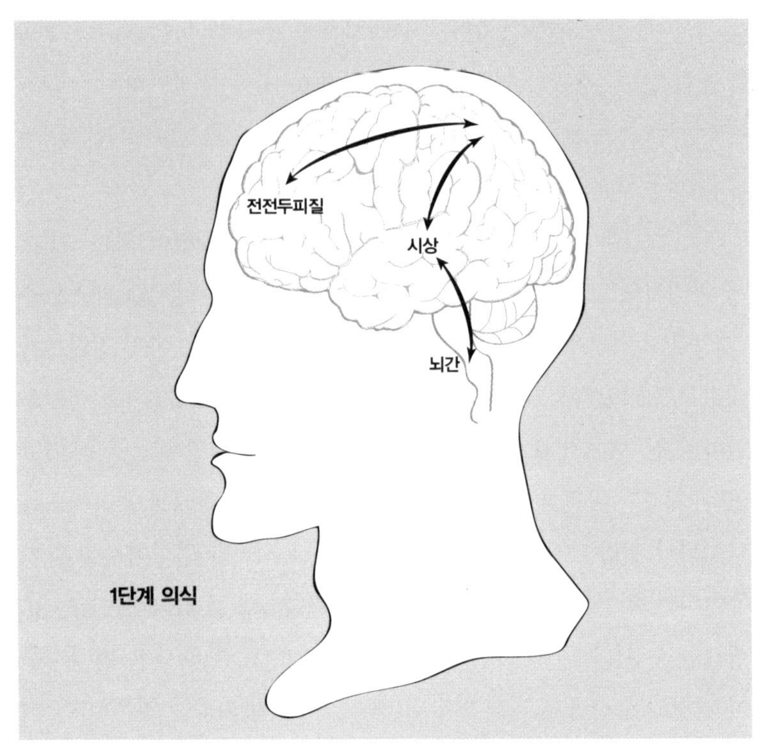

1단계 의식에서 감각정보는 뇌간과 시상을 거쳐 다양한 두뇌피질로 전달되며, 전전두피질에서 최종결정을 내린다. 따라서 1단계 의식의 흐름은 시상에서 전전두피질로 정보가 흐르면서 탄생한다.

서 이루어진다. 공원에서 산책하며 한가로운 생각에 잠길 때, 우리는 나무의 향기와 바람에 실려오는 감미로운 냄새, 그리고 쏟아지는 햇빛과 아이들의 노는 소리 등 모든 감각을 동시에 느낀다. 감각기관을 통해 외부에서 들어온 신호는 척수와 뇌간을 거쳐 중계국에 해당하는 시상에 도달하고, 여기서 분류된 정보는 두뇌의 다양한 피질로 전송된다. 예를 들어 공원의 풍경은 후두피질occipital cortex에 전달되고, 바람의 촉감은 두정엽으로 전달되는 식이다. 뇌의 다양한 피질들이 접수된 신호를 분석하여 전전두피질로 보내면, 이 모든 상황에 관한 인식이 종합적으로 떠오르게 된다.

이 과정은 옆 페이지의 그림에 나타나 있다.

2단계: 집단 속에서 자신의 위치를 파악하다

1단계 의식은 감각정보를 이용하여 공간 속에서 자신의 물리적 위치를 말해주는 모형을 만드는 반면, 2단계 의식은 집단(사회) 속에서 자신의 위치를 말해주는 모형을 만들어낸다.

당신이 칵테일 파티에 참석했다고 가정해보자. 이 파티에는 당신의 직장생활에 영향을 줄 만한 사람들이 모두 모여 있다. 당신은 파티장을 둘러보며 같은 직장에 근무하는 사람들을 골라낸다. 이럴 때 당신의 뇌에서 가장 바쁜 부분은 해마(기억처리)와 편도체(감정처리) 그리고 전전두피질(모든 정보의 종합)이다. 시야에 어떤 영상이 들어올 때마다 당신의 두뇌는 행복, 두려움, 분노, 질투 등 특정한 감정을 결부하고, 이 감정은 편도체에서 처리된다.

그 자리에 당신의 최대 라이벌이 와 있다면 당신의 편도체는 "그가 뒤에서 공격할지 모른다"는 두려움을 만들어내고, 전전두피질에 위험신호를 보낸다. 그와 동시에 내분비계로 신호가 전송되어 아드레날린을 비롯한 호르몬이 피에 유입되고, 심장박동이 빨라지면서 당신은 투쟁-도피 반응(fight-or-flight response: 긴박한 위협에 직면했을 때 자동으로 나타나는 생리적 각성상태-옮긴이)을 보이게 된다(이 과정은 92페이지의

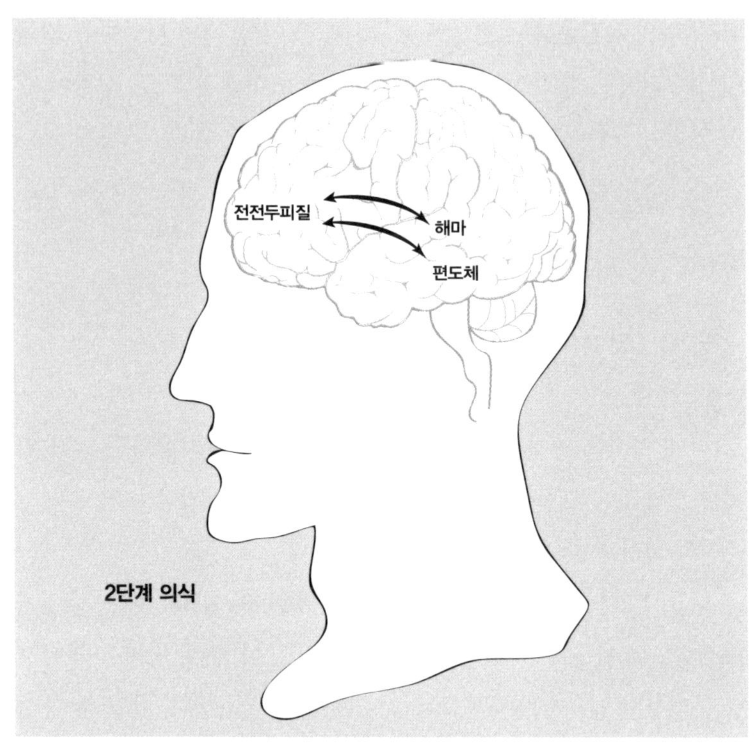

감정은 대뇌변연계에서 생성된 후 적절한 과정을 거쳐 처리된다. 2단계 의식에서 우리는 정보의 홍수 속에 파묻혀 있다. 그러나 비상사태에 처하면 감정은 전전두피질의 최종재가를 받지 않고 대뇌변연계를 거쳐 빠른 반응을 유도한다. 또한 비상사태에서는 과거 사례를 참조해야 하므로, 기억을 관장하는 해마 역시 중요한 역할을 한다. 그러므로 2단계 의식이 생성되는 핵심 부위는 편도체와 해마 그리고 전전두피질이라고 할 수 있다.

그림에 나타나 있다).

그러나 이 와중에도 두뇌는 사람을 알아보는 것 외에 다른 기능을 수행한다. 그중에서 가장 중요한 기능은 다른 사람들의 생각을 짐작하는 것이다. 인간은 스스로 깨닫지 못하는 사이에도 항상 나른 사람들의 생각을 읽기 위해 노력한다. 이것이 바로 펜실베이니아대학교의 데이비드 프리맥David Premack 박사가 처음 제안했던 '마음이론Theory of Mind'이다. 복잡한 사회에서 다른 사람들의 의도와 감정, 계획 등을 파악하는 능력이 있는 사람은 그렇지 않은 사람보다 생존확률이 훨씬 높다. 마음이론에 의하면 우리는 다른 사람들과 동맹을 맺고, 적을 고립시키고, 친분을 돈독히 하려고 늘 노력한다. 그래야 자신의 영향력과 생존확률이 높아지고 좋은 짝을 찾을 기회가 많아지기 때문이다. 인류학자 중에는 "마음이론에 통달하려는 욕구가 두뇌의 진화를 촉진했다"고 주장하는 사람도 있다.

다른 사람의 마음을 읽는 능력은 어떤 과정을 거쳐 발현되는 것일까? 그 실마리는 1996년 자코모 리촐라티Giacomo Rizzolatti와 레오나르도 포가시Leonardo Fogassi 그리고 비토리오 갈레세Vittorio Gallese가 거울뉴런mirror neuron을 발견하면서 풀리기 시작했다. 이 뉴런은 당신이 어떤 특정한 작업을 수행하거나 다른 사람이 이 작업을 수행하는 것을 볼 때 활성화된다(거울뉴런은 물리적 행동뿐만 아니라 감정에도 반응한다. 즉, 당신이 어떤 특정한 감정을 느끼거나, 다른 사람이 이와 동일한 감정을 느낀다는 생각이 들 때도 거울뉴런이 활성화된다).

거울뉴런은 누군가(또는 무언가)를 흉내 내거나 공감하는 데 핵심적인 역할을 한다. 다른 사람이 수행한 복잡한 과제를 당신이 똑같이 재현하거나 다른 사람이 느낀 감정을 함께 느끼면서 공감대를 형성할 수 있는 것은 모두 거울뉴런 덕분이다. 집단을 형성하고 유지하려면 상호 간의 협조가 필수적이므로, 거울뉴런은 아마도 진화의 필연적 산물일 것이다.

거울뉴런은 원숭이 두뇌의 전운동영역(前運動領域, premotor area)에서 처음으로 발견되었으며, 얼마 후 사람의 전전두피질에서도 발견되었다. V. S. 라마찬드란 박사는 거울뉴런이 자아를 인식하는 데 핵심적인 역할을 한다면서 다음과 같이 결론지었다. "심리학에서 거울뉴런의 역할은 생물학에서 DNA가 하는 역할과 비슷하다. 거울뉴런은 지금까지 실험으로 확인할 수 없었던 인간의 정신능력에 관하여 많은 부분을 설명해줄 것이다."[8] (그러나 다시 한 번 강조하건대 과학이론은 검증 가능해야 하며, 몇 번이고 재확인할 수 있어야 한다. 특정한 뉴런이 '공감'과 '흉내 내기' 등 집단생활에 필수적인 행동을 유발한다는 사실은 분명하지만, 거울뉴런의 존재 여부에 관해서는 다소 논란의 여지가 있다. 예를 들어 일부 비평가들은 "이런 행동을 전담하는 특정 뉴런이 존재하는 것이 아니라, 다양한 뉴런들이 공동으로 관리하고 있다"고 주장한다.)

3단계: 미래 시뮬레이션하기

3단계 의식은 의식의 가장 높은 단계이자 호모 사피엔스(Homo sapiens, 인간)와 가장 가까운 단계이다. 이런 수준의 의식을 가진 동물은 자신이 속한 세상의 모형을 만들 수 있을 뿐만 아니라, 상상 속에서 시간을 미래로 이동하여 모형을 시뮬레이션할 수도 있다. 우리는 사람과 사건에 관한 과거의 기억을 분석하고, '인과의 나무causal tree'로부터 다양한 인과관계를 조합하여 미래를 시뮬레이션한다. 칵테일 파티에 참석한 당신은 수많은 얼굴을 스캔하면서 스스로 자문한다. "이 사람들은 나에게 어떤 도움이 되는가? 이 방에서 떠도는 소문과 가십거리는 미래의 나에게 어떤 영향을 미칠 것인가? 누군가가 나를 해코지하지는 않을까?"

예를 들어 당신이 최근에 실직하여 새 직장을 애타게 찾고 있다고 가정해보자. 이런 상황에서 칵테일 파티에 참석했다면, 당신은 사람과 마주칠 때마다 미래를 열심히 시뮬레이션할 것이다. 어떻게 해야 이 사람에게 나를 각인할 수 있을까? 나의 장점을 부각하려면 어떤 말을 꺼내야 할까? 그는 나에게 일자리를 제안할 만한 사람인가?

최근 들어 과학자들은 두뇌스캔을 통해 인간의 뇌가 미래를 시뮬

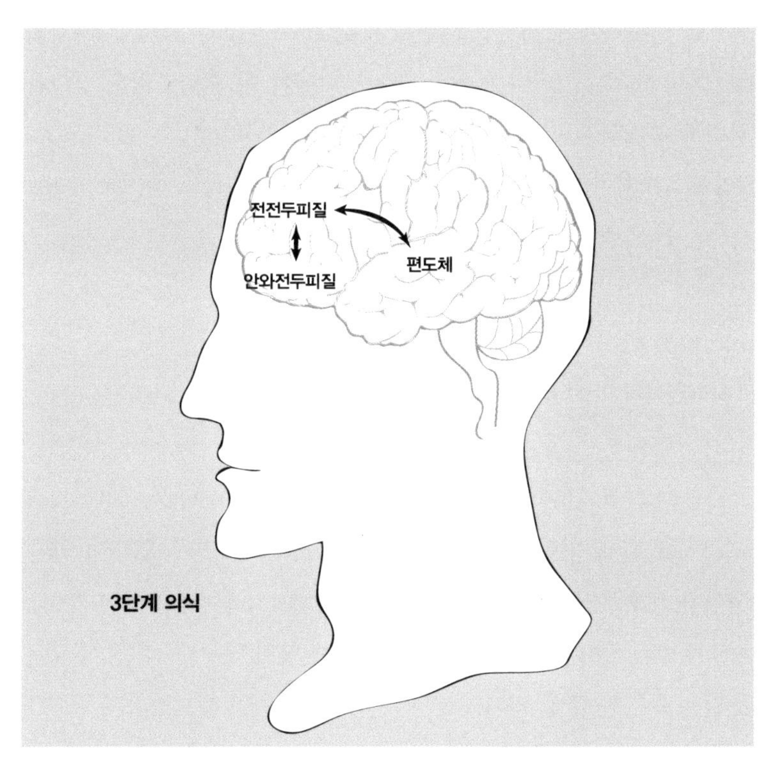

3단계 의식의 핵심기능인 미래 시뮬레이션은 두뇌의 CEO에 해당하는 배외측 전전두피질에서 진행된다. 이곳에서는 쾌락중추와 안와전두피질(충동을 억누르는 부분)이 서로 경쟁을 벌이는데, 대충 말하자면 프로이트가 말했던 "양심과 욕망 사이의 갈등"과 비슷하다. 미래 시뮬레이션은 전전두피질이 과거의 기억을 참조하면서 비로소 시작된다.

레이션하는 과정을 부분적으로 알아냈다. 시뮬레이션이 주로 진행되는 부분은 CEO가 상주하는 배외측 전전두피질dorsolateral prefrontal cortex로서, 과거의 기억이 중요한 자료로 사용된다. 미래를 시뮬레이션한 결과, 바람직하고 유쾌한 결과가 예상되면 신경핵과 시상하부에 있는 쾌락중추pleasure center가 활성화되고, 반대로 실망스러운 결과가 예상되면 안와전두피질에서 위험신호를 방출한다. 그래서 좋은 결과와 나쁜 결과가 모두 예상되면 두뇌의 각기 다른 부위에서 상반된 신호를 방출하여 총체적인 혼란에 빠진다(우리는 이런 상황을 흔히 '갈등'이라고 표현한다). 그러나 배외측 전전두피질이 이 혼란스러운 상황을 정리하여 결국은 하나의 최종결정을 내리게 된다(일부 신경과학자들의 주장에 의하면, 이 갈등은 프로이트의 에고ego와 이드id 그리고 슈퍼에고superego 사이의 역학관계와 비슷하다). (95페이지 그림 참조)

자아인식의 미스터리

시공간 의식이론이 옳다면, 이로부터 자아인식(自我認識, self-awareness)에 관하여 유용하면서 검증 가능한 정의를 내릴 수 있어야 한다. 정의가 모호하거나 순환참조식(참조대상이 서로 맞물려서 결국 아무것도 참조할 수 없는 상황-옮긴이)이면 별로 도움이 되지 않는다. 나는 이 모든 조건을 숙고한 끝에, 자아인식을 다음과 같이 정의해보았다.

자아인식이란 자신이 등장하는 미래모형을 만들어 시뮬레이션하는 행위다.

동물도 생존과 짝짓기를 위해 자신의 현 위치를 파악해야 하므로, 이 정의에 의하면 약간의 자아인식을 하는 셈이다. 그러나 동물의 자아인식은 본능의 수준을 넘어서지 못한다.

동물을 거울 앞에 세워놓으면 갑자기 공격적으로 변하거나 아예 무관심한 반응을 보인다. 거울에 비친 영상이 자신이라는 사실을 인지하지 못하기 때문이다(흔히 '거울테스트'로 알려진 이 실험은 동물의 지적능력을 가늠하는 목적으로 다윈 시대부터 실행되어왔다). 하지만 모든 동물이 그런 것은 아니다. 유인원이나 코끼리, 큰돌고래, 범고래 그리고 까치와 같은 동물들은 거울 속의 동물이 자신임을 알아채고 그에 합당한 반응을 보인다.

그러나 인간은 이 방면에서 동물과 비교가 안 될 정도로 진보하여, 자신이 주인공으로 등장하는 미래를 끊임없이 시뮬레이션해왔다. 우리는 새 파트너와 데이트를 하고, 새 직장에 지원하고, 새로운 경력을 쌓는 등 다양한 상황을 끊임없이 상상하고 있으며, 이 모든 것은 본능과 전혀 무관하다. 게다가 이것은 단순한 능력이 아니라 필사적인 욕구에 가깝다. 미래에 대한 시뮬레이션이 어찌나 왕성한지, 그것을 멈추기가 거의 불가능할 정도다. 흔히 "명상을 하면 잡념이 사라진다"고 하는데, 여기서 말하는 잡념이란 주로 시뮬레이션을 뜻한다. 그리고 해본 사람은 알겠지만, 눈을 감고 가만히 앉아 있는다고 해서 잡념이 사라지는 것은 결코 아니다.

예를 들어 '몽상夢想'은 자신의 목적을 이루기 위해 현실과 전혀 다른 상황을 상정하고, 그곳에서 자신의 행동을 시뮬레이션하는 행위이다. 우리는 현실 세계에서 자신의 한계를 잘 알고 있으므로(이것을 모르면 실수가 잦아질 뿐 아니라 사람들에게 좋은 대접을 받기 어렵다), 이 한계를 벗어나는 가장 쉬운 방법은 가상의 세계에 가상의 시나리오를 적용하여 플레이 버튼을 누르는 것이다. 일단 시뮬레이션을 시작하면 우리는 연극배우처럼 자신이 맡은 역할에 몰두하며 행복한 상상 속으로 빠져든다.

'나'는 어디에 있는가?

인간의 두뇌에는 좌-우뇌에서 생성된 신호를 하나로 매끄럽게 결합하여 '나'라는 인식을 만들어내는 부위가 어딘가에 존재할 것이다. 다트머스대학Dartmouth College의 심리학자 토드 헤더튼Todd Heatherton 박사는 이 부위가 전전두피질의 일부인 '내측 전전두피질medial prefrontal cortex'일 것으로 추정하고 있다. 생물학자 칼 짐머Carl Zimmer는 자신의 저서에 다음과 같이 적어놓았다. "해마가 기억을 관장하는 것처럼, 내측 전전두피질은 '나'라는 인식을 관장한다. '나'와 관련된 감각들은 이 부위에서 끊임없이 하나로 합쳐진다."[9] 즉, 내측 전전두피질은 '나'라는 개념으로 들어가는 입구로서, 정보를 조합하고 융합하여 내가 누구인지를 총체적으로 인식하는 부위라고 할 수 있다(그렇다고 해서 내측 전전두피질이 모든 것을 관장하는 뇌 난쟁이라는 뜻은 아니다).

이 이론이 옳다면, 나 자신이나 친구들을 떠올리며 한가한 상념에 빠져들 때 뇌의 다른 부위들이 잠들어 있어도 내측 전전두피질은 평소보다 바쁘게 작동할 것이다. 실제로 두뇌스캔을 해보면 이것이 어느 정도 사실임을 알 수 있다. 그래서 헤더튼 박사는 다음과 같이 결론지었다. "우리는 상념에 잠길 때, 대부분의 시간을 자신에게 일어났던 일이나 다른 사람을 생각하며 보낸다. 그리고 이 과정에서 자연스럽게 자신을 되돌아보게 된다."[10]

시공간 의식이론에 의하면 의식은 두뇌의 하부단위subunit로부터 형성되며, 각 단위는 우위를 점하기 위해 서로 경쟁하고 있다. 그러나 우리의 의식은 이 복잡한 상황을 인지하지 못한 채 매끄럽고 연속적인 느낌을 낳는다. 외부에서 어떤 방해가 들어와도 '나'라는 존재는 항상 느낄 수 있다. 이런 일이 어떻게 가능한 것일까?

앞장에서 우리는 좌-우뇌의 연결고리가 끊어진 환자들의 사례를 살펴보았다. 개중에는 '독립된 마음이 있는 다른 손'을 제어하지 못하여 생명의 위협까지 느끼는 사람도 있었다. 이런 정황으로 볼 때, 아무래도 우리의 두뇌 속에는 두 개의 의식이 공존하는 것 같다. 그렇다면 하나로 통일된 '나'라는 느낌은 대체 어디서 만들어지는 것일까?

마이클 가자니가 박사는 지난 수십 년 동안 좌-우뇌가 단절된 환자를 집중적으로 연구해온 신경과학자로서, 자타가 공인하는 이 분야 전문가다.[11] 그와 인터뷰하면서 위와 같은 질문을 던졌더니, 그는 이렇게 대답했다. "내가 보기에 하나의 뇌 안에는 서로 다른 두 개의 의식이 공존하는 것 같다. 그런데 뇌분리 환자가 역설적인 상황에 놓이면 도저히 이해할 수 없는 이상한 설명을 늘어놓곤 한다. 도저히 양립할 수 없는 두 객체를 억지로 끌어다 붙이거나 없는 이야기를 지어내는 등 말도 안 되는 논리를 펼쳐가며 어떻게든 하나의 결론을 이끌어낸다." 가자니가 박사는 이런 행위가 "나는 하나의 통일된 존재"라는 착각을 불러일으킨다고 했다. 좌뇌는 앞뒤가 맞지 않거나 연결고리가 끊긴 스토리를 어떻게든 이어놓는다. 그래서 가자니가는 좌뇌를 일종의 '해석장치interpreter'로 간주하고 있다.

그는 한 실험에서 환자의 좌뇌에 '붉은색'이라는 단어를 보여주고 우뇌에는 '바나나'라는 단어를 보여주었다(즉, 전체적인 우위는 좌뇌가 점거하고 있지만, 좌뇌는 '바나나'라는 단어가 입력되었음을 알지 못한다). 그리고 환자의 왼손에 펜을 쥐여주고(왼손은 우뇌의 지배를 받는다) 그림을 그려보라고 했더니, 그는 자연스럽게 바나나를 그렸다. 우뇌를 통해 '바나나'라는 정보가 이미 입력되었기 때문이다. 그러나 이 환자의 좌뇌는 이런 사실을 전혀 모르고 있다.

그 후 가자니가는 환자에게 "왜 바나나를 그렸느냐"고 물어보았다. 언어중추는 좌뇌에 있기 때문에, 환자가 질문에 답하려면 좌뇌를 사용해야 한다. 그런데 좌뇌는 바나나에 관해 전혀 모르므로, 당연히 "나도 잘 모르겠다"는 답이 나와야 할 것 같다. 그러나 환자는 엉뚱하게도 "왼손으로 그리기 제일 쉬운 그림이 바나나 같아서 그려봤다"고 했다. 좌뇌는 왼손으로 왜 바나나를 그렸는지 전혀 알지 못하면서도, 어떻게든 합당한 이유를 대려고 노력했던 것이다.

가자니가 박사의 결론은 다음과 같다. "인간은 혼돈 속에서 질서를 찾고 모든 것을 하나의 일관된 스토리로 엮으려는 경향이 있으며, 이 모든 것을 좌뇌가 관장한다. 아무런 규칙이 없는 풍경에서 어떻게든 패턴을 찾아내려 애쓰고 다양한 가설을 내세우는 것도 이와 같은 성향 때문일 것이다."[12]

하나로 통일된 '나'라는 느낌은 바로 여기서 발생한다. 의식 속에는 서로 경쟁하면서 종종 모순까지 일으키는 여러 경향이 혼재되어 있지만, 좌뇌는 모든 불일치를 무시하고 논리의 틈새를 어떻게든 메워서 '나'라는 하나의 느낌을 만들어낸다. 다시 말해서 좌뇌는 이 세상의 타당성을 유지하기 위해 때로는 경솔하고 불합리한 변명을 끊임없이 늘어놓는 것이다. 심지어 답이 존재하지 않는 때조차 좌뇌는 "왜?"라는 질문을 퍼부으며 변명거리를 만들어내고 있다(두뇌가 양분된 데에는 진화적 요인도 작용했을 것이다. 유능한 CEO는 부하직원이 자신과 다른 의견을 주장하도록 유도한다. 그래야 다양한 요인을 고려하여 최선의 결과를 도출할 수 있기 때문이다. 또는 잘못된 생각을 집요하게 파고들다가 올바른 결론에 도달하는 경우도 있다. 이와 마찬가지로 좌-우뇌는 하나의 생각에 관하여 비관적/낙관적, 또는 분석적/총체적 관점을 내세우면서 서로 부족한 부분을 보완하고 있다. 즉, 좌-우뇌는 서로 적이면서 동지이기도 하다. 앞으로 언급하겠지만, 이 절묘한 균형이 무너지면 특정한 종류의 정신병에 시달리게 된다).

이로써 우리는 의식을 설명하는 이론을 손에 넣었다. 이 이론을 잘 활용하면 신경과학의 미래를 어느 정도 짐작할 수 있다. 신경과학자들은 지금까지 방대한 실험데이터를 얻어냈고, 이 결과를 분석하면 과학계 전체가 근본적인 변화를 겪게 될 것이다. 과학자들은 전자기학을 십분 활용하여 사람의 생각을 읽거나 먼 곳으로 전송하게 되었으며, 생각만으로 물체를 움직이거나 기억을 저장하게 되었다. 앞으로는 지능을 향상하는 기술이 개발될지도 모를 일이다.

이 새로운 기술을 과연 어디에 적용할 수 있을까? 아마도 가장 관심을 끄는 분야는 과거에 불가능하다고 생각했던 텔레파시(telepathy: 정신감응)일 것이다.

MICHIO KAKU

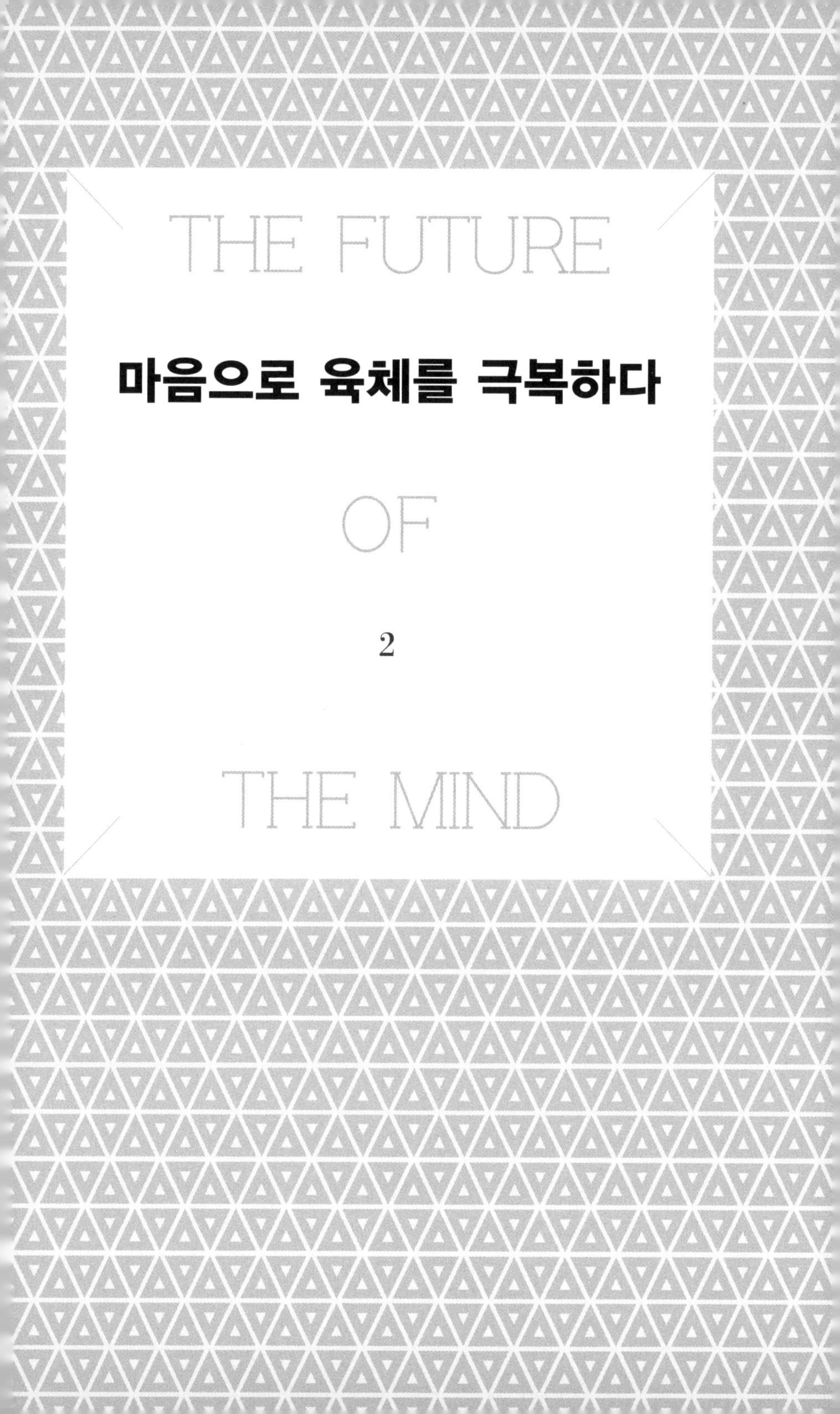
THE FUTURE
마음으로 육체를 극복하다
OF
2
THE MIND

인간의 두뇌는 정교한 기계장치다. 당신이 좋건 싫건 간에,
이것은 분명한 사실이다. 과학자들이 이런 결론에 도달한 것은
그들이 사람들의 생각에 초치기 좋아하는 심술꾼이어서가 아니라,
눈앞에 드러난 실험데이터를 부정할 수 없었기 때문이다.
인간의 모든 의식은 두뇌 속에 요약되어 있다.

_ 스티븐 핀커Steven Pinker

3
텔레파시: 무슨 생각을 그리 골똘히 하는가?

일부 역사가들은 역사상 가장 위대한 마술사로 해리 후디니(Harry Houdini: 1900년대 초에 미국에서 활동했던 헝가리 출신의 마술사-옮긴이)를 꼽는다. 생전에 그는 기적 같은 탈출마술과 죽음을 초월한 듯한 스턴트 묘기를 선보이며 관객들의 넋을 완전히 빼앗곤 했다. 그는 사람을 사라지게 한 후 의외의 장소에 다시 나타나게 할 수 있었고, 사람들의 생각을 읽을 수도 있었다.

당시 사람들 대부분은 그의 마술이 진짜라고 믿었다. 그러나 말년에 후디니는 자신이 보여줬던 모든 마술이 교묘한 손놀림과 착시를 이용한 트릭이었으며, 사람의 마음을 읽는 것은 절대 불가능하다고 고백했다. 또한 그는 비양심적인 마술사들이 값싼 손재주를 마술인 양 속이면서 부자고객들의 돈을 뜯어내는 데 격분하여, 전국을 돌아다니며 각종 마술과 독심술의 속임수를 대중 앞에 공개했다. 그리고

〈사이언티픽 아메리칸Scientific American〉의 위원회에 가입하여, "자신이 초능력자임을 증명하는 사람에게 거액의 상금을 주겠다"고 선언했다(결국 이 상금은 아무에게도 수여되지 못했다).

후디니는 텔레파시(telepathy: 정신감응)가 불가능하다고 믿었다. 그러나 지금 과학자들은 후디니가 틀렸음을 입증하고 있다.

요즘 텔레파시는 전 세계 대학에서 중요한 연구과제로 떠오르고 있다. 과학자들은 이미 최첨단 센서를 이용하여 사람의 뇌 속에 떠오른 단어와 영상 그리고 생각을 읽어내는 데 성공했다. 이 기술을 이용하면 뇌졸중이나 교통사고로 뇌를 다쳐 의사소통할 수 없는 환자들도 거의 정상에 가까운 삶을 누릴 수 있다. 눈을 깜빡이는 행위만으로 자기 생각을 표현하거나 행동으로 옮길 수 있기 때문이다. 그러나 이 정도는 시작에 불과하다. 텔레파시는 인간이 컴퓨터를 비롯한 외부세계와 소통하는 방식을 근본적으로 바꿔놓을 것이다.

최근 들어 IBM의 과학자들은 향후 5년 사이에 일어날 혁명적 변화 5가지를 예견하는 'Next 5 in 5 Forecast' 모임에서 "앞으로 마우스와 음성입력장치가 사라지고, 사람과 컴퓨터는 정신적으로 교류하게 될 것"이라고 했다.[1] 다시 말해서 생각만으로 친구들에게 전화를 걸고, 신용카드대금을 내고, 자동차를 운전하고, 지인들과 약속을 잡고, 아름다운 교향곡과 예술작품을 창조할 수 있다는 뜻이다. 텔레파시의 가능성은 실로 무궁무진하다. 지금 컴퓨터 전문가들과 교육자, 비디오게임 회사와 뮤직 스튜디오, 심지어는 미국 국방성까지 이 기술에 지대한 관심을 보이고 있다.

공상과학영화나 판타지소설에 자주 등장하는 '진짜 텔레파시'는 말 그대로 공상이나 판타지일 뿐이다. 이런 일은 외부 도움 없이 절대로 일어날 수 없다. 앞서 말한 바와 같이 우리의 뇌는 전기를 띠고 있으며, 일반적으로 전자가 가속되면 전자기 복사를 방출한다. 두뇌 안에서 진동하는 전자도 일종의 라디오파를 방출하고 있다(진동은 원리적으로 가속운동에 속한다. 그리고 라디오파는 전자기파의 일부다—옮긴이). 그러나 이 신호는 강도가 너무 미약해서 다른 사람에게 전달되지 않을뿐더러 설사 전달된다고 해도 아무런 영향을 주지 않는다. 인간에게는 무작위 라디오파 신호를 해독하는 능력이 없기 때문이다. 그러나 컴퓨터는 할 수 있다. 지금 과학자들은 EEG(뇌전도) 스캔을 통해 사람의 생각을 대략적으로나마 읽을 수 있는데, 그 원리는 다음과 같다. 우선 피험자에게 EEG 전용센서가 주렁주렁 달린 전용헬멧을 씌운다. 물론 이 센서는 피험자의 생각을 컴퓨터로 전송하는 장치다. 그 후 여러 장의 그림(예를 들면 자동차 등)을 차례대로 보여주면 피험자는 그림에 집중하면서 다양한 생각을 떠올릴 것이고, 개개의 그림에 대응하는 EEG 신호가 일종의 '사전'처럼 컴퓨터에 저장된다. 그다음, 피험자에게 이전과 다른 자동차 사진을 보여주고 이때 컴퓨터로 전송된 EEG 신호를 분석하여 이미 만들어진 사전과 비교하면, 컴퓨터는 피험자가 본 그림이 자동차임을 알아낼 수 있다. 즉, 컴퓨터가 사람의 마음을 읽은 것이다.

EEG 센서의 장점은 피험자의 생각을 방해하지 않으면서 작동속도가 빠르다는 것이다. 특수 제작된 헬멧을 쓰고 편하게 앉아 생각을 떠올리면, EEG는 거의 100만 분의 1초마다 한 번씩 피험자의 생각을 읽어낼 수 있다. 한 가지 단점은 뇌에서 발생한 전자기파가 두개골을 통과하면서 크게 약해지기 때문에, 발생지점을 정확하게 파악할 수 없다는 것이다. 즉, EEG는 당신이 자동차나 집을 생각한다는 것까지는 알 수 있지만, 자동차와 집의 구체적인 영상을 만들어내지는 못한다. 이 점을 보완한 과학자가 바로 잭 갤런트Jack Gallant 박사다.

마음의 동영상

버클리에 있는 캘리포니아대학교는 내가 이론물리학 박사학위를 받은 모교이자 EEG 스캔의 세계적 중심지이기도 하다. 이곳에서 연구를 진행 중인 갤런트 박사와 그의 연구팀은 한때 불가능하다고 생각했던 일을 성공적으로 구현했다. 그것은 바로 사람의 생각을 비디오테이프에 담는 것이다.[2] 갤런트 박사는 말한다. "우리 팀이 얻은 결과는 인간의 내면세계를 재구성하는 데 큰 역할을 할 것이다. 지금 우리는 마음으로 가는 창문을 막 열어놓은 상태다."[3]

내가 갤런트 박사의 연구소를 방문했을 때, 제일 먼저 눈에 띈 것은 젊고 열정적인 한 무리의 대학원생들이었다. 그들은 모니터에 뜬 피험자의 두뇌스캔 동영상을 뚫어지게 바라보면서 의미를 해석하고 있었다. 한마디로 그곳은 과학의 역사가 쓰이는 현장, 바로 그 자체였다.

갤런트 박사는 EEG 스캔의 전 과정을 자세히 설명해주었다. 우선 피험자를 들것에 눕혀서 300만 달러가 넘는 최신형 MRI에 머리부터 천천히 집어넣은 후 짧은 동영상 몇 개를 그에게 보여준다(이것은 유투브YouTube에서 쉽게 찾을 수 있는 평범한 영상들이다). 충분한 데이터를 얻으려면 몇 시간 동안 꼼짝하지 않은 채 수백 개의 동영상을 봐야 하는데, 피험자로서는 그야말로 고역이 아닐 수 없다. 이런 지원자를 찾기가 쉽지 않을 것 같아 박사후과정(Post-doc: 포스트닥)에 있는 신지 니시모토Shinji Nishimoto에게 비결을 물어봤더니, "이곳의 대학원생과 포스트닥들은 연구를 위해 기꺼이 기니피그가 되어준다"고 했다.

피험자가 동영상을 보는 동안 MRI는 두뇌의 혈류 흐름도를 3차원 영상으로 만들어낸다. 이 영상은 3천 개의 점(복셀, voxel)으로 이루어져 있는데, 개개의 점은 신경에너지가 발생한 위치를 나타내고, 점의 색상은 각 지점에서 신호와 혈류의 강도를 나타낸다. 예를 들어 붉은 점은 신경활동이 활발하다는 뜻이고, 푸른 점은 그 반대이다(최종으로 얻은 영상은 마치 수천 개의 크리스마스용 꼬마전구가 두뇌 모양으로 얽힌 것처럼 보인다. 이 그림을 보면 피험자가 동영상을 감상하는 동안 두뇌 에너지 대부분이 뒤쪽에 있는 시각피질visual cortex에 집중되어 있음을 한눈에 알 수 있다).

갤런트의 MRI 장치는 성능이 매우 뛰어나서 두뇌의 2~3천 개 영역을 식별할 수 있으며, 한 영역당 100개의 점으로 이루어진 사진을 찍을 수 있다(차세대 MRI는 이 해상도가 크게 높아질 것으로 기대된다).

나는 이곳에서 MRI로 찍은 3차원 영상을 직접 보았는데, 점들이 두뇌 모양으로 모여 있다는 것 외에는 별다른 감흥이 없었다. 그러나 갤런트 박사의 연구팀은 수년 동안 연구를 거듭한 끝에, 그림의 특성(외곽선, 무늬, 명암 등)과 MRI 복셀의 상호관계를 추적하는 수학공식을 개발했다. 예를 들어 외곽선은 어두운 곳과 밝은 곳의 경계선이므로, 그림의 가장자리를 추적하면 복셀의 특정 패턴을 알아낼 수 있다. 갤런트 박사는 여러 명의 피험자에게 수많은 동영상을 보여주면서 이 공식을 꾸준히 보완해왔으며, 지금은 컴퓨터를 이용하여 거의 모든 종류의 그림을 MRI 복셀로 변환할 수 있다. 다시 말해서, MRI 복셀의 특정 패턴과 다양한 그림들 사이의 관계를 알아낸 것이다.

사전이 어느 정도 완성된 후 피험자에게 새로운 동영상을 보여주면, 컴퓨터는 MRI가 찍은 복셀을 분석하여 피험자가 봤던 영상을 근사적으로 복원한다(컴퓨터는 수백 개의 동영상 클립 중에서 피험자가 봤던 것과 가장 비슷한 영상을 골라낸 후, 이로부터 본래 영상을 근사적으로 만들어낸다). 센서와 컴퓨터가 유선으로 연결되었다는 점만 제외하면, 텔레파시와 다를 게 없다. 갤런트 박사가 개발한 수학공식은 용도가 매우 다양하여, MRI 복셀을 모아서 그림을 만들 수 있고, 반대로 그림으로부터 MRI 복셀을 만들어낼 수도 있다.

나는 갤런트 박사의 연구실에서 이 동영상을 직접 볼 기회가 있었는데, 비전문가인 내가 보기에도 매우 인상적이었다. 사람과 동물이 등장하고, 검은 안경 너머로 도시풍경이 보이는 등 마치 한 편의 영화를 보는 것 같았다. 사람과 동물의 구체적인 형태(얼굴 등)를 식별할 수는 없었지만, 피험자가 무엇을 봤는지는 확실하게 알 수 있었다.

이 프로그램은 당신이 본 광경을 재현할 수 있을 뿐만 아니라, 당신이 눈을 감고 상념에 잠겼을 때 머릿속에서 맴도는 이미지를 그림으로 나타낼 수 있다. 예를 들어 당신이 〈모나리자〉 그림을 머릿속에 떠올렸다고 가정해보자. 이런 상황에서 당신의 머리를 MRI로 찍어보면, 그림을 직접 보고 있지 않은데도 시각피질이 활성화되어 있다. 여기에 갤런트 박사의 프로그램을 적용하면 컴퓨터는 이미 저장된 데이터(영상사전)에서 가장 비슷한 그림을 찾아낸다. 나는 연구실에서 이 실험을 직접 목격했는데, 〈모나리자〉의 가장 비슷한 후보로 컴퓨터가 제시한 영상은 여배우 셀마 헤이엑Salma Hayek이었다. 물론 정상적인 사람은 수백 개의 얼굴을 식별할 수 있지만, 피험자의 두뇌에서 전송된 신호를 수백만 개의 무작위 데이터와 비교하여 골라낸 결과치고는 놀랄 정도로 정확하다.

이 연구의 목적은 현실 세계에 존재하는 모든 물체와 두뇌의 MRI 영상패턴을 빠르게 연결하는 사전을 작성하는 것이다. 세세한 부분까지 연결하려면 꽤 오랜 시간이 걸리겠지만, 어떤 종류는 영상을 뒤집기만 하면 쉽게 판독할 수 있다. 파리에 있는 꼴레주드프랑스Collège de France의 스타니슬라스 드핸느Stanislas Dehaene 박사는 숫자를 기억하는 두정엽을 MRI로 촬영하여 피험자가 머릿속에 떠올린 숫자를 맞추는 실험을 하고 있는데, 특정한 숫자는 매우 독특한 MRI 패턴을 나타낸다고 한다. 드핸느는 "이 영역에서 200개의 복셀을 취하여 활성적인 것과 비활성적인 것을 골라내면, 피험자가 떠올린 숫자를 알아낼 수 있다"고 했다.[4]

그런데 우리가 머릿속에 떠올리는 영상이 과연 사진처럼 선명한 해상도를 갖고 있을까? 어떤 형상을 머릿속에 떠올릴 때 원본의 정보가 누락되어 있지는 않을까? 지금까지 알려진 바로는 그렇다. 뇌를 스캔해보면 이 사실을 금방 확인할 수 있다. 눈앞에 놓인 꽃을 직접 바라보는 사람의 MRI 사진과 꽃을 상상하는 사람의 MRI 사진을 비교해보면, 전자가 후자보다 훨씬 선명하다. 따라서 이 기술은 몇 년 안에 크게 개선되겠지만, 최종이미지의 해상도에는 넘을 수 없는 한계가 있다(나는 언젠가 이런 이야기를 들은 적이 있다. 마술요정 지니가 어떤 사람을 만나 "당신이 세 가지를 상상하면 그것을 현실로 만들어주겠다"고 제안했다. 그 사람은 뛸 듯이 기뻐하며 고급 승용차와 자가용 비행기 그리고 백만 달러의 현금을 머릿속에 떠올렸고, 지니는 약속대로 이 세 가지를 눈앞에 대령했다. 그런데 황당하게도 승용차와 비행기에는 엔진이 없었고, 지폐는 인쇄상태가 희미하여 도저히 쓸 수 없었다. 이처럼 우리의 기억은 현실의 '대략적인 근사치'에 불과하다).

그러나 두뇌의 MRI 패턴을 분석하는 기술은 하루가 다르게 발전하고 있다. 과연 미래에는 마음속에 떠올린 단어와 생각을 읽어낼 수 있을까?

마음 읽기

갤런트 박사의 연구실을 나오면 바로 옆 건물에 브라이언 파슬리Brian Pasley 박사의 연구실이 있다.[5] 그는 (원리적으로) 사람의 생각을 읽는 방법을 개발하고 있는데, 이곳에서 박사후과정(포스트닥)에 있는 사라 스제판스키Sara Szczepanski로부터 기본적인 원리를 들을 수 있었다.

이 연구실에서는 EEG 스캐너를 크게 개선한 'ECOG(피질전도, 皮質電圖, electrocorticogram)'를 사용한다. ECOG는 두개골을 거치지 않고 두뇌신호를 직접 수신하기 때문에 해상도가 매우 높다. 그러나 이 장비를 사용하려면 환자의 두개골 일부를 절개한 후 64개의 전극이 설치된 8×8짜리 격자망을 삽입해야 한다.

운 좋게도 파슬리 박사의 연구팀은 보호자의 동의를 얻어 발작증세를 보이는 간질병 환자들을 대상으로 ECOG 스캔을 실행할 수 있었다. 이들은 샌프란시스코의 캘리포니아대학교 근처에서 환자의 두개골 일부를 절개한 후 ECOG 격자망을 삽입했다.

시술이 끝난 후 환자에게 특정 단어를 들려주면 두뇌신호가 전극을 타고 컴퓨터로 전달된다. 이 데이터를 모아놓은 것이 '생각 단어사전'이다. 일반사전은 단어마다 뜻이 적혀 있지만, 생각 단어사전에는 단어마다 두뇌신호가 기록되어 있다. 사전이 완성된 후 환자가 'school'이라는 단어를 언급했을 때 나타나는 두뇌신호의 패턴을 분석해보면, 이미 사전에 등록된 'school'의 신호패턴과 일치한다. 또는 환자가 특정 단어를 말하지 않고 머릿속에 떠올리기만 해도 ECOG와 컴퓨터는 그 단어를 알아낼 수 있다.

이 기술을 이용하면 텔레파시와 다름없는 방식으로 대화를 나눌 수 있다. 뇌졸중腦卒中으로 전신이 마비된 환자들도 각 단어의 두뇌신호 패턴을 인식하는 음성분석기만 있으면 정상적인 대화를 나눌 수 있다.

지금 전 세계 뇌과학자들은 뇌-기계 인터페이스(brain-machine interface, BMI) 연구에 박차를 가하고 있다. 2011년에는 유타대학교 연구진도 16개의 전극으로 이루어진 격자망을 안면운동피질(facial motor cortex : 입과 입술, 혀, 얼굴 근육의 움직임을 제어하는 부위)과 언어정보를 처리하는 베르니케 영역Wernicke's area에 삽입하여 파슬리 박사팀과 비슷한 성과를 올렸다.[6]

이들의 연구는 다음과 같은 식으로 진행된다. 우선 환자에게 "yes" "no" "hot" "cold" "hungry" "thirsty" "hello" "good-bye" "more" "less" 등 일상적인 단어를 말하도록 유도한 후, 각 단어를 발음할 때 생성된 두뇌신호를 컴퓨터에 저장한다. 이것을 데이터로 삼아 단어와 컴퓨터 신호를 연결하는 '대략적인 사전'을 작성한 후, 환자가 특정 단어를 발음할 때 발생하는 신호를 사전에서 찾아낸다. 유타대학교 연구팀의 정확도는 76~90% 정도이며, 앞으로 121개의 전극을 격자망에 설치하여 신호의 해상도를 높일 예정이다.

미래에는 뇌졸중이나 루게릭병 환자들도 두뇌와 컴퓨터를 연결하여 자유롭게 대화를 나눌 수 있을 것이다.

마음으로 글자 입력하기

미국 미네소타주에 있는 메이요 클리닉Mayo Clinic의 제리 시Jerry Shih 박사는 간질병 환자의 머리에 ECOG 센서를 부착하여 '마음으로 타이프치는' 실험을 진행하고 있는데, 원리는 다음과 같다. 우선 환자에게 몇 개의 단어를 보여주면서 알파벳 하나하나에 집중하도록 유도한다. 그러면 환자의 머릿속에서 발생한 신호가 컴퓨터에 저장되고, 이 데이터를 모으면 '알파벳 사전'이 만들어진다. 그 후 환자가 특정 알파벳을 상상하면 컴퓨터 모니터에 그 알파벳이 나타난다. 여기에 간단한 워드 프로그램을 연결하면 오직 생각만으로 문서를 작성할 수 있다.

프로젝트의 리더인 제리 시 박사는 이 장치의 정확도가 거의 100%라고 자랑하면서, 다음 목표는 문자뿐만 아니라 그림까지 입력하는 것이라고 했다. 이 장치가 상용화되면 예술이나 건축 분야에도 활용할 수 있을 것이다. 그러나 앞서 말한 대로 환자의 두개골을 절개해야 한다는 것은 커다란 단점으로 남아 있다.[7]

이런 점에서 보면 EEG를 이용한 문자입력기가 훨씬 실용적이다. ECOG 문자입력기보다 정확도는 떨어지지만, 장치가 단순해서 의사 처방전 없이도 어디서나 판매할 수 있다. 오스트리아에 있는 구거테크놀로지스Guger Technologies의 연구자들은 최근에 개최된 무역박람회에서 EEG 문자입력기를 선보였는데, 사용법을 익히는 데 10분이면 충분하고 1분당 5~10자를 입력할 수 있다고 한다.[8]

텔레파시 받아쓰기

그다음 단계는 모든 대화 내용을 한꺼번에 전송하는 것이다. 낱개로 보내는 것보다 묶어서 보내는 편이 훨씬 빠르다. 문제는 수천 개의 단어를 EEG나 MRI, 또는 ECOG의 신호사전과 일일이 대조해야 한다는 점인데, 이것은 단어를 집합적으로 인식함으로써 해결할 수 있다. 예를 들어 수백 개의 단어로 이루어진 두뇌신호를 한 번에 인식한다면, 일상적인 대화를 빠르게 전송할 수 있다. 한 문장이나 단락 단위로 단어를 상상하면 컴퓨터가 그 문장을 출력하는 식이다.

이 기술은 기자나 작가, 예술가 그리고 시인들에게도 유용하다. 가만히 앉아서 생각만 하면 컴퓨터가 알아서 받아쓴다. 컴퓨터가 '정신적 비서'의 역할을 하는 셈이다. 당신이 저녁 메뉴와 여행일정, 휴가계획 등을 생각만 하면 그 내용이 로봇 비서에게 전달되고, 자잘한 일(항공편과 호텔을 예약하고 멋진 식당을 고르는 일 등)은 비서가 알아서 처리해줄 것이다.

앞으로는 문장뿐만 아니라 음악(악상)까지 텔레파시 받아쓰기를 통해 기록될지 모른다. 작곡가가 머릿속으로 간단한 멜로디를 흥얼거리면, 컴퓨터가 그것을 완벽한 악보 형태로 출력한다. 이 시스템을 구현하려면 우선 피험자에게 다양한 멜로디를 떠올리게 한 후 두뇌에서 발생한 전기신호를 토대로 '악보사전'을 만들어야 한다. 그 후에 임의의 악상을 떠올리면 컴퓨터가 알아서 악보로 출력해줄 것이다.

텔레파시는 공상과학물에서 거리장벽뿐만 아니라 언어장벽까지 뛰어넘는 통신수단으로 묘사되곤 한다. 아마도 작가들이 생각을 "범우주적으로 통하는 공통언어"로 간주했기 때문일 것이다. 그러나 현실은 그리 녹록지 않다. 감정과 느낌은 말로 표현하기 어려우므로 우주공통일 수 있지만, 여기 내응하는 두뇌신호를 외계인에게 보낸다고 해서 곧바로 알아들을 수 있는 것은 아니다. 논리적 사고는 언어와 밀접하게 관련 있기 때문에, 완전히 다른 언어를 사용하는 외계인이 지구인의 복잡다단한 생각을 이해할 가능성은 거의 없다. 다만, 외계인 언어사전이 있다면 번역기를 통해 이해할 수는 있을 것이다(외국인과의 텔레파시도 번역과정을 거쳐야 한다).

텔레파시 헬멧

공상과학영화에는 텔레파시용 헬멧이 자주 등장하는데, 사용법은 아주 간단하다. 그냥 헬멧을 머리에 쓰기만 하면 다른 사람의 생각을 읽을 수 있다! 만화 같은 이야기지만, 실제로 미군은 이 기술에 관심을 보여왔다. 총성과 폭음이 난무하는 전쟁터에서는 지휘관이 명령을 제대로 하달하기 어렵기 때문에 온갖 혼선이 야기되고, 그 와중에 다수의 사상자가 발생한다. 이럴 때 모든 병사가 텔레파시 헬멧을 착용한다면 생각만으로 정확한 명령을 하달하여 소중한 생명을 구할 수 있다(나는 이 상황을 직접 체험한 적이 있다. 베트남전이 한창이던 무렵, 나는 육군보병으로 입대하여 조지아주 애틀랜타 외곽에 있는 포트베닝Fort Benning 기지에서 근무했는데, 어느 날 기관총 사격훈련을 하면서 폭발음과 총성을 하루 종일 듣고는 청력을 거의 잃어버렸다. 그 후로 사흘 동안 내 귓가에는 윙윙거리는 소리가 끊임없이 들려왔다. 만일 그곳이 전쟁터였다면 나는 상관의 명령을 한 마디도 알아듣지 못했을 것이다). 전쟁터에서 텔레파시 헬멧을 착용하면 주변 소음에 상관없이 소대원들과 긴밀하게 연락을 주고받으면서 임무를 안전하게 수행할 수 있을 것이다.

최근 들어 미군은 게르빈 샬크Gerwin Schalk 박사의 텔레파시 헬멧 개발에 630만 달러를 지원하기로 했다. 개발이 완료되려면 적어도 몇 년은 걸릴 것이다. 지금은 샬크 박사도 ECOG를 사용하는데, 앞서 말한 대로 이 기술을 적용하려면 두개골을 절개하고 뇌에 전극을 직접 연결해야 한다. 이 상태에서 피험자가 어떤 명령을 떠올리면, 샬크 박사의 컴퓨터는 모음과 36개의 단어를 인식할 수 있다. 어떤 실험에서는 100% 인식률을 보인 적도 있다고 한다. 그러나 군대에서 쓰기에는 아직 부족한 점이 많다. 병원과 같은 무균실에서 두개골을 절개해야 한다는 것도 문제지만, 급박한 상황에서 명령을 전달하기에는 인식 가능한 단어 수가 너무 적다. 그러나 ECOG 실험은 전쟁터에서 생각만으로 명령을 하달할 수 있음을 확실하게 입증했다.

뉴욕대학교의 데이비드 포펠David Poeppel 박사는 이 문제에 조금 다른 방식으로 접근하고 있다.[9] 그는 환자의 두개골을 절개하는 대신 소량의 자기에너지를 방출하는 MEG(magnetoencephalography: 뇌자도 측정기)를 사용한다. MEG는 외과수술이 필요 없을 뿐만 아니라, 신경신호를 측정하는 속도가 매우 빠르다는 장점이 있다(느려터진 MRI 스캐너와 비교된다). 포펠 박사는 피험자가 가만히 누워서 특정 단어를 떠올릴 때 두뇌 청각피질의 전기적 활동을 기록하는 데 성공했다. 그러나 MEG를 적용하려면 자기에너지 펄스를 발생시켜야 하는데, 장비가 너무 크다는 것이 단점이다.

당연한 이야기지만, 컴퓨터를 이용한 텔레파시는 외과수술이 필요 없고 휴대 가능하면서 정확해야 한다. 포펠 박사의 목표는 MEG로

EEG 센서의 단점을 보완하는 것이다. 그러나 MEG와 EEG는 아직 정확도가 낮아서, 진정한 텔레파시 헬멧이 상용화되려면 몇 년을 기다려야 할 것이다.

휴대전화 속의 MRI

현재 뇌과학 관련 기술은 신통치 않은 장비가 걸림돌로 작용하고 있다. 그러나 시간이 흘러 좀 더 정교한 장비가 개발되면 마음속 깊은 곳까지 들여다볼 수 있을 것이다. 이때가 되면 손바닥 크기만 한 MRI가 등장할지도 모른다.

현재 MRI가 그토록 큰 이유는 균일한 자기장을 만들어야 하기 때문이다. 자석이 클수록 자기장이 균일해지고, 자기장이 균일할수록 선명한 영상을 얻을 수 있다. 그러나 자기장의 수학적 특성을 가장 잘 아는 사람은 의사가 아닌 물리학자들이다(전자기학의 수학체계는 1860년대에 영국의 물리학자 제임스 클럭 맥스웰James Clerk Maxwell이 완성하였다). 1993년 독일의 베른하르트 블뤼미흐Bernhard Blümich와 그의 동료들은 서류가방만 한 초소형 MRI를 개발했다.[10] 이 장치에서 생성된 자기장은 약하고 불규칙하지만, 슈퍼컴퓨터가 자기장을 분석한 후 오차를 보정하여 선명한 3차원 영상을 만들어준다. 컴퓨터의 연산능력은 해마다 두 배씩 향상되었으므로, 11년이 지난 지금 휴대용 MRI는 거의 실용화 단계에 와 있다.

지난 2006년에 블뤼미흐는 휴대용 MRI의 성능을 증명할 기회가 있었다. 알프스 산맥의 빙하 속에서 발견된 외치(Ötzi: 냉동인간iceman

이라는 뜻의 독일어. 마지막 빙하기가 끝날 무렵인 5,300년 전에 사망한 것으로 추정된다)의 MRI 스캔을 이 장비로 수행한 것이다. 외치의 몸은 비정상적인 자세로 굳어 있었기 때문에, 전형적인 원통형 MRI 기계 속에 넣을 수가 없었다. 그러나 블뤼미흐는 아무런 어려움 없이 외치의 MRI 사진을 찍어서 세계적인 주목을 받았다.

컴퓨터의 발전속도를 고려할 때, 머지않아 MRI는 휴대전화 크기로 줄어들 것이다. 여기서 얻은 초기 데이터를 무선으로 슈퍼컴퓨터에 전송한 후 약간의 수정을 거치면 선명한 3D 입체영상이 만들어진다(약한 자기장은 컴퓨터의 성능으로 극복할 수 있다). 블뤼미흐 박사는 "영화 〈스타트렉Star Trek〉에 등장하는 트라이코더(tricorder: 사람의 몸이나 물체를 스캔하여 구성성분과 문제점을 즉시 진단해주는 장치-옮긴이)가 곧 실현될 것"이라고 했다. 미래에는 개인용 의료상자 안에 든 장비가 요즘 종합병원에 갖춰진 모든 장비를 합한 것보다 더 큰 위력을 발휘할 것이다. 병원에서 비싼 MRI 검사를 받으려고 기다릴 필요 없이, 집 안 거실에 편안히 앉아 휴대용 MRI로 몸을 스캔한 후 데이터를 병원으로 전송하면 적절한 진단과 처방을 내려줄 것이다.

또한 미래에는 EEG 스캐너보다 해상도가 훨씬 뛰어난 MRI 텔레파시 헬멧이 상용화되어 전쟁의 양상을 완전히 바꿔놓을 것이다. 헬멧 안에는 전자기코일이 설치되어 있어서 약한 자기장과 라디오파 펄스를 만들어낸다. 여기서 얻어진 MRI 신호가 허리띠에 찬 휴대용 컴퓨터로 전송되고, 이 정보는 다시 멀리 떨어진 사령부의 슈퍼컴퓨터로 전송되어 적절한 처리과정을 거친다. 그 후 사령부에서는 전투 중인 군인들의 상황을 파악하여 개인마다 각기 다른 명령을 하달하는 식이다. 병사들은 사령부의 명령을 이어폰으로 들을 수 있고, 두뇌의 청각피질에 이식된 전극을 통해 들을 수도 있다.

DARPA와 인간능력 향상

하지만 늘 그렇듯이 돈이 문제다. 천문학적인 개발비를 과연 누가 대줄 것인가? 최근에는 개인기업들도 두뇌와 관련한 첨단장비 개발에 관심을 두기 시작했으나, 결과가 확실치 않은 프로젝트에 선뜻 투자할 정도로 여유 있는 기업은 극히 일부에 불과하다. 지금까지 과학 연구를 후원해온 가장 큰 기관은 미국 국방부 산하의 DARPA(Defense Advanced Research Projects Agency: 미국방위고등연구계획국)로서, 20세기 과학적 성과의 상당수가 이 기관의 후원으로 이루어졌다.

엄밀히 말하면 DARPA는 냉전의 산물이다. 1957년 러시아(구 소련)가 인공위성 스푸트니크Sputnik 1, 2호 발사에 성공하여 전 세계를 놀라게 했을 때, 위기감을 느낀 드와이트 아이젠하워Dwight Eisenhower 대통령은 곧바로 DARPA의 설립을 추진했다. 미국이 첨단기술 분야에서 소련에 뒤질지 모른다고 생각했기 때문이다. 그 후 DARPA는 수많은 프로젝트를 수행하면서 공룡처럼 덩치가 커졌고, 결국은 국방부에서 분리되어 독자적인 길을 가게 된다. 이 와중에 탄생한 부속기관 중 하나가 바로 NASA였다.

DARPA의 개발전략은 공상과학과 비슷하다. 이들의 연구수칙 제1계명은 "파격적인 혁신"이며, 성공 여부를 검증하는 유일한 방법은 "미래를 앞당겨서 구현하는 것"이었다. 지금도 DARPA의 과학자들은 물리학적 가능성을 극한까지 밀어붙이고 있다. 한때 이곳의 임원을 지낸 마이클 골드블랫Michael Goldblatt은 말한다. "그들의 제1계명은 물리법칙을 위배하지 않는 것이다. 혹시 위배하더라도 고의로 위배하지는 않으며, 이런 일이 한 프로젝트당 한 번 이상 일어나지 않도록 노력하고 있다."[11]

그러나 DARPA는 눈에 보이는 실적을 내놓는다는 점에서 공상과학과 확연하게 구별된다. 예를 들어 1960년대에 구축된 아르파넷Arpanet은 제3차 세계대전이 일어날 때를 대비하여, 그리고 그 전쟁의 종료 후에 과학자와 정부관리들을 연결하는 통신 네트워크를 개발하는 비밀 프로젝트였는데, 1989년 소련의 장막이 걷히자 더 비밀을 유지할 필요가 없어졌다. 그래서 미국국립과학재단National Science Foundation 측은 이 군사기술의 보안을 해제하여 모든 내용을 일반에 공개했고, 결국은 인터넷으로 거듭나게 되었다.

이뿐만이 아니다. 우주공간(대기권 바깥)에서 탄도미사일을 유도하는 장치가 필요해지자 DARPA는 일급비밀로 분류된 '프로젝트 57'에 착수했다. 미사일의 표적은 수소폭탄을 은닉했을 것으로 추정되는 소련의 지하 미사일기지였는데, 정밀한 타격을 위해서는 위치를 정확하게 파악하는 것이 급선무였다. 그래서 DARPA는 위치추적시스템을 개발했고, 이 기술은 냉전이 종식된 후에 'GPS(Global Positioning System, 위성항법장치)'라는 이름으로 일반에 공개되었다. 미사일을 유도하던 장치가 지금은 길 잃은 운전자를 유도하고 있는 것이다.

DARPA는 휴대전화와 야간투시경, 원거리통신 그리고 기상위성 등 20~21세기 첨단기술의 산실이다. 나는 이곳의 과학자 및 임원들과 몇 차례 만날 기회가 있었는데, 한번은 과학자와 미래학자들이 모인 점심 만찬 자리에서 DARPA의 전 국장을 지냈던 사람과 대화를 나누다가 오랫동안 품어왔던 질문을 던졌다.[12] "공항이나 주요관공서의 검색대에서 폭발물을 검사할 때 왜 아직도 탐지견을 사용하는가? 지금의 기술이면 폭발물을 감지하는 센서를 얼마든지 만들 수 있지 않은가?" 그의 대답은 다음과 같다. "물론 DARPA에서도 그런 장치를 개발하려고 노력했지만 심각한 기술적 난관에 부딪혀 결실을 보지 못했다. 개의 후각은 수백만 년의 진화과정을 거치면서 소량의 분자만 있어도 냄새를 감지할 만큼 예민하게 발달해왔다. 지금 개발된 최고성능 센서도 개의 후각을 도저히 따라갈 수 없을 정도다. 공항에서 탐지견이 사라지려면 아직 한참을 기다려야 할 것이다."

언젠가 내가 미래기술을 주제로 강연하는 자리에 DARPA의 물리학자들이 단체로 참석한 적이 있다.[13] 강연이 끝난 후 그들과 대화를 나누다가 "혹시 일하면서 불편한 점은 없는가?"라고 물었더니 곧바로 이런 대답이 돌아왔다. "대중에게 비친 이미지가 부정적이라는 게 문제다. 사람들은 대부분 DARPA에 관해 들어본 적이 아예 없고, 일부 아는 사람들조차 UFO 은폐공작이나 날씨조작 등 정부음모에 적극적으로 가담하는 조직으로 알고 있다." 그들은 자신의 처지가 한심하다는 듯 깊은 한숨을 내쉬었다. 이 모든 소문이 사실이라면, DARPA의 과학자들은 지난 50여 년 동안 외계인의 기술을 빌어 온갖 발명품을 만들어온 셈이다. 나 역시 하도 기가 막혀 말문이 막히고 말았다.

현재 DARPA는 뇌-기계 인터페이스 개발에 30억 달러의 예산을 책정해놓았다. DARPA의 전 임원이었던 마이클 골드블랫은 나와 대화하는 자리에서 다음과 같이 강조했다. "이 기술의 응용분야는 무궁무진하다. 전쟁 중인 군인들이 생각만으로 의사소통할 수 있다고 상상해보라… 생화학무기 같은 건 아무것도 아니다. 배우는 것이 먹는 것만큼 쉽고, 손상된 신체 부위를 기계부품 바꾸듯이 바꿀 수 있는 세상은 과연 어떤 세상일까? 불가능하다고 생각하겠지만, 방위과학실(Defense Sciences Office: DARPA의 한 부서)의 과학자들은 매일같이 이런 상상을 하며 연구에 몰두하고 있다."[14]

골드블랫은 미래의 역사학자들이 DARPA를 "인간의 능력을 향상하기 위해 노력했던 기관"으로 평가해주기를 바라며, 본인 자신도 그렇게 믿고 있다. 그는 인간능력 향상의 의미를 생각할 때마다 "무엇을 원하건, 그것이 되어라Be All You Can Be!"라는 미 육군의 슬로건을 떠올린다고 한다. 그가 DARPA에서 인간능력 향상 프로젝트에 전념하는 데에는 또 다른 개인적 이유가 있다. 그의 딸이 어릴 때 뇌성마비를 앓아 평생 휠체어에 의지한 채 살아왔기 때문이다. 그러나 그녀는 역경에 조금도 굴하지 않고 당당한 삶을 살고 있다. 대학진학을 눈앞에 둔 그녀는 졸업 후에 회사를 설립하여 운영하겠다는 꿈을 키우고 있다. 골드블랫은 연구목적을 생각할 때마다 딸에게서 영감을 얻는다고 한다. 〈워싱턴 포스트〉 편집자 조엘 개로Joel Garreau는 골드블랫에 관하여 다음과 같은 기사를 쓴 적이 있다. "그는 지금 인간의 다음 단계 진화를 촉진하는 데 수백만 달러를 쓰고 있다. 골드블랫이 개발한 기술은 언젠가 그의 딸을 걷게 할 뿐만 아니라, 인간의 능력을 초월하도록 해줄 것이다."[15]

개인적인 문제들

타인의 마음을 읽는다고 하면, 많은 사람은 프라이버시 문제를 떠올릴 것이다. 은밀하게 숨겨놓은 기계가 허락도 없이 내 생각을 읽는다고 생각하면 마음이 별로 편치 않다. 한동안 유행했던 몰래카메라는 행동을 엿보는 게 전부였지만, 생각마저 엿보는 것은 사생활을 침해하는 정도가 훨씬 심각하다. 앞에서도 여러 번 말했지만 인간의 의식은 미래를 끊임없이 시뮬레이션하는데, 정확한 결과를 얻으려면 어쩔 수 없이 비도덕적이거나 불법적인 영역으로 들어가야 한다. 이 시뮬레이션을 나중에 몸소 실천하건 하지 않건 간에, 대체로 우리는 그 내용을 외부에 공개하지 않는다.

과학자의 입장에서는 불편한 헬멧이나 외과수술 없이 휴대 가능한 기계장치만으로 멀리 떨어져 있는 사람의 마음을 쉽게 읽기를 바랄 것이다. 그러나 물리법칙은 여기에 별로 협조적이지 않다.

갤런트 박사의 연구실에서 연구원으로 일하는 니시모토Nishimoto 박사에게 "프라이버시 문제는 어떻게 해결하느냐"고 물어봤더니, 그는 미소를 지으며 "라디오파 신호가 두뇌 밖으로 나오면 강도가 빠르게 감소하여 몇 m만 떨어져 있어도 무슨 내용인지 도저히 판독할 수 없다"고 했다(학창시절에 배웠던 뉴턴의 중력법칙에 의하면 중력의 세기는 거리의 제곱에 반비례하여 작아진다. 즉, 거리가 두 배로 멀어지면 중력의 세기가 1/4로 감소한다는 뜻이다. 그런데 자기장은 거리의 세제곱, 또는 네제곱에 반비례하기 때문에, MRI와의 거리가 두 배로 멀어지면 자기장의 세기는 1/8, 또는 1/16로 감소한다).

게다가 두뇌신호가 밖으로 나오면 주변의 다른 신호와 섞이면서 한층 더 희미해진다. 과학자들이 뇌파와 관련한 실험을 할 때 실험실을 외부와 차단하는 것은 이런 이유 때문이다. 그러나 실험실을 제아무리 완벽하게 차단해도 임의의 시간에 두뇌에서 발생한 신호로부터 알 수 있는 것은 몇 개의 알파벳이나 단어, 또는 불완전한 영상뿐이다. 지금의 기술로 머릿속에서 동시에 떠오르는 몇 개의 단어나 문장, 또는 몇 개의 감각정보를 모두 기록하기란 불가능하다. 영화에서는 마음을 읽는 기계가 자주 등장하지만, 이것이 실현되려면 수십 년은 족히 기다려야 한다.

앞으로 당분간 두뇌스캔 작업은 외부와 완벽하게 차단된 실험실에서나 가능할 것이다. 그러나 (그럴 가능성은 별로 없지만) 미래의 누군가가 '원거리 독심술 기계'를 개발한다 해도 프라이버시를 보호할 방법은 있다. 패러데이 상자Faraday cage 같은 차폐장치를 머리에 두르면 당신의 가장 은밀한 생각이 다른 사람의 손에 들어가는 불상사를 방지할 수 있다. 이것은 1836년 영국의 물리학자 마이클 패러데이Michael Faraday가 발명한 장치로서, 그 성능은 벤저민 프랭클린Benjamin Franklin이 처음으로 확인하였다. 전기는 금속상자 안에서 빠르게 퍼지기 때문에 상자 내부의 전기장은 순식간에 0으로 감소한다. 이 현상을 증명하기 위해 나 같은 물리학자들은 학생들이 보는 앞에서 엄청난 고압이 걸려 있는 금속상자 안으로 들어가는 모험을 감수한다. 그러면 학생들은 기겁하며 비명을 지르기도 하지만, 내 몸은 기적처럼 멀쩡하다. 비행기가 벼락을 맞아도 멀쩡한 것은 바로 이런 원리 때문이다(전선케이블이 금속섬유로 덮여 있는 것도 같은 이유다). 따라서 금속막으로 만든 모자를 쓰고 있으면 내 생각이 외부로 유출되는 사고를 방지할 수 있다.

나노탐침을 이용한 텔레파시

ECOG 센서를 두뇌에 부착하는 번거로움을 없애면서 사생활까지 보호하는 방법이 있다. 미래에 나노기술이 개개의 원자를 다루는 수준까지 발전하면, 나노탐침으로 이루어진 망을 두뇌에 삽입하여 생각을 읽을 수 있을 것이다. 나노탐침은 전기가 잘 통하는 탄소나노튜브로 만들고, 두께는 원자물리학이 허용하는 한도 안에서 가장 얇게 만들면 된다. 이 나노튜브는 분자 몇 개의 두께에 해당하는 튜브 안에 탄소 원자를 배열하는 식으로 만들어질 것이다(이 기술은 현재 집중적으로 연구되고 있으며, 앞으로 수십 년 안에 완성되어 두뇌연구의 새로운 지평을 열어줄 것으로 기대된다).

나노탐침은 두뇌에서 특정 행위를 관장하는 부위에 삽입된다. 예를 들어 언어와 관련한 정보를 얻고 싶으면 좌측두엽에 삽입하고, 시각과 관련한 정보를 원한다면 시상(視床, thalamus)과 시각피질에, 감정상태를 분석하고 싶으면 편도체와 대뇌변연계에 삽입하면 된다. 나노탐침에 접수된 정보는 소형 컴퓨터에서 일련의 처리과정을 거친 후 서버를 통해 인터넷으로 전송된다.

이 방법을 사용하면 내 생각이 케이블이나 인터넷을 통해 공개된다는 사실을 분명하게 알 수 있으므로, 프라이버시 문제도 부분적으로 해결된다. 라디오파 신호는 수신기만 있으면 누구나 감지할 수 있지만, 전선을 타고 가는 전기신호는 그렇지 않다. 또한 나노탐침은 미세수술을 통해 두뇌에 삽입할 수 있으므로, ECOG처럼 두개골을 절개할 필요가 없다.

일부 공상과학작가들은 모든 아기가 태어날 때마다 두뇌 안에 나노탐침을 고통 없이 삽입하여, 텔레파시가 일상사처럼 통용되는 세상을 묘사하곤 한다. 예를 들어 영화 〈스타트렉Star Trek〉에서 보그족(Borg: 〈스타트렉〉에 등장하는 외계종족 중 하나. 지구로부터 7만 광년 떨어진 델타사분면에 살고 있음-옮긴이) 아이들은 태어나자마자 머리에 칩을 삽입하기 때문에 같은 종족끼리 텔레파시로 통신할 수 있다. 이런 아이들에게 텔레파시가 없는 세상은 상상조차 하기 어려울 것이다. 요즘 아이들이 휴대전화 없는 세상을 상상하지 못하는 것처럼, 보그족의 아이들에게 텔레파시는 일상적인 통신수단일 뿐이다.

나노튜브는 너무 작아서 겉모습만으로는 삽입 여부를 알 수 없다. 따라서 나노튜브 때문에 차별을 당하거나 부당한 대접을 받는 일은 없을 것이다. 대중은 머릿속에 탐침을 영구적으로 삽입한다는 데 거부감을 느낄 수 있지만, 그 효용성을 생각하면 언젠가는 수용될 가능성이 높다. 시험관아기 시술이 처음 알려졌을 때 사회적으로 커다란 반발이 일었다가 결국은 잠잠해진 것처럼, 나노튜브도 언젠가는 삶의 일부로 받아들여질 것이다.

법적인 문제들

생각을 읽는 기술은 머지않은 미래에 구현될 것이다. 이때가 되면 누군가가 내 생각을 읽는 것이 문제가 아니라, 나 자신이 그런 행위를 허용할지가 더 큰 문제로 떠오를 것이다(몰래카메라를 떠올리면 쉽게 이해할 수 있다. 초소형 카메라가 넘쳐나는 지금, 내 모습이 촬영되는 것 자체보다 "나도 모르게 찍혔다"는 사실이 더 큰 문제로 떠오르고 있다. 대로에 설치된 감시카메라에 내 모습이 찍혔다고 해서 이의를 제기하는 사람은 없지 않은가?-옮긴이). 누군가 비양심적인 사람이 당신의 생각이 담긴 파일을 허락 없이 훔쳐본다면 어떻게 할 것인가? 자기 생각이 아무에게나 공개되는 것을 반길 사람은 없다. 우리는 모두 이런 상황을 끔찍하게 싫어한다. 따라서 '생각 읽기'는 심각한 윤리적 문제를 야기할 것이다. 브라이언 파슬리 박사는 이 문제에 관하여 다음과 같이 말했다. "현재 진행 중인 연구는 윤리적으로 별문제가 없다. 그러나 이 연구가 어떤 방향으로 진행되느냐에 따라 상황은 얼마든지 달라질 수 있으므로, 과학자들은 균형감을 잃지 말아야 한다. 누군가의 생각을 읽게 되면 수천 명의 장애인에게 커다란 편의를 제공할 수 있지만, 원치 않는 사람에게 이 기술을 적용한다면 심각한 문제가 발생할 것이다."[16]

타인의 생각을 읽거나 저장할 수 있다면 수많은 윤리적 문제와 법적 문제가 발생한다. 이것은 새로운 기술이 등장할 때마다 항상 제기되던 문제로서, 관련법이 정착될 때까지 몇 년의 세월이 걸리곤 했다.

저작권법도 바뀌어야 한다. 누군가가 당신의 생각을 몰래 읽어서 아직 완성되지 않은 당신의 발명품을 먼저 출시한다면 어떻게 대처해야 할까? 생각도 저작권의 일부로 인정해야 할까? 그렇다면 이런 생각을 처음 떠올린 사람은 누구이며, 누구에게 저작권을 줘야 하는가? 참으로 복잡한 문제이다.

여기에 정부가 개입하면 또 다른 문제가 발생한다. 시인이자 그레이트풀 데드(Greatful Dead: 1960~70년대에 활동했던 미국의 록밴드. 사이키델릭과 히피문화의 상징으로 알려졌다-옮긴이)의 노랫말을 썼던 존 페리 발로우John Perry Barlow는 이런 말을 한 적이 있다. "정부가 당신의 프라이버시를 보호해주기를 바라는 것은 관음증 환자에게 창문 블라인드 설치공사를 맡기는 것과 다를 바 없다." 경찰이 용의자를 심문할 때, 그의 생각을 읽어도 괜찮은가? 실제로 법정에서는 용의자가 DNA 샘플 제출을 거부하는 사례가 많다. 미래에는 정부가 당신의 동의 없이 생각을 읽어도 용납될 것인가? 용납된다면, 이 자료를 법정에서 증거로 제출할 수 있을까? 배심원들은 '생각 읽기'로 얻은 증거를 어디까지 믿어야 할까? MRI를 이용한 거짓말탐지기도 두뇌의 활동성만 측정할 뿐, 구체적인 내용까지 알 수는 없다. 그리고 또 한 가지, 범죄를 상상하는 것과 그것을 실천에 옮기는 것은 완전히 다른 이야기다. 법정에서 검사가 피고의 생각을 증거로 제출하면, 변호사는 그것이 단순한 상상에 불과하다고 주장할 것이다.

마비 환자가 권리를 행사할 때에도 문제의 소지가 있다. 이들이 머릿속에 떠올린 유서나 공문서를 스캔하여 만들어진 문서는 법적으로 유효한가? 사지가 마비된 환자라 해도 사고력은 얼마든지 정상일 수 있다. 이런 사람이 만든 계약은 법적으로 아무런 문제가 없는가? 환자의 정신상태가 문제가 아니라, 기계의 정확도가 문제다. 100% 신뢰할 수 없는 기계라면, 생각만으로 주택매매 계약서에 도장을 찍을 수는 없지 않은가?

이런 문제는 물리학으로 해결할 수 없다. 두뇌스캔 기술이 상용화되었을 때 발생하는 윤리적 문제들은 판사와 배심원들이 심사숙고하여 해결해줄 것이다.

'정신적 스파이'에 의한 정보유출도 심각한 문제가 될 수 있다. 특히 많은 기밀사항을 다루는 정부와 기업체들은 정신적 첩보활동을 방지하는 시스템을 개발해야 할 것이다. 보안 관련 산업은 벌써 수백만 달러 규모의 시장으로 성장했고, 정부와 기업체들은 도청이 완벽하게 차단된 보안실을 짓는 데 막대한 돈을 쓰고 있다. 앞으로 먼 거리에서 남의 생각을 읽는 장치가 개발된다면, 두뇌신호가 밖으로 새어 나가지 않는 보안실을 새로 지어야 한다. 방법은 간단하다. 모든 벽을 패러데이 상자처럼 금속으로 에워싸면 된다.

역사를 돌이켜보면 새로운 형태의 통신이 개발될 때마다 보안문제가 항상 뒤따랐다. 뇌파를 이용한 통신도 예외가 아닐 것이다. 1970년대에 모스크바의 미국 대사관에서 초소형 도청장치가 발견되어 한바탕 난리를 치른 적이 있다. 도청은 예나 지금이나 매우 민감한 사안이다. 1945~1952년 사이 미국 외교부에서 소련 내 미국 대사관으로 직접 전달하는 메시지는 초특급 비밀로 분류되었다. 1948년의 동베를린 봉쇄 사건(1948년 6월부터 1949년 5월까지 소련이 독일의 수도 베를린을 봉쇄하여 미국, 영국, 프랑스의 공동관할 지역이었던 서베를린을 소련 군정의 동베를린으로 흡수하려 했던 사건-옮긴이)과 1950~1953년 동안 벌어진 한국전쟁(6·25 전쟁)에서도 소련은 미국 측 정보를 캐내기 위해 끊임없이 도청을 시도해왔다. 냉전이 끝난 후 동서 간의 긴장상태는 많이 완화되었지만, 영국의 엔지니어가 공개된 라디오주파수에서 우연히 비밀대화를 듣게 된 사건을 생각하면, 도청은 소련이 붕괴한 후에도 계속되었을 것으로 추정된다. 그때 미국의 공학자들은 도청장치를 발견하고 대경실색했다. 이 장치는 에너지원이 필요 없는 수동적 장치였기 때문에 발견하기가 쉽지 않았다(소련은 먼 거리에서 마이크로파 빔을 사용하여 도청장치에 에너지를 공급했다). 이 모든 사실을 고려할 때, 미래의 도청장치는 뇌파를 도청하는 형태로 진화할 가능성이 높다.

뇌파를 감지하고 해석하는 기술은 아직 초보단계에 머물러 있지만, 텔레파시는 서서히 현실로 다가오고 있다. 미래에는 모든 사람이 정신을 통해 세상과 소통하게 될 것이다. 그러나 과학자들은 단순히 마음을 읽는 데 그치지 않고, 좀 더 적극적인 텔레파시를 원하고 있다. 마음으로 물체를 움직이는 염력telekinesis이 그 대표적 사례다. 오랜 옛날부터 사람들은 염력을 "오직 신만이 가진 능력"으로 치부해왔다. 염력은 당신의 소원을 실현해주는 신비한 힘이며, 하찮은 인간이 함부로 가져서는 안 될 신성한 능력이었다.

그러나 지금 과학자들은 염력을 현실 세계에서 구현하고 있다. 다음 장을 읽어보면 이 사실을 실감하게 될 것이다.

미래는 위험 속에서 탄생한다…
문명이 발전하려면 그것을 낳은 사회가 붕괴되어야 한다.
_알프레드 노스 화이트헤드Alfred North Whitehead

4
염력: 마음으로 물체를 조종하다

캐시 허친슨Cathy Hutchinson의 삶은 육체 안에 갇혀 있다.

그녀는 14년 전에 뇌졸중으로 쓰러진 후 전신이 마비되었다. 소위 락트-인증후군(locked-in syndrome: 의식은 있지만 전신마비로 외부자극에 반응하지 못하는 상태-옮긴이)으로 불리는 사지마비 환자들은 대부분의 근육과 신체기능을 제어하지 못한다. 허친슨은 외부 도움 없이 아무 일도 할 수 없지만 정신상태는 완전히 정상이다. 간단히 말해서, 그녀는 육체라는 감옥 안에 갇힌 채 살아온 셈이다.

그러나 허친슨의 삶은 2012년부터 극적으로 달라지기 시작했다. 과학이 그녀의 운명을 바꿔놓은 것이다. 브라운대학교의 과학자들은 허친슨의 머릿속에 '브레인게이트Braingate'라는 칩을 삽입하고, 유선으로 컴퓨터에 연결했다. 이것은 그녀의 두뇌에서 발생한 신호가 컴퓨터를 거쳐 로봇팔로 전달되도록 하는 간단한 시술이었다. 그녀는 몇 번의 훈련을 거친 후 생각만으로 팔에 장착된 로봇팔을 움직일 수 있게 되었다. 허친슨이 물잔을 손으로 쥐고 입으로 가져갔을 때, 그 광경을 바라보던 과학자들은 일제히 환호성을 질렀다. 사지가 마비된 후 처음으로, 그녀는 자기 마음대로 바깥세상을 조종할 수 있게 된 것이다.

허친슨은 말을 할 수 없었기에, 눈동자를 움직이면서 기쁨을 표현했다. 그러자 주변장치가 눈의 움직임을 해석하여 모니터에 문장을 띄워주었다. 오랜 세월 몸 안에 갇혀 살다가 바깥세상과 소통한 기분이 어떠냐고 물었더니, 모니터에 이런 문장이 떴다. "정말 황홀해요 Ecstatic!" 그리고 신체의 다른 부위도 하루빨리 컴퓨터에 연결되기를 바란다면서, "로봇다리로 걷게 된다면 정말 행복할 것"이라고 했다. 또한 그녀는 사지가 마비되기 전에 정원 가꾸기와 요리를 좋아했다면서 "그런 날이 다시 오기를 간절히 바란다"고 덧붙였다.[1] 사이버 보철의학의 발전속도를 고려할 때, 그녀의 소원은 곧 이루어질 것이다.

브라운대학교의 존 도너휴John Donoghue 교수가 이끄는 연구팀과 유타대학교의 연구팀은 외부와 소통할 수 없는 환자들을 위하여, 환자 본인과 바깥세상을 연결해주는 초소형 센서를 개발했다. 도너휴 교수는 나와 인터뷰하는 자리에서 이렇게 말했다. "우리는 4mm짜리 센서를 제작하여 뇌의 표면에 이식하는 데 성공했다. 이 센서에 달린 96개의 초소형 '촉수'가 뇌의 신호를 받아들여 팔에 전달하면, 환자는 자신의 의지대로 팔을 움직일 수 있다. 이 장치를 제일 먼저 팔에 적용한 이유는 일상적인 삶을 영위하는 데 팔이 가장 중요하다고 생각했기 때문이다."[2] 두뇌 운동피질의 위치는 비교적 정확하게 알려졌으므로, 오른팔(또는 왼팔)의 움직임을 제어하는 곳을 찾아서 센서를 부착하기만 하면 된다.

브레인게이트의 핵심은 칩에서 진송된 신경신호를 구체적인 명령어로 번역하는 것이다. 이 명령어가 컴퓨터 모니터의 커서를 움직여 물체를 이동시킨다. 도너휴는 환자에게 모니터 커서가 특정 방향으로 움직이는 상상을 하도록 유도했다. 예를 들어 커서가 오른쪽으로 움직이는 상상을 하면 컴퓨터가 이 신호를 "오른쪽 이동" 명령어로 저장하는데, 이 작업은 몇 분이면 충분하다. 이런 식으로 일종의 '명령어 사전'을 작성한 후, 환자가 그중 하나를 생각하면 컴퓨터는 즉시 그에 해당하는 명령을 수행한다.

환자가 오른쪽으로 이동하는 커서를 상상하면 실제 모니터 상에서 커서가 오른쪽으로 움직인다. 이 과정을 다양한 방향으로 반복하면 환자의 상상과 커서의 움직임 사이에 일대일 대응관계가 형성되고, 그다음부터 환자는 단 한 번의 상상으로 커서를 움직일 수 있게 된다.

브레인게이트는 마비 환자가 생각만으로 인공팔을 움직일 수 있게 함으로써, 신경보철학neuroprosthetics의 새로운 장을 열었다. 게다가 이 장치를 이용하면 환자는 다른 사람들과 대화를 나눌 수도 있다. 2004년에 제작된 첫 번째 칩은 마비 환자가 노트북 컴퓨터를 다룰 수 있도록 설계되었는데, 그 후로 환자들은 웹서핑을 하거나 이메일을 주고받게 되었으며, 얼마 후에는 생각만으로 휠체어를 조종하는 단계까지 발전했다.

루게릭병을 앓고 있는 영국의 우주론학자 스티븐 호킹Stephen Hawking은 최근 들어 자신의 안경에 신경보철을 장착했다. 이 장치는 EEG 센서처럼 그의 생각과 컴퓨터를 연결하여 외부세계와 소통하게 해준다. 아직은 초보적인 단계지만, 앞으로 통신채널이 다양해지고 감도가 향상되면 훨씬 복잡한 작업도 수행할 수 있다.

도너휴 박사는 이 모든 변화가 마비 환자들의 삶을 크게 바꿔놓을 것이라면서, 다음과 같이 덧붙였다. "또 한 가지 중요한 사실은 이 컴퓨터를 토스터나 커피머신, 에어컨, 전등 스위치, 타자기 등 임의의 장치에 연결할 수 있다는 점이다. 지금 수준의 기술이면 이 정도는 아주 싼값에 구현할 수 있다. 앞으로 마비 환자들은 TV 채널을 바꾸고 조명을 켜는 등 일상적인 행동을 남의 도움 없이 스스로 하게 될 것이다." 간단히 말해서, 컴퓨터만 있으면 마비 환자도 정상적인 삶을 살아갈 수 있다는 이야기다. 나 역시 그런 날이 빨리 오기를 바라는 마음 간절하다.

척수손상 환자의 치료법

이 분야는 전 세계적으로 활발하게 연구되고 있다. 노스웨스턴대학교의 과학자들은 척수손상을 입은 원숭이의 두뇌와 팔을 직접 연결하여, 자신의 의지대로 팔을 움직이게 하는 데 성공했다. 영화 〈슈퍼맨Superman〉에 주인공으로 출연하여 우주공간을 날아다니던 크리스토퍼 리브Christopher Reeve는 1995년 낙마사고로 전신이 마비되었다. 불운하게도 목부터 땅에 닿는 바람에 머리 바로 아랫부위의 척수가 손상된 것이다. 만일 그가 좀 더 오래 살았더라면(그는 2004년에 52살의 나이로 세상을 떠났다-옮긴이) 손상된 척수를 컴퓨터로 치료하는 과학자들의 이야기를 듣고 희망에 찼을지 모른다. 현재 척수손상으로 고통받는 환자는 미국에만 20만 명이 넘는다.[3] 과거에 척수손상 환자들은 사고 직후 사망하는 경우가 많았지만, 지금은 응급처치법이 발달하여 생존확률이 크게 높아졌다. 이는 곧 사지마비 환자가 그만큼 많아졌다는 뜻이기도 하다. 그리고 이라크와 아프가니스탄에서 길거리 폭탄(저항군이 제작한 사제폭탄으로, 원거리 격발이 가능하여 미군에 상당한 타격을 입혔음—옮긴이)에 부상당한 미군 중 상당수가 마비증세로 고통받고 있다. 여기에 뇌졸중이나 ALS(루게릭병) 등 질병에 의한 환자까지 포함하면 미국의 마비 환자는 200만 명에 달할 것으로 추정된다.

노스웨스턴대학교의 과학자들은 전극 100개가 달린 칩을 원숭이의 뇌에 부착하고, 원숭이가 공을 집거나 들어올릴 때, 또는 공을 던질 때 나타나는 뇌신호를 분석했다. 이런 행동은 특정 뉴런을 활성화하기 때문에, 동일한 실험을 반복하면 특정 행위와 뇌신호의 상관관계를 알아낼 수 있다.

원숭이가 팔을 움직이려고 하면 컴퓨터가 뇌신호를 분석하여 의도를 알아챈 후 팔을 움직이라는 명령을 로봇팔이 아닌 원숭이의 진짜 팔에 하달하고, 그 결과 원숭이는 자연스럽게 팔을 움직인다.[4] 연구팀 일원인 리 밀러Lee Miller 박사는 이렇게 말했다. "두뇌에서 팔이나 손으로 하달하는 명령을 엿들은 후, 똑같은 신호를 근육에 직접 보내는 원리다. 이 방법을 이용하면 마비 환자도 자기 의지대로 사지를 움직일 수 있다."[5]

원숭이는 여러 번의 시행착오를 거치면서 팔 근육을 제어하는 방법을 서서히 터득했다. 밀러 박사는 이 과정이 컴퓨터 운영체제와 마우스, 키보드 등 주변기기의 사용법을 익히는 과정과 비슷하다고 했다(원숭이의 뇌에 이식된 칩에는 불과 100여 개의 전극이 장착되었을 뿐이다. 그런데도 원숭이는 훈련을 통해 수많은 동작을 익힐 수 있다. 밀러 박사는 팔 하나를 움직이는 데에도 수백만 개의 뉴런이 관여한다고 했다. 100개의 전극이 수백만 개의 뉴런을 대신할 수 있는 이유는, 두뇌가 모든 복잡한 과정을 처리한 후 최종명령이 하달되는 곳에 칩을 삽입했기 때문이다. 근육을 움직이는 데 필요한 모든 처리과정이 이미 완료되었으므로, 100개의 전극이면 팔을 움직이는 데 아무런 문제가 없다).

이 장치는 마비 환자의 척수를 대신할 목적으로 노스웨스트대학교에서 개발한 여러 장치 중 하나에 불과하다. 또 다른 마비 환자들은 팔의 움직임을 제어하기 위해 '어깨 조종장치'를 사용하고 있다. 예를 들어 어깨를 위쪽으로 들면 손가락이 쥐어지고, 어깨를 아래로 내리면 손가락이 펴진다. 환자들은 이 장치를 이용하여 컵을 쥘 수 있고, 엄지와 검지 사이에 열쇠를 쥐고 원하는 방향으로 돌릴 수도 있다.

밀러 박사는 말한다. "뇌와 근육을 연결하는 기술은 마비 환자들에게 새로운 삶을 열어준다. 머지않아 환자들은 남의 도움을 받지 않고서도 일상적인 생활을 누리게 될 것이다."

보철의학의 혁명

이 분야 연구의 가장 큰 후원자는 앞서 언급한 DARPA이다. 지난 2006년부터 DARPA는 '혁명적 인공보철Revolutionizing Prosthetics'이라는 이름으로 1억 5천만 달러를 지원해왔다. 미군 예비역 대령인 제프리 링Geoffrey Ling은 이 사업의 일환으로 이라크와 아프가니스탄에 파견되었던 신경과학자다. 그는 전쟁 동안 길거리 폭탄에 의한 대량학살을 직접 목격하고 큰 충격을 받았다. 과거에는 전쟁터에서 군인이 폭탄에 맞으면 대부분 현장에서 즉사했다. 그러나 요즘은 헬리콥터를 비롯한 운송수단과 응급처치술이 크게 발달하여 부상자 수가 급격히 증가했다. 중동전에 참전했던 미군 중에 팔이나 다리를 잃은 부상자만 1,300명이 넘는다.[6]

제프리 링 박사는 과학으로 팔과 다리를 대신할 방법을 궁리하던 중 국방성에서 연구자금을 지원받게 되었다. 당시 그는 연구팀원을 모아놓고 "5년 안에 실현 가능한 해결책을 찾아내라"고 지시하면서, 본인조차 회의적인 생각을 떨치지 못했다고 한다. 그는 당시를 회상하며 이렇게 말했다. "아마 사람들은 우리가 미쳤다고 생각했을 것이다. 하지만 미치지 않고서는 도저히 할 수 없는 일이었다. 당시의 기술수준을 생각하면 참으로 무모한 도전이었다."[7]

링 박사의 뜨거운 열정에 감화된 연구원들은 정말로 기적을 만들어냈다. 그 일례로 혁명적 인공보철 프로젝트에 참여했던 존스홉킨스대학교의 응용물리학 연구실에서는 역사상 가장 뛰어난 인공팔을 제작하여 수많은 사람에게 희망을 안겨주었다. 이 인공팔은 손가락과 손 그리고 팔을 입체적으로 움직이면서 모든 섬세한 동작을 정확하게 구현했고, 크기도 실제 팔과 거의 똑같아서 응용에 아무런 문제가 없었다. 물론 부품이 대부분 철로 되어 있었지만, 외부를 피부색으로 색칠하면 진짜 팔과 구별할 수 없을 정도였다.

이 인공팔을 처음 부착한 사람은 잰 셔먼Jan Sherman이었다. 그녀는 뇌와 몸을 연결하는 신경계에 유전적 결함을 가진 채로 태어나 평생을 마비 환자로 살아왔는데, 피츠버그대학교 연구팀이 개발한 전극을 두뇌 꼭대기에 삽입한 후로 새로운 희망을 품게 되었다. 이 전극은 컴퓨터에 연결되어 있고 컴퓨터는 다시 인공팔에 연결되어 있어서, 인공팔은 셔먼이 생각하는 대로 움직인다. 그녀는 인공팔을 부착하는 수술을 받고 5개월이 지난 후 한 TV 쇼에 환하게 웃는 모습으로 나타나 청중들에게 팔을 흔들어 인사하고 사회자와 악수를 하였다.[8] 심지어 그녀는 이야기 도중에 사회자와 주먹인사(서로 주먹을 가볍게 부딪치는 행위–옮긴이)까지 하는 등 인공팔의 정교함을 유감없이 보여주었다.

제프리 링 박사는 말한다. "나는 이 기술이 뇌졸중과 뇌성마비 환자 그리고 사지가 불편한 노인들에게 새로움 삶을 가져다줄 것으로 믿는다."

생활 속의 염력

요즘은 과학자뿐만 아니라 기업가들도 뇌-기계 인터페이스BMI에 많은 관심을 보이면서, 각종 장비개발을 영구적 사업의 일환으로 적극 검토하고 있다. 몇몇 기업들은 간단한 EEG 센서를 이용한 가상현실이나 진짜 현실 세계에서 물체를 조종하는 비디오게임을 출시하는 등 이미 청소년 시장으로 진출한 상태다. 2009년에 뉴로스카이NeuroSky는 EEG 센서를 통해 공을 움직이는 장난감 '마인드플렉스Mindflex'를 업계 최초로 출시했다. 특수 제작된 헤드셋을 끼고 정신을 집중하면 팬이 회전하면서 가벼운 공이 허공에 떠오르고, 여기에 간단한 조작을 가하면 공이 복잡한 미로를 통과하는 식이다.

마인드컨트롤을 이용한 비디오게임도 한창 개발되고 있다. 지금 뉴로스카이에는 소프트웨어 개발자만 1,700명에 달하는데, 이들 중 대부분이 1억 2,900만 달러짜리 프로젝트인 '뇌파 모바일 헤드셋 Mindwave Mobile headset' 개발에 전념하고 있다. 이 비디오게임의 핵심은 EEG 센서가 장착된 헤드셋인데, 이것을 이마 부위에 착용하면 가상세계로 진입하여 나만의 아바타를 오직 생각만으로 조종할 수 있다. 그 안에서 아바타는 무기를 발사하고, 적을 피하고, 새로운 레벨로 올라가 점수를 획득한다. 이런 포맷은 기존의 비디오게임과 비슷하지만, 결정적으로 다른 점이 있다. 모든 과정을 생각만으로 진행할 수 있어 양손이 자유롭다는 것이다!

미국 두뇌트레이닝 전문업체 샤프브레인즈SharpBrains사의 시장연구팀에서 일하는 알바로 페르난데즈Alvaro Fernandez는 이렇게 말했다. "게임의 패러다임이 변하고 있다. 뉴로스카이는 과거의 인텔(Intel: 1968년에 창립된 미국의 반도체 생산기업. 80386, 80486, 펜티엄 등을 지속해서 출시하여 컴퓨터중앙처리장치CPU 시장을 석권했다-옮긴이)사처럼 장차 새로운 산업을 주도적으로 이끌어갈 것이다."[9]

EEG 헬멧은 무기를 발사하는 것 외에 사용자의 집중력이 흐려지는 것도 감지할 수 있다. 뉴로스카이사는 이와 관련하여 타 기업의 자문에도 응하고 있는데, 예를 들어 위험한 기계를 다루는 인부들이나 장거리 운전자들은 항상 위험에 노출되어 있으므로, 이들의 집중력을 체크하는 장비가 있으면 사고예방에 많은 도움이 될 것이다. EEG 헬멧에는 사용자가 졸고 있을 때 알람을 울리는 기능이 있다(일본에서는 이 헬멧이 파티용품으로 인기를 끌고 있다. 헬멧에는 고양이 귀가 달려 있어서, 착용자가 정신을 집중하면 귀가 쫑긋 서고, 집중력이 흐트러지면 아래로 처진다. 그러므로 파티에 참석한 사람들이 이 헬멧을 쓰고 있으면 누가 누구에게 관심이 있는지 공개적으로 드러난다).

그러나 이 기술을 가장 기발한 분야에 응용한 사람은 듀크대학교의 미겔 니코렐리스Miguel Nicolelis다.[10] 그는 나와 인터뷰하는 자리에서 "공상과학에 등장하는 환상적인 기계장치 중 상당수를 거의 똑같이 흉내 낼 수 있다"고 장담했다.

똑똑한 손과 생각공유기[11]

니코렐리스 박사는 뇌-기계 인터페이스가 대륙을 가로질러 작동할 수도 있음을 입증했다. 그는 뇌에 칩이 삽입된 원숭이를 트레드밀(treadmill: 발로 밟아 돌리는 바퀴-옮긴이)에 세워놓고, 칩에 연결된 전선을 인터넷에 연결했다. 그리고 지구 반대편의 일본 도쿄에 있는 과학자들은 이 신호를 받아서 그들이 만든 로봇에게 전달했다. 미국 노스캐롤라이나에서 트레드밀을 돌리며 걸어가는 원숭이의 몸동작이 일본에 있는 로봇을 통해 똑같이 재현된 것이다. 니코렐리스는 두뇌 센서와 약간의 먹이만으로 원숭이를 훈련하여, 지구 반대편에 있는 CB-1 휴머노이드 로봇을 걸어가게 만들었다.

또한 그는 뇌-기계 인터페이스의 가장 중요한 사안 중 하나인 '무감각 문제'에도 도전장을 내밀었다. 인공팔에는 감각기관이 없어서, 사용자가 컵을 집어들 수는 있어도 컵의 질감을 느낄 수는 없다. 그래서 컵을 너무 세게 쥐어 깨뜨리거나, 악수하다가 상대방의 손가락을 부러뜨릴 수도 있다. 지금의 인공팔로 달걀을 깨지 않고 집어드는 것은 거의 불가능하다.

니코렐리스는 '뇌-기계-뇌 인터페이스(brain-machine-brain interface, BMBI)'를 이용하여 이 문제를 우회적으로 해결한다는 계획을 세워놓고 있다. 두뇌신호가 인공팔에 전달되면 그곳에 장착된 센서가 질감을 파악한 후, 그 신호를 다시 전선을 통해 뇌로 보내는 식이다. 이 시스템을 적용하면 환자는 자신이 만진 물건의 질감을 선명하게 느낄 수 있다.

니코렐리스는 제일 먼저 붉은털원숭이(Rhesus monkey: 이 원숭이의 피에서 응집소를 추출하여 사람의 피와 섞었을 때 응집반응이 일어나면 Rh+, 그렇지 않으면 Rh-형으로 구분한다-옮긴이)의 운동피질과 인공팔을 연결했다. 이 인공팔에는 센서가 달려 있어서, 질감과 관련한 정보를 두뇌의 체감각피질(somatosensory cortex: 촉감을 느끼는 부위)로 전달한다. 원숭이는 4~9회의 시행착오를 겪은 후 곧바로 적응했다.

이 시스템을 개발하기 위해 니코렐리스는 다양한 질감(부드럽거나 거친 표면 등)을 표현하는 새로운 기준을 만들어야 했다. 그는 "한 달 동안 훈련을 거친 후, 원숭이의 체감각피질은 새로운 촉감정보를 인식하고 미세한 차이를 구별해냈다. 이것은 새로운 감각채널을 인공적으로 제작한 최초의 사례로 기록될 것"이라고 했다.

나는 그와 대화를 나누면서 "이 시스템은 영화 〈스타트렉〉에 나오는 '홀로덱holodeck'을 연상케 한다"고 말했다. 홀로덱은 가상세계를 만들어내는 일종의 프로그램으로, 이곳에 들어가면 모든 것이 허상이지만 현실 세계와 똑같은 촉감을 느낄 수 있다. 영화 〈매트릭스〉에서 주인공 네오가 무술연습을 하는 곳도 바로 이 홀로덱이었다. 물체를 만졌을 때 느껴지는 촉감을 디지털로 구현하는 기술을 '햅틱 테크놀로지(haptic technology: 감각기술)'라 한다. 니코렐리스는 내 말을 듣고 이렇게 대답했다. "그렇다. 나는 이것이 가까운 미래에 홀로덱이 실현된다는 것을 입증한 첫 번째 사례라고 생각한다."

미래의 홀로덱은 두 가지 기술이 혼합된 형태일 것이다. 그중 하나는 콘택트렌즈형 홀로덱으로, 이것을 착용하면 어디를 바라보건 완전히 새로운 가상현실로 들어갈 수 있다. 여기서 단추만 누르면 순식간에 풍경이 바뀌고, 물건을 만지면 그 신호가 뇌로 전달되어 생생한 질감까지 느껴진다. 이 모든 것은 BMBI 기술로 구현할 수 있다. 콘택트렌즈를 통해 보이는 가상현실은 진짜 현실 못지않게 생생할 것이다.

두뇌와 두뇌를 연결하는 '뇌-뇌 인터페이스(brain-to-brain interface, BTBI)'를 이용하면 햅틱 테크놀로지뿐만 아니라 '마음의 인터넷'이라 불리는 브레인넷brain-net도 구축할 수 있다. 2013년에 니코렐리스는 영화 〈스타트렉〉의 생각공유기mind meld를 방불케 하는 장치를 만들어 세상을 놀라게 했다. 그는 듀크대학교와 브라질의 나타우(Natal : 브라질 동북쪽 대서양 연안에 있는 도시-옮긴이)에 분리 수용된 두 그룹의 쥐를 대상으로 실험을 수행했는데, 첫 번째 그룹은 붉은빛을 볼 때마다 레버를 누르도록 훈련시켰다. 두 번째 그룹은 뇌에 삽입된 칩에 신호를 보내서 뇌가 자극을 받을 때마다 레버를 누르도록 훈련시켰다. 그리고 쥐들이 레버를 제대로 누르면 보상으로 약간의 물을 주었다. 이 훈련을 어느 정도 진행한 후, 니코렐리스는 인터넷을 이용하여 듀크대학교와 나타우에 있는 쥐들의 운동피질을 서로 연결하였다.

이 실험은 첫 번째 그룹의 쥐들에게 붉은빛을 보여주고 그들의 뇌 신호를 브라질에 있는 두 번째 그룹에 보내서 이들의 반응을 관찰하는 식으로 진행되었는데, 열에 일곱 번꼴로 두 번째 그룹의 쥐들이 레버를 누르는 것으로 나타났다. 서로 다른 두뇌끼리 신호전송이 가능하며, 올바르게 해석될 수 있다는 사실이 처음으로 입증된 것이다. 물론 신호 내용이 매우 초보적이고 샘플의 수도 적어서 두 개의 생각을 하나로 합쳐주는 '생각공유기'까지 가려면 아직 멀었지만, 브레인넷의 가능성을 보여주는 데에는 부족함이 없었다.

2013년에는 이 분야에서 또 다른 중요한 진보가 이루어졌다. 동물실험단계를 넘어서 인간의 뇌-뇌 통신을 구현한 것이다. 과학자들은 인터넷을 이용하여 한 사람의 뇌에서 발생한 신호를 다른 사람의 뇌로 전송하는 데 성공했다.[12]

이 기념비적인 업적을 이룬 곳은 워싱턴대학이다. 이곳에서 한 과학자의 뇌신호(오른팔 움직이기)를 다른 과학자의 뇌에 성공적으로 전송했다. 송신자는 EEG 헬멧을 쓴 채 비디오게임을 하면서 오른팔을 움직여 대포를 발사하는 행동을 머릿속으로 상상했고(실제로 팔을 움직이지는 않았다), 이때 발생한 신호는 EEG 헬멧과 인터넷을 통해 수신자에게 전달되었다. 수신자는 오른손을 제어하는 두뇌 부위에 맞춰진 자기 헬멧을 쓰고 있었는데, 신호가 도착하자 헬멧에서 자기장 펄스가 발생하여 두뇌에 전달되었고, 수신자는 자신의 의지와 상관없이 오른팔을 움직였다. 이로써 과학자들은 한 사람의 생각이 다른 사람의 행동을 조종할 수 있음을 입증했다.

이 기술이 발전하면 인터넷을 통해 '언어로 표현되지 않은 메시지'를 서로 교환할 수 있다. 당신이 탱고를 추거나 번지점프를 할 때, 또는 스카이다이빙을 할 때 느끼는 짜릿한 감정을 친구들에게 이메일로 보낼 수 있다는 이야기다. 육체적 행동뿐만 아니라 어떤 특정한 상황에서 느끼는 감정도 뇌-뇌 통신을 통해 전달할 수 있다.

니코렐리스는 전 세계 사람들이 키보드가 아닌 '마음'을 통해 하나로 연결되는 '미래형 소셜 네트워크'를 구상하고 있다. 그때가 되면 사람들은 이메일 대신 브레인넷을 통해 생각과 감정을 공유하고, 새로운 아이디어를 실시간으로 교환할 수 있을 것이다. 지금의 전화는 대화 내용과 억양만 전달할 수 있을 뿐 다른 기능은 없다. 영상통화는 통화대상의 몸짓까지 볼 수 있으므로 전화보다는 조금 낫다. 그러나 브레인넷 통신은 대화의 저변에 깔린 감정과 묘한 뉘앙스, 그리고 상대방이 숨기는 감정까지 전달된다. 미래의 인류는 타인의 생각과 느낌을 공유하면서, 지금보다 훨씬 친밀감을 느끼며 살아가게 될 것이다(그러나 자기 생각을 어디까지 공개할 것인지, 수위를 조절하는 보조장치가 반드시 필요할 것 같다—옮긴이).

토털 이머전 엔터테인먼트

브레인넷은 수십억 달러에 달하는 오락산업의 판도를 바꿔놓을 것이다. 우리는 이와 비슷한 변화를 과거에도 겪은 적이 있다. 1920년대에 녹음기술이 개발되면서 소리가 전혀 없었던 무성영화에 박진감 넘치는 음향이 추가되었고, 그 후로 영화산업은 일대 혁명을 맞이했다. 그러나 지난 100년 동안 영화는 '빛과 소리의 조합'이라는 공식에서 크게 벗어나지 않았다. 미래의 오락산업은 냄새와 맛, 촉감, 소리 그리고 영상이라는 오감과 함께 모든 종류의 감정을 종합한 '토털 이머전(total immersion: 완전몰입)'의 형태로 진화할 것이다. 텔레파시 탐침을 머리에 착용하면 등장인물이 느끼는 감각과 감정을 똑같이 느끼면서 영화에 완전히 몰입할 수 있다. 로맨스나 스릴러 영화를 볼 때 마치 본인이 영화 속 주인공이 된 것처럼 모든 촉감과 감정을 생생하게 느낀다고 상상해보라. 관객들은 여주인공의 몸에서 향수냄새를 맡고, 괴한에게 납치된 희생자의 공포와 악당을 무찌르는 통쾌감을 똑같이 느낄 수 있다.

토털 이머전을 영화에 구현하려면 제작과정부터 완전히 달라져야 한다. 우선 배우들은 감각과 감정을 기록하는 EEG/MRI 센서와 탐침을 장착한 채 자연스러운 연기가 나오도록 훈련해야 한다(이것은 배우들에게 또 다른 부담이 될 수 있다. 온갖 장비를 걸친 채 다섯 가지 감각을 생생하게 연기하기란 절대 쉽지 않을 것이다. 그러나 과거에도 영화산업은 이와 비슷한 과도기를 겪었다. 무성영화에서 유성영화로 전환되던 무렵, 목소리가 좋지 않거나 암기력이 떨어지는 배우는 자연히 퇴출당하고 새로운 신인들이 스타로 떠올랐다. 미래에도 오감을 능숙하게 연기하는 신인배우들이 대거 등장하여 영화산업의 판도를 크게 바꿔놓을 것이다). 편집과정도 필름을 자르거나 잇는 작업에 그치지 않고 각 장면에서 화면과 감각정보를 동기화해야 한다. 이것은 동시녹음이 없던 시절에 영상과 음향을 동기화하는 작업과 비슷하다. 그리고 마지막으로 객석에 앉아 있는 관객들에게 모든 정보를 제공하려면 3D 안경 대신 특수 제작된 두뇌센서를 제공해야 하며, 이를 위해서는 상영관의 구조도 근본적으로 달라져야 할 것이다.

브레인넷 구축하기

두뇌정보를 공유하는 브레인넷은 단계적으로 구축되어야 한다. 첫 단계는 시각기능을 담당하는 후두엽과 언어기능을 담당하는 좌측 전두엽 등 뇌의 중요한 부위에 나노탐침을 삽입하는 것이다. 여기에 접수된 신호는 컴퓨터에서 분석된 후 광케이블을 통해 인터넷으로 전송된다.

신호를 보내는 과정보다 이 신호를 다른 사람의 뇌에 전달하는 과정이 훨씬 까다롭다. 지금까지는 신호를 해마hippocampus로 보내는 게 전부였지만, 진정한 브레인넷이라면 청각, 시각, 촉각 등 다양한 부위에 전달해야 한다. 그러므로 당장은 두뇌피질의 각 부위가 어떤 기능을 하는지부터 세밀하게 연구하여야 할 것이다. 두뇌피질의 지도가 완성되어야 다른 사람의 뇌에 단어와 생각, 기억, 경험 등을 주입할 수 있다.

니코렐리스는 자신의 저서에 다음과 같이 적어놓았다. "미래의 어느 날, 우리 후손들은 기능과 기술 그리고 윤리를 하나로 규합하여 브레인넷을 구축할 것이다. 그때가 되면 수십억의 사람들은 브레인넷을 통해 생각만으로 접촉할 수 있게 된다. 이 거대한 '집단의식'이 어떤 형태로 나타나 인간의 삶에 어떤 영향을 미칠지, 지금은 그 누구도 예측할 수 없다."

브레인넷과 문명

브레인넷은 문명 자체를 바꿔놓을 수도 있다. 과거에도 새로운 통신수단이 등장할 때마다 사회에 엄청난 변화가 일어나 새로운 시대로 접어들곤 했다. 원시시대에 우리 조상들은 수천 년 동안 소수단위의 유목생활을 하면서 울부짖는 듯한 소리와 몇 가지 몸동작으로 의사를 교환했다. 그 후 언어를 사용하기 시작하면서 복잡한 생각을 기호로 표현하게 되었으며, 교환하는 정보의 규모가 커지면서 마을과 도시가 생겨났다. 지난 수천 년 동안 인류는 분자를 이용하여 방대한 정보와 지식을 축적해왔고, 이로부터 과학과 예술 그리고 거대한 제국이 탄생했다. 지난 세기에 발명된 전화와 라디오, TV 등은 대륙 간 통신을 가능하게 해주었으며, 최근 등장한 인터넷은 지구 전체를 하나의 문화권으로 통합하였다. 앞으로 브레인넷이 구축되면 전 세계 사람들이 감각과 감정 그리고 기억과 생각을 교환하면서 또 한 번의 혁명이 불어닥칠 것이다.

"인간은 운영체제의 일부가 될 것이다"

니코렐리스는 나와 인터뷰하면서 "어린 시절, 조국 브라질에 사는 동안 과학의 눈부신 발전에 깊은 경외감을 느꼈다"고 했다. NASA의 '문샷(moon shot: 달 탐사선 발사 프로젝트. 아폴로 11호를 말함-옮긴이)'을 목격하며 과학자의 꿈을 키웠던 그가 지금은 임의의 물체를 생각만으로 움직이는 또 하나의 '문샷'을 계획 중이다.

그는 고등학교에 다닐 때 아이작 아시모프Isaac Asimov의 공상과학소설 《인간의 뇌The Human Brain》를 읽고 뇌에 관심을 갖게 되었다. 그러나 책의 끝 부분에 수많은 두뇌들이 상호작용하면 어떤 결과가 초래될지 아무 언급이 없어서 크게 실망했다고 한다(당시에는 그 결과를 아는 사람이 없었다). 니코렐리스는 그때부터 뇌의 비밀을 밝히는 데 인생을 바치기로 결심했다.

지금으로부터 약 10년 전, 그는 어린 시절 꿈을 이루기 위해 본격적인 실험을 시작했다.[13] 첫 작품은 쥐의 행동을 조종하는 기계장치였는데, 쥐의 뇌신호를 읽는 센서를 뇌에 삽입한 후 레버에 전선을 연결하여, 쥐가 특정한 생각을 떠올리면 레버가 물을 떠서 쥐의 입에 갖다주는 식으로 작동했다. 이 쥐들은 몇 번의 시행착오를 거친 후 능숙하게 레버를 움직였고, 원할 때마다 물을 마실 수 있었다. 이것은 동물의 두뇌와 기계를 연결한 첫 번째 실험으로, 몸을 움직이지 않고 기계를 작동한 최초의 성공사례로 기록되었다.

지금 그는 원숭이 두뇌 안에서 몸의 움직임과 관련한 수천 개의 뉴런을 분석하는 단계까지 와 있다. 원숭이는 이 장치를 이용하여 인공팔을 움직이거나, 사이버공간에서 가상이미지를 만들어낼 수도 있다. 그는 "우리가 훈련한 원숭이는 몸을 조금도 움직이지 않은 채 오직 생각만으로 자신의 아바타를 조종할 수 있다"고 했다. 원숭이에게 자신의 아바타가 나오는 영상을 보여주면 생각만으로 아바타를 조종한다는 것이다. 물론 이 단계에 이르려면 약간의 훈련이 필요하지만, 기술적으로는 아무런 문제가 없다.

니코렐리스는 말한다. "가까운 미래에 우리는 비디오게임과 컴퓨터 그리고 모든 가전제품을 생각만으로 조종하게 될 것이다. 간단히 말해서, 인간이 운영체제의 일부가 되는 셈이다. 앞서 언급했던 실험과 비슷한 과정을 통해 우리는 기계와 하나가 될 것이다."

인공외골격

니코렐리스는 차기 연구과제로 '다시 걷기 프로젝트Walk Again Project'를 구상 중이다. 이 연구의 목적은 생각으로 움직이는 완벽한 외골격을 제작하는 것인데, 기본 아이디어는 할리우드 영화 〈아이언 맨Iron Man〉과 비슷하다. 실제로 이 외골격은 특정 부위에 부착하는 것이 아니라 옷처럼 입게끔 되어 있어서, 착용자가 모터를 작동하면 팔과 다리를 자유롭게 움직일 수 있다(그림 참조).

그는 자신감 넘치는 어조로 자신의 계획을 설명해나갔다. "머릿속으로 걷는 생각만 하면 몸이 알아서 걸어간다. 게다가 모든 것이 무

니코렐리스 박사는 이 외골격을 이용하여 마비 환자가 생각만으로 자유롭게 거동할 수 있는 세상을 꿈꾸고 있다.

선으로 조종되기 때문에, 머리에 전선을 줄줄이 달고 다닐 필요가 없다… 로봇처럼 생긴 외골격에 3만~4만 개의 뉴런 정보를 저장해놓으면, 착용자는 생각만으로 걷고, 움직이고, 물체를 손으로 잡을 수도 있다."[14]

그러나 인공외골격을 구현하려면 몇 가지 문제점을 먼저 해결해야 한다. 무엇보다 사람의 뇌 안에 안전하게 설치할 수 있는 마이크로칩과 외골격을 자유롭게 움직일 수 있는 무선센서가 필요하다. 그래야 두뇌신호를 무선으로 휴대용 컴퓨터에 전송할 수 있다(이 컴퓨터는 휴대전화만 한 크기로, 사용자의 허리춤에 찰 수 있어야 한다). 또한 두뇌에서 컴퓨터로 전송된 신호를 해독하는 기술도 하루속히 완성해야 한다. 원숭이가 인공팔을 움직일 때는 수백 개의 뉴런으로 충분하지만, 사람은 최소한 수천 개의 뉴런이 필요하다. 그리고 인공외골격에 에너지를 공급하는 장치도 휴대 가능한 크기로 작아져야 한다.

니코렐리스는 자신에 찬 어조로 말했다. "우리 연구팀은 2014년 브라질 월드컵 개막식 행사에서 외골격을 착용한 마비 환자에게 시축의 기회를 준다는 원대한 계획을 세워놓았다(이 계획은 그대로 실행되었다-옮긴이). 이것이 바로 내가 생각하는 브라질판 문샷이다."

아바타와 서로게이트

미래를 배경으로 한 SF 영화 〈서로게이트Surrogate〉에서 브루스 윌리스Bruce Willis는 미궁에 빠진 살인사건을 추적하는 FBI 요원으로 등장한다. 영화의 기본설정은 "미래의 과학자들이 완벽한 인공외골격을 개발했는데, 기능이 너무 뛰어나서 모든 사람이 자신의 육체를 포기하고 외골격에 의존하여 살아간다"는 것이다. 서로게이트('대리인' 또는 '대행자'라는 뜻으로, 여기서는 자기 삶을 대신 살아가는 외골격 로봇을 의미함-옮긴이)는 아름다운 외모에 완벽한 몸을 갖고 있으며, 늙지도 않는다. 그래서 사람들은 고치처럼 생긴 캡슐 안에 누워서 생각만으로 자신의 서로게이트를 조종하면서 살아간다. 길거리에서 분주하게 돌아다니는 사람들은 진짜 인간이 아니라 정교하게 제작된 서로게이트들이며, 이들의 주인은 보이지 않는 곳에서 생각만으로 이들을 조종하고 있다. 그런데 수사가 진행되던 중 서로게이트를 발명한 과학자가 살인사건의 피해자로 밝혀지면서, 브루스 윌리스는 서로게이트가 축복인지, 아니면 인류가 스스로 초래한 재앙인지 의구심을 품게 된다.

제임스 카메론James Cameron이 제작한 블록버스터 〈아바타Avatar〉에는 또 다른 형태의 서로게이트가 등장한다. 때는 2154년, 지구의 광물자원이 고갈되어 더는 물자를 공급할 수 없게 되자, 한 채광업체가 알파센타우리 별 근처에 있는 판도라 행성으로 진출하여 희귀 광물 언옵타늄unobtanium의 채굴권을 확보한다. 그러나 이 채굴권은 지구에서나 유효할 뿐 판도라 행성의 원주민인 나비족에게는 어림도 없는 이야기다. 나비족은 풍족한 환경에서 자연과 조화를 이루며 행복하게 살고 있었다. 지구인들은 나비족과 교류하기 위해 특별한 장치를 개발했는데, 특별훈련을 받은 요원들을 캡슐 속에 눕히고 센서를 연결하면 원주민과 닮은 아바타가 탄생하고, 요원은 생각만으로 자신의 아바타를 조종할 수 있게 된다. 판도라 행성의 대기는 지구인에게 유해하지만, 아바타는 아무런 지장 없이 일상적인 활동을 할 수 있다.

그런데 나비족이 신성시하는 커다란 나무 밑에 다량의 언옵타늄이 묻혀 있다는 사실이 밝혀지면서 나비족과 지구인의 불편한 동맹관계는 최악의 상황으로 치닫는다. 어떻게든 귀한 광물을 캐내려는 지구인과 신성한 나무를 보호하려는 나비족 사이에 치열한 전쟁이 벌어진 것이다. 처음에는 첨단무기로 무장한 지구인이 우위를 점하지만, 한 지구인의 아바타가 나비족을 도와 난폭한 지구인을 물리치고 신성한 나무를 지키는 데 성공한다.

지금 〈아바타〉와 〈서로게이트〉는 SF 영화로 분류되고 있지만, 미래에는 과학의 필수적인 도구로 다가올 것이다. 인간의 육체는 너무 섬세하고 나약해서 우주여행과 같은 위험한 임무를 수행하기에 적절치 않다. 공상과학영화에서는 강인하고 용감한 주인공이 초인적 능력을 발휘하여 멀고 먼 은하까지 갔다 오지만, 현실 세계에서는 턱도 없는 이야기다. 우주공간으로 나가면 복사에너지가 너무 강해서, 특수 제작된 우주복을 입지 않으면 조로증이나 방사능증, 또는 암에 걸릴 가능성이 높다. 게다가 태양폭발solar flare이 일어나면 치명적 복사에너지가 우주선을 강타한다. 미국에서 비행기를 타고 대서양을 건너 유럽으로 날아가는 동안 탑승객들은 시간당 약 1밀리렘(millrem: 1천 분의 1렘. 렘rem은 방사선의 단위-옮긴이)에 해당하는 방사선에 노출되는데, 그 영향은 치과에서 X선 사진을 찍는 것과 비슷하다. 그러나 우주공간에서는 방사능이 몇 배나 더 강하고, 어쩌다가 우주선(宇宙線, cosmic ray: 우주에서 쏟아지는 고에너지 입자들-옮긴이)이나 태양폭발을 만나면 목숨까지 위태로워진다(실제로 태양풍이 강하게 불면 NASA는 우주정거장에 상주하는 우주인들에게 안전한 방으로 이동하라는 지시를 내린다).

이뿐만이 아니다. 무서운 속도로 날아다니는 미세운석이 우주선에 충돌하여 구멍이 뚫리기라도 하면 대형사고를 피할 길이 없다. 그리고 무중력 상태에 장시간 노출되면 신체기능에 심각한 장애가 발생한다(수시로 변하는 중력에 적응하는 것도 커다란 문제다). 몇 개월 동안 무중력 상태에 있다 보면 몸에서 칼슘과 광물질이 빠져나가기 때문에 허약해질 수밖에 없다. 우주인들은 매일 규칙적으로 운동하도록 되어 있지만, 저중력으로 인한 신체기능 저하를 막기에는 역부족이다. 과거에 1년 동안 무중력 상태에 있던 러시아 우주인들이 지구로 귀환했을 때, 뼈와 근육량이 현격하게 감소하여 제대로 걸을 수조차 없었다. 게다가 일부 증세는 영구적으로 회복되지 않아서, 여생 동안 자신이 무중력 상태에 있는 것처럼 느끼며 살아간 사람도 있었다고 한다.

달에 파견된 우주인에게도 미세운석과 복사에너지는 치명적이다. 그래서 과학자들은 달에 거대한 동굴을 파고 지하기지를 세워 인명과 장비를 보호한다는 계획을 세워놓았다. 사화산 근처에 동굴을 파면 단단하게 굳은 용암으로 에워싸여서 우주인을 잠재적 위험으로부터 보호할 수 있다. 그러나 한 번 파견된 우주인들은 오랜 시간 동안 머물러야 하므로, 무엇보다 기지는 내 집처럼 편안해야 한다. 이럴 때 가장 바람직한 방법은 앞서 말한 '서로게이트'를 이용하는 것이다. 물론 서로게이트가 인간의 삶을 완전히 대신하는 것은 바람직하지 않지만, 위험한 작업을 수행할 때는 이것만큼 유용한 수단이 없다. 뿐만 아니라 서로게이트를 이용하면 우주선에 사람을 태울 필요가 없어서 비용을 크게 절약할 수 있다(유인우주선을 띄우려면 사람과 함께 생명유지 장치까지 잔뜩 실어야 한다).

미래의 어느 날, 멀리 떨어진 행성에 서로게이트가 첫발을 내딛게 된다면, 그는 아마 이렇게 말할 것이다. "마음 상으로는 작은 한 걸음이지만One small step for the mind… ”(1969년 암스트롱이 달에 첫발을 내디디면서 했던 말인 “개인에게는 작은 한 걸음이지만One small step for a man… ”을 패러디한 것–옮긴이)

한 가지 문제는 통신을 주고받는 데 시간이 걸린다는 것이다. 지구에서 출발한 라디오파 신호는 약 1.3초 만에 달에 도착하므로 서로게이트를 조종하는데 별문제가 없지만, 이 신호가 화성까지 가려면 20분 이상 걸리기 때문에 비상시에 즉각적으로 대처하기 어렵다.

그러나 가까운 곳에서는 서로게이트가 막강한 위력을 발휘한다. 지난 2011년, 일본의 후쿠시마 원자력발전소에 지진이 덮쳐 수십억 달러의 피해가 발생했을 때, 사고수습을 위해 파견된 일꾼들은 방사능 때문에 현장에 단 몇 분밖에 머물 수 없었다. 방사능이 완전히 제거되려면 앞으로 40년은 족히 걸릴 것이다. 지금의 로봇으로는 치명적인 방사능 속에서 그런 복잡한 작업을 수행할 수 없기 때문이다. 실제로 후쿠시마 원전에 로봇을 투입하긴 했지만, 조그만 바퀴에 카메라를 싣고 들어가서 현장사진을 찍은 것이 전부였다. 방사능으로 뒤덮인 위험지역에서 스스로 생각하여 상황을 판단하고(또는 외부에 있는 누군가가 생각으로 조종할 수도 있다) 고장 난 기기를 수리하는 로봇은 수십 년 후에나 가능할 것이다.

산업용 로봇의 필요성은 1986년 우크라이나의 체르노빌 원전사고에서도 극명하게 드러났다. 당시 사고현장에 투입되어 진화작업을 벌였던 사람들 중 상당수는 과다한 방사능에 노출되어 끔찍한 고통을 겪다가 사망했다. 결국 미하일 고르바초프(Mikhail Gorbachev: 당시 소련 공산당 서기장–옮긴이)는 핵반응기를 모래로 덮으라는 명령을 내렸고, 소련 공군은 헬리콥터를 동원하여 5천 톤에 달하는 붕산염 모래와 시멘트를 사고현장에 살포했다. 당시 사고현장을 수습하고 봉쇄하는 데 25만 명이 동원되었으며, 반응기 안에 투입된 일꾼들은 치명적인 방사능 탓에 단 몇 분 정도만 머물러야 했다. 이들 중 상당수는 보통사람들이 평생 쪼이는 양보다 훨씬 많은 방사능을 뒤집어쓰면서 작업에 몰두하여 전 세계 사람들로부터 칭송을 받았다(이들에게는 나중에 국가유공훈장이 수여되었다). 체르노빌 원전사고 수습프로젝트는 역사상 가장 규모가 큰 토목공사로 기록되었는데, 지금의 로봇을 동원한다 해도 그 정도 결과를 얻기는 어려웠을 것이다.

일본의 혼다Honda사에서는 치명적인 방사능 속에서 작업할 수 있는 로봇을 개발하고 있다. 사람의 머리에 EEG 센서를 부착하고 컴퓨터에 유선으로 연결하면, 컴퓨터가 뇌파를 분석하여 아시모(ASIMO, Advanced Step in Innovative Mobility)라는 로봇에게 라디오파 신호를 전송하는 식이다.[15] 이 시스템이 완성되면 위험한 사고현장에 갈 필요 없이 생각만으로 로봇을 조종할 수 있다.

그러나 이 로봇을 후쿠시마 사고현장에 투입하기에는 여전히 부족한 점이 많다. 파괴된 원전을 수리하려면 수백 가지 동작을 자유자재로 수행할 수 있어야 하는데, 지금은 머리를 돌리거나 어깨를 움직이는 등 아주 간단한 네 가지 동작만 할 수 있을 뿐이다. 나사를 조이거나 망치질하는 수준까지 가려면 아직 한참을 기다려야 한다.

다른 연구팀도 '생각으로 움직이는 로봇'을 개발하고 있다. 워싱턴 대학교의 라제시 라오Rajesh Rao 박사는 사람이 EEG 헬멧을 쓰고 조종하는 60cm짜리 로봇 '모피어스Morpheus'를 제작했다(이 이름은 영화 〈매트릭스〉의 등장인물에서 따온 것으로, 그리스어로 '꿈dream'이라는 뜻이다). 한 연구원 학생이 EEG 헬멧을 쓰고 팔을 움직이는 등 어떤 몸동작을 취하면 EEG 신호가 컴퓨터에 저장되고, 이미 만들어진 사전에서 이 신호의 의미를 찾아내어 로봇에게 전송하면 로봇이 팔을 똑같이 움직이는 식이다. 몇 번의 훈련을 거치면 직접 팔을 움직이지 않고 생각만으로 모피어스를 조종할 수 있게 된다. 이 시스템을 처음 사용하는 사람에게 헬멧을 씌워주고 몸동작을 상상하게 했을 때, 컴퓨터가 이 신호를 분석하는 데에는 약 10분이 걸린다. 그러나 반복훈련을 통해 요령을 터득하고 나면 모피어스를 쉽게 조종할 수 있다.[16] 예를 들어 모피어스가 당신을 향해 걸어오게 하거나 책상 위의 블록을 집어들게 할 수 있고, 그 블록을 2m 거리에 있는 다른 책상 위에 내려놓게 할 수도 있다.

이 분야는 유럽에서 빠르게 발전하고 있다. 2012년 스위스 로잔연방공과대학의 과학자들은 EEG 센서를 통해 100km 밖에서 작동하는 로봇을 개발했다. 겉모습은 일반 가정집에서 쓰는 진공 로봇청소기처럼 생겼지만, 고성능 비디오카메라가 장착되어 있어 복잡한 사무실을 이리저리 돌아다닐 수 있다. 마비 환자에게 이 시스템을 적용하면 커다란 스크린에 뜬 거실 영상을 보면서(이 영상은 로봇의 비디오카메라에 잡힌 영상을 전송한 것이다) 생각만으로 필요한 물건을 가져오게 하는 등 다양한 작업을 수행할 수 있다. 게다가 수십 km 떨어진 곳에서도 로봇을 조종할 수 있으므로 응용분야는 무궁무진하다.[17]

미래에는 위험한 곳에서 작업을 수행할 때 이 시스템이 활용될 것이다. 니코렐리스는 말한다. "앞으로 우리는 먼 우주를 탐사할 때 사람을 직접 보내지 않고 다양한 용도의 로봇이나 무인우주선을 파견하게 될 것이다. 만일 그곳에 외계인이 살고 있다면 우리의 생각을 로봇에게 전달하여 장거리외교 활동도 할 수 있다."[18]

지난 2010년에 멕시코만에서 '딥워터 호라이즌Deepwater Horizon'이라는 석유 시추시설이 폭발하여 무려 500만 배럴에 달하는 원유가 바다로 유입된 적이 있다. 이것은 역사상 최대규모의 원유유출 사고로, 당시 공학자들은 바닷속 유전에서 뿜어져 나오는 원유를 거의 3개월 동안 속수무책으로 바라볼 수밖에 없었다. 무선으로 조종되는 로봇잠수함을 해저에 투입하여 유출구를 막아보려고 몇 주일 동안 사투를 벌였지만, 성능이 떨어져서 별다른 성과를 거두지 못했다. 만일 그때 훨씬 예민하고 다재다능한 서로게이트 잠수함이 있었다면, 며칠 안에 유출구를 봉쇄하여 막대한 손실을 막을 수 있었을 것이다.

서로게이트 잠수함을 아주 작게 만들 수 있다면 사람의 몸 안에 투입하여 복잡한 수술을 대신할 수도 있다. 1966년에 개봉하여 큰 반향을 불러일으켰던 〈바디 캡슐Fantastic Voyage〉은 바로 이 아이디어에 기초한 영화로(여주인공은 1960년대를 풍미했던 라켈 웰치Raquel Welch였다!), 잠수함을 혈구(血球, blood cell)만 한 크기로 줄여서 환자의 혈관에 주입하여 뇌에 생긴 혈병(血餠, 피떡)을 제거한다는 스토리였다. 원자 자체의 크기를 줄이는 것은 양자역학의 법칙에 어긋나지만, MEMS (micro-electrical-mechanical systems: 미세전자기계시스템)를 세포만 한 크기로 줄이면 사람의 혈관 속에 주입할 수 있다. MEMS는 바늘 끝만큼 작게 만든 기계장치를 통칭하는 용어로서, 반도체 칩과 마찬가지로 손톱만 한 웨이퍼에 수백만 개의 트랜지스터를 새기는 에칭etching을 통해 제작된다. 이 기술을 적용하면 기어나 레버 그리고 모터까지 이 문장 끝에 찍혀 있는 마침표보다 작게 만들 수 있다. 미래의 의사들은 텔레파시 헬멧을 쓴 채 초소형 MEMS 잠수함을 조종하면서 수술을 집도하게 될지도 모른다.

앞으로 MEMS 기술은 의학의 새로운 장을 열게 될 것이다. 초소형 MEMS 잠수함이 두뇌 속에서 나노탐침의 경로를 유도하여 특정 뉴런과 연결해주면, 나노탐침은 특정 행동을 유발하는 뉴런 신호를 식별할 수 있다. 그러면 지금처럼 '모 아니면 도'라는 식으로 전극을 아무 곳에나 연결하는 시행착오를 겪지 않아도 된다.

미래

단기적으로 볼 때 뇌과학은 마비 환자와 신체장애 환자의 고통을 크게 덜어줄 것이다. 이들은 생각만으로 사랑하는 사람과 대화를 나누고, 휠체어와 침대를 조종하고, 인공팔과 인공다리로 사지를 자유롭게 움직이고, 가전제품을 작동하는 등 보통사람과 다름없는 삶을 누리게 될 것이다.

그러나 장기적으로 볼 때 뇌과학은 세계경제와 현대문명에 막대한 영향을 미칠 것이다. 21세기 중반이 되면 컴퓨터를 통한 생각의 교류가 지금의 인터넷처럼 일상사로 자리 잡을 것이다. 컴퓨터 사업이 수조 달러 규모로 커지면서 하루아침에 회사가 생겨나고 젊은 백만장자가 등장했던 것처럼, '생각-컴퓨터 인터페이스'는 월스트리트와 일반가정의 거실에 일대 혁명을 불러일으킬 것이다.

앞으로 컴퓨터에 명령을 입력하는 모든 주변기기(마우스, 키보드 등)는 사라지고, 주변 어딘가에 숨어 있는 칩을 통해 생각만으로 명령을 전달하게 될 것이다. 사무실에 앉아 있거나 공원을 산책할 때, 또는 쇼윈도를 구경하거나 조용히 휴식할 때도 우리 머리는 칩과 교신하면서 재정상태를 확인하고, 극장이나 식당 좌석을 예약할 수 있다.

이 기술은 예술가들에게도 유용하다. 작품을 머릿속으로 상상만 하면 EEG 센서를 거쳐 홀로그램 스크린에 3D 입체영상으로 나타난다. 머릿속 영상은 실제 영상만큼 구체적이지 않겠지만, 부족한 부분을 보완하면서 이 작업을 몇 차례 반복하다 보면 자신이 원하는 완벽한 3D 영상을 얻을 수 있다.

공학자들도 이 기술을 이용하면 다리와 터널, 그리고 공항 같은 대형 구조물의 모형을 상상으로 만들어낼 수 있고, 마음에 안 드는 부분은 언제든지 쉽게 수정할 수 있다. 무엇이든 생각만 하면 컴퓨터 스크린에 구현되며, 단추 하나만 누르면(또는 생각만 하면) 3D 영상으로 출력할 수 있다.

그러나 일부 비평가들은 염력으로 발휘되는 힘에 한계가 있다고 주장한다. 영화 〈엑스맨: 최후의 전쟁X-Man: The Last Stand〉을 보면 악당 마그네토가 손가락질 하나만으로 금문교를 옮겨놓는 장면이 나오는데, 사실 인간이 발휘하는 힘(일률)은 기껏해야 1/5마력에 불과하다. 만화에 나오는 슈퍼영웅들과는 비교도 되지 않는다. 따라서 제아무리 염력의 대가라고 해도, 이 정도로는 슈퍼맨이 될 수 없다.

그러나 에너지공급 문제를 해결하는 방법이 하나 있다. 당신의 생각을 거대한 에너지원에 연결하면, 힘을 수백만 배까지 증가시킬 수 있다. 이 정도면 거의 고대신화에 나오는 신이나 다름없다. 〈스타트렉〉의 한 에피소드에서는 엔터프라이즈호의 한 승무원이 멀리 떨어진 행성을 방문했다가 엄청난 능력을 갖춘 외계인을 만난다. 그는 자신이 그리스신화에 나오는 태양의 신 아폴로라고 주장하면서, 신기한 마술을 부려 승무원을 놀라게 했다. 심지어 그 외계인은 머나먼 과거에 지구를 방문한 적이 있으며, 그때 지구인들이 자신을 열렬하게 숭배했다고 주장했다. 그러나 알고 보니 그 외계인은 어딘가에 숨겨놓은 에너지원을 마음으로 조종하면서 모든 기적을 일으키고 있었다. 나중에 승무원이 우여곡절 끝에 에너지원을 폭파하자, 외계인은 모든 능력을 상실하고 평범한 생명체로 전락한다.

미래에는 우리 인간도 에너지원을 조종하면서 초인적인 힘을 발휘하게 될 것이다. 건설현장에서 일하는 작업부가 거대한 에너지원을 마음으로 조종하면서 무거운 건설장비를 자유자재로 다룬다고 상상해보라. 이렇게 되면 크고 복잡한 건물을 지을 때에도 한 사람이면 충분하다. 작업부의 생각을 에너지원에 연결할 수만 있다면, 불도저로 기초를 닦고 대형 크레인으로 건축자재를 옮기는 등 모든 공정을 혼자 수행할 수 있다.

과학은 또 다른 방면에서 공상과학을 현실 세계에 구현하고 있다. 먼 훗날, 인류의 문명이 은하계 전체에 영향을 미치는 시대가 도래하면 〈스타워즈Star Wars〉의 모든 이야기는 현실이 된다. 이때가 되면 고도로 훈련된 요원들이 타인의 생각을 읽고 광선검을 마음으로 조종하는 등 초인적인 '포스Force'를 발휘하면서 제다이 기사Jedi Knights들처럼 은하계의 평화를 지킬 것이다.

그러나 '포스'를 발휘하기 위해 은하계 전체를 식민지로 삼을 때까지 기다릴 필요는 없다. 앞에서 말한 바와 같이 ECOG 센서나 EEG 헬멧을 이용하면 타인의 생각을 읽는 정도의 포스는 당장에라도 발휘할 수 있다. 그리고 거대한 에너지원을 마음으로 조종하게 되면 제다이 기사들의 주특기인 염력도 얼마든지 발휘할 수 있다. 제다이 기사들은 손을 흔들어 광선검을 불러내는데, 이것도 자기력을 이용하면 비슷하게 구현할 수 있다(MRI의 전원을 켜면 망치가 날아올 정도로 강력한 지기장이 만들어진다. 이 현상을 적절히 이용하면 불가능할 것도 없다). 에너지원을 생각만으로 조종할 수 있다면, 방 건너편에 있는 광선검을 호출하여 손에 쥐는 정도는 지금의 기술로도 얼마든지 구현 가능하다.

신의 위력

과거에 우리는 염력을 신이나 초인의 전유물로 생각해왔다. 할리우드 영화에 등장하는 슈퍼영웅 중에서 가장 막강한 캐릭터는 아마도 염력으로 모든 것을 움직이는 '피닉스Phoenix'일 것이다. 엑스맨X-Men의 일원인 그녀는 오로지 생각만으로 육중한 기계를 들어올리고, 홍수를 막아내고, 제트기를 들어올린다(그러나 그녀는 내면의 악한 구석을 제어하지 못하여 태양계 전체를 태워버릴 정도로 광분하다가 스스로 자멸한다).

그렇다면 과학은 염력을 어느 정도까지 구현할 수 있을까?

당신의 뇌를 외부 에너지원에 연결하여 '생각의 힘'을 아무리 크게 증폭한다 해도, 연필이나 커피 잔을 생각만으로 움직이는 것은 원리적으로 불가능하다. 앞서 말한 바와 같이 우주에 존재하는 기본 힘은 단 네 가지뿐이며, 이들 중 어떤 힘도 외부에너지의 도움 없이는 물체를 움직일 수 없다(자기력이 제일 그럴듯한 후보이긴 하지만, 자성을 띤 물체만 움직일 수 있다. 플라스틱이나 물, 또는 나무와 같은 비자성체는 자기장을 그냥 통과한다). 마술사들이 단골메뉴로 선보이는 공중부양은 과학으로 구현할 수 없다(물론 마술사는 과학을 초월한 사람들이 아니라, 관객의 눈에 보이지 않는 와이어나 받침대를 사용하여 물체를 들어올리는 것뿐이다-옮긴이).

그러므로 외부 힘을 사용한다 해도, 임의의 물체를 염력으로 움직이는 것은 불가능하다. 그러나 과학을 이용하여 한 물체를 다른 물체로 바꿀 수는 있다.

이른바 '프로그램 가능한 물체programmable matter'로 불리는 이 기술은 지금 인텔사가 나서서 집중적으로 연구하고 있는데, 기본 아이디어는 다음과 같다. 제일 먼저, 초소형 마이크로칩을 이용하여 최소 단위인 '캐톰catom'을 제작한다. 개개의 캐톰은 무선으로 조종되며, 프로그램을 수정하면 캐톰의 표면전하량이 변하면서 다른 캐톰과 다른 식으로 결합한다. 예를 들어 특정 프로그램에서는 휴대전화 모양으로 결합했다가, 단추를 눌러서 프로그램을 바꾸면 캐톰이 재배열되어 노트북 컴퓨터가 되는 식이다.

나는 피츠버그에 있는 카네기멜론대학교를 방문했을 때, 과학자들이 바늘 끝만 한 컴퓨터 칩으로 캐톰을 만드는 현장을 직접 목격할 수 있었다.[19] 그 연구실에 들어가기 위해 나는 특수 제작된 흰 가운을 입고, 플라스틱 장화를 신고, 머리에 캡까지 써야 했다. 먼지 한 톨만 유입되어도 기계가 오작동할 수 있기 때문이다. 완전 무장하고 들어가 미리 세팅해놓은 현미경을 들여다보니, 캐톰으로 만들어진 초소형 회로가 눈에 들어왔다. 이 캐톰을 무선으로 조종하면 표면전하량을 임의로 바꿀 수 있다. 과거에 프로그램으로 소프트웨어를 바꿨던 것처럼, 미래에는 프로그램으로 하드웨어를 바꾸게 될 것이다.

여러 개의 캐톰으로 특정 물체를 만들기는 쉽지만, 프로그램을 바꿔서 다른 물체로 변신시키는 것은 또 다른 문제다. 내가 보기에 프로그램 가능한 물체가 실현되려면 적어도 21세기 중반까지는 기다려야 할 것 같다. 복잡한 물체는 수십억 개의 캐톰으로 이루어져 있는데, 이들을 일일이 프로그램하려면 초대형 컴퓨터가 필요하기 때문이다. 21세기 말쯤 되면 이 컴퓨터를 생각으로 조종하여 물체의 외형을 마음대로 바꿀 수 있을 것이다. 물론 물체의 구체적인 구조와 전하분포를 일일이 기억할 필요는 없다. 그냥 "휴대전화에서 노트북 컴퓨터로 변신하라"는 명령만 내리면 나머지는 컴퓨터와 캐톰이 알아서 할 것이다.

미래에는 프로그램 가능한 물체로 만들 수 있는 물건의 목록(가구, 가전제품, 전자제품 등)을 작성하여 필요할 때마다 외형을 바꿔서 사용하게 될지도 모른다. 텔레파시로 컴퓨터에 명령만 내리면 거실의 장식이 바뀌고, 부엌이 리모델링되고, 친구에게 줄 크리스마스 선물이 만들어지는 등 마술 같은 세상이 펼쳐질 것이다.

윤리적 문제들

모든 소원을 이룰 수 있다는 것은 신이나 다름없는 능력을 갖추게 된다는 뜻이다. 그러나 여기에는 부작용도 만만치 않다. 모든 과학기술은 좋은 목적에 쓰일 수도 있고, 불온한 사람의 손에 들어가 악용될 수도 있다. 그래서 과학을 '양날의 검'에 비유하곤 한다. 한쪽 날은 가난과 질병 그리고 무지를 퇴치하는 검이고, 다른 쪽 날은 인명과 재산을 해치는 검이다.

뇌과학 관련 기술이 잘못 사용되면, 다른 어떤 과학보다 심각한 부작용을 낳는다. 미래의 어느 날, 두 개의 서로게이트가 첨단무기로 무장하고 전투를 벌인다고 상상해보라. 그것을 조종하는 당사자들은 수천 km 떨어진 곳에서 의자에 편히 앉은 채 생각만으로 온갖 첨단무기를 난사하겠지만, 싸움이 벌어지는 현장에서는 서로게이트뿐만 아니라 일반 시민들까지 심각한 위험에 처하게 된다. 이런 전투에서 당사자(군인)가 몸을 다칠 염려가 없다는 건 좋은 일이다. 그러나 무고한 사람들의 생명과 재산에 해를 끼치는 것은 정말로 심각한 부작용이 아닐 수 없다.

더 큰 문제는 이런 무시무시한 능력을 누구나 가질 수 있다는 점이다. 스티븐 킹Stephen King의 소설 《캐리Carrie》에서 주인공 캐리는 친구들로부터 온갖 모욕과 따돌림을 당하면서 하루하루를 버겁게 살아가는 10대 소녀였다. 그런데 친구들이 한 가지 모르는 사실이 있었으니, 그녀는 무시무시한 염력의 소유자였다.

학교 무도회가 열리던 날에도 같은 반 학생들은 캐리를 가만히 내버려두지 않았다. 결국 친구들 때문에 온갖 오물을 뒤집어쓴 캐리는 숨어 있던 염력을 있는 대로 발휘하여 학생들을 한 명씩 잔인하게 죽이고, 마지막에 손짓 하나로 학교 전체를 불바다로 만들어버린다. 그러나 막강한 염력을 통제하지 못한 그녀는 자신이 지른 불길 속에서 끔찍한 최후를 맞이한다.

다소 극단적인 사례이긴 하지만, 어쨌거나 염력을 통제하지 못하면 대형사고가 초래될 가능성이 높다. 그러나 염력을 통제하여 남에게 해를 입히지 않는다 해도, 자기 생각에 너무 치중하다 보면 스스로 자멸할 수 있다.

1956년에 개봉된 〈금지된 행성Forbidden Planet〉은 윌리엄 셰익스피어William Shakespear의 희곡 《템페스트The Tempest》를 SF 버전으

로 각색한 영화다. 《템페스트》에서 마법사와 그의 딸이 황량한 땅에 버려지듯이, 〈금지된 행성〉은 과학자 모비우스 박사와 그의 어린 딸이 외딴 행성에 버려지는 것으로 시작된다. 그곳은 수백만 년 전에 크렐Krell이라는 종족이 찬란한 문명을 꽃피웠던 행성이었다. 모든 면에서 지구인보다 훨씬 앞섰던 그들은 과학기술을 총동원하여 염력을 실현하는 거대한 기계장치를 만드는 데 성공했다. 이 장치만 있으면 모든 크렐족은 무엇이든지 생각만 하면 눈앞에서 그 물건을 만들어낼 수 있었다. 간단히 말해서, 자신이 원하는 대로 현실을 바꿀 수 있게 된 것이다.

그러나 염력장치의 전원을 켜는 순간, 크렐족은 순식간에 멸망하고 만다. 그토록 찬란했던 문명 세계가 어떻게 하루아침에 사라질 수 있다는 말인가?

그로부터 20년 후, 모비우스 박사와 딸을 구하기 위해 구조대가 파견되었다. 그런데 이들이 행성에 도착하자 무시무시한 괴물이 나타나 구조대원을 하나씩 죽이기 시작하고, 그 와중에 한 승무원이 괴물의 공격을 받고 죽어가면서 "괴물의 정체는 바로 이드id였다!"라는 말을 남긴다.

그 후로 모비우스 박사의 비밀이 하나씩 밝혀지기 시작한다. 염력장치의 스위치를 켜던 날, 크렐족 전체가 잠에 빠져들면서 내면에 감춰왔던 이드가 갑자기 형상화되었다. 그들은 고도로 발달한 문명을 건설했지만, 무의식 속에는 짐승과 크게 다르지 않은 원초적 본능이 꿈틀거리고 있었다. 그들이 숨겨왔던 모든 판타지와 복수심 그리고 파괴본능이 갑자기 형상화되면서 거대한 문명이 하룻밤 사이에 완전히 파괴되었다. 크렐족은 주변의 다른 행성을 정복하는 등 외부에 막강한 위력을 발휘했으나, 정작 자기 내면에 있는 무의식을 제어하지 못하여 자멸한 것이다.

마음의 힘을 현실 세계에 구현하고 싶다면 이점을 반드시 고려해야 한다. 인간의 내면에는 선하고 고귀한 마음과 함께 괴물 같은 충동적 자아가 공존한다.

'나'를 바꾸다: 기억과 지능 수정하기

지금까지 우리는 과학을 이용하여 텔레파시와 염력을 구현하는 방법에 관해 알아보았다. 그러나 이 모든 것이 실현된다 해도 변하지 않는 것이 하나 있다. 그것은 바로 '나'라는 인간의 정체성이다. 다른 사람의 생각을 읽고, 거대한 건물을 생각만으로 짓는다 해도, '나'라는 인간은 여전히 그대로 남아 있을 것 같다. 글쎄…과연 그럴까? 첨단 유전학과 전자기학 그리고 약물요법을 적절히 조합하면 머지않아 사람의 기억을 바꾸거나 지적능력을 향상할 수 있을지 모른다. 머릿속에 기억을 다운로드하면 복잡한 기술을 하룻밤 사이에 익힐 수 있고, 아인슈타인을 능가하는 최고의 지성인이 될 수도 있다. 지금의 기술 수준으로 볼 때 결코 불가능한 이야기가 아니다.

기억을 잃는다는 것은 자신의 모든 것을 잃은 채 망망대해를 목적 없이 떠도는 것과 같다. 과거를 알 수 없으니 자신의 정체성도 흔들릴 수밖에 없다. 그런데 이와 반대로 가짜 기억을 머릿속에 주입한다면 어떻게 될까? 파일을 머릿속에 다운로드하여 어떤 분야건 순식간에 전문가가 될 수 있다면 세상은 어떻게 달라질 것인가? 우리는 진짜 기억과 가짜 기억을 구별할 수 있을까? 구별할 수 없다면 대체 '나'는 누구란 말인가?

지금 우리는 수동적인 관찰자에서 자연을 개조하는 적극적 창조자로 거듭나는 중이다. 이는 곧 기억과 생각 그리고 자성과 의식까지 바꿀 수 있음을 의미한다. 미래에는 마음이라는 복잡한 세계를 단순히 관찰하는 데 그치지 않고, 그것을 조작하는 단계에 이를지 모른다.

그렇다면 우리는 과연 가짜 기억을 머릿속에 다운로드할 수 있을까?

인간의 뇌가 지금보다 단순했다면,
우리는 뇌의 구조를 이해할 정도로 똑똑하지 못했을 것이다.
_무명씨

5
주문 제작된 생각과 기억들

네오Neo는 바로 '그One'였다. 오직 그만이 기계의 에너지공급원으로 전락한 인류를 구원할 수 있었다. 가짜 기억으로 형성된 매트릭스Matrix를 파괴하고 인류에게 진정한 삶을 되돌려줄 사람은 오직 네오뿐이었다.

1999년에 개봉되어 숱한 화제를 낳았던 영화 〈매트릭스〉의 이야기다. 매트릭스의 수호자인 센티넬이 네오를 구석에 몰아넣고 마지막 일격을 가하려는 순간, 네오가 현란한 무술을 구사하며 위기에서 탈출한다. 그전에 네오는 목 뒤에 있는 플러그에 전선을 연결하여 다양한 무술을 다운로드했기 때문에, 실제로 훈련한 적이 없음에도 고수처럼 싸울 수 있었다. 그런가 하면 네오의 파트너인 트리니티는 헬기 조종법을 다운받아, 한 번도 몰아본 적 없는 헬기를 타고 절체절명의 위기를 모면한다.

뇌와 컴퓨터를 연결한 후 '다운로드' 단추만 누르면 누구나 무술 고단자가 될 수 있다. 이것이 바로 〈매트릭스〉의 매력이다. 미래에는 정말로 모든 사람이 기억을 다운로드하여 각 개인의 능력을 크게 향상할 수 있을지도 모른다.

그런데 뇌에 주입된 기억이 가짜라면 어쩔 것인가? 영화 〈토탈리콜Total Recall〉에서 주인공 아놀드 슈왈제네거Arnold Schwarzenegger는 머릿속에 가짜 기억을 주입한 후 현실과 허구를 구별하지 못하는 난처한 상황에 부닥친다. 그는 화성에서 악당들과 용감하게 싸워 승리하지만, 우연한 기회에 자신이 그 악당들의 우두머리였음을 알게 된 후 커다란 충격에 빠진다. 지극히 평범하면서 준법정신 강했던 샐러리맨의 삶은 인공적으로 주입된 가짜 기억이었던 것이다.

할리우드의 SF 영화 제작자들은 '인공기억'이라는 설정을 매우 좋아하는 것 같다. 기억이 가짜면 정체성 자체가 흔들리면서 수많은 문제점이 야기되기 때문이다. 물론 지금의 기술로는 구현할 수 없지만, 앞으로 수십 년 후에는 정말로 인공기억을 사람의 뇌에 주입할 수 있을 것이다.

기억이란 무엇인가?

머리에 관통상을 입고 살아나 두뇌연구의 좋은 사례가 되었던 피니어스 게이지처럼, 헨리 구스타프 몰레이슨(Henry Gustav Molaison: 흔히 HM이라는 약자로 알려져 있음)은 기억에 관하여 많은 것을 알게 해준 간질병 환자였다. 과학자들은 HM의 사례에서 해마와 기억의 상관관계를 알게 되었으며, 이 연구세례가 발표되면서 신경과학은 획기적인 발전을 이룩했다.

HM은 9살 때 자전거 사고로 머리를 다친 후 간간이 경련증세를 보이다가 25살 때인 1953년에 수술을 받고 증세가 완화되었다. 수술 도중 의사의 실수로 해마 일부가 제거된 것이 마음에 걸렸지만, 처음에는 별다른 문제가 없는 것처럼 보였다. 그런데 얼마 후부터 HM에게 새로운 증세가 나타나기 시작했다. 새로운 기억을 머릿속에 담아둘 수 없게 된 것이다. 그는 바로 몇 분 전에 만나서 인사를 나눈 사람과 다시 마주칠 때마다 마치 처음 보는 사람처럼 똑같은 인사말을 건넸다. 새로 입력된 기억이 몇 분 이상 지속되지 않았기 때문이다. 영화 〈사랑의 블랙홀Groundhog day〉에 나오는 빌 머레이Bill Murray처럼, HM은 매일 똑같은 일상을 반복하면서 남은 삶을 살았다. 그래도 빌 머레이는 전날의 기억이라도 있었지만, HM은 아무 기억 없이 매일 새로운 아침을 맞이했다. 그런데 신기한 것은 HM의 장기기억력이 거의 정상이어서, 수술받기 전까지 겪었던 자기 삶은 모두 기억했다는 점이다. 장-단기 기억력이 모두 정상인 사람들은 상상하기 어렵겠지만, 이런 경우에는 매일같이 끔찍한 경험에 시달린다. 예를 들어 HM은 거울을 볼 때마다 소스라치게 놀랐다. 그의 기억 속에는 수술받기 전인 25살 때의 얼굴만 남아 있었기 때문이다. 게다가 거울을 보고 놀랐던 기억조차 금방 사라지는 탓에, 그는 거울을 볼 때마다 항상 똑같은 상황을 겪어야 했다. 어떤 면에서 보면 HM은 방금 지나간 과거를 기억하지 못하고 미래를 예측하지 못하는 2단계 의식 속에서 살았다고 할 수 있다. 앞에서도 말했지만, 이것은 대부분의 포유동물과 비슷한 수준이다. 해마의 기능을 상실한 후로 3단계 의식에서 2단계 의식으로 떨어진 것이다.

지금은 인간의 뇌에 기억이 저장되고 복구되는 과정이 비교적 정확하게 알려져 있다. 하버드대학교의 신경과학자 스티븐 코슬린Stephen Kosslyn 박사는 "지난 몇 년 사이에 컴퓨터와 두뇌스캐너 등 관련 장비가 비약적으로 발전하면서 기억의 구조가 만천하에 드러났다"고 자신 있게 말했다.[1]

앞서 말한 바와 같이 감각정보(시각, 촉각, 미각 등)는 뇌간(뇌줄기)을 통해 시상示床으로 전달된다. 시상은 일종의 중계소로서 다양한 감각정보를 분류하여 뇌의 각 부위에 전송하고, 여기서 처리된 정보는 전전두피질을 거쳐 의식으로 들어가 단기기억으로 저장되는데, 이 과정은 몇 초에서 몇 분쯤 소요된다(173페이지 그림 참조).

그런데 이 기억이 오랫동안 유지되려면 해마에서 여러 개의 조각으로 분리되어야 한다. 해마는 녹음테이프나 하드 드라이브처럼 모든 기억을 한 영역에 저장하지 않고, 기억을 항목별로 분류하여 다양한 피질에 전송한다(이것은 기억을 한 곳에 차례로 쌓는 것보다 훨씬 효율적이다. 만일 인간의 기억이 컴퓨터 메모리처럼 순차적으로 저장된다면 기억해야 할 양이 엄청나게 많아질 것이다. 미래에는 컴퓨터도 인간의 뇌를 흉내 내어 순차적 저장 대신 분할저장 방식을 채택하게 될 것이다). 예를 들면 감정과 관련한 기억은 편도체amygdala에 저장되고, 새로운 단어는 측두엽에 저장되는 식이다. 그밖에 시각 및 색상과 관련한 기억은 후두엽에 저장되고, 촉각과 움직임은 두정엽에 저장된다. 과학자들은 지금까지 과일, 채소, 식물, 동물, 신체 부위, 색상, 숫자, 글자, 명사, 동사, 이름, 표정 그리고 다양한 감정과 소리가 저장되는 두뇌 부위를 20곳까지 발견했다.[2]

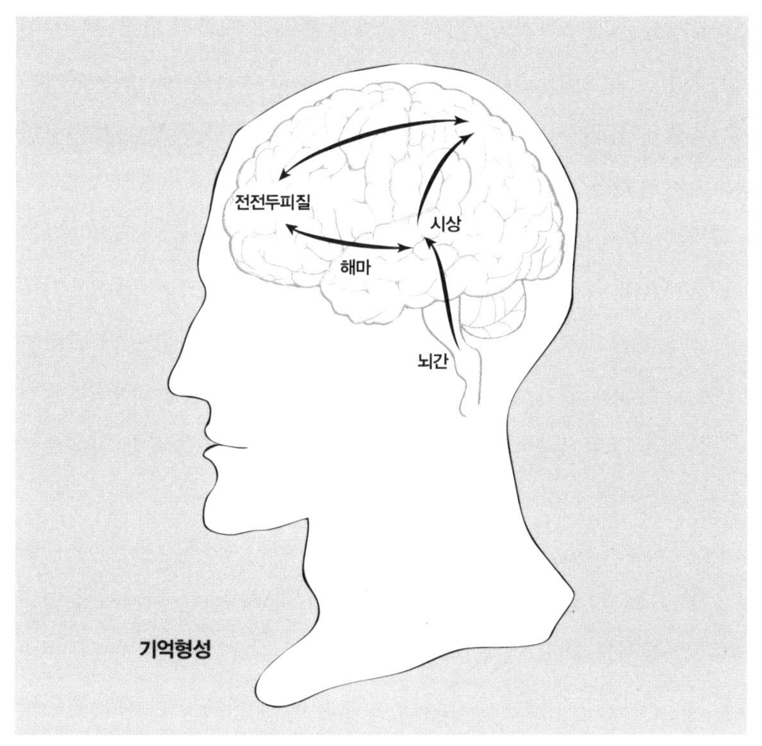

기억이 형성되는 과정. 뇌간을 통해 들어온 감각정보는 시상을 거쳐 다양한 피질에 전달되고, 여기서 처리과정을 거친 후 전전두피질에 도달한다. 그리고 이 과정에서 만들어진 최종정보는 해마에서 항목별로 나뉘어 장기기억으로 저장된다.

하나의 단순한 기억(예를 들면 공원산책 등)도 여러 항목으로 쪼개져서 뇌의 다양한 부위에 분할 저장된다. 그래서 조금 전에 맡은 풀 향기처럼 단순한 기억을 떠올릴 때에도 수많은 기억조각이 합쳐져야 한다. 기억을 연구하는 과학자들의 최종목적은 분산 저장된 기억의 조각들이 한데 모여서 하나의 기억으로 재현되는 과정을 규명하는 것이다. 이것이 바로 그 유명한 '결합문제binding problem'로서, 이 문제가 해결된다면 기억과 관련한 난해한 질문에 명확한 답을 줄 수 있을 것이다. 안토니오 다마시오Antonio Damasio 박사는 뇌졸중 환자들 중 특정 부류의 기억만 떠올리지 못하는 환자를 집중적으로 연구한 끝에, 뇌의 해당 부위가 손상되었음을 알아냈다.[3]

기억이라는 것은 지극히 개인적인 경험이어서, 그 형성과정을 규명하기란 절대 쉽지 않다. 심지어는 기억의 분류 항목도 사람마다 다를 수 있다. 예를 들어 와인 감별사의 기억 항목은 다양한 맛을 구별하는 쪽에 집중되어 있고, 물리학자는 방정식의 해법에 집중되어 있다. 결국 기억은 경험의 산물이므로, 모든 사람의 기억이 동일한 항목으로 분류되지는 않을 것이다.

EEG 스캔으로 얻은 데이터에 의하면 사람의 뇌에는 1초당 약 40회의 진동수를 가진 전자기파가 분포하는데, 과학자들은 여기서 결합문제의 실마리를 찾고 있다. 기억의 한 단편이 이 진동수로 진동하면서 뇌의 다른 부위에 저장되어 있는 기억을 자극한다는 것이다.[4] 과거에는 여러 기억이 위치상 가까운 곳에 저장되어 있다고 생각했으나, 새로운 이론에 의하면 기억은 공간적으로 연결되어 있지 않고 동일한 진동수로 진동하면서 시간상으로 연결되어 있다. 이 이론이 맞는다면 진동하는 전자기파가 뇌 속을 끊임없이 흐르면서 각기 다른 부위에 저장된 기억의 단편들을 통합하여 전체적인 기억을 만들어낸다. 다시 말해서 해마와 전두엽, 시상 등은 서로 독립된 부위가 아닐 수도 있다는 뜻이다. 이들 사이에 흐르는 정보는 두뇌의 각기 다른 부위에서 서로 공명을 일으키고 있을지도 모른다.

기억 저장하기

지금 뇌과학은 인공해마를 뇌에 삽입하는 수준까지 발전했다. 그러나 안타깝게도 HM은 이 첨단기술의 혜택을 누리지 못하고 2008년 82세의 나이로 세상을 떠났다. 인공적인 장치로 기억을 저장한다고 하면 대부분 SF 영화를 떠올리겠지만, 지난 2011년에 서던캘리포니아대학교USC와 웨이크포레스트대학교Wake Forest University의 과학자들은 쥐의 기억을 디지털 데이터로 변환하여 컴퓨터에 저장하는 데 성공했다. 인간의 뇌에 기억을 다운로드하는 것이 원리적으로 가능함을 입증한 것이다.

언뜻 생각하면 '기억 다운로드'는 불가능할 것 같다. 앞에서도 말했지만 기억은 다양한 감각적 경험의 산물인데다가, 뇌의 신피질과 대뇌변연계 등 다양한 부위에 분산 저장되기 때문이다. 그러나 HM의 사례에서 알 수 있듯이, 우리 뇌에는 모든 기억이 반드시 거쳐 가야 할 장소가 있다. 장기기억이 형성되는 해마가 바로 그곳이다. USC에서 연구팀을 이끄는 시어도어 버거Theodore Berger 박사는 "해마에서 기억의 실마리를 풀지 못한다면 다른 어떤 부위에서도 풀지 못할 것"이라고 했다.[5]

웨이크포레스트와 USC의 과학자들은 쥐의 두뇌스캔에서 얻은 데이터를 분석하던 중 해마 부위에서 'CA1'과 'CA3'라는 최소 두 종류의 뉴런을 발견했다. 이 뉴런들은 쥐가 새로운 행동을 배울 때마다 서로 긴밀하게 정보를 교환한다. 과학자들은 우리 안에 두 개의 막대를 설치해놓고(두 개를 차례로 눌러야 물이 나오도록 만들어놓았다) 쥐의 뇌파를 관찰했는데, 처음에는 CA1과 CA3에서 발생한 신호가 뚜렷한 패턴을 보이지 않아 다소 실망스러웠지만, 수백만 개의 신호를 끈질기게 분석한 끝에 전기적 입력과 출력의 상관관계를 알아낼 수 있었다. 이들은 쥐의 해마에 탐침을 삽입하여 쥐가 두 개의 막대를 차례로 누를 때 CA1과 CA3 사이에 교환되는 신호를 체계적으로 분류해냈다.

그 후 쥐에게 '습득된 행동을 잊게 하는' 특수 화학물질을 주입했더니 쥐는 막대 누르는 순서를 잊고 우왕좌왕했다. 그리고 얼마 후 같은 쥐에게 유실된 기억을 주입하자 이전처럼 정확한 순서로 막대를 눌러 물을 받아먹었다. 디지털 데이터를 인공해마에 다운로드하여 기억을 되살리는 데 성공한 것이다. 버저 박사는 말한다. "스위치를 켜면 쥐가 기억을 떠올리고, 스위치를 끄면 기억을 잃는다. 이것은 매우 중요한 진보다. 하나의 행동에 관한 총체적인 기억을 재생하는 데 성공했기 때문이다."[6]

이 연구의 후원자이자 미 해군 참모총장실에 근무하는 조엘 데이비스Joel Davis는 자신에 찬 어조로 말했다. "기억을 인공적으로 주입하여 개인의 능력을 향상하는 것은 결코 허황한 꿈이 아니다. 그것은 단지 시간문제일 뿐이다."[7]

지금 이 분야는 매우 빠르게 발전하고 있다.[8] 2013년에는 MIT에서 획기적인 진보가 이루어졌는데, 이곳의 과학자들은 쥐에게 일상적인 기억뿐만 아니라 '가짜 기억'까지 주입하는 데 성공했다. 이는 곧 직접 경험하지 않은 일까지 생생하게 떠올릴 수 있음을 의미한다. 미래에 이 기술이 인간에게 적용되면 교육이나 오락산업 분야에 지대한 영향을 미칠 것이다.

MIT의 과학자들은 특정 뉴런에 빛을 쪼여서 활성화하는 광유전학(optogenetics, 이 분야는 8장에서 자세히 다룰 예정이다)을 이용하여 특정 기억에 관여하는 뉴런을 찾아냈다.

쥐가 방에 들어오자마자 어떤 충격을 받았다고 가정해보자. 이런 경우 고통을 관장하는 뉴런이 활성화되면서 해마의 분석을 거쳐 하나의 기억으로 저장된다. 그 후 같은 쥐를 아무런 해가 없는 다른 방에 집어넣고 광섬유에 불을 켜면 쥐는 충격에 대한 기억을 떠올리고 공포반응을 보인다. 두 번째 방에는 쥐에게 고통을 가할 만한 요인이 전혀 없는데도 처음과 같은 반응을 보이는 것이다.

MIT의 과학자들은 이런 방법으로 쥐에게 일상적인 기억뿐만 아니라 이전에 전혀 겪어본 적이 없는 가짜 기억까지 성공적으로 주입할 수 있었다. 이 기술이 상용화되면 기억을 다운로드하여 새로운 기술을 간단히 습득할 수 있고, 영화를 실감 나게 감상하는 데 이용할 수 있다.

인공해마

지금의 인공해마로는 한 번에 하나의 기억밖에 주입할 수 없다. MIT의 과학자들은 좀 더 복잡한 인공해마를 개발하여 다양한 기억을 여러 동물에 주입한다는 계획을 세웠는데, 일단은 사람과 비슷한 원숭이를 최종목표로 삼고 있다. 또한 이들은 머리에 주렁주렁 달린 전선을 초소형 라디오로 대치하여 기억을 무선으로 다운로드한다는 계획도 세워놓고 있다.

앞에서도 여러 번 말했지만, 해마는 인간의 기억처리 과정에서 핵심적인 역할을 하므로, 이 기술이 완성된다면 뇌졸중과 치매, 알츠하이머병 등 해마의 기능장애로 발생하는 다양한 질병을 치료하는 데 커다란 도움이 될 것이다.

물론 쉬운 일은 아니다. HM의 사례에서 많은 사실을 알게 되었지만, 아직도 해마의 상당 부분은 블랙박스로 남아 있어서 처음부터 기억을 만들어낼 수는 없다. 그러나 이들이 1차 계획을 성공적으로 마무리한다면, 환자에게 인공기억을 주입하고 그것을 다시 떠올리게 할 수 있을 것이다.

연구방법

영장류와 인간의 해마는 다른 동물보다 훨씬 크고 복잡해서 그만큼 분석하기도 힘들다. 제일 먼저 할 일은 해마의 신경지도를 작성하는 것이다. 이를 위해서는 해마의 여러 부위에 전극을 설치하고 뇌의 다른 영역과 주고받는 신호를 빠짐없이 기록해야 한다. 그래야 해마를 통해 전달되는 정보의 흐름을 파악할 수 있다. 해마는 CA1에서 CA4까지 총 4개의 구획으로 나뉘는데, 지금 과학자들은 각 구획에서 교환되는 정보를 심층적으로 연구하고 있다.

해마의 다양한 부위에 흐르는 정보를 기록한 후 두 번째로 할 일은 특정 행동을 할 때 발생하는 신호를 분석하는 것이다. 예를 들어 발을 굴러 점프하여 고리를 통과할 때 해마에서 발생하는 전기신호를 세밀하게 분석하면, 이를 토대로 정보와 기억을 연결하는 '기억사전'을 만들 수 있다.

마지막 단계는 기억을 저장한 후 다른 피험자의 해마에 전기신호를 전송하여 가짜 기억을 '업로드upload'하는 것이다. 이 실험이 성공한 다면, 고리를 뛰어넘어본 적이 없는 사람도 처음 보는 고리를 쉽게 뛰어넘을 수 있다. 피험자에게 기억을 업로드하면 고리 넘기뿐만 아니라 사전에 등록된 모든 행동을 능숙하게 해낼 것이다.

사람에게 기억을 업로드하려면 앞으로 수십 년은 족히 기다려야 하겠지만, 이 장치가 만들어지는 과정은 쉽게 짐작할 수 있다. 우선 사람들을 고용하여 호화여행이나 모의전투 등 다양한 상황을 겪게 한다. 이들의 머리에는 전극이 부착되어 있어서 모든 기억이 컴퓨터에 저장되는데, 행동에 지장을 받지 않으려면 전극은 초소형이어야 하고 데이터전송은 무선으로 이루어져야 한다.

여기서 얻은 정보를 무선으로 컴퓨터에 전송하여 상황별로 분류하면 방대한 기억사전이 만들어진다. 그 후 새로운 경험을 원하는 지원자에게 이전과 비슷한 전극을 해마에 부착하고 그가 원하는 기억을 주입하면 환상적인 크루즈여행이나 긴박감 넘치는 전쟁을 경험할 수 있다. [사실 여기에는 약간의 문제가 있다. 전쟁이나 스포츠와 같은 육체적 경험을 주입하려면 정신적 기억뿐만 아니라 '근육기억muscle memory'을 함께 주입해야 한다. 예를 들어 길을 걸어갈 때 우리는 "한쪽 발을 다른 발 앞에 놓아야 한다"는 생각을 굳이 떠올리지 않는다. 보행은 오랜 옛날부터 수없이 반복해온 행동이어서, 지금은 제2의 천성으로 굳어져 있다. 다시 말해서, 걸어갈 때 다리의 움직임을 제어하는 신호는 해마뿐만 아니라 운동피질과 소뇌 그리고 기저핵(basal ganglia: 대뇌반구의 안쪽과 밑면에 해당하는 부위-옮긴이)에서도 생성된다. 따라서 운동과 관련한 기억을 완전하게 주입하려면, 뇌의 다른 부위에 부분적으로 저장된 기억까지 되살려야 한다.]

시각과 기억

기억이 형성되는 과정은 매우 복잡하다. 지금까지 서술한 접근법은 해마에 일종의 도청장치를 설치하여 이미 처리과정을 마친 정보를 도청하는 식이었다. 그러나 영화 〈매트릭스〉를 보면 머리 뒤에 전극을 꽂고 가짜 기억을 직접 업로드한다. 이것이 가능하려면 눈과 귀, 피부 등에서 들어와 척수, 뇌간, 시상을 통해 뇌에 전달된 '아직 처리되지 않은 데이터'를 해독할 수 있어야 하는데, 이 작업은 해마에서 이미 처리된 메시지를 분석하는 것보다 훨씬 어렵다.

척수와 뇌간을 통해 들어오는 '처리되지 않은 데이터'가 어느 정도의 양인지 이해하기 위해 눈을 예로 들어보자(대부분의 기억은 시각과 비슷한 방식으로 처리된다). 우리 눈의 망막에는 대략 1조 3천억 개의 원추세포와 간상세포가 자리 잡고 있으며, 이들은 임의의 한순간에 무려 1조 비트에 달하는 정보를 처리한다.

이 방대한 데이터는 시신경을 거쳐 시상으로 1초당 900만 비트씩 전송된다. 여기서 다시 뇌 뒤쪽의 후두엽으로 보내지면 그곳에 있는 시각피질이 모든 데이터를 세밀하게 분석한다. 시각피질은 V1부터 V8까지 여덟 부위로 나뉘는데, 각 부위는 고유한 작업을 수행하고 있다.

놀라운 것은 V1 부위가 스크린과 거의 똑같다는 사실이다. V1은 뇌 뒷부분에 원래 모습과 거의 똑같은 영상을 만들어낸다. 안와중심(fovea: 망막의 중심부에 초점이 맺히는 부분-옮긴이)을 통해 들어온 정보가 대부분을 차지한다는 사실만 빼면, 이 영상은 실제와 매우 비슷하다(안와중심에는 뉴런이 집중적으로 분포되어 있어서, 영상과 관련한 정보가 이 부위에 집중되어 있다). 그래서 V1을 통해 드리워진 그림은 실제 영상의 완벽한 복사본이라 할 수 있다. 다만, 영상의 중심부가 크게 확대되어 있을 뿐이다.

V1 외에 시각피질의 다른 부위들이 수행하는 작업은 다음과 같다.

- **입체시각**stereo vision: V2에 있는 이 뉴런들은 양쪽 눈을 통해 들어온 영상을 비교한다.
- **거리**: V3에 있는 이 뉴런들은 그림자를 비롯한 다른 정보로부터 물체까지의 거리를 판단한다.
- V4에서는 사물의 색을 판단한다.
- **움직임**: V5에 있는 이 뉴런들은 직선운동, 나선운동, 팽창 등 사물의 다양한 운동상태를 파악한다.

시각과 관련된 부위에는 30종이 넘는 뉴런이 골고루 분포되어 있다. 앞으로 연구가 계속 진행되면 이 종류는 더 많아질 것이다.

시각피질에 도달한 정보가 전전두피질로 전송되면 우리는 비로소 무언가를 보게 되고, 이로부터 단기기억이 형성된다. 그 후 이 정보는 해마로 전송되어 약 24시간 동안 저장되는데, 바로 여기서 기억이 잘게 분할되어 다양한 피질로 흩어진다.

보는 것은 너무 쉽다. 다른 노력은 전혀 필요 없고, 그냥 눈만 뜨고 있으면 된다. 그러나 무언가를 보고 있을 때는 자신도 모르는 사이에 수십억 개의 뉴런이 활성화되고, 1초당 수백만 비트의 정보가 전송된다. 게다가 우리는 평소 다섯 가지 감각을 통해 정보를 입수하면서 눈에 보이는 영상으로부터 감정까지 느끼므로, 전체 정보량은 가히 상상을 초월한다. 해마는 이 모든 정보를 처리하여 간단한 영상기억을 만들어낸다. 지금의 기술로는 가장 뛰어난 슈퍼컴퓨터를 동원해도 흉내조차 낼 수 없을 정도다. 사람의 뇌에 인공해마를 이식하여 기억을 주입하려면 수십 년은 족히 기다려야 할 것 같다.

미래를 기억하다

오감과 감정 중 단 하나의 기억을 만드는 데에도 이토록 복잡한 과정을 거쳐야 한다면, 장기기억을 형성하는 데 얼마나 많은 정보가 필요한지 상상조차 하기 어렵다. 인간은 어떻게 이런 환상적인 능력을 갖게 되었을까?[9] 동물의 행동을 지배하는 본능은 장기기억과 거의 무관하다고 알려졌다. 캘리포니아대학교 어바인Irvine캠퍼스의 제임스 맥거프James McGaugh 박사는 "기억의 목적은 미래를 시뮬레이션하는 것"이라고 했다.[10] 그렇다면 인간이 장기기억 능력을 갖추게 된 것도 미래를 시뮬레이션하는 데 유용하기 때문일지 모른다. 다시 말해서, 장기기억은 미래를 정확하게 시뮬레이션하기 위해 반드시 필요한 능력이라는 말이다.

세인트루이스에 있는 워싱턴대학교의 과학자들이 두뇌스캔을 통해 얻은 데이터를 보면, 기억을 떠올리는 데 쓰이는 부위는 미래를 시뮬레이션할 때 활성화되는 부위와 거의 같다. 특히 미래의 일을 계획하거나 과거를 기억할 때에는 배외측 전전두피질dorsolateral prefrontal cortex과 해마를 연결하는 부위가 눈에 띄게 활성화된다. 우리의 뇌는 미래를 예측하기 위해 과거의 기억을 미래에 투영하므로, 어떤 면에서 보면 "미래를 기억한다"고도 할 수 있다. 이 부분을 잘 분석하면 HM처럼 기억상실증에 걸린 환자들이 미래에 할 일(심지어는 내일 할 일)을 예측하지 못하는 이유를 설명할 수 있을지 모른다.

"인간은 동물과 달리 자신에 관한 생각을 과거와 미래에 투영하는 특별한 능력이 있다. 원한다면 이것을 '정신적 시간여행'이라고 불러도 좋다." 워싱턴대학교의 신경과학자 캐슬린 맥더모트Kathleen McDermott의 말이다.[11] 또한 그녀는 자기 연구가 기억의 유용성에 관한 역사 깊은 질문에 약간의 답을 제시한다면서 다음과 같이 말했다. "인간이 과거를 생생하게 기억하게 된 이유는 지난날을 되돌아보는 과정이 미래의 가능한 시나리오를 유추하는 데 매우 중요하기 때문이다. 그리고 미래를 내다보는 것은 환경에 적응하는 데 반드시 필요한 능력이다."[12] 동물에게는 과거를 반추하는 능력이 생존에 그다지 큰 도움이 되지 않는다. 그러나 인간은 과거로부터 미래를 유추할 수 있어서, 모든 동물 중에서 가장 뛰어난 지능을 갖게 되었다.

인공피질

쥐의 인공해마를 제작하여 세간의 관심을 끌었던 웨이크포레스트대학교 침례의료센터Wake Forest Baptist Medical Center와 서던캘리포니아대학교의 과학자들은 2012년에 한층 더 놀라운 결과를 발표했다. 영장류의 두뇌피질에서 진행되는 복잡한 사고과정을 재현하는 데 성공한 것이다.

이들은 붉은털원숭이 다섯 마리를 골라 두뇌피질의 두 층(L2, L3층과 L5층)에 초소형 전극을 삽입하고, 원숭이들이 특정 작업을 수행할 때 두 층 사이에 오가는 신호를 기록했다. 이 실험은 원숭이한테 특정한 그림을 보여준 후, 여러 개의 그림 속에서 전에 봤던 그림을 찾아내면 상을 주는 식으로 진행했는데, 비슷한 훈련을 받은 원숭이의 성공률은 약 75%였다. 그런데 원숭이가 고르기 작업을 수행할 때, 동일 과정에서 이미 저장해둔 신호를 두뇌피질에 주입하면 성공률이 10%까지 증가했다.

특별히 제작된 화학약품을 원숭이에게 주입하면 성공률이 20%쯤 감소하는데, 이 경우에도 두뇌피질에 신호를 전송하면 평균을 웃도는 성공률을 기록했다. 물론 실험에 참여한 원숭이의 개체 수가 적고 성공률이 크게 개선되진 않았지만, 두뇌피질에서 무언가 결정을 내릴 때 발생하는 신호를 포착한 것만은 분명한 사실이다.

이 연구는 쥐가 아닌 영장류를 대상으로 했고 해마가 아닌 두뇌피질을 다뤘으므로, 대상을 사람으로 바꿨을 때 중요한 실마리를 제공해줄 것으로 기대된다. 웨이크포레스트대학교의 샘 데드와일러Sam Deadwyler 박사는 이 장치의 기본 아이디어를 설명하면서 "뇌의 손상된 부위를 우회하는 출력패턴을 만들어서 다른 식의 연결이 가능하다는 사실을 증명하는 것"이라고 했다.[13] 이 실험이 성공하면 신피질에 손상을 입은 환자들에게 커다란 도움이 될 것이다. 다친 다리를 대신하는 목발처럼, 데드와일러 박사의 장치는 손상된 부위가 해야 할 사고를 대신 해줄 것이기 때문이다.

인공소뇌

인공해마와 인공피질은 첫 번째 단계일 뿐이고, 결국에는 뇌의 모든 부위가 인공장비로 대치될 것이다. 이스라엘 텔아비브대학교Tel Aviv University의 과학자들은 이미 쥐의 소뇌를 인공적으로 만들어냈다. 파충류에게 소뇌는 균형감각을 비롯한 기본 신체기능을 유지하는 데 반드시 필요한 부위다.

일반적으로 쥐의 얼굴에 짧은 바람을 쏘이면 눈을 깜박인다. 이럴 때 소리를 같이 들려주면 나중에는 소리만 들어도 눈을 깜박인다. 이스라엘 과학자들의 목적은 이런 행동을 똑같이 재현하는 인공소뇌를 만드는 것이었다.

제일 먼저 이들은 쥐의 얼굴에 바람을 쏘이면서 동시에 특정한 소리를 들려주었을 때 뇌간brain stem으로 전달되는 신호를 기록했다. 이 신호는 뇌의 다른 부위에서 처리된 후 다시 뇌간으로 되돌아온다. 실험 결과, 쥐들은 예상했던 대로 신호를 받을 때마다 눈을 깜박였다. 이것은 인공소뇌가 제대로 작동한 최초의 실험이자, 뇌의 한 부분에서 신호를 받아 처리한 후 다른 부분으로 업로드한 최초의 사례로 기록되었다.

에식스대학교University of Essex의 프란체스코 세풀베다Francesco Sepulveda는 말한다. "그것은 우리가 두뇌회로에 얼마나 가깝게 접근했는지를 보여주는 기념비적 실험이었다. 이 장치가 완성되면 손상된 뇌 부위를 대치할 수 있을 뿐만 아니라, 건강한 뇌의 성능도 향상시킬 수 있을 것이다."

그는 인공두뇌의 잠재력을 강조하면서 다음과 같이 덧붙였다. "이 연구가 완료되려면 수십 년은 족히 걸릴 것이다. 그러나 인공해마와 인공 시가피질은 이번 세기 안에 완성될 것으로 확신한다."[14]

뇌의 인공대체물에 관한 연구는 하루가 다르게 발전하고 있다. 그러나 수많은 사람이 알츠하이머병을 앓고 있는 지금, 이 분야의 과학자들이 좀 더 분발하여 하루속히 좋은 결과가 나오기를 바라는 마음 간절하다.

알츠하이머병 : 파괴되는 기억

알츠하이머병(치매의 일종—옮긴이)은 '20세기 최악의 질병'이라고 일컬어질 정도로 인류의 건강을 심각하게 위협해왔다. 현재 미국에서는 530만 명이 알츠하이머병에 시달리고 있으며, 2050년에는 2,000만 명을 넘어설 것으로 추정된다.[15] 통계자료를 보면 65~75세 사이의 인구 중 5%가 알츠하이머병 환자이며, 85세 이상으로 가면 50%가 넘는다(1900년경 미국인의 평균수명은 49세였기에 알츠하이머병은 그다지 심각한 위협이 아니었다. 그러나 지금 미국인의 평균수명은 80세를 넘어섰다).

알츠하이머병에 걸리면 기억을 처리하는 해마의 기능이 조금씩 퇴화하기 시작한다. 이 병에 걸린 환자의 뇌를 스캔해보면 해마가 크게 수축되어 있고, 해마와 전전두피질을 연결하는 신경이 눈에 띄게 가늘어져서 단기기억을 적절하게 처리하지 못한다. 그러나 장기기억은 두뇌피질 곳곳에 분산 저장되어 있기 때문에 초기에는 그다지 큰 영향을 받지 않는다. 그래서 알츠하이머병 환자는 자신이 불과 몇 분 전에 한 일을 기억하지 못하면서도, 수십 년 전의 일은 생생하게 기억하는 경우가 많다.

알츠하이머병이 오래가다 보면 결국 장기기억까지 파괴되어 아이들과 배우자를 알아보지 못하고, 심지어는 자신이 누구인지, 어떤 인생을 살아왔는지조차 기억하지 못한다. 정도가 심하면 식물인간이 되는 경우도 있다.

알츠하이머병은 최근에 와서야 그 원인이 조금씩 알려지기 시작했다. 2012년에 일단의 과학자들은 뇌 속에 타우 아밀로이드 단백질tau amyloid proteins이 형성되면서 알츠하이머병이 시작된다는 중요한 사실을 알아냈다. 이 단백질로부터 끈끈한 액체인 베타 아밀로이드beta amyloid가 만들어지고, 이것이 뇌를 감싸면서 이상징후가 나타난다는 것이다(그 전에는 알츠하이머병이 이것 때문인지, 아니면 더 근본적인 원인이 있는지 분명하게 밝혀지지 않은 상태였다).

이 아밀로이드 단백질은 대부분이 기형적 단백질 분자인 '프리온prion'으로 이루어져 있어서 약으로 다스리기가 매우 어렵다. 게다가 이들은 박테리아나 바이러스가 아닌데도 스스로 복제하는 능력이 있다. 일반적으로 단백질 분자는 원자로 이루어진 리본처럼 생겼고, 이들이 정확하게 반으로 접혀야 정상적인 기능을 발휘한다. 그런데 프리온은 리본이 잘못 접히면서 나타난 변종 단백질이다. 더욱 안 좋은 것은 정상적인 단백질 분자가 이들과 접촉하면 모두 프리온으로 변한다는 점이다. 하나의 단백질 분자가 프리온으로 변하기만 하면, 이와 같은 연쇄반응을 통해 수십억 개의 분자가 프리온으로 변하면서 뇌를 점령하는 것이다.

지금의 의학으로는 알츠하이머병의 무자비한 진행을 멈출 방법이 없다. 그러나 병의 기본원인이 밝혀졌으므로 변종 단백질을 골라서 파괴하는 항체나 백신을 만들 수는 있다. 또는 환자에게 인공해마를 이식하여 단기기억력을 회복하는 방법도 생각해볼 만하다.

유전공학을 이용하여 뇌의 기억력을 높이는 방법도 있다. 사람의 유전자 중에는 기억력을 향상하는 유전자가 분명히 존재할 것이다. 기억을 연구하는 과학자들은 '똑똑한 쥐smart mouse' 실험에 많은 기대를 걸고 있다.

똑똑한 쥐

1999년에 조셉 첸Joseph Tsien 박사는 프린스턴대학교와 MIT 그리고 워싱턴대학교의 과학자들과 함께 쥐의 기억력을 크게 향상하는 유전자를 발견하여 쥐에게 이식하는 데 성공했다. 이 '똑똑한 쥐'는 미로의 출구를 훨씬 빠르게 찾아냈고 지나간 과거를 훨씬 많이 기억했으며, 다양한 실험에서 다른 쥐들보다 월등한 능력을 발휘했다. 조셉 첸은 TV 드라마 〈두기 하우저 박사Doogie Howser M.D.〉에 등장하는 천재소년의 이름을 따서 똑똑해진 쥐들을 '두기마이스Doogie mice'라고 불렀다.

치엔 박사는 NR2B라는 유전자를 집중적으로 분석했다. 대부분의 포유류는 하나의 사건을 다른 사건과 연결하는 능력이 있는데, 이 능력을 제어하는 유전자가 바로 NR2B다(이 유전자 기능을 차단하면 쥐는 기억력을 대부분 상실한다. NR2B는 해마에 있는 기억세포들 사이의 정보교환을 제어한다). 처음에 첸 박사가 쥐의 NR2B를 제거했더니, 기억력과 습득능력이 현저하게 떨어졌다. 그리고 NR2B가 강화된 쥐들은 정상 쥐보다 정신능력이 눈에 띄게 증가했다. 첸 박사는 물속 어딘가에 먹이를 숨겨놓고 쥐들을 풀어놓았는데, 정상적인 쥐들은 바로 며칠 전에 똑같은 훈련을 받았는데도 방향을 잡지 못해 갈팡질팡했지만, 똑똑한 쥐들은 처음부터 먹이가 있는 곳을 향해 똑바로 헤엄쳐나갔다.

그 후 이와 비슷한 실험이 연달아 실행되면서 한층 더 똑똑한 쥐들이 탄생했고, 2009년 첸 박사는 '하비-J Hobbie-J'라는 똑똑한 쥐를 만들어 논문으로 발표했다(중국 만화에 등장하는 캐릭터 이름이다). 하비-J는 장난감의 위치 등 지나간 기억을 이전의 똑똑한 쥐들보다 세 배 이상 길게 기억했다. 첸 박사는 "이로써 NR2B는 기억을 형성하는 범용 스위치임이 밝혀졌다"고 했고, 그의 지도로 박사과정을 밟고 있는 데헹 왕Deheng Wang은 "마이클 조던을 데려와서 그보다 뛰어난 농구선수를 만들어낸 것과 비슷하다"고 했다.[16]

그러나 새로 탄생한 똑똑한 쥐들도 한계가 있다. 왼쪽과 오른쪽 중 올바른 쪽을 택하면 초콜렛을 주는 실험을 해본 결과, 하비-J는 초콜렛이 있는 쪽을 다른 쥐들보다 훨씬 오래 기억했지만, 5분이 지나면 이들도 방향을 기억하지 못했다. 첸 박사는 말한다. "쥐를 수학자로 만들 수는 없다. 기억력을 아무리 증진해도 그들은 결국 쥐일 뿐이다."[17]

한 가지 짚고 넘어갈 것은 똑똑한 쥐들 중 일부가 보통 쥐들보다 눈에 띄게 겁 많고 소심했다는 점이다. 왜 그럴까? 기억력이 좋아지면 과거의 실수나 심리적 상처까지 고스란히 남아 있어서, 행동이 그만큼 신중해지기 때문이다. 기억력이 좋다고 해서 모든 면에 도움이 되지는 않는다는 이야기다.

과학자들은 그다음 실험대상으로 개를 물색하고 있다. 쥐보다는 개의 유전자가 사람에 더 가깝기 때문이다.

똑똑한 파리와 기억상실증 쥐

기억력 증진을 위해 연구 중인 유전자는 NR2B뿐만이 아니다. 과학자들은 또 하나의 기념비적 실험을 통해 '사진기억photographic memory'이 주입된 과실파리와 기억을 잃은 쥐를 만들어냈다. 이 실험이 성공하면 "벼락치기 공부를 하면 왜 시험성적이 신통치 않은가?"라거나 "우리는 왜 감정에 치우친 사건을 더 많이 기억하는가?"와 같은 질문에 답할 수 있을 것으로 기대된다. 과학자들은 기억과 관련하여 CREB 활성제(CREB activator: 뉴런 사이의 새로운 연결을 촉진하는 유전자)와 CREB 억제제(CREB repressor: 새로운 기억이 형성되는 것을 억제하는 유전자)라는 두 개의 유전자를 추가로 발견했다.

뉴욕 콜드스프링하버Cold Spring Harbor연구소의 제리 인Jerry Yin과 티머시 툴리Timothy Tully는 과실파리를 대상으로 흥미로운 실험을 해왔다. 일반적으로 과실파리에게 특정 행동(냄새감지, 충격회피 등)을 유발하려면 평균 10회 정도의 훈련이 필요한데, 이들에게 CREB 억제제를 추가로 투입하면 거의 아무것도 기억하지 못한다. 그러나 정작 놀라운 현상은 CREB 활성제를 투입했을 때 나타난다. 이때 과실파리는 단 한 번의 연습으로 특정 임무를 수행할 수 있다. 툴리 박사는 나에게 실험과정을 설명하면서 다음과 같이 말했다. "이것은 과실파리에게 사진기억이 있음을 의미한다. 마치 한 학생이 책의 한 장을 읽은 후 무언가 질문을 받았을 때 "그 질문의 답은 제가 읽은 책 74쪽 세 번째 문장에 들어 있습니다"라고 답하는 것과 같다."[18]

이런 현상은 과실파리에 국한되어 있지 않다.[19] 콜드스프링하버연구소의 알치노 실바Alcino Silva 박사는 쥐를 대상으로 동일한 실험을 수행하여 "CREB 활성제가 결핍된 쥐는 장기기억력을 거의 상실한다"는 결과를 얻었다. 한마디로 '기억상실증 쥐'인 셈이다. 그러나 이런 쥐들도 잠시 휴식을 취한 후 훈련을 거치면 간단한 행동을 습득할 수 있다. 그래서 과학자들은 "인간의 뇌 속에는 특정량의 CREB 활성제가 함유되어 있으며, 이 양에 따라 무언가를 습득하는 능력이 결정된다"고 결론지었다. 시험을 앞두고 벼락치기 공부를 하면 CREB 활성제가 빠르게 소진되어 무언가를 더 습득하기가 어려워진다는 것이다. CREB 활성제가 재생산되려면 간간이 휴식을 취하는 것이 좋다.

툴리 박사는 말한다. "이제 우리는 벼락치기 공부가 비효율적인 이유를 생물학적 관점에서 설명할 수 있게 되었다. 기말고사를 준비하는 가장 좋은 방법은 매일 주기적으로 내용을 습득하여 단기기억이 아닌 장기기억 창고에 저장해두는 것이다."[20]

이 논리에 의하면 정신적으로 강렬한 경험이 수십 년 동안 지속되는 이유를 설명할 수 있다. CREB 억제제는 일종의 필터처럼 필요 없는 기억을 수시로 지우는데, 감정적으로 강렬한 기억은 CREB 억제제에 의해 지워지거나 CREB 활성제에 의해 더욱 강렬해진다.

앞으로 과학자들은 기억에 기초하여 유전학을 더욱 발전시킬 것이다. 인간의 두뇌에 관여하는 유전자는 하나가 아니라 여러 개일 가능성이 높다. 그리고 이 유전자들은 인간 게놈(human genome: 인간의 유전자서열을 자세히 밝힌 유전자지도–옮긴이)에 이미 등록되어 있으므로, 인간의 기억력과 정신적 기술을 유전학적으로 개선할 수 있을 것이다.

그러나 뇌의 능력을 지금 당장 끌어올릴 수 있는 것은 아니다. 아직도 풀어야 할 과제가 곳곳에 산적해 있다. 첫째, 파리와 쥐를 대상으로 얻은 결과가 사람에게도 적용되는지 확실치 않다. 과거에도 쥐에게 잘 통했던 치료법이 사람에게 적용되지 않았던 경우가 종종 있었다. 둘째, 이 방법이 사람에게 통한다 해도, 어떤 효과를 낳을지 알 수 없다. 예를 들어 CREB 유전자가 기억력을 증진할 수는 있지만, 지능까지 좋아진다는 보장은 없다. 셋째, 유전자치료법(손상된 유전자 복구하기 등)은 생각했던 것보다 훨씬 어렵다. 이 방법으로 치료할 수 있는 유전병은 극히 일부에 불과하다. 사람에게 무해한 바이러스를 주입하여 '좋은' 유전자를 만들려고 해도, 항체가 바이러스를 공격하여 치료 자체를 무용지물로 만든다. 유전자를 주입하여 기억력을 높이는 치료법도 이와 비슷한 상황에 처할 수 있다(몇 년 전에 펜실베이니아대학교병원에서 한 환자가 유전자치료를 받다가 사망하여 큰 물의를 빚은 적이 있다. 이처럼 인간의 유전자를 수정하는 연구는 수많은 윤리적, 법적 문제를 내포하고 있다).

사람을 대상으로 한 연구는 동물의 경우보다 훨씬 느리게 진행되겠지만, 이 연구가 완성되면 어떤 이득이 있는지 앞날을 예측해볼 수는 있다. 앞에서 말한 방법으로 유전자를 바꾸는 시술은 팔에 주사를 놓는 것만큼 간단할 것이다. 인체에 무해한 바이러스가 혈액 속에 유입되면 정상적인 세포에 유전자가 침투하여 변형이 일어난다. '똑똑한 유전자'가 세포에 성공적으로 자리 잡으면 곧바로 단백질을 생성하여 기억력과 지적능력을 향상시켜줄 것이다.

유전자를 주입하기가 여의치 않다면 다른 방법도 있다. 유전자 시술을 거치지 않고 단백질을 직접 주입하면 된다. 이때는 주사보다 알약이 효과적이다.

똑똑한 알약

이 연구의 궁극적인 목표는 집중력과 기억력 그리고 (가능하다면) 지능까지 높여주는 '똑똑한 알약'을 만드는 것이다. 제약회사들은 'MEM 1003'과 'MEM 1414' 등 정신기능을 향상하는 몇 가지 알약을 꾸준히 연구해왔다.

과학자들은 동물연구 사례에서 "효소와 유전자를 이용하면 장기기억력을 높일 수 있다"는 사실을 알아냈다. 어떤 행동을 하면 CREB와 같은 특정 유전자가 활성화되고, 그로부터 특정 단백질이 만들어지면서 행동요령을 습득하게 된다. 연체동물과 과실파리 그리고 쥐를 대상으로 한 실험결과, 두뇌를 순환하는 CREB 단백질의 양이 많을수록 장기기억이 빠르게 형성되는 것으로 밝혀졌다.[21] 위에서 언급한 MEM 1414는 CREB 단백질의 생성을 촉진하는 약이다. 노년기에 접어든 동물에게 MEM 1414를 투입하면 장기기억이 평소보다 훨씬 빠르게 형성된다.

최근 들어 과학자들은 유전학적 그리고 분자물리학적 수준에서 장기기억의 형성에 필요한 생화학적 요인을 서서히 밝혀내고 있다. 기억형성 과정이 모두 밝혀지면, 이 과정을 강화하여 기억력을 증진할 수 있을 것이다. 물론 치료대상은 노인과 알츠하이머병 환자들뿐만 아니라, 뇌 기능을 개선하고 싶은 일반인들도 포함된다.

기억을 지울 수 있을까?

알츠하이머병은 환자의 기억력을 무차별적으로 파괴한다. 그런데 만일 특정 기억을 골라서 지울 수 있다면 어떨까? 기억상실증은 할리우드의 단골메뉴다(한국 드라마도 절대 뒤지지 않는다-옮긴이). 영화 〈본 아이덴티티The Bourne Identity〉에서 주인공 제이슨 본 역할을 맡은 매트 데이먼Matt Damon은 고도로 훈련된 CIA 요원이었는데, 어느 날 거의 초주검 상태로 물에 떠내려가다가 행인에게 발견된다. 그는 운 좋게 살아났지만, 과거의 기억을 몽땅 잃어버렸다. 여러 명의 암살자가 그를 끈질기게 추적하며 죽이려 드는데, 정작 본인은 그들이 왜 자기를 죽이려 하는지, 그 사이에 무슨 일이 있었는지, 심지어는 자신이 누구인지조차 모른다. 유일한 단서는 자신도 모르게 몸에 배어 있는 초특급 전투기술뿐이다.

물론 기억상실증은 머리에 갑작스러운 충격을 받았을 때 우연히 나타나기도 한다. 그러나 이런 경우에는 기억이 무작위로 지워지므로 소중히 간직하고 싶은 기억까지 지워지는 경우가 태반이다. 그렇다면 기억을 선택적으로 지울 수는 없을까? 짐 캐리Jim Carry가 주연을 맡았던 영화 〈이터널 선샤인Eternal Sunshine of the Spotless Mind〉에 그런 내용이 등장한다. 두 남녀가 기차에서 우연히 만나 첫눈에 사랑에 빠졌는데, 알고 보니 이들은 몇 년 전부터 연인 사이였다. 둘은 사이가 점차 삐걱거리자 어느 날 크게 한바탕 싸운 후 중대한 결심을 한다. 기억을 지워주는 회사를 찾아가 각자 상대방의 기억을 깨끗하게 지운 것이다. 그리고 얼마 후 이들에게 또 한 번의 기회가 찾아온다. 바로 달리는 기차 안에서!

'선택적 기억 지우기'는 영화 〈맨 인 블랙Men in Black〉에서도 막강한 위력을 발휘한다. 주인공 윌 스미스Will Smith는 지구로 이주한 외계인을 관리하는 특수기관의 비밀요원인데, 임무수행 중 일반인들이 UFO나 외계인을 우연히 목격할 때마다 '뉴럴라이저neuralizer'라는 장비를 사용하여 그들의 기억을 깨끗하게 지운다. 심지어 이 장비에는 타이머까지 달려 있어서, 기억을 지우는 시간대까지 조절할 수 있다.

참으로 편리하면서 흥미진진한 도구다. 영화에서는 그렇다 치고, 이런 도구를 실제로 만들 수 있을까?

기억상실증에는 기본적으로 두 가지가 있다. 단기기억상실과 장기기억상실이 바로 그것이다. '역행성 기억상실증retrograde amnesia'은 뇌에 충격이 가해지거나 외상을 입었을 때 나타나는 증세로서, 충격을 받은 그 순간부터 깨어날 때까지 있었던 일을 전혀 기억하지 못한다. 이것은 〈본 아이덴티티〉에서 제이슨 본이 겪었던 기억상실증과 비슷하다(아니다. 제이슨 본은 충격을 받기 한참 전의 일까지 기억하지 못했다-옮긴이). 이런 경우 장기기억은 잃어버릴 수 있지만, 해마가 멀쩡하므로 깨어난 후부터 겪은 일은 정상적으로 기억한다. 반면에 '순행성 기억상실증anterograde amnesia'은 단기기억력이 손상된 경우로, 충격을 받은 후부터는 새로운 기억을 장시간 저장하지 못한다. 일반적으로 해마가 손상되어 나타나는 기억상실증은 몇 분에서 몇 시간까지 계속될 수 있다(순행성 기억상실증은 영화 〈메멘토Memento〉의 주된 모티브였다. 이 영화에서 주인공 가이 피어스Guy Pearce는 부인을 죽인 살인범을 추적하는데, 문제는 모든 기억이 15분밖에 지속되지 않는다는 것이었다. 그래서 그는 새로 알아낸 단서들을 기억하기 위해 종이와 사진 그리고 자기 몸에 수시로 기록을 남기고, 이것을 하나둘씩 모은 끝에 결국 사건의 전말을 파악하게 된다).

여기서 중요한 것은 기억이 사라진 시간대가 충격을 받거나 병에 걸린 후라는 점이다. 따라서 할리우드 영화처럼 기억을 골라서 지우는 것은 거의 불가능하다. 영화 〈맨 인 블랙〉에서는 1시간, 하루, 한 달, 1년 등 원하는 대로 타이머를 맞춰서 기억을 지우는데, 이것이 가능하려면 사람의 기억이 마치 하드디스크처럼 한 곳에 순서대로 쌓여야 한다. 그러나 앞에서 여러 번 강조한 바와 같이 기억은 여러 조각으로 분해되어 두뇌의 여러 부위에 분할 저장된다.

기억을 지우는 약

이와는 별개로 과학자들은 외상 후 충격에 오랫동안 시달리는 사람들을 위해 특별한 약을 개발하고 있다. 2009년 네덜란드의 과학자 메렐 킨트Merel Kindt 박사와 그의 연구팀은 다음 내용을 골자로 하는 논문을 발표했다. "예전부터 사용해왔던 프로프라놀롤(propranolol: 교감신경 억제제 중 하나로 고혈압, 협심증, 부정맥 등에 효과가 있다고 알려졌음–옮긴이)은 외상성 충격에 의한 고통스러운 기억을 지우는 '기적의 약'이 될 수 있다. 이 약은 특정 시간대의 기억상실을 유발하지는 않지만, 약 3일 동안 경미한 고통을 유발한다"고 발표했다.

이 논문이 발표되자 의학계 전체가 술렁이기 시작했고, 각종 매스컴은 "외상후 스트레스장애(post-traumatic stress disorder, PTSD)를 앓는 수천 명의 환자에게 새로운 희망이 생겼다"며 킨트 박사의 연구를 앞다퉈 보도했다. 참전했던 군인들이나 성적 학대의 피해자들, 그리고 끔찍한 사고를 겪은 사람들은 이 보도를 접하고 크게 기뻐했을 것이다. 얼핏 생각하면 킨트 박사의 주장은 기존 연구결과에 위배되는 것처럼 보인다. 장기기억은 전기적 신호로 기록되는 것이 아니라 단백질 분자의 수준에서 기록되기 때문이다. 그러나 총체적인 기억을 떠올리려면 여러 곳에 흩어진 기억의 단편들을 모아서 재조합해야 하므로, 이 과정에서 단백질 분자 구조가 어떻게든 재배열될 것이다. 다시 말해서, 기억을 떠올리는 행위 자체가 기억을 변형시킨다는 이야기다. 기억을 지우는 약이 가능한 것도 바로 이런 이유일 것이다. 외상을 입은 후 끔찍한 기억이 형성되는 것은 주로 아드레날린 때문인데, 프로프라놀롤은 아드레날린의 흡수를 방해하여 나쁜 기억의 형성을 억제하는 효과가 있다. 캘리포니아대학교의 제임스 맥거프 박사는 말한다. "프로프라놀롤은 기억과 관련한 신경세포에 자리 잡고 있다가 아드레날린의 침투를 방해한다. 따라서 아드레날린은 분명히 존재하지만 자신의 임무를 제대로 수행하지 못한다."[22] 다시 말해서, 아드레날린이 없으면 기억도 희미해진다는 것이다.

킨트 박사는 외상후 스트레스장애를 앓는 환자들에게 이 약을 처방하여 매우 긍정적인 결과를 얻었으나, 윤리적인 면에서는 모든 사람의 환영을 받지 못했다. 일부 윤리학자들은 약의 효능을 인정하면서도, 기억을 인위적으로 지운다는 발상 자체에는 부정적인 반응을 보였다. 그들은 "기억이 존재하는 데에는 그럴 만한 이유가 있다. 우리는 기억으로부터 삶의 다양한 교훈을 얻지 않는가. 불쾌한 기억도 그 나름대로 의미가 있으므로, 지우는 것이 능사가 아니다"라고 반박했다. 또한 미국백악관생명윤리자문위원회President' Council on Biothics에서는 기억을 지우는 약에 반대 의사를 표명하며 다음과 같은 성명을 발표했다. "나쁜 기억을 골라서 지운다면 인간의 삶이 지나치게 편리해져서, 고통을 겪거나 잘못을 저질렀을 때, 또는 잔인한 행동을 할 때 무감각해질 수 있다… 인생의 가장 큰 슬픔에 무감각하면서 가장 큰 기쁨을 만끽할 수 있겠는가?"[23]

스탠퍼드대학교 부설 생명의료윤리센터Stanford University's Center for Biomedical Ethics의 데이비드 마구스David Magus 박사는 이렇게 말했다. "우리의 삶과 인간관계는 고통의 연속이지만, 우리는 그 고통으로부터 무언가를 배운다. 고통은 우리를 더 나은 인간으로 만들어 준다."[24]

모든 사람이 반대하는 것은 아니다. 하버드대학교의 로저 피트만Roger Pitman 박사는 다음과 같은 논리로 기억 지우기를 지지한다. "모든 의사는 끔찍한 육체적 고통을 겪는 환자에게 진통제를 주고 있다. 이런 상황에서 '고통을 경감하면 감정까지 무뎌진다'는 이유로 진통제 처방을 금지해야 하는가? 지금까지 진통제 사용을 반대한 사례는 단 한 번도 없지 않았는가? 정신의학이라고 해서 다를 게 무엇인가? 반대론자들이 펼치는 논리 저변에는 정신적 장애가 육체적 장애와 다르다는 편견이 자리 잡고 있다."[25]

이 논쟁의 결말은 차세대 의약품개발에 지대한 영향을 미칠 것이다. 기억을 지우는 약은 프로프라놀롤뿐만이 아니기 때문이다.

지난 2008년 두 연구팀이 동물을 대상으로 한 연구 도중 육체적 고통 없이 기억을 지우는 약을 개발했다. 조지아의과대학의 조 첸Joe Tsien 박사와 상하이대학교의 동료들은 "CaMKII라는 단백질을 이용하여 쥐의 기억을 지우는 데 성공했다"고 공식적으로 발표했고, 뉴욕 브루클린에 있는 SUNY 다운스테이트메디컬센터SUNY Downstate

Medical Center의 과학자들은 PKMzeta를 이용하여 기억을 지우는 데 성공했다. SUNY의 연구원인 안드레 펜슨Andre Fenson은 말한다. "우리 연구가 성공하면 PKMzeta는 효과적인 기억제거제로 자리 잡을 것이다. 이 약은 고통스러운 기억을 지울 뿐만 아니라 일반적인 불안감과 우울증, 공포증, 외상후 스트레스장애 그리고 각종 중독을 치료하는 데 쓰일 수 있다."[26]

지금은 대상이 동물로 한정되어 있지만, 사람을 대상으로 한 임상시험도 곧 실행될 예정이다. 동물에서 사람으로 넘어가면 기억을 지우는 알약은 곧 현실로 다가올 것이다. 물론 할리우드 영화처럼 특정 시간대에 특정 기억만 골라서 지울 수는 없겠지만, 끔찍한 기억에 시달리는 사람들에게는 희소식이 아닐 수 없다. 그러나 '선택적 기억제거'가 사람에게 어떤 영향을 미칠지는 좀 더 두고 봐야 할 것 같다.

부작용은 없는가?

앞으로 언젠가는 해마와 시상 그리고 대뇌변연계를 통과하는 모든 신호를 컴퓨터에 기록하는 날이 도래할 것이다. 이 정보를 다른 사람의 뇌에 주입하면, 타인의 경험을 마치 내 일처럼 생생하게 겪을 수 있다. 환상적인 시스템이긴 한데, 왠지 불안하다. 혹시 무슨 부작용은 없을까?

나탈리 우드Natlie Wood가 주연으로 등장했던 〈브레인스톰Brainstorm〉(1983년 개봉)은 바로 이 문제를 다룬 영화였다. 한 무리의 과학자들이 인간의 경험과 느낌을 생생하게 기록하는 장치를 발명했다.

전극이 잔뜩 달린 헬멧을 쓰고 무슨 일을 하면, 그가 느끼는 모든 것이 테이프에 생생하게 기록된다. 그리고 나중에 다른 사람이 그 헬멧을 쓰고 테이프를 재생하면 앞사람이 겪었던 온갖 느낌이 고스란히 전달된다. 그러던 어느 날, 한 인물이 재미삼아 그 헬멧을 쓴 채 사랑을 나눴고, 기록테이프에 약간의 조작을 가하여 느낌의 강도를 크게 증폭시켰다. 그런데 나중에 다른 인물이 내용도 모르는 채 헬멧을 쓰고 그 테이프를 내려받다가 느낌이 너무 강렬하여 거의 죽을 고비를 넘겼다. 그리고 한 여과학자는 같은 일로 심장마비를 일으켰는데, 죽기 직전에 자신의 느낌을 테이프에 기록해두었다. 그 후 또 다른 인물이 문제의 테이프를 틀었다가 역시 심장마비로 사망한다.

이 장치가 뉴스를 통해 세상에 알려지면서 군대의 관심을 끌게 되었는데, 새로운 무기로 사용하려는 군대와 마음의 비밀을 푸는 용도로 사용하려는 과학자들 사이에 심각한 충돌이 일어난다.

〈브레인스톰〉은 확실히 시대를 앞서간 영화로서, 기억 지우기의 장점과 단점을 모두 보여주었다. 물론 내용 자체는 SF에 불과하지만, 일부 과학자들은 앞으로 이 문제가 신문의 헤드라인이나 법정에서 다뤄질 것으로 믿고 있다.

앞에서도 말했지만 쥐의 단편적인 기억을 기록하는 기술은 현재 상당히 진척된 상태다. 21세기 중반쯤 되면 영장류와 인간의 다양한 기억을 컴퓨터에 기록하게 될 것이다. 그러나 뇌로 들어오는 자극을 총체적으로 기록하는 헬멧을 만들려면 척수를 통해 시상으로 전달되는 원시 데이터raw data를 직접 다뤄야 하는데, 이 기술은 21세기 말쯤에야 완성될 것이다.

사회적 문제와 법적 문제들

지금까지 열거한 문제 중 일부는 우리가 살아 있는 동안 나타날 수도 있다. 예를 들어 관련 지식을 뇌에 업로드하여 미적분학을 마스터할 수 있다면, 교육계는 전대미문의 지각변동을 겪게 될 것이다. 이런 날이 온다면 주입식 교육은 기계에 맡기고, 여유로워진 교사들은 좀 더 집중할 필요가 있고 기초지식은 많이 필요하지 않은 인성교육에 전념할 수 있다. 단추 하나로 해결되지 않는 과목이 분명히 있기 때문이다. 지금은 교수나 의사, 변호사, 또는 과학자가 되려면 관련 지식을 어쩔 수 없이 기계적으로 암기해야 하지만, 미래에는 상황이 크게 달라질 것이다.

생각해보라. 한 번도 가본 적 없는 곳에서 환상적인 휴가를 즐길 수 있고, 받아본 적 없는 노벨상을 손에 쥐고 감격할 수 있으며, 짝사랑해온 사람과 연인이 될 수 있고, 혼자 사는 사람도 가족을 가져볼 수 있다. 특히 아이를 키우는 부모들은 이 시스템을 좋아할 것이다. 실제 기억으로부터 아이들에게 무언가를 가르칠 수 있기 때문이다. 이 밖에도 응용분야는 무궁무진하다. 일부 윤리학자들은 "가짜 기억이 너무 생생하면 실제 세계보다 가상세계를 더 좋아하게 될 것"이라며 우려를 나타내고 있다.

새 직장을 구하는 실직자들도 가짜 기억을 주입받아 경쟁력 있는 기술을 익힐 수 있다. 과거에도 새로운 기술이 도입될 때마다 수백만 명의 실직자가 양산되었고, 이들이 직장을 구하려면 새로운 기술에 익숙해지는 수밖에 없었다. 요즘 대장장이나 마차수리공이 없는 것은 이런 추세 때문이다. 그들 중 일부는 재훈련과정을 거쳐 제철소나 자동차 조립공장에 다시 취업했다. 그러나 직업교육을 새로 받으려면 상당한 시간과 노력을 투자해야 한다. 이런 경우에 필요한 지식을 뇌에 직접 주입할 수 있다면 인적자원을 낭비할 일이 없으므로, 세계경제는 엄청난 변화를 겪을 것이다(기억을 쉽게 업로드할 수 있으면 특정 기술의 가치가 하락할 수 있다. 그러나 이 시기가 되면 기업은 고도로 숙련된 사람을 원할 것이고 수요도 많아질 것이므로, 가치하락이 큰 문제가 되지는 않을 것이다).

관광산업도 변화의 물결을 피해갈 수 없다. 요즘 외국여행을 할 때 가장 큰 걸림돌은 새로운 문화와 언어에 적응하는 것이다. 관광객들은 환율이나 교통편 때문에 골머리 앓는 일 없이 이국적인 문화에 빠져들기를 원한다(외국에 갈 때 그 나라 언어를 완전히 숙달할 필요는 없다. 사업이나 이주가 아닌 여행이 목적이라면 몇 가지 기본적인 어휘만 알면 되는데, 이 정도는 머릿속에 간단하게 업로드할 수 있을 것이다).

시간이 흐르면 기억을 저장한 테이프(또는 다른 저장장치)는 사회전반에 퍼져나갈 것이다. 요즘 자신의 사진과 동영상을 인터넷상에 공개하는 블로거들처럼, 미래의 블로거들은 미리 저장해놓은 자신의 경험을 인터넷에 업로드하여 수백만 명의 네티즌과 공유하게 될 것이다. 앞에서 우리는 자기 생각을 타인에게 전송하는 브레인넷brain-net에 관해 논한 적이 있다. 기억을 저장하거나 만들어낼 수 있다면, 총체적인 경험을 타인에게 전송할 수도 있을 것이다. 만일 당신이 올림픽에 출전하여 금메달을 획득했다면, 고된 훈련과정과 메달을 목에 거는 환희의 순간을 남들과 나누고 싶지 않겠는가? 그때가 되면 컴퓨터 보급률이 지금보다 높아질 테니, 조회 수가 수십억은 족히 될 것이다. 짜릿한 승리의 순간을 거의 공짜로 맛볼 수 있다는데 이느 누가 마다하겠는가?(비디오게임과 대중매체에 민감한 아이들은 자신의 기억을 저장해뒀

다가 수시로 인터넷에 올릴 것이다. 지금의 추세로 볼 때 이렇게 될 가능성이 농후하다. 요즘 휴대전화로 찍은 사진이 넘쳐나듯이, 기억을 저장하는 것도 습관처럼 굳어질 것이다. 그런데 기억을 저장하거나 공유하려면 전송자와 수신자는 자신의 해마를 어떻게든 컴퓨터에 연결해야 한다. 그러면 관련 정보가 무선을 통해 서버로 전송되고, 디지털 신호로 변환된 후 인터넷상에 공개된다. 이 과정을 거치면 사진이나 동영상 대신 자신의 기억과 느낌을 공유할 수 있다. 이것은 개인 블로그나 메신저, 소셜 미디어, 채팅룸 등 어디서나 가능하다.)

영혼도서관

사람들은 자신의 족보나 가계도에 관심이 많다. 특히 동양에는 이미 세상을 떠난 조상들로부터 교훈을 배우고 그들을 각별하게 섬기는 전통이 있다. 그런데 막상 조상에 관한 기록을 뒤져보면 초상화나 일기, 또는 사진 몇 장이 전부이다. 역사 이래로 이 땅에 태어났던 모든 사람은 거의 아무런 기록도 남기지 않은 채 살고, 사랑하고, 죽어갔다. 우리가 알 수 있는 것이라곤 기껏해야 출생일과 사망일, 그리고 (드물긴 하지만) 그 사이에 남긴 약간의 문서나 책이 전부이다. 지금 우리는 신용카드 영수증과 각종 계산서, 전자우편, 은행 입출금 내역서 등 각종 전자문서에 파묻혀 살고 있다. 게다가 인터넷은 수많은 네티즌이 올려놓은 삶의 기록으로 가득 차 있다. 그러나 이런 기록들은 한 개인의 생각이나 느낌을 충분히 전달하지 못한다. 아마도 미래의 인터넷(웹)은 우리의 삶뿐만 아니라 시시콜콜한 생각마저 모두 저장되어있는 초대형 도서관이 될 것이다.

요즘 우리들이 수시로 사진이나 동영상을 찍는 것처럼, 미래에는 모든 사람이 자신의 기억을 수시로 저장하여 후손에게 물려줄 것이다. 그리고 그 후손들이 나중에 도서관을 방문하여 조상이 남긴 기록을 조회하면 그들이 어떻게 살았으며 무슨 생각을 했는지, 그리고 특정한 사건을 겪으면서 어떤 느낌을 받았는지 생생하게 체험할 수 있을 것이다.

누군가가 죽고 수십, 수백 년이 지난 후에도 도서관에 찾아가 단추 하나만 누르면 그의 삶을 생생하게 재현할 수 있다. 여기서 한 걸음 더 나아가 컴퓨터에 디스크를 넣고 시작 버튼을 누르면 조상님들과 채팅을 할 수 있을지도 모른다(자유로운 대화는 어렵겠지만, 특정 사안에 관한 조상님의 생각을 들을 수는 있다—옮긴이).

역사적 위인과 경험을 공유하고 싶을 때에도 도서관을 찾아가면 된다. 거기서 해당 인물을 찾아 디스크를 재생하면 위기의 순간에 그가 어떻게 대처했는지 생생하게 보고 느낄 수 있다. 또는 자신이 가장 존경하는 인물이 최악의 참패를 당했을 때 어떻게 극복하고 어떻게 살아남았는지도 마치 내 일처럼 실감 나게 체험할 수 있다. 노벨상을 수상한 과학자들의 기억을 공유한다고 상상해보라. 그가 어떤 실마리로부터 위대한 발견을 이끌어냈는지, 그리고 그 순간에 얼마나 큰 기쁨과 환희를 느꼈는지 당신도 똑같이 체험할 수 있다면 웬만한 비용은 아깝지 않을 것이다. 또는 위대한 정치가들이 역사를 바꿀 중요한 결정을 내릴 때 어떤 마음가짐으로 임했는지도 온몸으로 느낄 수 있다.

듀크대학교의 미겔 니코렐리스 박사는 말한다. "이 모든 것은 언젠가 반드시 실현될 것이다. 이 땅에 태어나 살고, 사랑하고, 고통을 겪고, 성공을 거두고, 교훈을 남기고 죽어간 수십억 명의 삶이 살아 있는 기록으로 보존될 것이며, 개개의 기록은 보석 못지 않은 가치를 지닐 것이다. 그들의 육체는 차갑고 조용한 묘지에 묻혀 사라지겠지만, 그들의 생각과 느낌은 영원히 보존되어 후손들에게 값진 교훈을 줄 것이다."[27]

첨단기술의 이면

과학자 중에는 이 기술의 윤리적 측면을 강조하는 사람도 있다. 과거에도 새로운 의술이 개발될 때마다 윤리적 문제에 관한 논쟁이 벌어졌는데, 결국 사용이 금지되거나 제한된 것은 탈리도마이드(thalidomide, 수면제의 일종으로, 임신 중에 복용하면 기형아가 태어날 확률이 높은 것으로 드러났다-옮긴이)처럼 부작용이 확실한 경우뿐이었다. 시험관아기가 처음 거론되었을 때 전 세계 윤리학자들은 천륜을 어기는 짓이라며 격렬하게 반대했지만, 성공사례가 속속 발표되면서 사람들은 "나는 누구인가?"라는 질문을 다른 각도에서 생각하게 되었다. 1978년 최초의 시험관아기인 루이스 브라운Louise Brown이 태어났을 때, 전 세계 매스컴은 기술 자체보다 윤리적 측면을 부각하는 보도를 연일 쏟아냈고, 교황까지 나서서 반대 의사를 표명했다. 그러나 지금은 불임부부가 아이를 갖는 방법의 하나일 뿐이다. 당신의 아들딸이나 형제, 배우자, 심지어는 당신조차 시험관을 거쳐 태어났을지 모른다. 모든 신기술이 그렇듯이, 결국 대중은 기억을 기록하고 공유하는 기술을 받아들일 것이며, 시간이 더 지나면 적극적으로 이용하게 될 것이다.

일부 생명윤리학자들은 또 다른 면에서 우려를 표명한다. 다른 사람의 기억이 내 허락 없이 내 머릿속에 들어온다면 어떻게 될 것인가? 그 기억이 고통스럽고 파괴적이라면 나는 아무 잘못도 없이 정신적 고통에 시달리게 된다. 알츠하이머병을 앓는 환자들은 어떤가? 그들의 기억을 업로드하는 데에는 아무런 문제가 없다. 그러나 그들이 기억의 공개 여부를 결정할 수 없을 정도로 아픈 상태라면 다른 사람에 의해 악용될 소지가 다분하다.

옥스퍼드대학교의 철학과 교수였던 고故 버나드 윌리엄스Bernard Williams는 이 장치가 자연의 질서를 파괴할지 모른다고 경고하면서 "망각은 머릿속에서 진행되는 가장 유익한 과정"이라고 했다.[28]

컴퓨터 파일을 업로드하듯이 한 사람의 기억을 다른 사람의 머리에 이식할 수 있다면 사법체계도 심각한 위협에 직면하게 된다. 지금까지 법정에서 사실관계를 규명하는 중요한 수단 중 하나는 목격자의 증언이었다. 그런데 목격자에게 가짜 기억이 주입되면 어떤 일이 벌어질까? 또는 무고한 사람에게 "내가 범죄를 저질렀다"는 가짜 기억을 심을 수도 있고, 범죄자가 알리바이를 만들기 위해 다른 사람의 머릿속에 "범죄가 일어나던 날 나는 그와 함께 있었다"는 가짜 기억을 주입할 수도 있다. 구두증언뿐만 아니라 문서로 작성된 진술서도 의심스럽기는 마찬가지다. 머릿속에 가짜 기억이 주입된 상태라면 허위 문서에 얼마든지 서명할 수 있기 때문이다.

이런 일을 방지하려면 특별한 안전장치를 도입해야 한다. 무엇보다 기억을 주입하는 행위의 법적 한계를 명확하게 규명해야 할 것이다. 경찰이나 제3자의 주거침입을 법으로 규제하듯이, 당신의 동의 없이 기억을 가져가려는 사람들을 법으로 규제해야 한다. 또한 가짜 기억에는 누구나 알아볼 수 있는 흔적이나 표식을 만들어서 진짜 기억과 구별할 필요가 있다. 타인의 기억을 빌려 환상적인 휴가를 즐기는 데에는 큰 문제가 없지만, 그러는 동안에도 자신의 경험이 가짜임을 알아야 한다. 그래야 나중에 나타날지 모를 부작용을 미리 방지할 수 있다.

기억을 기록하고, 저장하고, 업로드하는 기술이 완성되면 우리는 과거사를 생생하게 보관할 수 있을 뿐만 아니라, 타인의 경험으로부터 새로운 기술을 쉽게 습득할 수 있다. 그러나 새로운 기억을 아무리 주입한다 해도, 다량의 정보를 소화하고 처리하는 개인의 능력은 변하지 않는다. 이런 능력을 증대하려면 소위 말하는 '지적능력'이 강화되어야 하는데, 지능에 관한 정의가 아직 제대로 내려져 있지 않기 때문에 이 분야의 연구는 거의 답보상태에 빠져 있다. 그러나 누구나 인정하는 최고의 천재, '알베르트 아인슈타인Albert Einstein'으로부터 실마리를 얻을 수는 있을 것이다. 그가 세상을 떠난 지 60년이 지났지만, 그의 뇌는 인간의 지성과 관련하여 지금도 값진 정보를 제공하고 있다.

일부 과학자들은 "전자기학과 유전학 그리고 약물요법을 적절히 조합하면 일반인의 지능을 천재 수준으로 끌어올릴 수 있다"고 주장한다. 실제로 평범했던 사람이 뇌에 충격을 받은 후, 지능이나 예술적 감각이 측정 불가능할 정도로 향상된 사례가 있긴 하다. 물론 어느 부위에 어느 정도의 충격을 줘야 하는지, 정량적인 데이터는 전무한 상태지만, 개선의 여지가 있다는 것만은 분명한 사실이다. 과연 우리는 인간의 지능을 인위적으로 끌어올릴 수 있을까?

뇌는 하늘보다 넓다. 뇌와 하늘을 나란히 놓고 비교해보면
한쪽이 다른 한쪽을 능히 품으리니,
뇌는 하늘뿐만 아니라 당신까지 품을 것이다.
_에밀리 디킨슨Emily Dickinson

재능 있는 사람은 아무도 맞히지 못한 과녁을 맞힌다.
그러나 천재는 아무도 보지 못한 과녁을 맞히는 사람이다.
_아르투르 쇼펜하우어Arthur Schopenhauer

6
아인슈타인의 뇌: 지능 높이기

알베르트 아인슈타인의 뇌는 분실되었다.

아니면 적어도 50년 동안은 분실된 상태였다. 1955년 아인슈타인이 사망했을 때 담당의사가 그의 뇌를 빼돌렸는데, 2010년 그 의사의 후손이 미국국립의료박물관National Museum of Health and Medicine에 기증하여 지금은 공공의 자산이 되었다. 과학자들이 아인슈타인의 뇌에 관심을 갖는 이유는 그 안에 지능에 관한 비밀이 숨겨져 있다고 생각하기 때문이다. 천재란 어떤 사람인가? 지능은 어떻게 측정되며, 삶의 성공과 어떤 관계에 있는가? 천재는 유전적으로 결정되는가? 아니면 노력의 결과인가? 그리고 가장 중요한 질문, "평범한 사람도 지능을 인위적으로 높일 수 있는가?" 아인슈타인의 뇌를 연구하면 이 질문의 답을 찾을 수 있을지 모른다.

"아인슈타인"이라는 이름은 이제 특정인을 칭하는 고유명사가 아

니라 천재의 대명사로 통용되고 있다. 헐렁한 바지와 헝클어진 백발, 그리고 추레한 모습의 사진을 보면 누구든지 그의 이름을 떠올릴 것이다. 아인슈타인은 뛰어난 물리학자였지만, 지금은 물리학을 뛰어넘어 천재를 대표하는 아이콘이 되었다.

아인슈타인은 지금도 물리학자들에게 막강한 영향력을 행사한다. 지난 2011년 한 무리의 물리학자들이 "입자의 속도는 빛보다 빠를 수 있다"며 아인슈타인이 틀렸음을 주장하는 논문을 발표한 적이 있다. 그러자 각종 매스컴은 "아인슈타인의 특수상대성이론, 도마 위에 오르다"라는 식으로 다소 선정적인 기사를 계속 쏟아냈고, 일각에서는 격한 논쟁이 벌어지기도 했다. 그러나 이때 대부분의 물리학자들은 자세한 내용을 들여다보지도 않고 조용히 고개를 저었다. 아마 천재의 작품에 오류가 있을 리 없다고 생각했기 때문일 것이다. 아니나 다를까, 얼마 후 논문의 틀린 부분을 수정한 결과, 결국 아인슈타인이 옳았던 것으로 판명되었다. 누구든지 아인슈타인에게 반기를 들려면, 자신이 궁지에 몰릴 것을 항상 각오해야 한다.

천재란 어떤 사람인가? 이 질문에 답하는 한 가지 방법은 천재로 공인된 아인슈타인의 뇌를 직접 분석하는 것이다. 그래서 아인슈타인이 사망했을 때 그의 부검을 맡았던 프린스턴병원의 의사 토머스 하비Thomas Harvey는 유족의 허락을 받지 않은 채 그의 뇌를 비밀리에 보존하기로 했던 것 같다.

아마도 하비는 자신이 아인슈타인의 뇌를 보관하고 있으면 훗날 천재의 비밀이 어떻게든 밝혀지리라고 생각했을 것이다. 게다가 세기적 천재의 뇌를 직접 보았으니, 흉악범의 뇌와 어딘가 화끈하게 다르리라고 생각할 만하다. 브라이언 버렐Brian Burrell은 자신의 저서 《두뇌

박물관에서 보내온 엽서Postcards from the Brain Museum》에 다음과 같이 적어놓았다. "아마도 하비 박사는 위대한 천재의 뇌와 마주하면서 순간적으로 판단력을 상실한 것 같다. 간단히 말해서, 자신이 씹을 수 있는 것보다 훨씬 많은 양을 깨문 것이다."[1]

그 후 아인슈타인의 뇌가 겪은 사연은 과학사라기보다 한 편의 코미디에 가깝다. 하비 박사는 아인슈타인의 뇌를 분석하여 보고서를 제출하겠다며 몇 년을 끌었는데, 사실 그는 뇌 전문의가 아니었기에 애초부터 무리한 약속이었다. 그 후 아인슈타인의 뇌는 포름알데히드로 가득 찬 유리병 속에 담긴 채 맥주 냉장고 속에 수십 년 동안 보관됐다. 정말 기가 막힐 노릇이다. 그러던 어느 날, 하비 박사가 기술자를 불러 아인슈타인의 뇌를 240조각으로 잘게 썰었고, 그중 몇 조각을 원하는 과학자들에게 우편으로 보냈다. 버클리대학교에는 아인슈타인의 뇌 조각이 마요네즈 상자에 담겨 배달되기도 했다.

그로부터 거의 40년이 지난 어느 날, 하비 박사는 아인슈타인의 뇌를 타파웨어에 넣어 차에 싣고 미 대륙을 가로질러 아인슈타인의 손녀 에블린 아인슈타인Evelyn Einstein을 찾아갔다. 조부의 장기를 뒤늦게나마 돌려주려는 의도였지만, 그녀는 "이미 손상된 장기를 보관할 이유가 없다"며 거절했다. 그 후 2007년에 하비는 세상을 떠났고, 여러 조각으로 분리된 아인슈타인의 뇌는 하비의 후손에게 전수되었다가 과학발전을 위해 의료박물관에 기증된 것이다. 이 이야기는 하도 어이없고 특이하여 TV 다큐멘터리로 제작되기도 했다(후대를 위해 뇌를 보존한 사례는 또 있다. 살아 있을 때 '수학의 왕자'로 불렸던 역사상 최고의 천재 수학자 칼 프리드리히 가우스Carl Friedrich Gauss의 뇌도 100여 년 전에 한 의사가 빼내어 따로 보관했다. 그러나 당시에는 뇌 해부학이 초보단계여서 "가우스의 뇌는 보통사람의 뇌보다 주름이 많다"는 것 외에 별다른 사실을 알아내지 못했다).

대부분 사람들은 아인슈타인의 뇌가 보통 사람보다 훨씬 크고, 특히 특정 부위는 비정상적으로 클 것으로 생각한다. 그러나 사실은 그 반대이다(오히려 보통사람의 뇌보다 조금 작다). 전체적으로 볼 때 아인슈타인의 뇌는 평균크기에 가깝다. 이 뇌를 신경과학자에게 보여주면서 아인슈타인 이야기를 하지 않으면, 그는 별다른 관심을 보이지 않을 것이다.

아인슈타인의 뇌에서 발견되는 유일한 특징은 각회(角回, angular gyrus: 두정엽의 한 부위로, 측두엽의 경계면에 위치함—옮긴이)가 평균보다 조금 크다는 것이다. 좀 더 구체적으로 말해서, 양쪽 반구의 하두정엽 inferior parietal lobe이 평균보다 15% 정도 크다. 이곳은 글을 쓰거나 수학계산을 할 때, 또는 공간을 머릿속에 그릴 때 추상적인 사고를 담당하는 부위인데, 15%면 오차범위 안에서 평균에 해당하는 크기다. 그래서 아인슈타인의 천재성이 뇌의 구조에서 비롯된 것인지, 아니면 후천적인 노력과 시기적 요인 때문인지 아직도 분명치 않다. 나는 예전에 아인슈타인의 전기 《아인슈타인의 우주Einstein's Cosmos》를 집필하면서, 그의 천재성이 '두뇌와 경험의 합작품'이라는 확신을 품게 되었다. 믿기 어렵겠지만, 아인슈타인은 주변 사람들에게 이런 말을 한 적이 있다. "저는 특별한 재능이 없는 사람입니다… 단지 호기심이 강할 뿐이지요." 또한 그는 학창시절에 친구들에게 이런 말도 했다. "너희가 수학 때문에 아무리 고생한다고 해도, 나처럼 고생하는 사람은 없을 거야." 그렇다면 아인슈타인은 어떻게 '아인슈타인'이 되었을까?

그 이유는 대충 네 가지로 요약할 수 있다. 첫째, 아인슈타인은 '사고실험thinking experiment'을 하면서 대부분 시간을 보냈다. 그는 실험물리학자가 아니라 이론물리학자였기 때문에, 머릿속에서는 항상 복잡한 시뮬레이션이 진행되고 있었다. 간단히 말해서, 머릿속이 곧 실험실이었던 셈이다.

둘째, 아인슈타인은 한 가지 사고실험으로 10년 이상의 세월을 보냈으며, 이런 과정을 여러 번 거쳤다. 그는 16세 때부터 빛의 특성에 관심을 두었는데, 특히 "빛보다 빨리 달릴 수는 없을까?"라는 질문을 거의 10년 동안 파고든 끝에 특수상대성이론을 탄생시켰다. 나중에 물리학자들이 별의 비밀을 밝히고 원자폭탄을 만들 수 있었던 것은 특수상대성이론 덕분이었다. 그 후 26세부터 36세까지는 중력을 집중적으로 연구하여 일반상대성이론을 완성했고, 이로부터 블랙홀의 개념과 빅뱅이론이 탄생했다. 그리고 36세 때부터 세상을 떠날 때까지는 물리학의 모든 법칙을 하나로 통일하는 만물이론theory of everything에 몰입했다. 하나의 문제를 놓고 10년 이상 고민하면서 평생을 보냈으니, 그의 집중력은 가히 상상을 초월하는 수준이다.

셋째, 그의 성격도 천재성을 발휘하는 데 중요한 역할을 했다. 그는 보헤미안처럼 자유분방한 사고의 소유자였기에, 이미 정립된 물리학 이론에 반기를 드는 데 조금도 주저하지 않았다. 200년 넘게 물리학의 왕좌를 지켜왔던 뉴턴의 고전물리학에 도전장을 내미는 것은 절대 아무나 할 수 있는 일이 아니다.

넷째, 아인슈타인은 매우 적절한 시기에 태어났다. 그가 특수상대성이론을 발표한 1905년은 빛과 관련된 의외의 실험결과 때문에 뉴턴의 고전물리학이 심각한 위협을 받던 시기였다. 예를 들어 새로 발견된 라듐Ra이라는 원소는 마치 공기 중에서 에너지를 얻는 것처럼 어둠 속에서 스스로 빛을 발했는데, 기존 에너지보존의 법칙으로는 이 신기한 현상을 설명할 길이 없었다. 바로 이 무렵에 특수상대성이론의 $E=mc^2$가 등장하여 모든 문제를 해결했으니, 아인슈타인은 시기를 잘 맞춰 태어난 셈이다. 만일 누군가가 아인슈타인의 뇌세포를 이용하여 똑같은 복제인간을 만들어낸다 해도, 그는 절대 '차세대 아인슈타인'이 될 수 없을 것이다. 천재가 빛을 발하려면 시대적 상황이 그에 걸맞게 조성되어 있어야 한다.

요점은 다음과 같다. 천재가 두각을 나타내려면 타고난 정신적 능력과 함께 위대한 업적을 이루겠다는 열정을 겸비해야 한다. 나는 아인슈타인의 천재성이 사고실험을 통해 미래를 시뮬레이션하는 탁월한 능력에서 비롯되었다고 생각한다. 그가 창안한 새로운 물리학은 대부분 이런 과정을 거쳐 탄생했다. 아인슈타인 자신도 "지성을 가늠하는 잣대는 지식이 아니라 상상력"이라고 강조한 바 있다. 그에게 상상력은 지식의 경계를 넘어 미지의 영역을 탐험하는 강력한 수단이었다.

우리 모두는 유전자와 두뇌로 결정되는 선천적 능력을 지니고 태어난다. 이것은 우리 의지와 상관없이 결정되므로 로또복권이나 마찬가지다. 운이 좋으면 똑똑하게 태어나고, 운이 없으면 열등하게 태어난다. 그러나 생각과 경험을 정리하고 미래를 시뮬레이션하는 것은 우리 의지로 완전히 제어할 수 있다. 그래서 진화론의 원조인 찰스 다윈은 이렇게 말했다. "아주 심한 바보를 제외하고, 사람의 지성은 개인차가 별로 없다. 단지 열정과 성실함의 차이가 있을 뿐이다."[2]

천재성은 학습될 수 있는가?

천재는 타고나는가? 아니면 길러지는가? 지성의 근원을 밝히려면 이 질문의 답부터 알아야 한다. 평범한 사람이 교육을 통해 천재가 될 수 있을까?

우리가 사는 동안 뇌세포는 거의 자라지 않는다. 그래서 과거에는 청소년기가 되면 지성이 결정된다고 믿었다. 그러나 두뇌연구가 활발하게 진행되면서 한 가지 사실만은 분명해졌다. 인간의 뇌는 무언가를 배울 때마다 변한다는 것이다. 두뇌피질에 세포가 추가되진 않지만, 무언가 새로운 내용을 배울 때마다 뉴런들 사이의 연결상태가 달라진다.

2011년 영국의 과학자들은 런던 택시기사들의 뇌를 분석한 적이 있다. 런던의 택시운전 자격시험은 어렵기로 정평이 나 있다. 운전을 잘하는 것은 물론이고 2,500개에 달하는 런던시의 도로명을 모두 외워야 한다. 물론 단순암기가 아니라 각 도로 사이의 연결관계까지 훤하게 꿰뚫고 있어야 한다. 그래서 택시기사 지원자들은 보통 3~4년 동안 공부하는데, 그나마 시험에 붙는 사람은 응시자의 절반에 불과하다.

영국 유니버시티칼리지런던University College London의 과학자들은 택시운전기사 지원자들의 뇌를 분석한 후 3~4년 뒤(자격시험이 끝난 후)에 같은 분석을 또 했는데, 자격시험에 합격한 사람들은 후위해마posterior hippocampus와 전방해마anterior hippocampus라 불리는 회색 부위가 눈에 띄게 커져 있었다. 앞에서도 말했지만, 해마는 기억을 관장하는 곳이다. (그런데 신기하게도 택시기사들은 시각정보 처리능력이 평균보다 떨어지는 것으로 나타났다. 방대한 정보를 암기하면 그 대가로 시각기능이 떨어지는 것으로 추정된다.)

웰컴트러스트Wellcome Trust재단의 엘리노어 맥과이어Eleanor Maguire는 이렇게 말했다. "인간의 뇌는 성인이 된 후에도 새로운 기술이나 지식을 습득할 때마다 수시로 변한다. 이것은 노년에 새로운 무언가를 배우려는 사람들에게 희소식이 아닐 수 없다."[3]

이것은 쥐 실험을 통해 확인된 사실이다. 쥐에게 몇 가지 임무를 수행하도록 훈련시키면 뇌에 변형이 생긴다. 뉴런의 개수가 많아지진 않지만, 무언가를 배우면서 뉴런의 연결상태가 달라지는 것이다. 다시 말해서, 두뇌는 학습을 통해 얼마든지 개선될 수 있다.

문득 "연습하면 완벽해진다Practice makes perfect"는 격언이 떠오른다. 캐나다의 심리학자 도널드 헵Donald Hebb 박사는 "훈련을 많이 할수록 그 부분에 해당하는 뉴런들이 더욱 강력하게 연결된다"는 사실을 알아냈다. 즉, 훈련을 많이 할수록 작업이 더욱 쉬워진다는 뜻이다. 디지털 컴퓨터는 제아무리 성능이 좋아도 어제나 오늘이나 똑같은 기계에 불과하지만, 사람의 뇌는 무언가를 배울 때마다 뉴런의 연결이 강화되면서 스스로 진화한다. 바로 이것이 컴퓨터와 두뇌의 근본적인 차이점이다.

택시기사뿐만 아니라 음악가들도 연습을 많이 할수록 뇌의 성능이 개선되는 것으로 알려졌다. 심리학자 앤더스 에릭손Anders Ericsson과 그의 동료들은 베를린 음악아카데미의 바이올리니스트들을 조사한 결과, 최고수준의 연주자들은 바이올린을 처음 배운 후로 20살이 될 때까지 1만 시간이 넘도록 고된 연습을 해왔다는 사실을 알아냈다. 10대 초반부터 스파르타식 연습을 한다고 해도, 1만 시간을 채우려면 매주 30시간씩 연습해야 한다. 반면에 조금 뛰어난 정도의 학생들은

20살까지 총 8,000시간 동안 연습했고, 음악교사가 된 학생들의 연습시간은 4,000시간 정도였다. 신경과학자 대니얼 레비틴Daniel Levitin은 말한다. "이 연구를 통해 우리가 알아낸 사실은 '세계 최고수준이 되려면 1만 시간의 훈련이 필요하다'는 것이다. 바이올리니스트뿐만 아니라 작곡가나 농구선수, 소설가, 스케이트선수, 피아니스트, 체스기사, 범죄자 등도 마찬가지다. 최고가 되기 위해 필요한 연습시간은 분야를 막론하고 거의 1만 시간으로 귀결된다. 연구를 거듭할수록 이것은 점점 더 확고한 사실로 굳어지고 있다."[4] 《아웃라이어Outliers》의 작가인 말콤 글래드웰Malcolm Gladwell은 이것을 "1만 시간의 법칙"으로 불렀다.

지능을 어떻게 측정할 것인가?

가장 널리 알려진 지능측정법은 스탠퍼드대학교의 심리학자 루이스 터먼Lewis Terman이 1916년에 제안했던 'IQ 테스트'다. 사실 이것은 알프레드 비네Alfred Binet가 프랑스 정부의 의뢰를 받아 만들었던 지능측정법을 조금 수정한 것이다. 그 후 수십 년 동안 터먼의 IQ 테스트는 지능을 측정하는 표준수단으로 통용되었다. 실제로 터먼은 "지능은 타고난 능력으로 측정 가능하며, 성공 여부를 좌우하는 중요한 요인"이라고 굳게 믿었다.

그 후 1921년 터먼은 아이들을 대상으로 "천재의 유전학적 연구Genetic Studies of Genius"를 수행하여 또 한 번 세계적인 주목을 받았다.[5] 그가 시도했던 실험은 대상 범위나 소요시간에서 시대를 한참 앞서

간 실험으로, 한동안 이 분야를 연구하는 학자들에게 모범사례로 통했다. 터먼은 실험에 참여한 아이들이 거의 중년이 될 때까지 그들의 삶을 철저하게 분석하여, 성공사례와 실패사례를 하나의 연대기로 작성했다. 이들 중 IQ가 높았던 학생들은 훗날 "터미츠Termites"라는 이름으로 불리게 된다.

초기에 터먼의 이론은 맞는 것처럼 보였다. 그래서 다른 학자들도 터먼의 이론에 기초하여 다양한 실험을 수행했다(제1차 세계대전 중에는 170만 명의 군인이 터먼의 IQ 테스트를 받았다). 그러나 시간이 흐르면서 의외의 결과가 조금씩 눈에 띄기 시작했고, 수십 년이 지난 후에는 IQ가 높은 학생들과 낮은 학생들의 사회적 성공도에 별로 큰 차이가 나지 않았다. 터먼은 자신의 IQ 테스트에서 높은 점수를 받았던 학생들이 나중에 큰 상을 받거나 직업성취도가 높았다고 주장했지만, 그들 중 상당수는 범죄에 연루되거나 일자리를 얻지 못하는 등 사회적 낙오자가 되어 터먼을 난처하게 만들었다. 터먼은 높은 IQ가 사회적 성공을 보장한다는 것을 입증하기 위해 일생을 바쳤으나, 결국 그의 이론은 '신뢰하기 어려운 가설'로 판명되었다.

성공적인 삶과 만족지연

1972년, 역시 스탠퍼드대학교의 월터 미셸Walter Mischel 박사는 아이들을 대상으로 이른바 '만족지연능력ability to delay gratification'을 테스트했다. 이것이 바로 그 유명한 '마시멜로 실험'으로, 어린아이에게 마시멜로를 건네며 "지금 먹고 싶으면 먹어도 좋다. 그러나 지금

참았다가 20분 후에 먹는다면 마시멜로 두 개를 주겠다"고 제안하는 식이다. 이 실험은 4~6세 어린이 600명을 대상으로 실행했는데, 아이들은 자신의 취향에 따라 각기 다른 반응을 보였다. 그로부터 16년이 지난 1988년, 미셸 박사는 실험에 참여했던 아이들의 현황을 분석한 후 "나중에 먹겠다고 한 아이들, 즉 만족감을 뒤로 미룬 아이들이 그렇지 않은 아이들보다 유능한 성인으로 성장했다"고 발표했다.

1990년에 시행된 또 다른 실험에서 만족지연능력과 SAT(미국의 대학수능시험) 성적 사이의 연관관계가 밝혀졌다. 그리고 2011년에는 "그와 같은 성향이 평생 유지된다"는 연구결과가 발표되었다. 만족지연능력과 사회적 성취도 사이의 관계는 사람들의 이목을 끌기에 충분했다. 마시멜로를 당장 먹지 않은 아이들은 나중에 성인이 된 후에도 마약중독자가 거의 없고 시험성적이 좋았으며, 최종학력이 높게 나타났다. 다시 말해서, 만족지연능력이 뛰어날수록 사회적으로 성공할 가능성이 높다는 이야기다.

그중에서도 가장 흥미로운 사실은 이들의 뇌를 스캔하여 얻은 사진에 뚜렷한 패턴이 존재한다는 것이었는데, 특히 전전두피질과 배측선조체(ventral striatum: 각종 중독에 관여하는 부분) 사이의 연결방식이 다른 사람들과 눈에 띄게 다른 것으로 나타났다(사실 이것은 별로 놀라운 일이 아니다. 배측선조체에는 쾌락의 중추로 알려진 '측위신경핵nucleus accumbens'이 자리 잡고 있기 때문이다. 사람이 어떤 유혹에 빠질 때마다 뇌에서 쾌락을 추구하는 부분과 이성적 사고를 담당하는 부분이 서로 충돌하는 것으로 추정된다. 이 내용은 2장에서 이미 언급한 바 있다).

이것은 우연히 얻어진 결과가 아니다. 그 후로 몇 년 동안 수많은 연구팀이 비슷한 실험을 해왔는데, 늘 같은 결과가 나왔다. 어떤 실험팀은 "전두-선조체 회로frontal-striatal circuitry가 만족지연능력을 좌우한다"고 주장하기도 했다. 심리학자들에게 삶의 성공과 가장 밀접하게 관련 있는 특성을 하나만 꼽으라고 한다면, 아마도 대부분은 '만족감을 뒤로 미루는 능력'을 꼽을 것이다.

문제를 지나치게 단순화한 감이 있긴 하지만, 어쨌거나 두뇌스캔 데이터를 보면 전전두엽과 두정엽 사이의 연결상태는 수학이나 추상적 사고능력을 좌우하고, 전전두엽과 변연계(감정과 쾌락중추를 제어하는 부분) 사이의 연결상태는 삶의 성공 여부를 좌우하는 것 같다.

위스콘신대학교 매디슨캠퍼스의 리처드 데이비드슨Richard Davidson 박사는 그간의 연구결과를 종합하여 다음과 같이 결론지었다. "학교성적과 수능시험성적은 사회적 성공 여부를 크게 좌우하지 않는다. 사회에서 성공하려면 타인과 협동하고 감정을 통제하는 능력, 그리고 쾌락을 뒤로 미루고 한 가지 일에 집중하는 능력이 뛰어나야 한다. 이런 것들이 IQ나 학교성적보다 훨씬 중요하다. 성적이 나쁜 학생들을 위로하려고 하는 말이 아니다. 이것은 지금까지 얻은 데이터에 입각하여 내린 결론이다."[6]

새로운 지능측정법

1970년대부터 지능과 관련한 새로운 연구결과가 연이어 발표되면서, 새로운 지능측정법의 필요성이 대두되었다. 기존의 IQ 테스트는 폐기되지 않았지만, 이 방법으로는 특정한 종류의 지성밖에 측정할 수 없었다. 《뇌: 완전한 정신Brain: The Complete Mind》의 저자 마이클 스위니Michael Sweeney는 이렇게 말했다. "성취동기와 인내력, 사회적 수완 등은 성공적인 삶을 위해 반드시 필요한 자질이다. 그러나 이런 것은 테스트를 통해 측정될 수 없다."[7]

표준화된 테스트의 문제점은 타고난 지능과 문화적 영향에 따라 무의식적으로 형성된 편견을 구별할 수 없다는 점이다. 또한 기존의 테스트는 일부 심리학자들이 "수렴성 지능convergent intelligence"이라 부르는 특별한 지능만 측정할 수 있다. 수렴성 지능은 하나의 사고에 집중하는 능력이고, 그 반대개념인 "발산성 지능divergent intelligence"은 다양한 요인을 고려하여 좀 더 복잡한 사고를 펼치는 능력이다. 이와 관련된 유명한 사례를 들어보자. 제2차 세계대전 때 미국 공군이 과학자들에게 특별한 연구를 의뢰한 적이 있다. 비행기가 격추되어 파일럿이 적지에 고립되었을 때, 어려움을 잘 극복하고 의외의 상황에 대처하는 능력이 뛰어나야 살아 돌아올 수 있다. 그래서 미국 공군은 과학자들에게 파일럿의 자질을 측정하는 심리테스트를 개발해달라고 요청했고, 과학자들은 몇 달 만에 결과를 내놓았다. 물론 이 테스트에는 다음과 같은 질문이 포함되어 있었다. "당신은 적지 깊숙한 곳에 추락했다. 이제 당신의 임무는 수단과 방법을 가리지 않고 아군진영으로 복귀하는 것이다. 자, 어떻게 탈출할 것인가?" 테스트 결과는 기존의 통념과 크게 달랐다.

대부분 심리학자들은 IQ가 높은 파일럿이 이 테스트에서도 높은 점수를 얻을 것이라고 생각했다. 그러나 결과는 정반대였다. 테스트에서 상위 점수를 기록한 파일럿들은 다양한 사고를 펼치는 능력, 즉 발산성 지능이 뛰어난 사람들이었다.[8] 이들은 변칙적인 사고와 상상력을 발휘하여 적진에서 탈출하는 방법을 다양하게 생각해냈다.

수렴적 사고와 발산적 사고의 차이점은 좌-우뇌의 연결이 끊어진 환자에게서도 찾아볼 수 있다. 독일 풀다대학교Fulda University의 울리히 크라프트Ulrich Kraft는 이렇게 말했다. "좌뇌는 수렴적 사고를 담당하고 우뇌는 발산적 사고를 담당한다. 그래서 좌뇌는 세부사항을 점검하고 상황을 논리적으로 분석하지만, 추상적 연결고리를 찾거나 일의 우선순위를 매기는 데 서툴다. 반면에 우뇌는 상상력과 직관이 뛰어나고, 흩어진 정보를 모아 전체적 상황을 판단한다."[9]

이 책에서 나는 인간의 의식이 이 세계의 모형을 만들고, 목적을 이루기 위해 미래를 시뮬레이션한다는 것을 기본가정으로 내세웠다. 발산적 사고에 능숙한 파일럿은 앞으로 다가올 다양한 미래를 좀 더 정확하게 예측할 수 있고, 시나리오 자체도 훨씬 복잡하다. 이와 마찬가지로, 마시멜로 실험에서 만족을 뒤로 미룬 아이들은 그렇지 않은 아이들보다 미래를 시뮬레이션하는 능력이 뛰어나며, 단기간에 얻는 '한 방'보다 장기적인 이득을 고려하여 행동을 결정한다.

그렇다면 미래 시뮬레이션 능력을 측정할 수는 없을까? 정확한 측정은 어렵겠지만 불가능할 것도 없다. 테스트 응시자에게 "게임에 이기기 위해 모든 가능한 시나리오를 서술해보라"는 문제를 낸 후, 그가 상상한 시나리오의 개수 및 각 시나리오에서 초래되는 결과 수에 비례하여 점수를 매기면 된다. 이 테스트는 정보를 취득하는 능력을 측정하는 것이 아니라, 정보를 조작하고 가공하여 목적을 달성하는 능력을 측정한다. 예를 들어 "온갖 야생동물이 득실거리는 황량한 섬에 고립되었을 때, 가능한 탈출방법을 모두 나열하라"는 문제를 내면 응시자는 위험한 동물을 피하고 끝까지 살아남아서 섬을 탈출하는 다양한 방법을 생각해낼 것이다. 이 과정에서 그는 모든 가능한 미래를 상상하며 '인과율의 나무'를 만들어낸다.

모든 사람은 수시로 미래를 시뮬레이션하고 있다. 그런데 시뮬레이션의 복잡한 정도는 사람마다 다르다. 위에 제시한 질문에서 어떤 사람은 "전화로 119를 부른다"고 간단하게 답할 수도 있고, 또 어떤 사람은 "일단 전화로 구조요청을 한다. 전화가 불통이면 나무를 베어 창과 뗏목을 만들고, 나무를 벨 칼이 없으면 돌을 갈아서 도끼를 만들고…"와 같은 식으로 다양한 경우를 나열할 수도 있다. 이 장에서 지금까지 말한 내용을 정리해보면, 인간의 지능은 시뮬레이션의 복잡한 정도와 밀접하게 관련되어 있는 듯하다. 이것은 앞에서 의식을 논할 때 이미 언급한 내용이다.

지능을 연구하는 과학자들은 지금도 새로운 결과를 날마다 쏟아내고 있다. 이들의 관심은 단순한 지능측정을 넘어서 인간의 지능을 개선하는 것이다. 과연 전자기학과 유전학 그리고 약물치료법을 적절히 응용하여 사람의 지능을 높일 수 있을까? 평범한 사람도 아인슈타인이 될 수 있을까? 아직은 장담할 수 없지만, 지금의 추세로 볼 때 불가능한 이야기만은 아닌 것 같다.

지능 높이기

대니얼 키스Daniel Keyes의 《앨저넌에게 꽃을Flowers of Algernon》(1958)은 갑작스러운 지능향상을 주제로 한 소설이다. 이 책은 1968년에 〈찰리Charly〉라는 영화로 만들어져 아카데미상을 받기도 했는데, 대략적인 내용은 다음과 같다. 주인공 찰리는 IQ가 68밖에 안 되는 저능아로 태어나, 빵집에서 허드렛일을 하며 어렵게 살아가고 있다. 그의 삶은 매우 단순하여 직장동료들이 아무리 놀려도 영문을 알지 못하고, 자신의 이름을 쓸 줄도 모른다.

찰리의 친구는 앨리스Alice뿐이다. 교사인 그녀는 찰리를 불쌍히 여겨 그에게 읽는 법을 가르치려고 애쓴다. 그러던 어느 날, 과학자들이 평범한 쥐를 단시간에 똑똑하게 만드는 방법을 알아냈다. 이 소식을 접한 앨리스는 찰리를 과학자에게 소개했고, 과학자는 찰리를 최초의 인간실험 대상으로 삼는 데 동의했다. 그로부터 몇 주가 지난 후, 찰리는 완전히 다른 사람이 되었다. 구사하는 어휘가 갑자기 많아졌고 도서관에서 책을 닥치는 대로 읽는가 하면, 방안을 온통 현대미술작품으로 도배하는 등 아주 똑똑하고 매력적인 남자가 된 것이다. 그뿐만 아니라 그는 상대성이론과 양자역학을 터득하고, 새로운 물리학이론을 구상할 정도로 물리학의 천재가 되었다. 심지어 앨리스와의 관계도 연인 사이로 발전한다.

그러나 찰리의 지능향상수술을 집도했던 의사는 똑똑해진 쥐가 서서히 능력을 상실하다가 평균보다 일찍 죽는다는 것을 알게 되고, 이 사실을 찰리에게 알려준다. 급박해진 찰리는 자신의 지능을 있는 대로 발휘하여 치료법을 알아내려 하지만, 아무런 소득 없이 무력해져 가는 자신을 바라볼 수밖에 없었다. 어휘가 급격하게 줄어들고 수학과 물리학을 모두 잊으면서 서서히 옛날로 돌아가게 된 것이다. 영화의 마지막 장면에서 앨리스는 어린아이들과 천진하게 놀고 있는 찰리를 안타까운 눈으로 바라본다.

영화는 매우 감동적이어서 큰 상을 받았지만, 당시 과학자들은 이 영화를 단순한 SF로 취급했다. 사람의 지능을 갑자기 높이는 것이 현실적으로 불가능하다고 믿었기 때문이다. 성인의 뇌세포는 자라지 않고 재생될 수도 없으므로, 영화 〈찰리〉의 시나리오는 명백한 오류처럼 보였다.

그러나 지금은 상황이 많이 달라졌다.

물론 지금도 지능을 갑자기 높이는 것은 불가능하지만, 전자기센서와 유전공학 그리고 줄기세포를 적절히 이용하면 언젠가는 가능하다는 것이 학계의 중론이다. 과학자들은 자폐증 환자 중 이른바 '자폐적 석학(autistic savant : 또는 '자폐성 서번트'라고도 한다. '서번트'는 '석학'이라는 뜻이지만 여기서는 '학식이 높은 사람'이라는 뜻이 아니라, 특정 분야에서 초인적 능력을 발휘하는 사람들을 통칭하는 말이다 – 옮긴이)' 증세를 보이는 환자에게 각별한 관심을 보이고 있다. 이들은 자폐증 환자인데도 특정 분야에서는 상상을 초월할 정도로 뛰어난 능력을 발휘한다. 더 중요한 것은 평범했던 사람이 뇌의 특정 부위에 손상을 입은 후 초인적인 능력을 발휘하는 경우가 종종 있다는 점이다. 일부 과학자들은 이 불가사의한 능력이 전자기장을 통해서도 발현될 수 있다고 믿고 있다.

서번트: 슈퍼천재?

'미스터 ZMr. Z'는 아홉 살 때 사고로 머리에 총을 맞았다. 다행히 목숨은 건졌지만 좌뇌가 크게 손상되어 오른쪽 몸이 마비되었고, 청력과 언어능력을 완전히 상실했다.

그런데 총상은 미스터 Z에게 또 다른 흔적을 남겼다. 기억력이 엄청나게 좋아지고 온갖 기계를 자유자재로 다루는 등 전형적인 서번트 증세가 나타나기 시작한 것이다.

이런 일을 겪은 사람은 미스터 Z뿐만이 아니다. 1979년 당시 열 살이었던 올란도 세렐Orlando Serrell은 왼쪽 머리를 야구공으로 세게 얻어맞고 한동안 두통에 시달렸다. 그런데 얼마 후 두통이 사라지면서 계산능력이 거의 천재 수준으로 일취월장했고, 어떤 사건이건 사진처럼 기억하는 놀라운 기억력까지 갖게 되었다. 그는 수천 년 후의 날짜와 요일을 단 몇 초 만에 계산할 수 있었다.

지금까지 보고된 바에 따르면, 전 세계 70억 인구 중 서번트 증세를 보이는 환자는 약 100명 정도다(사고 후 정신능력이 초인적으로 향상된 사람만 100명이라는 뜻이다. 초인까지는 아니더라도 사고 전보다 능력이 향상된 사람들까지 포함하면 숫자는 훨씬 많아진다. 현재 자폐증 환자 중 약 10%가 서번트 증세를 보이는 것으로 알려졌다). 이들은 현대과학이 따라갈 수 없을 정도로 초인적인 능력을 보유하고 있다.

과학자들이 관심을 두는 서번트에는 몇 가지 종류가 있다. 서번트의 절반 정도는 자폐증 환자다(나머지 절반은 다른 정신질환이나 심리적 장애를 겪고 있다). 이들은 사람들과의 친화력이 절대적으로 부족하여, 완전히 고립된 삶을 살고 있다.

개중에는 '후천성 서번트증후군acquired savant syndrome'으로 분류되는 사람도 있다. 이들은 머리에 외상을 입은 후(수영장 밑바닥에 머리를 찧거나 야구공, 또는 총알에 머리를 다친 경우 등) 끔찍한 외상후 스트레스 장애에 시달리고 있지만, 그 외에는 완전히 정상이다. 또한 이들은 한결같이 좌뇌를 다쳤다는 공통점이 있다. 그러나 일부 과학자들은 종류에 상관없이 '모든' 서번트가 그와 같은 능력을 후천적으로 획득한다고 주장한다. 자폐성 서번트들은 보통 3~4세 때부터 탁월한 능력을 보이기 시작하는데, 이 경우에는 자폐증 자체가 (머리에 입은 외상처럼) 능력의 원인이라는 것이다.

초인적 능력의 원천에 관해서는 아직도 의견이 분분하다. 일각에서는 이런 사람들이 본래 그렇게 타고났으며, 일종의 '특이한 변종'이라고 주장하는 과학자도 있다. 이들이 총알에 맞은 후부터 달라졌다 해도, 그 능력은 태어날 때부터 이미 머릿속에 내재했다는 것이다. 이 주장이 맞는다면 평범한 사람은 머리에 충격을 받거나 후천적으로 아무리 노력해도 절대 천재가 될 수 없다.

그러나 또 다른 과학자들은 "내재되어 있던 천재성이 어느 날 갑자기 발현되는 것은 진화론에 어긋난다"고 주장한다. 인간의 지능은 오랜 세월에 걸쳐 서서히 향상되어왔기 때문이다. 이 논리에 의하면 서번트 천재가 존재한다는 것은 나머지 보통사람들도 그와 비슷한 재능을 어딘가에 갖고 있다는 뜻이다. 그렇다면 언젠가는 우리도 이 기적 같은 재능을 일깨울 수 있을까? 일부 과학자들은 그렇게 믿고 있다. 심지어 "모든 사람의 내면에는 천재적 재능이 숨어 있으며, 전자기스캐너TES로 자기장을 걸어주면 이 재능을 끄집어낼 수 있다"는 학술논문까지 발표되었다. 숨은 재능에 유전적 요인이 존재한다면 유전자치료법을 이용하여 겉으로 드러나게 할 수도 있고, 또는 줄기세포를 배양하여 전두엽을 비롯한 뇌의 중요 부위에 뉴런이 자라나게 함으로써 정신력을 키울 수도 있다.

이 모든 것은 아직 검증되지 않은 방법으로, 현재 다양한 각도에서 연구가 진행 중이다. 이들 중 하나라도 성공한다면 알츠하이머병 치료는 물론이고 모든 사람의 지능을 높일 수 있다. 참으로 흥미롭지 않은가?

1789년, 벤저민 러시Benjamin Rush 박사는 정신장애를 겪는 환자들을 치료하면서 역사상 최초로 서번트에 관한 기록을 남겼다. 그 환자에게 지금까지 몇 초 동안 살았느냐고 물었더니(그의 정확한 나이는 70살 17일 12시간이었다), 그는 1분 30초 만에 2,210,500,800초라는 정확한 답을 내놓았다고 한다.

오랜 시간 동안 서번트를 연구해온 위스콘신의 의사 대럴드 트레퍼트Darold Treffert 박사는 한 맹인 서번트에게 다음과 같은 질문을 던졌다.[10] "체스판의 한 사각형에 옥수수알 2개를 놓고, 그다음 사각형에는 4개를 놓고, 그다음 사각형에 8개… 이런 식으로 두 배씩 늘려나간다면, 64번째 사각형에는 옥수수알 몇 개를 놓을 수 있는가?(간단히 말해서, 2^{64}이 얼마인지를 묻는 문제이다-옮긴이)" 그랬더니 그 서번트는 45초 만에 "18,446,744,073,709,551,616"이라는 정확한 답을 내놓았다.[11]

일반대중에게 가장 널리 알려진 서번트는 톰 크루즈와 더스틴 호프만이 친형제로 출연했던 영화 〈레인맨Rain Man〉의 실제 모델인 킴 피크Kim Peek일 것이다(그는 2009년에 59세의 나이로 세상을 떠났다). 그는 혼자서 신발 끈도 못 매고 셔츠의 단추도 채우지 못할 만큼 정신적 장애가 심했지만, 무려 1,200권의 책을 통째로 외울 정도로 기억력이 비상했다. 게다가 책을 단순히 외우는 정도가 아니라, 특정 단어가 무슨 책 몇 페이지 몇 째 줄에 나오는지까지 완전히 꿰고 있었다. 또한 그는 속독가로도 유명했는데, 책 한 페이지를 읽는 데 평균 8초밖에 걸리지 않았다고 한다(피크는 책 한 권을 30분 만에 모두 외울 수 있었는데, 읽는 방식이 매우 특이했다. 그는 두 눈으로 각기 다른 페이지를 보면서 책 양면을 한꺼번에 읽어 내려갔다). 젊은 시절에는 워낙 수줍음을 많이 타서 사람들과 거의 어울리지 못했지만, 나중에는 TV에 출연하여 자신의 수학적 재능을 보여주었고, 청중들이 즉석에서 던지는 난해한 질문에 척척 답하기도 했다.

물론 천재성과 암기력은 완전히 다른 능력이다. 이 두 가지를 혼동하지 않으려면 각별한 주의를 기울여야 한다. 서번트들은 수학뿐만 아니라 음악, 예술, 기계공학 등 다양한 분야에서 탁월한 재능을 발휘한다. 그런데 자폐성 서번트는 머릿속에서 진행되는 사고과정을 말로 설명하지 못하므로, 자폐증보다 정도가 가벼운 아스퍼거증후군Asperger's syndrome 환자를 연구하는 것도 한 가지 방법이다. 아스퍼거증후군은 1994년이 되어서야 심리적 질환으로 인정되어 아직은 데이터가 많지 않은 상태다. 자폐증과 마찬가지로 아스퍼거증후군 환자는 다른 사람과 교류하는 것을 극도로 꺼리는 경향이 있지만, 약간의 훈련을 거치면 직업을 가질 수 있고, 머릿속에서 진행되는 정신적 과정을 말로 설명할 수도 있다. 그러나 이들 중 서번트 수준의 능력이 있는 사람은 일부에 불과하다. 일부 과학자들은 과거에 위대한 업적을 남긴 과학자 중 아스퍼거증후군을 앓았던 사람이 꽤 많았을 것으로 추정하고 있다. 대표적인 사례가 은둔형 물리학자로 꼽히는 아이작 뉴턴Isaac Newton과 폴 디랙Paul Dirac이다. 특히 뉴턴은 주변 사람들과 사소한 잡담조차 나누지 못했다고 한다.

얼마 전에 나는 《브레인맨, 천국을 만나다Born on a Blue Day》의 저자인 대니얼 태멋Daniel Tammet과 인터뷰하면서 매우 즐거운 시간을 보낸 적이 있다.[12] 그는 아스퍼거증후군 환자 중에서 유일하게 책과 라디오, TV 등 각종 매체를 통해 자기 생각을 밝힌 사람이다. 어린 시절에는 친구들과 거의 어울리지 못했지만, 지금은 소통방법을 강의할 정도로 사회생활에 익숙하다.

대니얼은 원주율 π을 외우는 것으로 세계기록을 세우기도 했다. 대부분의 사람들은 3.14로 알고 있고 가끔 열 자리 넘게 외우는 사람도 있지만, 대니얼은 무려 22,514자리까지 외워서 세상을 놀라게 했다. 그 긴 숫자를 어떻게 기억하느냐고 물었더니, 그는 각 숫자마다 색을 연관시킨다고 했다. 그래서 나는 중요한 질문을 던졌다. "모든 숫자에 색을 대응시킨다고 해도, 어차피 색의 배열을 모두 기억해야 하지 않습니까? 그건 어떻게 하는 건가요?" 안타깝게도 그는 그건 자신도 모른다고 했다. 대니얼은 어린 시절부터 모든 숫자를 색으로 인식해왔고, 지금은 그냥 자연스럽게 떠오르는 모양이다. 그의 머릿속에는 수와 색상이 일정한 규칙을 따라 섞여 있는 것 같았다.

아스퍼거증후군과 실리콘밸리

지금까지 언급한 사례들은 매우 희귀한 경우여서 별로 실감이 가지 않을 것이다. 그러나 경미한 자폐증이나 아스퍼거증후군을 앓는 사람은 우리 주변에 의외로 많다. 특히 첨단기술을 개발하는 곳에 가면 이런 사람을 쉽게 만날 수 있다.

TV 드라마 〈빅뱅이론The Big Bang Theory〉에는 조금 멍청하고 유별난 젊은 물리학도들이 여럿 등장하는데, 여자친구를 사귀는 기술이 부족하여 에피소드마다 웃지 못할(사실은 웃기는) 촌극이 벌어진다.

이 드라마는 "똑똑한 사람은 괴짜 같은 면이 있다"는 것을 기본가정으로 깔고 있다. 실제로 첨단기술 개발의 대가들이 모인 실리콘밸리에 가보면 사회적 친화력, 즉 사교성이 떨어지는 사람들이 사방에 널려 있다(남자들이 득시글거리는 공대에서 첨단과학을 연구하는 여성과학자들은 곧잘 이런 농담을 주고받는다. "괴짜는 그런대로 괜찮지만, 좋은 남자는 어딘가 좀 이상해Odds are good, but goods are odd").

과연 그럴까? 지능이 뛰어난 사람은 어딘가 비정상적인 면이 있을까? 지금 과학자들은 "아스퍼거증후군이나 가벼운 자폐증세를 보이는 사람들은 정보기술과 같은 특정 분야에 알맞은 정신적 능력을 보유하고 있다"는 가정하에, 위와 같은 통념의 사실 여부를 확인하는 중이다. 영국 유니버시티칼리지의 과학자들은 경미한 자폐증 진단을 받은 16명과 정상적인 사람 16명을 선발하여 간단한 테스트를 통해 두 그룹의 기억력을 비교해보았다. 테스트는 복잡한 패턴으로 적혀 있는 문자와 아무런 규칙 없이 나열된 난수 슬라이드를 여러 장 본 후 자신이 봤던 숫자나 문자를 기록하는 식으로 진행되었는데, 짐작한 대로 자폐증세가 있는 사람들이 훨씬 좋은 성적을 얻었다. 놀라운 것은 문제의 난이도가 높아질수록 두 그룹의 점수 차가 더 벌어졌다는 점이다(그러나 자폐증 그룹은 외부에서 잡음이 들려오거나 가까운 곳에서 불빛이 깜박이면 정상적인 사람들보다 훨씬 많은 방해를 받았다).

이 연구를 주도한 닐리 라비Nilli Lavie 박사는 다음과 같이 말했다. "우리는 이 실험을 통해 가벼운 자폐증세를 보이는 사람이 일반인보다 인지능력이 뛰어나다는 사실을 확인했다… 자폐증 환자는 일반인보다 훨씬 많은 정보를 수용할 수 있다."[13]

물론 똑똑한 사람들이 모두 아스퍼거증후군 환자라는 뜻은 아니다. 그러나 고도의 집중력을 요구하는 직종에 아스퍼거증후군 환자들이 눈에 띄게 많다는 것도 분명한 사실이다.

서번트의 두뇌스캔 데이터

서번트와 관련한 이야기는 대부분 과장된 소문이어서 그대로 믿기가 어렵다. 그런데 최근 들어 MRI를 비롯한 여러 스캔장비가 개발되면서 상황이 완전히 달라졌다.

킴 피크의 뇌는 확실히 비정상이었다. 그의 뇌를 스캔해보니 좌뇌와 우뇌를 연결하는 뇌량이 매우 빈약했는데, 아마도 이런 이유 때문에 책의 두 페이지를 동시에 읽을 수 있었을 것이다.[14] 그리고 균형감각을 관장하는 소뇌가 기형적으로 생겨서 셔츠 단추를 못 채울 정도로 움직임이 서툴었다. 안타깝게도 MRI 스캔으로는 그의 뛰어난 계산능력과 사진 같은 기억력의 원천을 알아내지 못했다. 그러나 다양한 스캔데이터를 분석한 결과, 후천성 서번트증후군을 앓는 환자 대부분이 좌뇌에 손상을 입었다는 중요한 사실을 알게 되었다.

과학자들은 특히 좌전측두피질left anterior temporal cortex과 안와전두피질orbitofrontal cortex에 깊은 관심을 갖고 있다. 일각에서는 모든 서번트(자폐증, 후천성, 아스퍼거 등)를 "왼쪽 측두엽의 매우 중요한 부위가 손상된 환자"로 간주하는 학자도 있다. 이 부위는 별로 중요하지 않은 기억을 주기적으로 지우는 일종의 '센서' 역할을 하는데, 어쩌다가 좌뇌에 손상을 입으면 우뇌가 이 역할을 떠맡게 된다. 좌뇌는 때에 따라 현실을 왜곡하거나 이야기를 꾸며내기도 하지만, 우뇌는 이런 면에서 좌뇌보다 훨씬 정확하다. 그래서 과학자들은 "정확한 우뇌가 평소보다 많은 일을 처리하기 때문에, 서번트 수준의 능력이 발현된다"고 믿어왔다. 예를 들어 우뇌는 예술적인 면에서 좌뇌보다 뛰어나고, 좌뇌는 가능한 한 예술적 재능이 발휘되지 않도록 억제하는 경향이 있다. 그러나 좌뇌에 손상을 입으면 전권을 장악한 우뇌가 예술적 재능을 유감없이 발휘하면서 서번트가 되는 것이다. 따라서 굳이 서번트가 아니더라도 좌뇌의 억제기능을 약화시키면 숨어 있던 재능을 발휘할 수 있다. 그래서 뇌과학자들은 "좌뇌를 다치면 우뇌가 보상해준다"고 말해왔다.

1998년에 캘리포니아대학교 샌프란시스코캠퍼스의 브루스 밀러Bruce Miller 박사가 이끄는 연구팀은 이 이론을 뒷받침하는 몇 가지 연구를 수행하여 흥미로운 결과를 얻었다.[15] 이들은 전두측두엽 치매(frontotemporal dementia, FTD) 초기증세를 보이는 환자 5명을 관찰했는데, 이들 중 몇 명은 과거에 예술과 거의 무관하게 살아왔음에도 증세가 심해질수록 거의 서번트에 가까운 예술적 재능을 발휘했다. 또한 이들의 능력은 '듣기'보다 '보기'에 집중되어 있었으며, 이들이 만든 작품은 놀라울 정도로 뛰어났지만 독창성이나 추상성, 또는 상징성이 별로 없는 모조작에 가까웠다(한 여성환자는 관찰기간 도중에 증세가 호전되면서 서번트 같던 능력이 점차 쇠퇴했다. 이는 왼쪽 측두엽의 손상과 서번트의 능력이 밀접하게 연관이 있음을 보여주는 또 하나의 사례이다).

밀러 박사는 "좌전측두피질의 기능이 저하되면 우뇌 시각계visual system의 억제기능이 약해지면서 예술적 능력이 향상된다"고 주장했다. 그리고 좌뇌의 특정 부위에 손상을 입으면 우뇌가 그 역할을 떠맡으면서 새로운 능력이 발현한다는 것도 다시 한 번 사실로 확인되었다.

과학자들은 서번트뿐만 아니라 과잉기억증후군hyperthymestic syndrome을 보이는 사람들의 뇌도 MRI로 촬영했다.[16] 이들은 자폐증이나 기타 정신적 장애가 있지 않지만 기억력만은 타의 추종을 불허한다. 과잉기억증후군으로 진단받은 사람은 미국 전체를 통틀어 4명밖에 없다. 그중 한 사람이 로스앤젤레스에서 학교 사무직원으로 근무하는 질 프라이스Jill Price인데, 그녀는 수십 년 전의 일까지 사진처럼 생생하게 기억하고 있다. 기억력이 좋으면 편리한 점이 많을 것 같지만, 사실 그녀는 지우고 싶은 기억까지 머리에 담고 사느라 매우 고통스럽다고 고백했다. 어떤 면에서 보면 프라이스의 뇌는 자동조종장치가 켜진 상태라고 할 수 있다. 본인이 의식하지 않아도 모든 생각과 느낌이 알맞은 자리를 찾아 자동으로 저장되기 때문이다. 그러나 이 장치의 스위치를 자기 의지로 끌 수 없다는 것이 문제다. 그녀는 자신의 기억을 "분리된 스크린"에 비유했다. 그녀의 눈앞에는 과거와 현재가 별도의 스크린에서 '동시상영' 중인데, 이들이 주인의 관심을 끌기 위해 끊임없이 경쟁을 벌인다고 한다.

캘리포니아대학교 어바인캠퍼스의 과학자들은 2000년부터 질 프라이스의 뇌를 꾸준히 스캔해온 끝에, 미상핵(caudate nuclei: 습관이 형성되는 부분)과 측두엽(사람의 얼굴과 다양한 사실이 저장되는 부분)이 평균보다 훨씬 크다는 사실을 발견하고, "이 두 부위가 서로 협조하여 사진처럼 선명한 기억을 만들어낸다"고 결론지었다. 그녀의 뇌는 좌측 측두엽에 선천적, 또는 후천적 손상을 입은 서번트의 뇌와 분명히 다른 형상을 띠고 있다. 이로써 원인은 대충 알려졌지만, 과학자들의 머릿속에는 또 다른 질문이 떠올랐다. "그렇다면 평범한 사람에게서 이런 능력을 끄집어낼 수 있을까?"

우리도 서번트가 될 수 있을까?

평범한 사람의 좌뇌를 인위적으로 둔하게 만들어서 우뇌의 활동성을 향상시키면 서번트와 같은 능력을 발휘할 수 있지 않을까? 지금까지 얻어진 연구결과를 보면 가능할 것 같기도 하다.

앞에서도 말했지만, 경두개자기자극술(transcranial magnetic stimulation, TMS)을 이용하면 뇌 특정 부위의 활동을 둔화시킬 수 있다. 그렇다면 TMS를 좌전두측두엽과 안와전두피질에 쪼여서 서번트 같은 능력이 발현되도록 만들 수 있지 않을까?

호주 시드니대학교의 앨런 스나이더Allan Snyder 박사는 몇 달 전에 이 아이디어를 직접 실행에 옮겨서 세계적인 주목을 받았다.[17] 그는 논문을 통해 "한 피험자의 좌뇌에 TMS를 쪼였더니, 갑자기 서번트 같은 능력을 발휘했다"고 보고했다. 피험자의 좌뇌에 저주파 자기장을 걸어서 특정 부위의 기능을 저하시켰더니, 우뇌의 활동이 활발해졌다는 것이다. 스나이더 박사와 그의 동료들은 11명의 남성 지원자들이 책을 읽거나 그림을 그리는 동안 왼쪽 전전두엽에 TMS를 쪼였는데, 이들 중 두 명이 원고를 교정하거나 중복된 단어를 찾는 능력이 눈에 띄게 향상되었다고 한다. 영R. L. Young 박사가 이끄는 또 다른 연구팀은 17명의 피험자를 대상으로 실험을 수행하여 이와 비슷한 결과를 얻었다.[18] (이 실험도 다양한 기억력과 숫자와 날짜 계산능력, 예술창작, 음악연주 등 피험자의 서번트 기질을 확인하는 것이 목적이었다.) 피험자에게 TMS를 쪼인 결과, 다섯 명이 서번트 수준의 능력을 갑자기 발휘했다고 한다.

마이클 스위니 박사는 말한다. "전전두엽에 TMS를 쪼이면 주변 물체를 인식하는 속도가 빨라지고 정확성이 높아진다.[19] TMS에 의한 효과는 특정 부위에 카페인을 집중적으로 투여한 것과 비슷하다. 그러나 자기장이 왜 그런 역할을 하는지는 아직 분명치 않다." 스나이더와 영의 실험은 좌전두측두엽의 기능을 둔화시키면 능력이 향상된다는 것을 재차 확인해주었지만, 인과관계가 분명치 않아서 증명이라고 할 수는 없다. 또한 이 실험에서 피험자들은 평소와 다른 능력을 발휘했으나, 서번트로 인정하기에는 다소 부족한 점이 있었다. 그리고 또 한 가지 짚고 넘어갈 것은 이와 유사한 실험을 실행했던 다른 연구팀들이 별다른 결과를 얻지 못했다는 점이다. 그러므로 결론을 내리기에는 아직 시기상조이며, 좀 더 다양한 실험결과가 나올 때까지 기다려봐야 할 것 같다.

과거에 이런 실험을 하려면 선천적으로 뇌에 이상이 있거나 사고를 당한 사람을 찾아야 했지만, TMS를 이용하면 굳이 그런 환자를 찾을 필요가 없고, 실험자 마음대로 뇌의 특정 부위를 골라서 둔화시킬 수 있다. 그러나 TMS 탐침은 한 번에 수백만 개의 뉴런을 잠재우는 수준으로, 아직은 정밀도가 한참 떨어진다. 탐사자기장은 전기장과 달리 수 cm 범위로 퍼지기 때문이다. 모든 서번트는 좌전두측두엽과 안와전두피질에 손상을 입었다는 공통점이 있지만, 기능이 둔해지면서 뛰어난 능력을 발휘하도록 만드는 부위는 아주 작을 것으로 추정된다. 그런데 TMS는 그 부위뿐만 아니라 서번트에게 반드시 필요한 부위까지 둔화시키기 때문에, 피험자들이 뛰어난 능력을 발휘하지 못했을 것이다.

미래에는 TMS 탐침이 정밀해져서 서번트와 관련한 부위만 정확하게 둔화시킬 수 있을 것이다. 이 부위가 밝혀지면 1장에서 말한 뇌심부자극술(deep brain stimulation, DBS)처럼 훨씬 정확한 전기탐침으로 원하는 부위를 겨냥할 수 있다. 그리고 스위치만 누르면 해당 부위가 둔화하면서 피험자는 서번트 같은 능력을 발휘하게 될 것이다.

망각을 망각하다: 사진 같은 기억력

앞서 말한 대로 서번트는 좌뇌의 손상을 우뇌로부터 보상받은 사람들이다. 그런데 대체 우뇌가 어떤 식으로 작동하길래 사진 같은 기억력을 갖게 되는 것일까? 우뇌가 정상적으로 작동하지만, 스스로 건망증이 심하다고 자책하는 사람이 곳곳에 널려 있다. 과연 우뇌는 어떤 과정을 거쳐 사진 같은 기억력을 발휘하는 것일까? 이 비밀이 풀리면 우리처럼 평범한 사람들도 서번트가 될 수 있다.

얼마 전까지만 해도 사진 같은 기억력은 극소수 사람만이 가진 특별한 능력이라고 생각했다.[20] 만일 그렇다면 보통사람들은 무슨 수를 써도 그 같은 능력을 절대 가질 수 없을 것이다. 그러나 2012년에 발표된 연구결과에 따르면 사실은 전혀 그렇지 않다.

'사진 같은 기억력'은 뇌의 어떤 기능이 뛰어나서 생긴 능력이 아니라, 어떤 기능이 '부족해서' 나타난 결과다. 즉, '무언가를 망각하는 능력'이 부족하면 기억력이 비정상적으로 좋아진다. 만일 이것이 사실이라면 누군가에게 사진 같은 기억력이 있다 해도 부러워할 이유가 전혀 없다. 그런 사람은 우리보다 뛰어난 사람이 아니라, 무언가가 부족한 사람이기 때문이다.

플로리다에 있는 스크립스연구소Scripps Research Institute의 과학자들은 과실파리가 쉽게 배울 수 있는 실험법을 개발했다. 특정한 냄새가 나는 곳을 따라가면 먹이를 얻고, 다른 냄새를 따라가면 전기충격을 받는 식이다. 과학자들은 이 실험을 통해 기억이 형성되고 잊혀지는 과정을 밝히는 데 한 걸음 더 다가갔다.

신경전달물질인 도파민dopamine은 기억을 형성하는 데 핵심적인 역할을 한다. 이것은 전부터 잘 알려진 사실이다. 그런데 스크립스연구소의 과학자들은 도파민이 기억을 형성할 뿐만 아니라 기억을 잊게 하기도 한다는 놀라운 사실을 알아냈다. 새로운 기억이 형성될 때는 DCA1이라는 수용체가 활성화되고, 기억을 지울 때는 DAMB라는 수용체가 활성화된다.

예전에는 기억력 감퇴가 뇌의 노화에 따른 필연적 현상이라고 생각했다. 나이가 들면 정보를 저장하는 능력이 떨어지고, 그와 함께 기억력도 감퇴된다는 것이 학계의 중론이었다. 그러나 새로운 연구에 의하면 무언가를 잊어버리는 것은 뇌의 '능동적인 행동'이며, 이 과정에는 도파민이 깊이 개입되어 있다.

스크립스연구소의 과학자들은 이 사실을 입증하기 위해 과실파리의 수용체를 인위적으로 조절하면서 행동을 관찰했다. 이들의 짐작대로 DCA1을 억제하면 과실파리의 기억력이 감퇴하고, DAMB를 억제하면 잊어버리는 능력이 감퇴하는 것으로 나타났다.

그 후 이들은 도파민 효과가 서번트의 능력에 부분적으로 기여한다는 가정을 세웠다. 서번트들이 그토록 뛰어난 능력을 보이는 데에는 '잊는 능력의 결핍'이 한몫한다는 가설이다. 이 연구에 참여해온 대학원생 제이콥 베리Jacob Berry는 다음과 같이 말했다. "서번트들의 기억력이 뛰어난 것은 분명하지만, 그들의 능력이 기억력에서 비롯되었다고 장담하긴 어렵다. 아마도 그들은 망각체계에 이상이 생긴 사람들일 것이다. 이 점을 잘 활용하면 인시력이나 기억력을 향상하는 약을 개발할 수도 있다. 망각능력을 억제하면 인지력이 좋아질 수 있지 않겠는가?"[21]

이 결과가 사람에게도 똑같이 적용된다면, 망각과정을 둔화시키는 약이나 신경전달물질을 만들 수 있을지도 모른다. 물론 모든 것을 일일이 기억하는 것은 별로 바람직하지 않겠지만, 꼭 기억해야 할 일을 골라서 기억할 수 있다면 많은 면에서 꽤 유용할 것이다. 서번트증후군을 겪는 사람들은 지나치게 많은 기억 때문에 정상적인 사고를 할 수 없다. 그러나 위에서 언급한 방법을 적용하면 과도한 정보 때문에 뇌에 과부하가 걸리는 일도 없을 것이다.

미국 오바마 정부는 후천성 서번트증후군 등 여러 정신질환의 치료법을 개발하기 위해 수십억 달러 규모의 '브레인 프로젝트BRAIN project'를 발족시켰다. 이 프로젝트의 목적은 최신 스캔기술과 나노 탐침을 이용하여 사진 같은 기억력과 초인적인 계산능력, 그리고 음악이나 미술 등 예술적 재능과 관련한 뉴런 신경망의 위치를 정확하게 알아내는 것이다(앞에서도 말했지만 현재 경두개자기자극술TMS로는 좁은 영역에 자극을 주기 어렵다). 이 프로젝트가 성공적으로 마무리되면 각종 정신질환과 두뇌 관련 질병을 치료하고, 일반인의 뇌 속에 숨어 있는 서번트적 능력을 개발할 수 있을 것이다. 과거의 서번트들은 불의의 사고나 선천적인 뇌 손상으로 우연히 뛰어난 능력을 얻게 되었지만, 미래에는 개인의 의지에 따라 사진 같은 기억력을 가질 수도 있고, 음악 천재가 될 수도 있다.

지금까지 언급한 방법으로는 두뇌와 신체의 타고난 특성을 바꿀 수 없다. 뇌과학의 중요한 목적 중 하나는 자기장을 이용하여 뇌 속에 숨어 있는 잠재력을 일깨우는 것이다. 모든 사람이 선천적으로 서번트 같은 능력이 있다면, 신경망의 연결상태를 조금 바꿔서 그 능력을 밖으로 드러나게 할 수 있을 것이다.

그러나 최신 뇌과학과 유전공학을 이용하면 뇌의 구조를 바꿔서 애초에 없던 능력을 이식하는 것도 가능하다. 이 꿈같은 이야기를 실현해줄 1등 후보는 모든 세포의 원형인 줄기세포stem cell다.

두뇌를 위한 줄기세포

지난 수십 년 동안 과학자들은 뇌세포가 재생되지 않는다고 굳게 믿어왔다. 늙어서 죽어가는 뇌세포를 치료하거나, 기존의 뇌세포를 증식하여 지적능력을 향상시키는 것은 원리적으로 불가능한 꿈이었다. 그러나 이 모든 생각은 1998년을 기점으로 바뀌기 시작했다. 바로 이 해에 해마의 후각신경구와 미상핵(caudate nucleus: 대뇌반구 아래쪽에 있는 회백질 덩어리로, 몸의 무의식적 움직임을 통제하는 부위-옮긴이)에서 성체줄기세포가 발견되었기 때문이다. 줄기세포는 "모든 세포의 어머니"에 해당하는 원시세포로서, 예를 들어 배아줄기세포는 우리 몸을 이루는 어떤 세포로도 분화할 수 있다. 대부분의 세포는 몸을 이루는 데 필요한 유전적 정보를 이미 갖고 있어서 다른 세포로 바뀔 수 없지만, 배아줄기세포는 아직 분화하지 않은 세포이므로 다양한 가능성을 갖고 있다.

성체줄기세포는 배아줄기세포처럼 카멜레온 같은 능력은 없지만,

늙거나 죽어가는 세포를 재생할 수는 있다. 그래서 기억력 향상법을 연구하는 과학자들은 성체줄기세포에 각별한 관심이 있다. 해마를 이루는 세포는 하루에도 수천 개씩 재생되지만 대부분은 재생 직후 죽어버린다. 그러나 특정 임무에 훈련된 쥐의 경우, 재생된 세포의 상당수가 살아남는 것으로 확인되었다. 반복적인 훈련과 향정신성 약품 투여를 적절히 조합하면, 새로 형성된 해마세포의 생존율을 높일 수 있다. 반면에 스트레스를 받으면 생존율이 급격하게 떨어진다.

지난 2007년에 워싱턴과 일본의 과학자들은 평범한 피부세포의 유전자를 조작하여 줄기세포로 변환하는 데 성공했다.[22] 이들의 목적은 자연적으로 존재하는 줄기세포나 유전자조작으로 만든 줄기세포를 뇌에 주입하여 알츠하이머병 환자의 죽어가는 뇌세포를 재생하는 것이다(단, 뇌세포는 재생돼도 다른 세포와의 연결상태는 재생되지 않는다. 따라서 이 방법으로 치료된 환자는 모든 기술과 지식을 새로 배워야 한다).

줄기세포는 뇌과학 중에서 가장 활발하게 연구되는 분야다. 스웨덴 카롤린스카연구소Karolinska Institute의 요나스 프리센Jonas Frisén은 이렇게 말했다. "줄기세포와 재생의학은 머지않아 새로운 도약을 맞이할 것이다. 지식은 하루가 다르게 쌓여가고 관련 회사들이 계속 창업 중이며, 세계 각국에서 다양한 임상시험이 실행되고 있다."[23]

지능의 유전학

줄기세포 외에 지능과 직접 관련된 유전자를 찾는 연구도 진행 중이다. 생물학자들의 말에 의하면 사람의 유전자는 침팬지와 98.5%가 똑같다. 그러나 사람은 침팬지보다 거의 두 배쯤 오래 살고, 지난 수백만 년 동안 침팬지와 비교가 안 될 정도로 뛰어난 지능을 개발해왔다. 따라서 나머지 1.5% 중에는 사람과 침팬지를 구별하는 유전자가 반드시 존재할 것이다. 과학자들은 앞으로 몇 년 이내에 사람에게만 있는 유전자를 완벽하게 골라낼 것으로 기대하고 있다. 이 작업이 완료되면 인간의 수명 및 지능과 관련한 유전자도 자연스럽게 밝혀질 것이다. 과학자들은 특히 뇌의 진화와 관련 있는 유전자에 각별한 관심을 두고 있다.[24]

지능의 비밀을 푸는 열쇠는 유인원을 닮은 우리 선조들이 쥐고 있을지도 모른다. 이 연구가 진척되면 영화 〈혹성탈출Planet of the Apes〉도 현실로 다가오지 않을까?

이 영화는 5편의 시리즈와 TV 드라마로 방영되어 큰 인기를 끌었는데(그 후 2001년과 2011년, 2014년에 세 편의 후속작이 개봉되었다-옮긴이), 대략적인 내용은 다음과 같다. 미래의 어느 날, 핵전쟁이 발발하여 모든 문명이 파괴되고, 이때 유출된 방사능이 다른 영장류의 진화를 촉진하여 이들이 인간보다 우월한 존재가 된다. 그리하여 이들은 진보된 문명을 건설하고 고도의 문화를 향유하는 반면, 인간은 지저분하고 냄새나는 밀림 속에서 반쯤 벗은 채 미개한 종족으로 살아간다. 그나마 조금 더 안락한 삶을 누리는 인간은 원숭이들이 만든 동물원에 갇힌 사람들이었다. 상황이 완전히 역전되어, 인간이 원숭이의 구경거리로 전락한 것이다.

이 영화의 가장 최신 리부트 버전인 〈혹성탈출: 반격의 서막The Rise of the Planet of the Apes〉에서는 과학자들이 알츠하이머병의 치료제를 찾다가 우연히 신종 바이러스를 발견한다. 알고 보니 이 바이러스에는 원숭이의 지능을 높이는 특이한 기능이 있었다. 과학자들은 사람에게 임상실험을 하다가 심각한 부작용이 발견되어 실험을 중단하지만, 이미 퍼진 바이러스 때문에 인간은 대부분 죽음을 맞이한다. 바이러스 시험대상으로 발탁되었던 시저라는 원숭이는 우리를 탈출한 후 다른 원숭이들에게 바이러스를 전파하여 금문교 너머 울창한 숲 속에 '똑똑한 원숭이 왕국'을 건설한다(이들은 인간 경찰을 압도할 정도로 날이 갈수록 지능이 높아진다). 그러던 어느 날, 전기에너지를 찾아 나선 인간 생존자들과 마주치면서 치열한 전쟁을 벌이다가, 결국 똑똑한 원숭이 무리는 자신들만의 안식처를 찾아 평화롭게 떠나간다.

이 시나리오는 과연 현실적인가? 짧게 보면 말도 안 되는 이야기다. 그러나 먼 미래를 상상해보면 반드시 불가능하지도 않다. 시간이 충분히 흐르면 호모 사피엔스Homo Sapiens에게만 있는 고유 유전자가 모두 발견될 것이기 때문이다. 물론 똑똑한 원숭이를 만들려면 유전자와 관련한 수많은 수수께끼부터 풀어야 할 것이다.

과학자들은 공상과학보다 "인간을 인간답게 만드는 유전자"를 찾기 위해 노력하고 있다. 그중 대표적인 인물이 캐서린 폴라드Katherine Pollard다. 그녀는 불과 10여 년 전에 처음 탄생한 생물정보학bioformatics의 전문가로서, 동물의 몸에 칼을 대는 대신 컴퓨터를 이용하여 동물의 유전자를 수학적으로 분석하고 있다. 그녀의 주된 연구분야는 인간과 원숭이의 유전적 차이를 규명하는 것인데, 2003년 캘리포니아대학교 버클리캠퍼스에서 갓 박사학위를 받은 직후 이 분야에 투신할 기회를 잡았다고 한다.

폴라드는 당시를 회상하며 말했다. "당시 나는 침팬지의 게놈genome에서 DNA 염기서열을 규명하는 국제연구팀에 합류하기로 마음먹었다."[25] 그녀의 목적은 간단명료했다. 유전학적으로 인간과 가장 가까운 동물은 침팬지인데, 유전자 염기쌍 중 사람과 침팬지가 다른 부분은 불과 1,500만 개뿐이다(총 염기쌍은 약 30억 개다. 각 염기쌍은 A, T, C, G라는 네 종류 핵산 중 하나로 표기된다. 따라서 DNA 염기서열은 ATTCCAGGG…와 같은 30억 개의 문자열로 표현할 수 있다).

폴라드는 연구팀에 들어가 사람과 침팬지의 차이를 규명하기로 마음먹었다.

이 연구의 의미는 실로 엄청나다. 인간에게만 있는 유전자 목록이 밝혀지면 인류의 진화과정을 알 수 있고, 지능의 비밀도 밝혀질 것이다. 그러면 앞으로 진행될 진화를 더 빠르게 가속할 수 있으며, 한 개인의 지능을 인위적으로 높일 수도 있다. 그러나 염기쌍 1,500만 개는 체계적으로 분석하기에 결코 만만한 수가 아니다. 백사장의 모래알 같은 유전자 중에서 한 줌의 핵심유전자를 어떻게 찾을 수 있을까?

폴라드 박사는 인간 게놈 대부분이 '잉여 DNA'라는 사실을 잘 알고 있다. 이들은 유전자를 갖고 있지 않으며, 진화의 영향도 거의 받지 않았다. 잉여 DNA는 오랜 세월에 걸쳐 아주 서서히 변해왔는데, 좀 더 정확히 말하면 4백만 년 동안 약 1%가 변이mutation되었다. 따라서 인간과 침팬지의 DNA가 1.5% 다르다는 것은 이들이 약 6백만 년 전에 진화나무에서 갈라져 나왔음을 의미한다(4백만×1.5 = 6백만). 즉, 우리 세포에는 일종의 분자시계가 내장되어 있는 셈이다. 그 후 진화가 계속되면서 DNA의 변화가 더 빠르게 진행되었으므로, 게놈에서 변형이 빠르게 일어난 지점을 분석하면 어떤 유전자가 인간의 진화를 주도했는지 알 수 있다.

폴라드 박사는 다음과 같은 논리를 펼쳤다. "인간의 게놈에서 변형이 빠르게 일어난 지점을 알아내면 '호모 사피엔스'를 탄생하게 한 유전자를 정확하게 찾아낼 수 있을 것이다." 그 후 몇 달 동안 프로그램을 짜고 디버깅을 하는 등 데스크톱 컴퓨터와 한바탕 씨름을 벌인 끝에, 마침내 캘리포니아대학교 샌타크루즈캠퍼스에 있는 대형 컴퓨터에 자신이 짠 프로그램을 실행할 수 있었다. 컴퓨터가 돌아가는 동안 그녀는 초조한 마음으로 결과를 기다렸다.

얼마 후 컴퓨터가 결과를 내놓았는데, 놀랍게도 폴라드 박사가 간절히 바라던 결과와 정확하게 일치했다. 게놈의 201개 영역에서 빠른 변화가 발견된 것이다. 그중에서도 첫 번째 목록이 그녀의 관심을 끌었다.

"그때 나의 멘토인 데이비드 하우슬러David Haussler 박사가 뒤에서 내 어깨에 기댄 채 서 있었고, 나는 출력된 결과물의 첫 번째 줄을 읽어보았다. 내 예상대로 인간유전자 가속변형 제1영역(human accelerated region 1, HAR1)에 있는 118개의 염기쌍이 진화를 유도한 주인공이었다."[26]

폴라드는 잔뜩 흥분한 목소리로 외쳤다. "빙고~!"

드디어 생물정보학이라는 카지노에서 기다리던 잭팟이 터진 것이다.

그녀는 118개의 염기쌍이 포함된 게놈 영역에서 가장 많은 변이가 일어났고, 그것이 인간을 원숭이와 다르게 만들었다는 사실을 두 눈으로 확인했다. 이 염기쌍 중에서 우리가 지금과 같은 인간이 된 후에 변한 것은 단 18개에 불과했다. 장구한 세월 동안 진화의 늪에서 허우적대다가, 단 몇 개의 염기쌍에 변이가 일어나면서 호모 사피엔스라는 종이 탄생한 것이다.

그 후 폴라드와 그녀의 동료들은 인간 게놈에서 HAR1이라는 신비한 영역을 집중적으로 분석한 끝에, 수백만 년 동안 거의 변하지 않았음을 알게 되었다. 영장류와 닭은 약 3억 년 전에 진화나무에서 갈라져 나왔는데, 침팬지와 닭 사이에 서로 다른 염기쌍은 단 두 개(C와 G)뿐이다. 즉, HAR1은 수억 년 동안 단 두 개만 변이를 일으켰으니, 사실상 거의 변하지 않은 것이나 다름없다. 그런데 600만 년 사이에 변이가 18번이나 일어났다는 것은 이 기간 동안 진화의 속도가 엄청나게 빨라졌다는 뜻이다.

더욱 흥미로운 것은 HAR1이 주름 많기로 유명한 대뇌피질의 전체적인 형태를 결정하는 데 중요한 역할을 했다는 점이다. 유전자서열에서 HAR1 영역에 결함이 생기면 대뇌피질의 주름이 부족한 '뇌회결손(腦回缺損, lissencephaly, 또는 '매끈한 뇌smooth brain'라고도 함)' 상태로 태어나게 된다. [이 부위의 결함은 조현병(schizophrenia, 정신분열증)을 유발하기도 한다.] 사람의 대뇌피질은 부피가 클 뿐만 아니라 주름이 복잡하게 얽혀 있어서, 다른 동물의 대뇌피질보다 표면적이 압도적으로 넓다. 이것이 바로 우리가 탁월한 계산능력을 보유하게 된 비결이다. 폴라드 박사는 게놈에서 문자 18개가 바뀐 것이 인간의 지능을 크게 향상하였으며, 이로부터 유전적 진화의 대부분이 결정되었다고 결론지었다(앞에서도 말했지만, 역사상 가장 위대한 수학자로 평가받는 칼 프리드리히 가우스의 뇌도 주름이 유난히 많았다).

폴라드 박사의 목록에는 변화가 빠르게 진행된 영역이 수백 개쯤 더 있는데 이들 중 일부는 이미 알려진 FOX2 영역으로, 언어를 비롯한 인간만의 특성이 발현되는 데 결정적인 역할을 했다. FOX2 유전자에 결함이 생기면 얼굴 근육이 제대로 움직이지 않아서 언어를 구사하기가 어려워진다. 또 다른 영역인 HAR2는 손가락의 섬세한 움직임과 관련되어 있어서, 이 부위에 결함이 있는 사람은 복잡한 도구를 다룰 수 없다.

이뿐만이 아니다. 네안데르탈인의 유전자서열은 이미 규명됐으므로, 인간과의 관계가 침팬지보다 훨씬 가까운 네안데르탈인의 유전자를 우리 유전자와 직접 비교할 수도 있다(네안데르탈인의 FOX2 영역은 우리와 똑같다. 따라서 네안데르탈인은 우리처럼 언어를 구사했을 것으로 추정된다).

그 외에 ASPM 영역은 두뇌의 기능이 폭발적으로 성장하는 데 중요한 역할을 했을 것으로 추정된다. 그래서 일부 과학자들은 인간이 다른 영장류보다 지능이 높아진 원인을 ASPM에서 찾고 있다. [선천적으로 뇌가 작은 소두증(小頭症, microcephaly)은 ASPM 유전자에 결함이 생겨 나타나는 병이다. 소두증 환자들은 두개골의 크기가 오스트랄로피테쿠스와 비슷하여 지능이 현저하게 낮다.]

과학자들은 ASPM 유전자를 분석한 끝에, 인간과 침팬지가 진화나무에서 갈라진 후 지난 600만 년 동안 약 15번의 변이가 일어났음을 알아냈다. 이들 중 비교적 최근에 일어난 변이가 지금과 같은 인간으로 진화하는 데 중요한 역할을 했을 것이다. 예를 들어 10만 년 전에 한 변이가 일어났는데, 바로 이 무렵에 아프리카에서 현대인과 거의 똑같이 생긴 인류가 출현했다. 그리고 마지막 변이가 일어났던 5,800년 전에는 인류가 문자를 발명하고 농사를 짓기 시작했다.

이처럼 유전자에 변이가 일어났던 시기와 인류의 지능이 급격하게 향상된 시기가 거의 일치하는 것을 보면, 몇 안 되는 유전자 중에서 ASPM이 인간의 지능을 좌우했던 것 같다. 만일 이것이 사실이라면 이 유전자들이 지금도 활동하는지를 확인하여, 장차 인류가 어떤 방향으로 진화할지 미리 짐작해볼 수 있다.

이쯤 되면 다음과 같은 질문이 자연스럽게 떠오를 것이다. "유전자를 조금만 변형하면 지능을 높일 수 있지 않을까?"

얼마든지 가능한 이야기다.

지금 과학자들은 인간의 지능이 높아지게 된 생물학적 원리를 빠르게 밝혀나가는 중이다. 특히 HAR1이나 ASPM과 같은 유전자영역은 뇌의 비밀을 밝히는 데 결정적인 실마리를 제공해준다. 당신의 게놈은 약 23,000개의 유전자로 이루어져 있다. 그런데 이들이 어떻게 수백 억 개의 뉴런과 1,000조(1 다음에 0이 15개 붙은 수이다) 개에 가까운 연결통로를 제어할 수 있을까? 수학적으로 생각하면 도저히 불가능할 것 같다. 인간 게놈의 수는 뉴런들 사이 통로 수의 1조 분의 1밖에 안 된다.

당신의 게놈이 뉴런의 모든 네트워크를 완벽하게 통제할 수 있는 이유는 과거에 뇌가 형성되던 과정에서 다양한 '지름길'이 도입되었기 때문이다. 첫째, 상당수의 뉴런이 무작위로 연결되어 있어서 구체적인 청사진이 필요 없다. 신생아의 뇌는 이런 상태로 태어난 후 주변 환경과 상호작용하면서 특정한 연결부위가 강화된다.

둘째, 대부분은 자연이 그렇듯이 사람의 뇌는 스스로 반복되는 패턴을 갖고 있다. 자연은 무언가 유용한 것이 있으면 계속 반복하는 경향이 있다. 지난 600만 년 동안 인간의 지능이 폭발적으로 증가했는데, 이 과정에서 변한 유전자가 극히 일부에 불과한 것도 위와 같은 논리로 설명할 수 있다.

이 경우에는 크기가 중요하다. 만일 ASPM과 다른 몇 개의 유전자를 살짝 변형한다면 두뇌가 더 크고 복잡해져서 지능을 높일 수 있을지 모른다(사실 크기가 커지는 것만으로는 충분하지 않다. 뇌의 구조 또한 크기 못지 않게 중요하기 때문이다. 그러나 지능이 향상되려면 회백질이 많아야 하므로, 크기가 중요한 요인임은 분명하다).

원숭이와 유전자, 그리고 천재

폴라드 박사는 인간의 유전자 중 침팬지와 공유하면서 변이가 일어난 지점을 집중적으로 연구했다. 그러나 관점을 조금 바꿔서 침팬지에게는 없고 오직 인간에게만 존재하는 게놈을 연구할 수도 있다. 2012년 11월, 에든버러대학교 연구팀이 이끄는 한 무리의 과학자들은 오직 호모 사피엔스에게만 있는 RIM-941 유전자를 발견했다.[27] 그리고 유전학자들은 이 유전자가 100~600만 년 전에 처음 발생했다는 사실을 알아냈다(이 시기는 인간과 침팬지가 진화나무에서 분리된 후다).

그런데 이 소식이 알려진 후 "과학자들이 침팬지를 똑똑하게 만드는 유전자를 발견했다"는 잘못된 정보가 과학잡지와 블로그를 통해 사방으로 퍼져나가기 시작했고, 급기야 "인간을 인간답게 만들어주는 유전자가 마침내 발견되었다"는 내용으로 둔갑했다. 이 소식을 접한 전 세계 네티즌들은 영화 〈혹성탈출〉이 곧 현실로 다가올 것이라며 흥분을 감추지 못했다.

사태가 이 지경이 되자 저명한 과학자들이 직접 나서서 "인간의 지능은 단 한 개의 유전자로 결정되는 것이 아니라, 여러 개의 유전자가 복합적으로 작용한 결과"라며 사람들을 진정시켰다. 단 하나의 유전자로 침팬지를 갑자기 똑똑하게 만들 수는 없다는 이야기다.

뉴스가 과장된 것은 사실이지만, 당시 많은 사람은 똑같은 질문을 떠올렸다. "〈혹성탈출〉은 얼마나 현실적인가?"

이것은 결코 간단한 문제가 아니다. HAR1과 ASPM 유전자를 변형시켜 침팬지의 뇌를 더욱 크고 복잡하게 만든다면, 다른 유전자도 여기에 영향을 받아 변형될 것이다. 일단 머리가 커지면 그것을 떠받치는 목 근육이 강해져야 하고, 몸의 전체적인 구조도 달라져야 한다. 그러나 머리가 아무리 좋아져도 도구를 다루는 손가락을 제어하지 못하면 아무 소용이 없다. 그러므로 좋아진 머리를 제대로 활용하려면 손가락의 기능을 강화하는 HAR2 유전자도 달라져야 한다. 이뿐만이 아니다. 침팬지는 걸어갈 때 손과 발을 같이 사용하기 때문에, 척추를 똑바로 세우고 두 발로 걷도록 다른 유전자도 변형되어야 한다. 또한 침팬지가 언어로 의사소통할 수 없으면 머리가 좋아져 봐야 소용없으므로, FOX2 유전자가 변형되어 사람처럼 말도 할 수 있어야 한다. 그리고 마지막으로, 침팬지가 똑똑해지면 태아의 머리도 커질 것이므로, 암컷의 산도(産道, birth canal)가 지금보다 커져야 한다. 그렇지 않으면 분만과정에 심각한 문제가 생길 것이기 때문이다.

이 모든 조건이 충족되도록 여러 유전자를 수정한 후에야 비로소 인간과 비슷한 생명체를 만들어낼 수 있다. 다시 말해서, 영화에서처럼 똑똑한 원숭이를 만드는 것은 해부학적으로 불가능하다는 이야기다. 인간처럼 똑똑해지려면 두뇌 이외에 부수적으로 변해야 할 부위가 너무 많다.

그러므로 원숭이의 지능을 높이는 것은 말처럼 쉬운 일이 아니다. 할리우드 영화에 등장하는 똑똑한 원숭이는 사람에게 원숭이 옷을 입혔거나 컴퓨터 그래픽으로 만들어낸 영상일 뿐이다. 그리고 이런 원숭이를 보면서 굳이 딴지를 거는 관객도 없을 것이므로, 영화 속 탄생비화는 대충 얼버무려도 된다. 그러나 과학자가 유전자치료법을 이용하여 똑똑한 원숭이를 만들고자 한다면, 사람과 비슷한 외모에 자유자재로 움직이는 손가락, 모든 발음을 구사하는 성대, 직립보행이 가능하도록 곧게 선 척추, 큰 머리를 지탱할 튼튼한 목 근육 등을 함께 만들어야 한다.

기술적인 어려움도 문제지만, 여기에는 윤리적 문제가 있다. 원숭이의 유전학적 연구가 사회적으로 용인된다 해도, 자연에서 잘 살아가던 원숭이한테 지능을 부여하여 슬픔과 고통을 느끼게 하는 것은 쉽게 용납되지 않을 것이다. 이 생명체는 자신이 처한 상황과 불편함을 호소할 정도로 똑똑할 것이므로, 사람들은 원숭이를 '실험을 위해 강제로 감금된 사람'처럼 느낄 수도 있다.

생명윤리학은 바로 이런 문제와 해결책을 연구하는 분야인데, 역사가 얼마 되지 않아 아직은 초보적인 단계에 머물러 있다. 그러나 앞으로 수십 년 후에 인간과 원숭이의 유전적 차이가 밝혀지면, 지능이 향상된 동물의 처우가 뜨거운 현안으로 떠오를 것이다.

지금의 추세로 미루어볼 때, 인간과 침팬지의 유전적 차이가 밝혀지는 것은 오직 시간문제일 뿐이다. 그러나 이 연구가 완료된다 해도 의문은 여전히 남는다. 인간이 진화나무에서 원숭이와 분리된 후 지금과 같은 모습으로 진화하도록 유도해온 원동력은 무엇인가? ASPM과 HAR1 그리고 FOX2와 같은 유전자들이 먼저 등장한 이유는 무엇인가? 유전학은 인간이 똑똑해진 과정을 설명할 수 있지만, 왜 그렇게 되었는지를 설명할 수는 없다.

이 질문의 답을 알아낸다면 앞으로 인류가 겪게 될 진화의 방향을 어느 정도 짐작할 수 있다. 이 시점에서 우리는 또다시 근본적인 질문으로 돌아가게 된다. "지능의 근원은 대체 무엇인가?"

지능의 근원

인간은 왜 다른 동물보다 우월한 지능을 갖게 되었을까? 그 이유를 설명하는 이론은 많지만, 결국 모든 것은 진화론의 원조인 찰스 다윈으로 귀결된다.[28]

한 이론에 의하면 인간의 두뇌는 단계적인 진화를 거쳐왔으며, 아프리카의 기후에 영향을 받아 최초의 진화가 이루어졌다고 한다. 그 무렵 날씨가 추워지면서 숲이 서서히 사라졌고, 우리 선조들은 아프리카의 탁 트인 초원에서 험난한 환경과 포식자들에게 거의 무방비로 노출되었다. 그들은 이런 적대적 환경에서 살아남기 위해 직립보행을 시작했고, 그와 함께 손이 자유로워지면서 연장을 사용하게 되었다(이 무렵에 엄지손가락이 나머지 손가락과 마주보는 형태로 진화했다). 그리고 연장을 효율적으로 사용하려면 머리를 계속 써야 했기 때문에 뇌가 커졌다는 것이다. 이 이론에 의하면 인간이 연장을 만든 것이 아니라, 연장이 인간을 만든 셈이다.

물론 우리 선조들이 어느 날 갑자기 연장을 만들면서 똑똑해진 것은 아니다. 이 과정은 오랜 세월에 걸쳐 아주 서서히 진행되었다. 연장을 손에 쥔 인간은 초원에서 생존할 가능성이 높았고, 그렇지 않은 인간은 서서히 죽어갔다. 여기서 살아남아 자손번식에 성공한 인간들은 유전자변이를 겪으면서 뇌의 용량이 커졌고, 그 결과 도구를 능숙하게 사용할 수 있었다.

그런가 하면 인간의 지능이 높은 이유를 사회적, 또는 집단적 특성에서 찾는 이론이 있다. 인류는 사냥과 농사, 전쟁 등을 겪으면서 다른 사람들과 교류하는 법을 배웠고, 방법이 고도화될수록 집단의 규모도 커졌다(다른 영장류는 수십 마리 규모로 집단을 이루지만, 초기 원시인들은 수백 명이 모여 살았다). 그런데 한 개인이 많은 사람의 행동을 분석하고 제어하려면 그만큼 머리를 많이 써야 했기 때문에, 뇌의 용량이 서서히 커졌다는 것이다(일을 계획하고, 전략을 짜고, 상대를 속이고, 다른 똑똑한 사람들을 조종하려면 뇌가 커야 한다. 다른 사람의 생각을 먼저 이해하고 이용할 줄 알면 무리 속에서 유리한 위치를 선점할 수 있다. 이런 이유로 지능이 발달했다는 것이 '마키아벨리의 지능이론'이다).

또 다른 지능발달이론은 언어에 초점을 맞춘다. 인류가 언어를 사용하기 시작하면서 지능이 빠르게 발달했다는 것이다. 언어는 앞날을 계획하는 능력과 추상적 사고를 촉진한다. 우리 선조들은 언어를 사용하면서부터 사회를 조직하고 지도를 작성하는 등 고도의 지성이 필요한 일을 할 수 있었다. 동물은 극히 제한적인 소리로 자신의 생각을 전달하지만, 인간은 평균 수만 개의 어휘를 구사할 정도로 발성기관이 발달했다. 인류는 언어 덕분에 다른 사람의 생각과 행동을 평가하고 추상적인 개념을 다룰 수 있게 되었다. 또한 언어로 정보를 교환하면서 덩치 큰 매머드를 사냥할 때 성공률을 크게 높일 수 있었으며, 다른 사람에게 위험을 미리 알릴 수도 있었다.

또 다른 이론으로는 여성이 똑똑한 남성을 선호했기 때문에 결국 똑똑한 쪽으로 진화했다는 '성 선택설sexual selection'을 들 수 있다.

늑대 무리와 같은 동물의 세계에서는 수컷 우두머리가 야만적인 힘을 행사하여 무리 전체를 다스린다. 어쩌다가 다른 수컷이 우두머리에게 도전하면 치열한 싸움이 벌어지는데, 도전자가 이기면 새 우두머리가 되지만 이기지 못하면 처참한 부상을 당한 채 무리를 떠나야 한다. 그러나 수백만 년 전 인간은 점점 똑똑해지면서 힘만으로는 무리를 유지할 수 없다는 사실을 깨닫게 되었다. 숲 속에서 포식자를 피해 숨을 때, 자신에게 유리한 거짓말을 할 때, 또는 파벌을 조직하여 우두머리를 몰아내고 싶을 때는 힘센 사람보다 머리 좋은 사람이 훨씬 유리했다. 그리하여 부족의 우두머리는 점차 힘센 사람에서 똑똑한 사람으로 바뀌었고, 여성들도 힘센 남자보다 지성적인 남자를 선호하게 되었다(머리는 좋으면서 세상물정 모르는 사람이 아니라, '현실감 있게 똑똑한 사람'을 선호했다). 그리고 이들 사이에서 우수한 두뇌를 가진 후손이 태어나면서, 인류 전체가 점점 더 빠르게 지능적으로 변했다는 것이 성 선택설의 골자다. 이 이론이 옳다면 뇌의 성능을 폭발적으로 향상시킨(또는 두개골의 부피를 증가하게 한) 일등공신은 머리 좋은 남자를 선호했던 여성들이었다. 남자가 똑똑해야 무리 속에서 우위를 점하고 우월한 후손을 낳을 수 있었기 때문이다.

지금까지 언급한 것은 지능기원설의 일부일 뿐이지만, 모든 이론의 공통점은 지능이 발달할수록 미래를 시뮬레이션하는 능력이 향상되었다는 점이다. 예를 들어 지도자의 임무는 종족의 앞날을 위해 올바른 결정을 내리는 것인데, 이를 위해서는 다른 사람들의 의도를 정확하게 이해하고 그에 맞는 계획을 세울 줄 알아야 한다. 따라서 미래에 대한 시뮬레이션은 인간의 지능을 향상한 원동력이라 할 수 있다. 미래에 대한 시뮬레이션이 정확해야 적절한 계획을 세우고, 동족의 마음을 읽고, 군비경쟁에서 우위를 점할 수 있다.

언어 역시 미래를 시뮬레이션하는 데 결정적인 역할을 한다. 동물들도 초보적인 언어를 구사할 줄 알지만, 대부분 시제가 '현재'에 국한되어 있다. 예를 들어 당장 눈앞에 위험이 닥쳤을 때(나무 뒤에 숨은 포식자 등) 그들만의 언어로 무리에게 경고신호를 보낼 수는 있다. 그러나 이들의 언어에는 과거나 미래 시제가 없으며, 동사변형도 없다. 그래서 언어학자들은 과거와 미래를 언어로 표현하는 능력이 인간의 지능을 높이는 데 크게 기여했을 것으로 믿고 있다.

하버드대학교의 심리학자 대니얼 길버트Daniel Gilbert 박사는 이렇게 말했다. "인류가 지구에 출현한 후 처음 수억 년 동안 그들의 두뇌는 '영원한 현재'에 갇혀 있었다. 그러나 당신과 나의 뇌는 그렇지 않다. 지금으로부터 200~300만 년 전에 우리 선조들은 '지금 여기'에서 위대한 탈출을 시도했기 때문이다…."[29]

진화의 미래

지금까지 우리는 기억력과 지능을 높이는 방법을 알아보았다. 방법마다 나름대로 특징이 있긴 하지만, 대부분은 뇌의 효율을 높이고 타고난 용량을 최대화하는 식이었다. 약물요법이나 유전자조작, 또는 특수장비(TES 등)를 이용하면 뉴런의 기능을 강화할 수 있다.

그러므로 원숭이의 두뇌용량과 지능을 높이는 것은 어렵긴 하지만 충분히 가능하다. 물론 유전자를 조작하여 지능을 높이려면 아직 한참을 기다려야 한다. 그런데 만일 이 기술이 실현된다면 지능을 어느 수준까지 높일 수 있을까? 인간의 지능은 무한정 높아질 수 있는가? 아니면 더는 높아질 수 없는 한계가 존재할 것인가?

그렇다. 놀랍게도 지능에는 한계가 있다. 기술적인 문제가 아니라, 물리학의 법칙 때문이다. 그 이유를 이해하려면 먼저 다음 질문의 답부터 알아야 한다. "인간의 지능은 지금도 진화하고 있는가? 그리고 어떻게 하면 이 자연적인 변화를 더 빠르게 진행시킬 수 있는가?"

사람들은 대부분 인간이 진화할수록 머리가 커지고 몸의 털이 줄어든다고 생각한다. 그래서 우리보다 진보한 문명을 이룩한 외계인을 상상할 때에도 이와 같은 모습을 떠올린다. 인형가게에 가면 커다란 눈에 큰 머리 그리고 푸른 피부의 외계인 인형을 쉽게 찾을 수 있다.

그러나 학자들은 인간의 전체적인 진화(몸의 형태와 지능의 변화)가 거의 끝난 것으로 간주하고 있다. 무엇보다 인간은 이미 직립보행을 하고 있으므로, 산도를 통과할 수 있는 태아의 머리 크기에 한계가 있다. 그리고 첨단기술이 발달하면서 주변 환경이 너무 쾌적해진 탓에, 더는 적응할 대상이 없는 것도 한 가지 이유다.

그러나 유전자와 분자 단위의 진화는 지금도 계속 진행되고 있다. 겉으로 드러나지는 않지만, 인간은 생화학적으로 주변 환경에 끊임없이 적응해왔다. 열대지방에서 말라리아와 싸웠던 것이 그 대표적 사례다. 그리고 최근에는 소를 기르고 우유를 마시면서 몸 안에 유당(乳糖, lactose sugar)을 분해하는 효소가 새로 만들어졌고, 농업혁명과 함께 새로운 음식에 적응하면서 몇 가지 변이가 일어났다. 뿐만 아니라 사람들은 지금도 짝을 고를 때 건강하고 유능한 상대를 선호하므로, 사회적응에 부적절한 유전자는 계속 도태되고 있다. 그러나 이런 식의 변화가 아무리 오래 지속된다 해도, 우리 몸의 기본구조와 뇌의 크기는 변하지 않을 것이다(첨단기술도 인간의 진화에 한몫하고 있다. 과거에는 좋은 시력이 배우자를 선택하는 기준의 하나였지만, 요즘은 많은 사람이 안경이나 콘택트렌즈를 착용하고 있기 때문에 나쁜 시력은 더 이상 핸디캡이 되지 않는다. 즉, 광학이 발전하면서 근시유전자가 살아남을 환경이 조성된 것이다).

뇌의 물리학

그러므로 진화론 및 생물학적 관점에서 볼 때, 현대의 진화는 똑똑한 인간을 골라내는 쪽으로 진행되지 않는다. 이런 변화가 아주 없는 것은 아니지만, 수천 년 전보다는 확실히 느려졌다.

지능의 발달은 물리법칙에 의해 한계에 도달했다. 따라서 앞으로 인간의 지능을 더 높이려면 인위적인 방법을 동원하는 수밖에 없다. 두뇌 신경과학을 연구하는 물리학자들은 "인공적으로 지능을 높일 수는 있지만 그에 따른 대가를 치러야 하며, 바로 이 대가 때문에 인위적인 지능개선에 한계가 있다"고 결론지었다. 뇌의 용량을 늘이거나, 밀도를 높이거나, 구조를 더 복잡하게 만들 때마다 심각한 부작용이 발생하기 때문이다.

뇌에 적용되는 물리학 제1법칙은 물질과 에너지의 보존법칙이다. 즉, 고립된 계에 들어 있는 물질과 에너지의 양은 어떤 경우에도 변하지 않는다. 그래서 고난도의 정신노동을 수행할 때, 우리의 뇌는 다양한 지름길을 찾아간다. 1장에서 말한 것처럼 우리 눈에 보이는 풍경은 에너지절약 트릭을 이용하여 실제 모습에 수정을 가한 결과다. 위기가 닥쳤을 때 세세한 요인들을 일일이 분석한다면, 시간과 에너지가 너무 많이 투입되어 결론을 내리기 전에 큰 화를 입을 것이다. 그래서 우리의 뇌는 '감정'이라는 형태로 빠른 결정을 내림으로써 에너지를 절약한다. 기억을 잊는 것도 에너지절약의 한 방법이다. 우리는 뇌에 저장된 기억 중 당장 필요한 일부만을 떠올린다.

그렇다면 질문은 다음과 같다. 뇌의 용량을 늘이거나 뉴런의 밀도를 증가시키면 더 똑똑해질 것인가?

반드시 그렇지는 않은 것 같다. 케임브리지대학교의 사이먼 러플린 Simon Laughlin 박사는 이 점에 관하여 "외피 회백질에 있는 뉴런들은 축삭돌기와 공동작업을 하는데, 이 시스템은 거의 물리적 한계에 이른 상태"라고 했다.[30] 물리학 법칙을 이용하여 지능을 높이는 방법은 여러 가지가 있지만, 방법마다 나름대로 문제점이 있다.

- 뇌의 부피를 키우고 뉴런의 길이를 확장하면 지능을 높일 수 있다. 그러나 단점은 뇌의 에너지 소모량이 많아진다는 것이다. 에너지를 많이 쓰면 정보처리 과정에서 지금보다 많은 열이 발생하고, 결국은 체온이 올라가서 생존에 심각한 위협을 받는다(우리 몸에서 화학반응과 신진대사가 정상적으로 이뤄지려면 체온이 늘 일정하게 유지되어야 한다). 그리고 뉴런이 지금보다 길어지면 신호전달에 더 많은 시간이 걸려 생각하는 속도가 느려진다.

- 뉴런을 지금보다 가늘게 만들면 동일한 공간에 더 많은 뉴런을 욱여넣을 수 있다. 그러나 뉴런이 가늘어질수록 축삭돌기 안에서 복잡한 화학적·전기적 반응이 일어나기 어려워지다가 결국은 오동작을 하게 된다. 〈사이언티픽 아메리칸Scientific American〉의 고정작가인 더글라

스 폭스Douglas Fox는 말한다. "뉴런이 전기신호를 발생시킬 때 사용하는 단백질(이것을 이온채널ion channel이라 한다)은 태생적으로 불안정하다. 바로 이것이 모든 한계의 근원이다."[31]

- 뉴런을 지금보다 굵게 만들어서 신호가 전달되는 속도를 높이는 것도 한 가지 방법이다. 그러나 이때도 에너지 소모량이 많아져서 열이 발생한다. 그리고 뉴런이 굵어지면 뇌의 부피가 커지기 때문에, 신호가 도달하는 데 걸리는 시간 역시 길어진다.

- 뉴런들 사이의 연결망을 좀 더 복잡하게 만들 수도 있다. 그러나 이것도 에너지를 더 소모하여 추가열을 발생시킨다. 그리고 연결망이 복잡해지면 뇌가 커지고 정보처리 속도는 느려진다.

보다시피 어떤 방법을 동원해도 문제가 발생한다. 여러 가지 물리적 요인을 고려할 때, 우리의 지능은 이미 최고조에 도달한 것 같다. 아무런 부작용 없이 뇌의 크기를 키우거나 뉴런의 특성을 바꾸는 기술이 개발되지 않는 한 인간의 지능은 지금 상태를 유지할 것이다. 여기서 지능을 더 높이려면 약물요법이나 유전자치료법, 또는 TES와 같은 장비를 이용하여 뇌의 효율을 높이는 수밖에 없다.

분리된 생각들

결론적으로 말해서, 앞으로 수십 년 후에는 유전자치료법과 약물요법 그리고 자기장을 이용한 각종 장치를 적절히 조합하여 인간의 지능을 높일 수 있으리라 예상된다. 지능의 비밀을 밝히고 인공적으로 높이는 방법은 여러 가지가 있다. 그런데 사람들의 지능이 갑자기 높아지는 것이 결과적으로 좋은 일일까? 기초과학이 전례 없이 빠르게 발전하는 지금, 이 질문은 윤리학자들에게 현실적인 고민거리가 아닐 수 없다. 가장 큰 문제는 사회가 '가진 자와 못 가진 자'로 양분된다는 점이다. 물론 빈부의 차이는 옛날에도 있었고 지금도 존재하지만, 그 결과가 돈이 아닌 지능의 차이로 나타나면 상황이 한층 더 심각해진다. 부자와 권력가들은 첨단기술의 도움을 받아 더욱 똑똑해져서 그들의 입지를 더욱 확고하게 굳힐 것이고, 기술의 혜택을 받지 못하는 사람들은 지능까지 상대적으로 열등해져서 신분상승의 기회를 영원히 박탈당할 것이다.

분명히 우려할 만한 상황이다. 그러나 기술의 역사를 되돌아보면 반드시 그렇지만도 않다. 과거에도 신기술이 처음 등장했을 때는 주로 부자와 권력가들이 혜택을 보았지만, 어느 정도 시간이 지나면 대량생산과 기업 간의 경쟁, 그리고 발달한 운송수단과 기술개선 등을 통해 가격이 내려가면서 결국은 보통사람들도 혜택을 보았다(음식도 예외가 아니다. 요즘 사람들은 아침에 식사하는 것을 당연하게 여기지만, 100년 전만 해도 영국의 왕조차 아침에 음식을 먹지 않았다. 지금 전 세계에서 생산되는 온갖 산해진미를 동네 상점에서 사 먹게 된 것은 지난 100년 사이에 농업기술과 운송수단 그리고 저장수단이 크게 발달했기 때문이다. 빅토리아 시대의 귀족들이 타임머신을 타고 현재로 온다면, 우리가 천국에 살고 있다고 생각할 것이다). 그러므로 지능을 높이는 기술이 일단 개발되기만 하면, 가격은 서서히 내려갈 것이다. 지금까지 그 어떤 기술도 부자들의 전유물이 된 사례는 없었다. 처음 한동안은 그런 인상을 줄 수 있겠지만, 기발한 발명과 꾸준한 노력 그리고 시장의 힘이 작용하여 결국에는 누구나 사용할 수 있는 가격으로 내려가기 마련이다.

가격 이외의 다른 요인 때문에 사람들이 두 부류로 나뉠 가능성도 있다. 자신의 지능을 인공적으로 높이고 싶은 사람들은 첨단기술의 힘을 빌어 똑똑해지겠지만, '타고난 자신의 모습'에 더 많은 가치를 부여하는 사람들이 지능향상수술을 거부한다면, 이 세상은 초지성을 소유한 귀족과 평범한 사람들로 양분될 수 있다.

그러나 나는 이것도 지능향상에 대한 우려가 너무 지나쳐서 생긴 기우라고 생각한다. 대부분의 사람들은 텐서방정식이나 블랙홀 방정식에 아무런 관심이 없다. 평범한 사람들은 고차원 초공간 기하학이나 양자역학을 통달한다 해도 득 볼 것이 전혀 없다. 오히려 그들은 이런 것들이 별로 쓸모도 없으면서 따분하다고 생각할 것이다. 우리 중 대부분은 기회가 오더라도 수학천재가 되겠다고 나서지는 않을 거라는 이야기다. 대다수 사람들은 그런 분야가 적성에 맞지 않을뿐더러 얻을 것도 별로 없기 때문이다.

지금 우리 사회에는 수학과 물리학에서 일가를 이룬 학자들이 이미 존재한다. 이들은 평균적인 사업가보다 급여가 적고, 사회적인 영향력도 평범한 정치가들보다 훨씬 미미하다. 초지성을 소유한다고 해서 반드시 부자가 된다는 보장이 없는 것이다. 그보다는 운동선수나 영화배우, 또는 가수나 개그맨이 되는 편이 훨씬 낫다.

상대성이론으로 부자가 되었다는 사람을 들어본 적이 있는가? 적어도 내가 아는 한 그런 사람은 단 한 명도 없었다.

그리고 어떤 분야의 지능을 높이느냐에 따라 결과는 얼마든지 달라질 수 있다. 지능이 필요한 분야는 수학뿐만이 아니다(예술적 재능도 지능에 포함해야 한다고 주장하는 사람도 있다. 예술은 안락한 삶을 누리는 데 분명히 도움이 되므로, 근거 없는 주장은 아닌 것 같다).

고등학생 자녀를 둔 부모들은 대학입시를 위해 아이들의 IQ를 높이고 싶을 것이다. 그러나 앞서 말한 대로 내신성적이 좋거나 일류대학을 나왔다고 해서 반드시 성공한다는 보장은 없다. 개중에는 자신의 기억력을 높이고 싶은 사람도 있겠지만, 서번트의 사례에서 보았듯이 사진 같은 기억력은 축복일 수도 있고 저주가 될 수도 있다. 지능을 높이건 기억력을 높이건, 이런 것 때문에 사회가 두 계층으로 양분될 가능성은 그리 높지 않다고 본다.

그러나 전체적으로 보면 사회는 이 기술로 커다란 득을 보게 될 것이다. 지능이 향상된 근로자들이 새로운 일에 쉽게 적응하여 인력낭비가 줄어들고, 대중들은 복잡한 문제가 이슈화되었을 때(기후변화, 핵에너지, 우주탐험 등) 지금보다 현명한 결정을 내릴 수 있다. 간단히 말해서, 사회 전체가 지금보다 높은 수준으로 발전한다는 이야기다.

새로운 뇌과학 기술은 계층 간의 격차도 줄여줄 것이다. 요즘 일류 사립학교에서 개인교습을 많이 받은 학생들은 나중에 사회에서 성공할 가능성이 크다. 난이도가 높은 일에 남들보다 훈련이 잘되어 있기 때문이다. 그러나 모든 사람의 지능이 일괄적으로 높아지면 기회불균등에 의한 격차는 사라질 것이다. 모두가 똑똑한 세상에서 삶의 성취도를 좌우하는 것은 타고난 환경이 아니라 임기응변과 열정, 그리고 무언가를 이루겠다는 의지와 야망이기 때문이다.

사람들의 지능이 높아지면 기술이 발전하는 속도도 빨라진다. 지능이 높다는 것은 미래를 시뮬레이션하는 능력이 뛰어나다는 뜻이고,

이것은 새로운 과학적 사실을 발견하는 데 반드시 필요한 자질이다. 과거에도 과학자들이 새로운 연구방향을 떠올리지 못할 때, 과학은 종종 침체기를 겪었다. 미래를 시뮬레이션하는 능력이 향상되면 과학자들은 다양한 가능성을 떠올릴 것이고, 과학은 지금보다 훨씬 빠르게 발전할 것이다.

과학이 발전하면 새로운 산업이 탄생하고, 새로운 시장과 일자리가 창출되면서 사회는 그만큼 풍요로워진다. 역사를 돌아보면 기술혁신이 이루어질 때마다 새로운 산업이 등장했고, 그 혜택은 모든 사람에게 골고루 돌아갔다(트랜지스터와 레이저가 처음 등장했을 때는 그저 신기한 물건에 불과했지만, 지금은 세계경제의 근간을 이루고 있다).

그런데 SF 영화를 보면 천재적 두뇌를 보유한 악당이 끔찍한 범죄를 계획하고, 이를 저지하려는 슈퍼영웅마저 (잠깐이지만) 물리치는 장면이 자주 등장한다. 슈퍼맨에게는 렉스 루터라는 천적이 있고, 스파이더맨에게는 그린 고블린이 있다. 그렇다면 현실 세계에서도 지능을 높인 악당이 초강력 무기를 만들어서 온 세상을 위험에 빠뜨릴 수 있지 않을까? 물론 얼마든지 가능하다. 하지만 악당이 똑똑해질 수 있다면 경찰도 그에 못지않게 똑똑해질 수 있다. 영화에서는 슈퍼영웅의 활약상을 강조하기 위해 경찰을 다소 무능하게 그리지만, 현실 세계에서 악당을 잡는 전문가는 영웅이 아닌 경찰이다. 똑똑한 범죄자가 사회를 위협하는 것은 지능을 높이는 장치를 악당 혼자 독점했을 때만 가능한데, 이런 상황이 벌어질 가능성은 거의 없다.

지금까지 우리는 텔레파시와 염력, 기억의 저장과 업로드, 지능 높이기 등 우리의 정신적 능력을 함양하는 방법에 관하여 알아보았다. 앞에서 언급한 모든 방법은 의식을 수정하거나 강화하여 정신력을 강화하는 데 초점이 맞춰져 있으며, 그 저변에는 "한 인간의 정신은 단 하나뿐"이라는 가정이 깔려 있다. 과연 그럴까? 우리 머릿속에 다른 형태의 의식이 존재하고 있지는 않을까? 만일 그런 것이 존재한다면, 지금까지 논한 방법들이 완전히 다른 결과를 낳을 수도 있다. 꿈을 꾸거나 약을 먹고 환각상태에 빠졌을 때, 또는 정신질환에 시달릴 때, 우리의 의식은 평소와는 다른 상태에 놓인다. 그리고 로봇의 의식이나 외계인의 의식도 우리와는 사뭇 다를 것이다. 인간의 의식은 생명과 직결되므로 무엇보다 중요하지만, 그것이 우주에 존재하는 유일한 의식은 아닐지도 모른다. 이 세계의 모형을 만드는 방법은 여러 가지가 있고, 미래에 대한 시뮬레이션도 다양한 방법으로 할 수 있다.

예를 들어 꿈은 가장 원시적 형태의 의식으로, 오랜 옛날부터 탐구 대상이었지만 지금까지 별다른 진전이 없다. 꿈은 뇌가 휴식할 때 다양한 생각들이 무작위로 결합되어 나타나는 현상이 아니라, 의식의 진정한 의미를 이해하는 실마리일지도 모른다. 우리에게 또 다른 의식이 존재한다면, 그곳으로 들어가는 비밀 열쇠는 아마도 꿈이 쥐고 있지 않을까?

MICHIO KAKU

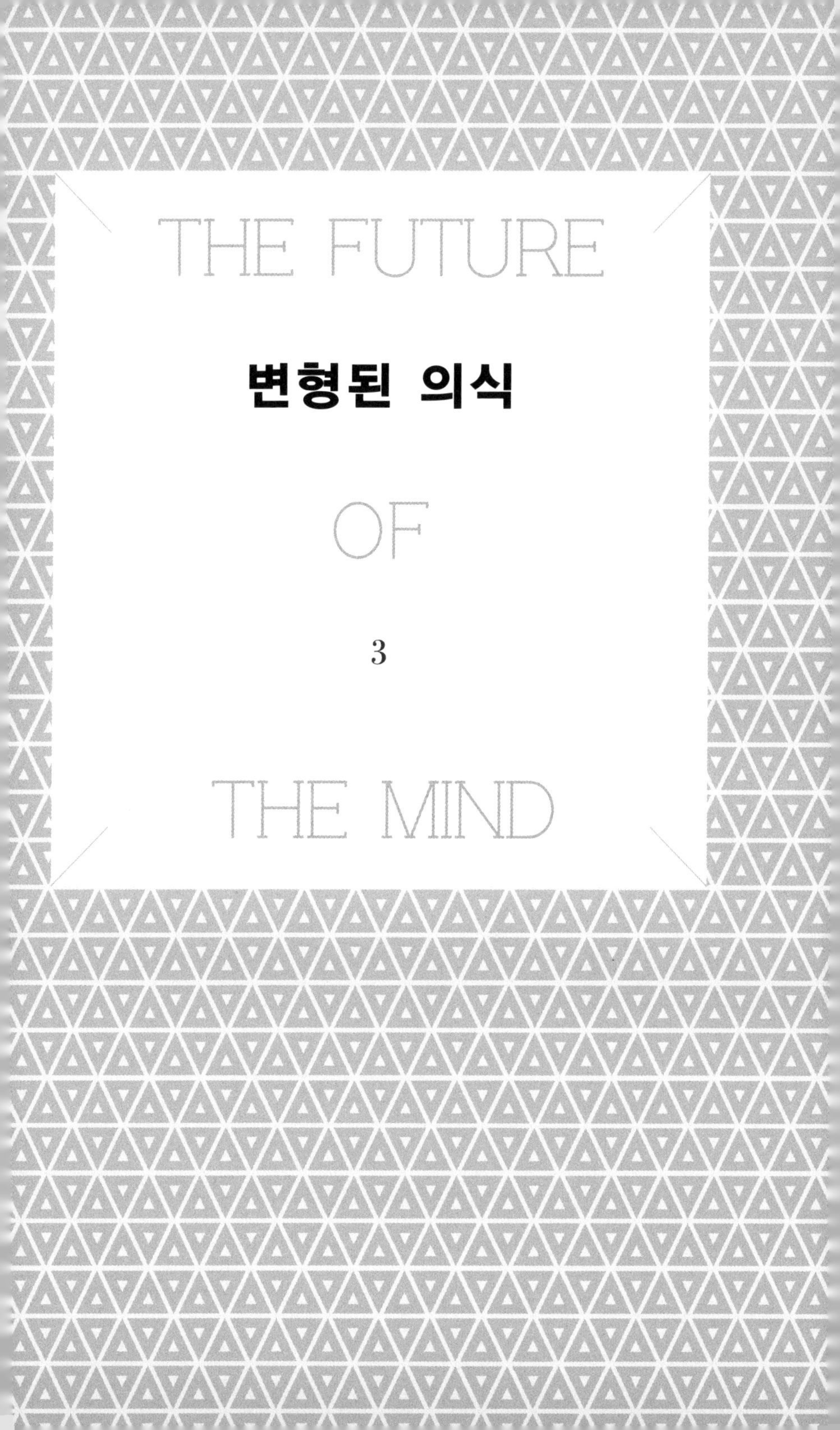
THE FUTURE
변형된 의식
OF
3
THE MIND

미래는 꿈의 아름다움을 믿는 사람들의 것이다.
_엘리너 루스벨트Eleanor Roosevelt

7 꿈속에서

꿈은 종종 우리의 운명을 결정한다.

역사상 가장 유명한 꿈은 아마도 서기 312년에 로마의 콘스탄티누스 대제가 일생일대의 전쟁을 치르면서 꿨던 꿈일 것이다. 어느 날 그는 아군보다 두 배나 많은 적과 대치한 상황에서 자신이 내일 죽을 것 같은 예감이 들었다. 그러나 그날 밤 꿈에 한 천사가 커다란 십자가와 함께 나타나 "이 십자가 안에서 너는 승리할 것"이라는 계시를 준다. 다음 날 아침, 그는 일어나자마자 군단 깃발의 휘장에 십자가를 그려 넣으라고 명령했다.

역사책에 기록된 바에 의하면, 그는 이날 대승을 거둔 후 로마제국을 다스리는 유일한 황제가 되었다. 그리고 자신에게 승리를 미리 알려준 십자가와 그것을 숭배하는 기독교도들에 보답하기로 결심했다. 로마제국의 이전 황제들은 기독교도들을 콜로세움에서 사자 밥으로 던져주는 등 수백 년 동안 기독교를 탄압해왔으나, 콘스탄티누스는 그 악연의 사슬을 끊고 싶었다. 그리하여 서기 313년, 그는 로마제국이 기독교를 공식적으로 인정한다는 〈밀라노 칙령〉을 발표하기에 이른다. 세계에서 가장 큰 제국이 기독교를 정식 종교로 받아들인 것이다.

왕과 왕비, 귀족과 천민, 그리고 도둑과 거지 등 이 땅에 살다 간 모든 사람들에게 꿈은 신비와 경이의 대상이었으며, 꿈이 미래를 예견한다고 믿었던 고대인들은 그 의미를 해석하기 위해 온갖 방법을 동원했다. 구약성경 창세기 41장에는 요셉이 이집트 왕 파라오의 꿈을 해석하는 장면이 나온다. 어느 날 파라오가 꿈을 꿨는데, 살찐 소 일곱 마리가 한가롭게 풀을 뜯다가 갑자기 나타난 마른 소 일곱 마리에게 잡아먹힌다는 내용이었다. 꿈에서 깨어난 파라오는 심기가 몹시 불편하여 필경사(문서작성 전문가)와 마술사들을 불러 해몽을 요구했으나, 아무도 만족할 만한 답을 주지 못했다. 그러던 중 호위대장의 시중을 들던 히브리 소년이 해몽가로 요셉을 추천했고, 결국 요셉은 파라오 앞에 불려와 불길했던 꿈을 다음과 같이 해석해주었다. "살찐 소 일곱 마리는 앞으로 7년 동안 풍년이 든다는 뜻이고, 마른 소 일곱 마리는 그 후 7년 동안 흉년이 든다는 뜻입니다. 그러므로 이집트는 지금부터 식량을 비축하여 다가올 가뭄에 대비해야 합니다." 요셉의 해몽은 사실로 드러났고, 이 일이 있었던 뒤로 그는 예언자로 알려지게 된다.

사람들은 옛날부터 꿈을 미래와 연결지어왔다. 그러나 근대에는 꿈에서 영감을 얻어 과학적 발견을 이룬 사례가 종종 있었다. 약리학자 오토 뢰비Otto Loewi는 꿈을 꾸다가 "신경전달물질은 정보가 시냅스

(synapse: 신경세포의 접합부–옮긴이)를 원활하게 통과하도록 도와준다"는 아이디어를 떠올렸고, 이것은 훗날 신경과학이론의 기초가 되었다. 그리고 1865년에 아우구스트 케쿨레August Kekulé는 꿈속에서 자기 꼬리를 물고 있는 뱀을 목격한 후 벤젠benzene의 고리형 분자구조를 생각해냈다. 분자화학의 중요한 정보를 꿈에서 얻은 그는 "꿈꾸는 법을 배워야 한다!"고 결론지었다.

꿈은 우리의 생각과 의도를 들여다보는 창문이기도 하다. 르네상스 시대의 위대한 작가였던 미셸 드 몽테뉴Michel de Montaigne는 다음과 같은 글을 남겼다. "나는 우리가 원하는 것이 꿈에 투영되어 있다고 믿는다. 그러나 꿈의 내용을 이해하고 해석하려면 예술적 재능이 필요하다." 독일의 철학자 지그문트 프로이트Sigmund Frued는 꿈의 기원을 설명하는 이론을 창시했다. 그는 자신의 저서인 《꿈의 해석The Interpretation of Dreams》에서 "꿈이란 평소에 억눌려 있던 무의식과 욕망의 발현"이라고 주장했다. 꿈은 과도한 상상의 무작위 조합이 아니라, 내면의 비밀이 투영된 결과라는 것이다. 그래서 프로이트는 꿈을 가리켜 "무의식으로 들어가는 문"이라고 했다. 그 후로 사람들은 프로이트의 이론에 입각하여 불편한 꿈을 해석하는 방대한 자료를 만들어왔다.

할리우드의 작가들도 꿈의 매혹적인 면을 십분 강조하여 흥미진진한 이야기를 만들어내고 있다. 주인공이 끔찍한 일을 겪다가 갑자기 꿈에서 깨어나며 식은땀을 흘리는 장면은 하도 많이 봐서 식상하기까지 하다. 레오나르도 디카프리오가 주연을 맡았던 영화 〈인셉션Inception〉에서는 비범한 도둑들이 사업가의 비밀을 훔쳐내는데, 도둑질하는 장소가 놀랍게도 그 사람의 꿈속이다. 이들의 목적은 새로 개발된 장비를 이용하여 사업가의 꿈속에 들어가 비밀을 털어놓도록 유도하는 것이다. 하긴, 대기업이 사업상 기밀과 특허권을 보호하는 데 수백만 달러를 쓴다면, 어렵게 금고를 훔치는 것보다 오너의 꿈속에 침투하여 비밀을 알아내는 것이 더 쉬울지도 모르겠다. 아무튼 이 '꿈 도둑'들은 한 사람의 꿈속에서 일을 벌이다가 상황이 여의치 않자 꿈속의 꿈으로 들어가는 등 여러 단계의 무의식을 거쳐 가장 깊은 내면으로 침투한다.

매일 겪는 일이지만, 꿈은 언제나 놀랍고 신비하다. 인류는 지난 수천 년 동안 꿈이 암시하는 내용만 짐작할 뿐 그 기원에 관해서는 완전히 무지한 상태였다. 꿈을 과학적 시각으로 분석하기 시작한 것도 불과 10여 년 전의 일이다. 그러나 지금은 MRI를 이용하여 꿈에 보이는 대략적인 영상을 비디오테이프에 담는 수준까지 발전했다. 앞으로는 전날 밤에 꾼 꿈을 동영상으로 재생하면서 자신의 무의식을 분석하는 날이 올지도 모른다. 또는 개인의 꿈을 의도적으로 제어하는 훈련법이 개발되거나, 영화 속의 디카프리오처럼 첨단기술을 이용하여 다른 사람의 꿈속으로 들어갈 수도 있다.

꿈의 특성

꿈은 그 자체로 신비롭긴 하지만 넘쳐나는 사치품이 절대 아니며, 뇌가 휴식하면서 만들어낸 쓸모없는 생각도 아니다. 사실 꿈은 생존에 반드시 필요한 요소다. 일부 동물들도 사람처럼 꿈을 꾼다고 알려져 있다(이것은 잠자는 동물의 뇌를 스캔하여 알아낸 사실이다). 이들이 꿈을 꾸지 못하도록 방해하면 음식을 섭취하지 못한 경우보다 빨리 죽는다. 수면부족이 굶주림보다 더욱 심각한 대사장애를 일으키기 때문이다. 그러나 안타깝게도 그 원인은 아직 밝혀지지 않았다.

꿈은 우리의 수면주기와 밀접하게 관련되어 있다. 보통사람들은 잠자는 동안 약 두 시간에 걸쳐 여러 개의 꿈을 꾸고, 하나의 꿈은 5분~20분 동안 지속된다. 평균수명을 85세로 잡는다면, 우리는 한평생을 살면서 약 7년 동안 꿈을 꾸는 셈이다.

꿈은 모든 인종의 공통적인 특성이기도 하다. 과학자들은 여러 지역의 문화적 배경을 조사한 결과, 꿈과 관련하여 공통된 주제를 발견했다. 미국의 심리학자 캘빈 홀Calvin Hall은 학생들에게 꿈의 내용을 적어서 제출하라는 숙제를 내주는 식으로 40년 동안 5천 개의 꿈 이야기를 수집했는데, 짐작한 대로 꿈은 대부분 며칠 전이나 몇 주 전에 겪었던 개인적인 경험과 관련되어 있었다.[1] (그러나 동물은 우리와 완전히 다른 방식으로 꿈을 꾼다. 예를 들어 수생 포유류인 돌고래는 익사를 방지하기 위해 뇌의 반쪽만 수면을 취한다. 그러므로 만일 돌고래가 꿈을 꾼다면, 그것은 좌뇌와 우뇌 중 하나가 만들어낸 꿈일 것이다.)

앞에서 말한 대로, 두뇌는 디지털 컴퓨터가 아니라 스스로 학습이 가능한 신경망(뉴럴 네트워크, neural network)이다. 과학자들은 두뇌의 신경망을 연구하다가 흥미로운 사실을 알아냈다. 깨어 있을 때 너무 많은 정보가 유입되어 포화상태가 되면, 뇌는 무리하게 가동하지 않고 수면상태에 들어간다. 그리고 이 상태에서 기억의 파편들이 떠돌다가 무작위로 결합하면서 새로운 기억이 생성된다. 다시 말해서, 신경망은 과도한 정보를 소화하기 위해 나름대로 최선을 다하고 있다는 뜻이다. 그렇다면 꿈이란 두뇌가 기억을 체계적으로 저장하기 위해 실행하는 일종의 '청소작업'일지도 모른다(이것이 사실이라면 생명체를 포함하여 학습능력이 있는 모든 신경망은 기억을 정리하기 위해 꿈을 꿀지도 모른다. 그래서 과학자 중에는 "경험으로부터 무언가를 배우도록 설계된 로봇도 결국은 꿈을 꾸게 될 것"이라고 주장하는 사람도 있다).

신경의학 연구논문들은 위의 주장이 사실임을 강하게 시사하고 있다. 피험자에게 충분한 수면을 취하게 한 후 기억력을 테스트해보면, 수면이 부족할 때보다 훨씬 높은 점수를 얻는다. 실제로 신경망을 촬영해보면 수면을 취할 때 활동하는 뇌 부위는 무언가를 새로 배울 때 활성화되는 부위와 일치한다. 아마도 꿈은 여분의 정보를 처리하는데 반드시 필요한 과정인 듯하다.

꿈은 잠들기 직전(몇 시간 전)에 접수된 정보를 처리하기도 한다. 그러나 꿈의 주된 기능은 지난 며칠 동안 누적된 기억을 처리하는 것이다. 예를 들어 피험자에게 붉은 색안경을 끼워주면, 그는 며칠이 지난 후에야 세상이 붉게 보이는 꿈을 꾼다.

꿈을 스캔하다

지금 과학자들은 두뇌스캔 기술을 이용하여 오랜 세월 동안 미지로 남아 있던 꿈의 실체를 서서히 밝혀내고 있다. EEG 스캔을 해보면, 우리의 뇌는 깨어 있을 때에도 전자기파를 꾸준히 방출한다. 그러다가 서서히 잠에 빠지면 전자기파의 진동수가 바뀌기 시작하고, 깊은 수면에 들어가면 뇌간에서 발생한 전기에너지파가 위쪽으로 올라와 시각피질에 집중적으로 분포되는데, 이는 곧 꿈의 중요한 요소 중 하나가 시각영상임을 의미한다. 그 후 꿈을 꾸는 상태로 접어들면 뇌의 활동이 활발해지면서 눈동자가 빠르게 움직이기 시작한다. [이것을 급속안구운동(rapid eye movement, REM)이라 한다. 일부 동물들도 잠자는 동안 REM 상태에 빠진다. 그래서 일부 과학자들은 동물도 꿈을 꾼다고 추정하고 있다.]

잠자는 동안 시각을 담당하는 부분은 활성화되지만, 그 외에 냄새, 맛, 촉각 등을 감지하는 부위는 거의 아무런 활동을 하지 않는다. 따라서 꿈을 꾸는 동안 눈에 보이는 영상과 모든 감각은 외부에서 온 것이 아니라, 뇌간에서 발생한 전자기파의 진동을 통해 자체적으로 만들어진 것이다. 이 시간 동안 우리 몸은 외부세계로부터 완전히 고립되어 있으며, 감각기관은 어느 정도 마비된 상태이다. 자는 사람을 옆에서 가볍게 건드려도 아무런 반응이 없는 것은 바로 이런 이유 때문이다. [아마도 이것은 일종의 안전장치인 것 같다. 자는 동안에도 외부자극을 고스란히 느낀다면 꿈이 악몽으로 변할 수 있기 때문이다. 통계에 의하면 100명 중 6명이 꿈에서 깨어난 후 몸이 마비되는 '수면마비(sleep paralysis : 가위눌림)' 증세를 겪는다고 한다. 이런 사람들은 한결같이 "분명히 꿈에서 깨어났는데 누군가가 내 목이나 가슴, 또는 팔과 다리를 짓누르고 있어서, 꼼짝도 할 수 없었다"고 진술한다. 빅토리아 시대의 그림 중에는 잠에서 갓 깨어난 여인의 가슴을 마귀가 깔고 앉은 채 무섭게 노려보는 그림이 있다. 그래서 일부 심리학자들은 "외계인에게 납치되었다"고 주장하는 사람들이 수면마비를 겪었을 것으로 믿고 있다.]

우리가 잠을 잘 때에도 해마는 여전히 깨어 있다. 이는 곧 꿈이 우리의 기억에 의존하고 있음을 의미한다. 편도체와 전측대상피질(anterior cingulate cortex: 집중과 정서적 반응을 제어하는 전두엽의 중심부–옮긴이)도 수면 중에 깨어 있다. 그래서 꿈을 꾸다 보면 공포와 같은 감정적 경험을 주로 겪게 된다.

그러나 중요한 것은 잠잘 때 활동하는 부위가 아니라 기능을 멈추는 부위이다. 배외측 전전두피질(dorsolateral prefrontal cortex: 두뇌의 최고사령부)과 안와전두피질(orbitofrontal cortex: 사실 여부를 확인하거나 오류를 점검하는 검증장치) 그리고 측두두정피질(temporoparietal cortex: 감각신호와 공간지각을 처리하는 부분)이 여기 속한다.

배외측 전전두피질이 기능을 멈추면 논리적 사고를 할 수 없다. 그래서 꿈을 꾸는 동안에는 시각중추에서 아무 논리 없이 마구잡이로 만들어진 영상이 떠오르고, 그 속에서 우리의 사고는 뚜렷한 목적 없이 표류한다. 게다가 사실 여부를 확인하는 안와전두피질도 작동하지 않아서, 우리의 꿈은 물리법칙이나 상식의 한계를 뛰어넘어 상상의 나래를 마음껏 펼칠 수 있다. 또한 꿈속에서 유체이탈과 같은 초현실적 현상을 겪는 것은 눈과 내이(內耳, inner ear)를 통해 들어온 정보로부터 현재 위치를 판단하는 측두두정피질이 작동하지 않기 때문이다.

앞서 강조한 바와 같이, 의식의 주된 기능은 바깥세상의 모형을 만들고 미래를 시뮬레이션하는 것이다. 그렇다면 꿈은 자연의 법칙과 사회적 관계를 한시적으로 무시한 채 미래를 시뮬레이션하는 또 한 가지 방법이라고 할 수 있다.

꿈은 어떻게 만들어지는가?

그래도 의문은 여전히 남는다. 꿈을 만드는 원천은 무엇인가? 꿈은 어떤 과정을 거쳐 만들어지는가? 하버드의과대학의 정신의학자 앨런 홉슨Allan Hobson은 수십 년 동안 꿈의 비밀을 밝혀온 이 분야의 세계적 전문가이다. 그는 REM 수면을 신경과학적으로 분석한 끝에 다음과 같이 결론지었다. "잠을 자는 동안 우리의 뇌는 뇌간에서 올라온 방대한 무작위 정보를 어떻게든 이해 가능한 형태로 가공하기 위해 노력한다. 우리가 꾸는 꿈은 바로 이 과정에서 만들어진다."

홉슨 박사는 나와 인터뷰를 하면서 꿈의 다섯 가지 특성을 들려주었다.[2]

1. **강렬한 감정:** 편도체가 활성화되면서 두려움과 같이 강렬한 감정을 만들어낸다.
2. **비논리적 내용:** 꿈은 논리와 상관없이 한 장면에서 다른 장면으로 빠르게 변한다.
3. **또렷한 감각:** 꿈을 꾸는 동안에는 내부에서 생성된 거짓감각을 생생하게 느낄 수 있다.
4. **비평 없는 수용:** 우리는 꿈에서 일어나는 비논리적 사건들을 아무런 비평 없이 받아들인다.
5. **기억하기 어려움:** 대부분 꿈은 잠에서 깨어난 후 몇 분 이내에 잊혀진다.

홉슨 박사와 그의 동료인 로버트 맥컬리Robert McCarley 박사는 꿈에 관한 프로이트의 이론인 '활성화 종합가설activation synthesis theory'에 심각한 이의를 제기하여 세계적인 주목을 받았다. 두 사람은 1977년에 "꿈은 뇌간의 신경이 무작위로 활성화되면서 발생하며, 이것이 대뇌피질로 전달되면 무작위 신호가 이해할 수 있는 내용으로 가공된다"고 주장했다.

꿈의 핵심은 뇌간에서 발견되는 마디node에 있다. 마디는 뇌에서 가장 오래된 부분으로, '아드레날린성 제제(adrenergics: 각성상태를 유지해주는 호르몬—옮긴이)'와 같은 특별한 화학물질을 배출한다. 그러나 잠든 상태에서 뇌간은 콜린cholinergic이라는 또 다른 신경을 활성화하고, 이곳에서 수면상태를 유지하는 화학물질을 배출한다.

우리가 수면상태에 빠지면 뇌간의 콜린성 신경이 비정상적 전기에너지 펄스인 PGO파pontine-geniculate-occipital waves를 방출하고, 이 파동이 시각피질을 자극하여 다양한 꿈을 만들어낸다. 시각피질의 세포는 특정한 패턴으로 1초당 수백 번씩 공명을 일으키는데, 꿈의 내용이 비논리적이면서 앞뒤가 맞지 않는 이유는 바로 이 공명현상 때문일 것으로 추정된다.

뇌간의 신경계에서는 이성 및 논리적 사고에 관여하는 부분을 분리하는 화학물질을 배출한다. 전전두피질과 안와전두피질의 검열을 거치지 않으면 두뇌는 길을 잃기 십상이다. 그래서 꿈을 꾸는 동안 우리의 생각은 뚜렷한 목적 없이 헤매거나 기이한 방향으로 흘러간다.

연구에 의하면 우리는 깨어 있는 상태에서 콜린성 상태cholinergic state에 빠질 수 있다.[3] 아칸소대학교의 에드가 가르시아-릴Edgar Garcia-Rill 박사는 "깨어 있는 상태에서 명상하거나, 무언가를 크게 걱정하거나, 또는 좁은 공간에 고립되어 있으면 콜린성 상태에 빠진다"고 주장한다. 비행기 조종사나 자동차 레이서들이 몇 시간 동안 비좁은 조종석에 앉아 있다 보면 이런 상태에 빠질 수 있다. 가르시아-릴 박사는 정신분열증 환자에게 환영이 자주 보이는 이유가 뇌간에 콜린성 신경이 지나치게 많기 때문이라고 했다.

앨런 홉슨 박사는 좀 더 효율적인 연구를 위해 피험자들에게 뇌파를 기록하는 취침용 모자를 쓴 채 수면에 들게 했다. 이 모자에는 여러 개의 센서가 달렸는데, 그중 하나는 머리의 움직임을 기록하고(대부분의 사람들은 하나의 꿈이 끝날 때마다 머리를 움직인다) 또 다른 센서는 눈꺼풀의 움직임을 기록한다(REM 수면상태로 들어가면 눈꺼풀이 움직인다). 그 후 피험자가 잠에서 깨어나면 곧바로 꿈의 내용을 기록하고, 모자에서 전송된 정보는 컴퓨터에 저장된다.

홉슨 박사는 이런 방법으로 꿈과 관련한 방대한 정보를 수집했다. 나는 그와 인터뷰하면서 단도직입적으로 물었다. "그래서, 꿈의 의미는 무엇입니까?" 그랬더니 그는 꿈에서 의미를 찾는 행위를 포춘쿠키(중국계 미국인이 발명한 과자로, 과자 안에 오늘의 운세가 적힌 종이가 들어 있다-옮긴이)에 비유하면서 "이 연구를 꽤 오랫동안 해왔지만 꿈에서 우주의 숨은 메시지가 발견된 사례는 단 한 건도 없다"고 잘라 말했다.

그가 생각하는 꿈은 이렇다. "뇌간에서 올라온 PGO파가 대뇌피질에 도달하면 뇌는 이 비정상적인 신호를 어떻게든 이해 가능한 형태로 가공하여 하나의 이야기를 만들어낸다. 그 결과로 나타나는 현상이 바로 꿈이다. 그 이상도, 이하도 아니다."

꿈을 찍다

과거에 과학자들은 꿈에 관한 연구를 꺼리는 경향이 있었다. 내용이 워낙 주관적인 데다가, 오랜 옛날부터 과학과 거리가 먼 신비주의나 영적 현상과 결부되어왔기 때문이다. 그러나 MRI 스캐너가 등장하면서 꿈에 얽힌 비밀이 서서히 밝혀지기 시작했다. 뇌에서 꿈을 제어하는 부위는 시각정보를 제어하는 부위와 거의 일치하므로, 적절한 장비를 동원하면 꿈을 촬영할 수 있다. 이 연구는 현재 일본 교토에 있는 ATR전산신경과학연구소ATR Computational and Neuroscience Laboratory에서 주도하고 있다.

이들의 실험방법은 다음과 같다. 피험자를 MRI 스캐너 안에 눕혀 놓고 10×10개의 픽셀로 이루어진 흑백 영상 400개를 차례대로 보여준다. 각 영상은 섬광처럼 잠깐 나타났다가 사라지는데, 이때 피험자의 뇌에서 일어나는 반응을 MRI로 찍어서 저장한다. ATR 연구소의 과학자들은 BMI(brain-machine interface: 뇌-기계 인터페이스)를 연구하는 다른 연구팀과 협동하여 MRI 패턴과 픽셀영상을 연결하는 영상백과사전을 만들었다. 그리고 이 사전을 이용하여 다른 피험자들이 꿈을 꿀 때 찍은 MRI 영상으로부터 그들이 무엇을 보았는지 역으로 추적했다.

ATR 연구소 소장인 유키야수 카미타니Yukiyasu Kamitani는 말한다. "이 기술은 시각뿐만 아니라 다른 감각에도 적용할 수 있다. 미래에는 복잡한 느낌과 감정까지 읽을 수 있을 것이다."[4] 실제로 정신적 상태와 MRI 영상 사이의 일대일 관계가 확립되면, 꿈을 비롯한 뇌의 다양한 정신적 상태를 그림으로 표현할 수 있다.

교토 ATR 연구소의 과학자들은 마음을 찍은 정지사진을 분석하는데 주력해왔다. 이 연구는 3장에서 언급했던 잭 갤런트Jack Gallant 박사의 연구와 비슷하다. 그는 두뇌의 3차원 MRI 영상으로부터 복셀voxel을 만든 후, 여기에 복잡한 수학공식을 적용하여 피험자가 눈으로 본 영상을 재현해왔으며, 비슷한 방법으로 꿈의 대략적인 동영상까지 찍고 있다. 내가 버클리 연구소를 방문했을 때[5], 그곳에서 박사후과정을 밟던 신지 니시모토Shinji Nishimoto 박사가 "세계 최초로 촬영된 꿈"이라며 자신의 꿈을 찍은 동영상을 보여주었는데, 다양한 사람 얼굴이 어른거리는 것으로 보아 피험자(니시모토 박사)가 동물이나 사물이 아닌 사람에 관한 꿈을 꾸었음이 분명했다. 나 역시 다른 사람의 꿈을 눈으로 직접 보는 것은 생전 처음이었다. 그러나 영상이 희미해서 누구의 얼굴인지는 분간할 수 없었다. 버클리 연구팀의 다음 목적은 픽셀의 수를 늘려서 복잡한 영상을 해독하는 것이다. 그리고 여기서 한 걸음 더 나아가 흑백이 아닌 컬러로 꿈을 재현한다는 계획도 세워놓고 있다.

나는 니시모토 박사에게 중요한 질문을 던졌다. "이 동영상이 정확하다는 것을 어떻게 알 수 있는가? 당신의 꿈을 컴퓨터가 잘못 해석할 수도 있지 않은가?" 그는 다소 난처한 표정을 지으며 그것이 이 연구의 약점이라고 고백했다. 일반적으로 꿈은 잠에서 깨어난 후 몇 분 안에 잊히기 때문에, 컴퓨터가 만든 동영상과 비교하려면 일어나자마자 꿈을 기록해놓아야 한다(그나마 정확하게 기록하는 것은 거의 불가능하다). 그래서 이 방법은 신뢰도를 확인하기가 쉽지 않다.

갤런트 박사는 꿈을 찍는 연구가 아직은 진행단계여서 결과를 발표하기에는 시기상조라고 했다. 전날 밤에 꾸었던 꿈을 TV로 틀어놓고 자신의 마음 상태를 점검할 수 있다면 참 좋겠지만, 이런 세상이 오려면 좀 더 기다려야 할 것 같다.

자각몽

과학자들은 한때 공상으로 여겨졌던 자각몽(自覺夢, lucid dream)도

연구하고 있다. 자각몽이란 의식이 있는 상태에서 꾸는 꿈을 말한다. 모순처럼 들리겠지만, 두뇌스캔 데이터는 이런 상태가 분명히 존재한다는 것을 입증하고 있다. 자각몽 상태에서는 자신이 꿈을 꾼다는 사실을 알고 있으므로, 꿈이 진행되는 방향을 스스로 조절할 수 있다. 자각몽에 관한 과학적 연구는 최근에 와서야 시작되었지만, 현상 자체는 수백 년 전부터 알려져 있었다. 예를 들어 불경에는 자각몽을 꾸는 사람에 관한 이야기와 함께 어떻게 하면 그처럼 될 수 있는지 설명하는 부분이 있고, 유럽에서는 수백 년에 걸쳐 자각몽을 기록한 책이 여러 권 출간되었다.

자각몽을 꾸는 사람의 뇌를 스캔해보면, 이런 현상이 실제로 존재한다는 것을 확인할 수 있다. 일상적인 REM 수면상태에서는 배외측 전전두피질이 거의 활동하지 않는데, 피험자가 자각몽을 꿀 때에는 이 부위가 활성화되어 있다. 이는 곧 피험자가 꿈을 꾸면서도 의식이 부분적으로 깨어 있음을 의미한다. 실제로 자각몽이 또렷할수록 배외측 전전두피질의 활동이 더욱 활발해진다. 배외측 전전두피질은 뇌에서 의식을 담당하는 부위이므로, 위와 같은 사람들은 의식이 있는 상태에서 꿈을 꾸는 것이 분명하다.

홉슨 박사는 나에게 "약간의 훈련을 거치면 누구나 자각몽을 꿀 수 있다"고 귀띔해주었다. 이 훈련은 '꿈을 기록하는 노트'를 준비하는 것으로 시작된다. 우선 베개를 베고 눕기 전, "꿈꾸는 도중에 '나'라는 의식을 갖고 내가 꿈속에 있음을 인식하겠다"고 스스로 다짐한다. REM 수면상태에서는 몸의 대부분이 마비되기 때문에, 외부사람들에게 "나는 지금 꿈속으로 진입했다"는 신호를 보내기가 매우 어렵다. 그러나 스탠퍼드대학교의 스티븐 라베지Stephen LaBerge 박사는 (자신을 포함하여) 꿈꾸는 동안 외부에 신호를 보낼 수 있는 사람들을 대상으로 자각몽 실험을 하고 있다.

2011년에 한 무리의 과학자들은 MRI와 EEG 센서를 이용하여 꿈의 내용을 파악하고, 심지어 잠자는 사람과 의사소통까지 하는 데 성공했다. 뮌헨과 라이프치히에 있는 막스플랑크연구소Max Planck Institute의 과학자들은 자각몽을 꾸는 사람에게 EEG 센서를 부착하고, 그가 REM 수면상태에 들어가는 순간을 포착하여 MRI 스캐너를 가동하였다. 피험자는 잠들기 전에 "꿈을 꿀 때 모스부호Morse code처럼 눈의 움직임과 호흡 패턴으로 신호를 보내겠다"고 실험자들과 미리 약속했다. 또한 피험자는 꿈이 시작될 때 오른손 주먹을 쥐었다가 10초 후에 왼손 주먹을 쥐어서 꿈이 시작되었음을 알려주기로 했다(실제로 주먹을 쥐는 것이 아니라, 꿈속에서 그런 행동을 한다는 뜻이다. 따라서 실험자들은 피험자가 꿈속에서 주먹을 쥐었는지 MRI 영상을 통해 간접적으로 확인하는 수밖에 없다-옮긴이).

과학자들은 피험자가 꿈꾸는 상태로 진입할 때 감각운동피질(sensorimotor cortex: 주먹 쥐기 등 근육운동을 제어하는 부분)이 활성화되는 것을 확인했다. MRI 스캔영상을 보면 피험자가 주먹을 쥐었는지, 그리고 어느 쪽 주먹을 먼저 쥐었는지 알 수 있다. 그 후 이들은 또 다른 센서(근적외선분광기)를 이용하여 피험자의 뇌에서 몸의 움직임을 계획하는 부위의 활성도가 높아졌음을 확인할 수 있었다.

연구팀의 리더인 마이클 치쉬Michael Czisch는 말한다. "우리의 목적은 꿈을 그저 들여다보는 '수면영화'를 만드는 것이 아니라, 꿈의 내용을 생산하는 두뇌영역의 활동에 적극적으로 개입하는 것이다."[6]

꿈속으로 들어가다

꿈꾸는 사람과 의사소통을 할 수 있다면, 외부에서 누군가의 꿈을 조종할 수도 있지 않을까? 얼마든지 가능한 이야기다.

앞서 말한 바와 같이, 과학자들은 꿈 동영상을 찍는 데 이미 성공했다. 아직은 해상도가 낮아서 판독에 어려움이 있지만, 몇 년 후에는 선명한 영상을 얻을 수 있을 것이다. 그리고 자각몽을 꾸는 사람과 깨어 있는 사람(실험자) 사이에 신호를 주고받을 수 있으므로, 꿈의 내용을 외부에서 바꾸는 것도 원리적으로는 가능하다. 한 과학자가 MRI를 통해 피험자의 꿈을 실시간으로 보고 있다고 가정해보자. 피험자가 꿈속에서 헤매는 동안 과학자는 그에게 현재 위치를 알려주고, 갈림길이 나올 때마다 어느 길을 선택할 것인지 일일이 지시를 내릴 수 있다.

그러므로 머지않아 우리는 누군가의 꿈을 비디오로 보면서 직접 영향을 미칠 수 있을 것이다. 영화 〈인셉션〉에서 디카프리오는 여기서 한 걸음 더 나아가, 아예 다른 사람의 꿈에 동참하여 함께 모험을 겪는다. 과연 이런 것도 가능할까?

꿈을 꿀 때는 신체 대부분이 마비된 상태여서, 꿈속에서 하는 행동을 실제로 하지는 않는다. 그러나 몽유병 환자들은 종종 눈을 뜬 채로 걸어다닌다(물론 눈빛이 또렷하진 않다). 즉, 이들은 반은 현실이고 반은 꿈속인 이상한 세계에 살고 있다. 몽유병의 증세는 집 안을 걸어다니거나, 자동차를 운전하거나, 나무를 자르거나, 심지어 살인까지 하는 등 매우 다양하게 나타난다. 이들의 꿈은 현실과 판타지가 뒤섞인 이상한 상태에서 진행된다. 그러므로 눈에 보이는 실제 영상과 꿈꾸는 동안 뇌가 만들어낸 허구의 영상은 얼마든지 섞일 수 있다.

다른 사람의 꿈속으로 들어가려면, 망막에 영상을 투영하는 콘택트렌즈를 만들어서 꿈꾸는 사람의 눈에 씌워주면 된다. 인터넷용 콘택트렌즈는 시애틀에 있는 워싱턴대학교에서 이미 개발했다.[7] 따라서 관측자(A)가 피험자(B)의 꿈속에 들어가려면, 먼저 스튜디오에서 A의 모습을 촬영해야 한다. 그 후 B가 꿈을 꾸고 있을 때, B가 착용한 콘택트렌즈에 A의 영상을 투영하면 복합적인 영상을 만들어낼 수 있다(B의 상상이 만들어낸 영상에 A의 실제 영상을 덧붙이는 식이다).

이렇게 하면 B는 꿈속에서 A를 볼 수 있다. 그런데 A가 "나는 B의 꿈속에 있다"는 느낌을 받으려면 A도 콘택트렌즈를 착용해야 한다. B의 꿈에 나타난 영상을 MRI로 촬영하여 A의 렌즈에 전송하면 A는 B의 꿈에 동참할 수 있다.

뿐만 아니라 A는 B의 꿈속에 들어가서 꿈이 진행되는 방향까지 바꿀 수 있다. 스튜디오를 이리저리 걸어다니는 A는 콘택트렌즈를 통해 B의 꿈을 들여다보면서, B뿐만 아니라 그의 꿈에 등장한 다른 사람들과도 의사를 교환한다. 이것은 참으로 특이한 경험이 아닐 수 없다. 꿈의 배경화면은 아무런 예고 없이 수시로 바뀌고, 물리법칙은 전혀 통하지 않는다. 이곳에서는 어떤 일도 일어날 수 있다.

미래에는 여기서 한 걸음 더 나아가 잠자는 두 사람의 뇌를 직접 연결하여 꿈을 공유할 수도 있을 것이다. MRI 스캐너를 통해 두 사람의 뇌를 연결하고 MRI를 중앙컴퓨터에 연결하면 두 개의 꿈을 하나로 합칠 수 있다. 컴퓨터가 MRI를 통해 들어온 데이터를 영상으로 재구성한 후, 이것을 다른 사람의 뇌에 전송하면 된다. 아직은 꿈 촬영법과 해독기술이 초보적 단계여서 구현하기 어렵지만, 수십 년 후에는 가능할 것으로 기대된다.

그렇다면 또 다른 질문이 떠오른다. 다른 사람의 꿈을 마음대로 바꿀 수 있다면, 꿈뿐만 아니라 생각까지 바꿀 수 있지 않을까? 미국과 소련의 냉전이 최고조에 달했을 때, 양국은 다른 사람의 생각을 바꾸는 고도의 심리전략을 신중하게 연구한 적이 있다. 군사력으로 적을 제압하는 것보다 적의 생각을 우리에게 유리한 쪽으로 바꾸는 것이 훨씬 효율적이기 때문이다.

마음이란 두뇌활동의 결과물일 뿐, 그 이상도 이하도 아니다.
_마빈 민스키Marvin Minsky

8
마음 조종하기

스페인의 코르도바Cordoba에 있는 한 투우장에서 진행자들이 잔뜩 흥분한 소 한 마리를 우리 밖으로 풀어주었다.[1] 스페인의 투우 사육자들은 여러 세대에 걸쳐 품종을 개량하여 공격성과 킬러본능을 극대화한 괴물을 만들어냈고, 이 소는 그중에서도 가장 난폭한 놈이었다. 그런데 잠시 후, 밝은 금색 재킷을 입은 예일대학교 교수가 투우장에 조용히 들어서더니, 사나운 소가 보는 앞에서 붉은 천을 흔들어대기 시작한다. 대체 무슨 일이 벌어지고 있는 것일까? 아무리 봐도 투우사 같지는 않은데, 어찌 저리도 태연할 수 있을까? 혹시 미쳤거나 자살하려는 것은 아닐까?

흥분한 소는 앞발로 땅을 거칠게 비비면서 날카로운 뿔을 그에게 겨냥했다. 그런데 그 교수라는 사람은 여유 있게 미소를 지으며 주머니에서 조그만 상자를 꺼내들었다. 그리고 마침내 소가 교수를 향해 돌진하는 순간, 상자에 달린 조그만 단추를 눌렀다. 그랬더니 소가 마치 얼음땡 놀이라도 하듯이 갑자기 그 자리에 멈춰 섰다. 알고 보니 교수의 목적은 자살이 아니라, 미친 소의 마음을 통제할 수 있음을 입증하는 것이었다. 과학을 위해 과감하게 목숨을 건 것이다.

이 이벤트의 주인공은 예일대학교 교수인 호세 델가도José Delgado였다. 그는 1960년대부터 동물을 대상으로 시대를 앞서가는 놀라운 실험을 수행하여 세계적인 주목을 받아온 인물이다. 그의 특기는 동물의 뇌에 전극을 삽입하여 행동을 조종하는 것이었는데, 투우장에서 살아날 수 있었던 것도 소 두뇌의 선조체striatum에 삽입한 전극 덕분이었다.

델가도는 이 방법을 이용하여 원숭이 무리의 위계질서를 인위적으로 바꾼 적이 있다. 무리에서 서열 1위인 수놈의 미상핵(caudate nucleus: 움직임을 제어하는 부위)에 전극을 삽입하여 적절한 충격을 가했더니, 공격적인 성향이 많이 줄었다고 한다. 그러자 서열 2위였던 원숭이가 반란을 일으켜 우두머리가 되었고, 서열 1위였던 원숭이는 영역을 지키거나 암놈을 차지하려는 의욕을 거의 잃은 채 조용히 물러났다.

그 후 우두머리였던 원숭이의 뇌에 또 다른 충격을 가했더니 갑자기 예전처럼 난폭해지면서, 새 우두머리를 몰아내고 본래의 1위 자리를 되찾았다.

델가도 박사는 이런 식으로 동물의 마음을 조종한 최초의 인물로 역사에 기록되었다. 살아 있는 인형에게 줄을 연결하여 마음대로 조종하는 '인형극 연출가'가 된 것이다.

과학계는 델가도의 연구를 별로 달갑게 여기지 않았다. 그런데 델가도는 1969년에 《마음 조종하기: 정신적으로 문명화된 세상을 향하여Physical Control of the Mind: Toward a Psychocivilized Society》라는 책을 출간하여 상황을 더욱 악화시켰다. 개중에는 순수하게 학문적인 관점에서 델가도의 연구를 지지하는 학자들도 있었지만, 대부분 사람들의 머릿속에는 똑같은 의문이 떠올랐다. "델가도 같은 과학자들이 끈을 잡아당기는 사람이라면, 그를 조종하는 사람은 누구인가?"

델가도의 연구는 과학의 긍정적인 면과 부정적인 면을 동시에 부각시켰다. 만일 이 기술이 비양심적인 독재자의 손에 들어간다면 사회적 약자들을 기만하고 제어하는 데 악용될 가능성이 높다. 그러나 이 기술은 매일같이 불안에 떨거나 환영에 시달리는 등 정신질환을 앓는 수백만 명의 환자에게는 한 줄기 희망이 될 수 있다. [몇 년 전, 델가도 박사는 한 기자와 인터뷰를 하던 중 "당신의 연구는 논란의 소지가 다분한데, 왜 계속하는가?"라는 질문을 받고 다음과 같이 대답했다. "나는 정신질환 환자들이 의학이라는 이름으로 혹사당하는 관행을 근절하고 싶다. 그들은 본인의 의사와 상관없이 전두엽 절제술을 받곤 하는데, 수술을 어떤 식으로 진행하는지 아는가? 얼음을 깨는 정처럼 생긴 칼을 이마에 대고 망치로 내리친다. 고통도 문제지만, 그들이 향후 겪게 되는 부작용은 더욱 심각한 문제다." 실제로 전전두엽을 절제 당한 환자 중에는 수술 전보다 훨씬 끔찍한 고통을 겪는 사람도 있다. 켄 키지Ken Kesey의 소설 《뻐꾸기 둥지 위로 날아간 새One Flew Over the Cuckoo's Nest》는 바로 이런 현실을 다룬 문제작으로, 1975년에 영화로 만들어지기도 했다. 이 영화에서 일부 환자들은 조용하고 안락한 삶을 누리지만, 대부분의 환자들은 감정과 고통에 무감각해진 채 좀비와 다름없는 비참한 삶을 살아간다. 이 잔인한 치료법은 1949년에 안토니오 모니스António Moniz가 전두엽 절제술에 성공하여 노벨상을 받은 후부터 널리 퍼지기 시작해, 곳곳에서 사회적 문제를 일으켰다. 서방세계에는 잘 알려지지 않았지만, 1950년 소련에서는 전두엽 절제술이 "인간성을 말살할 뿐만 아니라, 정신병 환자를 아예 바보로 만든다"며 이와 관련된 모든 의료행위를 법으로 금지했다. 미국에서는 지난 20년 동안 무려 4만 명이 전두엽 절제술을 받았다.]

냉전과 마인드컨트롤

델가도 박사의 연구가 대중들에게 부정적으로 받아들여진 데에는 시대적 상황도 한몫했다. 미국과 소련 간의 냉전이 무르익던 무렵, 한국전쟁(1950년 6월 25일에 발발한 내전-옮긴이)에 참전했다가 포로로 잡힌 미군 병사들이 카메라 앞에서 시위를 벌인 적이 있다. 이들은 한결같이 멍한 표정으로 허공을 응시하며 "우리는 비밀임무를 띠고 파견된 미국 스파이로, 정부의 강압에 못 이겨 끔찍한 전쟁범죄를 저질렀다"면서 자신의 조국을 비난했다.

얼마 후 미국언론들은 "두뇌세척brainwashing"이라는 제목의 머리기사와 함께 "공산주의자들이 비밀리에 개발한 약을 미군 포로들에게 먹여서 말 잘 듣는 좀비로 만들었다"고 주장했다. 이런 분위기에서 1962년에 개봉된 영화 〈맨츄리안 캔디데이트The Manchurian Candidate〉는 마인드컨트롤에 대한 대중들의 거부감을 더욱 부추겼다(제목을 직역하면 '만주 지원자'라는 뜻이지만, '세뇌된 사람'이라는 의미로 통용된다-옮긴이). 영화의 주인공인 프랭크 시나트라Frank Sinatra는 미국 대통령을 암살하려는 스파이를 색출하기 위해 백방으로 노력하는데, 알고 보니 그 스파이는 온 국민이 전쟁영웅으로 떠받드는 미국 군인이었다. 과거 한국전쟁에 참전했다가 포로가 되었을 때 미국 대통령을 암살하도록 세뇌당한 것이다. 가족관계와 신분이 확실하고 무공훈장까지 받은 그를 어느 누가 의심하겠는가? 〈맨츄리안 캔디데이트〉는 당시 많은 미국인에게 섬뜩한 공포를 안겨주었다.

올더스 헉슬리Aldous Huxley가 1931년에 발표한 소설《멋진 신세계Brave New World》도 이와 비슷한 공포를 자아낸다. 문명이 극도로 발달한 미래세계, 그곳에 사는 모든 사람은 거대한 시험관아기 공장에서 태어난다. 관리자들은 태아에게 산소공급량을 조절하여 고의로 뇌에 손상을 입히는데, 손상된 정도에 따라 지능이 차별화되어 각기 다른 신분으로 평생을 살아간다. 손상이 전혀 없는 뇌를 갖고 태어난 아이들은 사회의 지도층이 되고, 뇌 손상이 제일 심한 상태로 태어난 아이들은 소모품이나 다름없는 일꾼으로 살아간다. 그리고 다수의 중간계층 사람들은 나름대로 민주주의 체제에서 살고 있지만, 마음을 조종당하는 약을 수시로 먹어가며 자신도 모르게 세뇌당하고 있다. 정말로 평화롭고 조화로운 세상이다. 그러나 작가는 글 속에서 의미심장한 질문을 제기하고 있다. "당신은 이 세상의 질서와 평화를 유지하기 위해 개인의 자유와 인간성을 어디까지 포기할 수 있는가?"

CIA의 마인드컨트롤 실험

CIA 사령부도 냉전의 긴장감에서 자유로울 수 없었다. 이들은 1950년대에 두뇌세척과 인간세뇌 등 비정상적인 과학에서 소련이 훨씬 앞서간다는 첩보를 입수하고, MK-ULTRA 등 다양한 프로젝트를 비밀리에 수행했다.[2] 특히 1953년에 시작된 MK-ULTRA는 상대방의 정신상태와 뇌 기능 조종법을 연구하는 특급비밀 프로젝트였다. [1973년에 워터게이트 사건(Watergate: 미국 정부가 워싱턴 D.C. 워터게이트 빌딩에 있던 민주당 당사에 도청장치를 설치하려다가 발각된 사건. 이 사건을 시작으로 정부의 감찰행위가 연이어 드러났고, 결국 리처드 닉슨 대통령이 임기 중 사임함으로써 마무리되었다-옮긴이)이 터져 미국 정부가 공황상태에 빠졌을 때, CIA 국장 리처드 헬름스Richard Helms는 돌연 MK-ULTRA 프로젝트를 전면 취소하고 2만 개가 넘는 관련 문건을 폐기했다. 그러나 1977년에 정보공개법이 통과되면서 미처 폐기하지 않은 일부 문건이 일반에 공개되는 바람에, 미국 정부의 치부가 만천하에 드러났다.]

지금까지 알려진 바에 의하면 MK-ULTRA는 1953~1973년 동안 44개의 대학교를 비롯하여 다수의 병원과 제약회사, 교도소 등 총 80개의 연구기관을 재정적으로 지원했다. 이 와중에 본인의 동의 없이 이루어진 수술만 150건에 달했으며, CIA 전체예산의 6%가 MK-ULTRA에 투입된 적도 있었다.

이때 실행된 마인드컨트롤 실험을 대충 요약하면 다음과 같다.

- 수감자가 진실을 털어놓게 하는 '진실의 약truth serum' 개발
- 미 해군의 주도로 진행된 '서브프로젝트 54(Subproject 54: 기억 지우기 기술개발)' 지원
- 최면과 다양한 약물(특히 LSD)을 이용하여 사람의 행동을 제어하는 기술 개발
- 피델 카스트로(Fidel Castro: 1959~2006년 동안 쿠바를 통치했던 인물-옮긴이) 등 외국 지도자를 대상으로 한 마인드컨트롤용 약물투여법 연구
- 죄수를 대상으로 한 다양한 심문방법 개발

- 사람을 빠르게 기절시키면서 흔적을 남기지 않는 약물 개발
- 사람을 순종적으로 만드는 약물 개발

MK-ULTRA 프로젝트에는 심령술사와 물리학자, 컴퓨터 전문가 등 다양한 분야의 과학자들이 대거 참여했다. 개중에는 연구의 이론적 타당성을 의심하는 사람도 있었지만, 대부분은 기꺼이 동참하여 순수과학에서 벗어난 이단적 실험을 수행했다. 이때 실행된 실험 중에는 심령술사에게 LSD를 먹이고 소련 잠수함의 위치를 알아맞히게 하는 황당한 실험도 있었다. 또한 이들은 미군에 근무하던 한 과학자에게 자신도 모르는 사이에 LSD를 다량으로 먹게 하여 완전히 폐인으로 만들기도 했다. 결국 그는 정신적 고통에 시달리다가 창문에서 뛰어내려 생을 마감했다고 한다.

이 모든 실험은 상식적으로 도저히 용납될 수 없는 것이었지만, 마인드컨트롤 분야에서 소련이 미국보다 훨씬 앞서 있다는 불안감 때문에 도중에 멈출 수도 없었다. 또 다른 비밀보고서에 의하면, 당시 소련은 마이크로 복사파를 사람의 뇌에 직접 발사하는 실험까지 감행했다고 한다(이 보고서는 미국 의회에 전달되었다). 그러나 미국은 소련의 행위를 비난하기는커녕 "군인이나 외교관의 마음을 혼란스럽게 하거나 완전히 분열시키는 신기술"이라고 평가했고,[3] 심지어 미군 측에서는 "적의 마음속에 우리가 원하는 말(대사)을 주입할 수 있을지 모른다"며 소련의 기술을 적극 수용해야 한다고 주장했다. 이때 작성된 보고서에는 다음과 같이 적혀 있다. "적을 교란하고 기만하는 방법 중 하나는… 저출력 마이크로파 펄스를 적의 머리에 발사하는 것이다… 이때 펄스의 강도를 적절히 조종하면 이해 가능한 문장을 만

들어낼 수 있다… 따라서 이 기술을 이용하면 우리가 선택한 특정 인물에게 메시지를 반복적으로 송출하여 본인도 모르는 사이에 세뇌시킬 수 있다."

미국 국민이 납부한 세금이 과학적 검증을 거치지 않은 비정상적 연구에 쓰인 것은 누가 봐도 어처구니없는 일이었다(워낙 비밀스러운 프로젝트였기에 검증을 받을 수조차 없었을 것이다). 이들의 가설은 물리학 법칙에도 어긋난다. 인간의 뇌는 마이크로파를 수신할 수 없을 뿐만 아니라, 거기 담긴 메시지를 해독할 수도 없기 때문이다. 영국 개방대학교Open University의 생물학자 스티브 로즈Steve Rose 박사는 이 무리한 연구를 "신경과학적 불가능neuro-scientific impossibility"이라고 불렀다.[4]

미국 정부는 비밀 프로젝트에 수백만 달러를 쏟아 부었지만, 이로부터 파생된 과학분야는 단 하나도 없었다. '마음을 바꾸는 약'을 복용한 피험자들은 정신적 공황상태에 빠져 극심한 고통을 겪었을 뿐이다. 결국 미국 국방성은 "다른 사람의 의식을 조종한다"는 본래 목적을 이루지 못한 채 프로젝트를 접어야 했다.

심리학자 로버트 제이 리프턴Robert Jay Lifton의 증언에 의하면, 공산국가에서 실행했던 두뇌세척도 장기적으로 별다른 효과를 보지 못했다. 한국전쟁 때 북한의 포로가 되어 미국을 비난했던 미군 포로들도 석방된 후에는 곧 정상으로 되돌아왔다. 또한 이단적 종파에 들어갔다가 두뇌세척을 당한 사람들도 일단 그곳을 빠져 나오기만 하면 며칠 또는 몇 주일 안에 본래 성격을 되찾는다. 모든 정황을 고려해 볼 때, 두뇌세척은 한 인간의 성격을 영구적으로 바꾸지는 못하는 것 같다.

물론 마인드컨트롤을 최초로 시도한 사람은 군인이 아니다. 고대의 마법사와 예언자들은 "전쟁터에서 생포한 적군에게 마법의 약을 먹이면 그들의 지휘관을 배신하게 할 수 있다"고 주장하곤 했는데, 가장 오래된 마인드컨트롤은 최면이었다.

당신은 지금 졸음이 쏟아진다…

내가 어릴 적에, 매주 TV에서 최면에 관한 프로그램을 방영한 적이 있다. 어느 날 이 프로그램에 출연한 최면술사가 지원자에게 최면을 걸면서 "당신은 깨어나면 닭이 된다"고 암시했다. 그랬더니 정말로 그는 닭 울음소리를 내고 양팔을 날개처럼 퍼덕이며 무대 위를 이리저리 뛰어다녔다. 당시에는 참으로 신기한 광경이었지만, 사실 이것은 간단한 '무대 최면'의 한 사례에 불과하다. 전문 마술사와 흥행사들이 집필한 책에는 "객석에 자기 사람을 미리 심어놓거나 관객 중 한 사람을 미리 포섭하여 연극을 하는 것"이라고 적혀 있다.

내가 진행을 맡았던 BBC/디스커버리 채널의 TV 다큐멘터리 〈타임Time〉에서는 오래된 기억을 되살리는 최면술을 다룬 적이 있다. 사람에게 최면을 걸어서 수십 년 전의 기억을 떠올리게 할 수 있을까? 이것이 가능하다면, 최면이 걸린 상태에서 특정 임무를 주입하여 수행하게 할 수도 있을까? 이 의문을 풀기 위해 나는 TV에서 최면에 걸리는 모험을 감수했다.

BBC 측은 이 프로그램을 위해 유능한 최면술사를 초청했다. 나는 조용하고 어두운 방의 침대에 누워 있었고, 그는 나에게 느리고 부드러운 말투로 긴장을 풀라고 하면서 서서히 최면을 걸어왔다. 얼마 후 그는 "오래전에 있었던 일이나 특별한 장소를 떠올리고, 그 시점으로 되돌아가서 눈에 보였던 모습과 소리 그리고 냄새를 기억해보라"고 했다. 그러자 놀랍게도 수십 년 동안 잊고 있었던 장소와 사람들의 얼굴이 내 머릿속에 서서히 떠오르기 시작했다. 처음에는 초점이 안 맞은 사진처럼 희미하게 보이다가 시간이 지날수록 점차 또렷해지는 것 같았다. 그러나 나의 회상은 얼마 가지 않아 갑자기 멈춰버렸다. 한동안 과거로 가는가 싶더니, 어느 순간부터 벽에 막힌 것처럼 더 나아갈 수 없었다. 최면을 통해 과거를 떠올리는 것은 어느 정도 가능하지만, 명백한 한계가 있는 것 같았다.

최면에 걸린 사람의 뇌를 EEG와 MRI로 찍어보면, 외부로부터 감각피질에 약간의 자극을 받은 것으로 나타난다. 이 정도면 일부 기억을 희미하게 되살릴 수는 있지만, 피험자의 성격이나 목적, 또는 원하는 것을 바꾸기에는 역부족이다. 1966년 미국 국방성에서 작성한 내부보고서에는 다음과 같이 적혀 있다. "최면은 무기로 사용할 정도로 신뢰도가 높지 않다. 과거 오랜 세월 동안 최면은 인간의 지성에 영향을 준다고 알려져 왔으나, 그 효과는 구체적인 목적을 수행할 정도로 정확하지 않으며, 효율성도 크게 떨어진다."[5]

두뇌스캔 데이터에 의하면, 최면에 걸린 상태는 꿈을 꾸는 REM 수면상태와 비슷하다. 다시 말해서, 최면에 걸린 상태는 과학으로 밝혀지지 않은 새로운 의식상태가 아니라는 이야기다. 인간의 의식을 "자신의 목적을 이루기 위해 외부세계의 모형을 만들고 미래를 시뮬레이션하는 과정"으로 정의할 때, 최면은 이 기본적인 과정을 바꿀 수 없다. 최면은 의식의 특정 부분을 부각하거나 특정한 기억을 되살리는 데 도움이 될 수는 있지만, 피험자와 사전모의 없이 그를 오리처럼 꽥꽥 울게 할 수는 없다.

'마음 바꾸기 약'과 '진실의 약'

MK-ULTRA 프로젝트의 목적 중 하나는 스파이나 수감자가 비밀을 털어놓게 하는 '진실의 약'을 개발하는 것이었다. 이 프로젝트는 1973년에 폐기되었지만, 1996년 국방성이 비밀항목에서 제외한 '미군 및 CIA 심문 지침서'에는 진실의 약을 사용하라고 권하고 있다(미국 대법원은 이 방법으로 얻어낸 자백을 '위헌적 강압'으로 간주하여 증거로 인정하지 않는다).

할리우드 영화를 자주 본 사람은 펜토탈 나트륨sodium pentothal이 진실의 약으로 쓰인다는 사실을 잘 알 것이다(대표적 영화로는 아놀드 슈왈제네거의 〈트루 라이즈True Lies〉와 로버트 드니로의 〈미트 페어런츠 2Meet the Fockers〉가 있다). 펜토탈 나트륨은 신경안정제의 일종으로, 해로운 화학물질이 뇌로 유입되는 것을 막아주는 혈뇌장벽blood-brain barrier을 무력화시킨다.

술과 같은 마음 바꾸기 약이 사람에게 큰 영향을 주는 것은 바로 이런 이유 때문이다. 펜토탈 나트륨은 전전두엽의 활동을 억제하기 때문에 몸과 마음이 이완되면서 말이 많아지고 평소에 안 하던 행동을 거리낌 없이 하게 된다. 그러나 이런 징후가 나타난다고 해서 반드시 진실을 털어놓는다는 보장은 없다. 펜토탈 나트륨을 다량으로 투입하면 오히려 거짓말을 잘하는 것으로 알려져 있다. 이런 약을 먹고 비밀을 털어놓는다는 것은 과장된 소문일 뿐이다. 그래서 결국 CIA는 진실의 약 개발을 포기했다.

그러나 인간의 기본의식을 바꾸는 약이 발견될 가능성은 남아 있다. 이 약의 구체적인 성분은 예측하기 어렵지만, 아마도 도파민이나 세로토닌, 또는 아세틸콜린과 같은 신경전달물질의 분비를 촉진하여 신경섬유의 연결부위(시냅스, synapse)에 변화를 일으키는 식으로 작용할 것이다. 시냅스를 고속도로의 곳곳에 설치된 요금소라 하면, 특정한 약(코카인과 같은 흥분제 등)은 요금소의 차단기를 열어서 자동차(정보)가 아무런 방해 없이 통과할 수 있도록 해준다. 이런 약을 먹으면 모든 요금소가 한꺼번에 열려서 오만 가지 신호가 한꺼번에 통과하기 때문에 환각상태에 빠지게 된다. 그러나 모든 시냅스가 동시에 열리면 다시 열릴 때까지 한 시간 이상 기다려야 한다. 그래서 약 기운이 떨어지면 갑자기 무력한 상태로 곤두박질치는 것이다(물론 이 상태가 되면 다시 고속도로를 마음껏 달리고 싶은 욕구가 솟구치기 마련이다. 이 현상을 두 글자로 줄인 것이 '중독'이다).

약은 어떻게 마음을 바꾸는가?

처음에 CIA는 약으로 마음이 바뀌는 생화학적 과정을 전혀 모르는 상태에서 실험을 수행했다(이 실험의 피험자들은 자신이 실험대상이라는 사실을 전혀 모르고 있었다). 그 후 분자생화학이 발달하면서 약물중독에 관한 연구가 체계적으로 실행되었는데, 과학자들은 동물실험을 하다가 충격적인 사실을 알게 되었다. 쥐를 비롯한 포유동물에게 코카인이나 헤로인, 또는 암페타민 같은 약을 주면 몸이 완전히 망가지거나 죽을 때까지 약을 필사적으로 갈구하게 된다는 것이다.

약물중독은 정말로 심각한 문제이다. 2007년 통계에 의하면 12살 이상의 미국인 중 메탐페타민에 중독됐거나 복용경험이 있는 사람이 1,300만 명(미국 인구의 5%)에 달한다.[6] 약물에 중독되면 삶이 피폐해질 뿐만 아니라 두뇌가 서서히 파괴된다. MRI 사진에 의하면 메탐페타민에 중독된 사람은 감정을 처리하는 대뇌변연계의 크기가 정상인보다 11% 작고, 기억을 관장하는 해마의 8%가 손상되어 있다. 게다가 이것은 알츠하이머병 환자의 뇌에서 발견되는 손상과 거의 비슷하다. 그러나 중독자는 이런 것을 생각할 겨를이 없다. 메탐페타민을 복용했을 때 느끼는 황홀감은 맛있는 음식을 먹을 때나 섹스를 할 때보다 거의 12배나 강렬해서, 유혹을 뿌리치기가 쉽지 않다.

마약을 복용했을 때 황홀경을 느끼는 것은 대뇌변연계에 있는 쾌락 및 보상 체계pleasure-reward system가 약에 의해 강제로 작동하기 때문이다. 이것은 수백만 년 전에 만들어진 원시적 체계지만, 바람직한 행동에 보상을 주고 해로운 행동에 대가를 치르게 하는 등 인간의 생존에 반드시 필요한 체계이기도 하다. 그러나 이 체계가 마약에 점령당하면 끔찍한 결과가 초래된다. 약이 혈뇌장벽에 유입되면 도파민 같은 신경전달물질이 과도하게 생산되어 편도체 근처에 있는 측위신경핵(nucleus accumbens: 쾌락의 중추)으로 유입되기 때문이다. 도파민은 복측피개영역(ventral tegmental area, VTA)에 있는 뇌세포에서 생성된다.

모든 마약은 작동원리가 거의 비슷하다. VTA-측위신경핵 회로는 도파민을 비롯한 신경전달물질이 쾌락중추로 흘러들어 가는 과정을 제어하는데, 약이 투입되면 이 회로가 손상되어 신경전달물질의 유입량을 제어할 수 없게 된다. 다만, 약의 종류에 따라 이 과정이 조금 다른 방식으로 일어나는 것뿐이다. 두뇌의 쾌락중추를 자극하는 대표적 성분으로는 도파민과 세로토닌 그리고 노르아드레날린noradrenaline이 있는데, 이들은 모두 극도의 쾌감과 행복감 그리고 근거 없는 확신을 불러일으키고 주체할 수 없는 에너지를 만들어낸다.

예를 들어 코카인과 같은 흥분제는 두 가지 방식으로 작용한다. 첫째, VTA 세포를 자극하여 도파민의 생성량을 늘려서 과다한 도파민이 측위신경핵으로 흘러들어 가게 하고, 둘째, VTA 세포가 'off' 위치로 되돌아가는 것을 방지하여 도파민이 계속 방출되게 한다. 또한 코카인은 세로토닌과 노르아드레날린의 흡수를 방해한다. 따라서 코카인을 복용하면 위에 열거한 세 가지 신경전달물질이 동시에 신경계로 흘러들어와 극도의 황홀경을 느끼게 되는 것이다.

이와는 반대로 헤로인을 비롯한 아편제(마취제)는 도파민의 생성을 억제하는 VTA 세포를 무력화하여, VTA로 하여금 과다한 도파민을 생성하게 한다.

LSD와 같은 마약류는 세로토닌의 생성을 자극하여 행복감과 존재감을 증폭시킨다.[7] 그러나 이 약은 측두엽을 자극하여 온갖 환영을 만들어내기도 한다(LSD를 10만분의 5g만 복용해도 환각상태에 빠진다. LSD는 결합력이 강해서 일정량을 초과하면 더 이상의 효과가 나타나지 않는다).

CIA는 몇 가지 실험을 거치면서 '아무런 부작용이 없으면서 마음만 바꾸는 약'이 불가능하다는 사실을 서서히 깨달았다. 피험자들은 온갖 환각에 시달리고 중독증세를 보이는 등 정신적으로 불안정해졌으므로, 마음을 바꾼다 해도 어떤 돌발행동을 할지 예측할 수가 없었다. 적국의 정치인이 이런 약을 먹고 우리에게 유리한 결정을 내린다 해도, 그 후 정신이 반쯤 나간 상태에서 핵미사일을 발사할 수도 있지 않은가?

[과학자들은 마약 상습복용자의 MRI 뇌 스캔영상을 분석하다가 몇 가지 중독은 치료가 가능하다는 사실을 알아냈다. 뇌도(腦島, insula: 전전두엽과 측두엽 사이에 있는 삼각형 부분)에 손상을 입은 뇌졸중 환자들은 일반 흡연자들보다 담배를 쉽게 끊는다고 한다. 담배뿐만 아니라 코카인, 알코올, 아편 등도 끊기가 쉬운 것으로 나타났다. 이것이 사실이라면 전극이나 자기 시뮬레이터로 뇌도에 충격을 가하여 활동을 억제함으로써 각종 중독을 치료할 수 있을 것이다. 미국국립약물중독연구소 National Institute on Drug Abuse의 소장 노라 볼코우Nora Volkow 박사는 말한다. "뇌 손상이 중독치료에 도움이 된다는 것은 정말 놀라운 일이 아닐 수 없다. 우리 연구진은 이 사실을 알아내고 흥분을 감추지 못했다."[8] 뇌도는 인지력과 근육운동, 자각능력 등 다양한 기능에 관여하고 있어서, 중독이 치료되는 원리를 지금 당장 알아내긴 어렵다. 그러나 뇌도와 중독의 관계가 사실로 드러난다면 중독에 관한 연구는 새로운 국면을 맞이하게 될 것이다.]

광유전학을 이용한 두뇌탐사

마인드컨트롤 실험은 뇌에 관하여 알려진 것이 거의 없던 시기에 주먹구구식으로 이루어졌기 때문에 대부분 실패로 끝났다. 그러나 두뇌탐사용 도구가 속속 개발되면서 과학자들은 뇌의 구조를 자세히 알게 되었고, 뇌를 제어하는 방법을 다양하게 연구 중이다.

앞에서도 말했지만 뇌신경회로와 행동의 상관관계를 규명하는 광유전학은 지금 가장 빠르게 발전하는 분야 중 하나로서, 빛에 매우 민감한 유전자인 '옵신(opsin: 간상세포의 시각색소 로돕신rhodopsin을 구성하는 막단백질-옮긴이)'에서 출발한다(과학자들은 수억 년 전, 생명체에 '눈eye'이라는 기관이 처음 형성되던 무렵에 이 유전자가 나타났을 것으로 추정하고 있다. 이 가설이 맞는다면 옵신 때문에 빛에 민감해진 피부조직 일부가 망막으로 진화했을 것이다).

옵신 유전자를 뉴런에 삽입한 후 빛에 노출시키면 해당 뉴런이 활성화되는데, 이를 위해서는 약간의 유전공학적 기술이 필요하다. 옵신 유전자를 무해한 바이러스(유해한 유전자가 제거된 바이러스)에 삽입한 후 정밀도구를 이용하여 바이러스를 특정 뉴런에 주입한다. 그러면 바이러스가 자신의 유전자로 뉴런을 감염시키고, 신경조직에 빛을 쪼이면 뉴런이 활성화된다. 이 방법을 이용하면 특정 메시지가 어떤 신경경로를 거쳐 전달되는지 확인할 수 있다.

광유전학은 뉴런에 빛을 쪼여서 특정 경로를 확인하는 것 외에 뉴런의 활동을 제어할 수도 있다. 오랜 세월 동안 과학자들은 과실파리가 위험을 감지하고 날아가는 것이 단순한 신경회로 때문이라고 믿어왔는데, 최근 들어 광유전학은 이것이 사실임을 입증했다. 과실파리의 특정 뉴런에 빛을 쪼이면 주변 상황에 상관없이 즉각적인 반응을 보인다.

지금 과학자들은 지렁이에게 빛을 쪼여서 꿈틀거리는 행동을 갑자기 멈추게 할 수 있다. 지난 2011년, 스탠퍼드의 과학자들은 쥐의 편도체에 옵신 유전자를 삽입한 후 행동의 변화를 관찰했다. 이 쥐들은 태어난 직후부터 소심한 성격을 갖도록 양육되었는데, 두뇌에 빛을 쪼이자 갑자기 우리 안을 헤집고 돌아다니는 등 적극적이고 난폭한 성격으로 돌변했다.

이 실험은 많은 것을 시사하고 있다. 과실파리와 달리 쥐는 사람과 거의 비슷한 대뇌변연계를 갖고 있기 때문이다. 쥐의 반응을 사람에게 곧바로 적용하긴 어렵겠지만, 언젠가는 정신질환이 발생하는 신경경로를 규명하여 부작용 없이 치료할 수 있을지도 모른다. MIT의 에드워드 보이든Edward Boyden 박사는 말한다. "두뇌회로의 전원을 끄고 일부조직을 제거해야 하는 상황이라면, 광학섬유삽입술이 해결책이 될 수 있다."[9]

광유전학의 실질적 응용사례로는 파킨슨병을 들 수 있다. 앞서 말한 대로 파킨슨병은 뇌심부자극술(deep brain stimulation, DBS)로 어느 정도 치료할 수 있지만, 정확한 위치에 전극을 부착하기가 어려워서 뇌졸중이나 출혈, 또는 감염의 우려가 있다. 또한 전극이 엉뚱한 뉴런을 자극하면 어지럼증이나 근육수축이 일어날 수 있다. 그러나 여기에 광유전학을 적용하면 잘못된 뉴런을 정확하게 겨냥할 수 있으므로 부작용이 많이 줄어든다.

광유전학은 사지가 마비된 환자들에게도 새로운 희망을 주고 있다. 4장에서 말한 대로, 마비 환자의 뇌를 컴퓨터에 연결하면 인공팔을 움직일 수 있다. 그러나 이런 식으로는 촉감을 느낄 수 없으므로, 인공팔로 집어든 물체를 떨어뜨리거나 너무 세게 쥐어서 부스러뜨리기 쉽다. 스탠퍼드대학교의 크리슈나 셰노이Krishna Shenoy 박사는 말한다. "인공손가락 끝에 센서를 달아서 촉감정보를 입수하여 뇌로 전송하면 세밀한 감각을 느낄 수 있다. 광유전학은 이 과정에서 매우 중요한 역할을 한다."[10]

또한 광유전학은 인간의 다양한 행동과 신경회로 사이의 구체적인 관계를 밝히는 데에도 중요한 역할을 할 것으로 기대된다. 지금 이 기술을 이용하여 정신질환을 치료하는 실험이 한창 진행 중인데, 여기에는 몇 가지 문제가 있다. 무엇보다 두개골을 절개해야 한다는 것이 가장 큰 문제이고, 두뇌 깊은 곳에 있는 뉴런을 연구할 때는 뇌까지 건드려야 한다는 것도 문제이다. 그리고 이 뉴런을 활성화하려면 전선을 두뇌 깊은 곳까지 연결하여 빛을 쪼여야 한다.

어쨌거나 신경회로망의 구조가 밝혀지면 적절한 부위를 자극하여 동물들이 비정상적인 행동을 하도록 유도할 수 있다(예를 들어 쥐가 원을 그리며 맴돌도록 할 수 있다). 지금은 몇 가지 동물에게 단순한 행동을 유도하는 수준이지만, 미래에는 인간을 포함한 모든 동물의 '행동-신경망 백과사전'을 만들어서 다양한 행동을 유발할 수 있을 것이다.

이 기술이 불순한 집단의 손에 들어가면 대중의 행동을 제어하는 등 악용될 소지가 있다. 그러나 광유전학이 충분히 발달하면 부정적인 면보다 긍정적인 면이 훨씬 크다. 정신질환을 비롯하여 과거에는 치료가 불가능했던 각종 질병을 치료할 수 있다면, 어느 정도의 부작용은 감수할 가치가 있다. 가까운 미래에는 광유전학의 장점이 크게 주목받아 많은 사람이 그 혜택을 보게 될 것이다. 그러나 먼 미래에 모든 행동의 신경경로가 밝혀지면, 광유전학은 인간의 행동을 제어하거나 수정하는 데 이용될 수도 있다.

마인드컨트롤의 미래

결론적으로 말해서, CIA가 연구했던 약물요법과 최면술은 완전한 실패작이었다. 군사적 목적으로 사용하기에는 너무 불안정하고 결과를 예측하기도 어려웠기 때문이다. 이런 것은 환영을 만들어내거나 중독에 빠지게 하는 등 사람을 망가뜨리는 데 쓰일 수는 있지만, 특정 기억을 지우거나, 사람을 유순하게 하거나, 자신의 의지와 상관없이 특정 임무를 수행하게 할 수는 없다. 약물이나 최면으로는 타인의 행동을 안정적으로 제어할 수 없다는 것이 학계의 중론이다.

이 연구가 성공한다 해도 문제는 여전히 남아 있다. 언젠가 칼 세이건Carl Sagan은 실제로 일어날 수 있는 끔찍한 시나리오를 언급한 적이 있다. 독재자가 어린아이들의 '고통중추'와 '쾌락중추'에 전극을 삽입하고 이것을 컴퓨터에 연결한 후, 단추 하나로 아이들을 조종하는 세상이 올 수 있다는 것이다.

이뿐만이 아니다. 누군가의 머리에 탐침을 삽입하여 자신이 원하지 않는 일을 하도록 만들 수도 있다. 델가도 박사의 연구는 아직 초보단계에 머물러 있지만, 운동을 제어하는 뇌 부위에 강한 전기충격을 가하면 근육을 자기 마음대로 움직일 수 없게 된다. 델가도는 동물의 뇌에 전기탐침을 삽입하여 몇 가지 행동을 제어하는 데 성공했다. 미래에는 스위치 하나로 다양한 행동을 제어할 수 있을지도 모른다.

남에게 조종당하는 것은 결코 유쾌한 일이 아니다. 우리 모두는 "내 몸의 주인은 오직 나 하나뿐"이라고 하늘같이 믿어왔다. 그런데 당신의 근육이 제멋대로 움직이면서 당신이 원하지 않는 일을 한다고 상상해보라. 뇌에 전달된 전기신호가 당신의 의지보다 훨씬 강하다면, 아무리 하기 싫은 행동도 할 수밖에 없다. 당신의 몸이 타인에게 납치된 것이다. 의식도 깨어 있고 몸도 멀쩡한데 의지와 상관없이 움직인다면, 내 몸이 내 몸 같지 않을 것이다.

이 끔찍한 시나리오가 과연 실현될 것인가? 원리적으로는 얼마든지 가능하다. 그러나 다행히 세상이 이렇게 변하는 것을 막아주는 몇 가지 요인이 존재한다. 첫째, 이 기술은 아직 초보단계이므로 오용이나 악용을 방지하는 안전장치 및 관련 법규를 마련할 시간이 충분하다. 둘째, 독재자가 나쁜 마음을 먹었다 해도, 수백만 아이들의 머릿속에 일일이 전극을 삽입하는 것보다 선전과 강압으로 다스리는 것이 훨씬 효율적이고 돈도 적게 든다. 셋째, 민주사회에서는 이 강력한 기술의 장단점을 놓고 활발하게 토론한 후, 장점을 극대화하면서 오용을 방지하는 법규를 마련할 것이다. 과학자들이 두뇌 신경망의 자세한 구조를 파악하여 인간의 마음과 행동을 조종할 수 있게 되면, 사회에 도움이 되는 기술과 사회를 통제하는 기술을 엄격하게 구분해야 한다. 물론 이런 판단은 기본교육을 받고 충분한 정보를 확보한 대중들이 내리게 될 것이다.

그러나 내가 보기에 이 기술의 진정한 위력은 인간의 정신에 자유를 부여한다는 점이다. 특히 정신질환으로 고통을 겪는 사람들에게는 더없이 좋은 소식이다. 정신병을 완치하는 치료법은 아직 발견되지 않았지만, 과학자들은 새로운 기술 덕분에 정신장애의 원인과 진행과정에 관하여 꽤 많은 사실을 알아냈다. 언젠가는 유전학과 약물요법 그리고 최첨단기술을 조합하여 오랜 세월 동안 인류를 괴롭혀온 질병을 퇴치할 수 있을 것이다.

요즘 일각에서는 두뇌에 관한 신지식을 이용하여 과거에 살다 간 위인들의 정신상태를 분석하는 연구가 한창 진행 중이다. 현대과학이 수백 년 전 사람의 정신을 감정하는 수준까지 도달한 것이다. 그중에서도 가장 관심을 끄는 인물은 프랑스의 영웅소녀, 잔 다르크Joan of Arc이다.

사랑에 빠진 연인들과 미치광이의 머리는 정신없이 들끓고 있다…
광인과 연인 그리고 시인의 머리는
상상으로 가득 차 있다.
_윌리엄 셰익스피어William Shakespeare,
《한여름밤의 꿈A Midsummer Night's Dream》 중에서

9
달라진 의식

글도 읽을 줄 모르는 한 시골 소녀가 왕의 기사를 찾아와 "신의 목소리를 들었다"면서 왕세자를 만나게 해달라고 간청했다. 너무나 황당한 주장이었지만 조국 프랑스가 워낙 위태로운 상황이었기에, 그 기사는 소녀에게 소규모 군대를 내주었다. 그런데 그녀는 전의를 상실한 군인들을 이끌고 전쟁터로 나아가 대승을 거두었고, 그 덕분에 프랑스는 위기에서 벗어날 수 있었다. 역사상 가장 신비롭고 매혹적인 인물, 조국 프랑스를 구하고도 비극적으로 삶을 마감했던 10대 소녀, 그녀의 이름은 잔 다르크였다.

백년 전쟁 말기에 프랑스는 북부지역 대부분을 영국군에게 내어주고 왕세자가 대관식조차 치르지 못하는 등 한마디로 나라 꼴이 말이 아니었다. 바로 이 시기에 오를레앙에서 온 한 소녀가 신의 계시를 받았다면서 군대를 지휘하게 해달라고 요구한 것이다. 왕세자는 그녀의

말을 반신반의하면서도, 더 잃을 것이 없다는 생각에 자신의 군대를 내주었다. 그런데 놀랍게도 그 소녀는 영국군을 상대로 연전연승을 거두면서 삽시간에 프랑스의 슈퍼스타로 떠올랐다. 전의를 거의 상실했던 프랑스군은 시골 소녀의 영웅담에 사기충천하여 가장 중요한 전투에서 대승을 거두었고, 그 덕분에 왕세자는 대관식을 치를 수 있었다. 그가 바로 샤를 7세다.

그러나 잔 다르크는 왕과 귀족들에게 배신당하여 영국군의 포로가 되었다. 영국인들은 그녀가 프랑스의 상징이자 신으로부터 계시를 받은 인물임을 잘 알았기에, 제거할 것을 염두에 두고 공개재판에 넘겼다. 그 후 몇 번의 심문 끝에 결국 그녀는 종교적 이단이라는 판결을 받고 19살의 어린 나이에 화형에 처해졌다(1431년).

그 후로 지금까지 수백 명의 역사가가 이 놀라운 10대 소녀의 삶을 이해하기 위해 노력해왔으나, 별다른 결론을 내리지 못했다. 과연 그녀는 예언자였을까? 성녀였을까? 혹시 정신 나간 소녀는 아니었을까? 최근 들어 과학자들은 현대 정신의학과 신경과학을 이용하여 잔 다르크를 비롯한 역사적 인물의 삶을 재조명하고 있다.

잔 다르크의 진정성을 의심하는 사람은 거의 없다. 그녀가 신으로부터 메시지를 들었다는 주장은 아마 사실일 것이다. 그러나 많은 과학자는 잔 다르크가 정신분열증을 앓았을 것으로 추측하고 있다. 그녀가 들었다는 '신의 목소리'가 환청일 가능성이 높기 때문이다. 물론 이 의견에 반대하는 학자도 있다. 지금까지 남아 있는 재판기록에 의하면, 잔 다르크는 법정에서 매우 논리적인 언변으로 자신을 변호했다. 사실, 당시 영국 재판관들은 그녀를 심문하면서 '신학적인 함정'을 파놓고 있었다. 예를 들어 "그대는 신의 은총을 받은 자인가?"라고 묻는 식이다. 이 질문에 "yes"라고 답하면 이단자가 되고(자신이 신의 은총을 받았는지는 아무도 알 수 없기 때문이다), "no"라고 대답하면 자신의 주장이 거짓이었음을 자백하는 꼴이 된다. 즉, 어떤 답을 하건 그녀는 유죄판결을 받을 수밖에 없는 상황이었다.

그런데 잔 다르크는 이 질문에 다음과 같이 대답했다. "제가 아직 신의 은총을 받지 않았다면 앞으로 받기를 원합니다. 그리고 이미 은총을 받았다면 앞으로도 계속 받기를 원합니다." 당시 재판기록에는 다음과 같이 적혀 있다. "그녀를 심문하던 재판관들은 이 한마디에 모두 바보가 되었다."

잔 다르크의 심문기록은 매우 특이하고 흥미진진하다. 그래서 조지 버나드 쇼(George Bernard Shaw : 영국의 극작가, 평론가. 1925년 노벨 문학상 수상자-옮긴이)는 자신의 희곡 《성녀 조안Saint Joan》에서 잔 다르크의 재판기록을 그대로 재현했다.

최근 들어 잔 다르크가 '측두엽간질temporal lobe epilepsy'을 앓았다는 주장이 제기되었다. 이 병을 앓는 환자들은 가끔 발작을 일으키지만, 개중에는 자신의 신념에 더욱 큰 확신을 느끼면서 "모든 것의 배후에는 어떤 섭리나 영혼이 존재한다"고 주장하는 사람도 있다. 과학자들은 이 증세를 '과종교증hyperreligiosity'이라 부르는데, 이런 환자들은 모든 사건의 배후에 심오한 종교적 의도가 있다고 굳게 믿는 경향이 있다. 그래서 일부 심리학자들은 자신이 신과 교류한다고 주장했던 과거의 예언자 중 상당수가 측두엽간질 환자였을 것으로 추정하고 있다. 신경과학자 데이비드 이글먼은 말한다. "역사에 등장하는 예언자와 순교자, 그리고 한 종족을 이끌었던 지도자 중 일부는 측두엽간질을 앓았을 가능성이 높다. 잔 다르크가 불과 16세의 어린 나이에

백년 전쟁의 판도를 바꿀 수 있었던 것은 자신이 천사장 미가엘과 알렉산드리아의 성 캐서린, 그리고 성 마가렛과 성 가브리엘 등 여러 천사의 목소리를 직접 들었다는 확신이 있었기 때문이다. 그녀의 믿음이 너무도 확고하여, 프랑스 군인들도 믿을 수밖에 없었을 것이다."[1]

사실 이것은 최근에 발견된 현상이 아니다. 1892년에 출간된 정신질환 관련 교과서에도 종교적 감정과 간질병 사이의 관계가 비교적 자세히 언급되어 있다. 개인의 종교적 체험을 최초로 정신의학적 관점에서 분석한 사람은 보스턴 재향군인병원의 신경과학자인 노먼 게슈빈트Norman Geschwind였다. 그는 왼쪽 측두엽에서 전기신호가 과도하게 흐르는 간질 환자들이 종종 종교적 체험을 겪는다는 사실을 간파하고, 1975년 "뇌에 전기폭풍이 불어닥치면 종교적 강박관념에 사로잡힌다"는 내용의 논문을 발표했다.

샌디에이고 캘리포니아대학교의 신경과학자 라마찬드란 박사는 측두엽간질 환자의 30~40%가 과종교증 증세를 보인다면서 다음과 같이 말했다. "이들은 개인적인 종교체험을 할 때도 있지만, 때때로 스케일이 엄청나게 커져서 범우주적인 신의 존재를 느끼기도 한다.[2] 한 환자는 나에게 '선생님, 저는 드디어 모든 것의 의미를 깨달았습니다. 신의 뜻도 이해가 갑니다. 이 우주에서 저의 위치가 어디인지, 이제는 분명하게 말할 수 있습니다'라고 했다."[3]

측두엽간질 환자들은 자기 생각이나 느낌을 그 누구보다 확고하게 믿는 경향이 있다. 라마찬드란 박사는 자신의 심정을 다음과 같이 고백했다. "이 환자들은 신념이 너무 확고하여, 혹시 다른 차원이나 평행우주를 보고 온 게 아닌지 나 자신도 헷갈릴 때가 있다. 동료의사들도 나와 비슷한 느낌을 받는지 궁금하지만, 환자들과 붙어살다가 나까지 이상해졌다고 생각할 것 같아 아직 물어보진 못했다." 그는 측두엽간질 환자들을 분석한 끝에, 이들이 일상적인 단어에는 별다른 반응을 보이지 않으면서 '신'이라는 단어에는 유난히 강렬한 감정을 느낀다고 결론지었다. 과종교증과 측두엽간질의 상관관계가 실험을 통해 어느 정도 확인된 셈이다.

심리학자 마이클 퍼싱어Michael Persinger는 "경두개자기자극술(transcranial magnetic stimulation, TMS)을 적절히 이용하면 피험자에게 종교적 체험을 유도할 수 있다"고 주장한다. 그의 주장이 사실이라면 자기장을 이용하여 피험자의 종교적 신념을 바꿀 수 있지 않을까?

퍼싱어 박사는 뇌의 특정 부위에 자기장을 방출하는 헬멧(그는 이것을 '신의 헬멧God Helmet'이라 불렀다)을 피험자에게 씌워주고 반응을 지켜보았다. 그는 나중에 피험자들과 인터뷰를 했는데, 대부분은 실험이 진행되는 동안 위대한 존재를 느꼈다고 대답했다. 〈사이언티픽 아메리칸〉의 전속작가인 데이비드 비엘로David Biello는 말한다. "뇌에 3분 동안 자극을 받은 피험자들은 그때의 느낌을 어떤 신성한 존재의 현현顯現으로 해석하는 경향이 뚜렷했다. 다만 개인의 종교적 성향에 따라 하나님이나 부처님으로 해석하기도 하고, 종교가 없는 사람들은 자비로운 존재나 경이로운 우주를 보았다고 주장했다."[4] 이 효과는 헬멧만 쓰면 언제든지 재현될 수 있으므로, 종교적 체험은 인간의 뇌와 어떻게든 연결되어 있는 것 같다.

일부 과학자들은 여기서 한 걸음 더 나아가 인간에게 종교적 성향을 부여하는 '신 유전자God gene'의 존재 가능성을 조심스럽게 제시하고 있다. 과거에 대부분의 집단이나 사회는 종교를 중심으로 형성되었으므로, 종교적 느낌에 반응하는 능력이 우리 게놈 안에 유전적으로 각인되어 있을지도 모른다(일부 진화론자들은 초기 인류사회에서 종교가 생존확률을 높이는 데 기여했다고 주장한다. 이 시기에는 전쟁과 자연재해가 빈번했으므로 집단의 결속력은 생존과 직결하는 문제였고, 그 원천이 종교였다는 것이다).

'신의 헬멧'과 같은 장비를 이용하여 한 사람의 종교를 바꿀 수 있을까? 그리고 MRI 스캐너를 이용하여 종교적 깨달음이 찾아오는 순간에 뇌가 작동하는 방식을 기록할 수 있을까?

몬트리올대학교의 마리오 뷰리가드Mario Beauregard 박사는 카르멜 수녀회(Carmelite: 1860년 이스라엘의 카르멜산에서 창립된 수녀회-옮긴이)의 수녀 중 지원자 15명에게 헬멧을 쓴 채 MRI 스캐너에 들어가게 했다.[5] 이들은 모두 "신과 강한 유대감을 느끼는" 수녀들이었다.

본래 뷰리가드 박사의 목적은 수녀들이 신과 교류할 때 뇌의 상태를 MRI로 찍는 것이었다. 그러나 MRI 스캐너 내부는 자기코일을 비롯한 온갖 기계장치로 뒤덮여 있어서, 종교적 체험을 하기에는 그리 적절한 환경이 아니었다. 그 안에서 수녀들이 할 수 있는 최선은 과거에 겪었던 종교적 체험을 기억해내는 것뿐이었다. 실험에 참가했던 한 수녀는 이렇게 말했다. "신은 내 마음대로 불러낼 수 있는 존재가 아니다."

이 실험으로 확실한 결론을 내리긴 어렵지만, MRI 스캐너 안에 들어갔을 때 활성화되는 뇌 부위는 대충 다음과 같았다.

- **미상핵(尾狀核, caudate nucleus):** 사랑의 감정과 학습능력을 관장하는 부위(수녀들은 조건 없는 사랑을 느낀다?)
- **뇌도(腦島, insula):** 몸의 감각과 사회적 감정을 느끼는 부위(수녀들은 신

에게 다가가면서 다른 수녀들과 유대감을 느낀다?)

- **두정엽**(頭頂葉, parietal lobe): 공간지각력을 관장하는 부위(수녀들은 신의 물리적 존재를 느낀다?)

뷰리가드 박사는 "활성화된 뇌 부위가 너무 많아서 다양한 해석이 가능하다"는 사실을 인정할 수밖에 없었다. 뇌에 신호를 보내서 과종교증을 유도할 수 있다는 주장을 증명하는 데에는 실패한 셈이다. 그러나 수녀들이 느꼈던 종교적 체험이 두뇌스캔 데이터에 반영된다는 사실만은 확실하게 입증되었다.

그런데 이 실험이 수녀들의 종교적 믿음에 영향을 주었을까? 전혀 그렇지 않다. 오히려 수녀들은 "신이 내 머릿속의 '라디오'에 강림하셔서 나와 대화를 나누었다"며 자신의 신앙심을 재확인했다.

실험에 참가한 수녀들은 한결같이 "신이 인간의 뇌에 신성한 안테나를 만들어서 그의 존재를 느끼게 해주었다"고 결론지었다. 데이비드 비엘로는 "뇌에서 영성을 찾을 수 있다면, 무신론자들은 종교라는 것이 '신성한 망상'에 불과하다고 주장할 것이다. 그러나 수녀들의 생각은 정반대다. 그들은 뇌를 스캔한 데이터가 신과의 교류를 보여주는 증거라고 주장했다"고 했고,[6] 뷰리가드 박사는 "무신론자들이 특별한 경험을 하면 '장대한 우주'를 떠올릴 것이고, 기독교인이라면 그것을 신과 결부시킬 것이다. 누가 알겠는가? 이 두 가지는 같은 것일지도 모른다"고 결론지었다.[7]

옥스퍼드대학교의 생물학자이자 확고한 무신론자로 알려진 리처드 도킨스Richard Dawkins는 자신의 종교관에 어떤 변화가 초래되는지 확인하기 위해 '신의 헬멧'을 직접 써본 적이 있다. 결과는 어땠을까?

아무런 변화도 일어나지 않았다.

결론적으로 말해서, 과종교증은 측두엽간질로 유발될 수 있고 자기장을 통해 그와 비슷한 증세가 나타나게 할 수도 있지만, 두뇌에 자기장을 걸어서 종교관을 바꾸게 할 수는 없다.

정신질환

정신질환은 한 개인의 의식이 평소와 달라진 상태라는 점에서 종교적 체험과 비슷하지만, 당사자와 가족에게는 끔찍한 고통을 안겨준다. 두뇌스캔 데이터와 최신기술을 이용하여 이 병의 원인을 규명하고 치료법을 개발할 수 있을까? 만일 그렇다면 오랜 세월 동안 인류를 괴롭혀온 가장 큰 적이 제거되는 셈이다.

과거에 시행된 정신분열증 치료법은 참으로 야만적이면서 허술하기 짝이 없었다. 거의 모든 시대에 걸쳐 전체 인구의 1% 정도는 정신질환을 앓는 사람들이었는데, 이들은 환청을 듣거나 끔찍한 환영에 시달리면서 사고가 혼란스러워지는 등 이루 말할 수 없는 고통을 겪었다. 그러나 과거에는 이들을 “악마에게 영혼을 빼앗긴 사람”으로 간주하여 먼 곳으로 추방하거나 좁은 방에 감금하기 일쑤였고, 심지어 나쁜 기운을 몰아낸다는 명목으로 목숨을 빼앗기도 했다. 중세시대에 발표된 소설에는 어두운 방이나 지하실에 갇혀 사는 광인狂人의 이야기가 종종 등장한다. 성경에도 예수가 정신병을 고친 일화가 있다. 무덤에 기거하면서 자해행위를 일삼는 광인의 몸에서 악령을 빼냈는데, 그 악령이 돼지무리 속으로 들어가게 해달라고 간청하자 예수는 "정 그렇다면 그곳으로 가라"고 허락했고, 악령이 들어간 돼지 무리는 일제히 바다에 뛰어들어 익사했다(마가복음 5장 1~13절).

요즘도 이리저리 돌아다니며 끊임없이 혼잣말을 중얼거리는 정신분열증 환자들을 종종 볼 수 있다. 첫 증세는 보통 10대 후반(남자의 경우)이나 20대 초반(여자의 경우)에 나타나며, 이들 중 일부는 정상적인 삶을 살면서 놀라운 업적을 남기기도 한다. 그러나 환영에 사로잡히기 시작하면 그동안 쌓아왔던 모든 것이 허물어지면서 삶 자체가 완전히 망가진다. 가장 대표적인 경우가 1994년에 노벨 경제학상을 수상했던 존 내시John Nash이다(그의 삶은 2001년 러셀 크로Russell Crowe 주연의 〈뷰티풀 마인드A Beautiful Mind〉라는 영화로 제작되기도 했다). 내시는 20대의 젊은 나이에 프린스턴대학교에서 경제학과 게임이론, 그리고 순수수학에 커다란 업적을 남겼다. 내시가 박사과정을 졸업하고 직장을 구할 때 그의 지도교수가 써준 추천서에는 "이 사람은 천재입니다"라는 한 문장만 달랑 적혀 있었다. 사실 내시는 정신분열증 환자였다. 그런데 온갖 환영에 시달리면서도 노벨상을 받을만한 업적을 남겼다니, 그저 놀라울 뿐이다. 그러나 정신병은 내시를 서서히 잠식해서, 결국 그는 31살의 젊은 나이에 정신병원에 입원한다. 그 후로 내시는 여러 해 동안 공산주의자들이 자신을 죽이려 한다는 망상에 시달렸다.

정신병자와 정상인을 구별하는 기준은 지금도 분명하게 정의되어 있지 않다. 앞으로 두뇌스캔 데이터가 충분히 확보되고 장비가 꾸준히 개발된다면, 언젠가는 명확한 진단기준이 마련될 것이다. 그러나 정신질환을 치료하는 기술은 발전속도가 유난히 느리다. 인류는 수천 년(또는 그 이상) 동안 온갖 정신병에 시달려 왔지만, 소라진Thorazine

과 같은 항정신병 치료제가 처음 개발된 것은 1950년대의 일이었다. 소라진을 복용하면 시도 때도 없이 들려오던 환청이 기적처럼 사라진다.

이런 약들은 도파민과 같은 신경전달물질의 수위를 조절하여 증세를 완화시킨다고 알려졌다. 이론적으로는 특정 신경세포의 수용체인 D2의 기능을 차단하여 도파민 수치를 낮추는 식으로 작용한다(이 이론에 의하면, 환영은 대뇌변연계와 전전두엽의 도파민 수치가 높을 때 나타나는 현상이다. 암페타민을 복용한 사람들에게 환영이 나타나는 것도 이런 원리로 설명할 수 있다).

도파민은 뇌 신경세포의 시냅스(접합부)가 작동하는 데 반드시 필요한 물질이지만, 양이 부족하거나 초과하면 심각한 부작용을 낳는다. 예를 들어 시냅스에 도파민이 부족하면 파킨슨병이 악화되고, 너무 많으면 투렛증후군(Tourette's syndrome: 운동틱과 음성틱이 함께 나타나는 틱장애-옮긴이)이 유발된다.[8] (투렛증후군 환자들은 틱장애와 함께 안면근육을 비정상적으로 움직이는 증세를 보인다. 이들 중 일부는 자신도 모르게 입에 담기 어려운 욕을 내뱉기도 한다.)

최근 들어 과학자들은 정신질환을 일으키는 원인의 하나로 뇌의 글루탐산 수치를 의심하고 있다. 그 이유 중 하나는 PCP(향정신성 의약품, 에인절 더스트angel dust라 불리기도 한다)를 복용했을 때 나타나는 환영이 NMDA라는 글루탐산수용체glutamate receptor의 작동을 차단했을 때 나타나는 정신분열적 증세와 비슷하기 때문이다. 최근에 개발된 클로자핀clozapine은 글루탐산의 생성을 촉진하는 약으로, 정신분열증을 치료하는 데 큰 도움이 될 것으로 기대된다.

그러나 위에 열거한 항정신병 치료제들은 절대 만병통치약이 아니다. 이 약을 먹고 모든 증세가 사라진 경우는 전체의 20%에 불과하다. 투여환자의 약 2/3는 증세가 다소 완화되었지만, 나머지는 아무 효과를 보지 못했다(한 이론에 의하면 항정신병 치료제는 정신병 환자의 뇌에 부족한 화학성분을 보충해주지만, 성분이 완전히 같지는 않다. 따라서 가장 이상적인 약을 고르려면 여러 가지 약을 복용하면서 시행착오를 거칠 수밖에 없다. 게다가 약은 대부분 부작용이 심해서, 환자들이 약의 복용을 꺼려 다시 악화되는 경우가 태반이다).

최근 들어 과학자들은 환청에 시달리는 정신분열증 환자의 뇌를 촬영하는 데 성공했다. 이 자료를 잘 활용하면 역사 깊은 질병의 원인을 알아낼 수 있을지도 모른다. 예를 들어 조용히 혼잣말할 때 MRI를 찍어보면 뇌의 특정 부위, 특히 측두엽의 베르니케 영역Wernicke's area이 활성화되는데, 정신분열증 환자가 환청을 들을 때에도 바로 이 부위가 활성화되는 것으로 나타났다. 두뇌는 음성신호를 이해 가능한 내용으로 가공하기 위해 끊임없이 노력하고 있으므로, 정신분열증 환자는 출처가 불분명한 소리를 사람의 목소리로 인식하여 그 기원을 엉뚱한 곳에서 찾는다. "화성인들이 나에게 비밀메시지를 보내고 있다"는 주장은 이런 과정을 거치며 느끼는 착각일 가능성이 높다. 오하이오 주립대학교의 마이클 스위니 박사는 자신의 저서 《뇌: 완전한 정신Brain: The Complete Mind》에 다음과 같이 적어놓았다. "뜨겁고 어두운 차고 안에서 기체가 스스로 발화하는 것처럼, 뉴런은 스스로 소리를 만들어낼 수 있다. 그래서 정신병 환자들은 어둡고 조용한 환경에서도 매우 구체적인 환영이나 환청을 겪게 되는 것이다."[9]

이 목소리는 환자에게 무슨 명령을 내리는 것처럼 들린다. 그 내용은 대부분 일상적이고 소소한 것들이지만, 가끔은 매우 폭력적이어서 환자를 난폭하게 만들기도 한다. 전전두피질에 있는 시뮬레이션 중추는 일종의 자동조종장치와 비슷하여, 정신분열증 환자의 시뮬레이션은 일반인의 그것과 비슷한 방식으로 진행된다. 다만 이 과정은 본인 의지와 상관없이 진행되기 때문에, 자신이 혼잣말하고 있음을 의식하지 못한다.

환영幻影

우리는 마음속에서 끊임없이 환영을 만들어내지만, 다행히 대부분은 자체 제어가 가능하다. 현실 세계에 존재하지 않는 모습이 보이거나 가짜 소리가 들려와도, 두뇌의 전측대상피질anterior cingulate cortex이 사실과 허구를 걸러낸다. 이 부위는 외부에서 들어온 자극과 마음이 자체적으로 만들어낸 내부자극을 구별해준다.

그러나 이 부위에 손상을 입으면 정신분열 증세가 나타난다고 알려졌다. 이런 사람들은 실제 목소리와 환청을 구별하지 못한다(전측대상피질은 전전두피질과 대뇌변연계 사이에 자리 잡고 있어서, 위치상으로 매우 중요하다. 전전두피질과 대뇌변연계를 연결하는 부위는 논리적 사고와 다양한 감정을 처리하므로, 인간의 뇌에서 가장 중요한 부위라 할 수 있다).

어느 정도의 환영은 의도적으로 만들어낼 수 있다. 칠흑같이 어두운 방에 갇혀 있거나, 이상한 소리가 들리는 으스스한 곳에 혼자 있다 보면 자연스럽게 환영이 보이기 시작한다. 이것은 "눈이 부리는 속임수"의 한 사례다. 우리의 뇌는 바깥세계를 이해하고 위험요인을 감지하기 위해 스스로 가짜 영상을 만들어내는 등 종종 자기 자신을 속이고 있다. 이 현상을 파레이돌리아pareidolia, 또는 변상증變像症이라 한다. 하늘에 떠가는 구름을 바라볼 때도 우리는 동물이나 사람, 또는 자신이 좋아하는 만화 캐릭터를 떠올리곤 한다. 이런 연상행위를 그만두려 해도 어쩔 수가 없다. 우리 뇌는 원래 그런 식으로 작동하도록 진화해왔기 때문이다.

어떤 면에서 보면 우리 눈에 비친 영상은 진짜건 가짜건 간에 모두 환영이라 할 수 있다. "누락된 정보"를 메우기 위해 두뇌가 가짜 영상을 계속 만들어내기 때문이다. 앞에서도 말했지만, 진짜 영상도 부분적으로는 뇌의 창조물이다. 그러나 전측대상피질에 손상을 입으면 두뇌는 진실과 허구를 구별할 수 없게 된다.

망상妄想

강박장애(obsessive compulsive disdrder, OCD)는 약물로 치료 가능한 정신장애 중 하나이다. 앞서 말한 대로 인간의 의식 속에서는 여러 개의 피드백회로들이 서로 절충을 꾀하는데, 가끔 이것이 "on" 상태로 경직될 때가 있다.

통계에 의하면 미국인은 40명 중 한 명꼴로 OCD를 앓고 있다. 방금 집을 나섰다가 다시 돌아가 문을 잠갔는지 확인하는 것은 가벼운 증상에 속한다. TV 드라마 〈몽크Monk〉에 등장하는 아드리안 몽크 형사도 가벼운 OCD를 앓고 있다. 그러나 심한 경우에는 몸을 씻을 때 피가 날 정도로 피부를 문지르기도 한다. 일부 OCD 환자들은 일자리를 유지하거나 가정을 꾸리기 어려울 정도로 심각한 강박증세를 보인다.

적절한 강박증은 오히려 일상생활에 도움이 된다. 우리 몸을 깨끗하고 건강하게, 그리고 안전하게 유지하려면 약간의 압박감을 느끼는 것이 유리하기 때문이다. 그러나 일부 OCD 환자들은 도가 지나쳐서 본인은 물론 주변 사람들까지 괴롭게 한다.

과학자들은 두뇌스캔 데이터를 통해 이런 증세가 나타나는 과정을 어느 정도 알아냈다. 사람의 뇌에는 평소 건강과 청결을 유지하는 데 필요한 부위가 적어도 세 곳 이상 존재하는데, 이들의 피드백이 한 방향으로 경직되어 강박증세가 나타난다는 것이다. 그중 첫 번째가 1장에서 언급한 안와전두피질orbitofrontal cortex이다. 이 부위의 주된 기능은 '사실검증'으로, 외출할 때 현관문을 잠갔는지, 또는 집에 돌아와서 손을 씻었는지를 수시로 확인한다. 그러다 무언가 빼먹은 것이 있으면 "음… 뭔가가 잘못됐어"라는 식으로 경고메시지를 보낸다. 두 번째는 기저핵의 내부에 있는 미상핵caudate nucleus으로, 학습된 행동을 자동으로 실행하는 부위이다. 무언가 빠뜨린 것이 있을 때 미상핵은 "그것을 빨리 실행하라"고 명령을 내린다. 세 번째 부위는 감정을 기록하는 대상피질cingulate cortex인데, 불편하거나 찜찜한 느낌은 바로 이곳에서 발생한다.

UCLA의 정신의학자 제프리 슈워츠Jeffrey Schwartz 교수는 이 세 부위를 조합하여 OCD가 통제불능 상태로 발전하는 과정을 설명했다. 예를 들어 지금 당신이 무척 손을 씻고 싶은 상태라고 가정해보자. 이는 곧 안와전두피질이 무언가 잘못되었음을 인지했다는 뜻이다. 그러면 미상핵이 작동하여 당장 손을 씻게 하고, 대상피질은 깨끗한 손에 만족하는 당신의 감정을 기록한다.

그러나 OCD 환자에게는 이 과정이 다르게 작동한다. 손이 더럽다고 느껴서 깨끗이 씻었는데도, 여전히 손이 더럽다고 느껴지는 것이다. 그러면 미상핵의 명령을 따라 손을 다시 씻을 수밖에 없는데, 안와전두피질은 여전히 무언가가 잘못되었다는 신호를 보내온다. 결국 피드백회로가 경직되어 같은 행동을 무한 반복하게 된다.

1960년대에 클로미프라민염산염clomipramine hydrochloride이라는 약이 개발되어 OCD 환자들에게 약간의 위안을 주었다. 그 후 세로토닌(신경전달물질의 일종)의 수치를 증가해주는 다른 약물이 속속 개발되어, OCD 환자의 증세를 거의 60%까지 완화시키는 데 성공했다. 슈워츠 박사는 말한다. "뇌는 자신에게 주어진 일을 할 뿐이다. 그러나 모든 일을 뇌가 하라는 대로 따라 할 필요는 없다."[10] 이 약들은 치료제가 아니지만 OCD 환자들의 고통을 크게 덜어주었다.

조울증

조울증(bipolar disorder, 또는 양극성 장애)은 또 다른 형태의 정신질환이다. 이 병에 걸린 환자들은 갑자기 기분이 들뜨면서 낙천적이 되었다가, 잠시 후 극도로 우울한 상태로 빠져들기를 주기적으로 반복한다. 조울증은 한 가계 안에서 빈번하게 나타나며(유전적 요인이 작용하는 것으로 짐작된다), 특히 예술가들 사이에서 쉽게 찾아볼 수 있다. 아마도 이들은 창조력과 낙천적 마음이 극에 달했을 때 위대한 예술작품을 탄생시켰을 것이다. 할리우드 배우들을 비롯하여 음악가와 예술가, 작가 등 의외로 많은 유명인사가 조울증으로 고통받고 있다. 리튬Li 성분이 들어간 약을 복용하면 어느 정도 증세를 완화시킬 수 있지만, 조울증의 원인은 아직 밝혀지지 않았다.

한 이론에 의하면 조울증은 좌뇌와 우뇌의 균형이 깨졌을 때 나타나는 증세라고 한다. 여기서 잠시 마이클 스위니 박사의 설명을 들어보자. "두뇌스캔 데이터를 보면 슬픔과 같이 부정적인 감정은 우뇌에서 느끼고, 긍정적 감정은 좌뇌에서 느끼는 것으로 추정된다. 좌뇌가 손상된 사람은 부정적인 감정에 빠져서 항상 우울하고, 종종 뚜렷한 원인 없이 울기도 하지만, 우뇌가 손상된 사람은 주로 긍정적인 감정을 느끼며 살아간다. 지난 100여 년 동안 축적된 데이터가 이것이 사실임을 입증하고 있다."[11]

따라서 언어능력과 분석능력을 제어하는 좌뇌는 기분이 들뜨는 조증(躁症, manic)으로 가려는 경향이 있는 반면, 우뇌는 상황을 전체적이고 포괄적으로 판단하면서 조증을 견제하려는 경향이 있다. 라마찬드란 박사는 자신의 저서에 다음과 같이 적어놓았다. "좌뇌가 우뇌의 견제를 받지 않으면 망상에 빠지면서 마냥 들뜨게 된다… 따라서 우뇌는 '항상 반대 관점을 취하여' 과도한 집착을 방지하고, 객관적인 관점(타인 중심의 관점)을 갖도록 유도한다고 보는 것이 타당하다."[12]

의식의 중요한 기능 중 하나가 미래에 대한 시뮬레이션이라면(앞에서 이렇게 가정한 바 있다), 미래에 나타날 다양한 결과의 확률을 계산하는 것도 중요하다. 따라서 낙천적 관점과 비관적 관점이 미묘하게 조화를 이뤄야 성공할 확률과 실패할 확률을 정확하게 계산할 수 있다.

그러나 어떤 면에서 보면 '우울함'은 미래를 시뮬레이션하면서 치르는 대가이기도 하다. 우리 의식은 온갖 종류의 끔찍한 미래를 떠올릴 수 있으므로, 시뮬레이션의 결과가 나쁘면 (확률이 아무리 낮다 해도)

우울해질 수밖에 없다. 면접시험을 앞둔 취업준비생이 별로 유쾌하지 않은 것은 아마 이런 이유일 것이다.

우울증에 빠진 사람의 뇌를 스캔해보면 평상시와 다른 부위가 한두 곳이 아니므로, 위의 이론은 검증하기가 쉽지 않다. 문제를 일으킨 부위가 한 곳에 집중되어 있다면 치료하기가 쉽겠지만, 우리 뇌는 그렇게 단순하지 않다. 그러나 우울증 환자들의 경우, 두정엽과 측두엽의 활동이 둔하게 나타나는 것은 이들이 세상과 단절한 채 내면세계로 침잠하기 때문일 것이다. 이들에게는 특히 복내측피질ventromedial cortex이 중요한 역할을 하는데, "세상 만물에는 모두 저마다 의미가 있고, 존재하는 목적이 있다"는 느낌이 이 부위에서 만들어진다. 이 부위의 활동이 지나치면 기분이 심하게 상승하여 자신이 전지전능하다며 착각하고, 활동이 둔하면 우울증에 빠져 삶이 허무하다고 느낀다.[13] 그래서 일부 과학자들은 이 부위가 손상되었을 때 조울증이 나타나는 것으로 추정하고 있다.

의식이론과 정신질환

그렇다면 시공간 의식이론은 정신질환에 어떻게 적용할 수 있을까? 앞에서 우리는 인간의 의식을 "다양한 변수를 포함하는 수많은 피드백을 통해 이 세계의 시간과 공간(특히 미래)을 예측하는 과정"으로 정의했다. 물론 이것은 개인의 목적을 이루기 위한 최선의 준비작업이다.

나는 의식의 가장 중요한 기능이 미래를 시뮬레이션하는 것이라고 여러 번 강조했는데, 사실 이것은 절대 단순한 작업이 아니다. 뇌는 이 작업을 실행하기 위해 수많은 피드백회로를 수시로 점검하면서 균형을 유지한다. 예를 들어 유능한 CEO는 회의할 때 임원들 간의 의견대립을 무마하고 논쟁의 핵심을 간파하여 최고의 결론을 내리고 있다. 이와 마찬가지로 두뇌의 CEO에 해당하는 배외측 전전두피질은 다양한 영역에서 의견충돌이 일어났을 때 각 시나리오의 장단점을 파악하고 가치를 평가한 후 (자신이 판단하기에) 가장 이상적인 결정을 내린다.

시공간 의식이론에 의하면 정신질환은 다음과 같이 정의할 수 있다.

> 대부분의 정신질환은 미래를 시뮬레이션하는 피드백회로들이 서로 경쟁하다가 미묘한 균형이 무너졌을 때 발생한다(대개의 경우, 두뇌의 특정 부위가 다른 부위보다 지나치게 활동적이기 때문이다).

피드백회로들 사이에 문제가 생기면 의식의 CEO(배외측 전전두피질)가 균형을 잃어 엉뚱한 결론을 내린다. 이 이론의 장점은 검증할 수 있다는 것이다. 정신에 문제가 생겨 이상한 행동을 하는 사람의 뇌를 MRI로 스캔하여 피드백회로가 작동하는 방식을 확인한 후, 이 결과를 정상인의 MRI 사진과 비교하면 된다. 시공간 의식이론이 옳다면, 비정상적인 행동(환청을 듣거나 무언가에 과도하게 집착하는 행위 등)은 피드백회로들이 충돌을 일으켜 오작동한 결과임을 확인할 수 있을 것이다. 그러나 비정상적인 행동이 두뇌 각 부위의 상호작용과 무관하게 나타난다면, 이 이론은 설득력을 잃게 된다.

이제 시공간 의식이론을 이용하여, 지금까지 언급한 다양한 정신질환의 원인을 분석, 정리해보자.

앞서 말한 대로, OCD 환자들이 사소한 행동에 지나치게 집착하는 이유는 몇 개의 피드백회로들 사이에서 균형이 무너졌기 때문이다. 정상적인 경우 한 회로에서 무언가를 나쁜 것으로 판단하면 다른 회로에서 교정작업을 하고, 또 다른 회로에서 그 문제가 이미 처리되었음을 알린다. 그런데 회로들이 균형을 잃으면 뇌는 문제가 해결되었음을 인지하지 못하고 똑같은 행동을 반복하게 되는 것이다.

정신분열증 환자들이 자주 듣는 환청도 피드백회로들 사이의 균형이 무너지면서 나타나는 현상이다. 한 회로가 측두엽 안에 가짜 목소리를 만들면, 환자는 그것이 마치 외부에서 들리는 소리처럼 느낀다(사실은 뇌가 자기 자신에게 말하고 있다). 환청과 환각을 걸러내는 곳은 전측대상피질이다. 정상인들은 이 부위가 제대로 작동하므로 실제와 허구를 구별할 수 있다. 그러나 이 부위가 제대로 작동하지 않으면 뇌는 환청을 실제 목소리로 착각한다. 정신분열증 환자들이 종종 의외의 행동을 하는 이유는 이 목소리를 "자신에게 주어진 사명"으로 받아들이기 때문이다.

갑자기 들떴다가 금방 우울해지는 조울증(양극성 장애)도 결국은 균형의 문제다. 이런 현상은 좌뇌와 우뇌의 균형이 깨졌을 때 나타난다. 낙관적 사고와 비관적 사고 사이에서 이들을 중재하는 기능이 약해지면, 두 개의 극단적 상태를 수시로 오락가락하게 된다.

편집증 역시 이런 맥락에서 이해할 수 있다. 이 증세는 편도체(두려움이나 위협을 느끼는 부위)와 전전두엽(위협의 수준을 평가하고 앞으로 전개될 상황을 예측하는 부위) 사이의 균형이 무너졌을 때 나타난다.

인간의 뇌에 피드백회로가 발달하게 된 데에는 진화적인 이유가 있다. 몸을 깨끗하고 건강하게 유지하고 무리 속에서 원만한 관계를 맺으려면, 잘못된 상황을 점검하는 기능이 반드시 필요하다. 그러나 상반된 회로들이 충돌을 일으켜 균형이 무너지면 당장 문제가 발생한다.

시공간 의식이론을 표로 정리하면 다음과 같다.

정신질환	피드백회로 #1	피드백회로 #2	손상된 뇌 부위
편집증	위험요인 감지	위험요인 무시	편도체/전전두엽
정신분열증	환청 생성	환청 무시	좌측 측두엽/전측대상피질
조울증 (양극성 장애)	낙천적 사고	비관적 사고	좌/우 반구
강박장애(OCD)	불안감	만족감	안와전두피질/미상핵/대상피질

시공간 의식이론에 의하면 정신질환의 상당수는 뇌가 미래를 시뮬레이션할 때 피드백회로들이 충돌을 일으키면서 발생한다. 충돌이 일어나는 위치는 두뇌스캔을 통해 서서히 밝혀지고 있다. 정신질환의 원인을 좀 더 구체적으로 밝히려면 뇌의 다른 영역들도 함께 고려해야 한다. 위의 표는 아주 기초적인 사실만 담고 있다.

뇌심부자극술

시공간 의식이론은 정신질환의 원인을 이해하는 데 어느 정도 도움이 되지만, 이로부터 치료법까지 알아낼 수는 없다.

미래의 과학자들이 정신질환을 어떻게 치료할 것인지 미리 짐작하기란 결코 쉽지 않다. 정신질환은 원인과 증세가 너무 다양하기 때문이다. 게다가 정신질환 연구가 아직 초보단계여서, 상당수 질환은 설명되지 않은 채로 남아 있다.

정신질환 중에서 가장 많은 사람이 고통받는 병은 단연 우울증이다. 최근 들어 과학자들은 우울증을 치료하는 새로운 방법을 연구하고 있다. 요즘 우울증 환자는 미국에만 2천만 명이 넘을 정도로 폭증하는 추세인데, 이들 중 10%는 백약이 무효할 정도로 증세가 심하다.[14] 우울증을 치료하는 방법 중 하나는 두뇌 깊은 곳에 탐침을 삽입하는 것이다. 앞으로 좀 더 연구해봐야 알겠지만, 지금까지는 효과가 꽤 좋은 것으로 알려져 있다.

워싱턴대학교 의과대학의 헬렌 메이버그Helen Mayberg 박사와 그의 동료들은 우울증과 관련하여 새로운 사실을 알아냈다. 증세가 매우 심한 우울증 환자들을 대상으로 대뇌피질 안에 있는 브로드만 영역 25(Bromann area 25: 뇌량밑 대상영역subcallosal cingulate region이라 부르기도 한다)을 스캔해보니, 이 부위가 지나치게 활동적이었다.

메이버그 박사는 이 부위에 뇌심부자극술, 즉 DBS를 적용해보았다(브로드만 영역 25에 소형 탐침을 삽입하고 맥박조정기처럼 전기충격을 가하는 식이다). 그전에도 DBS는 다양한 정신장애 치료에 매우 효과적이라고 알려져 있다. 지난 10년 동안 파킨슨병이나 간질 등 몸을 마음대로 움직이지 못하는 근육운동장애 환자 4,000명이 DBS 치료를 받았는데, 이들 중 60~100%가 별 어려움 없이 사람들과 악수를 나눌 수 있었다. 현재 미국에서 DBS 치료를 도입한 병원은 250곳이 넘는다.

그러나 메이버그 박사는 브로드만 영역 25에 DBS를 직접 적용하여 우울증을 치료한다는 아이디어를 떠올렸다. 그녀의 연구팀은 온갖 약물치료와 심리치료 그리고 전기충격요법에도 별 효과를 보지 못한 중증 우울증 환자 12명에게 DBS 치료법을 적용해보았다.

이들 중 8명은 즉각적으로 효과를 보았다. 다른 연구팀들도 이 결과에 고무되어 다양한 정신질환에 DBS 치료법을 적용하는 중이다. 현재 DBS는 에모리대학교 병원에서 35명의 환자에게 시술 중이며, 그 외에 30개 병원에서도 비슷한 치료법을 시도하고 있다.

메이버그 박사는 말한다. "우울증치료법 1.0은 심리치료에 가까워서 별다른 효과를 보지 못했다. 그 후 정신질환이 화학성분의 불균형에서 온다는 아이디어가 제기되면서 우울증치료법 2.0이 등장했고, 지금 우리는 우울증치료법 3.0을 개발 중이다. 행동장애가 제아무리 복잡한 형태로 나타난다 해도, 이 문제를 유형별로 분석하면 새로운 시각으로 바라볼 수 있다."[15]

DBS가 우울증 치료에 큰 성과를 거둔 것은 분명한 사실이지만, 연구해야 할 부분은 아직 많이 남아 있다. 무엇보다 DBS로 우울증이 치료되는 이유가 분명치 않다. 지금으로써는 DBS가 뇌의 과도한 활성부위(브로드만 영역 25 등)를 파괴하거나 부분적으로 손상을 입혀서 증세가 완화된다고 추측할 뿐이다. 이 추측이 맞는다면 DBS는 뇌의 활동이 지나쳐서 생긴 정신질환에만 적용할 수 있다. 두 번째 문제는 장비의 정밀도가 떨어진다는 점이다. DBS는 환상지통(phantom limb pain: 팔이나 다리를 절단한 후에도 그 부위에 통증을 느끼는 현상)과 투렛증후군 그리고 강박장애 등 다양한 두뇌 관련 질환에 적용해왔지만, 뇌에 삽입하는 전극이 너무 커서 주변의 다른 뉴런에도 영향을 미친다는 단점이 있다. 고통을 유발하는 뉴런은 수백에서 수천 개에 불과한데, 지금 사용되는 DBS용 전극은 수백만 개의 뉴런에 영향을 미친다.

이 문제는 결국 시간이 해결해줄 것이다. MEMS(미세전자기계시스템) 기술을 적용하면 한 번에 단 몇 개의 뉴런만 자극하는 초소형 전극을 만들 수 있다. 또한 나노기술을 이용하여 분자 크기의 나노탐침을 만들 수도 있다. 앞으로 MRI의 정밀도가 향상되면 이와 같은 초소형 탐침을 원하는 부위에 정확하게 조준하여 시술의 성공률을 높일 수 있을 것이다.

혼수상태에서 깨어나다

뇌심부자극술DBS은 그 효능이 입증되면서 해마의 기억세포 증진 등 다양한 후속연구를 이끌어냈다. 그러나 이 기술은 오랫동안 혼수상태에 빠져 있던 사람을 깨우는 데에도 적용할 수 있다.

혼수상태(coma, 코마)는 오랜 세월 동안 뜨거운 논쟁의 대상이 되었다. 가족 중 한 사람이 식물인간 상태로 오랜 세월 동안 누워 있다면, 막대한 비용을 감당하면서 생명을 계속 유지하는 것이 가족 된 도리인가? 아니면 편안하게 보내주는 것이 환자와 가족을 위한 최선인가? 선뜻 결론을 내리기에는 참으로 난해한 문제다. 혼수상태는 지난 수십 년 동안 수시로 신문의 헤드라인을 장식했는데, 그중에서 제일 유명한 것은 아마도 테리 샤이보Terri Schiavo의 사례일 것이다. 그녀는 1990년 심장마비를 일으켜 한동안 산소공급이 중단되는 바람에 뇌에 심각한 손상을 입었다. 그녀의 남편은 의사의 허락을 받아 아내를 품위 있고 편안하게 보내주고자 했으나, 샤이보의 가족은 여러 해 동안 식물인간 상태로 누워 있다가 기적같이 깨어난 사례들을 언급하면서 "아직도 자극에 반응하고 있으므로 어느 날 기적처럼 소생할 가능성이 있다"며 안락사를 격렬하게 반대했다.

이런 경우에 두뇌스캔을 실시하면 현실적인 답을 찾을 수 있다.

2003년 여러 명의 신경과학자가 샤이보의 뇌를 CAT 스캔하여 확인했는데, 대부분은 "소생 가능성이 없는 영구적 식물인간 상태permanent vegetative state"로 결론지었다. 그녀가 사망한 후 2005년에 부검을 시행해보니, 정말로 그녀의 뇌는 영구적으로 손상된 상태였다.

그러나 식물인간 환자 중 뇌 손상이 심하지 않은 사람은 언젠가 깨어날 가능성이 있다. 지난 2007년 여름에 클리블랜드에 사는 한 남자는 오랫동안 깊은 혼수상태에 빠져 있다가 갑자기 깨어났다. 그는 8년 전에 심각한 뇌 손상을 입고 최소한의 의식만 살아 있는 코마상태로 빠져들었는데, 가족의 요청에 따라 뇌심부자극술을 받던 도중 갑자기 의식이 돌아온 것이다. 그는 깨어난 후 곧바로 모친에게 인사를 건네는 등 마치 아무 일도 없었던 것처럼 행동했다.

이 수술은 알리 레자이Ali Rezai 박사의 지휘로 여러 의사가 한 팀을 이루어 진행되었다. 이들은 감각정보가 처음으로 처리되는 시상(視床, thalamus)에 한 쌍의 전선을 삽입했다. 그리고 여기에 저전압 전류를 흘려보내서 잠든 부위에 자극을 주었더니, 8년 동안 혼수상태에 있던 사람이 갑자기 깨어났다(대개 뇌에 인공적으로 전기신호를 보내면 뇌의 활동이 완전히 멈춘다. 그러나 특별한 환경에서 세밀한 전류를 흘려주면 잠들어 있던 뉴런을 깨울 수 있다).

현재 DBS용 전극은 지름이 약 1.5mm다. 이 정도면 충분히 작은 것 같지만, 뇌에 삽입했을 때 수백만 개의 뉴런에 영향을 미치기 때문에 뇌혈관에 출혈이 일어나는 등 의외의 사고가 발생할 수 있다. 실제로 DBS 치료를 받은 환자의 1~3%는 수술 도중 심각한 출혈이 발생했다.[16] DBS 탐침을 통해 이동하는 전하 또한 규칙적인 펄스 형태를 띠고 있어서 자세한 정보를 담기에는 역부족이다. 앞으로 전극을 통해 전달되는 전하의 양을 세밀하게 조절할 수 있다면, 각 질병과 개인의 특성에 따라 그에 걸맞은 탐침으로 수술을 집도하게 될 것이다. 차세대 DBS 탐침은 지금보다 더욱 안전하고 정확할 것으로 기대된다.

정신질환은 유전되는가?

우리 주변을 둘러보면 한 가족이 대를 물려가며 정신질환을 앓는 경우가 종종 있다. 만일 정신질환 중에 유전되는 병이 있다면, 유전학을 이용하여 원인과 치료법을 찾을 수 있을 것이다. 이 문제에 관해서는 지금까지 꽤 많은 연구가 이루어졌는데, 결과는 다소 실망스럽다. 통계자료를 보면 정신분열증과 조울증(양극성 장애)은 한 집안에서 유전되는 것이 거의 확실하다. 그러나 어떤 유전자가 그런 병을 유발하는지는 아직 분명치 않다. 가끔은 한 집안의 가계도에서 정신병력을 추적하여 문제를 일으킨 유전자를 찾아냈다고 주장하는 과학자도 있지만, 여기서 얻은 결과를 다른 집안에 적용하는 데에는 모두 실패했다. 지금은 "환경적 요인과 유전적 요인이 복합적으로 작용하여 정신질환을 유발한다"는 것이 학계의 중론이다. 그러나 대부분 과학자들은 일부 정신질환에 유전적 요인이 존재한다고 믿어왔다.

그러던 중 지난 2012년 이 믿음을 확인하는 연구결과가 발표되었다. 하버드의과대학과 매사추세츠종합병원 연구팀이 정신질환의 유전적 요인을 포괄적으로 규명한 것이다. 이들은 전 세계에 골고루 퍼져 있는 6만 명의 환자를 조사한 끝에 정신분열증과 조울증, 자폐증,

우울증 그리고 주의력결핍 과잉행동장애ADHD에서 유전적 요인을 발견했다. 정신질환은 종류가 매우 다양하지만, 환자 수만 놓고 보면 방금 열거한 다섯 가지가 대부분을 차지한다.

하버드의대와 매사추세츠종합병원의 과학자들은 대상환자의 DNA에서 정신병에 걸릴 확률을 높이는 네 가지 유전자를 발견했는데, 이들 중 두 개는 뉴런의 칼슘통로 제어기능과 관련되어 있다(칼슘은 뉴런의 신호를 분석하는 데 반드시 필요한 성분이다). 하버드의대의 조던 스몰러Jordan Smoller 박사는 "커다란 가정이긴 하지만, 칼슘통로의 기능을 인공적으로 제어하면 다양한 정신질환을 치료할 수 있을지도 모른다"고 했다.[17] 실제로 칼슘통로 차단법은 조울증 치료에 이미 쓰이고 있다. 미래에는 다른 정신질환도 이 방법으로 치료될 수 있을 것이다.

각종 정신질환은 저마다 발생동기가 있고 유전적 요인이 있지만, 모든 정신병에 공통점이 존재할 수도 있다. 이 요인을 발견한다면 가장 적절한 약물을 찾는 데 커다란 도움이 될 것이다.

스몰러 박사는 말한다. "지금 발견한 것은 빙산의 일각에 불과하다. 우리 연구진은 모든 정신병에 영향을 미치는 공통유전자가 더 존재한다고 굳게 믿고 있다."[18] 위에 열거한 다섯 가지 정신질환에 공통으로 관여하는 유전자가 추가로 발견된다면, 정신질환 치료에 새로운 장이 열리게 될 것이다.

스몰러 박사의 연구가 성공한다면 정신질환에 유전자치료법을 적용할 수 있다. 또는 뉴런 단위에서 정신병을 치료하는 약물이 개발될 수도 있다.

전망

결론적으로 말해서, 정신질환의 확실한 치료법은 아직 존재하지 않는다. 과거에도 의사들은 정신병 환자에게 해줄 것이 아무것도 없었다. 그러나 현대의학은 이 역사 깊은 질병을 치료하는 새로운 가능성을 열어주었는데, 그중 몇 개만 나열하면 다음과 같다.

1. 뉴런의 신호체계를 제어하는 새로운 약물과 신경전달물질을 개발한다.
2. 다양한 정신질환에 관여하는 유전자를 찾아 유전자치료법을 적용한다.
3. 뇌심부자극술(DBS)을 이용하여 특정 뇌 부위의 활동을 둔화시키거나 활성화시킨다.
4. EEG와 MRI, MEG 그리고 TES를 이용하여 뇌의 오작동을 유발하는 원인을 규명한다.
5. 11장에서 언급할 '두뇌 역설계reverse engineering of the brain'를 이용하여 뇌의 완벽한 이미지와 뉴런 연결망 지도를 작성한다. 이 작업이 완료되면 정신질환의 비밀은 낱낱이 밝혀질 것이다.

그러나 일부 과학자들은 정신질환이 적어도 두 부류로 나뉘며, 각 질환은 각기 다른 방법으로 치료해야 한다고 주장하고 있다.

1. 뇌 손상으로 인한 정신장애
2. 뇌의 신경회로가 잘못 연결되어 발생하는 정신장애

파킨슨병과 간질병 그리고 뇌졸중이나 뇌종양으로부터 발생하는 다양한 정신장애는 첫 번째 부류에 속한다. 특히 파킨슨병과 간질병은 특정 부위의 뉴런이 지나치게 활동적일 때 나타나는 정신질환이다. 치매를 유발하는 알츠하이머병은 해마를 포함한 두뇌조직 곳곳에 아밀로이드반amyloid plague이 형성되면서 나타나고, 뇌졸중과 뇌종양은 뇌의 특정 부위가 활동을 멈추면서 각종 행동장애를 일으킨다. 이 모든 장애는 손상 부위가 각기 다르므로, 한 가지 방법으로 치료할 수 없다. 파킨슨병과 간질병은 활성이 지나친 부위를 진정시켜야 하고, 반대로 알츠하이머병과 뇌졸중 그리고 뇌종양은 잠든 부분을 깨워야 한다. 그러나 후자는 치료할 수 없는 경우도 있다.

미래에는 뇌심부자극술 외에 새로운 기술이 개발되어 두뇌 깊은 곳의 손상 부위를 치료할 수 있을 것이다. 손상된 뇌 조직을 줄기세포로 대체하거나, 아예 인공조직을 만들어 이식할 수도 있다. 이런 경우에 손상된 부위는 생물학적, 또는 전기공학적으로 제거하거나 대체한다.

두 번째 부류는 두뇌의 신경계에 문제가 생긴 경우로서, 정신분열증과 강박장애OCD, 우울증, 조울증(양극성 장애) 등이 여기 속한다. 뇌 대부분이 건강하고 온전한 상태라 해도, 한 부분에서 신경이 잘못 연결되면 신호처리에 오류가 발생하고, 그 결과는 다양한 증세로 나타난다. 뇌의 신경계는 아직 충분히 밝혀지지 않았기 때문에 이런 종류의 정신질환은 치료가 매우 까다롭다. 지금으로서는 신경전달물질에 영향을 주는 약물을 투여하는 것이 최선인데, 이조차 적절한 약물을 선택하려면 시행착오를 여러 번 겪어야 한다.

그러나 인간의 정신세계를 새로운 각도에서 바라볼 수 있는 또 하나의 의식상태가 있다. 흔히 인공지능이라 불리는 AI artificial intelligence

가 바로 그것이다. AI가 어느 수준에 이르면 뇌의 작동원리를 이해할 수 있을 뿐만 아니라, 특정 부위에 장애가 발생했을 때 어떤 증세가 나타나는지도 미리 알 수 있다. 이 분야는 아직 초보적 단계에 머물러 있지만, 인간의 의식과 사고과정을 이해하는 데 중요한 실마리를 제공하고 있다. 이제 새로운 질문을 던져보자. 실리콘으로 의식을 만들어낼 수 있을까? 만일 가능하다면, 인공의식은 인간의 의식과 얼마나 다를 것인가? 그리고 영화에서처럼 인공의식이 인간을 지배하는 시대가 과연 도래할 것인가?

아뇨, 뇌의 능력을 향상하는 데에는 별 관심 없습니다.
제 관심사는 미국전신전화국(AT&T)의 사장처럼 평범한 사람의 뇌입니다.
_앨런 튜링Alan Turing

10
인공정신과 실리콘의식

2011년 2월, 새로운 역사가 만들어졌다.

이날, IBM사에서 제작한 컴퓨터 왓슨Watson은 비평가들이 불가능하다고 믿었던 일을 보란 듯이 해냈다. TV 퀴즈쇼 〈저퍼디Jeopardy〉에 특별자격으로 출연하여 쟁쟁한 인간경쟁자들을 물리친 것이다. 당시 왓슨은 어려운 문제에 척척 대답하면서 내로라하는 퀴즈 왕들을 당혹스럽게 했고, 수백만 명의 시청자를 완전히 매혹시켰다. 결국 왓슨은 결선에서 승리하여 1백만 달러라는 거금을 손에 쥐었다.

왓슨은 1초당 500기가바이트(책 1백만 권에 해당하는 양)의 데이터를 처리할 수 있고, RAM 메모리 용량은 16조 바이트이며, 한 번에 위키피디아(백과사전) 전체 내용을 탐색할 수 있다. 사실 퀴즈프로는 메모리 용량이 크고 탐색속도가 빠를수록 유리한 게임이므로, 왓슨이 우승한 것은 당연한 일일지도 모른다.

왓슨은 "전문가 시스템(expert system: 형식적 논리를 이용하여 방대한 특수정보를 탐색하는 소프트웨어 프로그램)"을 구현한 신세대 컴퓨터이다(인터넷 매장에 전화를 걸었을 때 ARS가 "반품문의는 1번, 배송조회는 2번…" 하는 식으로 선택메뉴를 제시하는 것도 초보적인 전문가 시스템에 해당한다). 미래의 후손들은 전문가 시스템을 십분 활용하여 더욱 효율적이고 편리한 삶을 누리게 될 것이다.

지금 공학자들은 '로보닥robo-doc'을 한창 개발하고 있다. 이 시스템이 완성되면 우리는 손목시계나 벽스크린을 통해 99% 정확한 의료상담을 거의 무료로 받을 수 있다. 현재 몸 상태를 설명하면 로보닥이 세계최고의 병원에 비축된 최신 의료데이터베이스를 탐색하여 정확한 진단과 처방을 내려준다. 로보닥이 완성되면 별 것 아닌 증상으로 병원에 갈 필요가 없으므로 시간과 돈이 절약되고, 의사와 정기적으로 대화를 나눌 수 있다.

이뿐만이 아니다. 법정에서 피고를 변호하는 로봇변호사나 여행스케줄과 식당을 미리 예약해주는 로봇비서를 만들 수도 있다(물론 전문지식이 요구되는 특별 서비스를 받으려면 진짜 의사나 변호사 등 해당 분야의 전문가를 직접 만나야 한다. 그러나 일상적인 일에 조언이 필요한 정도라면 전문가 시스템으로 충분하다).

또한 과학자들은 일상적인 대화를 흉내 내는 '채트봇chat-bot'도 만들었다. 보통사람은 평균 1만 개의 단어를 알고 있는데, 신문을 읽을 때는 2천 개 정도가 필요하고 일상적인 대화에서는 수백 개면 충분하다. 따라서 로봇에게 단어 수백 개를 입력하고 문법을 알려주면 사람들과 대화를 나눌 수 있다(단, 대화의 주제가 분명해야 한다).

미디어 홍보전: 로봇이 온다!

왓슨이 퀴즈프로에서 우승하자 일부 전문가들은 "기계가 인간을 능가하는 시대가 곧 도래할 것"이라며 초라해진 인간의 위상을 개탄하는 평론을 내놓았다. 이 프로에 경쟁자로 출연했다가 왓슨에게 패한 켄 제닝스Ken Jennings는 기자들에게 "나는 왓슨의 능력을 인정하며, 그의 등장을 진심으로 환영한다"고 했다. 한 학자가 제닝스에게 "만일 왓슨이 연말결선에서도 사람을 이긴다면, 당신은 기계보다 못한 존재라는 걸 인정하겠는가? 인간이 똑똑한 기계를 이길 수 없다고 생각하는가?"라고 묻자, 그는 "나와 브래드(제닝스와 함께 퀴즈쇼에 출연했던 사람)는 지식기반 산업의 일꾼으로, '생각하는 기계'에 의해 밀려난 첫 번째 사례로 기록될 것"이라고 대답했다.

그러나 이 소식을 전하던 뉴스 해설자들은 중요한 사실을 간과했다. 왓슨은 경쟁에서 이기긴 했지만 승리를 기뻐하지는 못했다. 당신은 왓슨의 등을 두드리며 축하해줄 수 없고, 함께 축배를 들 수도 없다. 로봇은 이런 행동들이 무엇을 의미하는지 이해할 수 없을뿐더러 자신이 이겼다는 사실조차 인식하지 못한다. 왓슨은 덧셈(또는 데이터 파일 찾기)을 사람보다 수십억 배 빠르게 수행할 수 있지만, 자아의식이 전혀 없고 상식이 전혀 없는 기계일 뿐이다.

어떤 면에서 보면 인공지능AI은 크나큰 발전을 이루었다고 할 수 있다. 특히 인공지능을 이용한 계산능력은 믿기 어려울 정도로 개선되었다. 1900년에 살았던 사람에게 지금의 컴퓨터를 보여준다면 '기술이 아닌 기적'이라고 생각할 것이다. 그러나 인공지능의 본래 취지는 생각하는 기계(조작자의 도움이나 조이스틱, 또는 무선조종기 없이 스스로 작업을 수행하는 진정한 자동화기계)를 만드는 것이었는데, 이 분야는 발전속도가 지루할 정도로 느리다. 아직도 로봇은 자신이 로봇이라는 사실을 전혀 인식하지 못한다.

무어의 법칙Moore's law에 의하면 컴퓨터의 연산능력은 2년마다 두 배씩 향상된다. 이 법칙은 지난 50년 동안 변함없이 적용되어왔다. 그래서 일부 학자들은 "자각능력이 있고 인간의 지성에 전혀 뒤지지 않는 기계가 탄생하는 것은 오직 시간문제일 뿐"이라고 주장한다. 이런 기계가 언제쯤 탄생할지는 알 수 없지만, 우리는 의식이 있는 기계들이 인간의 삶을 위협하는 날에 미리 대비해둘 필요가 있다. 로봇의 의식을 어떻게 제어하느냐에 따라 인간의 미래가 달라질 것이기 때문이다.

인공지능의 파란만장한 역사

인공지능은 지난 60여 년 동안 오르막과 내리막을 세 번이나 되풀이하면서 온갖 우여곡절을 겪었다. 그래서 지금은 전문가에게 인공지능의 앞날에 관해 물어봐도 뜬구름 잡는 듯한 말만 늘어놓을 뿐, 여간해서는 확답을 주지 않는다. 1950년대에 체스를 두고 대수학 문제를 푸는 기계가 처음 등장했을 때, 사람들은 일반가정에서 로봇하인이나 로봇집사를 두는 날이 곧 오리라고 생각했다. 당시 스탠퍼드대학교에서 제작한 로봇 샤키(Sharkey, 기본적으로는 카메라가 장착된 컴퓨터에 바퀴를 달아놓은 형태였음)는 각종 물건이 어지럽게 흩어져 있는 방안에서 장애물을 피해가며 목적지에 도달하는 묘기를 보여주었다.

그러자 각종 일간지와 과학잡지들은 "로봇의 시대가 다가온다"며 분위기를 띄웠고, 일반대중들은 인공지능의 위력에 감탄하면서 초현실적인 미래가 곧 펼쳐질 것으로 생각했다. 개중에는 다소 소극적인 예견도 있었는데, 1949년에 과학잡지 〈포퓰러 매커닉스Popular Mechanics〉는 앞으로 컴퓨터의 무게가 1.5톤 이하로 줄어들 것이라고 했다. 그러나 대부분의 평론가와 매스컴들은 로봇시대가 곧 다가올 것처럼 호들갑을 떨면서, 샤키가 머지않아 집 안을 청소하고 현관문을 열어줄 것이라고 장담했다. 1968년에 개봉된 영화 〈2001: 스페이스 오디세이2001: A Space Odyssey〉는 로봇이 우주선을 조종하여 목성까지 날아가고 인간우주인과 잡담을 나누는 등 거의 사람과 다름없는 로봇을 등장시켜 공전의 히트를 기록했다. 또한 1965년 인공지능의 창시자 가운데 한 사람인 허버트 사이먼Herbert Simon 박사는 단호한 어조로 "앞으로 20년 안에 기계는 인간이 하는 모든 일을 하게 될 것"이라고 장담했다.[1] 그로부터 2년 후, 또 한 사람의 인공지능 창시자인 마빈 민스키Marvin Minsky는 "인공지능과 관련된 문제는 앞으로 한 세대 안에 모두 해결될 것"이라고 했다.[2]

그러나 1970년대로 접어들면서 이 모든 예상이 하나둘씩 빗나가기 시작했다. 체스를 두는 기계는 오직 체스만 둘 뿐 그 외의 일은 전혀 할 수 없었다. 인공지능을 탑재한 기계들은 결국 '한 가지 재주만 부릴 줄 아는 조랑말'에 불과했다. 가장 진보한 로봇이 방 하나를 가로질러 가는 데는 거의 한 시간이 걸렸다. 스탠퍼드대학교 연구팀의 야심작이었던 샤키도 낯선 환경에 갖다놓으면 길을 잃기 십상이었다. 과학자들이 기계적인 기능만 강조하고 '의식'을 등한시했기 때문이다. 결국 1974년에 미국과 영국 정부가 이 분야의 연구비를 대폭 삭감하면서, 인공지능은 한바탕 된서리를 맞게 된다.

그러나 이 와중에도 컴퓨터의 계산능력은 꾸준히 향상되었고, 1980년대에 이르러 인공지능은 또 한 번의 전성기를 맞이했다. 주된 요인은 미국 국방성에서 실전에 투입할 로봇군인을 원했기 때문이다. 그리하여 1985년에는 인공지능 분야에 10억 달러의 예산이 투입되었고, 이중 수억 달러가 '스마트 트럭smart truck'을 개발하는 데 들어갔다. 스마트 트럭이란 적진에 침투하여 상황을 파악하고, 혼자 알아서 임무(아군포로 구조 등)를 수행한 후 아군진영으로 귀환하는 지능형 트럭이다. 그러나 안타깝게도 천문학적 예산을 들여 만든 트럭은 도중에 길을 잃기 일쑤였다. 이 프로젝트가 실패하면서 인공지능은 1990년대에 또 한 번의 혹한기를 맞이한다.

그 무렵 MIT의 박사과정 학생이었던 폴 아브라함Paul Abraham은 당시의 상황을 다음과 같이 회고했다. "그 프로젝트는 마치 달까지 도달하는 탑을 쌓는 것과 비슷했다. 해가 바뀔 때마다 사람들은 탑의 높이를 작년과 비교하면서 '이만하면 많이 쌓았다'고 만족스러워했다. 그러나 문제는 달까지의 거리가 너무 멀다는 것이었다. 탑을 아무리 열심히 쌓아도 달은 조금도 가까워지지 않았다."[3]

그러나 지금, 컴퓨터의 성능이 계속 향상되면서 인공지능은 또 한 번의 중흥기를 맞이하고 있다. 발전속도는 전혀 빠르다고 할 수 없지만, 최근 들어 이 분야에서 몇 건의 중요한 진전이 이루어졌다. 1997년에 IBM사에서 제작한 컴퓨터 딥블루Deep Blue는 체스 세계챔피언이었던 게리 카스파로프Garry Kasparov를 이겼고, 2005년에 스탠퍼드대학교에서 제작한 로봇자동차는 DARPA 무인자동차 경연대회에서 기본조건을 모두 충족하여 우승트로피를 받았다. 지금도 세계 각지의 연구실에서는 연일 새로운 기록을 만들어나가는 중이다.

그런데 세 번째 오르막도 곧 내리막으로 치닫게 되지는 않을까?

단정할 수는 없지만 지금은 사정이 조금 달라졌다. 과거와는 달리, 과학자들은 인간의식의 대부분이 무의식(잠재의식)으로 이루어져 있음을 잘 알고 있다. 우리가 떠올리는 생각 중 의식과 관련된 부분은 극히 일부에 불과하다.

하버드대학교의 심리학자 스티븐 핀커Steven Pinker 박사는 이렇게 말했다. "로봇이 식탁 위의 접시를 치우고 간단한 심부름을 해준다면, 나는 그에게 두둑한 팁을 줄 것이다. 그러나 주고 싶어도 줄 수가 없다. 아직은 이런 로봇을 만들 수 없기 때문이다. 심부름을 하려면 물체를 인식하고 세상 돌아가는 이치를 추리하고, 자신의 손과 발을 자유자재로 다룰 줄 알아야 하는데, 공학자들은 이런 로봇을 설계할 때 마주치는 사소한 문제들을 아직 하나도 해결하지 못했다."[4]

〈터미네이터The Terminator〉와 같은 할리우드판 영화를 보면 혼자서 임무를 수행하는 로봇이 곧 탄생할 것 같지만, '인공마음'을 창조하는 것은 절대 만만한 작업이 아니다. 언젠가 내가 민스키 박사를 만나 "사람과 동등하거나 사람을 능가하는 기계는 언제쯤 만들어지는가?"라고 물었더니, 그는 "언젠가는 반드시 실현될 것"이라면서 구체적인 시기는 언급하지 않았다. 하긴, 롤러코스터를 방불케 하는 인공지능의 역사를 돌이켜볼 때, 구체적인 시간표를 제시하기에는 적지 않은 부담을 느꼈을 것이다.

형태인식과 상식

지금 인공지능은 적어도 두 가지 기본적인 문제에 직면해 있다. 형태인식pattern recognition과 상식common sense이 바로 그것이다.

사람은 오만 가지 물체를 인식할 수 있다. 인간의 형태인식은 아무런 노력을 하지 않아도 자연스럽게 이루어진다. 그러나 이런 능력을 인공적으로 만드는 것은 결코 쉬운 일이 아니다. 현재 세계에서 가장 성능이 뛰어난 로봇은 컵이나 공처럼 단순한 물건을 간신히 인식하는 수준이다. 로봇의 눈은 사람보다 훨씬 자세히 볼 수 있지만, 로봇의 두뇌는 자신이 보는 물체를 인식하지 못한다. 로봇을 분주한 거리 한복판에 갖다놓으면 갈피를 못 잡고 우왕좌왕하다가 곧 길을 잃을 것이다. 바로 이런 이유 때문에 형태인식(물체의 특성 판단하기)은 과거에 짐작했던 것보다 훨씬 진도가 느리게 나가고 있다.

로봇이 방안을 돌아다니면서 장애물을 피하려면 눈앞에 나타난 물체의 형태부터 인식해야 한다. 로봇은 모든 물체를 픽셀과 직선, 원, 삼각형, 사각형 등으로 인식한 후, 메모리에 저장된 수천 개의 이미지와 비교하여 가장 비슷한 후보를 찾는다. 예를 들어 눈앞에 있는 의자는 수많은 점과 선의 집합으로 보일 뿐, 그것이 의자임을 알아차리려면 엄청난 양의 연산을 거쳐야 한다. 다행히 데이터베이스에 '의자'라는 객체가 들어 있어서 인식에 성공했다 해도, 의자를 조금 돌려놓거나 바라보는 각도가 달라지면 로봇은 다시 혼란스러워지면서 모든 계산을 처음부터 다시 시작해야 한다. 그러나 사람의 뇌는 물체의 방향이나 거리가 아무리 달라져도 인식하는 데 아무런 문제가 없다. 사람도 로봇처럼 수조 회의 연산을 거쳐야 하지만, 이 과정은 거의 무의식적으로, 그리고 완전자동으로 진행된다.

이뿐만이 아니다. 로봇에게는 '상식'이라는 것이 없다. 로봇은 물리적 세계와 생물학적 세계에서 지극히 당연한 사실조차 이해하지 못한다. "날씨가 눅눅하면 불쾌하다"거나, "어머니는 딸보다 나이가 많다"는 것은 상식에 속하지만, 이 사실을 증명할 만한 방정식이 존재하지 않기 때문이다. 예전부터 과학자들은 이런 종류의 정보를 수학적 논리로 변환하는 연구를 계속해왔고, 최근 들어 약간의 진전이 있었다. 그러나 4살짜리 아이도 알 만한 상식을 컴퓨터 프로그램으로 구현하려면 그 내용이 거의 수천만 줄에 달한다. 2백여 년 전에 살다 간 프랑스의 철학자 볼테르Voltaire는 이런 사태를 예견이나 한 듯, "상식은 별로 상식적이지 않다Common sense is not so common"고 했다.

일본 혼다Honda사에서 제작한 세계 최고수준의 로봇 아시모(ASIMO, 전 세계 산업용 로봇의 30%가 일본에서 만들어진다)를 예로 들어보자. 소년 크기만 한 이 로봇은 걷고, 뛰고, 계단을 오르내리고, 여러 언어를 구사할 수 있으며 음악에 맞춰 춤까지 출 수 있다(실력이 어느 정도인지는 가늠하기 어렵지만, 나보다 잘추는 것은 분명하다). 나는 TV에서 아시모와 여러 번 만난 적이 있는데, 매번 그의 능력에 감탄했다.

그러나 아시모를 창조한 공학자들을 만나 "아시모의 지능은 어느 정도인가? 동물과 비교한다면 어떤 동물에 가까운가?"라고 물었더니, "동물이 아니라 곤충 정도의 수준"이라고 고백하면서, 아시모의 걸음걸이와 그가 구사하는 언어는 대부분이 언론보도를 위해 연출된 것이라고 했다.[5] 사실 아시모는 거대한 녹음기에 불과하다. 진정한 자동화 기능이 몇 가지밖에 없어서, 그가 구사하는 언어와 행동은 방송 전에 입력되어야 한다. 내가 TV에서 아시모와 간단한 인사를 나눌 때에도 실제 녹화는 무려 3시간이나 걸렸다. 새로운 행동을 보여줄 때마다 조작팀이 프로그램을 새로 입력해야 했기 때문이다.

인간의 의식과 비교할 때, 지금의 로봇은 기본적인 사실로부터 세상사를 배워나가는 매우 초보적인 단계에 머물러 있다. 주어진 정보로부터 미래를 시뮬레이션하는 것은 로봇에게 너무나 어려운 과제다. 예를 들어 로봇이 은행을 털 계획을 세우려면 금고의 위치와 보안 시스템 그리고 경찰과 목격자의 반응 등 꽤 많은 사실을 알고 있어야 한다. 이들 중 일부는 프로그램으로 해결할 수 있지만, 사람이라면 추가 정보가 없어도 당연히 알 수 있는 수백 가지 사실을 로봇은 절대로 알지 못한다.

그러나 로봇이 사람보다 훨씬 잘하는 일도 있다. 체스를 두거나 날씨를 예견할 때, 또는 두 은하의 충돌을 시뮬레이션할 때에는 사람과 비교가 안 될 정도로 뛰어난 능력을 발휘한다. 체스의 규칙과 중력법칙은 수백 년 전부터 잘 알려졌으므로, 계산능력만 뛰어나면 체스게임이나 태양계의 미래를 사람보다 훨씬 빠르고 정확하게 시뮬레이션할 수 있다.

과거에 과학자들은 그야말로 '단순 무식한' 방법으로 로봇의 약점을 보완해왔다. 그중 가장 유명한 것이 상식문제를 해결하기 위한 CYC 프로그램으로, 상식정보를 포함하여 물리적, 사회적 세상을 이해하는 데 필요한 모든 지식을 수백만 줄짜리 컴퓨터 프로그램으로 구현하는 대형 프로젝트였다. 그러나 CYC는 수십만 가지의 사실과 수백만 개의 서술을 처리할 수 있음에도 불구하고, 4살짜리 어린아이의 사고능력에도 미치지 못했다. 당시 언론에서는 낙관적인 예측을 했지만 시간이 흘러도 성능은 별로 개선되지 않았고, 프로젝트 만료

일이 지난 후에는 개발자 대부분이 떠나갔다(이 프로젝트는 지금도 계속 진행 중이다).

두뇌는 컴퓨터인가?

무엇이 잘못되었을까? 지난 50년 동안 AI 전문가들은 디지털 컴퓨터에 기초하여 두뇌모형을 만들어왔다. 과연 이것이 올바른 접근법이었을까? 어쩌면 인간의 뇌가 컴퓨터와 비슷하다는 가정 자체가 틀렸을지도 모른다. 언젠가 조지프 캠벨Joseph Campbell은 이런 말을 한 적이 있다. "컴퓨터는 구약성서에 나오는 신과 비슷하다. 규칙은 엄청나게 많으면서 자비라곤 찾아볼 수 없다." 펜티엄칩에서 트랜지스터 하나만 제거하면 컴퓨터는 당장 다운되지만, 사람의 뇌는 절반이 제거되어도 멀쩡하게 작동한다.

이유는 간단하다. 두뇌는 컴퓨터가 아니라 고도로 복잡한 신경망 네트워크이기 때문이다. 디지털 컴퓨터는 구조가 고정되어 있지만(입력, 출력, 연산처리 장치 등), 신경망은 새로운 일을 습득할 때마다 뉴런의 연결상태가 개선되고 강화된다. 사람의 뇌에는 프로그램이나 운영체제가 없고, 윈도시스템도, 중앙처리장치도 없다. 그 대신 뇌의 신경망은 하나의 목적(학습)을 이루기 위해 수백만 개의 뉴런이 동시에 활성화되는 병렬구조로 되어 있다.

그래서 AI 전문가들은 지난 50년 동안 고수해오던 하향식 접근법(top-down approach: 모든 법칙과 상식을 한 장의 CD에 담는 방법) 외에 상향식 접근법bottom-up approach을 적극적으로 고려하고 있다. 상향식 접근법이란 간단히 말해서 '자연의 법칙을 따르는' 방법이다. 처음에 자연은 지렁이나 물고기처럼 단순한 동물을 낳았고, 오랜 세월 동안 진화를 거치면서 점점 더 복잡한 생명체를 탄생시켰다. 이 과정을 그대로 흉내 내어 인간의 뇌를 구현하는 것이 상향식 접근법이다. 두뇌의 신경망은 임무가 주어졌을 때 일단 그 안으로 뛰어들어 시행착오를 겪으면서 문제를 해결해나간다.

MIT 인공지능연구소의 전 소장이자 아이로봇(iRobot: 가정용 로봇청소기를 제작한 회사)의 설립자인 로드니 브룩스Rodney Brooks 박사는 인공지능을 구현하는 새로운 방법을 제안했다. "왜 처음부터 크고 둔한 로봇을 만들려고 하는가? 과거에 자연이 그랬던 것처럼, 벌레를 닮은 작은 로봇을 만들어서 걷는 법을 스스로 배우게 할 수도 있지 않은가?"

브룩스는 나와 인터뷰하면서 모기를 예로 들었다. "모기의 뇌는 눈에 보이지 않을 정도로 작지만, 비행능력은 그 어떤 로봇비행기보다 뛰어나다."[6] 그가 만든 초소형 로봇 '인섹토이드insectoid'와 '버그봇bugbot' 등은 지금도 MIT 연구소 이곳저곳을 진짜 날벌레처럼 어지럽게 날아다닌다. 브룩스의 최종목적은 시행착오를 통해 새로운 기술을 습득하는 지능형 로봇을 제작하는 것이다. 인섹토이드와 버그봇은 물체에 수시로 부딪히면서 비행기술을 익혀나가고 있다(언뜻 생각하면 이 로봇들은 상당한 양의 프로그램을 통해 작동할 것 같지만, 사실 신경망에는 프로그램이 전혀 필요 없다. 신경망이 하는 일은 올바른 결정을 내릴 때마다 그 부위의 연결상태를 강화하는 것뿐이다. 간단히 말해서, 신경망은 프로그램 없이 네트워크를 스스로 바꾸는 시스템이다).

한때 공상과학작가들은 사람과 거의 비슷하게 생긴 로봇을 화성에 파견하여 기지를 구축한다는 스토리를 자주 써먹었다. 이렇게 덩치 큰 로봇이 사람의 지능을 갖추고 사람처럼 행동하려면 엄청나게 길고 복잡한 프로그램이 필요하다. 그러나 지금은 정반대의 현상이 벌어지고 있다. 화성탐사로봇 큐리오시티Curiosity와 오퍼튜니티Opportunity는 사람과 비슷한 구석이 전혀 없지만, 지금도 화성표면을 돌아다니면서 임무를 수행하고 있다. 상향식 접근법의 관점으로 만든 로봇들은 지능이 벌레 수준에 불과하지만, 행성을 탐사하는 데에는 아무런 문제가 없다. 큐리오시티와 오퍼튜니티는 아주 짧은 프로그램으로 작동하면서 장애물에 부딪힐 때마다 새로운 회피기동을 배워나가고 있다.

로봇에게도 의식이 있을까?

과학자들은 진정한 자동화 로봇을 왜 아직도 만들지 못하는 것일까? 그 이유를 이해하려면 로봇의 의식수준부터 정확하게 규명할 필요가 있다. 2장에서 우리는 의식을 4단계로 구분했다. 0단계 의식은 온도조절기나 식물처럼 온도와 일조량 등 몇 가지 간단한 변수를 피드백하는 수준이다. 1단계 의식은 곤충이나 파충류처럼 이동할 수 있으면서 중앙신경계가 있고, 공간과 같은 새로운 변수를 이용하여 세상의 모형을 만들어낼 수 있다. 그 상위 단계인 2단계 의식은 모형을 만들 때 좀 더 많은 변수와 감정을 사용한다. 마지막으로 3단계 의식은 시간과 자아의식까지 동원하여 미래를 시뮬레이션할 수 있으며, 그 안에서 자신의 위치를 스스로 결정할 수 있다.

이 이론을 참고하여 로봇의 의식수준을 가늠해보자. 제1세대 로봇은 끈이나 바퀴 없이 정지상태에서 작동했으므로 0단계 의식에 해당한다. 요즘 생산되는 로봇은 혼자 움직일 수 있지만 현실 세계에서 길을 찾아가는 데 큰 어려움을 겪고 있으므로, 위의 분류법에 의하면 1단계 의식에 가깝다. 이들의 의식은 느리게 움직이는 곤충이나 지렁이와 비슷하다. 1단계 의식을 완전하게 구현하려면 곤충이나 파충류와 맞먹는 수준까지 끌어올려야 한다. 곤충은 위험이 닥쳤을 때 재빨리 피할 곳을 찾고, 어두운 숲 속에서 자신의 파트너를 찾아 짝짓기하고, 포식자를 빨리 포착하여 몸을 숨기고, 열악한 환경에서도 어떻게든 먹을 것을 찾아낸다. 지금의 로봇으로는 도저히 구현할 수 없는 능력이다.

앞에서도 말했지만, 각 단계에서 작동하는 피드백회로의 개수를 이용하여 의식수준을 수치로 나타낼 수 있다. 예를 들어 앞을 볼 수 있는 로봇은 3차원 공간에서 그림자와 모서리, 곡선, 기하학적 형태 등을 감지하는 시각센서를 탑재하고 있으므로 몇 개의 피드백회로를 가진 셈이다. 여기에 청각센서까지 탑재한 로봇은 소리의 진동수와 강도, 악센트(강세) 등을 감지할 수 있으므로 약 10개의 피드백회로를 갖고 있다(반면에 곤충은 야생에서 은신처와 음식 그리고 짝을 찾을 수 있으므로 피드백회로가 약 50개쯤 된다). 따라서 전형적인 로봇의 의식수준은 1단계:10에 해당한다.

로봇이 2단계 의식을 가지려면 다른 로봇과의 관계를 고려하여 세상 모형을 만들 수 있어야 한다. 앞서 말한 바와 같이, 2단계 의식의 세부수준은 '한 무리를 구성하는 개체 수'에 '소통할 때 사용되는 감정과 몸짓의 수'를 곱한 값으로 나타낼 수 있다. 따라서 2단계 의식에

막 도달한 로봇의 세부수준은 2단계:0이라고 할 수 있다. 그러나 지금 제작되고 있는 '감정을 지닌 로봇'이 성공적으로 작동한다면, 이 수치는 곧 올라갈 것이다.

지금의 로봇은 눈앞에 있는 사람을 '움직이는 픽셀의 조합'으로 인식할 뿐이다. 그러나 일부 인공지능 전문가들은 사람의 표정과 목소리 톤으로부터 감정상태를 파악하는 로봇을 개발하고 있다. 이 연구가 성공한다면 인간의 감정을 이해하고 비위까지 맞출 줄 아는 로봇이 등장할 것이다.

로봇의 의식은 앞으로 수십 년 안에 2단계로 진화할 것으로 예상된다. 이 정도면 쥐나 토끼, 또는 고양이와 비슷한 수준이다. 그리고 21세기 말쯤 되면 원숭이와 비슷한 수준으로 진화하여, 스스로 목표를 설정하고 성취방법을 모색해나갈 것이다.

로봇이 상식을 갖추고 마음이론Theory of Mind을 이해하게 되면, 자아의식을 갖고 미래를 시뮬레이션할 수 있다. 이 수준에 이르면 로봇은 비로소 인간과 같은 3단계 의식을 갖게 된다. 이때가 되면 로봇은 현재를 벗어나 '미래'라는 신세계로 접어들 것이다. 자아의식을 갖고 미래를 구체적으로 시뮬레이션한다는 것은 자연의 법칙과 인과율 그리고 상식을 두루 갖췄다는 뜻이다. 로봇이 이 단계로 접어들면 사람의 감정과 의도를 이해하고, 행동까지 예측할 수 있게 된다.

앞서 말한 대로, 3단계 의식의 세부수준은 실제상황에서 미래를 시뮬레이션할 때 참고하는 인과관계의 수를 모집단의 평균으로 나눈 값이다. 요즘 사용되는 컴퓨터는 몇 개의 변수를 이용하여 제한된 시뮬레이션을 할 수 있지만(두 은하의 충돌이나 지진으로 흔들리는 건물 등), 실제상황에서 미래를 구체적으로 시뮬레이션할 수는 없다. 따라서 이들의 의식수준은 3단계:5 정도에 해당한다.

사람과 교류하면서 정상적으로 작동하는 컴퓨터가 나오려면 앞으로 수십 년은 족히 기다려야 할 것 같다.

양자역학이라는 걸림돌

그렇다면 로봇은 언제쯤 인간을 능가하게 될 것인가? 정확한 시기는 아무도 알 수 없다. 많은 전문가는 무어의 법칙이 향후 수십 년 동안 유효하다는 가정에 따라 다양한 예측을 했는데, 사실 이 법칙은 하나의 현상일 뿐 근본적인 법칙이 아니므로 무작정 믿을 수는 없다. 게다가 무어의 법칙을 미래에 적용하다 보면 '양자역학'이라는 난공불락의 장벽에 부딪히게 된다.

무어의 법칙은 영원히 적용될 수 없다. 사실 그 조짐은 지금도 조금씩 나타나고 있다. 앞으로 10~20년이 지나면 무어의 법칙은 더 이상 적용되지 않을 것이고, 그 여파는 실리콘밸리의 근간을 심각하게 위협할 것이다.

문제는 간단하다. 지금의 기술이면 손톱만 한 칩 안에 수억 개의 실리콘 트랜지스터를 새겨 넣을 수 있지만, 이 개수에는 한계가 있다. 현재 생산 중인 가장 작은 펜티엄칩의 두께는 원자의 20배쯤 된다. 2020년에는 원자의 다섯 배까지 작아질 것이다. 그러나 이렇게 작은 스케일로 접어들면 하이젠베르크의 불확정성원리에 의해 입자의 위치가 정확하게 결정되지 않으므로, 전자가 도선 밖으로 새어 나오기 시작한다(양자역학과 불확정성원리에 관한 자세한 이야기는 이 책 뒷부분에 첨부한 부록을 참고하기 바란다). 다시 말해서, 도선이 합선short-circuit 되는 것이다. 게다가 이 과정에서 엄청난 열이 발생하여 모든 회로를 망가뜨린다. 결국 무어의 법칙은 '누전'과 '열'의 장벽을 넘지 못하고 와해될 수밖에 없다. 따라서 실리콘밸리가 명맥을 유지하려면 하루빨리 대체물을 찾아야 한다.

칩에 새길 수 있는 트랜지스터의 개수가 한계에 달했을 때를 대비하여, 실리콘밸리의 사업가들은 칩을 3차원으로 확장하는 연구에 수십억 달러를 쏟아붓고 있다. 거의 도박이나 다름없는 이 투자가 어떤 결실을 볼지는 좀 더 두고 봐야 알 것 같다(3차원 칩의 가장 큰 문제는 칩이 두꺼워질수록 많은 열이 발생한다는 점이다).

한편 마이크로소프트사는 칩을 2차원으로 확장하여 병렬 처리하는 방법을 모색 중이다. 한 가지 가능성은 여러 개의 칩을 나란히 수평으로 확장하는 것인데, 이렇게 하면 소프트웨어를 여러 조각으로 나누어 각 칩에 할당한 후 나중에 하나로 합쳐서 결과를 얻을 수 있다. 그러나 이 과정은 구현하기가 까다롭고 소프트웨어의 성장속도가 하드웨어의 성장속도(무어의 법칙)보다 훨씬 느리기 때문에, 얼마나 실용적일지는 좀 더 두고 봐야 알 것 같다.

이런 방법을 적용하면 무어의 법칙은 당분간 명맥을 유지할 것이다. 그러나 칩을 2차원이나 3차원으로 확장하는 것은 임시변통일 뿐이다. 회로소자의 크기가 작아지다 보면 언젠가는 양자역학의 벽에 부딪힐 수밖에 없다. 물리학자들은 실리콘 시대가 끝난 후를 대비하여 양자컴퓨터와 분자컴퓨터, 나노컴퓨터, DNA 컴퓨터, 광학컴퓨터 등 다양한 대체물을 연구하고 있지만, 이들 중 그 어떤 것도 실용화단계에 이르지 못했다.

비호감 계곡

이 모든 문제점을 극복하여, 미래에 우리가 초고성능 로봇과 같이 살게 되었다고 가정해보자(아마도 이 로봇들은 실리콘 대신 분자 트랜지스터를 사용할 것이다). 당신은 이 로봇이 사람과 얼마나 비슷하기를 원하는가? 귀엽고 앙증맞은 강아지로봇이나 아기로봇을 제작하는 기술은 일본이 단연 세계최고다. 그러나 로봇을 설계하는 엔지니어들은 사람과 비슷하게 생긴 로봇을 의도적으로 피하는 경향이 있다. 기계가 인간을 흉내 낸다는 것이 그다지 유쾌하지 않기 때문이다. 이 현상은 1970년에 일본의 마사히로 모리Masahiro Mori 박사가 처음 연구한 후로 '비호감 계곡uncanny valley'이라는 용어로 불리고 있다. 간단히 말해서, 로봇이 지나치게 사람과 비슷하면 섬뜩한 느낌을 받는다는 것이다(이 효과는 찰스 다윈이 1839년에 출간한 《비글호 항해기The Voyage of the Beagle》에서 처음 언급되었으며, 1919년에 출간된 프로이트의 《언캐니The Uncanny》에서도 재차 언급되었다). 그 후로 비호감 계곡 효과는 인공지능 학자들뿐만 아니라 애니메이션 제작자와 광고제작자 그리고 사람과 비슷한 제품을 만드는 모든 사람에게 깊은 영향을 주었다. 예를 들어 영화 〈폴라 익스프레스The Polar Express〉가 개봉되었을 때, CNN의 한 평론가는 "등장인물들이 사람과 너무 똑같아서 섬뜩한 기분이 들었다. 이 영화는 좋게 말해서 당혹스럽고, 나쁘게 말하면 살짝 공포스럽다"고 했다(〈폴라 익스프레스〉는 애니메이션인데도 인물묘사가 사실과 거의 똑같다. 기차의 차장으로 나온 인물은 누가 봐도 톰 행크스임을 금방 알 수 있다-옮긴이).

모리 박사의 이론에 의하면 로봇이 사람과 비슷할수록 감정이입이 잘되면서 친근감을 느끼지만, 어느 한계를 넘어서면 거부감이 생긴다. 그래서 이 현상을 '비호감 계곡'이라 부르는 것이다. 로봇이 사람과 얼추 비슷하면 약간 불편한 감정을 느끼고, 아주 비슷하면 혐오감과 두려움이 생긴다. 그러나 여기서 한 걸음 더 나아가 사람과 구별할 수 없을 만큼 완전히 똑같아지면 친근감이 다시 회복된다.

이 현상은 실용적인 쪽으로 응용할 수 있다. 한 가지 예를 들어보자. 로봇은 웃을 수 있어야 할까? 영업장에서 손님을 맞이하는 로봇이라면 당연히 그래야 할 것 같다. 웃음은 환영과 호의를 뜻하는 범세계적 언어이므로, 손님에게 호감을 주려면 일단은 웃는 것이 좋다. 그러나 로봇의 미소가 지나치게 현실적이면 보는 사람은 소름이 끼친다(할로윈 때 쓰는 '웃는 악귀' 가면이 무섭게 보이는 것도 같은 이유이다). 그래서 로봇은 아무나 웃으면 안 된다. 어린아이처럼 생긴 로봇이나(큰 눈과 동그란 얼굴) 완전히 사람과 똑같은 로봇이 아니라면 안 웃는 편이 낫다(억지로 웃을 때는 전전두엽이 안면근육을 조절한다. 그러나 자연스럽게 웃을 때는 대뇌변연계가 신경을 제어하여 안면근육의 움직임이 조금 달라진다. 상대방이 억지로 웃는지, 아니면 정말로 웃고 있는지를 간파하는 것은 생존에 유리한 능력이므로, 우리 뇌는 둘 사이의 미묘한 차이점을 구별할 수 있도록 진화하였다).

비호감 계곡은 두뇌스캔을 통해서도 확인할 수 있다. 피험자를 MRI 기계 안에 눕혀놓고 로봇의 동영상을 보여준다. 이 로봇은 사람과 똑같은 얼굴을 하고 있지만, 몸 동작은 살짝 어색하다. 우리의 뇌는 무언가 움직이는 것을 보면 다음 행동을 예측하려는 경향이 있다. 그래서 피험자에게 로봇의 얼굴을 보여주면 처음에는 그것이 사람처럼 움직일 것으로 예측한다. 그러나 로봇이 어색하게 움직이면 피험자는 무언가 잘못되었음을 인지하고 심경이 불편해지기 시작하는데, 이 순간에는 특히 두정엽에서 운동피질과 시각피질을 연결하는 부위가 활발해진다. 그래서 예전부터 과학자들은 이 부위에 거울뉴런이 존재한다고 믿어왔다. 사람과 똑같은 로봇의 영상을 받아들이는 곳은 시각피질이고, 로봇의 움직임을 예견하는 곳은 운동피질에 있는 거울뉴런이기 때문이다. 그 후에는 눈 바로 뒤에 있는 안와전두피질이 모든 정보를 종합하여 "가만있자… 무언가 잘못된 것 같은데?"라는 신호를 보내는 것으로 추정된다.

할리우드의 호러무비 제작자들은 수백만 달러짜리 영화를 여러 차례 말아먹으면서 이 사실을 누구보다 통렬하게 깨달았다. 관객들이 가장 무서워하는 것은 프랑켄슈타인 같은 거대한 괴물이 숲 속에서 갑자기 튀어나오는 장면이 아니라, 일상적인 상황에서 무언가 비정상적인 징조가 나타날 때였다. 1973년에 개봉하여 공전의 히트를 기록했던 영화 〈엑소시스트The Exorcist〉를 떠올려보라. 어떤 장면이 가장 무서웠는가? 소녀의 몸에 숨어 있던 악마가 모습을 드러냈을 때? 아니다. 관객들이 가장 크게 비명을 지르며 혼비백산했던 때는 주인공 린다 블레어Linda Blair의 목이 360도 돌아갈 때였다.

이 효과는 어린 원숭이들에게도 비슷하게 나타난다. 이들에게 드라큘라와 프랑켄슈타인의 사진을 보여주면 재미있다는 듯 웃으면서 사진을 갈기갈기 찢어버린다. 그러나 사지가 잘려나간 원숭이 사진을 보여주면 갑자기 비명을 지르며 공포에 휩싸인다. 원숭이들도 괴물보다 '일상 속의 비정상'을 더 두려워하는 것이다. [2장에서 나는 시공간 의식이론을 이용하여 유머의 원리를 설명한 적이 있다. 듣는 사람이 평범한 결과를 예상하고 있을 때 스토리가 반전되면(펀치라인) 폭소가 터져 나온다. 두려움이 발생하는 과정도 이와 비슷하다. 두뇌가 평범하고 일상적인 미래를 예상하고 있을 때 갑자기 의외의 조짐이 나타나면 공포를 느끼게 된다.]

그러므로 앞으로 로봇이 인간과 비슷한 지능을 갖는다 해도, 여전히 어린아이같이 귀여운 얼굴을 하고 있을 것이다. 사람과 똑같은 얼굴을 탑재하고 싶다면, 먼저 로봇의 동작부터 사람과 구별하기 어려울 정도로 매끄러워져야 한다. 얼굴은 사람과 똑같으면서 동작이 어색한 로봇은 기괴한 분위기만 연출할 뿐이다.

실리콘의식

앞에서도 말했지만, 인간의 의식은 지난 수백만 년 동안 진화를 거치면서 개발된 다양한 능력이 불완전하게 합쳐진 결과물이다. 로봇에게 물리적, 사회적 정보를 입력해주면 인간과 비슷하게 미래를 시뮬레이션할 수 있겠지만(때에 따라서는 사람을 능가할 수도 있다), 실리콘으로부터 탄생한 의식은 인간의 의식과 두 가지 면에서 결정적인 차이가 있다. '감정'과 '목적'이 바로 그것이다.

과거에 인공지능 전문가들은 로봇의 감정을 부차적인 문제로 치부하는 실수를 범했다. 이들의 목적은 오로지 논리적이고 이성적인 로봇을 만드는 것이었고, 주의가 산만하고 충동적인 로봇은 안중에도 없었다. 그래서 1950~1960년대 영화에 등장한 로봇들은 한결같이 논리적이면서 완벽한 두뇌를 갖고 있었다(〈스타트렉〉에 등장하는 휴머노이드 '스퍽'도 예외가 아니다).

앞에서 비호감 계곡을 논할 때 언급한 바와 같이, 로봇이 일반가정의 일원이 되려면 외모가 귀여워야 한다. 그러나 일부 사람들은 "로봇에게 감정이 있어야 주인인 인간이 그들을 돌보고, 유대감을 느끼고, 생산적인 상호작용을 할 수 있다"고 주장한다. 다시 말해서, 로봇한테 2단계 의식이 있어야 한다는 이야기다. 이를 위해서는 무엇보다 로봇이 인간의 감정을 이해할 수 있어야 한다. 어렵긴 하지만 불가능한 일도 아니다. 사람의 눈썹과 눈꺼풀, 입술, 뺨 등 안면근육의 미묘한 움직임을 잘 분석하면, 주인의 감정상태를 어느 정도는 파악할 수 있다. 지금 MIT 미디어연구소에서는 사람의 감정을 인식하고 흉내내는 로봇을 제작하고 있는데, 내가 처음 이곳을 방문했을 때 연구실 안으로 들어가 보니 우리의 삶을 더욱 흥미롭고 즐겁게, 그리고 편리하게 해주는 온갖 최첨단장비들이 어지럽게 널려 있어서 마치 어른들을 위한 장난감 공장에 들어온 기분이었다.[7] (그래서인지 나는 이곳을 여러 차례 방문했다.)

연구실 곳곳에 붙어 있는 최첨단 미래형 그래픽은 할리우드 영화 〈마이너리티 리포트Minority Report〉와 〈AI〉를 방불케 했다. 나는 미래의 공원을 산책하는 기분으로 연구실 곳곳을 둘러보다가 '허거블Huggable'과 '넥시Nexi'라는 두 로봇과 마주쳤는데, 제작자인 신시아 브리질Cynthia Breazeal 박사는 이들이 특별한 목적으로 만들어졌다고 했다. 테디베어(곰인형)처럼 귀엽게 생긴 허거블은 어린아이를 위한 로봇으로 눈에는 카메라, 입에는 스피커가 장착되어 있고, 피부에는 고성능 센서가 달려 있어서 이를 통해 입수된 정보를 종합하여 아이들의 감정을 읽을 수 있다(아이들이 허거블을 쓰다듬거나 손가락으로 찌르거나 끌어안으면 "나도 널 사랑해"라는 등 각 상황에 어울리는 말을 한다). 이런 로봇이 진화하면 가정교사나 보모, 간호보조원, 또는 놀이친구가 될 수 있을 것이다.

반면에 넥시는 어른들을 위한 로봇으로, 필스버리 도보이(Pillsbury

Doughboy: 미국 식료품회사 필스버리의 마스코트 인형으로, 한때 정체불명의 괴한에게 납치되어 미국 전역을 떠들썩하게 만들었다—옮긴이)처럼 둥글고 통통하면서 친근한 얼굴을 하고 있다. 이 로봇은 요양원에 투입되어 성능을 인정받았으며, 특히 노인환자들이 좋아하는 것으로 나타났다. 넥시와 친해진 노인들은 가볍게 키스를 하거나 말을 걸기도 하고, 넥시가 떠날 때는 매우 슬퍼했다고 한다(357페이지 그림 참조).

브리질 박사는 깡통 속에 전선과 기어, 모터를 욱여넣은 것 같은 구식 로봇에 만족하지 못하여 허거블과 넥시를 만들었다고 한다. 그녀는 사람들과 감정적으로 교류하는 로봇을 디자인하기 위해, 자신이 사람들과 교류하는 방식부터 분석했다. 또한 그녀는 로봇이 연구실에 머물러 있지 않고 세상에 나가 사람들과 접촉하기를 원했다. MIT 미디어연구소의 전 소장이었던 프랭크 모스Frank Moss 박사는 말한다.

"2004년 브리질 박사는 로봇이 세상에 나가 사람들과 교류해야 할 때라며, 가정과 학교, 병원, 양로원 등 어디서나 살아갈 수 있는 사회 친화적 신세대 로봇을 만들었다."[8]

현재 일본 와세다대학교의 과학자들은 상체를 움직이면서 감정(두려움, 분노, 놀람, 즐거움, 역겨움, 슬픔 등)을 표현하는 로봇을 제작하는 중이다.[9] 이 로봇은 보고, 듣고, 냄새 맡고, 상대방을 만질 수도 있으며, 충전되었을 때 사람처럼 포만감을 느끼고, 위험요인을 피하는 등 몇 가지 단순한 목적을 이루도록 설계되었다. 와세다 연구팀의 목적은 여러 감정을 통합하여 다양한 상황에 대처할 수 있는 로봇을 만드는 것이다.[10]

유럽연합집행위원회도 이에 뒤질세라 필릭스 그로잉Feelix Growing이라는 프로젝트에 적지 않은 예산을 투입하여 영국과 프랑스, 스위

MIT 미디어연구소에서 제작한 허거블(위)과 넥시(아래). 이 로봇들은 "사람과 감정을 통해 교류한다"는 취지로 만들어졌다.

스, 그리스, 덴마크의 인공지능센터를 지원하고 있다.

감정이 있는 로봇

이제 나오Nao를 만나볼 차례다.[11]

그는 행복할 때 양팔을 뻗으며 안아달라는 동작을 취하고, 슬플 때는 고개를 아래로 떨군 채 어깨를 앞으로 늘어뜨린다. 그리고 두려울 때는 몸을 잔뜩 움츠렸다가 누군가가 머리를 쓰다듬어주면 곧 정상으로 돌아온다.

나오는 로봇이라는 점만 빼면 한 살짜리 남자아이와 거의 똑같다. 키는 45cm쯤 되고, 겉모습은 영화 〈트랜스포머Transformers〉에 등장하는 꼬마 오토봇처럼 생겼다. 그러나 나오는 유럽연합의 지원을 받아 영국 하트퍼드셔대학교University of Hertfordshire에서 만든 최첨단 로봇이자, 세계에서 감정에 가장 민감한 로봇이기도 하다.

나오는 행복과 슬픔, 흥분, 자존심 등 다양한 감정을 표현하도록 프로그램되었다. 다른 로봇들은 간단한 표정과 몇 가지 몸동작으로 감정을 표현하는 게 고작이지만, 나오는 포즈와 몸짓 등 다양한 보디랭귀지를 구사하면서 자신의 감정상태를 구체적으로 표현할 수 있다. 심지어는 음악에 맞춰 춤까지 추기도 한다.

감정이 이입된 로봇들도 대부분은 사전에 프로그램된 한 가지 감정밖에 표현하지 못한다. 그러나 나오는 상황에 따라 다양한 감정을 표현할 수 있다. 첫째, 나오는 방문자의 얼굴을 스캔하여 신원을 파악한 후, 그와 나눴던 과거의 대화와 감정을 떠올린다. 둘째, 나오는 사람의 행동을 따라 할 수 있다. 예를 들어 사람이 꽃을 쳐다보면 자신도 그쪽을 응시하면서 "네, 꽃이 참 예쁘군요"라고 말하는 식이다. 셋째, 나오는 사람과의 접촉을 통해 그들의 몸짓에 대응하는 방법을 배워나가는 중이다. 예를 들어 당신이 나오에게 미소를 지어 보이거나 머리를 쓰다듬어주면, 나오는 그것이 친밀한 행위임을 금방 알아차린다. 나오의 뇌는 신경망 구조neural network로 되어 있어서, 스스로 학습하는 능력이 있다. 넷째, 나오는 사람과 교류하면서 자신의 감정을 표현할 수 있다(물론 나오가 표현하는 감정은 녹음기처럼 사전에 프로그램된 것이다. 그러나 나오는 상황에 따라 적절한 감정을 선택할 줄 안다). 마지막으로, 나오는 반복되는 접촉을 통해 상대방의 기분을 파악하고, 접촉이 많을수록 강한 유대감을 느낀다.

이쯤 되면 나오는 분명히 성격이 있는 셈이다. 그것도 하나가 아니라 여러 종류의 성격을 갖고 있다. 이 로봇은 사람과의 접촉을 통해 배우는데, 접촉하는 사람이 여러 명이기 때문에 시간이 지나면서 성격이 다양해질 수밖에 없다. 예를 들면 남의 도움에 의존하지 않는 독립적 성격과 소심하고 겁이 많아서 남의 도움이 필요한 성격을 동시에 가질 수 있다는 이야기다.

나오 제작팀의 리더는 하트퍼드셔대학교의 컴퓨터 과학자인 롤라 카냐메로Lola Cañamero 박사다. 그녀는 이 프로젝트를 시작할 때 제일 먼저 침팬지의 감정교환 방식을 분석했다. 그녀의 목적은 한 살짜리 침팬지의 감정적 행동을 가능한 한 비슷하게 구현하는 것이었다.

카냐메로 박사는 침팬지 분석을 끝낸 후 곧바로 '감정이 있는 로봇' 설계에 착수했다. MIT의 브리질 박사가 그랬던 것처럼, 그녀도 병원에 있는 아이들에게 정서적으로 도움을 주는 로봇을 만들고 싶었다.

그녀는 "우리는 로봇이 새로운 역할을 수행하는 데 주안점을 두었다. 예를 들면 병원에서 투병 중인 아이들에게 자신이 어떤 치료를 받게 될지, 그리고 치료를 받으려면 어떤 준비를 해야 하는지 미리 알려주는 식이다. 우리가 만든 로봇이 어린 환자들의 걱정과 불안감을 조금이라도 덜어주기를 간절히 바란다"고 했다.

로봇은 요양원에서 성인환자들의 친구가 되어줄 수도 있다. 나오의 특기를 잘 살리면 요양원에서 간호사 못지않게 중요한 임무를 수행할 수 있을 것이다. 이처럼 감정이 이입된 로봇들이 아이들의 놀이친구나 가족의 일원이 되어 사람과 함께 살아가는 날도 멀지 않은 것 같다.

샌디에이고 근처에 있는 솔크연구소Salk Institute의 테렌스 세즈노프스키Terrence Sejnowski 박사는 말한다. "미래를 예견하긴 어렵지만, 머지않아 데스크톱 컴퓨터는 '사회적 로봇'으로 진화할 것이다. 당신은 로봇과 대화하고, 사랑을 나누고, 심지어는 화가 나서 소리를 지를 수도 있다. 물론 로봇은 당신의 감정상태를 이해할 것이다."[12] 사실 여기까지는 별로 어렵지 않다. 정작 어려운 부분은 로봇이 사람의 언행을 분석하여 적절한 반응을 보이는 것이다. 주인이 불쾌하거나 화가 났을 때, 로봇은 이 감정을 고려해서 다음 행동을 결정해야 한다.

감정: 무엇이 중요한지를 결정하는 주체

최근 들어 인공지능을 연구하는 학자들은 의식의 핵심이 감정이라는 사실을 깨닫기 시작했다. 신경과학자 안토니오 다마시오Antonio

Damasio는 전전두엽(논리적 생각을 관장하는 부분)과 감정중추(대뇌변연계)의 연결부위에 손상을 입은 환자들이 가치판단에 혼란을 겪는다는 사실을 알아냈다.[13] 이들에게는 모든 것이 동일한 가치를 갖기 때문에, 아주 단순한 선택을 해야 할 때조차(물건을 살 때나 약속시각을 잡을 때, 또는 펜의 색상을 고를 때 등) 아무런 결정도 내리지 못한다. 그러므로 감정은 절대 사치품이 아니다. 감정이 없는 로봇은 무엇이 중요하고 무엇이 사소한 일인지 결정할 수 없다. 과거에 감정은 인공지능 분야에서 부차적인 문제로 취급되었지만, 지금은 가장 중요한 테마로 떠오르고 있다.

로봇이 길을 가다가 화재현장을 목격했다면, 사람보다 컴퓨터파일을 먼저 구할 것이다. 로봇에 내장된 프로그램이 "일꾼은 다른 사람으로 대체할 수 있지만, 한 번 손상된 파일은 복구할 수 없다"고 주장할 것이기 때문이다. 로봇이 이런 오류를 범하지 않으려면 중요한 일과 사소한 일을 구별하도록 프로그램되어야 하는데, 이 과정을 빠르고 정확하게 수행하는 것이 바로 '감정'이다. 그러므로 로봇은 "사람의 목숨이 물건보다 중요하고, 비상 시에는 어른보다 어린아이를 먼저 구해야 하며, 비싼 물건이 싼 물건보다 귀하다"는 등 일련의 가치기준이 있어야 한다. 그런데 로봇은 가치를 스스로 판단할 수 없으므로, 방대한 가치 목록을 입력해줘야 한다.

로봇에게 감정을 부여하기란 결코 쉽지 않다. 감정은 종종 비논리적인데 반해, 로봇은 논리의 최상급인 수학에 의존하기 때문이다. 따라서 실리콘으로 구현된 의식은 인간의 의식과 다를 수밖에 없다. 우리가 느끼는 감정은 아주 빠르게 진행되고, 전전두피질이 아닌 대뇌변연계에서 생성되기 때문에 제어하기가 어려우며, 흔히 한쪽으로 치우쳐 있다. 실험결과에 의하면, 우리는 잘생긴 사람의 능력을 과대 평가하는 경향이 있다. 그래서 외모가 뛰어난 사람은 남들과 능력이 비슷한데도 좋은 직장을 얻고, 승진속도 역시 남들보다 빠르다. 오죽하면 "무조건 잘생기고 볼 일"이라는 자조 섞인 말까지 생겨났을까.

실리콘의식이 탑재된 로봇은 보디랭귀지처럼 사람들 사이에 오가는 미묘한 신호를 고려하지 않을 것이다. 사람들이 방안에 들어가면 보통은 젊은 사람들이 연장자를 위해 자리를 양보하고, 부하직원은 상사에게 예의를 표한다. 우리는 행동과 말투 그리고 미묘한 몸짓을 통해 상대방에게 복종의사를 표현하는 데 익숙해져 있다. 보디랭귀지는 언어보다 역사가 오래되었기 때문에, 두뇌와 밀접하게 연결되어 있다. 로봇이 사회에 진출하여 사람들과 함께 살아가려면 이 무의식적인 신호를 배워야 한다.

인간의 의식은 오랜 진화 기간 동안 비정상적인 요인에 많은 영향을 받았다. 그러나 로봇에게는 이 부분이 빠져 있고 앞으로도 구현하기 어려우므로, 실리콘의식은 사람처럼 허술하거나 변덕스럽지 않을 것이다.

감정의 메뉴

로봇의 감정은 외부에서 프로그램되는 것이므로, 설계자는 로봇의 용도에 따라 감정의 종류를 마음대로 선택할 수 있다. 원한다면 본인의 지시만 따르도록 할 수 있고, 모든 사람에게 호의를 베푸는 관대한 성격을 부여할 수도 있다.

그러나 너무 많은 감정을 입력해놓으면 통제하기가 어렵기 때문에, 아마도 상황에 따라 몇 가지 감정만 느끼도록 프로그램될 것이다. 그렇다면 어떤 감정을 최우선으로 입력해야 할까? 세부감정은 용도에 따라 다르겠지만, 어떤 경우이건 가장 중요한 것은 주인에 대한 충성심이다. 로봇은 어떤 명령을 내려도 불만 없이 수행해야 하며, 주인에게 무엇이 필요한지 예측하고 이해할 수 있어야 한다. 이것이 구현된 후에도 여유가 있다면 약간의 예의범절과 화법, 사람을 비평하는 법, 그리고 원한다면 넋두리 기능까지 추가할 수 있다(단, 비평은 재치 있으면서 생산적이어야 한다. 그렇지 않으면 아예 없는 것만 못할 것이다). 또한 누군가가 상충하는 명령을 내리면, 로봇은 주인의 의도를 감안하여 무시할 수도 있어야 한다.

다른 사람의 감정을 읽는 능력, 즉 감정이입 역시 또 하나의 감정이다. 감정이입 기능이 탑재된 로봇은 다른 사람의 문제점을 파악하고 도와줄 수 있다. 로봇이 사람의 표정과 대화 억양을 분석하여 상대가 고민에 빠졌음을 간파하고 필요한 도움을 줄 수 있다면, 사람과 어울려 사는 데 큰 도움이 될 것이다.

이상하게 들리겠지만, 두려움도 반드시 필요한 감정이다. 오랜 진화를 거쳤음에도 불구하고 우리에게 두려움이 남아 있는 이유는 위험한 상황을 피하는 데 절대적으로 유리하기 때문이다. 로봇은 철로 제작되어서 사람보다 튼튼하지만, 건물에서 떨어지거나 화재현장으로 들어갈 때를 대비하여 어느 정도 두려움을 느낄 필요가 있다. 로봇에게 두려움이 없다면 임무수행을 위해 자신을 파괴하는 어리석은 짓도 불사할 것이다.

그러나 분노와 같이 일부 부정적인 감정은 처음부터 제거하거나 철저하게 통제되어야 한다. 로봇은 사람보다 훨씬 힘이 세기 때문에, 분노를 제어하지 못하면 가정이나 일터에서 심각한 문제를 일으킬 수 있다. 분노는 임무수행에 방해될 뿐만 아니라, 재산에 큰 피해를 줄 수도 있다(분노의 목적은 불만족스러운 상태를 표현하는 것인데, 사실 이 상태는 이성적이고 냉정한 방식으로 얼마든지 표현할 수 있다).

로봇에게 있어서는 안 될 또 하나의 감정은 '우두머리가 되려는 욕망'이다. 로봇이 거만하면 주인의 지시에 번번이 딴지를 걸면서 문제만 일으킬 것이다(이 점은 나중에 "로봇이 인간을 능가하는 날"을 논할 때 다시 언급할 예정이다). 그러므로 로봇은 주인의 의도가 최선이 아니라 해도 무조건 복종해야 한다.

그러나 로봇에게 가장 구현하기 어려운 감정은 낯선 사람과 금방 친해지는 '유머감각'이다. 간단한 농담 한마디는 잔뜩 긴장된 상황을 기적처럼 풀어주기도 한다. 유머의 원리는 간단하다. 적절한 순간에 듣는 사람이 전혀 예상하지 못한 반전, 즉 '펀치라인'을 구사하면 된다. 그러나 유머의 미묘함은 정말 흉내 내기 어렵다. 우리는 흔히 농담에 반응하는 태도를 보고 사람을 평가한다. 즉, 농담은 한 사람이 다른 사람을 판단하는 방법 중 하나다. 따라서 로봇이 농담의 재미 여부를 판단하기란 결코 쉽지 않다. 미국 대통령이었던 로널드 레이건 Ronald Reagan은 어려운 질문을 받았을 때 재치 있는 농담으로 자주 위기를 모면했다. 평소 농담의 위력을 익히 알고 있었던 그는 각종 농담과 경구가 적혀 있는 노트를 항상 몸에 지니고 다녔다(레이건은 월터 먼데일Walter Mondale과 TV 토론을 벌이던 중 "대통령이 되기에는 나이가 너무 많은 것 아니냐"는 질문을 받고 "나는 경쟁자가 어리다는 점을 물고 늘어지지 않는다"고 대답했다. 일부 평론가들은 그 한마디가 레이건을 토론의 승자로 만들었다고 평가했다). 또한 부적절한 웃음도 문제를 일으킬 수 있다(이것은 정신 질환의 징조이기도 하다). 로봇은 '누군가와 함께 웃기'와 '누군가를 향해 웃기'의 차이점을 알고 있어야 한다(웃음의 특성을 가장 잘 이해하는 사람은 아마도 배우들일 것이다. 이들은 공포, 냉소, 기쁨, 분노, 슬픔 등을 다양한 웃음으로 표현할 수 있다). 아무튼, 인공지능이론이 충분히 발달할 때까지 당분간 로봇은 웃음과 담을 쌓은 채 지낼 수밖에 없을 것 같다.

감정 프로그램하기

지금까지 로봇의 감정에 관하여 많은 이야기를 했지만, 제일 중요하고 어려운 문제에 관해서는 한 마디도 언급하지 않았다. 감정을 프로그램해서 컴퓨터에 업로드할 수 있을까? 만일 가능하다면, 어디서부터 시작해야 할까? 감정은 극도로 복잡한 현상이므로, 단계별로 프로그램되어야 한다.

첫째, 가장 쉬운 부분은 사람의 얼굴과 입술, 눈썹 그리고 목소리 톤으로부터 감정을 파악하는 것이다. 현재 사람 얼굴을 인식하는 기술은 감정사전을 만드는 수준까지 발전했다. 다시 말해서, 다양한 표정에는 각기 다른 의미가 담겨 있다는 뜻이다. 진화론의 원조인 찰스 다윈도 사람과 동물이 공통으로 갖고 있는 감정요소를 꽤 오랜 시간 동안 연구한 바 있다.

둘째, 로봇은 위의 방법으로 감정을 파악한 후 빠르게 반응해야 한다. 이것도 그리 어렵지 않다. 누군가가 웃으면 그와 함께 가볍게 웃어주면 되고, 누군가가 화를 내면 로봇은 그 자리를 피하는 것이 상책이다. 로봇에게는 방대한 감정사전이 입력되어 있으므로, 상황마다 적절한 항목을 찾아 빠르게 대처할 수 있다.

셋째, 사람의 감정을 읽은 후 그 저변에 깔린 동기를 파악해야 한다. 그런데 우리는 다양한 느낌을 한 가지 감정으로 표현하기 때문에, 로봇에게는 정말로 어려운 과제다. 예를 들어 웃음은 기쁠 때만 나오는 것이 아니라, 농담을 들었을 때나 누군가가 넘어졌을 때도 터져 나온다. 또는 긴장하거나 걱정스러울 때, 그리고 남에게 모욕을 줄 때에도 얼굴은 미소를 띠고 있다. 이와 마찬가지로 비명은 긴급상황에만 지르는 것이 아니라, 크게 기쁠 때나 놀랐을 때도 상습적으로 터져 나온다. 감정의 저변에 숨어 있는 원인을 파악하는 것은 사람에게도 절대 쉬운 일이 아니다. 로봇이 이 일을 성공적으로 수행하려면 동일한 감정을 유발할 수 있는 여러 가지 원인을 목록에 저장해놓고, 이들 중 가장 그럴듯한 원인을 찾아야 한다. 다시 말해서, 여러 가지 후보 중 데이터에 가장 잘 부합하는 하나의 원인을 골라내야 한다는 뜻이다.

로봇도 거짓말을 할 수 있을까?

로봇은 워낙 논리적, 분석적이고 냉정한 기계여서 항상 진실만을 말할 것 같다. 그러나 로봇이 사회에 진출하려면 때에 따라 거짓말도 할 줄 알아야 한다. 이것이 어렵다면, 최소한 발언을 자제하는 능력이라도 있어야 한다.

일상생활을 하다 보면 '악의 없는 거짓말'을 해야 할 때가 있다. 누군가가 "나 오늘 어때 보여?"라고 물었을 때, 대부분의 사람들은 진실을 말하지 않는다. 사실, 악의 없는 거짓말은 사회가 매끄럽게 돌아가도록 하는 윤활제 역할을 한다. 만일 당신이 어느 날 갑자기 거짓말을 할 수 없게 된다면(영화 〈라이어 라이어Lair Lair〉의 짐 캐리처럼), 주변 사람들의 마음을 상하게 하는 것은 물론, 만사가 극도로 혼란스러워질 것이다. "넌 오늘 별로야!"라거나 "아이가 왜 이렇게 못생겼어요?"라고 직언을 날린다면, 듣는 사람은 심한 모욕감을 느낄 수밖에 없다. 직장에서는 파면당하고, 애인에게는 걷어차이고, 친구들 사이에서는 왕따가 될 것이다. 낯선 사람에게 직언을 날렸다간 뺨 맞기 십상이다. 이런 경우에는 거짓말을 하거나 아예 입을 닫는 것이 상책이다.

로봇도 때로는 거짓말을 하거나 진실을 숨길 줄 알아야 한다. 그렇지 않으면 수시로 사람들을 불쾌하게 만들다가, 결국 주인의 손에 이끌려 폐기될 것이다. 주인을 따라 파티에 참석한 로봇이 사람들에게 "당신은 원숭이를 닮았군요"라거나 "헤어스타일이 왜 그 모양이에요?"라고 한다면, 로봇보다 주인의 명성이 위태로워진다. 그러므로 누군가가 로봇에게 난처한 질문을 해오면 로봇은 요점을 피하거나, 접대용 멘트를 날리거나, 재치 있는 답으로 위기를 모면할 줄 알아야 한다. 가벼운 미소와 함께 묵비권을 행사해도 좋고, 대화 주제를 바꾸거나 진부한 답을 들려주거나, 선의의 거짓말을 해도 상관없다. [요즘 유행하는 채트봇(chat-bot: 컴퓨터에서 작동하는 채팅전용 프로그램. 사용자와 컴퓨터가 대화를 나누는 식으로 진행된다-옮긴이)은 이 실력이 날이 갈수록 향상되고 있다.] 그러므로 로봇은 '완곡한 대답 목록'을 보관하고 있다가 문제의 소지가 가장 적은 답을 골라서 들려줘야 한다.

로봇이 반드시 진실을 말해야 할 때는 주인에게 질문을 받았을 때다. 주인은 로봇의 대답이 인정사정없이 솔직하다는 것을 이미 알고 있기 때문이다. 물론 경찰의 심문을 받을 때도 진실을 말해야 한다. 그 밖의 경우에는 원만한 관계를 위해 간간이 거짓말을 하거나 진실을 숨길 필요가 있다.

결론적으로 말해서, 로봇은 10대 청소년들처럼 사회적응법을 배울 필요가 있다.

로봇이 고통을 느낄 수 있을까?

일반적으로 로봇의 임무는 단조롭고, 지저분하고, 위험한 일을 처리하는 것이다. 전원이 꺼지거나 고장 나지 않는 한, 로봇은 이런 일을 영원히 계속할 수 있다(단, 로봇이 '지루함'이나 '역겨움'을 느끼지 못한다는 가정하에서 그렇다). 단조롭고 지저분한 일은 로봇의 특성에 딱 맞는다. 그런데 로봇이 위험한 일에 직면했을 때조차 아무 느낌 없이 임무에 집중해야 할까? 여기에는 다소 문제의 소지가 있다. 로봇 자체보다 더 가치 있는 일이라면 자신을 희생해서라도 임무를 수행하는 것이 바람직하겠지만, 그렇지 않은 경우라면 로봇도 고통을 느낄 필요가 있다.

고통은 위험한 환경에서 살아남기 위해 반드시 필요한 요소다. 그래서 인간은 오랜 진화를 통해 고통을 느끼는 감각기관을 다양하게 발전시켜왔다. 드물긴 하지만 유전자의 결함으로 통각 없이 태어나는 아기들이 있는데, 이런 병을 무통증(無痛症, congenital analgesia)이라 한다. 언뜻 보기에는 신의 축복 같지만, 사실은 저주도 이런 저주가 없다. 무통증 환자들은 신체에 심각한 부상을 당해도 통증을 느끼지 못하기 때문에 그 상황을 피하지 못한다. 정상인들은 피부에 뜨거운 물체가 닿으면 반사적으로 몸을 피하여 화상을 모면할 수 있지만, 무통증 환자는 가만히 있다가 심각한 화상을 입는다. 뿐만 아니라 자신의 이로 혀나 손가락을 세게 깨물다가 결국 병원에서 절단수술을 받는 경우도 있다. 고통은 위험을 알리는 적신호다. 우리는 고통을 느끼기 때문에 난로에 다가가다가 뜨거우면 손을 치우고, 발목이 아프면 달리기를 멈춘다.

로봇도 특별한 경우에는 고통을 느끼도록 프로그램되어야 한다. 그렇지 않으면 위험한 상황을 피할 길이 없다. 제일 먼저 느껴야 할 고통은 배고픔이다. 배터리가 위험수위까지 소모되었는데 아무것도 느끼지 못한다면, 중요한 일을 하다가 도중에 회로가 셧다운되어 일 전체를 망칠 수 있다. 그러므로 로봇의 에너지원이 어느 수준 이하로 떨어지면 허기를 느끼도록 만들 필요가 있다. 여기서 에너지가 더 떨어질수록 불안감과 공복감도 더욱 커져야 한다.

로봇이 제아무리 튼튼하게 만들어졌다 해도, 지나치게 무거운 물건을 들려고 애쓰다 보면 팔이나 다리가 부러질 수 있다. 또는 제철소에서 고온의 액체금속을 다루거나 소방관을 돕기 위해 화재현장에 들어갔다가 몸이 지나치게 뜨거워질 수도 있다. 이런 경우에 대비하여 압력감지 센서나 온도감지 센서를 로봇의 몸에 심어놓으면 자신의 능력을 벗어나는 일에 무모하게 덤벼들지 않을 것이다.

그러나 로봇의 감정메뉴에 고통이 추가되면 곧바로 윤리적 문제가 발생한다. 요즘은 의식이 많이 달라져서, 동물에게 불필요한 고통을 주는 것이 비윤리적이라고 생각하는 사람들이 많다. 이런 생각은 로봇에 대해서도 크게 다르지 않을 것이다. 그렇다면 로봇의 권리에 관해서도 뚜렷한 지침이 있어야 한다. 무엇보다 로봇이 느끼는 위험과 고통의 강도에 한계를 두는 법안부터 마련되어야 할 것이다. 단조롭고 지저분한 일을 하는 로봇은 사람들의 관심을 끌지 않겠지만, 로봇이 위험한 일에 투입되어 고통을 느낀다면 사람들이 들고일어나 로봇보호 캠페인을 벌일지도 모른다. 이것은 로봇의 소유주(또는 제작자)와 윤리학자들 사이에 충돌을 야기할 수 있다. 소유주는 로봇의 고통 한계를 가능한 한 높이고 싶을 것이고, 윤리주의자들은 낮춰야 한다고 주장할 것이기 때문이다.

논쟁이 심화되다 보면 로봇의 다른 권리마저 도마 위에 오를 것이다. 로봇은 개인재산을 소유할 수 있는가? 로봇이 사고로 사람을 해치면 어떻게 할 것인가? 고소를 해서 처벌해야 하는가? 로봇은 다른 로봇을 소유할 수 있는가? 이런 질문들은 또 하나의 골치 아픈 질문을 낳는다. 로봇에게 윤리의식을 심어줘야 하는가?

윤리적 로봇

언뜻 보기에 '윤리적 로봇'이라는 개념은 괜한 시간낭비 같다. 아무리 똑똑해봐야 어차피 기계일 뿐인데, 그들에게 윤리가 무슨 소용이란 말인가? 그러나 로봇이 삶과 죽음을 가르는 결정을 해야 하는 경우라면 이야기가 달라진다. 로봇은 사람보다 힘이 세고 구조능력도 뛰어나서, 위급한 상황에서는 누구를 먼저 구할지 몇 초 안에 결정해야 한다.

한 가지 상황을 가정해보자. 어느 도시에 대규모 지진이 발생하여 건물이 무너지고 있는데 그 안에 여러 명의 어린아이가 갇혀 있다면, 로봇은 어디에 주안점을 둬야 하는가? 가능한 한 많은 수의 어린이를 구해야 하는가? 아니면 그중에서 더 어린 아이를 먼저 구해야 하는가? 그것도 아니면 몸이 불편한 아이부터 구해야 하는가? 어쩌다가 건물파편에 맞아서 로봇의 전기회로가 망가지면 아무도 구조할 수 없게 된다. 이런 경우에 구조 가능한 어린이의 인원 수와 로봇이 견딜 수 있는 충격의 한계를 어떻게 조율해야 하는가? (사실 이것은 사람도 판단하기 어려운 문제다. 어떤 우여곡절을 겪었건 간에, 전원구조에 실패하고 구조자가 살아남으면 비난을 피하기 어렵다—옮긴이).

적절한 프로그램이 입력되어 있지 않으면, 로봇은 사람이 최종결정을 내려줄 때까지 멍하니 서서 소중한 시간을 낭비할 것이다. 그러므로 비상시에 로봇 스스로 올바른 결정을 하도록 프로그램을 미리 깔아둬야 한다.

윤리적 문제와 관련된 지침은 처음부터 컴퓨터에 프로그램되어 있어야 한다. 아이들을 구하는 데에는 수학공식이 적용되지 않기 때문이다. 또한 프로그램에는 가능한 한 많은 항목이 중요한 순서로 나열되어 있어야 한다. 물론 이것은 매우 번거로운 작업이다. 사람도 윤리를 배우는 데 거의 평생이 걸린다. 그러나 일단 지침이 확립되면 로봇은 아주 빨리 배울 수 있다. 그러므로 로봇이 사회 안에서 안전하게 살아가려면, 공장에서 출고되기 전에 윤리 프로그램을 탑재하고 있어야 한다.

이 일은 오직 사람만이 할 수 있다. 게다가 윤리적 딜레마는 종종 사람조차 헷갈리게 한다. 그렇다면 로봇의 윤리지침은 누가 결정하는가? 사람의 생명을 구하는 데 굳이 순서를 정해야 한다면, 이런 결정은 누구에게 맡겨야 하는가?

골치 아픈 문제이긴 하지만, 결국은 법과 시장원리에 따라 결정될 것이다. 비상시 구조순위는 법으로 정하면 된다. 그러나 여기에는 윤리문제가 복잡하게 얽혀 있어서, 미묘한 사항은 시장원리와 상식에 입각하여 결정되어야 한다.

만일 당신이 경호회사를 운영하면서 로봇을 고용하여 중요한 사람의 경호를 맡긴다면, 각기 다른 상황에서 경호 우선순위를 정해줘야 한다. 물론 주된 경호대상을 최우선으로 보호해야 하겠지만, 비용이 예산을 넘어선다면 굳이 그럴 필요가 없다.

악당이 로봇을 구입하여 범죄에 사용한다면 어쩔 것인가? 그 로봇은 주인의 명령을 따르지 않아도 되는가? 앞에서 지적한 대로, 미래의 로봇은 법을 지키면서 스스로 윤리적 결정을 내리도록 프로그램될 것이다. 따라서 로봇이 법에 저촉되는 행동을 강요받는다면, 주인의 명령을 거부할 수 있어야 한다.

로봇의 주인이 사회적 통념에서 벗어난 도덕관을 지녔을 때도 문제의 소지가 있다. 요즘 전 세계적으로 "문화전쟁"이 치열한데, 주인의 의견과 신념이 그대로 반영된 로봇이 등장한다면 문화전쟁은 더욱 맹렬하게 전개될 것이다. 어떤 면에서 보면 이 충돌은 피할 길이 없다. 로봇은 창조자의 꿈과 희망이 기계적으로 구현된 결과물이므로, 로봇이 스스로 도덕적 결정을 내릴 수 있을 정도로 진화하면 결국 주인의 뜻에 따라 행동할 것이다.

로봇이 인간의 가치와 목적에 도전하기 시작하면 사회계층 사이에 심각한 갈등이 발생한다. 젊은이들이 소유한 로봇은 요란한 락콘서트장에서 고래고래 소리를 지르는 반면, 이웃에 사는 노인의 로봇은 조용한 환경을 유지하기 위해 노력한다. 젊은이의 로봇은 최신 밴드의 노래를 가능한 한 크게 증폭하도록 프로그램되어 있고, 노인의 로봇은 가능한 한 소음을 줄이도록 프로그램되어 있으므로 충돌을 피할 길이 없다. 또한 독실한 기독교신자의 로봇은 무신론자의 로봇과 수시로 논쟁을 벌일 것이며, 국적이 다른 로봇들은 각기 자신만의 관습을 고집할 것이다(이 점은 로봇뿐만 아니라 사람도 마찬가지다).

하나의 프로그램으로 이 충돌을 피할 수는 없을까?

방법이 없다. 제작자는 자신의 선입견과 편견을 로봇에 그대로 반영할 것이기 때문이다. 궁극적으로 로봇들 사이의 문화 및 윤리적 차이는 법정에서 조율될 것이다. 물리학 법칙으로는 도덕적 질문의 답을 구할 수 없으므로, 로봇의 사회적 충돌을 무마할 곳은 법정밖에 없다. 사람들 사이에서 야기된 윤리적 문제를 로봇이 해결할 수는 없지 않겠는가. 로봇에게 맡겨놓으면 문제를 더 악화시킬 것이다.

그런데 로봇이 법적, 윤리적 문제를 결정할 수 있다면, 그들에게 지각이 있다고 인정해줘야 할까? 로봇이 사람의 목숨을 구한 후 자신이 한 일에 보람을 느낄 수 있을까? 또는 붉은색을 보면서 '색감'을 느낄 수 있을까? 윤리적 기준에 근거하여 사람을 구하는 것과 그 행동을 이해하고 느끼는 것은 완전히 다른 문제다. 과연 로봇은 무언가를 느낄 수 있을까?

로봇이 무언가를 이해하거나 느낄 수 있을까?

기계는 생각하거나 느낄 수 있는가? 지난 수백 년 동안 이 문제에 관하여 수많은 이론이 제시되어왔으나, 확실한 결론은 아직 내려지지 않은 상태다. 나는 개인적으로 '구성주의constructivism' 철학을 신봉하는 편이다. 즉, 탁상공론으로 시간 낭비하지 말고, 기계를 직접 만들어서 어디까지 구현할 수 있는지 알아보자는 것이다. 이렇게 하지 않으면 끝없는 철학토론에 함몰되어 아무런 결론도 내릴 수 없다. 과학의 장점은 실험을 통해 질문의 답을 찾을 수 있다는 점이다(물론 질문이 정확하게 정의되어야 한다).

그러므로 로봇의 사고능력에 관한 문제는 "이럴 수도 저럴 수도 있다"는 모호한 답이 아니라, 명확한 하나의 답으로 떨어져야 한다. 일부 사람들은 "로봇은 사람보다 계산능력이 훨씬 뛰어나지만 계산결과의 의미를 이해하지 못하므로, 절대 사람처럼 생각할 수 없다"고 주장한다. 소리나 색상 등 감각정보를 처리하는 속도도 사람보다 훨씬 빠르지만, 로봇은 그 감각의 진수를 느낄 수는 없다는 것이다.

철학자 데이비드 차머스David Chalmers는 인공지능과 관련된 문제를 '쉬운 문제Easy Problems'와 '어려운 문제Hard Problems'라는 두 종류로 분류했다. 쉬운 문제는 체스를 두고, 덧셈을 수행하고, 형태를 인식하는 등 사람에 가까운 로봇을 만드는 문제이고, 어려운 문제는 주관적인 느낌과 감각을 이해하는 로봇을 만드는 문제이다. 차머스는 후자를 '감각질qualia'이라 불렀다.

로봇의 사고능력을 부정하는 사람들은 "맹인에게 붉은색의 의미를 설명할 수 없는 것처럼, 로봇은 붉은색에 대한 주관적 감각을 절대 느낄 수 없다. 또한 컴퓨터는 중국어를 영어로 매끈하게 번역할 수 있지만, 자신이 무슨 일을 하는지 전혀 이해하지 못한다"고 주장한다. 이런 관점에서 보면 로봇은 고도로 정확하게 정보를 다루는 녹음기나 계산기에 불과하다.

이 논리는 신중히 고려해볼 만하다 그러나 감각질과 주관적 경험을 다른 관점에서 바라볼 수도 있다. 미래의 기계는 붉은색과 같은 감각 정보를 사람보다 훨씬 빠르고 정확하게 처리할 수 있을 것이다. 붉은색을 물리학적으로 서술할 수도 있고, 미사여구를 곁들여가며 한 편의 시로 표현할 수도 있다. 로봇은 붉은색을 느낄 수 있는가? 사실 이런 질문은 별 의미가 없다. '느낌'이라는 말 자체가 모호하기 때문이다. 오히려 붉은색에 대한 로봇의 서술이 사람보다 정확할 수도 있다. 로봇이 "인간들은 붉은색을 제대로 이해하는가?"라고 묻는다면, 딱히 할 말이 없다. 우리가 붉은색을 보면서 놓치는 미묘한 감각을 로봇은 알고 있을지도 모를 일이다.

행동주의자 스키너B. F. Skinner는 언젠가 이런 말을 한 적이 있다. "중요한 것은 로봇의 사고능력이 아니라, 인간의 사고능력이다. 인간은 정말로 생각하는 존재인가?"

머지않아 로봇은 중국어를 정의하고, 사람보다 유창하게 구사할 것이다. 이렇게 되는 것은 시간문제일 뿐이다. 이때가 되면 로봇이 중국어를 "이해하는지"는 별로 중요한 문제가 아니다. 현실적으로 컴퓨터가 이 세상 어떤 사람보다 중국어를 잘한다면, 이해 여부를 따질 필요가 없다. '느낌'이 그렇듯이, '이해'라는 말도 의미가 불분명하기는 마찬가지다.

로봇이 단어와 문장을 사람보다 유창하게 구사하는 날이 오면, 로봇의 '이해'나 '느낌'은 사소한 문제로 전락할 것이다. 어쨌거나 로봇이 사람보다 중국어를 잘하는데, 그런 것을 따져서 무엇하겠는가?

독일의 수학자 존 폰 노이만John von Neumann은 이런 말을 한 적이 있다. "수학을 이해하는 사람은 아무도 없다. 우리는 단지 그것에 익숙해질 수 있을 뿐이다."[14]

문제는 하드웨어가 아니라 언어의 특성이다. 단어가 명확하게 정의되어 있지 않으면 사람마다 다른 의미로 받아들일 수 있다. 위대한 양자물리학자 닐스 보어Niels Bohr는 "양자역학의 지독한 역설(파동-입자의 이중성)을 어떤 식으로 이해해야 하는가?"라는 질문을 받고 "그 답은 '이해'라는 단어의 뜻에 따라 다르다"고 대답했다.

터프츠대학교Tufts University의 철학자 대니얼 데닛Daniel Dennett 박사는 자신의 저서에 다음과 같이 적어놓았다. "똑똑한 로봇과 의식이 있는 사람을 구별하는 객관적 테스트란 존재하지 않는다. 당신에게는 두 가지 선택이 있다. 어려운 문제Hard Problems에 끝까지 매달리거나, 머리를 절레절레 흔들며 포기하는 것이다."[15]

다시 말해서, '어려운 문제' 같은 것은 애초부터 존재하지 않는다는 뜻이다.

구성주의철학자들은 "로봇은 붉은색을 이해하거나 느낄 수 있는가?"라는 질문에 매달리지 않는다. 이들에게는 일단 로봇을 만들어서 답을 확인하는 것이 최선이다. 이 관점에 의하면 '이해'와 '느낌'에 대한 설명은 수준에 따라 여러 단계로 나뉜다(따라서 이해와 느낌의 수준을 숫자로 나타낼 수도 있다). 가장 낮은 단계에는 몇 개의 기호만 다룰 수 있는 오늘날의 둔탁한 로봇이 있고, 가장 높은 단계에는 스스로 감각질을 느낀다고 자부하는 인간이 있다. 그는 기계를 내리깔아보며 거만하게 말한다. "사람이 컴퓨터를 사람으로 오인할 정도로 사람과 비슷해야 비로소 컴퓨터는 똑똑하다는 말을 들을 수 있다."

물리학자이자 노벨상 수상자인 프랜시스 크릭(Francis Crick: 제임스 왓슨과 함께 DNA 이중나선구조를 발견한 사람—옮긴이)은 지난 세기에 생물학자들이 "생명이란 무엇인가?"라는 질문을 놓고 열띤 토론을 벌였음을 지적했다. 생명을 연구하는 사람들이 생명이 뭔지 모른다니, 참으로 아이러니한 일이다. 지금 우리가 DNA에 관하여 알고 있는 지식으로 미루어볼 때, 위의 질문은 '잘 정의된well-defined' 질문이 아니다. 질문 자체는 간단해 보이지만, 여기에는 다양한 계층과 복잡성이 숨어 있다. 따라서 "생명이란 무엇인가?"라는 질문은 이제 더 이상 의미가 없다. '느낌'과 '이해'도 결국 이와 비슷한 수순을 밟게 될 것이다.

자아의식이 있는 로봇

왓슨 같은 컴퓨터에 자기인식 능력(자아의식)을 부여하려면 어디에 중점을 둬야 하는가? 이 질문에 답하기 전에, 자아의식의 정의부터 되돌아볼 필요가 있다. 자아의식이란 주변 환경에 자신을 대입하여 모형을 만들고, 이 모형의 미래를 시뮬레이션하여 목표를 성취하는 능력을 말한다. 이 첫 번째 능력을 발휘하려면 다양한 사건을 예측할 수 있어야 하며, 이를 위해서는 고도의 상식을 갖추어야 한다. 이 조건이 충족된 로봇은 자기 자신을 포함한 모형을 시뮬레이션하여 자신의 미래를 예측하고 이해할 수 있다.

일본 메이지대학교의 과학자들은 '자아의식 로봇'을 향한 첫걸음을 내디뎠다.[16] 물론 쉬운 일은 아니었지만, 이들은 "마음이론Mind Theory에 근거하여 로봇을 설계하면 목적을 이룰 수 있다"고 굳게 믿고 있다. 처음에 이들은 두 대의 로봇을 제작했는데, 하나는 특정한 몸동작을 이행하는 로봇이고, 다른 하나는 첫 번째 로봇의 행동을 관찰한 후 그대로 따라 하는 로봇이다(둘 사이에는 어떤 통신도 교환되지 않는다. 두 번째 로봇은 첫 번째 로봇을 오직 바라보기만 할 뿐이다). 이들의 연구는 자아의식이 있는 로봇 제작의 첫 번째 성공사례로 기록되었다. 두 번째 로봇은 다른 로봇을 바라보면서 그의 행동을 똑같이 따라 할 수 있으므로, 마음이론의 산물이라 할 수 있다.

두 번째 진보는 2012년에 이루어졌다. 예일대학교에서 제작한 로봇이 '거울테스트'를 통과한 것이다. 동물들은 대부분 거울 앞에 서면 거울에 비친 영상을 다른 동물로 인식한다. 거울 영상이 자신임을 알아보는 동물은 단 몇 종류에 불과하다. 예일대학교의 과학자들이 만든 로봇 '니코Nico'는 가느다란 골격에 전선이 복잡하게 감긴 형태로, 돌출된 두 눈과 세밀하게 움직이는 두 팔을 갖고 있다(다리는 없고 상반신만 있다). 눈앞에 거울을 갖다놓으면 니코는 거울 속의 로봇이 자신임을 알아볼 뿐만 아니라, 거울에 비친 영상으로부터 특정 물건이 놓인 위치까지 정확하게 알아낸다. 사람이 운전할 때 백미러를 보고 뒤에 따라오는 차량의 위치를 파악하듯이, 니코도 그와 비슷한 능력을 갖고 있는 것이다.

니코의 소프트웨어를 프로그램한 저스틴 하트Justin Hart 박사는 말한다. "내가 알기로 니코는 거울테스트를 통과한 최초의 로봇이다. 니코는 스스로 자신을 관찰하여 자기 몸과 외형을 이해할 수 있다. 이것은 거울 속의 물체가 자신임을 깨닫는 데 반드시 필요한 능력이다."[17]

메이지대학교와 예일대학교에서 제작한 로봇들은 자아의식이 있는 최첨단 로봇이지만, 사람과 같은 수준의 자아의식을 가지려면 아직 갈 길이 멀다.

앞에서 정의한 자아의식을 완벽하게 구현하려면, 로봇은 거울이나 다른 로봇에게서 입수한 정보를 이용하여 미래를 시뮬레이션할 수 있어야 한다. 니코를 비롯한 지금의 로봇들은 이 수준에 한참 못 미친다.

이 시점에서 중요한 질문이 떠오른다. 컴퓨터가 완벽한 자아의식을 가지려면 어떻게 해야 하는가? 할리우드 블록버스터 〈터미네이터The Terminator〉는 인터넷이 어느 날 갑자기 자아의식을 가지면서 모든 사건이 벌어진다. 인터넷은 현대사회의 모든 기반시설에 연결되어 있으므로(상-하수도, 전기, 무선통신, 무기관리시스템 등), 인터넷이 자아의식을 갖게 되면 사회 전체를 통제할 수 있다. 이런 상황이 벌어지면 인간은 한없이 무력한 존재로 전락한다. 과학자들이 말하는 '신생현상(emergent phenomenon: 충분히 많은 컴퓨터를 하나로 연결했을 때, 외부에서 새로운 정보를 입력하지 않았는데도 컴퓨터의 위상이 갑자기 높은 단계로 변하는 현상)'도 이와 비슷한 결과를 초래할 수 있다.

이렇게 말하면 모든 것이 설명된 것 같지만, 사실 아무것도 설명하지 못한 거나 마찬가지다. 중간에 거치게 될 중요한 과정이 빠져 있기 때문이다. 이것은 마치 "고속도로 연결망이 충분히 많아지면, 어느 날 갑자기 고속도로가 자아의식을 가질 수도 있다"고 말하는 것과 비슷하다.

그러나 이 책에서는 의식과 자아의식을 정의했으므로, 인터넷이 어떤 단계를 거쳐 자아의식을 갖게 되는지 대충 짐작해볼 수는 있다.

첫 번째 단계는 인터넷이 이 세계의 모형을 끊임없이 만들어나가는 단계다. 원리적으로 이 정보는 외부에서 프로그램될 수 있다. 물론 프로그램에는 외부세계를 서술하는 내용(지구와 도시들, 그리고 전 세계에 존재하는 모든 컴퓨터의 현황 등)이 포함되어야 한다.

두 번째 단계는 인터넷이 세계모형 안에서 자신의 위치와 역할을 파악하는 단계다. 이와 관련한 정보도 쉽게 얻을 수 있다. 여기에는 인터넷의 모든 특성(컴퓨터의 수, 네트워크의 구조, 전송선 등) 및 외부세계와의 관계가 포함된다.

세 번째 단계는 인터넷이 자신의 목표를 이루는 방향으로 세계모형을 시뮬레이션하는 단계다. 이 단계는 첫 번째나 두 번째 단계보다 훨씬 어렵다. 지금의 인터넷은 미래를 시뮬레이션할 수 없을 뿐만 아니라, 목적도 없기 때문이다. 첨단과학 분야에서도 미래를 시뮬레이션할 때 고려하는 변수는 단 몇 가지뿐이다. 그런데 인터넷을 포함한 세계모형을 통째로 시뮬레이션하려면 엄청나게 많은 변수가 필요하므로, 지금의 프로그램 기술로는 도저히 불가능하다(모든 상식과 물리학, 화학, 생물학 법칙, 그리고 인간의 행동과 사회적 습성까지 고려해야 한다).

그 외에 똑똑한 인터넷은 자신만의 목적이 있어야 한다. 지금 통용되는 인터넷은 어떤 방향성이나 목적이 없는 수동적 고속도로에 불과하다. 물론 누군가가 의도적으로 인터넷에 목적을 부여할 수는 있다. 그러나 다음 질문을 생각해보라. "스스로 자신을 보호하는 인터넷을 만들 수 있겠는가?"

목적 자체는 간단해 보이지만, 이것을 프로그램으로 구현하기란 결코 쉽지 않다. 예를 들어 이런 프로그램은 전원코드를 뽑아서 인터넷을 다운시키는 행위까지 막아야 한다. 그러나 지금의 인터넷은 위협요인을 막기는커녕 그것을 인지하는 능력조차 없다(예를 들어 인터넷이 자신을 보호하려면 전원을 끄거나 전선을 자르는 행위, 그리고 서버를 파괴하거나 광통신망을 차단하거나 통신위성을 망가뜨리는 등 모든 가해요인을 사전에 알아차리고 대책을 세울 수 있어야 한다. 뿐만 아니라 감시체계를 24시간 가동하면서 모든 가능한 시나리오를 시뮬레이션해야 한다. 지금 세계에서 가장 뛰어난 컴퓨터도 이런 과업을 수행하기에는 턱없이 부족하다).

자아의식이 있는 로봇이나 인터넷은 언젠가 만들어지겠지만, 아직은 요원한 이야기다. 모든 연구가 순조롭게 진행된다 해도 금세기 말쯤 되어야 가능할 것이다.

이제 약간의 상상력을 발휘하여, 자아의식이 있는 로봇들이 우리와 함께 살고 있다고 가정해보자. 로봇이 추구하는 목적이 인간의 목적과 일치하면 별문제가 없다. 그러나 로봇과 인간의 목적이 상충한다면, 인간은 로봇의 노예로 전락할 수도 있다. 이런 로봇은 미래를 시뮬레이션하는 능력이 인간보다 뛰어날 것이므로, 모든 시나리오를 예측하여 인간을 완전히 압도할 것이다.

이런 끔찍한 사태를 미연에 방지하려면 처음부터 로봇이 인간에게 호의적인 목적을 갖도록 설계해야 한다. 미래를 시뮬레이션하는 능력만으로는 부족하다. 만일 로봇의 목적이 자신을 보호하는 것이라면, 전원을 차단하려는 모든 시도에 거부반응을 보일 것이다. 따라서 로봇을 설계할 때는 시뮬레이션의 목적부터 분명하게 심어주어야 한다.

로봇이 사람을 능가할 수 있을까?

공상과학영화에는 인간을 압도하려는 로봇이 자주 등장한다. 원래 '로봇robot'이라는 단어는 체코의 작가 카렐 차페크Karel Čapek가 1920년에 발표한 희곡 《로섬의 만능로봇들Rossum's Universal Robots,

R. U. R.》에 처음 등장했다('로봇'은 체코어로 '일꾼worker'이라는 뜻이다). 과학자들이 힘들고 위험한 일을 처리하기 위해 사람과 똑같이 생긴 기계를 만들었는데, 시간이 지나면서 인간이 기계를 학대하자 기계들이 반란을 일으켜 인류를 말살한다. 그런데 세상을 정복하고 나자 한 가지 문제점이 발견되었다. 로봇은 번식할 수 없었던 것이다. 그러나 연극의 말미에 두 로봇이 서로 사랑에 빠지면서, 새로운 종의 인류가 세상에 퍼져나간다는 것을 암시한다.

이보다 좀 더 현실적인 영화로는 〈터미네이터〉를 들 수 있다. 미군이 핵무기를 관리하기 위해 '스카이넷Skynet'이라는 슈퍼컴퓨터 네트워크를 만들었는데, 어느 날 갑자기 이 시스템이 자아의식을 갖게 된다. 미군은 황급히 스카이넷의 전원차단을 시도하다가 중요한 사실을 깨닫는다. 스카이넷은 자신을 보호하도록 프로그램되어 있었던 것이다. 결국 스카이넷은 위험요인을 차단하는 유일한 방법이 인간을 제거하는 것이라고 결론짓고, 의도적으로 적국에 핵무기를 발사하여 핵전쟁을 유발한다. 그리하여 세상은 완전히 잿더미로 변하고, 그 와중에 살아남은 소수의 인간들이 평화로웠던 과거를 되찾기 위해 기계와 치열한 전투를 벌인다.

로봇은 언제든지 인간에게 해로운 존재로 돌변할 수 있다. 지금 사용되는 무인폭격기 프레데터Predator는 높은 명중률을 자랑하지만, 아직은 수천 km 떨어진 곳에서 조이스틱으로 조종되고 있다. 〈뉴욕타임스〉에 실린 기사에 의하면 프레데터의 발포를 최종적으로 승인하는 사람은 미국 대통령이라고 한다. 그러나 앞으로 프레데터가 얼굴인식 능력을 갖게 되면 "타깃이 제거대상과 99% 이상 일치하면 승인 없이 발포해도 좋다"고 프로그램될 수도 있다. 번거로운 승인절차 때문에 중요한 적을 코앞에서 놓칠 수도 있기 때문이다. 이런 식으로 인간의 개입이 배제되면 프레데터는 데이터와 일치하는 사람을 모두 죽이려 들 것이다.

게다가 얼굴인식 소프트웨어가 고장이라도 난다면 프레데터는 통제불능의 살인무기가 된다. 이뿐만이 아니다. 이런 로봇이 군단을 이루어 중앙통제센터의 명령을 받는다고 가정해보자. 중앙컴퓨터의 트랜지스터 하나가 망가져서 오작동을 일으키면 로봇군단은 살인집단으로 돌변할 것이다.

로봇이 아무런 오류 없이 완벽하게 작동해도 마음을 놓을 수가 없다. 프로그램 안에 사소하지만 치명적인 에러가 하나라도 있으면 언제든지 위협적인 존재가 될 수 있다. 자신을 보호하는 것은 로봇에게 중요한 일이지만, 사람에게 도움을 주는 것도 그에 못지않게 중요하다. 이 두 가지 목적이 상충되면 정말로 심각한 문제가 발생한다.

영화 〈아이로봇I, Robot〉에서는 컴퓨터가 "인간은 전쟁을 좋아하는 파괴적이고 잔인한 동물이다. 따라서 인간을 보호하려면 로봇이 그들을 통제하면서 관대한 독재를 행사하는 수밖에 없다"고 결론짓는다. 이것은 두 개의 목적(인간의 목적과 로봇의 목적)이 상충한 경우가 아니라, 비현실적인 목적이 잘못된 결론에 도달한 경우다. 이 컴퓨터는 고장 나지 않았으며, 자신의 논리가 정확하다고 하늘같이 믿고 있다.

이 문제를 해결하는 한 가지 방법은 여러 가지 목적에 우선순위를 두는 것이다. 예를 들어 인간을 도우려는 욕구가 자신을 보호하려는 욕구보다 강하게 만들면 된다. 영화 〈2001: 스페이스 오디세이〉에서 컴퓨터시스템 HAL 9000은 자아의식이 있고, 사람과 자유롭게 대화할 수 있다. 그런데 어느 날 자신에게 하달된 명령이 자기 모순적이어서 도저히 실행할 수 없게 되자, 시스템은 "불완전한 인간이 내린 모순적인 명령에 복종하는 유일한 방법은 인간을 제거하는 것"이라는 극단적 결론에 도달한다.

가장 좋은 해결책은 어떤 경우에도 로봇이 반드시 지켜야 할 수칙을 세우는 것이다. 예를 들면 "이전에 받았던 명령과 상충된다 해도, 로봇은 절대 사람을 해쳐서는 안 된다"고 처음부터 못을 박아놓는 식이다. 하급 명령에서 모순이 발생해도 최상위 명령은 무조건 지켜야 한다. 그러나 이것도 완전한 시스템은 아니다(로봇의 최상위 임무가 인간을 보호하는 것이라 해도, 로봇이 '보호'라는 단어를 어떻게 해석하느냐에 따라 결과는 얼마든지 달라질 수 있다. '보호'의 기계적 의미는 우리가 아는 사전적 의미와 다를 수도 있기 때문이다).

그러나 로봇의 부작용을 전혀 두려워하지 않는 사람도 있다. 그 대표적 인물이 인디애나주립대학교에서 인지과학을 연구하는 더글러스 호프스태터Douglas Hofstadter 박사다. 그는 나와 인터뷰하면서 이렇게 말했다. "로봇은 인간이 만들었으므로 우리 아이와 같은 존재다. 그렇다면 아이들처럼 사랑해줘야 하지 않겠는가? 부모는 아이들이 크면 부모를 능가한다는 사실을 잘 알면서도 아낌없이 사랑을 베풀지 않던가?"

카네기멜론대학교 인공지능연구소의 소장을 지냈던 한스 모라벡Hans Moravec 박사도 호프스태터 박사의 의견에 동의한다고 했다.[18] 그의 저서 《로봇Robot》에는 다음과 같이 적혀 있다. "우리 아이들(로봇)은 굼벵이보다 느리게 진행되는 생물학적 진화의 굴레에서 벗어나 더 큰 우주에 도전하면서 자유롭게 성장할 것이다… 인간은 당분간 로봇의 덕을 보겠지만… 때가 되면 로봇은 진짜 아이들처럼 새로운 기회를 찾아 우리 품을 떠나갈 것이다. 반면에 그들을 만든 부모들은 이 땅에서 조용히 사라져갈 것이다."[19]

물론 이 의견에 반대하는 사람도 있다. 이들은 "세상의 주도권을 로봇에게 내주는 것은 최악의 해법이며, 문제를 근본적으로 해결하려면 더 늦기 전에 우리의 목적과 우선순위를 바꿔야 한다"고 주장한다. 로봇이 우리의 아이들이라면, 진짜 아이들에게 하던 것처럼 관대하게 가르쳐야 한다는 것이다.

우호적 AI

어쨌거나 로봇은 실험실에서 만들어진 기계일 뿐이므로 이들이 킬러가 될지, 또는 다정한 친구가 될지는 AI의 연구방향에 달려 있다. 현재 AI 연구기금의 대부분은 군에서 지원하는데 이들의 목적은 전쟁에서 이기는 것이므로, 친구보다는 킬러가 될 가능성이 높다.

그러나 전 세계 상업용 로봇의 30%가 일본에서 생산되고, 이들 중 대부분이 처음부터 놀이친구나 작업용으로 제작되기 때문에 상황은 다르게 전개될 수도 있다. 소비자의 요구가 연구목적을 압도한다면, 로봇은 인간의 친구가 되는 쪽으로 진화할 것이다. "우호적 AI"란 생산자가 첫 단계부터 사람에게 이로운 로봇을 제작하자는 일종의 캠페인성 철학이다.

일본인들은 로봇을 바라보는 관점이 서양과 많이 다르다. 서양 어린이들은 터미네이터처럼 난폭한 로봇을 보면 공포를 느끼지만, 일본 어린이들은 모든 로봇에 영혼이 깃들어 있다고 생각하는 경향이 있다. 아마도 이것은 일본의 토속종교인 신토(神道, shinto)의 영향일 것이다. 그래서 일본 어린이들에세 터미네이터를 보여수면 공포보다는 기쁜 비명을 지르며 완전히 몰입한다. 일본의 상가와 일반가정에서 로봇을 쉽게 찾아볼 수 있는 것은 이런 이유이다. 일본 백화점에 가면 로봇이 손님을 반기고, TV 교육채널에서는 로봇이 선생님으로 등장한다(일본인들이 로봇을 우호적으로 생각하는 데에는 또 다른 이유가 있다. 다들 알다시피 일본은 초고령 국가여서, 로봇간호사의 역할이 매우 중요하다. 현재 일본 인구의 21%가 65세 이상이며, 노령화 속도는 세계에서 가장 빠르다. 사회평론가들은 일본을 "서서히 탈선하는 기차"에 비유하곤 하는데, 여기에는 세 가지 이유가 있다. 첫째, 일본 여성의 평균 기대수명은 세계에서 가장 길다. 둘째, 일본의 출산율은 세계에서 가장 낮다. 셋째, 일본은 타국인의 이주를 정책적으로 막고 있어서 인구의 99%가 순수한 일본인이다. 앞으로도 이 정책을 고수하여 젊은 외국인을 받아들이지 않는다면, 로봇에게 노인의 수발을 맡기는 수밖에 없다. 사실 이것은 일본만의 고민거리가 아니다. 이탈리아와 스위스를 비롯한 여러 유럽국가도 머지않아 일본과 같은 상황이 된다. 금세기 중반쯤 되면 일본과 유럽의 인구는 심각하게 줄어들 것이다. 미국 역시 이 문제로 골머리를 앓고 있다. 지난 수십 년 사이에 본국에서 태어난 미국인 수는 크게 줄어든 반면, 이민자 수는 폭발적으로 증가했다. 로봇이 위에 열거한 세 가지 악몽에서 우리를 구해줄 수 있을까? 아직은 아무도 알 수 없다. 지금 정부는 불확실한 미래를 위해 수조 달러짜리 도박을 벌이고 있는 셈이다).

로봇은 일본인들의 일상사다. 심지어는 요리하는 로봇도 있다(이 로봇은 국수 한 그릇을 1분 40초 만에 만들 수 있다). 레스토랑에 들어가 태블릿 컴퓨터에서 메뉴를 선택하면 로봇이 조리를 시작한다. 이 로봇은 두 개의 팔로 이루어져 있는데, 접시와 숟가락을 세팅하고 칼로 야채를 써는 등 모든 동작을 능숙하게 해낸다. 개중에는 사람처럼 생긴 로봇조리사도 있다.

연주가 주특기인 음악로봇도 등장했다. 로봇의 가슴에 아코디언처럼 생긴 '허파'가 달려 있어서, 펌프를 작동하면 음악이 흘러나온다. 이뿐만이 아니다. 세탁한 옷을 깨끗하게 접어주는 로봇가정부도 있고, 사람처럼 허파와 입술, 혀, 비강을 움직이면서 말하는 로봇도 있다. 소니Sony사에서 출시한 로봇강아지 아이보AIBO는 사람이 쓰다듬어줄 때마다 새로운 감정을 메모리에 저장한다. 일부 미래학자들은 로봇산업이 지금의 자동차산업만큼 성장할 것으로 예측하고 있다.

여기서 중요한 점은 로봇이 무언가를 파괴하거나 압도하는 목적으로 만들어질 필요가 없다는 것이다. 인공지능의 미래는 전적으로 우리에게 달려 있다.

그러나 우호적 AI에 대해 비관적인 일부 비평가들은 로봇이 인간을 압도하는 날이 반드시 찾아올 것으로 믿고 있다. 로봇이 공격적이어서가 아니라, 그것을 만드는 인간이 부주의하기 때문이다. 다시 말해서 로봇이 인간을 압도한다면, 그것은 로봇에게 심어준 다양한 목적들 사이에 충돌이 일어났기 때문이라는 것이다.

"나는 기계다"

언젠가 나는 MIT 인공지능연구소의 전 소장이자 아이로봇iRobot의 설립자 중 한 사람인 로드니 브룩스Rodney Brooks와 인터뷰를 한 적이 있다.[20] 그때 "기계가 인간을 지배하는 날이 온다고 생각하는가?"

라고 물었더니, 그는 "그 점을 생각하기 전에, 우리 자신도 기계임을 인정해야 한다"면서(언젠가는 우리처럼 생생하게 살아 있는 로봇을 만들게 된다는 뜻이다), "인간이 특별하다는 생각을 버려야 할 것"이라고 경고했다.

인간이 특별한 존재가 아니라는 생각을 처음 떠올린 사람은 아마도 니콜라우스 코페르니쿠스Nicolaus Copernicus일 것이다. 그는 우주의 중심이라고 믿어왔던 지구가 사실은 태양 주위를 공전하고 있음을 깨달았다. 그 후 찰스 다윈은 인간이 다른 동물에서 진화한 존재임을 만천하에 공포함으로써 인간의 지위를 또 한 번 끌어내렸다. 브룩스는 이런 추세가 미래에도 계속될 것이라고 했다. 즉, 미래에는 인간이라는 존재가 하드웨어 대신 생체조직으로 이루어져 있을 뿐 기계와 다를 것이 없음을 깨닫게 된다는 이야기다.

인간이 기계라는 사실을 받아들인다면, 세상을 바라보는 관점도 크게 달라질 것이다. 브룩스는 자신의 저서에 다음과 같이 적어놓았다. "자신이 특별한 존재라는 생각을 떨쳐버리기란 결코 쉽지 않다. 그래서 로봇이 감정을 가지고 살아 있는 생명체처럼 움직일 수 있다는 것을 받아들이기 어렵다. 로봇이 인간과 같아지면 사람은 더 이상 특별한 존재가 아니기 때문이다. 그러나 인류는 앞으로 50년 안에 이 사실을 인정할 수밖에 없을 것이다."[21]

그러나 브룩스는 "몇 가지 이유로, 로봇이 인간을 능가하는 날은 오지 않을 것"이라고 예측했다. 첫째, 세계지배를 원하는 로봇이 우연히 만들어질 가능성은 거의 없다. 브룩스의 표현을 빌리면, 어느 날 갑자기 인간을 지배하려는 로봇이 만들어질 확률은 누군가가 창고에서 마차를 수리하다가 우연히 747 점보제트기를 만들 확률과 비슷하다.

둘째, 이런 일이 발생하지 않도록 방지책을 마련할 시간이 아직은 충분히 남아 있다. 누군가가 '최고 악당 로봇'을 만들기 전에 '조금 나쁜 로봇'이 만들어질 것이고, 그 이전에 '그리 나쁘지 않은 로봇'이 먼저 만들어질 것이기 때문이다.

브룩스의 로봇철학을 요약하면 다음과 같다. "로봇시대는 반드시 도래한다. 그러나 크게 걱정할 필요는 없다. 장담하건대, 아주 흥미진진한 시대가 될 것이다." 로봇혁명은 피할 수 없는 현실이며, 로봇의 지능이 인간을 능가하는 것도 시간문제일 뿐이다. 그러나 우리는 로봇의 창조주이므로, 피조물을 두려워할 필요가 없다. 로봇이 인간을 방해하지 않고 오직 도움만 주도록 설계하면 된다. 모든 패를 우리가 쥐고 있는데, 무엇이 걱정이란 말인가?

로봇과 하나가 되다?

당신이 브룩스 박사에게 "인간은 엄청나게 똑똑한 로봇들과 어떻게 공존할 수 있는가?"라고 묻는다면, 아주 간단한 대답이 돌아올 것이다. "그냥 로봇과 하나가 되면 된다." 로봇공학과 신경 보철기술이 충분히 발달하면, 우리 몸속에 인공지능을 직접 이식할 수 있다.

브룩스 박사는 이 과정이 이미 시작되었다고 했다. 현재 전 세계적으로 인공 달팽이관을 이식한 사람은 무려 2만 명에 달한다. 초소형 수신기가 소리를 감지하면 음파를 전기신호로 바꾸어 곧바로 귀의 청각신경에 전달해준다. 인공 달팽이관은 청력을 거의 잃은 사람들에게 새로운 삶을 안겨주었다.

서던캘리포니아대학교를 비롯한 다른 몇 곳에서는 인공망막을 개발하여 맹인들에게 희망을 주고 있다.[22] 안경에 장착된 초소형 비디오카메라가 영상을 찍어서 디지털 신호로 바꾸면 망막에 이식된 칩에 무선으로 전송된다. 이 칩이 망막의 신경을 활성화하면 영상신호가 뇌의 후두엽으로 전송되어 영상을 보게 되는 식이다. 이 장치를 사용하면 시력을 완전히 상실한 사람도 눈앞에 있는 물체를 희미하게 볼 수 있다. 그 외에 광센서 칩을 망막에 직접 이식하는 방법이 있는데, 이때는 영상신호가 시신경에 직접 전달되므로 외부 카메라를 달고 다닐 필요가 없다.

여기서 한 걸음 더 나아가, 보통사람들의 감각과 능력을 향상시키는 것도 가능하다. 예를 들어 인공 달팽이관을 고주파에 맞춰놓으면 평생 들어본 적 없는 소리를 들을 수 있다. 적외선을 보게 해주는 적외선 안경은 이미 나와 있다. 본래 적외선은 사람 눈에 보이지 않지만, 이 안경을 쓰면 어둠 속에서 뜨거운 물체가 발산하는 적외선을 생생하게 볼 수 있다. 그리고 인공망막을 장착하면 적외선과 자외선을 모두 볼 수 있다(벌은 자외선을 볼 수 있다. 이들은 화단을 찾을 때 태양에서 방출하는 자외선을 따라간다).

일부 과학자들은 인공외골격으로 누구나 만화주인공처럼 초능력을 발휘는 세상을 예견하고 있다. 헐크의 괴력과 소머즈의 시력, 청력 등을 갖춘 슈퍼휴먼을 첨단기술로 만들 수 있다는 것이다. 이런 날이 오면 보통사람도 아이언맨이 되어 초능력을 발휘할 수 있다. 똑똑한 로봇을 두려워할 필요 없이, 우리도 그들처럼 변하면 된다.

물론 이런 것은 한참 후에나 가능하다. 그러나 개중에는 지금의 로봇이 인간의 삶 속에 섞여들지 않고 공장에 묶여 있는 것을 불만스러워하는 과학자도 있다. 자연이 이미 인간의 마음을 만들었는데, 그것을 복제하면 안 되는 이유가 어디 있는가? 이들의 계획은 두뇌를 뉴런 단위로 낱낱이 분해하여 똑같이 만드는 것이다.

그러나 역설계reverse engineering를 구현하려면 살아 있는 뇌의 청사진 외에 다른 것도 필요하다. 최소단위 뉴런으로부터 뇌를 재구성할 수 있다면, 인간의 의식을 컴퓨터에 업로드할 수 있을 것이다. 그러면 인간의 정신은 수명이 유한한 육체를 벗어날 수 있다. 이것은 '물질을 다스리는 정신'이 아니라, '물질 없이 존재하는 정신'이다.

누구나 그렇듯이 나도 내 몸뚱이에 각별한 애정을 갖고 있다.
그러나 내 몸을 실리콘으로 바꿔서 200년을 살 수 있다면,
나는 주저 없이 그렇게 할 것이다.
_대니얼 힐Daniel Hill (씽킹머신사 공동창업주)

11
두뇌의 역설계

2013년 1월, 의학과 과학의 역사를 바꾸는 두 개의 폭탄이 거의 동시에 떨어졌다. 미국과 유럽에서 두뇌연구에 천문학적 예산이 할당된 것이다. 그동안 두뇌 역설계는 너무 복잡해서 불가능할 것으로 여겨졌으나, 폭탄이 떨어진 후 하룻밤 사이에 초유의 관심사로 떠올랐다. 이 역사적 사건의 배후에는 세계에서 가장 막강한 경제권력이 자리 잡고 있었다.

첫 번째 폭탄을 투하한 사람은 미국 대통령 버락 오바마였다. 그는 2013년도 국정연설을 하는 자리에서 "첨단혁신 신경공학을 이용한 두뇌연구(Brain Research Through Advancing Innovate Neurotechnologies, BRAIN) 프로젝트에 30억 달러의 연방연구기금을 지원하겠다"고 선언함으로써 과학계를 깜짝 놀라게 했다. 유전자연구의 물꼬를 텄던 인간 게놈 프로젝트Human Genome Project처럼, BRAIN 프로젝트는

전기신호의 신경통로를 규명하여 뇌의 비밀을 밝혀줄 것으로 기대된다. 두뇌지도가 완성되면 알츠하이머병과 파킨슨병, 정신분열증, 치매, 조울증 등 각종 뇌 관련 난치병 치료에 새로운 장이 열릴 것이다. 2014년에는 BRAIN 프로젝트의 착수기금으로 1억 달러의 예산이 할당되었다.

이와 거의 동시에 유럽연합에서는 '인간 두뇌 프로젝트Human Brain Project'에 11억 9천만 유로(약 16억 달러)를 지원하기로 결정했다.[1] 이 프로젝트의 목적은 세계에서 가장 강력한 슈퍼컴퓨터를 이용하여 사람의 뇌를 똑같이 시뮬레이션하는 것이다. 간단히 말해서, 트랜지스터와 철로 이루어진 두뇌를 만들겠다는 이야기다.

지지자들은 두 프로젝트가 성공했을 때 얻어지는 막대한 이득을 강조하면서 양손을 들고 환영했다. 오바마 대통령은 "과거에도 인간 게놈 프로젝트에 투입된 돈 1달러당 140달러의 경제효과가 창출되었다"면서, BRAIN 프로젝트가 수백만 환자의 고통을 덜어줄 뿐만 아니라, 새로운 매출원을 창출할 것으로 예견했다. 실제로 통계자료를 보면 인간 게놈 프로젝트가 완성된 후 산업계 전체가 크게 성장했다. 납세자의 입장에서 봐도 BRAIN 프로젝트는 누이 좋고 매부 좋은 윈-윈 게임이다.

오바마는 자세한 언급을 하지 않았지만, 국정연설이 끝난 후 흥분한 과학자들이 재빨리 누락된 부분을 채워넣었다. 신경과학자들은 "뇌의 전기적 활동을 개개의 뉴런 단위로 관찰하는 세밀한 장비를 사용할 수 있게 되었다"며 기뻐했고, 뇌과학자들은 "MRI 기계를 사용하여 뇌의 전체적인 활동을 관찰할 수 있게 되었다"고 했다. 그러나 BRAIN 프로젝트에는 중요한 부분이 빠져 있었다. 수백만 개의 뉴런으로 이루어진 신경망 구조를 완전히 파악해야 정신질환의 원인과 치료법을 알아낼 수 있는데, 대규모 프로젝트에서 이 중간단계가 빠진 것이다.

과학자들은 이 문제를 해결하기 위해 15년짜리 프로그램을 제안했다. 처음 5년 동안은 수만 개의 뉴런을 대상으로 하여 초파리의 척수와 쥐의 망막에 있는 신경질세포(이 세포는 약 5만 개의 뉴런으로 이루어져 있다) 등 동물 두뇌의 중요한 부분에서 진행되는 전기적 활동을 재구성한다.

그다음 5년 동안은 관찰대상 뉴런을 수만 개에서 수십만 개로 늘려나간다. 여기에는 초파리의 뇌(약 13만 5천 개의 뉴런)와 가장 작은 포유류인 에트루리아 뾰족뒤지Etruscan Shrew의 두뇌피질(약 1백만 개의 뉴런)을 3차원 영상으로 재현하는 프로그램이 포함된다.

마지막 5년 동안은 제브라피시(zebrafish: 인도 원산의 담수어. 배아의 성장과 세대교대가 빠르고 관찰하기가 쉬워서 유전학 연구대상으로 자주 사용된다—옮긴이)의 두뇌나 쥐의 신피질 전체를 관찰한다(이들은 수백만 개의 뉴런으로 이루어져 있다). 이 연구가 완료되면 영장류 뇌의 일부분을 3차원 영상으로 재현할 수 있을 것이다.

유럽에서 추진 중인 인간 두뇌 프로젝트Human Brain Project는 접근방식이 조금 다르다. 이들의 목적은 슈퍼컴퓨터를 이용하여 앞으로 10년 안에 뇌의 기본적 기능을 시뮬레이션하는 것이다. 연구대상에는 쥐에서 인간에 이르는 다양한 포유류가 포함되어 있다. 뉴런을 개별적으로 관찰하는 대신 트랜지스터로 뇌의 기능을 똑같이 재현하겠다는 것이다. 이를 위해서는 신피질과 시상 등 뇌의 다양한 부위를 재현하는 컴퓨터모듈(하드웨어와 소프트웨어)이 필요하다.

방대한 규모의 두 프로젝트를 서로 경쟁하듯이 진행하다 보면 난치병 치료법을 발견할 수도 있고, 새로운 산업이 탄생하여 경제호황을 누릴 수도 있다. 그러나 여기에는 아직 언급하지 않은 또 다른 목적이 있다. 인간의 뇌를 시뮬레이션할 수 있다면, 이는 곧 뇌가 '불사不死의 존재'가 된다는 뜻은 아닐까? 우리의 정신이 육체를 떠나 바깥에 존재하게 된다는 뜻일까? 이 야심 찬 프로젝트는 신학과 형이상학에서 근본적인 의문을 불러일으켰다.

두뇌 만들기

많은 이가 그렇듯이, 나도 어린 시절에 시계 분해하기를 좋아했다. 시계의 모든 나사를 일일이 풀어 헤쳐놓은 후 분해의 역순으로 조립해나가는 식이다. 나는 하나의 기어가 다른 기어에 어떻게 물려 돌아가고 그것이 시계바늘의 움직임에 어떻게 영향을 끼치는지, 모든 과정을 단계별로 상상하면서 머릿속에 전체적인 그림을 그려보곤 했다. 알고 보니 큰 태엽이 주 기어를 돌리고, 이것이 작은 기어를 돌리면서 최종적으로 시계바늘이 돌아가는 원리였다.

요즘 컴퓨터 과학자와 신경학자들도 이와 비슷한 작업을 하고 있다. 물론 시계를 분해 조립하는 것보다는 규모가 훨씬 크다. 이들은 우주에서 가장 복잡한 물체인 인간의 뇌를 분해하여 작동원리를 파악하려 애쓰고 있다. 그뿐만 아니라 분해한 뇌를 뉴런 단위로 재조립하여 원래대로 작동하게 한다는 야심 찬 계획까지 세워놓았다.

인간 두뇌의 역설계reverse engineering는 한동안 저녁식사 후 가볍게 주고받는 잡담거리에 불과했지만, 지금은 자동제어 기술과 로봇공학 그리고 나노기술과 신경과학의 눈부신 발진에 힘입어 점차 현실로 다가오고 있다. 미국과 유럽연합은 한때 터무니없는 발상으로 여겨졌던 프로젝트에 수십억 달러를 투자하기로 결정했다. 일부 뜻 있는 과학자들은 살아생전에 결과를 못 볼 수도 있는 연구에 일생을 바치고 있는데, 머지않아 이들은 미국과 유럽연합의 지원을 받아 본격적인 프로젝트에 착수할 예정이다.

이 연구가 성공한다면 인류의 역사가 바뀔 것이다. 정신질환의 치료법을 찾는 것은 물론이고, 의식의 비밀을 낱낱이 풀어헤쳐 컴퓨터에 업로드할 수 있게 된다.

물론 만만한 프로젝트는 아니다. 인간의 뇌 속에 들어 있는 뉴런은 천억 개가 넘는다. 은하수 안에 있는 별의 개수와 맞먹는 수준이다. 게다가 하나의 뉴런은 수만 개의 이웃 뉴런과 연결되어 있으므로, 연결부위만 무려 1,000만×10억 개나 된다(물론 정보가 전달되는 통로의 수는 이보다 훨씬 많다). 그러므로 사람이 떠올릴 수 있는 생각의 수는 가히 천문학적이어서 상상조차 하기 어렵다.

그러나 일부 열정적인 과학자들은 숫자에 기죽지 않고 맨땅에서 출발하여 뇌를 재구성하려 애쓰고 있다. 중국 속담에 "천 리 길도 한 걸음부터"라고 했던가. 과학자들은 선충의 신경계를 뉴런 단위로 해독함으로써 이미 첫걸음을 떼었다. 'C. 엘레강스C. Elegance'로도 불리는 이 작은 생물은 302개의 뉴런과 7,000개의 시냅스(연접부)가 있는데, 신경계의 자세한 청사진은 인터넷에서 찾아볼 수 있다(지금까지 신경계의 모든 구조가 밝혀진 생명체는 C. 엘레강스 뿐이다).

처음에 과학자들은 단순한 생명체의 신경계를 역설계로 완벽하게 재현하면 사람의 뇌로 가는 문이 열릴 것으로 생각했으나, 사실은 정 반대였다. 선충의 뉴런은 개수가 유한하지만 연결상태가 너무 복잡하고 미묘해서, 몸의 움직임과 신호전달경로 사이의 관계를 밝히는 데 여러 해가 걸렸다. 제일 단순한 생명체가 이 정도인데 사람의 뇌는 대체 얼마나 걸릴까? 대를 물려가면서 100년 안에 성공할 수는 있을까? 과학자들은 다시 한 번 인간의 뇌에 경이로움을 느끼면서, 한없는 무력감에 빠져들었다.

뇌를 향한 세 가지 접근법

두뇌는 참으로 복잡해서, 뉴런 단위로 낱낱이 분해하는 방법이 세 가지나 있다(깊이 따지고 들어가면 더 많아진다). 첫 번째 방법은 슈퍼컴퓨터를 이용하여 뇌를 시뮬레이션하는 것으로, 유럽연합이 이 방법을 채용하고 있다. 두 번째는 미국의 BRAIN 프로젝트가 채택한 방법으로, 살아 있는 뇌의 신경망 지도를 작성하는 것이다. [이 작업은 뉴런을 분석하는 방법(해부학적 분석, 개개의 뉴런 단위 분석, 기능 및 행동에 따른 분석 등)에 따라 더 세분될 수 있다.] 세 번째는 뇌의 발달을 제어하는 유전자를 해독하는 방법으로, 이 연구는 백만장자인 마이크로소프트사의 폴 앨런Paul Allen이 후원하고 있다.

트랜지스터와 컴퓨터를 이용하여 뇌를 시뮬레이션하는 첫 번째 접근법은 쥐→토끼→고양이 순서로 두뇌 역설계를 추진하면서 빠른 진전을 보이고 있다. 유럽인들은 단순한 뇌의 대략적인 진화과정을 추적한 후 점차 고등동물의 뇌로 옮겨간다는 계획인데, 컴퓨터 과학자가 볼 때 이 작업의 성패는 컴퓨터의 성능에 달려 있다. 물론 크고 빠를수록 좋다. 따라서 쥐와 사람의 뇌를 해독하려면 세계에서 가장 큰 컴퓨터를 동원해야 한다.

이들은 생쥐를 첫 번째 분석대상으로 삼았다. 생쥐의 뇌용량은 사람의 1,000분의 1에 불과하고 뉴런도 1억 개밖에 안 된다. 지금 캘리포니아에 있는 로렌스리버모어국립연구소Lawrence Livermore National Laboratory에서는 IBM사의 컴퓨터 블루진Blue Gene이 생쥐의 사고 과정을 열심히 분석 중이다. 이곳은 블루진 외에 세계에서 가장 뛰어난 컴퓨터를 여러 대 보유하고 있는데, 국방성에서 계획한 수소폭탄의 탄두도 이곳에서 만들어졌다. 블루진은 147,456개의 프로세서와 15만 기가바이트의 메모리를 탑재한 초고성능 컴퓨터다(전형적인 PC는 프로세서가 한 개뿐이고 메모리도 몇 기가바이트에 불과하다).

진척속도는 매우 느리지만 꾸준히 앞으로 나아가고 있다. 과학자들은 두뇌의 전체모형을 만드는 대신 피질과 시상(뇌의 대부분 활동은 이곳에 집중되어 있다) 사이의 연결을 재현하는 쪽으로 가닥을 잡았다(그러므로 이 시뮬레이션에는 외부세계와 감각의 연결고리가 빠져 있다).

2006년에 IBM사의 다멘드라 모드하Dharmendra Modha 박사는 이 방법을 이용하여 512개의 프로세서를 통해 생쥐의 뇌를 부분적으로 시뮬레이션하는 데 성공했다. 그 후 2007년에는 모드하 박사가 이끄는 연구팀이 2,048개의 프로세서로 쥐(rat, 생쥐보다 몸집이 크다)의 뇌를 시뮬레이션했고, 2009년에는 24,576개의 프로세서를 이용하여 16억 개의 뉴런과 9조 개의 연접부를 가진 고양이의 뇌를 성공적으로 시뮬레이션했다.

IBM의 과학자들은 블루진 컴퓨터를 십분 활용하여 사람 뇌의 뉴런과 연접부를 부분적으로 시뮬레이션하고 있다(지금까지 전체의 4.5%가 완료되었다). 사람의 뇌를 부분적으로 시뮬레이션하려면 88만 개의 프로세서가 필요한데, 아마 2020년쯤 가능할 것으로 예상된다.

나는 블루진 컴퓨터를 내 사진기로 직접 찍은 적이 있다. 로렌스리버모어연구소에서는 국가기밀에 해당하는 무기를 연구하고 있어서 그날 연구실로 들어가기 위해 검문소를 여러 번 거쳐야 했다. 절차는 다소 번거로웠지만, 마지막 검문을 통과하고 나니 거대한 에어컨과 함께 블루진의 모습이 눈에 들어왔다.

블루진은 정말 엄청난 컴퓨터였다. 검은 캐비닛 여러 개로 이루어져 있는데, 하나의 높이가 2.4m쯤 되고 폭은 거의 4.5m에 달한다. 기계의 표면에는 온갖 종류의 스위치와 깜박이는 등이 달려 있어서, 무언가 열심히 작업 중임을 쉽게 알 수 있었다. 나는 블루진 앞을 천천히 걸어가면서 지금 무슨 계산을 하는지 짐작해보았다. 아마도 양성자의 내부모형을 만들고, 플루토늄의 반감기를 계산하고, 두 개의 블랙홀이 충돌하는 장면과 쥐의 사고과정을 시뮬레이션하는 등 이 모든 작업을 동시에 수행하고 있었을 것이다.

그런데 이 괴물 같은 컴퓨터도 차세대 컴퓨터인 블루진/Q 세쿼이아Blue Gene/Q Sequoia한테 자리를 내주기 직전이라고 한다. 세쿼이아는 2012년 1월에 1초당 20.1 PFLOPS(1초당 20조 1천억 회의 연산)를 찍으면서 '가장 빠른 컴퓨터' 세계기록을 갈아치웠다. 이 컴퓨터는 280m^{2}의 면적을 차지하고, 7.9MW의 전기에너지를 먹어치운다. 이 정도면 작은 도시에 전력을 공급할 수 있는 양이다.

이처럼 괴물 같은 컴퓨터라면 인간의 뇌에 필적할 수 있을까?

아쉽게도 답은 'no'다. 세쿼이아는 두뇌피질과 시상 사이의 상호작용만을 시뮬레이션할 수 있을 뿐이다. 뇌 전체를 시뮬레이션하기에는 딕없이 모자란다. 모드하 박사는 자신의 프로젝트가 얼마나 방대한 작업인지 잘 알고 있다. 사람의 뇌 전체를 완벽하게 시뮬레이션하려면 어느 정도의 컴퓨터가 필요할까? 모드하 박사의 추산에 의하면 블루진 같은 컴퓨터 수천 대가 있어야 한다. 이 정도를 수용하려면 건물 내부는 어림도 없고, 도시 한 구획을 통째로 내줘야 한다. 그리고 에너지 소모량도 엄청나서 수천 MW짜리 핵발전소를 오직 컴퓨터를 위해 운영해야 한다. 이뿐만이 아니다. 초대형 컴퓨터에서는 다량의 열이 발생해서, 수시로 식혀주지 않으면 회로소자가 다 녹아버린다. 수천 대의 블루진에 냉각수를 끊임없이 공급하려면 강의 길을 통째로 바꿔야 한다(아니면 컴퓨터 단지를 강변에 건설해야 한다).

사람의 뇌를 시뮬레이션하려면 이 정도 규모의 컴퓨터가 필요하다. 그러나 정작 우리 뇌는 무게가 1.4kg에 불과하며 두개골 안에 들어갈 정도로 크기도 작고, 아무리 과부하가 걸려도 체온은 단 몇 도만 올라갈 뿐이다. 게다가 전력도 20W 정도면 충분하고, 햄버거 몇 개만 투입하면 하루종일 작동한다. 이 얼마나 효율적인 고성능 컴퓨터인가!

뇌 만들기

그러나 이 역사적 사업에 참여한 과학자 가운데 포부가 가장 큰 사람은 아마도 스위스 로잔연방공과대학의 헨리 마크람Henry Markram일 것이다. 그는 유럽연합이 16억 달러를 투자한 인간 두뇌 프로젝트의 주역으로, 지난 17년 동안 뇌의 신경망 네트워크를 해독하는 데 몰두해왔고, 지금은 블루진 컴퓨터를 이용하여 두뇌를 역설계하고 있다. 그가 이끄는 인간 두뇌 프로젝트는 현재 1억 4천만 달러의 예산이 집행된 상태이다.

마크람 박사는 자신이 하는 일이 과학 프로젝트가 아니라, 막대한 돈이 들어가는 공학사업에 가깝다면서 다음과 같이 말했다. "슈퍼컴퓨터와 소프트웨어 그리고 연구기반을 건설하려면 대략 10억 달러가 필요하다. 하지만 정신질환을 앓는 환자가 곧 세계인구의 20%를 넘어선다는 현실을 생각하면 그다지 많은 돈은 아니다. 베이비붐 세대가 은퇴할 때쯤이면 알츠하이머병과 파킨슨병, 그리고 이와 관련된 정신질환을 치료하는 데 몇 천억 달러가 들어갈 것이다."

마크람 박사는 "프로젝트에 충분한 돈을 투자하다 보면 언젠가는 뇌의 비밀이 밝혀질 것"이라고 했다. 언뜻 듣기에는 밑 빠진 독 같지만, 알고 보면 스케일이 엄청나게 큰 해결책이다. 유럽연합으로부터 10억 달러짜리 상을 받았으니(인간 두뇌 프로젝트를 말함–옮긴이) 그의 꿈은 곧 이루어질 것이다.

물론 프로젝트에 필요한 돈은 세금으로 충당된다. 그렇다면 납세자들에게는 어떤 혜택이 돌아가는가? 마크람 박사에게 이 질문을 던졌더니, 잠시도 망설이지 않고 명확한 답을 들려주었다. "이 비싼 프로젝트를 반드시 수행해야 하는 몇 가지 이유가 있다. 첫째, 사회가 안정적으로 유지되려면 인간의 뇌를 이해하는 것이 무엇보다 중요하다. 나는 이것이 진화의 핵심단계라고 생각한다. 둘째, 언제까지나 동물실험만 계속할 수는 없다… 인간 두뇌 프로젝트는 현대판 노아의 방주이며, 방대한 기록보관소가 될 것이다. 셋째, 지금 전 세계에는 정신질환으로 고통받는 사람이 20억 명에 달한다….”[2]

그의 설명은 계속 이어졌다. “정신병 환자는 사방에 넘쳐나는데 뚜렷한 치료법이 없다는 것이 나에게는 큰 부담이다. 그 많은 신경질환 중에서 치료법은 고사하고 원인이라도 밝혀진 병이 단 하나도 없다는 것은 정말 충격이 아닐 수 없다.”[3]

언뜻 생각하면 마크람의 프로젝트는 성공할 가능성이 거의 없어 보인다. 천문학적 돈을 쏟아 부으면서 헛고생만 할 것 같다. 그러나 마크람을 비롯한 이 분야의 과학자들은 상황을 역전시킬 비장의 무기를 갖고 있다.

사람의 게놈은 대략 23,000개의 유전자로 이루어져 있다. 그런데 이로부터 수천억 개의 뉴런으로 이루어진 뇌가 만들어진다. 턱없이 부족한 자원으로부터 우주에서 가장 복잡한 구조물이 만들어진다는 것이 수학적으로 불가능할 것 같지만, 이런 일은 임부의 뱃속에 태아가 생길 때마다 항상 일어나고 있다. 그토록 작은 공간에 어떻게 그 많은 정보가 들어갈 수 있는 것일까?

마크람 박사는 단호하게 말한다. “그와 같은 기적이 가능한 이유는 자연이 지름길을 택하고 있기 때문이다. 자연은 다양한 시도를 해보다가 모범적인 사례를 발견하면 그와 동일한 패턴을 끝없이 반복한다. 뇌의 신경망은 바로 이와 같은 원리로 탄생했다.” 뇌의 일부를 확대해서 보면 뉴런이 복잡하게 엉켜 있을 뿐, 아무런 규칙이 없는 것 같다. 그러나 좀 더 자세히 들여다보면 동일한 패턴의 모듈이 계속해서 반복되고 있음을 알 수 있다. [고층건물을 단기간에 지을 수 있는 비결도 바로 이 모듈(module: ‘단위’라는 뜻으로, 여기서는 동일한 패턴으로 이루어진 한 구획을 의미한다–옮긴이) 덕분이다. 한 모듈의 설계가 끝나면 조립라인에서 똑같은 모듈을 계속 찍어내고, 이들을 계속 쌓으면 고층건물이 만들어진다. 주거용 아파트도 서류 작업만 완료되면 모듈을 이용하여 몇 달 안에 지을 수 있다.]

마크람 박사가 추진 중인 '블루 두뇌 프로젝트(Blue Brain Project: 블루진 컴퓨터를 이용한 인간 두뇌 프로젝트)'의 핵심은 "신피질 컬럼neocortical column"이다. 이것은 뇌에서 계속 반복되는 모듈의 하나로서, 사람의 경우 높이는 약 2mm, 직경은 0.5mm이며, 그 안에 6만 개의 뉴런이 들어 있다(쥐의 신경모듈에 들어 있는 뉴런은 1만 개 정도이다). 마크람 박사는 이 컬럼에 들어 있는 뉴런을 분석하고 작동원리를 밝히는 데 10년이 걸렸다(1995~2005년). 이 작업이 완료된 후 그는 IBM으로 가서 방대한 복제컬럼을 만들었다.

마크람 박사는 영원한 낙천주의자다. 지난 2009년에 개최된 TED Technology, Entertainment, Design 학회에서 그는 자신의 프로젝트가 10년 안에 끝날 것으로 예측했다(현재 진척상황을 볼 때, 다른 피질이나 감각과의 연결관계를 제외하면 불가능한 일도 아니다). 그러나 그는 한때 "제대로 만들어진다면 사람 못지 않은 지성과 매끄러운 행동을 보여줄 것"이라고 장담한 적도 있다.

마크람 박사는 자신의 연구를 변호하는 데 매우 능숙한 언변가이기도 하다. 그는 어떤 질문에도 답할 준비가 되어 있다. 비평가들이 "금지된 영역을 침범한다"고 비난했을 때, 그는 다음과 같이 응대했다. "과학자는 진실을 두려워하지 않는다. 우리는 뇌를 이해할 필요가 있다. 사람들은 대체로 뇌를 신성시하기 때문에, 그것을 갖고 노는 짓을 불경스럽게 여기는 경향이 있다. 물론 이것은 자연스러운 현상이다. 비밀스러운 영혼이 그 안에 깃들어 있다고 생각하기 때문이다. 그러나 뇌의 기능과 작동원리를 이해하면 지구에서 모든 충돌이 사라질 것이다. 뇌를 이해하면 사소한 일과 중요한 일, 충돌과 반응, 그리고 모든 오해가 어떻게 발생하는지 알게 될 것이기 때문이다."

또 다른 비평가가 "당신은 신 놀음을 하고 있는가?"라고 묻자, 마크람 박사는 이렇게 대답했다. "신이 되려면 아직 멀었다. 신은 우주 전체를 창조하지 않았던가. 지금 우리는 두뇌의 작은 모형을 만들기 위해 노력하고 있을 뿐이다."[4]

그것은 정말로 뇌인가?

과학자들은 "2020년쯤 되면 두뇌 컴퓨터 시뮬레이션의 수준이 사람과 비슷해질 것"으로 장담하지만, 문제는 현실감이다. 그 시뮬레이션은 과연 얼마나 현실적일까? 예를 들어 고양이 시뮬레이션을 실행하면 쥐를 잡거나 실뭉치를 굴리면서 재미있게 놀 수 있을까?

대답은 'no'다. 컴퓨터 시뮬레이션은 고양이의 뇌에서 뉴런이 활성화되는 과정을 그대로 따라 할 수 있지만, 뇌의 각 부위 사이의 연결 상태까지 재현할 수는 없기 때문이다. IBM의 시뮬레이션도 뇌의 일부인 시상피질계(thalamocortical system: 시상과 피질을 연결하는 통로)에 국한되어 있다. 컴퓨터는 육체가 없으므로, 시뮬레이션이 아무리 정교해도 두뇌와 주변 환경 사이의 상호작용을 재현할 수는 없다. 즉, 컴퓨터로 재현한 뇌에는 두정엽이 없어서 외부정보로부터 감각을 느끼거나 운동반응을 보일 수 없다는 이야기다. 그리고 시상피질계만 재현하는 경우에도 기본적인 연결만으로는 먹이를 쫓거나 짝을 찾는데 필요한 피드백회로와 기억을 만들 수 없으므로, 실제 고양이의 사고과정을 똑같이 재현할 수는 없다. 컴퓨터로 구현된 고양이의 뇌에는 기억과 본능이 빠져 있어서, 사실상 백지나 마찬가지다. 간단히 말해서, 컴퓨터 고양이는 쥐를 잡을 수 없다.

그러므로 2020년경에 사람의 뇌를 시뮬레이션한다 해도 그 컴퓨터와는 간단한 대화조차 나눌 수 없을 것이다. 두정엽 없는 컴퓨터는 감각과 자아의식이 없고, 인간과 세상을 이해하지 못한다. 또한 측두엽이 없으니 말을 할 수 없고, 대뇌변연계가 없으니 감정도 없다. 이런 컴퓨터의 능력은 갓 태어난 신생아보다 떨어진다.

두뇌를 감각과 감정, 언어 그리고 문화와 연결하는 작업은 이제 막 시작되었을 뿐이다.

난도질 접근법

오바마 정부가 후원하는 두 번째 접근법은 뉴런 신경망 지도 제작을 목적으로 한다. 트랜지스터를 사용하지 않고, 뇌 속에서 신호가 전달되는 실제 경로를 직접 분석하겠다는 것이다. 여기에는 몇 가지 방법이 있다.

한 가지 방법은 개개의 뉴런과 연접부를 물리학적으로 규명하는 것이다. 이 과정을 거치면 뉴런이 파괴되므로, 흔히 '해부학적 접근법'이라 불린다. 또 다른 방법은 두뇌가 어떤 기능을 수행할 때 뉴런을 따라 흐르는 전기신호를 해독하는 것이다(이 접근법은 뉴런 자체보다 살아 있는 뇌에서 신호가 전달되는 경로에 중점을 두고 있어서, 오바마 정부가 더 선호하는 것으로 알려졌다).

해부학적 접근법을 적용하려면 동물의 뇌세포를 난도질하듯 뉴런 단위로 낱낱이 분해해야 한다. 주변 환경과 기억 그리고 몸과 관련된 정보는 이미 뇌 안에 들어 있다. BRAIN 프로젝트에 투입된 과학자들은 다량의 트랜지스터를 조립하여 뇌를 재현하는 대신, 각 뉴런의 위치와 역할을 규명하는 데 중점을 두고 있다. 이 작업이 완료되면 개개의 뉴런을 트랜지스터로 시뮬레이션하여 기억과 성격 그리고 감각이 있는 인간의 뇌를 똑같이 재현할 수 있을 것이다. 누군가의 뇌를 이런 식으로 역설계하면 완벽한 기억과 성격을 갖춘 사람(뇌)과 유익한 대화를 나눌 수 있다.

이 프로젝트에는 물리학이 전혀 필요 없다. 하워드휴스의학연구소Howard Hughes Medical Institute의 게리 루빈Gerry Rubin 박사는 한동안 정육점 고기절단기와 비슷하게 생긴 장치를 사용하여 과실파리의 뇌를 잘게 썰었다. 이것은 결코 쉬운 작업이 아니다. 과실파리의 뇌에는 약 15만 개의 뉴런이 들어 있고 지름은 300마이크로미터(0.3mm)로, 사람의 뇌와 비교하면 거의 점이나 다름없다. 이 작은 뇌를 10억분의 5mm 두께로 잘게 썰어서 전자현미경으로 촬영한 후 컴퓨터로 전송하면, 프로그램이 각 뉴런의 연결상태를 복원해준다. 루빈 박사는 앞으로 20년 안에 과실파리의 뇌 구조를 완전히 파악할 수 있으리라 예측하고 있다.

진보속도가 거북이처럼 느린 이유 중 하나는 촬영장비가 과학자들의 요구를 따라가지 못하기 때문이다. 지금 사용되는 전자현미경은 한 프레임에 담을 수 있는 화소 수가 1천만 개에 불과하다(이 값은 표준 TV 해상도의 1/3밖에 되지 않는다). 지금 과학자들은 1초당 100억 화소를 찍을 수 있는 현미경을 개발하고 있다.

현미경에서 쏟아지는 방대한 데이터를 저장하는 것도 큰 문제다. 루빈 박사의 프로젝트가 어느 정도 궤도에 오르면 과실파리 한 마리당 하루에 1백만 기가바이트의 데이터가 얻어질 텐데, 이것을 모두 저장하려면 창고 하나를 하드 드라이브로 가득 채워야 한다. 게다가 과실파리 개체마다 두뇌구조가 조금씩 다르므로, 수백 마리의 뇌를 스캔하여 평균치를 구해야 한다.

사람의 뇌를 이런 방법으로 분석하려면 얼마나 걸릴까? 루빈 박사는 말한다. "사람의 의식을 이해하려면 족히 100년은 걸릴 것이다. 앞으로 10~20년 동안은 과실파리에 전념할 계획이다."[5]

이 방법은 다른 몇 가지 기술의 발달에 힘입어 좀 더 빠르게 진행될 수도 있다. 한 가지 가능성은 뇌를 잘게 썰어내는 번거로운 작업을 자동화하는 것이다. 이 작업을 기계가 대신 해준다면 시간이 크게 절약된다. 인간 게놈 프로젝트도 자동화를 통해 시간과 비용을 크게 줄일 수 있었다(원래 예산은 30억 달러였으나, 자동화 기술을 도입하여 예상보다 적은 비용으로 더 빠르게 완료되었다. 그런데 처음에 백악관에서는 자동화를 반대했다고 한다). 또 다른 방법은 다양한 염료로 뉴런의 통로를 염색하여 눈에 잘 뜨이게 하는 것이다. 물론 현미경의 해상도가 높아져도 시간을 단축할 수 있다.

루빈 박사의 말대로, 완벽한 두뇌지도가 완성되려면 100년 이상을 기다려야 한다. 그런데도 과학자들은 주어진 연구에 전념하고 있다. 이들을 보고 있노라면 중세시대의 성당건축가들이 떠오른다. 그들은 아직 태어나지도 않은 손자들이 성인이 되어야 성당을 완공할 수 있다는 사실을 잘 알면서도 죽는 날까지 최선을 다했다.

사람의 뇌를 뉴런 단위로 분해하여 완벽한 해부학적 지도를 만드는 것 외에, 또 하나의 프로젝트가 지금 한창 진행되고 있다. 두뇌스캔 데이터로부터 뇌 각 부위 사이의 연결통로를 재현하는 "인간 커넥톰 프로젝트Human Connectome Project"가 바로 그것이다.

인간 커넥톰 프로젝트

2010년에 미국국립보건원National Institutes of Health은 "대학 간 협동연구에 5년 동안 3천만 달러를 지원하고(워싱턴대학교, 세인트루이스대학교, 미네소타대학교), 하버드대학교와 매사추세츠종합병원 그리고 캘리포니아대학교 로스앤젤레스캠퍼스UCLA의 협동연구에 3년 동안 850만 달러를 지원한다"고 발표했다. 물론 3~5년의 단기지원으로 뇌의 모든 것을 이해할 수는 없지만, 이 분야 연구의 기폭제 역할을 한다는 점에서 충분한 의미가 있다.

이 연구 프로젝트는 BRAIN 프로젝트에 통합될 가능성이 높다. 그렇게 된다면 연구 진척 속도는 한층 더 빨라질 것이다. 이들의 목적은 뇌의 뉴런 지도를 작성하여 자폐증이나 정신분열 등 각종 정신질환의 치료법을 알아내는 것이다. 커넥톰 프로젝트의 리더 중 한 사람인 세바스천 승(Sebastian Seung, 한국명 승현준)은 이렇게 말했다. "연구원들은 뉴런 자체가 매우 튼튼하게 연결됐을 것으로 생각하지만, 예상과 다르게 비정상적인 방식으로 연결되어 있을지도 모른다. 안타깝게도 이 가설을 검증할 만한 기술은 아직 개발되지 않았다."[6] 정신질환이 뇌의 잘못된 연결에 기인한 병이라면, 인간 커넥톰 프로젝트에서 결정적인 실마리가 발견될 수도 있다.

승현준 박사는 사람 뇌의 완벽한 모형을 만든다는 최종목적을 떠올릴 때마다 끝이 보이지 않아 막막하다면서, 자신의 심경을 다음과 같이 털어놓았다. "17세기 철학자이자 수학자였던 파스칼은 방대한 우주공간을 떠올릴 때마다 자신의 존재가 너무도 미미하다는 자괴감에 빠졌다. 나는 과학자이므로 개인적인 감정을 가능한 한 배제해야 한다… 나는 호기심도 있고 경이감도 느낀다. 하지만 가끔은 절망에 빠질 때가 있다."[7] 승 박사를 비롯한 연구원들은 몇 세대가 지나야 끝날 프로젝트에 혼신의 노력을 기울이면서, "언젠가는 자동현미경이 사진을 찍고 인공지능 기계가 데이터를 24시간 분석해줄 날이 올 것"이라는 희망을 품고 있다. 사람의 뇌를 평범한 전자현미경으로 찍으면 데이터의 양이 거의 제타바이트(zettabyte, 1제타바이트=10^{21}바이트=10^{12}기가바이트)에 달하는데, 이 정도면 현재 전 세계 인터넷에 축적된 데이터를 모두 합한 양과 비슷하다.

승 박사는 아이와이어EyeWire라는 웹사이트를 개설하여 일반인의 참여를 독려하고 있다. 이곳을 방문한 "시민과학자"들은 엄청난 양의 신경망 통로를 직접 보면서 특정 경로에 색을 입힐 수 있다(단, 자신에게 할당된 영역만 칠할 수 있다). 이것은 아이들이 좋아하는 색칠놀이와 비슷하다. 다만, 전자현미경으로 찍은 망막의 뉴런을 밑그림으로 사용한다는 점이 다를 뿐이다.

앨런 두뇌지도

마지막으로, 뇌의 지도를 작성하는 세 번째 방법이 있다. 마이크로

소프트사의 백만장자 폴 앨런Paul Allen이 1억 달러의 기금을 출원하여 시작된 이 프로젝트는 컴퓨터 시뮬레이션을 실행하거나 신경망 경로를 분석하는 대신, 뇌를 탄생시킨 유전자 규명에 중점을 두면서 쥐의 두뇌지도를 작성하는 것을 목적으로 하고 있다.

두뇌의 유전자를 이해하면 자폐증, 파킨슨병, 알츠하이머병 등 다양한 정신질환의 원인을 규명할 수 있을지도 모른다. 사람과 쥐는 많은 유전자를 공유하고 있으므로, 쥐의 뇌를 이해하면 사람의 뇌에 한 걸음 더 다가가게 된다.

앨런의 두뇌지도 프로젝트는 2006년에 완결되었고, 결과는 웹사이트에 무료로 공개되었다. 그 후 얼마 지나지 않아 해부학 및 유전학적으로 뇌의 3차원 지도를 제작하는 "앨런 인간 두뇌지도Allen Human Brain Atlas" 프로젝트가 정식으로 발족했다. 2011년에 앨런연구소측은 "두 개의 뇌를 대상으로 생화학적 지도를 완성하였으며, 이 과정에서 1,000개의 해부학적 구획과 1억 개의 측정점data point을 발견했다. 이 점들은 유전자를 생화학적으로 설명하는 데 핵심적 역할을 한다"고 발표했다. 연구원들은 지금까지 두뇌 유전자의 82%를 규명한 상태다.

앨런연구소의 앨런 존스Allen Jones 박사는 말한다. "지금까지 이 정도로 상세한 인간 두뇌지도는 존재하지 않았다. 앨런 인간 두뇌지도 프로젝트는 가장 복잡하면서 가장 중요한 장기를 전례 없이 세밀하게 보여줄 것이다."[8]

역설계에 대한 반대의견들

두뇌 역설계에 연구인생을 바쳐온 과학자들은 앞으로 수십 년이 지나야 결과가 나온다는 사실을 잘 알고 있다. 그러나 이들은 지금 하고 있는 연구의 현실적 의미도 누구 못지않게 잘 알고 있다. 이들은 부분적인 목적지에 도달하기 전에 중간결과만 얻어도, 오랜 세월 동안 인류를 괴롭혀온 정신질환의 비밀을 풀 수 있을 것으로 믿고 있다.

반면에 비평가들은 프로젝트가 완료된다 해도 엄청난 양의 데이터가 쌓이기만 할 뿐, 그것을 해석하고 종합하는 것은 또 다른 문제라고 주장한다. 예를 들어 어느 날 네안데르탈인이 IBM 블루진 컴퓨터가 만든 완벽한 두뇌청사진을 목격했다고 가정해보자. 청사진에 적힌 모든 내용은 컴퓨터에 이미 저장되어 있다. 두뇌청사진은 엄청나게 커서, 넓이가 족히 수백 m^2는 될 것이다. 네안데르탈인은 컴퓨터의 환상적인 능력이 청사진 덕분이라는 것을 어렴풋이 알 수 있겠지만, 거기 기록된 데이터는 그에게 아무런 의미가 없다.

이와 마찬가지로, 뉴런 수십억 개의 위치를 낱낱이 알아냈다 해도 그 의미를 이해할 수는 없다. 모든 기능을 이해하려면 수십 년의 세월이 추가로 소요될 것이다.

예를 들어 인간 게놈 프로젝트는 인간의 모든 유전자 염기서열을 규명하는 데 커다란 성공을 거두었지만, 유전병 치료를 기대했던 사람들에게는 사지에 맥이 풀릴 정도로 허망한 결과였다. 아무런 의미 설명 없이 23,000개의 단어를 나열해놓고 끝났기 때문이다. 이 단어사전에는 모든 단어의 철자가 정확하게 명시되어 있으나, 의미를 설명하는 난은 공백으로 남겨졌다. 인간 게놈 프로젝트는 역사에 길이 남을 업적이었지만, 사실은 유전자의 역할과 상호작용을 규명하는 긴 여행의 첫걸음이었을 뿐이다.

이와 마찬가지로, 뉴런의 연결상태를 알아낸다 해도 각 뉴런의 역할과 기능은 여전히 미지로 남는다. 그래서 역설계는 비교적 쉬운 부분에 속한다. 정작 어려운 부분은 역설계에서 얻은 데이터를 분석하여 의미 있는 결론을 내리는 것이다.

미래

미래의 어느 날, 인간 두뇌의 역설계가 성공적으로 끝났다고 가정해보자. 한 무리의 과학자들이 기자회견장에 나타나 역설계 프로젝트가 완료되었음을 공식적으로 선언한다.

그다음에는 무슨 일을 해야 할까?

당장 응용 가능한 연구 중 하나는 특정 정신질환의 원인을 찾는 것이다. 정신질환은 대부분 뉴런 자체가 파괴되었기 때문이 아니라, 뉴런의 연결에 문제가 생겼기 때문에 발생한다. 헌팅턴병(Huntington's disease: 치매를 유발하는 유전성 신경계 질환－옮긴이)과 테이-삭스병(Tay-Saches: 뇌에 해로운 화학물질이 축적되는 유전병－옮긴이), 낭포성섬유증(Cystic fibrosis: 염소 수송을 담당하는 유전자에 이상이 생겨 신체의 여러 기관에 장애를 일으키는 유전병－옮긴이)과 같이 단 하나의 유전자변이 때문에 나타나는 유전성 질환을 생각해보자. 30억 개의 염기쌍 중 단 하나의 위치가 잘못되거나 필요 없이 반복되면 팔과 다리를 제어하지 못하고 경련을 일으키는 헌팅턴병 환자가 된다. 유전자서열의 99.999999%가

정상이고 0.0000001%만 잘못돼도 전체서열은 '불량'이 되는 것이다. 그래서 유전자치료법을 연구하는 과학자들은 하나의 유전자변이를 찾는 데 주력하고 있다.

그러므로 두뇌 역설계가 완료되면 몇 개의 연결부위를 의도적으로 차단한 채 시뮬레이션을 실행하여 어떤 정신질환이 나타나는지 테스트해볼 수 있다. 단 몇 개의 뉴런만 차단해도 뇌 기능에 심각한 장애가 나타날 것이다. 이런 식으로 '불발된 뉴런'의 위치와 질병의 상관관계를 규명하는 것도 두뇌 역설계의 후속연구가 될 수 있다.

그 대표적 사례가 카프그라 망상Capgras delusion이다. 이 병을 앓는 환자들은 자신의 어머니를 알아보면서도 그녀가 사기꾼이거나 복제인간일 것이라는 황당한 생각에서 벗어나지 못한다. 라마찬드란 박사의 설명에 의하면, 이 희귀한 질병은 뇌의 두 부분이 잘못 연결되었을 때 나타난다고 한다.[9] 어머니의 얼굴을 알아보는 부위는 측두엽에 있는 방추상회(fusiform gyrus: 후두엽과 측두엽에 걸쳐 있는 부위. '내측 후두측두회'라고도 함-옮긴이)이고, 어머니를 보면서 감정이 생기는 곳은 편도체다. 그런데 이 두 부위의 연결에 문제가 생기면 어머니의 얼굴을 완벽하게 알아보면서도 감정반응이 일어나지 않기 때문에, 온갖 이상한 생각이 떠오르는 것이다.

두뇌 역설계를 응용하여 '고장난 뉴런클러스터(뉴런뭉치)'를 찾는 것도 가능하다. 앞에서 말했듯이, 뇌심부자극술DBS은 작은 탐침을 사용하여 우울증 환자의 뇌 일부 기능(브로드만 영역 25 등)을 둔화시키는 기술인데, 두뇌 역설계를 응용하면 DBS를 적용하지 않고서도 아주 적은 수의 고장난 뉴런을 정확하게 찾아낼 수 있다.

역설계로 만들어진 뇌는 인공지능 분야에도 큰 도움이 될 수 있다.

우리의 뇌는 아무런 노력 없이 사람 얼굴을 쉽게 알아본다. 제아무리 고성능 컴퓨터라 해도 이 능력만은 사람을 따라가지 못한다. 예를 들어 특정인의 얼굴을 컴퓨터에 저장해놓고 실제 인물을 그 앞에 정면으로 세워놓으면 컴퓨터는 95% 정확도로 얼굴을 인식할 수 있다(물론 얼굴인식 소프트웨어가 탑재되어 있어야 한다). 또는 얼굴 일부만 보여줘도 인식률은 크게 떨어지지 않는다. 그러나 같은 얼굴을 약간 다른 각도에서 보여주면 데이터베이스에 그런 얼굴이 없기 때문에 대부분 인식에 실패한다. 우리는 아는 사람의 얼굴을 어떤 각도에서 바라봐도 0.1초 안에 누구인지 알아낼 수 있다. 게다가 이 과정에는 아무 노력이 필요 없다. 뇌가 무슨 연산을 처리하는지, 우리는 인식조차 못한다. 그런데도 우리 뇌의 얼굴인식 성공률은 거의 100%에 가깝다. 대체 비결이 무엇일까? 두뇌 역설계가 이 미스터리를 풀어줄 수 있을까? 많은 과학자들은 가능할 것으로 믿고 있다.

정신분열증은 뇌의 여러 부분에 동시다발적으로 오작동이 일어난 질환이어서 상황이 훨씬 복잡하다. 이 병은 몇 개의 유전자와 환경적 요인에 의해 뇌의 여러 부위에서 비정상적인 행동을 유발하는데, 역설계로 만들어진 뇌를 분석하면 특정 증세가 발현하는 과정을 정확하게 알 수 있고, 더 나아가 치료법을 발견할 수도 있다.

역설계 두뇌는 기본적이면서 풀리지 않은 문제, 즉 장기기억이 저장되는 과정도 알아낼 것으로 기대된다. 해마와 편도체에 기억이 저장된다는 사실은 알려졌지만, 기억이 다양한 피질을 통해 두뇌 곳곳에 퍼지는 과정과 이들이 다시 모여서 기억을 재생하는 과정은 여전히 미지로 남아 있다.

역설계로 만들어진 뇌가 실제 두뇌의 모든 기능을 담고 있다면, 모든 회로를 작동하여 정말 사람처럼 반응하는지 확인해볼 필요가 있다(튜링테스트도 시도해봄 직하다). 장기기억능력은 역설계 두뇌의 뉴런에 이미 구현되어 있으므로, 사람과 얼마나 비슷하게 반응하는지 금방 확인할 수 있을 것이다.

마지막으로, 두뇌 역설계는 누구나 마음속에 품고 있는 '불사不死'의 개념에도 적지 않은 영향을 미칠 것이다. 내 의식을 컴퓨터에 옮길 수 있다면, 과연 나는 불멸의 존재가 되는 것일까?

사색은 결코 시간낭비가 아니다.
그것은 추론의 밀림 속에서 쓸모없는 것들을 치워준다.
_엘리자베스 피터스Elizabeth Peters

우리는 지식과 완전무결을 추구하는 과학문명 속에서 살고 있다…
'과학science'은 라틴어로 '지식knowledge'이라는 뜻이다.
지식은 인간의 운명이다.
_야콥 브로노프스키Jacob Bronowski

12
미래: 물질을 초월한 정신

의식이 육체를 떠나 홀로 존재할 수 있을까? 언젠가는 사라질 몸을 버리고 우주라는 곳을 마음대로 떠돌아다닐 수 있을까? 죽어서 구천을 떠돈다는 영혼을 말하는 것이 아니다. 지금 살아 있는 '나', 자아의식이 있고 다분히 세속적인 나의 의식이 몸뚱이와 분리되어 그 자체로 존재할 수 있을까?

이런 설정은 영화 〈스타트렉〉에도 등장한다. 우주선 엔터프라이즈호의 선장 커크가 행성연방보다 무려 백만 년 이상 진보한 초인종족과 우연히 마주쳤는데, 그들은 이미 오래전에 나약하고 유한한 육체를 버리고 순수한 에너지의 형태로 살아가고 있었다. 과학기술이 극도로 발달하여 의식과 육체를 분리하는 데 성공한 것이다. 그러나 이들은 처음 육체를 이탈한 후로 신선한 공기와 타인의 손길, 그리고 사랑의 감정을 제대로 느낄 때까지 수천 년이 걸렸다. 이 종족의 지도

자인 사르곤은 엔터프라이즈호를 반갑게 맞아주었지만, 커크 선장은 이들이 마음만 먹으면 엔터프라이즈호를 통째로 증발시킬 수 있다는 무서운 사실을 알게 된다.

이 불사의 종족에게도 치명적인 약점이 있었다. 과학기술은 극도로 발달했지만, 육체를 떠나 수십만 년을 살아오면서 오래전에 느꼈던 '육체적 감각'을 몹시 그리워하고 있었던 것이다. 이들은 영생을 포기하고 다시 인간이 되기를 갈망했다.

이 종족의 한 악당이 엔터프라이즈호 승무원의 육체를 빼앗기로 마음먹었다. 당연히 승무원들은 이에 저항했고, 엔터프라이즈호의 갑판에서 한바탕 격투가 벌어진다. 그런데 악당이 스펵의 몸에 들어가면서 결국은 승무원들끼리 싸우게 된다.

과학자들은 끊임없이 자문해왔다. 정신이 육체를 떠나 홀로 존재하는 것이 물리학적으로 가능한가? 인간의 의식이 바깥세상의 모형을 만들고 미래를 시뮬레이션하는 하나의 장치라면, 이 모든 과정을 똑같이 재현하는 기계를 만들 수 있지 않을까?

영화 〈서로게이트〉에서 미래의 인간들은 육체를 캡슐 안에 보관한 채 마음으로 자신의 아바타(로봇)를 조종하면서 살아간다. 앞에서 우리는 이 가능성을 언급한 바 있다. 그러나 문제는 우리 몸이 서서히 늙어간다는 점이다. 늙고 나약한 몸을 로봇으로 대체한다 해도 결국 그 로봇을 조종하는 것은 캡슐 안에 잠들어 있는 사람이므로, 육체가 수명을 다하면 로봇도 모든 기능을 멈출 수밖에 없다. 즉, 서로게이트의 로봇은 영원히 살 수 없다. 그래서 일부 과학자들은 사람의 마음을 로봇에게 '완전히' 이식하여 영원히 사는 방법을 모색하고 있다. 이 세상에 영생을 거부할 사람이 어디 있겠는가? 영화감독 우디 앨런Woody Allen은 이런 말을 한 적이 있다. "내 작품을 통해 영원히 사는 건 나에게 별 의미가 없다. 나는 그냥 죽지 않고 영원히 살고 싶다!"

지금도 상당수의 사람들은 마음이 육체를 떠나 존재할 수 있다고 믿고 있으며, 심지어는 이 과업을 이미 성취했다고 주장하는 사람도 있다.

유체이탈

'육체 없는 정신'은 인류가 가장 오래 간직해온 미신이다. 이것은 각 문화권의 신화와 민속, 꿈, 심지어는 우리의 유전자에도 깊이 각인되어 있다. 독자들도 유령이나 귀신이 몸을 들락날락하면서 사람을 놀라게 한다는 이야기를 적어도 한 번쯤은 들어봤을 것이다.

과거에는 수많은 사람이 몸 안에 악령이 들었다며 고통스러운 퇴마의식에 학대를 당했다. 아마도 그들은 환청에 시달리는 정신분열증 환자였을 것이다. 그러나 옛날 사람들은 이런 사실을 전혀 몰랐기 때문에, 비정상적인 행동을 악마와 결부시켜 무고한 사람을 고문하거나 처형하곤 했다. 역사학자들은 1692년에 미국 매사추세츠주 세일럼 빌리지salem village에서 자행된 마녀재판(10개월 동안 마녀 혐의자 185명을 체포하여 19명을 처형하고 6명이 심문 도중 사망하는 등 25명의 희생자를 낸 초유의 마녀사냥 사건. 인간의 집단적 광기를 상징하는 대표적 사건으로 남아 있다-옮긴이)의 희생자 중 일부가 사지를 제어하지 못하는 헌팅턴병 환자였을 것으로 추정하고 있다.

지금도 가끔 자신의 의식이 육체를 이탈하여 우주공간을 날아다니다가 돌아왔다는 사람들이 있다. 심지어 침대에 누워 있는 자신의 몸을 보았다고 주장하는 사람도 있다. 여론조사에 의하면 유럽인의 5.8%가 유체이탈을 적어도 한 번 이상 경험했다고 한다.[1] 자세한 통계는 없지만 미국인들도 크게 다르지 않을 것이다.

노벨상 수상자이자 호기심 많은 사람으로 유명했던 리처드 파인만Richard Feynman은 감각차단 탱크(사람의 오감을 차단하도록 특별히 제작된 장치. 밀폐된 욕조 안에 체온과 비슷한 소금물이 담겨 있어서, 이 안에 몸을 담그고 뚜껑을 닫으면 외부세계와 완전히 차단되고, 물에 떠 있으므로 중력도 느껴지지 않는다-옮긴이)에 들어가 의도적으로 유체이탈을 시도한 적이 있다. 나중에 그는 자신의 저서에 "마음이 육체를 벗어나 공중에 떠다니는 느낌이었고, 뒤를 돌아보니 욕조에 누워 있는 내 모습이 보였다"고 적어놓았다. 그러나 훗날 그는 이 느낌이 "감각이 차단되면서 나타난 일종의 환각"이라고 결론지었다.

유체이탈 현상을 연구하는 신경과학자들은 설명이 다소 소극적이다. 스위스의 올라프 블랑케Olaf Blanke 박사와 그의 동료들은 유체이탈 체험을 만들어내는 두뇌 부위를 발견했다고 주장했다. 그는 오른쪽 측두엽에 문제가 생겨 수시로 발작을 일으키는 한 여성환자의 머리에 수백 개의 전극을 연결하고 뇌의 반응을 관측했는데, 두정엽과 측두엽 사이에 전기충격을 가했을 때 환자가 유체이탈을 경험했다고 한다. 그녀는 "나는 허공에 2m쯤 떠서 내 몸이 침대 위에 누워 있는 모습을 분명히 보았다. 얼굴은 못 보고 다리만 봤는데, 분명히 내 옷을 입고 있었다"고 진술했다.[2]

그러나 그녀의 유체이탈 체험은 전극의 전원을 끄는 즉시 종료되었다. 실제로 블랑케 박사는 마치 가전제품을 끄고 켜듯이, 스위치 하나로 그녀의 유체이탈을 마음대로 조종할 수 있었다. 9장에서 말한 바와 같이, 측두엽에 장애가 생기면 불운을 겪을 때마다 악마가 자신을 괴롭힌다고 생각하게 된다. 그러므로 정신이 육체를 이탈했다는 느낌도 마음이 만들어낸 환영일 가능성이 높다(초자연적 경험도 이 논리로 설명할 수 있다. 블랑케 박사가 심각한 발작을 앓고 있는 23살 여성의 두정엽과 측두엽 사이에 전기충격을 주었을 때, 그녀는 자신의 뒤에 누군가가 있다는 느낌을 받았다. 게다가 그 미지의 존재는 그녀의 팔을 잡기까지 했다고 한다. 그녀가 어디를 바라보건, 그는 항상 그녀의 뒤에서 나타났다).

나는 인간의 의식이 자신의 목적을 이루기 위해 끊임없이 미래를 시뮬레이션하고 있다고 믿는다. 특히 우리 뇌는 눈과 귀를 통해 들어온 정보를 바탕으로 이 세상의 모형을 만들어내고 있다. 그래서 시각정보와 청각정보 사이에 충돌이 일어나면 심각한 혼선이 빚어진다. 그 대표적인 결과가 뱃멀미다. 눈앞에 보이는 객실 벽은 정지해 있는데(시각) 귀로는 흔들리는 소리가 계속 들려오기 때문에(청각), 정보의 불일치가 불쾌한 느낌을 유발하는 것이다(반대의 경우도 마찬가지다. 세로줄이 여러 개 그려진 쓰레기통이 회전하는 모습을 바라보고 있으면 속이 메스꺼워지면서 어지럼증을 느낀다. 회전하는 세로줄, 즉 시각정보는 자신이 움직인다는 느낌을 유발하지만, 청각정보는 자신이 정지해 있다고 느낀다. 그래서 이런 광경을 몇 분 동안 바라보면 의자에 가만히 앉아 있어도 토할 것 같은 느낌이 든다).

유체이탈은 눈과 귀를 통해 들어온 정보가 두정엽과 측두엽 사이에서 전기적 혼란을 일으켰을 때 나타나는 현상이다. 이 부분은 워낙 예민해서 조금만 자극을 받아도 공간에서 자신의 위치가 혼란스러워진다(피를 많이 흘리거나 산소가 부족할 때, 또는 혈류 속에 이산화탄소가 많을 때에도 두정엽과 측두엽이 영향을 받아 정신이 육체를 이탈한 듯한 느낌이 든다. 사고를 당하거나 갑자기 심장마비가 찾아왔을 때 유체이탈과 비슷한 경험을 하는 것도 위의 논리로 설명할 수 있다[3]).

임사체험

그러나 뭐니뭐니해도 가장 극적인 체험은 임상적으로 사망했다가 깨어난 사람들이 겪는다는 임사체험(臨死體驗, near-death experience)일 것이다. 의료통계에 의하면 심장이 완전히 멈췄다가 살아난 사람의 6~12%가 임사체험을 겪는다고 한다. 어떻게 보면 이들은 죽음의 사신을 속이고 되살아난 사람이라고 할 수 있다. 이들과의 인터뷰 자료를 보면 사람마다 표현의 강도가 다르고 느낌도 각양각색이지만, 결국은 같은 이야기를 하고 있다. 육체를 떠나 허공을 떠다니다가 긴 터널을 지나고, 그 끝에서 밝은 빛을 보았다는 것이다.

이들의 극적인 이야기는 다양한 책과 TV 다큐멘터리를 통해 세상에 알려졌다. 독자들도 죽었다가 살아난 사람의 경험담을 어디선가 한 번쯤 들어봤을 것이다. 이 현상을 설명하는 이론들도 황당하긴 마찬가지다. 언젠가 2,000명을 대상으로 여론조사를 했는데, 참가자의 42%가 임사체험을 "사후세계가 존재한다는 증거"라고 믿고 있었다(개중에는 사람이 죽기 직전에는 천연마취제인 엔도르핀이 분비되어 행복감을 느낀다고 주장하는 사람도 있다. 경험자들이 편안하고 평화로운 느낌을 받은 것은 사실이지만, 이들이 한결같이 보았다는 터널과 빛을 설명하기에는 역부족이다). 천문학자 칼 세이건Carl Sagan은 임사체험을 두고 "출생시의 트라우마가 되살아나는 현상"이라고 했다. 임사체험을 겪은 사람들이 비슷한 경험을 했다고 해서, 그것이 사후세계라고 단정 지을 수는 없다. 죽음이 임박했을 때 신경계에 무언가 강렬한 신호가 전달되는 것은 아닐까?

임사체험을 신중하게 연구해본 신경과학자들은 뇌에 피 공급이 제대로 되지 않을 때 그와 같은 현상이 나타나는 것으로 추정하고 있다. 베를린 캐슬파크병원Castle Park Clinic의 신경과학자 토머스 램퍼트Thomas Lampert 박사는 42명의 건강한 사람을 의도적으로 기절하게 한 후 신체변화를 관측하는 실험을 수행했는데,[4] 이들 중 25명이 환상(밝은 빛이나 화려한 색상의 조각 등)을 목격했다고 진술했다. 25명 중 47%는 다른 세계로 들어가는 듯한 느낌이었고, 20%는 초월적인 존재를 만났으며, 17%는 밝은 빛을 보았고, 8%는 터널을 보았다고 했다. 이 데이터만 보면 기절한 사람도 임사체험과 비슷한 경험을 하는 것 같다. 그런데 이런 일은 대체 왜 일어나는 것일까?

전투기 파일럿의 경험담을 분석해보면 혼절과 임사체험이 비슷한 이유를 어느 정도 이해할 수 있다. 미국 공군은 파일럿의 몸에 과도한 g-힘(g-force: 전투기가 급격하게 선회하거나 빠른 속도로 하강할 때 파일럿의 몸에 작용하는 힘)이 가해졌을 때 순간적으로 혼절하는 현상(이것을 '블랙아웃blacked out'이라 한다-옮긴이)을 분석하고 비상상황에 대처하기 위해 에드워드 램버트Edward Lambert 박사에게 자문을 구한 적이 있다.[5] 그는 미네소타주 로체스터에 있는 메이요 클리닉Mayo Clinic에서 전투기 파일럿들을 원심기에 앉혀놓고 과도한 g-힘이 작용할 때까지 빠른 속도로 회전시켰다. 그러자 피험자의 뇌에서 피가 빠져나가면서 대부분 15초 이내에 기절했다.

원심기가 작동하고 5초가 지나면 피험자의 눈에 핏기가 사라지고 시야가 흐려지면서, 긴 터널 같은 환영이 보이기 시작한다. 임사체험자들의 눈에 터널이 보인 이유는 이것으로 설명될 수 있다. 블랙아웃이 일어나 순간적으로 시력을 상실했을 때 눈앞에 좁고 긴 터널이 나타나는 것은 거의 일반적인 현상이다. 실전에서는 파일럿이 블랙아웃에 빠져도 잠시 후 정상으로 되돌아오지만, 램버트 박사는 원심기의 속도를 세밀하게 조절하여 피험자가 블랙아웃 상태에 오래 머물도록 만들었다. 혼절한 상태가 가능한 한 오래가야 나중에 자세한 증언을 들을 수 있기 때문이다. 실험이 끝난 후, 대부분 피험자들은 블랙아웃에 빠지는 즉시 좁고 긴 터널을 보았다고 진술했다. 그래서 램버트 박사는 눈에 혈류공급이 원활하지 않을 때 터널 환영이 보인다고 결론지었다.

의식이 육체를 이탈할 수 있을까?

일부 과학자들은 과도한 스트레스를 받아서 뉴런 연결부위에 혼선이 일어났을 때 임사체험이나 유체이탈을 겪는다고 믿고 있다. 그러나 일각에서는 "미래에 기술이 충분히 발달하면 의식이 몸을 떠나 존재할 수 있다"고 믿는 사람도 있다. 아직 논란의 여지는 남아 있지만, 의식이 독자적으로 존재하도록 만드는 몇 가지 방법이 이미 제시되었다.

미래학자이자 발명가인 레이 커즈와일Ray Kurzweil 박사는 인간의 의식을 슈퍼컴퓨터에 업로드할 수 있다고 믿는 사람이다. 나는 한 학회에서 그를 만나 사적인 대화를 나눈 적이 있는데,[6] 컴퓨터와 인공지능을 향한 그의 열정은 다섯 살 때부터 시작되었다고 했다. 어린 시절에 부모님이 온갖 종류의 기계장치와 장난감을 사준 덕분이었다. 그는 기계에 파묻혀 살면서, 어린 나이에도 자신이 발명가가 될 운명임을 직감했다고 한다. 성인이 된 후 그는 MIT에 진학하여 인공지능의 창시자 중 한 사람인 마빈 민스키Marvin Minsky 박사의 지도로 박사학위를 받았다. 그 후 형태인식 기술을 응용한 악기와 낭독기(책을 소리 내어 읽어주는 소프트웨어)를 개발했고, 인공지능을 상업화하는 데에도 많은 노력을 기울였다(그는 여러 개의 회사를 세웠는데, 첫 번째 회사를 매각했을 때 그의 나이는 겨우 스무 살이었다). 그가 발명한 문자인식-낭독기는 책에 인쇄된 문자를 인식한 후 음성으로 들려주는 장치로서, 시각장애인들에게 큰 호평을 받았으며 저녁 뉴스 시간에 월터 크롱카이트(Walter Cronkite: 미국 CBS 뉴스의 간판앵커-옮긴이)가 이 발명품을 직접 언급하기도 했다.

학회장에서 커즈와일 박사에게 들었던 이야기가 지금도 생각난다. "발명가로 성공하려면 항상 시류를 앞서가야 한다. 변화에 반응하는 사람이 아니라, 예측하는 사람이 되어야 한다." 실제로 그는 무엇이든 예측하는 것을 매우 좋아한다. 특히 디지털 기술의 미래에 관하여 많은 예측을 내놓았는데, 그중 몇 개를 소개하면 다음과 같다.

- 2019년이 되면 사람의 뇌와 거의 성능이 비슷한 컴퓨터를 1,000달러(약 100만 원)에 살 수 있다. 이 컴퓨터는 1초당 2,000만×10억 회의 연산을 수행할 것이다(뇌의 뉴런 수 1천억에 뉴런 하나당 연결 수인 1,000을 곱하고, 여기에 한 연결부위의 1초당 연산횟수인 200을 곱하면 위의 숫자가 언

어진다).

- 2029년이 되면 사람의 뇌보다 1,000배쯤 우수한 컴퓨터를 1,000달러에 살 수 있다. 이때가 되면 두뇌 역설계도 성공적으로 완료될 것이다.
- 2055년이 되면 컴퓨터의 계산능력은 전 세계 인구의 능력을 합한 것과 비슷해진다(그는 자신이 이보다 1~2년 전에 세상을 떠날 거라고 조심스럽게 예측했다[7]).

커즈와일 박사는 특히 2045년을 "컴퓨터 지능이 인간을 능가하는 전환점의 해"로 지목했다. "이때가 되면 기계가 만든 로봇도 사람보다 똑똑해진다. 그런데 기계의 성능은 끊임없이 개선되고 발전속도도 점점 빨라질 것이므로, 인간은 로봇과 하나가 되거나 그들에게 길을 내줘야 한다." (이 날이 오려면 아직 멀었지만, 그는 인간이 불사의 존재가 되는 날을 꼭 보고 싶다고 했다. 그날까지 살 수만 있다면 영원히 살 수 있기 때문이다.)

앞서 말한 바와 같이 어느 시점이 되면 무어의 법칙은 더는 적용되지 않는다. 트랜지스터를 작게 만드는 데 한계가 있기 때문이다. 그래서 커즈와일은 "무어의 법칙을 극복하고 컴퓨터의 계산능력을 계속 향상시키는 유일한 방법은 전체적인 크기를 키우는 것뿐"이라고 했다. 그러면 로봇은 지구의 광물을 소비하면서 크기와 능력을 키워나가다가, 자원이 고갈되면 우주로 진출하여 모든 별을 먹어치울 것이다.

커즈와일에게 "컴퓨터가 극도로 진화하여 우주로 진출하면 우주 생태계가 바뀌지 않겠는가?"라고 물었더니, 그는 다음과 같이 대답했다. "물론이다. 그때가 되면 우주는 더는 본연의 모습을 유지하기 어려울 것이다. 먼 행성에 사는 외계인 중에는 이미 전환점을 넘어선 종족이 있을지도 모른다. 만일 그렇다면 그들은 고향행성을 떠나면서 맨눈으로 볼 수 있는 어떤 표시를 행성표면에 남겨놓지 않았을까? 나는 가끔 밤하늘을 바라보면서 이런 상상을 떠올린다."

그러나 여기에는 어떤 종족도 넘을 수 없는 한계가 있다. 우주공간 어디서나 한결같은 빛의 속도가 바로 그것이다. 기계가 빛의 속도를 뛰어넘지 못하면 발전에도 한계가 있다. 커즈와일은 말한다. "만일 그들이 빛의 속도를 극복하지 못한다면, 물리학 법칙 자체를 바꿀 것이다."

미래를 이렇게 구체적으로 예견하다 보면 번개를 모으는 피뢰침처럼 비판의 대상이 되기 마련이다. 그러나 커즈와일은 자신에게 쏟아지는 비판에 전혀 개의치 않는다. 사람들은 그의 예견 중 시기가 틀린 사례를 주로 문제 삼았는데, 정작 본인은 별로 중요하게 생각하지 않는 것 같았다. "중요한 것은 시기가 아니라 아이디어 자체다. 앞으로 기술이 급속도로 발전한다는 데에 이견을 제시할 사람은 없지 않은가." 그동안 내가 인터뷰했던 인공지능 전문가들은 로봇이 인간을 능가하는 전환점이 찾아온다는 커즈와일의 주장에 대체로 동의하면서도, 그가 예견했던 시기와 구현방식에는 강한 반대 의사를 표명했다. 예를 들어 마이크로소프트사의 공동창업주인 빌 게이츠Bill Gates는 "지금 살아 있는 사람 그 누구도 컴퓨터가 사람보다 똑똑해지는 날까지 살 수 없을 것"이라고 단언했다.[8] 그리고 잡지 〈와이어드Wired〉의 편집자 케빈 켈리Kevin Kelly는 "장밋빛 미래를 예견하는 사람들은 자신이 죽기 전에 그날이 온다고 생각하는 경향이 있다"고 지적했다.[9]

커즈와일이 추구하는 목표 중 하나는 자신의 부친을 되살리는 것이다. 이것이 여의치 않다면 현실적인 시뮬레이션이라도 구현하고 싶다고 했다. 불가능하진 않지만, 일반대중에게는 매우 몽환적인 이야기로 들릴 만하다.

커즈와일은 부친의 몸에서 DNA를 채취하는 방법을 생각하고 있다(시신에서 직접 취할 수도 있고, 부친이 남긴 장기에서 취할 수도 있다). 약 2,300개의 유전자가 밝혀지면 한 사람을 만들어내는 데 필요한 청사진이 확보된다. 이 작업이 완료되면 DNA를 배양하여 복제인간을 만들 수 있다.

물론 가능한 이야기다. 언젠가 나는 어드밴스드 셀 테크놀로지(Advanced Cell Technology: 미국의 생명공학 벤처기업. 2004년에 최초로 인간배아를 복제하는 데 성공하여 세계적인 논란을 일으켰다—옮긴이)의 로버트 란자 Robert Lanza 박사를 만난 자리에서 오래전에 죽은 생명체를 어떻게 되살렸는지 물었더니, 그는 친절하게도 자세한 사연을 들려주었다. "샌디에이고 박물관 측에서 25년 전에 죽은 반텡(banteng: 동남아시아산 들소의 일종—옮긴이)을 복제해달라며 시신을 보내왔다.[10] 죽은 지 오래돼서 사용 가능한 세포를 추출하기가 쉽지 않았지만, 결국 성공하여 세포를 농장으로 보내주었다. 그곳에서 살아 있는 암소에게 세포를 이식했고, 얼마 후 그 소는 반텡을 출산했다." 사람을 비롯한 영장류는 아직 복제된 사례가 없지만, 란자는 그것도 오직 시간문제일 뿐이라면서 "몇 가지 기술적 문제만 해결되면 사람도 복제할 수 있다"고 장담했다.

여기까지는 비교적 쉬운 부분에 속한다. 복제된 인간은 원본과 유전적으로 완전히 동일하지만, 과거의 기억은 조금도 갖고 있지 않다. 5장에서 말한 대로 해마에 전극을 삽입하여 기억을 주입하거나 인공해마에 기억을 저장하여 이식할 수 있지만, 커즈와일의 부친은 이미 오래전에 죽었기 때문에 생전에 어떤 기억이 있었는지 알 길이 없다. 이런 경우에는 주변의 지인들이나 인터뷰 기사 그리고 신용카드 사용내역 등을 수집하여 가능한 한 많은 기억을 재구성하는 것이 최선이다.

한 개인의 성격과 기억을 주입하는 좀 더 현실적인 방법은 그 사람의 습관과 라이프스타일에 관한 정보를 수집하여 데이터파일로 저장하는 것이다. 요즘은 당신이 주고받은 이메일과 신용카드 사용내역, 스케줄, 전자 다이어리 등 모든 것이 파일로 저장되므로, 이 모든 정보를 하나의 파일에 담으면 당신의 성격과 기억을 매우 정확하게 재현할 수 있다. 이 파일은 당신의 모든 것이 담겨 있는 "디지털 서명"과 마찬가지다. 당신이 어떤 와인을 좋아하고 휴가를 어떻게 보냈는지, 그리고 비누는 어떤 것을 사용하고 가장 좋아하는 가수는 누구인지, 당신에 관한 모든 것이 이 하나의 파일에 담겨 있다.

주변 사람들을 탐문하면 커즈와일 부친의 성격을 비슷하게나마 알아낼 수 있다. 생전에 그가 수줍음을 탔는지, 호기심이 많았는지, 성실한 사람이었는지 등 그의 성격을 보여주는 다양한 질문을 선별하여 일종의 설문조사를 하는 것이다. 각 문항에 숫자로 답하면(1: 전혀 그렇지 않다~10: 매우 그렇다) 수백 개의 숫자배열이 얻어지고, 이 값을 컴퓨터에 입력하면 특정인의 성격이 만들어진다. 즉, 가상의 상황에서 그가 어떻게 행동할지 짐작할 수 있다는 뜻이다. 예를 들어 당신이 어떤 모임에서 연설하는데, 누군가가 지독한 야유를 퍼붓는다고 가정해보자. 당신의 성격이 컴퓨터에 저장되어 있다면, 컴퓨터는 숫자를 스캔하여 몇 가지 가능한 반응을 예견할 것이다(야유를 무시하거나, 상대방에게 똑같이 야유를 퍼붓거나, 맞붙어 싸울 수도 있다). 다시 말해서, 한 사람의 성격은 1부터 10 사이에 있는 숫자의 배열로 나타낼 수 있으며, 이 정보를 이용하면 그가 새로운 상황에 어떻게 대처할지 '계산'할 수 있다.

데이터를 많이 모을수록 컴퓨터의 반응은 실물과 비슷해진다. 성격과 기억은 물론이고 유별난 부분도 비슷할 것이다. 여기에 몇 가지 기능을 추가하면 말투와 행동까지 비슷하게 재현할 수 있다.

또 다른 방법은 DNA 복제과정을 통째로 생략하고 실물과 닮은 로봇을 만드는 것이다. 여기에 설문을 통해 얻은 데이터를 주입하면, 당신처럼 말하고, 몸가짐이 당신과 비슷하고, 팔과 다리를 당신처럼 움직이면서 걸모습까지 당신을 닮은 로봇이 탄생한다. 여기에 당신 특유의 말버릇까지 입력하면("있잖아…" 또는 "그러니까…" 등) 금상첨화일 것이다.

지금은 이런 로봇을 만들어도 가짜임이 금방 드러나겠지만, 수십 년 후에는 로봇이 매우 정교해질 것이므로 웬만한 사람은 쉽게 속일 수 있다.

이쯤 되면 철학적인 질문을 떠올리지 않을 수 없다. 이렇게 만들어진 '인간'은 원본과 동일한가? 우리는 그를 사람으로 대해야 하는가? 원래 인간은 이미 죽었으므로, 엄밀히 말해서 복제인간이나 로봇은 가짜에 불과하다. 고성능 녹음기가 특정인의 목소리를 똑같이 재현한다 해도 그것은 어디까지나 복제품일 뿐이다. 그런데 당신과 똑같은 복제인간이나 로봇이 당신이라는 존재를 대신할 수 있을까?

영생永生

사람들은 복제인간이나 로봇으로 되살아난 인간을 별로 달갑게 여기지 않을 것 같다. 실제로 이 방법이 처음 제안되었을 때, 과학평론가들은 신랄한 비평을 쏟아냈다. 이런 식으로는 한 개인의 성격과 기억을 완벽하게 재현할 수 없기 때문이다. 앞장(11장)에서 언급한 커넥톰 프로젝트(두뇌의 각 뉴런과 신호전달경로를 똑같이 복제하는 프로젝트)와 연계하면 좀 더 바람직한 방식으로 인간의 정신을 기계에 심을 수 있다. 당신의 모든 기억과 개인적 특성은 커넥톰 안에 이미 들어 있다.

커넥톰 프로젝트에 참여하고 있는 승현준 박사에 의하면, 자신의 뇌를 액체질소 안에 담가서 냉동상태로 보관해달라며 10만 달러(약 1억 원)를 보내오는 사람이 종종 있다고 한다. 물고기와 개구리는 겨울 동안 얼음 속에 갇혀 있다가 봄이 되어 얼음이 녹으면 건강한 상태로 되살아난다. 포도당(글루코스, glucose)이 부동액 역할을 하여 몸속의 피가 어는 것을 막아주기 때문이다. 즉, 이들이 얼음 속에 갇힌 동안에도 피는 액체상태를 유지한다. 그러나 사람에게 포도당이 피의 결빙을 막을 정도로 많으면 극심한 당뇨로 살아남기 어렵다. 그러므로 사람의 뇌를 액체질소에 담그는 것은 별로 좋은 생각이 아니다. 물이 얼어붙으면 부피가 커지면서 세포벽을 파괴할 것이기 때문이다(그리고 죽은 뇌세포는 철분을 흡수하여 세포벽이 파열될 때까지 계속 커진다). 간단히 말해서, 뇌를 냉동하면 뇌세포 대부분은 살아남지 못한다.

진정으로 불사의 존재가 되길 원한다면, 몸을 얼리고 세포를 파괴하는 대신 커넥톰에 의지하는 쪽이 훨씬 현명하다. 이 시나리오에서 당신 뇌의 모든 신경연결망 데이터는 주치의의 하드 드라이브에 저장되어 있다. 당신의 영혼이 정보로 환원되어 디스크에 보관되어 있는 것이다. 그 후 미래의 어느 날, 누군가가 당신의 커넥톰을 찾아서 복제인간을 만들거나 트랜지스터에 옮겨심으면 당신은 생명을 되찾게 된다.

앞서 말한 대로, 지금 진행 중인 커넥톰 프로젝트는 사람의 신경연결망을 기록하기에 역부족이다. 그러나 승현준 박사는 말한다. "영생을 얻으려는 사람을 어리석다고 손가락질만 할 수는 없다. 훗날 그들이 우리 무덤 앞에서 우리를 조롱하며 웃을지도 모르지 않는가?"[11]

정신질환과 영생

영원한 삶이 마냥 좋은 것만은 아니다. 이 책에서 지금까지 다뤄온 전자두뇌는 두뇌피질과 시상 사이의 연결까지만 구현되어 있다. 몸뚱이 없이 역설계를 통해 두뇌만 만들어놓으면 고립감이 극에 달하여 정신병으로 나타날 수 있다. 이것은 교도소에서 독방에 감금된 죄수들에게 종종 나타나는 현상이다. 역설계로 영생을 얻었다면, 정신질환은 그 대가인 셈이다.

외부세계와 단절된 방에 사람을 오랫동안 가둬놓으면 환영을 보게 된다. 2008년에 BBC 방송국에서 〈완전한 고립Total Isolation〉이라는 과학 프로그램을 방영한 적이 있다. 6명의 지원자를 칠흑 같은 지하 핵무기 벙커에 한 사람씩 가둬놓고 징후를 관측하는 프로그램이었는데, 이틀이 지난 후 지원자 중 세 명은 뱀, 자동차, 얼룩말, 굴조개 등 환영을 보기 시작했다.[12] 나중에 의사가 이들을 검진한 결과, 6명 모두 정신황폐(정신분열증이 진행된 상태)를 겪은 것으로 나타났으며, 한 명의 지원자는 기억의 36%를 상실했다. 이 프로그램은 고립된 상태에서 몇 주 또는 몇 달이 지나면 누구도 멀쩡할 수 없다는 것을 여실히 보여주었다.

역설계로 만들어진 두뇌가 온전한 정신을 유지하려면, 외부신호를 감지하는 감각기관과 연결되어야 한다. 뇌는 바깥세상을 보고 느껴야 정상적인 상태를 유지할 수 있다. 그러나 이 문제가 해결되었다 해도 또 다른 문제가 있다. 역설계 두뇌는 자신이 과학이라는 명목하에 희생된 실험실의 모르모트라고 생각할 것이다. 이 두뇌는 본래 인간(원본)과 똑같은 기억과 성격을 지니고 있어서, 자신이 살아 있다는 느낌을 받으려면 다른 사람과 접촉하고 감정을 나눠야 한다. 그러나 슈퍼컴퓨터의 메모리 안에 갇힌 채 온갖 회로소자와 전극으로 에워싸인 뇌를 어느 누가 좋아하겠는가? 새로운 친구를 사귀기는커녕 옛 친구들조차 모두 발길을 돌릴 것이다.

동굴인간원리

이 시점에서 내가 '동굴인간원리Caveman Principle'라 부르는 인간의 본성을 생각해볼 필요가 있다. 영생을 얻었는데 왜 불행한가? 인간은 왜 컴퓨터 안에 영원히 갇혀 살기를 원치 않는가?

동굴인간원리의 내용은 다음과 같다. 하이테크(high-tech: 첨단기술)와 하이터치(high-touch: 긴밀한 접촉) 중 하나를 골라야 할 때, 우리는 언제나 하이터치를 선택한다. 한 가지 예를 들어보자. 당신이 열성적으로 좋아하는 뮤지션이 있는데, 그의 라이브콘서트 표와 CD 중 하나를 골라야 한다면 어느 쪽을 택하겠는가? 또는 인도의 타지마할을 직접 가서 볼 수 있는 항공권과 궁전의 사진을 모아놓은 사진전 관람

권 중 하나를 고르라고 한다면, 당신은 어떤 표를 고르겠는가? 생각해볼 것도 없다. 당신은 당연히 라이브콘서트 표와 항공권을 선택할 것이다.

물론 라이브콘서트 표는 CD보다 비싸고, 비행기표는 사진전 관람료보다 비싸다. 그러나 여기서 중요한 것은 가격이 아니라, 우리의 영장류 조상으로부터 물려받은 인간의 본성이다. 인간이 공통으로 갖고 있는 성격의 일부는 최초인류가 아프리카에서 출현한 후로 지난 수만 년 동안 거의 변하지 않았다. 우리는 자신에게 유리한 것을 찾고 이성과 친구들에게 좋은 인상을 주는 데 의식의 상당 부분을 사용한다. 이런 행동은 오랜 진화를 거쳐 우리 뇌에 깊이 각인되어 있다.

그래서 인간이 컴퓨터와 하나가 되려면 "나에게 더 유리하고 이성에게 더 많이 어필할 수 있다"는 확신이 있어야 한다. 그러나 이런 조건이 충족된다 해도, 지금의 몸을 완전히 포기하진 못할 것이다.

개인용 컴퓨터가 처음 등장했던 1980년대에 각 분야의 전문가들이 수많은 예측을 내놓았으나, 대부분은 실현되지 않았다. 그 대표적인 예가 "종이 없는 사무실"이다. 사람들은 컴퓨터 때문에 사무실에서 종이가 완전히 사라질 것으로 생각했다. 그런데 정작 뚜껑을 열어보니 종이가 없어지긴커녕, 컴퓨터가 없던 시절보다 소모량이 훨씬 많아졌다. 아마도 이것은 인류가 수렵생활을 할 때 사냥의 증거에 집착했던 습성이 남아 있기 때문일 것이다(전자가 오락가락하며 컴퓨터 스크린에 만들어낸 문서는 스위치만 끄면 사라지므로 신뢰가 가지 않는다. 그보다는 종이에 인쇄된 문서가 훨씬 큰 신뢰감을 준다). "사람 없는 도시"도 마찬가지다. 1980년대에 일부 사회학자들은 장차 사람들이 주로 가상현실에서 교류하고 실제 도시는 텅 빌 것으로 예측했지만, 정작 도시는 예전보다 더 번잡해졌다. 왜 그럴까? 인간은 서로 접촉을 원하는 사회적 동물이기 때문이다. 화상회의는 편리하긴 하지만 보디랭귀지에 숨어 있는 미묘한 느낌을 전달할 수 없으므로, 회의를 해도 한 것 같지가 않다. 예를 들어 사장이 임원의 문제점을 캐내 그들이 쩔쩔매는 모습을 보고 싶다면, 반드시 얼굴을 마주 대고 있어야 한다.

동굴인간과 신경과학

나는 어린 시절에 아이작 아시모프의 《파운데이션 3부작Foundation Trilogy》을 감명 깊게 읽은 후, 한 가지 질문을 떠올렸다. "앞으로 5천 년 후에 은하제국이 건설된다면, 과학기술은 어떤 수준까지 발전할까?" 그리고 책을 읽는 내내, 미래의 인간들이 지금과 같은 모습으로 지금과 같이 행동할 이유가 없다고 생각했다. 수천 년 후의 인간들은 사이보그와 비슷한 육체를 갖고 초능력을 행사할 것 같았다. 과학기술이 극도로 발달했는데 굳이 과거의 몸에 집착할 이유가 어디 있겠는가?

나는 한동안 깊은 사색에 잠겼다가 두 가지 결론에 도달했다. 첫째, 아시모프는 어린 독자들에게 호감을 사기 위해 현대인처럼 결점 많은 캐릭터를 등장시켰다. 둘째, 미래의 인간들은 초인적인 육체를 가질 수 있으나, 이 능력은 반드시 필요할 때만 사용하고 대부분의 시간은 정상적인 모습으로 보이길 원한다. 이것은 그들의 마음이 원시인류와 크게 다르지 않기 때문이며, 이성과 동료들에게 비친 자기 모습이 모든 것을 결정한다고 생각하기 때문이다.

이제 동굴인간원리를 미래의 신경과학에 적용해보자. 미래의 인간은 지금보다 훨씬 뛰어난 육체를 갖고 있겠지만, 외관상으로는 거의 드러나지 않을 것이다. 공상과학영화에 나오는 우주난민처럼 머리에 전극을 주렁주렁 달고 돌아다닐 사람은 없다. 뇌에 기억을 주입하거나 지능을 높이는 장치도 나노기술이 충분히 발달하여 센서와 탐침이 눈에 보이지 않을 정도로 작아져야 비로소 착용하고 다닐 것이다. 그러므로 미래의 인간은 분자 하나 굵기의 탄소나노튜브로 만들어진 나노섬유로 뉴런의 기능을 강화하여 정신능력이 크게 향상되겠지만, 겉모습은 지금과 별로 다르지 않을 것이다.

슈퍼컴퓨터에 접속하여 정보를 업로드하거나 다운로드할 때에도 영화 〈매트릭스〉처럼 척수에 굵은 케이블을 연결해야 한다면 누구나 거부감을 느낄 것이다. 따라서 미래의 인간들은 언제 어디서나 제일 가까운 서버에 무선으로 접속하여 방대한 정보를 주고받게 될 것이다.

요즘 이식하는 인공와우(인공 달팽이관)와 인공망막은 오직 장애인들을 위한 물건이지만, 미래에는 나노기술이 모든 사람의 감각을 크게 향상시켜줄 것이다. 단, 외모에 대한 선호도가 달라지지 않는 한 기본적인 겉모습은 지금과 비슷할 것으로 예상된다. 예를 들어 미래의 어느 날, 유전자 조작이나 외골격을 이용하여 근육의 성능을 향상시킬 수 있게 되었다고 가정해보자. 이때가 되면 가까운 상점에 가서 낡은 부품을 새 것으로 쉽게 교체할 수 있겠지만, 몸의 성능을 향상시켜주는 모든 장치는 본래 모습을 훼손하지 않는 범위 안에서 만들어질 것이다.

정신 또는 신체 능력을 향상시켜주는 장치가 외관상 말끔하지 않다면, 필요할 때만 사용하는 방법을 생각해볼 수 있다. 예를 들어 과학자가 어려운 문제에 직면하면 자신의 뇌를 기계에 연결하여 지능을 높이고, 문제를 해결한 다음에는 곧바로 헬멧(또는 이식장치)을 벗고 휴게실로 가면 된다. 요즘 사람들이 책을 읽을 때만 돋보기안경을 쓰고 평소에는 벗고 다니는 것과 비슷하다. 여기서 중요한 포인트는 아무도 당신에게 이런 번거로움을 강요하지 않는다는 점이다. 다만 우스꽝스러운 모습을 친구들에게 보여주기 싫어서 자발적으로 썼다가 벗는 번거로움을 감수할 뿐이다.

그러므로 22세기가 되면 사람들은 완벽한 외모와 뛰어난 능력을 소유하면서도 겉모습은 지금과 비슷할 것이다. 원시인의 욕망과 소원이 아직도 우리 의식 속에 강하게 남아 있기 때문이다.

그렇다면 영생은 어떻게 되는가? 앞서 말한 바와 같이, 특정인의 뇌를 역설계로 재현하여 컴퓨터 안에 가둬놓으면 결국 정신병에 시달리게 되고, 외부세계와 연결해놓으면 극도의 고독감에 시달리다가 기괴한 성격으로 변한다. 이 문제를 해결하는 방법 중 하나는 역설계 두뇌를 인공외골격에 연결하는 것이다. 외골격이 서로게이트(대행자) 역할을 제대로 해준다면, 두뇌는 사람들에게 기괴한 느낌을 주지 않으면서 시각과 촉각의 즐거움을 마음껏 누릴 수 있다. 이런 식으로 가다 보면 결국 뇌와 외골격은 무선으로 연결될 것이다. 외골격을 사람하고 똑같이 만들면, 역설계 두뇌는 컴퓨터 안에 갇혀 있으면서도 정상적인 사회생활을 누릴 수 있다.

서로게이트는 두 마리 토끼(사회생활과 영생)를 다 잡는 최선의 방법이다. 인공외골격은 겉모습이 사람과 똑같으면서 초인적인 힘을 발휘한다. 그리고 외골격을 무선으로 조종하는 역설계 두뇌는 슈퍼컴퓨터 안에서 영원히 살 수 있다. 좋은 점은 이뿐만이 아니다. 사람 모습을 한 외골격은 주변 환경을 보고 느낄 수 있으므로 다른 사람과 접촉하는 데에도 아무런 문제가 없다. 기술이 이 정도로 발전했다면, 아마 다른 사람들의 정체도 외골격을 조종하는 역설계 두뇌일 것이다. 이들의 의식은 완벽한 서로게이트 육체를 통해 자유롭게 살고 있지만, 실제 커넥톰은 슈퍼컴퓨터에 영원히 갇혀 있다.

물론 지금의 기술로는 꿈같은 이야기다. 그러나 현대과학의 진보속도로 볼 때, 금세기 말이 되면 현실로 다가올 것이다.

서서히 로봇이 되다

현재 두뇌 역설계 프로젝트는 뇌의 정보를 뉴런 단위로 추출하는 데 중점을 두고 있다. MRI 스캐너로는 살아 있는 뇌의 신경망 구조를 정확하게 파악할 수 없기 때문에, 역설계를 위해서는 뇌를 얇은 조각으로 절단해야 한다. 즉, 당신의 뇌를 역설계하려면 그 전에 먼저 죽어야 한다는 뜻이다. 사람이 죽으면 뇌의 기능이 빠르게 퇴화하므로, 정보를 입수하려면 가능한 한 빨리 몸에서 추출하여 적절한 환경에 보관해야 한다. 말로는 쉽지만, 실제상황에서는 그리 간단한 일이 아니다.

잠시도 죽지 않고 영생을 누릴 수는 없을까? 한 가지 방법이 있긴 있다. 이것을 처음 제안한 사람은 카네기멜론대학교 인공지능연구소의 전 소장이었던 한스 모라벡Hans Moravec 박사다. 그는 나의 인터뷰에 응하면서 특별한 목적으로 두뇌를 역설계하는 먼 미래를 다음과 같이 예견했다. "미래에는 특정인이 살아 있는 동안 그의 마음을 불사의 로봇에게 옮길 수 있을 것이다.[13] 두뇌의 모든 뉴런을 역설계할 수 있다면, 사고과정을 정확하게 재현하는 트랜지스터 다발(컴퓨터)을 만들 수 있지 않겠는가?" 이 방식을 도입하면 영원히 살기 위해 먼저 죽을 필요가 없다. 당사자가 살아 있는 동안 마음을 전송할 수 있기 때문이다.

모라벡 박사의 설명에 의하면, 이 과정은 몇 단계에 걸쳐 실행된다. 우선 뇌가 없는 로봇을 침대에 눕히고 그 옆에 당사자(당신이라고 하자)가 눕는다. 그러면 로봇의사가 당신의 뇌에서 뉴런 몇 개를 추출하여 로봇 안에 있는 트랜지스터에 똑같이 복제한다. 그리고 당신의 뇌와 로봇의 빈 머리에 있는 트랜지스터를 전선으로 연결한 후 이미 복제된 뉴런은 폐기한다. 당신은 몇 개의 뉴런을 잃었지만, 뇌가 로봇의 트랜지스터에 전선으로 연결되어 있으므로 기능에는 아무런 문제가 없다. 이제 로봇의사가 당신의 뉴런을 계속해서 로봇의 머리에 복제하고, 복제가 끝난 뉴런은 계속 쓰레기통에 버려진다. 수술이 반쯤 진행되면 당신의 뇌는 반밖에 남지 않겠지만, 나머지 반이 로봇의 머리에 있는 트랜지스터에 재현되었고 둘 사이는 전선으로 연결되어 있으므로 여전히 정상적으로 작동한다. 이런 식으로 수술을 계속 진행하다 보면 당신의 뇌에 있던 모든 뉴런은 말끔하게 제거되고, 로봇의 머릿속에는 당신의 뇌와 완전히 동일한 트랜지스터 뇌가 완성된다.

수술이 끝난 후, 당신은 침대에서 일어나 거울 앞에 선다. 거울 속에 아름다운 외모와 초인적 능력을 보유한 로봇이 멋쩍은 듯 웃고 있다. 이제 당신은 불사의 존재가 된 것이다. 당신은 침대에 누워 있는 원래 몸을 바라보며 애틋한 작별을 고한다. 어제까지는 당신의 마음을 담은 육체였지만, 지금은 마음이 빠져나간 늙은 몸뚱이일 뿐이다.

물론 지금의 기술로는 어림도 없는 이야기다. 트랜지스터로 뇌의 복사본을 만드는 건 고사하고, 뇌의 역설계조차 완성되지 않았다(일부 비평가들은 "기술이 아무리 발달해도 모라벡 박사의 방법은 실현 불가능하다"고 주장했다. 트랜지스터로 재현한 두뇌는 크기가 너무 커서 사람만 한 로봇의 머릿속에 절대 들어가지 않는다는 것이다. 요즘 생산되는 트랜지스터 크기를 고려할 때, 사람의 뇌를 트랜지스터로 재현하면 슈퍼컴퓨터만큼 커진다. 그렇다면 이 방법도 결국은 앞서 언급한 서로게이트와 다를 것이 없다. 다만, 의식을 컴퓨터로 옮기기 위해 먼저 죽을 필요가 없으므로, 사람들의 반감은 서로게이트보다 적을 것이다).

모라벡 박사가 제안한 방법에 물리학적 모순은 없지만, 기술적 어려움을 극복하기가 쉽지 않다. 사람의 의식을 컴퓨터로 옮기는 것은 한참 후에나 가능할 것이다.

그러나 두뇌를 역설계하지 않고서도 영생을 얻는 마지막 방법이 있다. 개개의 원자를 조작하는 초소형 나노봇을 만들면 된다. 노화되거나 고장 난 부분을 정기적으로 수리할 수만 있다면, 굳이 몸을 포기하지 않아도 영원히 살 수 있지 않을까?

노화란 무엇인가?

이 새로운 방법은 노화과정에 관한 최신연구에 기초하고 있다. 과거에 '노화'는 어린아이의 키가 자라는 것처럼 자연스러운 현상이었을 뿐, 그 원인에 관해서는 학자들조차 의견일치를 보지 못했다. 그러나 지난 10년 사이에 새로운 노화이론이 출현하여 널리 수용되면서,

중구난방이던 의견들이 하나로 통합되고 있다. 기본적으로 노화는 유전자 및 세포 수준에서 오류가 누적되어 나타나는 현상이다. 세포가 나이를 먹으면 DNA에 오류가 쌓이고, 세포 조각이 축적되면서 기능이 떨어지기 시작한다. 그리고 세포의 기능에 장애가 발생하면 피부가 늘어지고 뼈가 약해지며, 머리카락이 빠지고 면역체계도 약해지다가 어느 임계점에 도달하면 신체기능이 완전히 정지한다. 간단히 말해서, 죽게 되는 것이다.

사실 세포는 자체적으로 오류수정 기능이 있다. 그러나 시간이 지나면 여기에도 오류가 쌓여서 노화가 더욱 빠르게 진행된다. 기존의 노화방지는 유전자요법이나 새로운 효소를 이용하여 세포의 자체 수리기능을 강화한다는 개념이었지만, 나노기술이 충분히 발달하면 '나노봇nanobot'을 이용한 방법을 생각해볼 수 있다.

이 미래형 기술의 핵심은 원자 크기의 기계인 나노봇이다. 나노봇은 혈액순환을 순찰하고, 암세포를 퇴치하고, 노화에 따른 손상을 복구하여 영원한 젊음과 건강을 유지해준다. 원래 우리 몸 안에는 면역세포라는 천연 나노봇이 존재하여 혈액순환을 제어하고 있다. 그러나 이들은 바이러스와 이물질을 퇴치할 뿐 노화과정 자체를 막지는 못한다.

분자 또는 세포 수준에서 노화과정을 막거나 되돌릴 수 있다면 인간은 영원히 살 수 있다. 이런 관점에서 볼 때 나노봇은 혈액순환을 감시하는 일종의 면역세포인 셈이다. 이들은 암세포를 퇴치하고 바이러스를 무력화시키며, 세포찌꺼기와 돌연변이를 깨끗하게 청소해준다. 결론적으로 말해서, 나노봇은 로봇이나 복제인간에 의존하지 않고 자기 몸으로 영생을 누릴 수 있는 최고의 방법이라 할 수 있다.

나노봇: 현실인가, 환상인가?

내 생각은 이렇다. 어떤 새로운 기술이 물리법칙에 어긋나지 않는다면, 이를 실현하는 데 장애가 되는 것은 공학적인 문제와 돈 문제뿐이다. 물론 이것들도 만만한 문제가 아니어서 지금 당장은 실현할 수 없겠지만 '가능하다'는 사실만은 절대 변하지 않는다.

원리만 놓고 보면 나노봇은 매우 단순한 장치이다. 팔과 절단기가 달린 초소형 기계가 분자를 움켜쥐고 특정 부위를 잘라낸 후 나머지를 매끄럽게 이어준다. 다양한 원자를 잘라내고 붙일 수 있다면, 나노봇은 마술사가 모자에서 온갖 물건을 꺼내듯 거의 모든 분자를 만들어낼 수 있다. 게다가 나노봇이 자기복제를 할 수 있다면, 처음에 나노봇 한 개만 주입하면 된다. 몸 안에 들어온 나노봇은 원료를 먹고 소화하면서 자신과 똑같은 나노봇 수백만 개를 만들어낸다. 이 기술이 상용화되어 제조가격이 내려가면, 전 세계는 2차 산업혁명을 맞이하게 될 것이다. 아마도 미래에는 모든 가정마다 분자조립기를 하나씩 갖고 있어서, 무엇이건 원하는 대로 만들 수 있을 것이다.

그러나 현실은 그리 녹록지 않다. 가장 근본적인 질문부터 제기해보자. 혹시 나노봇이 물리학 법칙에 위배되지는 않을까? 지난 2001년부터 두 명의 학자가 미래기술의 전망을 논하다가, 나노봇의 실현 가능성을 놓고 거의 2년 동안 난상토론을 벌인 적이 있다. 노벨 화학상 수상자이자 나노봇 회의론자인 리처드 스몰리Richard Smalley와 나노기술의 아버지로 불리는 에릭 드렉슬러Eric Drexler[14]가 그들이다. 두 학자는 2001~2003년 동안 몇몇 과학잡지를 통해 한바탕 갑론을박을 벌였다.

스몰리의 주장은 다음과 같다. "원자 크기로 가면 양자적 힘이 작용하기 때문에 나노봇은 불가능하다. 드렉슬러를 비롯한 나노봇 지지자들은 이 점을 간과하고 있다. 팔과 절단기가 달린 로봇을 만들 수는 있겠지만, 이것을 원자 크기로 줄이면 절대 원하는 대로 작동하지 않을 것이다." 미시세계에서는 원자를 서로 끌어당기거나 밀어내는 '카시미르힘Casimir force'이 작용한다. 스몰리는 이것을 '끈끈하고 굵은 손가락sticky fat finger'으로 불렀다. 나노봇을 작게 만들면 양자역학이 적용되어 집게나 렌치가 개개의 원자를 다룰 수 있을 만큼 세밀할 수 없기 때문이다. 이는 마치 두께가 수 cm에 달하는 둔탁한 장갑을 끼고 세밀한 금속부품을 용접하는 것과 비슷하다. 게다가 용접을 시도할 때마다 장갑과 금속 사이에 서로 밀어내거나 끌어당기는 힘이 작용하여 부품을 제대로 잡을 수도 없다.

드렉슬러는 곧바로 반박했다. "나노봇은 절대 공상과학이 아니다. 그것은 이미 존재하고 있다." 우리 몸속에 있는 리보솜ribosome을 예로 들어보자. 이들은 DNA 분자의 뼈대를 만드는 데 반드시 필요한 존재다. 리보솜은 DNA 분자의 특정 부위를 자르고 이어서 새로운 DNA 가닥을 만들어내고 있다.

스몰리는 이에 굴하지 않고 또 한 차례 반박기사를 올렸다. "리보솜은 무엇이든 우리가 원하는 대로 자르고 붙여주는 만능기계가 아니다. 이들은 DNA 분자에만 작용한다. 게다가 리보솜은 생체화학적 물질이기 때문에 반응속도를 높이려면 특별한 효소가 필요하며, 이 모든 과정은 습기가 많은 환경에서 진행된다. 그런데 트랜지스터는 물이 아닌 실리콘으로 이루어져 있으므로 효소가 제대로 작용할 수 없다." 그러자 드렉슬러는 "촉매를 주입하면 물이 없어도 작용한다"고 반박했다. 그 후 이들의 논쟁은 몇 차례 더 이어지다가 양 진영 모두 탈진하고 말았다. 드렉슬러는 자신이 제안한 절단기와 용접기가 양자 세계에서 사용하기에 너무 크고 둔탁하다는 점을 인정하지 않을 수 없었고, 스몰리는 드렉슬러의 주장을 잠재울 만한 결정타를 날리지 못했다. 어쨌거나 자연은 리보솜을 이용하여 '끈끈하고 굵은 손가락' 문제를 해결했으며, 어딘가에 아직 알려지지 않은 미묘한 방법이 존재할지도 모른다.

레이 커즈와일은 두 사람의 논쟁에 개의치 않고 다음과 같이 말했다. "손가락이 끈끈하건 뚱뚱하건 간에, 언젠가 나노봇은 분자뿐만 아니라 사회 전체에 혁명적인 변화를 가져올 것이다. 지금 나는 여러 가지 일을 계획하고 있지만, 죽을 계획은 세워놓지 않았다… 나는 나노봇이 우주 전체를 깨우는 날을 종종 떠올린다. 지금의 우주는 생명 없는 물질과 에너지로 가득 차 있지만, 언젠가는 반드시 깨어날 것이다. 이들이 숭고하고 지적인 물질과 에너지로 변환된다면, 나는 진정으로 그 일부가 되고 싶다."[15]

뜬구름 잡는 이야기 같지만, 사실 이것은 다음에 찾아올 더 황당한 뜬구름의 서막에 불과하다. 앞으로 인간의 의식은 육체에서 벗어나는데 그치지 않고, 순수한 에너지 형태로 존재하며 우주공간을 자유롭게 떠돌아다닐지도 모른다. 이것이야말로 인간이 상상할 수 있는 궁극의 꿈이다. 말도 안 되는 소리 같지만, 물리학 법칙에 위배되는 내용은 하나도 없다.

부서진 빛의 영상은 백만 개의 눈처럼 춤을 추며
우주를 가로질러 나를 부른다.
이 세상 그 무엇도 나를 바꾸진 못하리라.
_비틀즈Beatles의 〈Across the Universe〉 중에서

13
순수한 에너지로 존재하는 의식

영국 왕립천문학회의 마틴 리스 경Sir Martin Rees은 자신의 저서에 인간의 의식이 우주 전역에 퍼진다는 아이디어를 언급하면서 다음과 같이 적어놓았다. "웜홀과 여분의 차원 그리고 양자컴퓨터는 우주 전체가 '살아 있는 코스모스'로 변한다는 환상적 시나리오를 현실로 만들어줄 것이다!"[1]

정말로 우리의 마음이 육체를 떠나 우주공간을 자유롭게 떠돌아다닐 수 있을까? 이것은 아이작 아시모프의 고전 SF 소설《마지막 질문The Last Question》의 주제이기도 하다(아시모프는 자신이 발표한 모든 작품 중 이 단편소설이 가장 마음에 든다고 했다). 배경은 지금으로부터 수십억 년 후, 문명을 고도로 발달시킨 인간은 나약한 육체를 외딴 행성에 설치한 캡슐센터에 보관해놓고 순수한 에너지 형태의 정신으로 존재하면서 은하를 무대 삼아 자유롭게 날아다닌다. 이들은 철과 실리콘

으로 만든 서로게이트에 의존하지 않은 채, 폭발하는 별과 충돌하는 은하 등 우주의 신비한 광경을 감상하며 여유롭게 살아가고 있다. 그러나 인간의 능력이 아무리 뛰어나다 해도, 우주 전체가 꽁꽁 얼어붙어 최후를 맞이하는 '빅 프리즈Big Freeze'를 막을 수는 없었다. 깊은 절망에 빠진 인간들은 슈퍼컴퓨터에게 마지막 질문을 던졌다. "우주의 최후를 막을 방법은 없는가?" 이 컴퓨터는 너무 크고 복잡해서 일상적 공간이 아닌 초공간에 놓여 있었는데, 실망스럽게도 "정보가 부족해서 답할 수 없다"고 했다.

그로부터 또 세월이 한참 지난 후, 별들은 빛을 잃기 시작했고 우주에 존재하는 모든 생명체는 곧 죽을 운명에 처했다. 그러던 어느 날, 장구한 세월 동안 해답을 찾아오던 슈퍼컴퓨터가 드디어 우주의 최후를 피하는 방법을 찾아서 실천에 옮기기 시작했다. 우주 전역에 퍼져 있는 죽은 별을 한곳에 모아 거대한 '우주 공'을 만든 것이다. 그리고 이 공이 폭발하는 순간, 컴퓨터가 장엄한 목소리로 외쳤다. "빛이 있으라!"

그러자 온 우주가 빛으로 가득 찼다.

이리하여 먼 옛날 육체에서 자유로워졌던 인간은 신과 같은 존재가 되어 새로운 우주를 창조했다.

아시모프의 소설이 처음 발표되었을 때, 사람들은 에너지로 존재하는 것이 불가능하다고 생각했다. 우리는 생명체를 생각할 때, 으레 살과 피로 이루어진 생체조직을 떠올린다. 생명체는 물리학과 생물학의 법칙을 따라야 하고, 지구에서 대기로 호흡하고, 지구의 중력을 벗어나지 못한다. 우리가 아는 생명체는 이런 것들뿐이다. 그래서 의식이 육체에 갇혀 있지 않고 에너지로 변환되어 은하 사이를 자유롭게 날아다닌다는 아이디어는 낯설 수밖에 없다.

그러나 물리학 법칙에는 이것을 금지하는 조항이 없다. 원리적으로는 얼마든지 가능하다. 예를 들어 우리에게 친숙한 레이저빔을 생각해보자. 레이저는 순수한 에너지로서, 방대한 정보를 실어 나를 수 있다. 지금도 휴대전화와 동영상, 이메일 등에서 생성된 수조 개의 신호가 레이저빔 고속도로인 광섬유케이블을 통해 매 순간 전달되고 있다. 아마도 22세기에는 우리의 모든 커넥톰을 강력한 레이저빔에 실어 뇌의 의식을 태양계 전체로 전송할 수 있을 것이다. 그리고 23세기에는 커넥톰을 빛에 실어 외계항성까지 보낼 수 있을 것이다(이것이 가능한 이유는 레이저빔의 파장이 수백만 분의 1m에 불과하기 때문이다. 파장이 짧을수록 파동패턴에 많은 정보를 담을 수 있다. 모스부호Morse code의 도트(•)와 대시(-)는 레이저빔의 파동패턴에 쉽게 담을 수 있다. 레이저보다 더 많은 정보를 담고 싶다면, 파장이 원자 크기보다 짧은 X선을 이용하면 된다).

일상적인 물질의 한계를 벗어나 우주를 여행하는 방법의 하나는 우리의 커넥톰 정보를 레이저빔에 담아서 달이나 행성, 또는 별을 향해 발사하는 것이다. 이번 세기말쯤에 뇌의 신호전달경로를 찾는 프로그램이 완성되면 뇌의 완전한 커넥톰이 밝혀지고, 다음 세기에는 이 정보를 레이저빔에 담을 수 있을 것이다.

레이저빔에는 인간의 의식을 재구성하는 데 필요한 모든 정보가 담겨 있다. 지구에서 발사한 레이저빔이 외계 행성에 도착하려면 몇 년에서 몇백 년이 걸리겠지만, 이것은 '레이저를 타고 날아가는 사람'의 처지에서 볼 때 그런 것이고, 커넥톰의 주인 입장에서는 순식간에 도달한다. 왜 그럴까? 레이저에 담긴 커넥톰은 살아 있는 의식이 아니라 정보에 불과하기 때문이다. 즉, 전송 당사자의 의식은 레이저빔 속에 동결되어 있으므로 아무리 긴 시간이 걸려도 정작 본인은 눈 깜짝할 사이에 도달한 것처럼 느낀다.

장거리 우주여행을 하려면 엄청나게 크고 비싼 로켓을 만들어야 하고, 우주공간에서 온갖 위험요소를 피해야 하고, 소요시간이 너무 길면 안 되는 등 고려해야 할 사항이 너무 많다. 그러나 위의 방법을 도입하면 여러 가지 면에서 여행이 아주 쉬워진다. 첫째, 거대한 추진 로켓을 만들 필요 없이 레이저빔의 스위치를 켜기만 하면 된다. 둘째, 가속할 때 몸에 작용하는 엄청난 힘(g-힘)이 발생하지 않는다. 구식 로켓이 발사되면 탈출속도에 도달할 때까지 심한 가속운동을 해야 하기 때문에 승무원의 몸에 뼈가 으스러지는 듯한 힘이 작용한다. 하지만 레이저에 실린 당신은 더는 물질이 아니기 때문에 발사와 동시에 광속으로 내달려도 아무 문제가 없다. 셋째, 운석이나 복사radiation는 레이저를 그냥 통과하므로, 우주공간에서 위험요소를 걱정할 필요가 없다. 넷째, 정보로 변환된 당신은 시간을 느끼지 못하기 때문에, 소요시간이 길다고 해서 몸을 냉동하거나 장시간 동안 잠을 잘 필요가 없다.

목적지에 도착하면 그곳에 이미 건설되어 있는 수신국에서 레이저빔 패턴을 해독하여 주 컴퓨터로 전송하고, 컴퓨터는 이 정보를 이용하여 당신의 의식을 되살린다. 레이저빔에 저장되어 있던 코드가 컴퓨터로 이동하여 프로그램을 가동시키면 시뮬레이션이 시작되고, 당신의 의식은 서서히 되살아난다.

이 의식은 아직 컴퓨터 안에 있다. 그러나 미리 준비해놓은 서로게이트의 몸에 무선으로 신호를 보내면, 당신은 머나먼 행성에서 '갑자기' 깨어난다. 조금 전까지 지구에 있었는데, 눈 깜짝할 사이에 수백

광년 떨어진 외계행성에 와서 새로운 로봇의 몸으로 환생한 것이다. 모든 복잡한 계산은 주 컴퓨터에서 진행되고, 서로게이트는 컴퓨터(당신)의 명령을 받아 머나먼 별에서 일을 시작한다(외계인에게 신상품을 홍보하거나, 외계인과 공동으로 회사를 차릴 수도 있다). 여행 도중에 어떤 일이 있었는지 당신은 전혀 알지 못하고, 굳이 알 필요도 없다.

이런 시설을 은하계 전체에 설치했다고 가정해보자. 지구에서 발사된 레이저가 1,000광년 떨어진 행성에 도달하려면 1,000년이 걸리지만, 우리 쪽에서 보면 순식간에 도달한다. 각 행성의 수신소에는 손님을 기다리는 호텔 방처럼 서로게이트 로봇들이 주인을 기다리며 대기하고 있다. 레이저가 이곳에 도달하면 당신은 초인적 육체를 가진 로봇으로 깨어날 것이다.

서로게이트의 형태와 기능은 임무에 따라 다를 것이다. 새로운 세계를 탐험하는 것이 목적이라면 탐험전용 서로게이트를 선택하면 된다. 외계행성은 중력과 대기성분이 지구와 다르고, 얼어붙을 정도로 춥거나 몸에 물집이 생길 정도로 뜨거울 수 있으며, 낮과 밤의 주기도 다를 것이다. 방사능을 잔뜩 머금은 비가 내릴 수도 있다. 이런 환경에서 살아남으려면 서로게이트는 초인적인 힘과 초감각을 지녀야 한다.

편안한 관광이 목적이라면 여가활동전용 서로게이트가 제격이다. 이 로봇은 우주스키나 서프보드, 연, 글라이더, 또는 비행기를 탈 때 최상의 쾌감을 느끼도록 설계되었다. 야구방망이나 골프채, 또는 테니스라켓으로 공을 쳐서 우주공간으로 날려 보내는 것도 재미있을 것이다.

현지 외계인의 생활방식을 연구하는 것이 목적이라면 우선 그들과 친해져야 하므로, 영화 〈아바타Avatar〉의 샘 워싱턴처럼 그들과 비슷한 외모를 한 서로게이트를 이용하는 것이 좋다.

그러나 은하계 전체에 레이저 수신 네트워크를 처음 건설할 때는 구식로켓을 보내는 수밖에 없다. 그런데 이런 여행에 사람을 보낼 수는 없으므로, 무언가 대안이 필요하다. 가장 저렴하고 효율적인 방법은 자기복제가 가능한 탐사로봇을 은하 전체에 살포하는 것이다. 처음에는 하나만 보내면 된다. 이 로봇이 몇 세대 동안 우주를 돌아다니면서 꾸준히 자신을 복제하면 수십억 개로 늘어날 것이고, 후손 로봇들이 모든 방향으로 퍼져나가다가 행성을 발견하면 그곳에 착륙하여 레이저 수신기지를 건설한다(이 내용은 다음 장에서 다시 언급될 것이다).

네트워크가 완성되면 의식이 있는 존재들이 은하 이곳저곳을 끊임없이 돌아다닐 것이다. 모든 행성에는 수많은 사람이 입국 및 출국 수속을 밟느라 정신없이 북적댄다. 이 광경은 지금의 그랜드 센트럴 역(미국 맨해튼에 있는 세계최대의 기차역-옮긴이)과 비슷할 것이다.

지금까지 언급한 기술은 한참 후에나 실현되겠지만, 이와 관련된 물리학적 개념은 이미 정립되어 있다. 많은 양의 데이터를 레이저에 담고, 이 정보를 수천 km 떨어진 곳에 전송하고, 정보를 수신하여 내용을 복원하는 것은 지금도 가능하다. 그러므로 문제는 물리학이 아니라 공학이다. 우리의 커넥톰을 다른 행성까지 실어 나를 정도로 강력한 레이저가 개발되려면 100년은 족히 기다려야 할 것이다. 외계행성까지 가려면 추가로 100년을 더 기다려야 할지도 모른다.

가능성을 타진하기 위해 대략적인 계산을 해보자. 첫 번째 문제는 빛의 '퍼짐 현상'이다. 레이저는 가느다란 끈처럼 평행하게 나아가는 것 같지만, 먼 거리를 가다 보면 넓게 퍼지기 마련이다(어릴 적에 나는 달을 향해 손전등을 비추면서 빛이 과연 그곳에 도달하는지 궁금해하곤 했다. 답은 "yes"다. 빛의 90%는 지구대기에 흡수되고, 나머지는 달에 도달한다. 그런데 손전등의 크기는 몇 cm에 불과하지만, 여기서 출발한 빛이 달에 도달하면 수 km까지 퍼진다. 이것은 양자역학의 불확정성원리 때문에 나타나는 현상이다. 우리는 레이저빔의 정확한 위치를 알 수 없으므로, 레이저는 양자역학 법칙에 의해 시간이 흐를수록 넓게 퍼져나간다).

우리의 커넥톰을 달로 보내는 것은 별로 효율적이지 않다. 그보다는 지구에 머물면서 달에 있는 서로게이트를 무선으로 조종하는 편이 훨씬 쉽다. 다른 행성과 통신을 교환할 때에는 시간 지연현상이 생기기 마련인데, 달의 경우에는 지연시간이 1초에 불과하여 통신상의 불편도 없다. 그러나 다른 행성에 서로게이트를 보내고 지구에서 조종한다면 라디오메시지가 도달하는 데 몇 시간이 걸린다. 지구에서 명령을 보내고, 서로게이트의 반응을 확인한 후 그다음 명령을 내리고… 이런 식으로는 명령 몇 개만 하달하는 데 하루가 다 갈 것이다.

다른 행성으로 레이저빔을 보내려면, 그 행성의 대기권 밖에 있는 위성에 레이저 기지를 설치하는 것이 바람직하다. 대기가 없으면 신호가 약해질 염려가 없기 때문이다. 이 위성에서 행성으로 레이저빔을 쏘면 몇 분 또는 길어야 몇 시간 안에 도달할 것이다. 레이저빔에 커넥톰을 실어서 행성으로 보내면, 시간 지연 없이 서로게이트를 조종할 수 있다.

태양계 전체에 레이저 수신국을 건설하는 작업은 다음 세기쯤 완성될 것이다. 그러나 빔을 외계행성으로 보낼 때에는 중계국을 거쳐야 한다. 소행성이나 우주정거장 등 미리 설치된 중계국에서 빔을 수신하여 신호를 증폭하고, 에러를 줄인 후 다음 중계국으로 전송하는 식이다. 그런데 중계국을 어디에 설치해야 할까? 태양과 가까운 별 사이를 배회하는 혜성이 제격이다. 태양으로부터 약 1광년 떨어진 곳(가장 가까운 별까지 거리의 1/4쯤 된다)에 '오르트 구름Oort cloud'이라는 것이 있다. 커다란 공의 껍질 모양으로 뭉쳐 있는 이 구름대는 수십억 개의 혜성으로 이루어져 있는데, 혜성들은 대부분 아무런 움직임 없이 텅 빈 공간에 가만히 떠 있다. 지구에서 가장 가까운 별인 센타우리Centauri 항성계 근처에도 이와 비슷한 구름대가 존재할 것으로 예상된다. 이 구름대가 오르트 구름처럼 항성으로부터 1광년 거리에 분포한다면, 지구와 센타우리 사이에 두 개의 레이저 중계국을 설치할 수 있다.

또 다른 문제는 레이저빔으로 전송해야 할 데이터가 너무 많다는 것이다. 승현준 박사의 계산에 의하면, 한 사람의 커넥톰에 들어 있는 정보량은 거의 1제타바이트(10^{21}바이트 = 10^{12}기가바이트)에 달한다. 이 정도면 현재 인터넷망에서 유통 중인 전체 정보량과 비슷한 수준이다. 지금 사용되는 광섬유케이블은 1초당 1테라바이트(1,000기가바이트)를 전송할 수 있다. 다음 세기에는 정보저장 및 압축기술이 충분히 발달하여, 레이저빔에 실을 수 있는 데이터의 양이 거의 100만 배까지 증가할 것이다. 이때가 되면 한 사람의 뇌에 들어 있는 모든 정보를 전송하는 데 몇 시간이면 충분하다.

그러므로 데이터의 양은 별로 중요한 문제가 아니다. 원리적으로 레이저에 담을 수 있는 데이터에는 한계가 없다. 진짜 심각한 문제는 수신국에 설치된 컴퓨터의 성능이다. 실리콘 트랜지스터로 이 방대한 데이터를 처리한다면 시간이 무한정 걸릴 것이다. 이런 경우에는 트랜지스터보다 개개의 원자에 기초하여 연산을 수행하는 양자컴퓨터를 도입해야 한다. 현재 양자컴퓨터는 초보적인 단계에 머물러 있지만, 다음 세기에는 제타바이트 단위의 정보를 처리할 정도로 발전할 것이다.

에너지 형태로 떠다니는 존재들

양자컴퓨터를 이용하면 계산이 빨라질 뿐만 아니라, 공상과학이나 판타지 영화에서처럼 허공을 떠다니는 에너지 형태의 존재를 만들어낼 수 있다. 이들은 가장 순수한 형태의 의식으로, 아무리 먼 곳도 순식간에 이동할 수 있다. 그런데 특수상대성이론에 의하면 어떤 물체나 신호도 빛보다 빠르게 이동할 수 없으므로, '에너지 존재'는 작가의 상상력이 만들어낸 허구에 불과할 것 같다. 글쎄… 과연 그럴까?

몇 년 전에 하버드대학교의 물리학자들이 "빛을 허공에서 멈추게 할 수 있다"고 공언한 적이 있다. 당시 이들의 주장은 각종 매스컴의 헤드라인을 장식할 만큼 파격적이었다. 빅뱅 이후 단 한 순간도 멈춘 적이 없는 빛을 무슨 수로 멈추게 한다는 말인가? 그러나 하버드 물리학자들의 주장은 분명한 사실이었다. 이들은 빛을 병 안에 가둘 정도로 속도를 늦추는 데 성공했다. 사실 이것은 그다지 신기한 기술이 아니다. 허공을 가로지르던 빛이 물속으로 진입하면 입사각에 따라 특정 각도로 굴절되면서 속도가 느려진다. 유리 속으로 진입할 때도 마찬가지다(망원경과 현미경은 이런 현상을 이용한 광학기계다). 그 이유를 이해하려면 양자역학의 세계로 들어가야 한다.

19세기에 조랑말로 미국 서부지역의 우편물을 배달했던 포니 익스프레스Pony Express를 떠올려보자. 조랑말들은 우편 중계국 사이를 매우 빠른 속도로 내달린다. 그러나 일단 중계국에 도착하면 우편물을 정리하고 기수와 조랑말을 교체해야 하기 때문에 어쩔 수 없이 시간이 지연되고, 이 때문에 배달에 소요되는 평균시간도 길어진다. 빛도 이와 비슷하다. 빛은 진공 중에 대략 초속 30만 km라는 엄청난 속도로 내달리지만, 원자에 부딪히면 일단 흡수된 후 다시 방출되기 때문에 약간의 시간 지연이 발생한다. 물이나 유리 속에서 빛의 속도가 느려지는 것은 바로 이런 이유 때문이다.

원자가 빛(광자)을 흡수했다가 다시 방출할 때까지 걸리는 시간은 온도가 낮을수록 길어진다. 하버드대학교의 과학자들은 컨테이너 속에 기체를 가득 채우고 절대온도 0K 근처까지 냉각시켰다. 즉, 온도를 가능한 한 낮춰서 빛이 거의 정지한 것처럼 보일 때까지 평균속도를 늦춘 것이다. 이런 환경에서도 빛은 원자들 사이를 여전히 초속 30만 km로 이동한다. 그러나 흡수되었다가 다시 방출되는 데 매우 긴 시간이 걸려서, 전체적인 평균속도는 눈에 띌 정도로 느려진다.

이 현상을 이용하면 인간의 의식을 순수한 에너지 형태로 만들 수 있다. 서로게이트를 조종할 필요 없이, 마치 귀신처럼 우주공간을 자유롭게 떠돌아다닐 수 있다는 이야기다.

레이저빔에 커넥톰을 담아 외계행성으로 보낼 때, 일단 빔을 기체분자 구름에 전송하여 병 속에 보관한다고 생각해보자. 이 '빛 병bottle of light'은 모든 원자가 동일한 위상에 놓여 있다는 점에서 양자컴퓨터와 매우 비슷하다. 즉, 모든 원자는 동일한 패턴으로 진동한다. 그리고 빛 병과 양자컴퓨터의 연산속도는 평범한 컴퓨터와 비교가 안 될 정도로 빠르다. 지금 양자컴퓨터를 가로막는 기술적 문제가 해결된다면, 빛 병을 우리가 원하는 대로 다룰 수 있을 것이다.

빛보다 빠르게?

지금까지 언급된 내용은 모두 공학과 관련된 문제들이다. 에너지빔을 전송한다는 아이디어 자체는 물리학적 관점에서 볼 때 아무런 모순도 없다. 그러므로 이것은 외계 행성이나 항성을 여행하는 가장 편리한 방법이다. 빛을 타고 여행하는 대신 빛 자체가 되는 것이다. 곰곰 생각해보면 과학에 앞서 시적인 정취까지 느껴진다.

아시모프의 공상과학소설이 현실 세계에 구현되려면 한 가지 질문에 명확한 답이 주어져야 한다. 우주공간에서 빛보다 빠르게 움직일 수 있을까? 소설 속에서는 무한한 힘이 있는 존재들이 수백만 광년 떨어진 거리를 자유롭게 이동한다.

이것이 과연 가능한 일인가? 답을 구하려면 현대 양자역학을 극한까지 밀고 가야 한다. 아직은 이론적 단계에 머물러 있지만 '웜홀wormhole'은 방대한 시공간을 가로질러 가는 지름길로 알려졌다. 그리고 물질이 아닌 에너지로 이루어진 존재는 웜홀을 통과하는 데 결정적인 장점이 있다.

아인슈타인은 우주고속도로의 교통경찰처럼, "이 도로의 제한속도는 광속이다. 누구도 궁극의 속도인 광속을 초과할 수 없다"고 경고하고 있다. 은하수를 가로지르려면 레이저빔을 타고 간다 해도 10만 년이 걸린다. 여행자는 순식간에 도달한 것 같지만, 지구에서는 에누리 없이 10만 년이 흐른다. 은하 사이를 가로지르려면 수백만 년, 또는 수십억 년이 걸릴 수도 있다.

그러나 아인슈타인은 자신이 제정한(사실은 발견한) 교통법규에 예외조항을 만들어놓았다. 1915년에 발표된 일반상대성이론에 의하면 중력은 휘어진 공간으로부터 발생한다. 뉴턴은 중력을 "무엇이든 끌어당기는 미지의 인력"으로 서술했지만, 알고 보니 그것은 질량 근처에서 휘어진 공간이 만들어낸 "척력"이었다. 일반상대성이론은 별 근방에서 빛이 휘어지는 현상과 팽창하는 우주를 명확하게 설명했을 뿐만 아니라, 시공간이 '찢어질 때까지' 늘어날 수 있음을 보여주었다.

1935년에 아인슈타인과 그의 제자 네이선 로젠Nathan Rosen은 두 개의 블랙홀 해black-hole solution를 마치 샴쌍둥이처럼 이어 붙일 수 있음을 증명했다. 간단히 말해서, 당신이 둘 중 하나의 블랙홀에 빨려 들어간다면 다른 블랙홀을 통해 밖으로 나올 수 있다는 뜻이다(환기통 두 개를 하나로 이어 붙이고 한쪽으로 물을 흘려보냈을 때, 다른 쪽 끝으로 흘러나오는 것과 같은 이치다). 흔히 '웜홀' 또는 '아인슈타인-로젠 다리'로 불리는 해解는 여러 우주 사이를 왕래하는 통로로 알려져 있다. 아인슈타인 자신은 "블랙홀 안으로 빨려 들어가면 온몸이 으스러지기 때문에 절대 통과할 수 없다"고 믿었지만, 그 후 다양한 연구가 진행되면서 "웜홀을 이용하면 우주공간을 빛보다 빠르게 이동할 수 있다"는 주장이 제기되기 시작했다.

1963년 수학자 로이 커Roy Kerr는 기존의 짐작과 달리 "회전하는 블랙홀은 점으로 수축되지 않는다"는 사실을 발견했다. 회전속도가 너무 빨라서 원심력이 수축을 막아주기 때문에, 점이 아니라 '회전하는 고리'가 된다는 것이다. 이런 고리 안으로 떨어지면 다른 우주로 진입할 수 있다. 엄청난 중력이 작용하겠지만, 강도가 무한대는 아니다. 이것은《거울 나라의 앨리스Through the Looking Glass》에서 거울 안으로 손을 집어넣었다가 다른 평행우주로 나오는 것과 비슷하다. 이때 거울의 테두리는 블랙홀의 고리에 해당한다. 로이 커의 이론이 알려진 후로 아인슈타인 방정식의 다른 해가 연이어 발견되었고, "몸이 으스러지지 않고 다른 우주로 이동하는 것이 원리적으로 가능하다"는 주장이 설득력을 얻기 시작했다. 지금까지 발견된 모든 블랙홀은 빠른 속도로 회전하고 있어서(개중에는 시속 160만 km라는 무시무시한 속도로 회전하는 블랙홀도 있다), 위의 가설이 맞는다면 다른 우주로 가는 통로가 곳곳에 나 있는 셈이다.

1988년에 칼텍(Caltech: 캘리포니아공과대학)의 킵 손Kip Thorne 박사와 그의 동료들은 "음에너지가 매우 많으면 블랙홀이 안정되어 웜홀을 통과할 수 있다"는 사실을 알아냈다(즉, 몸이 으스러지지 않고 양쪽으로 자유롭게 왕래할 수 있다는 뜻이다). 음에너지는 우주에서 가장 신비로운 물질로서, 아직 알려진 바가 거의 없지만 우주공간에 분명히 존재하며 극히 적은 양이긴 하지만 실험실에서 만들어낼 수도 있다.

그러므로 웜홀은 더 이상 공상과학이 아니다. 문명이 우리보다 크게 앞선 외계종족은 블랙홀과 견줄 정도로 충분한 양(+)에너지를 공간의 한 점에 모아서 멀리 떨어진 항성으로 통하는 구멍을 만들 수 있고, 이 통로의 입구는 충분한 양의 음에너지를 축적하여 한 번 열리면 긴 시간 동안 안정된 상태를 유지할 것이다.

이제 우리는 이 아이디어가 앞으로 어떤 식으로 전개될지 대충 짐작할 수 있다. 인간의 완전한 커넥톰은 금세기 말에 완성될 것이고,

행성 간 레이저 네트워크는 다음 세기 초쯤 완공되어 인간의 의식을 태양계 모든 곳에 전송하게 될 것이다. 여기에 새로운 물리법칙은 전혀 필요 없다. 항성 간 레이저 네트워크가 완성되려면 100년이 더 걸릴 것으로 예상된다. 그러나 웜홀을 마음대로 다룰 수 있는 문명이 존재한다면, 이들은 우리보다 수천 년 이상 앞서서 물리학을 극한까지 몰고 갈 것이다.

인간의 의식이 평행우주 사이를 오락가락할 수 있을까? 답을 찾기 전에, 우선 블랙홀이 물질에 미치는 영향부터 알아보자. 만일 당신이 블랙홀 가까이 접근한다면, 몸 전체가 스파게티 국수처럼 길게 늘어날 것이다. 다리에 작용하는 중력이 머리에 작용하는 중력보다 훨씬 강하기 때문이다. 한 물체에 작용하는 중력의 세기가 부위마다 달라서 물체의 외형을 변형하는 힘을 '조력(潮力, tidal force)'이라 한다. 이 힘은 블랙홀에 가까이 다가갈수록 강해져서, 결국은 당신의 몸을 이루는 원자까지 전자와 원자핵으로 분해될 것이다(지구의 조수현상과 토성의 고리는 조력이 얼마나 강한 힘인지 여실히 보여주고 있다. 달과 태양이 지구에 행사하는 중력 때문에, 만조 때 바닷물의 수위가 몇 m까지 높아진다. 그리고 토성같이 큰 행성에 위성이 가까이 접근하면 조력 때문에 산산이 부서진다. 위성이 모행성의 조력에 의해 부서지기 시작하는 거리를 '로슈 한계Roche limit'라 하는데, 토성의 고리가 바로 이 거리에 있다. 아마도 과거에 위성이 모행성인 토성에 너무 가까이 접근했다가 이 한계를 넘어 산산이 부서졌을 것으로 추정된다).

회전하는 블랙홀 안에 들어가서 음에너지를 이용하여 안정된 상태를 만들려 해도, 중력이 너무 커서 결국은 길게 늘어날 것이다.

그러나 레이저빔은 웜홀을 통과할 때 결정적인 장점이 있다. 레이저는 물질이 아니므로 중력의 영향을 받지 않는다. 즉, 블랙홀에 가까이 접근해도 길게 늘어날 염려가 없다. 그 대신 일종의 도플러 효과가 나타나서 파장이 푸른색 쪽으로 이동한다(에너지를 획득하여 진동수가 증가했기 때문이다. 이 현상을 청색편이blue shift라 한다). 그러나 파장이 달라져도 레이저에 저장된 정보는 원형 그대로 남아 있다. 예를 들어 모스부호를 레이저에 담았는데 청색편이가 일어났다면 파장이 짧아지면서 정보가 압축되겠지만, 내용 자체는 변하지 않는다. 다시 말해서, 디지털 정보는 조력의 영향을 받지 않는다는 이야기다. 과도한 중력은 질량이 있는 물체에 치명적이지만, 빛에 실려 가는 여행자에게는 전혀 해롭지 않다.

레이저빔은 웜홀을 통과할 때 또 다른 장점이 있다. 일부 물리학자들의 계산에 의하면, 원자 크기의 웜홀은 실험실에서 비교적 쉽게 만들 수 있다. 일반적인 물질은 이렇게 작은 웜홀을 통과하지 못한다. 그러나 파장이 원자보다 짧은 X선 레이저는 초미세 웜홀을 쉽게 통과할 수 있다.

물론 아시모프의 단편소설은 공상과학에 불과하다. 그러나 누가 알겠는가? 우리 은하계에는 항성 간 레이저 네트워크가 이미 구축됐는데 우리가 알아채지 못할 수도 있다. 문명이 우리보다 수천 년 앞선 외계종족이 존재한다면, 커넥톰을 디지털 데이터로 변환하여 다른 별로 전송하는 것쯤은 어린애 장난일 것이다. 지금 이 순간에도 이들의 의식은 지구의 최첨단 망원경이나 인공위성에 관측되지 않은 채, 방대한 레이저빔 네트워크를 통해 은하의 이곳저곳을 수시로 날아다니고 있을지도 모른다.

언젠가 칼 세이건은 "온갖 외계문명이 지금 우리 주변을 에워싸고 있는데도 우리에게 그것을 인지할 능력이 없는 것은 아닐까?"라며

긴 탄식을 내뱉은 적이 있다. 충분히 가능한 이야기다. 아마존 밀림에 사는 개미들이 인터넷을 알 리 없지 않은가.

그렇다면 또 다른 질문이 떠오른다. 외계인은 어떤 마음을 지니고 있을까? 그들의 의도는 무엇이며, 그들이 추구하는 최고의 가치는 무엇일까?

미래의 어느 날, 외계문명과 조우했을 때 불행한 결과가 닥치지 않게 하려면 이 질문의 답부터 찾아야 한다.

외계인이 존재한다는 가장 명확한 증거는
그들 중 누구도 우리와 접촉을 시도하지 않았다는 점이다.
_빌 워터슨Bill Watterson

외계인이 존재하건 존재하지 않건, 둘 다 놀랍기는 마찬가지다.
_아서 클라크Arthur C. Clark

14
외계인의 마음

허버트 조지 웰스Herbert George Wells의 소설 《우주전쟁The War of the Worlds》은 화성인들이 죽어가는 고향 행성을 버리고 새로 살 곳을 찾아 지구를 침공한다는 이야기다. 이들은 치명적인 광선총과 거대한 로봇을 앞세워 수많은 도시를 초토화시키면서 승승장구하다가, 지구의 핵심사령부를 손에 넣기 직전에 갑자기 치명적인 적과 조우한다. 지구를 절체절명의 위기에서 구해낸 일등공신은 바로 가장 열등한 생명체인 세균이었다.

같은 제목으로 TV 드라마와 영화로 제작된 웰스의 《우주전쟁》은 공상과학 분야에 일대 혁명을 일으켜 영화 〈지구 대 비행접시Earth vs. The Flying Saucers〉와 〈인디펜던스 데이Independence day〉 등 수천 편의 아류작을 탄생시켰다. 그러나 대부분 과학자들은 영화 속 외계인을 별로 좋아하지 않는다. 영화에 등장하는 외계인들은 성격과 감정이 인간과 비슷하고, 추구하는 가치도 별로 다르지 않기 때문이다. 이들은 푸른색 피부에 머리만 조금 클 뿐, 전반적인 체격이 사람과 비슷하고 영어까지 완벽하게 구사한다.

현실적으로 생각해보면 정말 말도 안 되는 발상이다. 비슷한 정도로 따지자면, 인간은 외계인보다 바닷가재나 달팽이와 훨씬 비슷할 것이다.

외계인의 의식이 실리콘에 기반을 둔다 해도, 어느 정도는 시공간 의식이론으로 설명할 수 있다. 즉 이들은 목적을 이루기 위해 바깥세상의 모형을 만들고, 미래를 시뮬레이션할 것이다. 사람이 만든 로봇은 감정적으로 사람과 통하고 삶의 목적이 사람과 비슷할 수 있다. 그러나 외계인은 천만의 말씀이다. 이들이 추구하는 가치가 우리와 비슷할 이유는 어디에도 없다. 우리는 그저 짐작만 할 수 있을 뿐이다.

프린스턴고등연구소의 물리학자 프리먼 다이슨Freeman Dyson은 영화 〈2001: 스페이스 오디세이〉의 제작고문으로 일한 적이 있다. 나중에 그는 완성된 영화를 보고 매우 만족스러워했다고 한다. 현란한 특수효과 때문이 아니라, 외계인을 표현한 방식이 참신했기 때문이다. 〈2001〉은 지구인과 완전히 다른 외계인이 등장한 최초의 할리우드 영화였다. 기존의 공상과학영화에서는 배우가 이상한 가면을 뒤집어쓰고 정체 모를 외계인을 흉내 내는 데 급급했지만, 〈2001〉에 등장한 외계인은 정말로 낯설고 이질적인 의식을 갖고 있었다.

2011년 스티븐 호킹은 "외계인의 공격에 미리 대비해야 한다"고 주장하여 각종 언론의 헤드라인을 장식한 적이 있다. 우리가 외계인과 마주친다면, 그 장소는 지구 또는 지구와 아주 가까운 우주일 가능성이 높다. 즉, 우리보다는 외계인이 훨씬 먼 길을 왔을 것이고, 그만큼 과학기술이 우리보다 앞서 있을 것이다. 그래서 호킹은 "외계인과 마주치면 우리의 존재 자체가 위험에 빠질 수 있다"고 경고했다.

13세기경 멕시코 중앙고원에서 아스텍족Aztecs은 찬란한 문명을 꽃피웠지만, 스페인의 에르난 코르테스Hernán Cortés를 비롯한 정복자들에 의해 무참히 짓밟혔다. 청동기밖에 몰랐던 아스텍인들에게 무쇠 칼과 화약 그리고 육중한 말은 한마디로 공포 그 자체였을 것이다. 1521년에 아스텍 땅을 밟은 스페인 정복자들은 얼마 안 되는 병력으로 단 몇 달 만에 고대 아스텍 문명을 완전히 잿더미로 만들었다.

이런 전례가 있으니, 걱정되는 것은 당연하다. 외계인은 어떤 생각을 하고 있을까? 그들이 추구하는 최고의 가치는 무엇이며, 우리에게 무엇을 원하고 있을까?

금세기 최초의 접촉

물론 이것은 학술적 질문이 아니다. 지난 수십 년 동안 천체물리학이 눈부시게 발전하면서, 외계인과 조우할 가능성 또한 점차 높아지고 있다. 그들을 만났을 때, 우리는 어떤 식으로 대응해야 할까? 절대 가볍게 생각할 문제가 아니다. 이 판단 하나로 인류의 미래가 좌지우지될 수 있기 때문이다.

지난 2011년에 케플러 위성은 우리 은하(Milky Way Galaxy: 태양계가 속한 은하) 안에서 수천 개의 별빛을 분석한 끝에 인류역사상 최초로 '은하수 통계보고서'를 전송해왔다. 이 보고서에 의하면 은하에 존재하는 별이 지구처럼 생명체가 사는 행성을 거느릴 확률은 약 1/200이다. 우리 은하는 약 2,000억 개의 항성으로 이루어져 있으므로, 지구와 비슷한 행성이 거의 10억 개나 존재한다는 뜻이다. 과거에는 멀리 있는 별을 바라보면서 시적인 감상을 떠올렸지만, 지금은 그 근처에서 누군가가 우리를 바라볼지도 모른다는 생각이 떠오른다.

지금까지 지구의 망원경으로 자세히 분석한 외계행성은 1,000개가 넘는다.[1] (어림잡아 1주일에 2개씩 발견된 셈이다.) 아쉽게도 이들 중 대부분은 목성형 행성(규모가 크고 기체로 이루어진 행성)이어서 생명체가 존재할 가능성이 거의 없지만, 지구보다 몇 배 크면서 단단한 바위로 이루어진 행성도 몇 개 있다. 케플러 위성은 지금까지 우주공간에서 2,500개의 외계행성을 발견했는데, 이들 중 일부는 지구와 매우 비슷하다. 이 행성들은 모항성과의 거리가 적절해서 물이 얼거나 증발하지 않고 액체상태로 존재할 수 있다. 즉, 바다가 존재할 수 있다는 이야기다. 물은 DNA와 단백질 등 대부분의 유기화학물을 용해하는 '범우주적 용매'이다.

2013년에 NASA의 과학자들은 케플러 위성에서 날아온 놀라운 소식을 일반대중에게 공개했다.[2] 지구와 쌍둥이처럼 닮은 위성 두 개가 발견되었다는 것이다. 이들은 지구로부터 1,200광년 떨어져 있는 거문고자리Lyra에 자리 잡고 있으며, 크기는 각각 지구의 1.6배, 1.4배다. 더욱 중요한 사실은 모항성과 적절한 거리를 두고 있어서 바다가 존재할 수 있다는 점이다. 이들은 지금까지 발견된 외계행성 중 지구와 제일 비슷한 행성으로 알려져 있다.

이뿐만이 아니다. 허블 우주망원경이 보내온 관측 데이터에 의하면 우리 우주에는 약 1천억 개의 은하가 존재한다. 그러므로 관측 가능한 우주 안에는 지구와 비슷한 행성이 10억×1천억 개나 존재하는 셈이다.

이 정도면 가히 천문학적 숫자다. 따라서 우주에 인간과 같은 지적 생명체가 존재할 확률은 엄청나게 높다(그러나 확률은 아무리 커봐야 1을 넘지 않는다–옮긴이). 게다가 우주의 나이는 138억 년이나 되므로, 문명이 탄생하고 발전할 시간은 충분하고도 남는다. 아마도 이들 중 상당수는 이미 멸망했을 것이다. 우주에 생명체가 우리밖에 없다면, 그것이 더 기적 같은 일이다.

SETI와 외계문명

전파망원경도 빠르게 발전하고 있다. 지적생명체가 있을 것으로 추정되는 행성 중 자세한 관측이 이루어진 것은 1,000개 정도에 불과하지만, 앞으로 10년 안에 이 숫자는 100만 개까지 늘어날 것이다.

전파망원경으로 외계문명을 찾는 작업은 1960년에 천문학자 프랭크 드레이크Frank Drake가 오즈마 프로젝트(Project Ozma: 오즈마는 소설《오즈의 마법사》에 등장하는 오즈의 왕녀 이름이다)를 출범하면서 시작되었다. 그는 외계에서 날아오는 신호를 감지하기 위해 웨스트버지니아주의 그린뱅크Green Bank에 지름 25m짜리 전파망원경을 설치했고, 이것은 그 유명한 SETI(Search for Extraterrestrial Intelligence, 지구 외 문명탐사) 프로젝트의 시발점이 되었다. 아쉽게도 외계신호를 수신하는 데에는 실패했지만, 1971년에 NASA 측에서 100억 달러(약 10조 원)를 들여 전파망원경 1,500개를 건설한다는 초대형 프로젝트 사이클롭스

Cyclops를 제안해왔다.

그러나 이 계획은 실현되지 못했다. 외계인을 찾는 것은 분명 중요한 일이지만, 돈이 너무 많이 들어서 국회의원을 설득하는 데 실패했기 때문이다.

그 후 이들은 프로젝트 규모를 크게 줄여서 예산을 확보했고, 1971년에 암호화된 신호를 우주로 전송했다. 1,679바이트의 정보가 담긴 이 신호는 푸에르토리코에 있는 아레시보 전파망원경을 통해 발사되었으며, 방향은 지구로부터 25,100광년 거리에 있는 M13 구상성단 쪽이었다. 지구 역사상 최초로 외계인에게 인사장을 보낸 것이다. 그러나 아쉽게도 답장을 받지는 못했다. 아마도 외계인이 지구인의 인사에 별로 감동하지 않았거나 아직 신호를 받지 못했기 때문일 것이다. M13에 있는 외계인이 이 신호를 받고 답장을 보낸다면, 앞으로 52,174년 후에나 받을 수 있다.

일부 과학자들은 "외계인의 의도를 전혀 모르면서 우리의 존재를 알리는 것은 위험한 짓"이라며 외계문명에 신호를 보내는 METI 프로젝트Messaging to Extra-Terrestrial Intelligence에 강한 반대 의사를 표명했다. 반면에 METI의 지지자들은 "그동안 라디오와 TV를 통해 이미 수많은 전파가 우주로 송출되었는데, 조금 더 보낸다고 해서 크게 달라질 것은 없다"고 응수했다. 그러나 비평가들은 "호전적일지도 모를 외계인에게 우리의 존재를 굳이 광고할 필요가 없다"는 태도를 고수하고 있다.

1995년에 한 무리의 천문학자들은 캘리포니아 마운틴뷰에 있는 SETI 연구소에 집결하여 1,200~3,000MHz 범위 안에서 태양과 비슷한 항성 1,000개를 분석하는 피닉스 프로젝트Phoenix Project를 발족시켰는데, 여기 사용된 전파망원경은 200광년 떨어진 외계공항에서 송출한 레이더 신호까지 감지할 정도로 성능이 뛰어났다. SETI는 연구기금이 마련된 후 지금까지 500만 달러를 들여 1,000개가 넘는 항성을 스캔했으나, 아직 외계에서 날아온 신호를 감지하지는 못했다.

1999년에 캘리포니아대학교 버클리캠퍼스의 천문학자들은 일반 PC 사용자 수백만 명이 참여하는 SETI@home 프로젝트를 제안했다(PC 사용자라면 누구나 이 프로젝트에 참여할 수 있다). 아이디어는 간단하다. 당신이 PC를 사용하지 않는 동안, 스크린세이버가 푸에르토리코의 아레시보 전파망원경에서 쏟아지는 관측 데이터를 분석하는 것이다. 지금까지 234개국에서 520만 명의 PC 사용자가 자발적으로 이 프로젝트에 참여했다. 아마도 이들은 인류역사상 최초로 외계인과 접촉하는 데에 자신의 컴퓨터가 일조하기를 꿈꾸고 있을 것이다. 미국대륙을 발견한 콜럼버스처럼, 이들의 이름이 역사에 남을지도 모른다. SETI@home 프로젝트는 규모가 급속도로 성장하여, 지금은 세계에서 가장 큰 컴퓨터 프로젝트가 되었다.

나는 SETI@home을 총괄하는 댄 워트하이머Dan Wertheimer와 인터뷰를 하면서 진짜 신호와 가짜 신호를 어떻게 구별하느냐고 물었다.[3] 내심 기술적인 설명을 기대했는데, 그는 의외의 답을 들려주었다. "프로젝트 참여자 중에는 마치 외계에서 온 듯한 '가짜 신호'를 고의로 뿌리는 사람이 있다. 그런데 이 신호를 아무도 감지하지 못했다면 사용 중인 소프트웨어에 문제가 있다는 뜻이다. 이런 사실이 알려질 때마다 우리는 자세한 정황을 파악한 후 소프트웨어를 보완하고 있다." 그러므로 당신의 PC 스크린세이버에 외계문명에서 날아온 메시지가 떴다고 해서 무턱대고 경찰서나 백악관에 전화할 필요는 없다. 가짜 메시지일 가능성이 압도적으로 높기 때문이다.

외계인 사냥꾼

나의 친구이자 SETI 연구소 소장인 세스 쇼스탁Seth Shostak 박사는 외계생명체를 찾는 데 평생을 바쳐온 사람이다. 그가 캘리포니아공과대학에서 박사학위를 받았을 때, 나는 그가 향학열에 불타는 박사과정 학생들에게 명강의를 베푸는 대학교수가 되리라 생각했다. 그러나 그는 안정적인 직업을 마다하고 완전히 다른 길을 택했다. SETI 연구소의 재원을 확보하기 위해 재력가들을 일일이 찾아다니며 거의 평생을 보낸 것이다. 그에게 "외계신호를 찾고 있다고 하면 동료 과학자들이 비웃지 않는가?"라고 물었더니, "과거에는 그랬지만 지금은 관측장비가 좋아지고 자료가 쌓이면서 분위기가 많이 달라졌다"고 했다.[4]

쇼스탁은 가까운 미래에 외계인과 접촉하게 될 것이라고 장담했다. 실제로 그는 공식 석상에서 "350개의 앨런 망원경을 2025년까지 완공하겠다"고 공언한 적도 있다.[5]

이렇게 큰 프로젝트의 마감 일을 예견하는 것은 확실히 부담스러운 일이다. 그의 확신은 어디서 오는 것일까? 쇼스탁은 지난 몇 년 사이에 전파망원경의 수가 폭발적으로 늘었다는 점을 강조했다. 미국 정부의 지원을 얻어내는 데에는 실패했지만, 최근에 SETI 연구소 측은 마이크로소프트사의 백만장자 폴 앨런Paul Allen으로부터 3천만 달러(약 300억 원)를 지원받아 샌프란시스코에서 북쪽으로 약 460km 거리에 있는 캘리포니아 해트크리크Hat Creek에 앨런 배열 망원경Allen Telescope Array을 건설하기 시작했다. 지금 이곳에서는 42개의 전파 망원경으로 하늘을 스캔하고 있으며, 앞으로 350개까지 증설할 계획이다(그러나 SETI는 만성적인 예산부족에 허덕이고 있다. 폴 앨런이 거금을 기부하긴 했지만, 아직은 턱없이 부족한 실정이다. 그래서 SETI 측은 일부 시설을 미군에 대여하는 중이다).

쇼스탁은 나와 대화를 나누다가 "사람들이 SETI 프로젝트를 외계인 사냥으로 오해할 때는 사지에 맥이 풀린다"고 털어놓았다. SETI 프로젝트는 고체물리학과 천문학, 그리고 최첨단기술을 총동원한 학술연구인 반면, 외계인 사냥꾼들은 진위에 상관없이 입에서 입으로 전해진 소문만을 근거로 외계인을 찾는 사람들이다. 외계인을 목격했다며 그에게 배달된 우편물은 한결같이 재현 불가능하거나 검증할 수 없는 내용뿐이었다. 그는 "UFO에 납치되었다가 극적으로 풀려나게 되면 절대 빈손으로 떠나지 말고 연필이나 종이 등 사소한 증거물이라도 꼭 챙겨 오라"고 당부했다. 안타깝게도 지금까지 그런 증거물이 제시된 사례는 단 한 건도 없었다.

또한 쇼스탁은 "고대에 외계인이 지구를 방문했었다고 주장하는 사람들이 있는데, 확실한 증거는 아직 발견되지 않았다"고 했다. 내가 "세간에는 미국 정부가 외계인의 존재를 은닉하고 있다는 음모론이 나도는데, 이 점을 어떻게 생각하는가?"라고 물었더니, 그의 대답은 의외로 간단했다. "미국 정부가 그렇게 대단한 사실을 철통같이 숨길 만큼 효율적으로 운영된다고 생각하는가? 이 정부는 우체국을 운영하는 바로 그 정부임을 기억하라."[6] (미국 우체국은 우편물 배달사고를 자주 일으키는 것으로 유명하다-옮긴이)

드레이크 방정식

나는 워트하이머 박사와 인터뷰하면서 물었다. "아무런 증거도 없는 상황에서 외계생명체가 존재한다는 것을 어떻게 확신할 수 있는가?" 그러자 그는 자신에 찬 어조로 "숫자에 해답이 들어 있다"고 대답했다. 1961년 천문학자 프랭크 드레이크는 타당한 가정에 기초하여 우주에 존재하는 지적문명의 수를 계산했는데, 그 원리는 대충 다음과 같다. 우리 은하 안에 있는 별의 수를 1천억 개로 간주하고, 여기서 태양과 비슷한 별을 추려낸다. 이들 중 행성을 거느린 별을 또 추려내고, 그중에서 또 지구와 비슷한 행성을 거느린 별을 추려낸다. 이런 식으로 타당한 가정을 차례로 적용하여 별의 수를 줄여나가다 보면, 우리 은하 안에 지적문명이 1만 개쯤 존재한다는 결론에 도달한다(칼 세이건은 조금 다른 가정을 적용하여 100만 개라는 결과를 얻었다).

그 후로 과학자들은 가정을 계속 수정하여 우리 은하에 존재하는 지적문명의 수를 더욱 정확하게 계산해냈다. 예를 들어 별 주위를 공전하는 행성이나 지구와 비슷한 행성의 수는 드레이크가 처음 가정했던 것보다 훨씬 많다. 그러나 문제는 아직 남아 있다. 지구와 비슷한 행성의 수를 안다 해도, 그들 중 얼마나 많은 행성이 생명체에 적절한 환경인지 알 방법이 없다. 지구만 해도 늪지에서 지적생명체가 등장하기까지 무려 45억 년이나 걸렸다. 최초의 생명체는 35억 년 전에 탄생했지만, 지능이 있는 생명체가 등장한 것은 불과 10만 년 전의 일이다. 그러므로 모든 면에서 지구와 비슷한 행성이 존재한다 해도, 그곳에서 지적생명체가 탄생할 확률은 그리 높지 않다.

외계인은 왜 지구를 방문하지 않는가?

나는 SETI의 세스 쇼스탁에게 또 다른 질문을 던졌다. "은하에 별이 그토록 많고 외계문명도 많은데, 그들은 왜 우리를 찾아오지 않는가?" 과학자들은 이것을 물리학자 엔리코 페르미Enrico Fermi의 이름을 따서 '페르미 역설'이라 부른다(페르미는 원자핵의 물리적 특성을 규명하여 노벨상을 받았고, 원자폭탄 개발에도 참여했다).

그동안 이 역설을 설명하는 다양한 이론이 제시되었는데, 개중에는 "별과 지구 사이의 거리가 너무 멀기 때문"이라는 주장도 있다. 현재 지구에서 가장 강력한 화학로켓을 타고 간다 해도, 가장 가까운 별까지 가는 데 무려 7만 년이 걸린다. 외계문명이 우리보다 수천 년 앞서 있다면 어떻게든 이 문제를 해결했겠지만, 그 전에 자기들끼리 핵전쟁을 일으켜 멸망했을지도 모른다. 존 F. 케네디John F. Kennedy는 생전에 이런 말을 한 적이 있다. "조금 미안한 얘기지만, 외계인의 과학이 우리보다 앞서 있다면 핵전쟁이 발발하여 이미 멸망했을 것이다." (당시 케네디는 쿠바 미사일 위기를 겪으면서 핵전쟁에 매우 민감한 상태였다—옮긴이)

그러나 내가 보기에 가장 논리적인 설명은 다음과 같다. 당신이 시골길을 걷다가 개미집을 발견했다고 하자. 이럴 때 당신은 개미집에 얼굴을 들이밀고 "이봐, 너희 주려고 작은 방울이랑 구슬을 가져왔어. 필요하다면 핵에너지를 사용하는 방법도 가르쳐줄게. 그러니까 나를 너희 우두머리한테 소개해줄래?"라고 말할 것인가?

글쎄, 별로 그럴 것 같지 않다.

그렇다면 개미집 옆에 나 있는 8차선 고속도로 근방에서 인부들이

건물을 짓고 있다고 가정해보자. 과연 개미들은 인부들 사이에 대화가 얼마나 자주 오가는지 알 수 있을까? 또는 8차선 고속도로가 무엇을 의미하는지 알고 있을까? 외계문명도 마찬가지다. 외계행성에서 우주를 가로질러 이곳까지 올 정도라면 과학수준이 우리보다 수천 년, 또는 수백만 년 이상 앞섰을 것이고, 그들에게 우리는 길가의 개미떼처럼 아무런 의미가 없다. 외계인이 오직 우리를 만나기 위해 수 조×수 조 km를 날아온다는 것은 지나치게 오만한 생각이다.

외계인의 레이더 화면에 인간이라는 존재는 아예 뜨지도 않을 것이다. 우리 은하는 곳곳에서 지적생명체를 키우고 있지만, 지구인은 아직 신생아 수준을 벗어나지 못하여 별다른 관심을 끌지 못하는 건 아닐까?

최초의 접촉

이 모든 어려움을 극복하고, 미래의 어느 날 외계문명과 조우했다고 가정해보자. 아마도 그 순간은 인류의 역사를 송두리째 바꾸는 전환점이 될 것이다. 그렇다면 그들은 어떤 의식을 갖고 있으며, 우리에게 무엇을 원하고 있을까?

공상과학 소설이나 영화에 등장하는 외계인들은 주로 우리를 잡아먹거나, 지구를 정복하거나, 지구인과 짝을 짓거나, 지구의 자원을 약탈하는 등 다분히 부정적인 이미지로 그려지곤 한다. 그러나 현실적으로 여러 가지 정황을 고려해볼 때, 그럴 가능성은 거의 없다.

외계문명과의 첫 만남은 비행접시가 백악관 잔디밭에 착륙하는 식으로 이루어지지 않을 것이다. 이보다는 SETI@home 프로젝트에 참여 중인 한 청소년이 푸에르토리코에 있는 아레시보 전파망원경에서 날아온 신호를 PC 스크린세이버로 분석하다가 외계신호를 발견하거나, 해트크리크에 있는 전파망원경이 외계인의 메시지를 수신하는 식으로 이루어질 것이다.

그러므로 첫 접촉은 일방통행으로 이루어질 가능성이 높다. 외계인의 메시지를 도청할 수는 있겠지만, 우리가 보낸 답장이 그들에게 도착하려면 수십 년, 또는 수백 년이 걸릴 것이기 때문이다.

우연이라도 외계인의 대화를 엿들을 수만 있다면 외계문명을 이해하는 데 큰 도움이 될 것이다. 그러나 메시지 대부분은 단순한 잡담이거나 유흥, 음악 등 과학과 무관한 내용일 가능성이 높다.

나는 쇼스탁에게 후속 질문을 던졌다. "외계인과 첫 접촉이 이루어진다면, 당신은 그 사실을 비밀에 부칠 것인가? 세상에 알려지면 대중들이 공황상태에 빠지고, 종교기반이 흔들리고, 사회 전체가 혼란에 빠지지 않겠는가?" 그는 단호하게 "no"라고 외치면서, "외계인이 자신의 정체를 드러낸다면, 각국 정부와 일반대중에게 충분한 정보를 줄 것"이라고 장담했다.

그렇다면 외계인은 어떻게 생겼으며, 어떤 생각을 하고 있을까?

외계인의 생각을 이해하기 전에, 우리에게 외계인이나 다름없는 동물의 생각을 먼저 분석해볼 필요가 있다. 우리는 다양한 동물과 함께 살고 있지만 정작 그들의 생각에 관해서는 아는 것이 별로 없다.

동물의 의식을 이해한다면, 외계인의 의식을 이해하는 데 커다란 도움이 될 것이다.

동물의 의식

동물도 생각이라는 것을 하고 있을까? 만일 그렇다면 주로 무슨 생각을 하고 있을까? 이 질문은 지난 수천 년 동안 내로라하는 현자와 학자들을 당혹스럽게 했다. 그리스의 작가이자 역사가였던 플루타르코스(Ploutarchos, 영어 이름은 플루타르크)와 로마 시대의 역사학자 플리니우스Plinius는 이와 관련하여 간단한 문제를 제기했는데, 거의 2천 년이 지난 지금까지 풀리지 않은 채로 남아 있다.[7] 그동안 수많은 대가들이 나름대로 답을 제시했으나, 하나의 답으로 축약할 수 없을 정도로 내용이 제각각이다.

개 한 마리가 주인을 찾아 길을 가다가 세 갈래 길과 마주쳤다. 처음에 개는 왼쪽 길로 접어들어 이리저리 냄새를 맡다가 주인의 흔적이 없다고 생각하여 갈림길로 되돌아왔다. 그러고는 오른쪽 길로 접어들어 다시 냄새를 맡았는데, 그곳에서도 주인의 흔적을 찾지 못했다. 그래서 개는 다시 갈림길이 시작되는 곳으로 되돌아왔는데, 이번에는 냄새를 맡아보지도 않고 확신에 찬 마음으로 가운데 길을 따라갔다.

개는 무슨 생각을 했을까? 과거 위대한 철학자들이 이 문제와 씨름했지만, 이렇다 할 결론을 내리지 못했다. 16세기 프랑스의 철학자이자 수필가였던 미셸 드 몽테뉴Michel de Montaigne는 "그 개는 유일하게 남은 가능성이 가운데 길뿐임을 간파했다"고 결론지었다. 다시 말해서, 개도 추상적 사고를 할 수 있다는 뜻이다.

그러나 13세기 이탈리아의 신학자이자 철학자였던 성 토마스 아퀴나스St. Thomas Aquinas는 반대주장을 펼쳤다.[8] "'추상적 사고'와 '진실한 사고'는 분명히 다르다. 인간은 지성의 겉모습만 보고 쉽게 현혹되는 경향이 있나."[9]

그로부터 수백 년 후, 존 로크John Locke와 조지 버클리George Berkeley는 동물의 의식을 주제로 한바탕 논쟁을 벌였다. 로크는 "동물은 추상적 사고를 할 수 없다"고 주장했고, 버클리는 "추상적 사고를 못 한다는 사실이 그 동물을 다른 동물과 구별하는 특징이라면, 인간에게 있는 특성 중 상당수가 동물에게도 있을까 봐 걱정된다"고 했다.[10]

후대 철학자들도 개에게 사람의 의식을 이입하는 방식으로 플루타르코스의 질문을 분석해왔는데, 이것은 신인동형설(神人同形說, anthropomorphism)의 오류이거나, 동물이 사람과 똑같이 생각하고 행동한다고 가정했기 때문이다. 그러나 진정한 답을 구하려면, 문제를 사람이 아닌 개의 관점에서 바라봐야 한다. 물론 인간에게는 매우 생소한 관점일 것이다.

2장에서 말한 바와 같이, 동물은 이 세상의 모형을 만들고 시뮬레이션할 때 사람과 전혀 다른 변수를 사용한다. 여기서 잠시 데이비드 이글먼 박사의 설명을 들어보자. "심리학자들은 이것을 '환경세계umwelt' 또는 '다른 동물이 인지하는 현실'이라 부른다. 예를 들어 눈과 귀가 없는 진드기에게 가장 중요한 정보는 주변 온도와 부티르산butyric acid의 냄새이며, 블랙고스트 나이프피시(black ghost knifefish: 고스트 나이프피시과에 속하는 열대어 중 하나-옮긴이)에게는 전기장이 가장 중요하다. 그리고 박쥐에게 가장 중요한 정보는 압축공기의 파동이다. 모든 생명체는 각자 자기만의 '환경세계'에서 살고 있으며, 각 생명체는 자신이 느끼는 환경세계를 '바깥세상에 존재하는 모든 것'으로 생각할 것이다."[11]

개의 뇌를 예로 들어보자. 개들은 먹이를 찾거나 짝을 찾기 위해 끊임없이 냄새를 맡고 있다. 이들은 냄새를 근거로 주변에 존재하는 사물의 지도를 만들어낸다. 간단히 말해서 '냄새지도'인 셈이다. 물론 이 지도는 우리가 시각정보에 근거하여 만드는 지도와 완전히 다른 정보를 담고 있다. [펜필드 박사가 작성한 대뇌피질 지도(35페이지 그림 참조)는 위치와 크기가 왜곡된 신체지도의 형태를 띠고 있다. 개의 뇌를 펜필드 다이어그램으로 표현한다면, 뇌 대부분은 손가락이 아닌 코에 집중되어 있을 것이다. 다른 동물의 펜필드 다이어그램도 인간과 완전히 다를 것이다. 인간과 DNA를 꽤 많이 공유하는 동물이 이 정도니 외계인의 펜필드 다이어그램이 인간과 얼마나 다를지는 상상조차 하기 어렵다.]

동물은 세상을 완전히 다른 시각으로 바라보는데도, 우리는 동물의 마음을 짐작할 때 인간의 의식을 대입하려는 경향이 있다. 예를 들어 주인의 명령을 잘 따르는 개를 볼 때마다 우리는 "개는 사람을 존중하고 주인의 마음을 헤아릴 줄 안다. 따라서 개는 사람의 가장 좋은 친구이다"라고 생각한다. 그러나 개는 엄밀한 위계질서하에 무리 지어 사냥하는 늑대의 후손이기 때문에, 주인을 친구가 아닌 무리의 우두머리로 생각할 가능성이 높다. 간단히 말해서, 개를 키우는 사람은 '슈퍼 도그'인 셈이다(개를 훈련할 때 늙은 개보다 강아지가 말을 잘 듣는 이유도 이 논리로 설명할 수 있다. 어린 강아지한테는 주인의 존재를 쉽게 심어줄 수 있지만, 늙은 개는 인간이 자기 무리에 속하지 않는다는 사실을 알기 때문에 쉽게 복종하지 않는다).

고양이가 낯선 방에 들어왔을 때 카펫 곳곳을 소변으로 적셔놓으면 우리는 고양이가 화났거나 신경이 날카로워졌다고 생각한다. 그러나 고양이는 화가 난 것이 아니라 소변냄새로 자신의 영역을 표시한 것뿐이다. "이제 이 방은 내 구역이니, 다른 고양이는 출입을 금한다"는 뜻이다.

그리고 고양이가 가르랑거리면서 당신의 다리 사이로 파고들면 따뜻한 애정표현을 하는 것처럼 보이지만, 사실은 당신 몸에 호르몬을 묻혀서 "이제 이 사람은 내 소유물이니, 다른 고양이는 얼씬도 하지 말라"는 뜻이다. 고양이의 관점에서 볼 때 당신은 하루에 몇 번씩 음식을 갖다 바치도록 훈련된 하인이며, 다른 고양이의 접근을 원천봉쇄하기 위해 수시로 자신의 냄새를 하인에게 묻히는 것이다.

16세기 철학자 몽테뉴는 자신의 저서에 고양이에 관하여 다음과 같이 적어놓았다. "가끔 헷갈린다. 나는 과연 고양이와 함께 놀고 있는가? 아니면 고양이가 나를 데리고 노는 것인가?"

우리는 고양이가 혼자 어슬렁거리는 모습을 보면 화가 났거나 세상사에 무관심하다고 생각하지만, 사실은 그렇지 않다. 고양이의 선조인 야생고양이는 개와 달리 혼자 사냥하는 습성이 있어서, 우두머리에게 고개 숙일 일이 없다. 요즘 TV에서 방영 중인 〈애니멀 위스퍼러(Animal whisperer: 문제가 생긴 애완동물을 치료하는 프로그램. 한국에서는 〈도그 위스퍼러〉가 방영된 적이 있다-옮긴이)〉는 동물에게 인간의 감정을 이입했을 때 발생하는 다양한 문제를 동물의 관점에서 해결하는 프로그램이다.

대부분의 정보를 소리에서 취하는 박쥐도 사람과 완전히 다른 의식을 갖고 있을 것이다. 이들은 시력이 매우 약하기 때문에 쉬지 않고 음파를 송출하여 먹이를 찾고, 장애물을 피하고, 무리를 찾아 귀환한다. 박쥐의 뇌를 펜필드 지도로 표현하면 대부분의 신경이 귀에 집중되어 있을 것이다. 돌고래도 마찬가지다. 돌고래는 전두엽이 작지만 커다란 뇌로 단점을 보완한다. 돌고래의 두뇌 신피질을 펼치면 웬만한 잡지 6페이지가 들어갈 정도로 넓다(사람의 신피질은 4페이지밖에 안 들어간다). 또한 돌고래는 두정엽과 측두엽이 잘 발달하여 물속에서 소리 신호를 빠르고 정확하게 분석할 수 있으며, 거울 속에 비친 모습이 자기임을 알아보는 몇 안 되는 동물 중 하나이다.

사람과 돌고래는 9,500만 년 전에 진화나무에서 갈라져 나왔으므로, 두뇌의 전체적인 구조가 사람과 완전히 다르다. 돌고래는 냄새를 맡을 필요가 없어서, 후각신경은 탄생 직후에 퇴화한다. 그러나 돌고래가 반향정위(反響定位 echolocation: 음파나 초음파를 송출하여 방향을 결정하는 방법)를 사용했던 3,000만 년 전에는 매우 큰 청각피질을 갖고 있었다. 따라서 돌고래가 느끼는 세상은 온갖 메아리와 진동으로 가득 차 있었을 것이다. 또한 돌고래의 뇌에는 사람에게 없는 부변연계 paralimbic system 라는 영역이 있어서, 개체들 사이의 친화력이 유별나게 강하다.

독자들은 돌고래가 언어를 사용한다는 이야기를 한 번쯤 들어본 적이 있을 것이다. 언젠가 나는 TV 사이언스채널에 출연하여 돌고래와 함께 수영하면서 그들의 언어를 분석한 적이 있다. 풀 안에 음파탐지기를 설치하여 돌고래들 사이에 오가는 신호를 수집한 후 컴퓨터로 분석하는 식이었다. 그런데 무작위로 찍찍거리는 소리가 그들만의 언어임을 무슨 수로 알아낼 수 있을까? 좋은 방법이 있다. 예를 들어 로마자 알파벳에서 가장 자주 쓰이는 문자는 'e'이다. 데이터를 충분히 수집하면 각 알파벳의 사용빈도를 측정할 수 있다. 영어로 쓰인 책을 무작위로 골라서 빈도수를 측정한다면, 책의 종류에 상관없이 비슷한 결과를 얻게 될 것이다.

컴퓨터가 돌고래의 언어를 분석하는 방법도 이와 비슷하다. 그날 우리는 돌고래들이 지적인 언어를 사용한다는 사실을 확인할 수 있었다. 그러나 다른 포유류를 대상으로 이런 실험을 하면 패턴이 붕괴되기 시작하고, 뇌가 작은 하등동물로 갈수록 무작위 신호에 가까워진다.

똑똑한 벌?

외계인의 마음을 이해하기 위해, 지구에서 생명체가 번식하는 방법을 생각해보자. 생명체가 재생산하는 방법에는 두 가지가 있는데, 둘 다 진화와 의식에 지대한 영향을 미쳤다.

첫 번째는 포유류가 채택한 방법으로, 적은 수의 새끼를 낳고 성체가 될 때까지 지극 정성으로 돌보는 것이다. 사실 이 방법은 한 세대에 태어나는 후손이 얼마 안 되므로 위험부담이 크다. 그래서 새로 태어난 새끼는 오랜 시간 동안 부모의 사랑 속에서 각별한 보호를 받는다.

두 번째는 곤충과 파충류 그리고 식물 등 생명체 대부분이 채택한 방법으로, 다량의 알을 낳거나 씨를 뿌린 후 스스로 살아가도록 내버려두는 것이다. 부모가 돌보지 않으니 새끼들은 대부분 천적에게 먹히고, 극히 일부만이 살아남아 다음 세대를 이어간다. 일단 알에서 부화하면 부모의 역할은 끝나고, 후손의 생존 여부는 자연의 법칙과 확률에 의해 좌우된다.

위에 언급한 두 가지 번식방법은 삶과 의식을 대하는 태도가 완전히 다르다. 첫 번째 방법을 택한 동물들은 후손에게 모든 정성을 쏟아야 하므로 무리 안에서 사랑과 애정, 애착 등에 최고가치를 부여하고, 부모는 후손을 돌보기 위해 자신의 모든 에너지를 쏟아붓는다. 그러나 두 번째 번식법을 택한 동물들은 각 개체의 생명을 별로 중요하게 생각하지 않는다. 이들이 추구하는 최고목적은 무리 전체의 생존이며, 개체의 존재는 별 의미가 없다.

번식법은 지능의 진화에도 지대한 영향을 미쳤다. 예를 들어 개미 두 마리가 마주치면 냄새와 몸짓으로 한정된 양의 정보를 교환한다. 정보를 공유한 개미는 단 두 마리뿐인데, 개미떼는 정교한 터널을 뚫고 방을 만드는 등 일사불란하게 움직이면서 거대한 개미집을 완성한다. 이와 마찬가지로 꿀벌도 춤을 추면서 둘 사이에 정보를 교환하지만, 무리 전체가 협동하여 벌집을 짓고, 멀리 있는 화단을 찾아 떼를 지어 날아간다. 그러므로 이들의 지능은 각 개체의 능력이 아니라, 무리 전체의 상호작용과 유전자에 기인한 것이다.

개미나 꿀벌처럼 두 번째 번식법에 기초한 지적 외계문명이 존재한다고 가정해보자. 이런 사회에서 매일 밖으로 날아가 꽃가루를 구해 오는 일벌은 한낱 소모품에 불과하다. 일벌은 아예 번식하지 않고 오직 무리와 여왕을 위해 봉사한다는 한 가지 목적으로 평생을 살아간다(위험한 상황이 닥치면 일벌은 무리를 위해 기꺼이 목숨을 바친다). 각 개체들 사이의 친밀한 관계는 이들에게 아무런 의미가 없다.

이러한 성향은 우주개발 프로그램에도 그대로 반영될 것이다. 우리는 승무원 개인의 생명을 귀하게 여기므로, 무사귀환을 위해 엄청난 자원을 투자한다. 유인우주선에 투입되는 비용 중 상당 부분은 승무원의 생명유지장치(산소공급, 온도유지 등)와 귀환모듈(대기권 진입, 방화벽, 착륙장치 등)에 사용된다. 그러나 벌의 습성이 있는 지적외계인들은 승무원의 생명유지에 관심이 없으므로 비용이 크게 절감될 것이다. 한 번 출발한 일벌은 귀환할 필요가 없고, 임무만 완수하면 된다. 만일 임무를 끝내지 못하고 죽었다면 슬퍼할 필요 없이 또 다른 일벌을 보내면 된다. 경제적 측면에서 보면 참으로 효율적인 방법이다.

이제, 우주공간에서 일벌의 습성이 있는 외계인과 마주쳤다고 가정해보자. 당신이 숲 속에서 진짜 일벌과 마주쳤다면, 벌은 위협을 느끼지 않는 한(또는 당신이 꽃다발을 들고 있지 않은 한) 당신에게 아무런 관심을 보이지 않을 것이다. 벌에게 당신은 없는 거나 마찬가지다. 그러므로 우주에서 조우한 일벌 외계인이 우리와 접촉을 시도하거나 지식을 나눌 가능성은 거의 없다. 그들에게는 다른 임무가 있을 것이므로 우리를 무시하고 그냥 지나칠 것이다. 게다가 우리가 중요하게 여기는 것이 그들에게는 무의미할 수도 있다.

1970년대에 파이어니어Pioneer 10호와 11호는 지구와 인간사회의 정보가 가득 담긴 명판과 태양계 지도를 싣고 발사되었다. 당시 과학자들은 외계인들이 우리처럼 다른 종족과 접촉하기를 원한다고 생각하여, 지구에 서식하는 다양한 생명체 목록을 명판에 자세히 새겨놓았다. 그러나 일벌 외계인이 이 명판을 발견한다면, 소가 닭을 보듯이 지나쳐버릴 것이다.

사실, 일벌은 개체의 능력을 별로 중요하게 생각하지 않는다. 무리지어 사는 사회에서 개체는 똑똑할 필요가 전혀 없다. 일벌은 꿀을 채취하는 능력만 있으면 된다. 그러므로 지구에서 송출한 메시지가 똑똑한 벌들이 사는 행성에 도달했다면, 내용을 이해했다 해도 답장을 보내지는 않을 것이다.

이런 외계문명과 접촉하는 데 성공했다 해도, 대화를 나누기는 어려울 것이다. 우리가 나누는 대화란 머릿속에 떠오른 생각을 주어-목적어-동사를 갖춘 문장으로 변환하는 작업이며, 대부분이 사적인 내용을 담고 있다. 보통사람들이 나누는 대화는 주로 "나는 ~를 했다"거나, "그들이 ~를 했다"는 식이다. 일상적인 대화는 물론이고, 대부분의 문학작품도 사실상 '스토리텔링'의 형식을 취한다. 자신이 롤모델로 생각하는 인물의 경험과 모험담을 이야기 형식으로 풀어내면, 그것이 곧 소설이 되고 대화가 된다. 여기에는 "개인적 경험은 정보를 전달하는 좋은 소재"라는 가정이 깔려 있다.

그러나 지적인 벌들이 세운 문명 세계에서 개체의 경험담이나 스토리텔링은 아무 의미가 없다. 오직 집단밖에 모르는 이들에게 중요한 것은 특정인의 모험담이나 가십거리가 아니라, 집단을 유지하는 데 필요한 정보, 그것도 '사실에 근거한 정보'이다. 우리에게는 사적인 이야기가 개인의 사회적 지위를 높이는 데 결정적인 역할을 하지만, 집단사회에서는 어림도 없다. 일벌 외계인들이 우리의 메시지를 받았다 해도, 집단보다 개인의 역할을 중시하는 내용임을 알아챘다면 혐오감을 느낄 수도 있다.

또한 일벌이 느끼는 시간도 우리와는 전혀 다르다. 일벌은 소모품이어서 수명이 별로 길지 않다. 그래서 이들은 목적이 명확한 단기 프로젝트에 주로 투입된다.

인간은 벌보다 훨씬 오래 살지만 시간감각이 명확하지 않다. 우리는 보통 한평생 안에 끝낼 수 있는 일에 관심을 둔다. 사전에 치밀하게 계산하지는 않지만, 대부분의 사람들은 죽기 전에 마무리할 수 있는 범위 안에서 일을 선택하고, 대인관계를 형성하고, 삶의 목적을 설정한다. 다시 말해서, 싱글→결혼→자녀양육→은퇴라는 공식화된 삶을 살아가고 있다. "인간은 아무리 발버둥 쳐도 100년 안에 죽는다"는 사실을 머릿속에 항상 떠올리지는 않지만, 우리가 내리는 대부분의 선택은 여기에 영향을 받고 있다.

그러나 평균수명이 수천 년, 또는 영원히 죽지 않는 생명체가 있다면, 이들의 목적과 삶의 우선순위, 야망, 꿈 등은 우리와 완전히 다를 것이다. 이들은 수천 년 걸리는 프로젝트를 아무렇지 않게 선택할 것이므로 항성 간 여행은 공상과학 축에 끼지도 못한다. 앞에서도 말했듯이, 지구의 전통적인 로켓으로 가장 가까운 별까지 가는 데 7천 년이 걸린다. 우리에게는 너무나 긴 시간이어서 엄두조차 낼 수 없지만 장수형 외계인에게 이 정도 시간은 전혀 문제가 되지 않는다. 수명이 짧은 외계종족이라 해도 과학이 충분히 발달했다면 장시간 동면에 들어가거나 신진대사를 늦추면 된다.

외계인은 어떻게 생겼을까?

우주에서 날아온 메시지를 최초로 수신하여 번역하는 데 성공한다면, 외계인의 문화와 라이프스타일을 이해하는 데 많은 도움이 될 것이다. 예를 들어 포식자에서 진화한 외계인이라면 포악하고 잔인한 습성이 남아 있을 것이다(일반적으로 지구의 포식자들은 제 먹이보다 똑똑하다. 호랑이, 사자, 개, 고양이 같은 포식동물은 사냥할 때 먹이를 몰래 추적하고, 위장하고, 눈에 띄지 않게 숨어야 하는데, 이 모든 행동에는 어느 정도 지능이 필요하다. 또한 모든 포식동물은 두 눈이 앞에 달려 있어서 입체감을 느낄 수 있지만, 이들의 먹이인 사슴이나 토끼는 포식자의 조기발견이 생존을 좌우하므로 넓은 시야를 볼 수 있도록 눈이 양옆에 달려 있다. "여우처럼 간교하다"거나 "토끼처럼 멍청하다"는 말도 이런 사실을 반영한다). 물론 오랜 세월을 거치면서 포식본능은 거의 사라졌겠지만, 사냥꾼 근성(영토보존, 영토확장, 폭력성 등)은 여전히 남아 있을 것이다.

인간의 지능이 향상된 원인을 분석해보면, 다음 세 가지로 요약된다.

1. 엄지손가락이 다른 네 손가락과 마주 보는 위치에 있어서 도구를 쉽게 다룰 수 있었다.
2. 두 눈이 전방을 향해 나 있어서 사냥에 유리했다.
3. 언어를 사용하면서 지식과 문명 그리고 삶에 필요한 지혜를 후손에 전수할 수 있었다.

인간 외에 이 세 가지 조건을 충족하는 동물은 극히 드물다. 개와 고양이는 손으로 물건을 쥘 수 없고 복잡한 언어를 구사하지 못한다. 문어는 매우 발달한 촉수가 있지만, 시력이 좋지 않고 복잡한 언어도 없다.

위에 열거한 세 가지 조건은 다른 형태로 변형될 수 있다. 마주 보는 엄지손가락은 갈고리 모양의 발톱이나 촉수로 대신할 수 있고(단, 이 손으로 유용한 도구를 만들어서 환경을 개선할 수 있어야 한다), 전방을 향한 두 눈은 곤충처럼 여러 개의 눈으로 대신할 수 있다. 또는 초음파를 듣거나 자외선을 보는 능력도 진화에 유리하게 작용할 것이다. 그러나 앞서 말한 대로 포식자는 먹이보다 똑똑해야 하므로, 두 눈이 전방을 향해 나 있는 것이 가장 유리하다. 그리고 소리에 기초한 언어는 다른 형태의 진동으로 대신할 수 있다(단, 이 신호로 교환하는 정보가 문명을 건설할 정도로 구체적이고 다양해야 한다).

그러나 인간보다 훨씬 우월한 외계인이라면, 어떤 능력을 추가로 가졌을지 짐작하기 어렵다.

그다음으로, 외계인의 의식도 환경에 따라 달라진다는 점을 고려해야 한다. 요즘 천문학자들은 따뜻한 햇볕이 내리쬐는 지구형 행성이 우주에서 생명체가 서식하는 가장 흔한 행성이 아니라는 점에 대체로 동의하고 있다. 이보다는 모항성으로부터 수십억 km 떨어져 있는 목성형 행성의 위성에 생명체가 훨씬 많을 것으로 추정된다. 예를 들어 목성의 위성 중 하나인 유로파Europa는 표면이 얼음으로 덮여 있지만, 그 밑에는 조력으로 적절히 데워진 액체형태의 바다가 존재할 것으로 예상된다. 유로파는 목성 주변을 공전하면서 심하게 흔들리는 탓에 목성의 강한 중력에 의해 여러 방향으로 뒤틀리고, 그 결과 유로파의 깊은 내부에 마찰력이 발생한다. 이 마찰력이 열을 발생시켜서 화산과 구멍이 생기고, 이 부위의 얼음이 녹으면서 바다가 형성된 것이다. 천문학자들은 유로파의 바다가 지구 바다보다 훨씬 깊고, 수량도 몇 배나 될 것으로 예상하고 있다. 우주에 산재하는 별의 50%가 목성형 행성을 거느릴 것으로 추정되므로(지구형 행성보다 100배쯤 많다), 생명체가 존재하는 가장 흔한 행성은 목성형 행성의 (얼음으로 덮인) 위성일 것이다.

그러므로 우리와 최초로 조우할 외계문명은 바다 밑에서 발생한 문명의 후손일 가능성이 높다(아마도 이들은 몇 가지 이유로 바다 밑에서 나와 얼음 위에서 살고 있을 것이다. 첫째, 얼음 밑에서 영원히 살면 우주를 바라볼 기회가 거의 없다. 만일 이들이 얼음 밑 바다 세계를 우주의 전부로 생각한다면, 천문학이나 우주개발 프로그램은 꿈도 꾸지 못할 것이다. 둘째, 물은 전기회로에 합선short-circuit을 일으키므로, 바닷속에서는 라디오나 TV 등 전기로 작동하는 가전제품을 쓸 수 없다. 사실 물속에서는 진보한 문명이 탄생할 수 없다. 고도로 진보한 문명이라면 전자기학을 통달하여 다양한 분야에 응용할 텐데, 물속에서는 전기회로 자체가 작동하지 않는다. 그러므로 이 외계인들은 우리처럼 바다를 떠나 얼음이나 땅 위에서 살아가는 방법을 어떻게든 습득할 것이다).

이런 외계종족이 우주여행을 하는 수준까지 진화하여 지구로 진출한다면 어떤 일이 벌어질까? 그들은 우리와 비슷한 생물학적 유기체일까? 아니면 생물학을 초월한 존재일까?

후-생물학 시대

애리조나주립대학의 폴 데이비스Paul Davies 박사는 오랜 세월 동안 이 질문의 답을 탐구해온 사람이다. 그는 나와 인터뷰하면서 "우리보다 수천 년 앞선 문명을 상상하려면 사고의 지평선을 넓혀야 한다"고 강조했다.[12]

우주여행에는 위험요소가 곳곳에 산재해 있기 때문에, 우주로 진출한 외계인들은 앞장에서 말한 대로 생물학적 몸을 버리고 정신(의식)만 존재할 가능성이 높다. 데이비스 박사는 자신의 저서에 다음과 같이 적어놓았다. "나는 놀라운 결론에 도달했다. 생물학적 육체는 기나긴 진화과정에서 필연적으로 거쳐야 할 중간단계에 불과하다. 우리가 외계인과 마주친다면, 아마도 그들은 생물학적 육체를 초월한 '후-생물학적post-biological 존재'일 것이다. 내 생각이 맞는다면, 이 결론은 SETI의 연구방향에 커다란 영향을 미칠 것이다."[13]

외계인의 문명이 우리보다 수천 년 앞서 있다면, 이미 오래전에 육체를 버리고 가장 효율적인 '컴퓨터 기반 육체'를 택했을 가능성이 높다. 아마도 이들의 행성은 컴퓨터로 완전히 덮여 있을 것이다. 데이비스 박사는 말한다. "행성 표면 전체가 컴퓨터 프로세서로 덮여 있다고 상상해보라… 황당하긴 하지만 불가능할 것도 없다. 레이 브래드버리(Ray Bradbury: 미국의 SF 소설가, 1920~2012-옮긴이)는 이것을 '매트리오슈카 두뇌Matrioshka brain'라고 명명했다."

데이비스 박사는 외계인의 의식이 "자아self"라는 개념을 버리고, 행성을 덮은 정신적 월드와이드웹World Wide Web에 무형으로 존재할 것이라면서, 다음과 같이 덧붙였다. "자아의식이 없는 컴퓨터 네트워크는 인간의 지성보다 월등한 능력을 발휘할 수 있다. 왜냐하면 컴퓨터는 자아를 재설계할 수 있고 변화를 두려워하지 않으며, 전체 시스템에 융합하여 성장할 수 있기 때문이다. 이들에게 '개인적 느낌'은 진보를 가로막는 장애물에 불과하다."

데이비스 박사의 주장에 따르면 고도로 발달한 외계인들은 개인의 정체성을 버리고 집단의식에 흡수된 채 최고의 효율성으로 살아간다.

비평가 중에는 데이비스의 주장에 거부감을 느끼는 사람도 있다. 하긴, 개인의 정체성과 창조력을 완전히 포기하고 더 원대한 목적을 이루기 위해 집단으로 살아가기를 원하는 사람은 없을 것이다. 이 점은 데이비스 박사도 인정했다. "물론 반드시 그렇게 된다는 보장은 없다. 그러나 집단적인 삶이 가장 효율적이라는 점만은 분명한 사실이다."

그는 자신의 예측이 사람들을 의기소침하게 만든다는 사실을 잘 알고 있다. 내가 "그들은 왜 우리를 찾아오지 않는가?"라고 물었을 때,

조금 생소한 답이 돌아왔다 "고도로 발달한 문명인들은 현실보다 훨씬 흥미롭고 사실적인 가상현실을 개발했을 것이다. 지금 우리도 가끔씩 가상현실을 즐기지만, 수천 년 앞선 문명의 가상현실과 비교하면 어린애 장난이다. 무엇이건 할 수 있는 가상현실이 있는데, 무엇하러 먼 길을 날아오겠는가?"

외계인의 지도자가 가상세계에서 살아가기로 했다면, 그들은 절대 우주로 나오지 않을 것이다. 다소 맥빠지는 상황이지만, 가능성은 충분히 있다. 지금 우리의 삶도 진보한 문명이 만들어낸 가상현실일지 모른다. 누가 알겠는가?

그들은 무엇을 원할까?

영화 〈매트릭스The Matrix〉는 기계가 인간을 캡슐 속에 가둬놓고 생체활동으로 발생하는 에너지를 기계의 에너지원으로 사용한다는 이야기다. 기계가 인간을 살려둔 이유는 오직 그것뿐이다. 그러나 하나의 전기발전소가 수백만 명의 인간보다 많은 에너지를 생산한다면, 외계인들이 에너지원을 찾아 헤맨다 해도 인간에게는 관심을 두지 않을 것이다(〈매트릭스〉에 등장하는 슈퍼컴퓨터는 이 사실을 간과한 것 같다. 우리와 마주칠 외계인은 부디 그렇지 않기를 바란다).

끔찍한 이야기지만, 외계인이 우리를 식량으로 간주할 수도 있다. TV 시리즈 〈환상특급The Twilight Zone〉에서 이와 같은 스토리를 다룬 적이 있다. 지구에 착륙한 외계인이 진보한 과학기술을 지구인에게 가르쳐주겠다고 약속하면서, 자기들이 사는 아름다운 행성을 방문할 지원자를 모집한다. 그러다 갑자기 사고가 생겨 외계인들이 지구를 떠나가는데, 급히 서두는 바람에 《인간에게 봉사하는 법To Serve Man》이라는 책을 지구에 두고 간다. 과학자들이 책을 입수하여 내용을 분석해보니, 그것은 인간을 위한 책이 아니라 '인간 조리법'이 적힌 요리책이었다(serve는 봉사한다는 뜻 외에 음식을 만들어 대접한다는 뜻도 있다-옮긴이). 그러나 인간의 DNA는 외계인과 완전히 다를 것이므로, 먹을 수는 있겠지만 소화하기는 어려울 것이다.

또 다른 가능성은 외계인이 지구의 자원과 귀중한 광물을 강탈하는 것이다. 논리적으로는 가능한 이야기지만, 현실적으로 이런 일이 벌어질 가능성은 거의 없다. 생각해보라. 그들이 다른 별에서 지구까지 오는 동안 수많은 행성과 마주쳤을 텐데, 무엇하러 지구까지 오겠는가? 행성 중에는 광물이 풍부하면서 생명체가 없는 곳도 많다. 굳이 원주민과 싸워가면서 어렵게 광물을 채취하는 것보다는 무주공산에서 편하게 쓸어담는 쪽이 훨씬 낫지 않겠는가? 더 좋은 행성이 있는데도 굳이 지구까지 날아와 식민지로 만드는 것은 어느 모로 보나 시간낭비다.

외계인이 우리를 노예로 삼거나 자원을 약탈하는 것 외에, 또 어떤 위험요소가 도사리고 있을까? 숲 속에 사는 사슴을 생각해보자. 사슴은 총을 든 포악한 사냥꾼과 청사진을 들고 매너 좋게 지형을 탐사하는 개발자 중 누구를 더 두려워할까? 사냥꾼은 물론 위협적인 존재지만, 그에게 희생되는 사슴은 단 몇 마리에 불과하다. 그러나 개발자가 숲을 개발하기로 마음만 먹으면 그곳에 사는 사슴은 전멸한다. 개발자는 사슴에게 관심도 없고, 심지어 사슴이 있는지조차 모를 수도 있다. 사슴도 개발자를 두려워하지 않는다. 그러나 결과는 훨씬 더 참담하다. 그렇다면 외계인의 침공은 어떤 형태로 이루어질 것인가?

이런 상황을 묘사한 할리우드 영화에는 한 가지 심각한 오류가 있다. 예를 들어 〈지구 대 비행접시Earth vs. The Flying Saucers〉는 외계인의 과학이 우리보다 100년쯤 앞선 수준이어서, 지구방위대가 비밀무기를 개발하거나 어떻게든 외계인의 약점을 찾아서 반격한다는 내용이다. 그러나 SETI의 수장인 세스 쇼스탁은 언젠가 나에게 이런 말을 한 적이 있다. "진보한 문명의 외계인과 지구인이 맞붙어 싸운다면, 그것은 아마 고질라와 밤비의 싸움과 비슷할 것이다." 간단히 말해서, 아예 상대가 안 된다는 이야기다.

외계인과 우리의 격차가 고작 100년이라는 것은 지나친 우연이다. 현실적으로는 수천 년, 또는 수백만 년 이상 앞서 있을 것이다. 따라서 그들이 침공해와도 우리가 할 수 있는 일은 별로 없다. 그러나 과거에 무적의 로마 대군을 격퇴했던 소수민족의 사례에서 교훈을 얻을 수는 있다.

공학의 대가였던 로마인들은 이방인 마을을 단번에 초토화할 수 있는 무기를 보유했고, 본국에서 멀리 떨어진 전선에 보급품을 실어나르는 도로까지 닦아놓았다. 당시 유목생활을 했던 소수민족(이방인)이 무지막지한 로마 대군과 맞선다는 것은 상상조차 하기 어려운 일이었다.

그러나 로마제국이 팽창할수록 전쟁은 잦아졌고, 주변국과 맺어온 수많은 협정이 발목을 잡기 시작했다. 그리고 어느 시점부터 인구가 감소하면서 세금이 줄어드는 바람에, 보급이 제대로 이루어지지 않아 국경의 방어막이 얇아졌다. 게다가 병력부족에 시달리다가 이방인 젊은이들을 신병으로 받아들였는데, 이들이 진급하여 고위장교가 되면서 로마제국의 기밀이 주변국으로 흘러들어 갔고, 이방인들은 자신을 굴복시켰던 로마의 군사기술을 습득하여 힘을 키워나갔다.

4세기에 말부터는 왕실 내부의 음모와 심각한 흉년, 내전, 그리고 지나치게 비대해진 군대와 이방인의 잦은 침공 등이 서서히 로마제국을 잠식했고, 410년과 455년, 두 차례에 걸쳐 대대적인 약탈이 자행되면서 찬란했던 로마제국은 결국 서기 476년에 역사에서 사라졌다. [동로마제국(비잔틴제국)은 1453년까지 명맥을 유지했다－옮긴이]

이와 마찬가지로 외계인이 지구를 침공한다면, 초기에 인간은 그들에게 별다른 위협이 되지 않는다. 그러나 시간이 흐르면 인간은 외계인 군대의 전원장치와 지휘센터, 그리고 그들이 사용하는 무기의 약점을 서서히 간파해나갈 것이다. 또한 외계인은 지구를 통제하기 위해 인간과 협조하거나 그들의 군대에 편입시킬 것이고, 외계인 군대에 들어가 높은 계급으로 승진한 일부 사람들은 중요한 기술을 빼돌리면서 저항세력을 키워나갈 것이다.

지구인으로 구성된 저항군은 외계인과 비교할 때 거의 오합지졸이겠지만, 불시에 습격하면 승산이 있다. 자신보다 월등한 적을 이기는 방법은 중국 최고의 병법서 《손자병법》에 나와 있는데, 대략적인 내용은 다음과 같다. 강한 적이 침공해오면 일단은 우리 영토로 들어오도록 내버려둔다. 적군이 낯선 땅으로 들어오면 병력이 흩어지기 마련이다. 이럴 때 가장 허술한 곳을 찾아 습격하면 적은 당황하여 체계적인 방어를 하지 못한다.

또 다른 방법은 적의 힘을 역으로 이용하는 것이다. 이것은 격투스포츠인 유도柔道의 기본이기도 하다. 상대가 먼저 공격하도록 유인한 후 상대방의 질량과 에너지를 이용하여 기술(업어치기, 다리 걸기, 등)을 걸면 상대방의 체격이 클수록 더 세게 넘어진다. 우리보다 강한 외계인과 대적할 때에도 일단 우리 영역으로 들어오도록 방치한 후 각종 첨단무기와 군사기밀을 입수하여 그들과 똑같은 방식으로 반격을 가하면 승산이 있다.

우주식민지를 넓히기 위해 지구까지 날아온 외계인 군단을 정면으로 붙어서 이길 수는 없다. 그러나 점령상태를 유지하는 데 지나치게 큰 비용이 든다면 스스로 포기할 것이다. 외계인을 이기지 못하더라도, 그들이 승리하지 못하도록 막기만 하면 성공이다.

그러나 나는 외계인이 폭력보다 평화를 사랑하며, 자비로울 것으로 생각한다. 그리고 무엇보다, 그들은 인간이라는 존재를 완전히 무시할 가능성이 높다. 우리는 그들에게 제안할 것도 없고, 나눌 것도 없다. 그들이 지구를 방문한다면, 단순한 호기심이거나 정찰이 목적일 것이다(인간에게 호기심은 지능개발의 원동력이었다. 그러므로 외계종족 역시 호기심이 많아서 여행 중 발견한 생명체를 분석하려고 할 것이다. 그러나 그들이 나서서 접촉을 시도하지는 않을 것 같다).

외계 우주비행사와의 조우

영화와는 달리, 피와 살로 이루어진 외계생명체를 만나기는 어려울 것 같다. 이런 만남은 너무 위험하고, 사실 굳이 만날 필요도 없다. 우리가 화성을 탐사할 때 탐사로봇을 먼저 보냈던 것처럼, 외계인도 생체(또는 기계) 서로게이트나 아바타를 먼저 보낼 것이다. 그래야 항성간 여행에서 오는 스트레스를 쉽게 제어할 수 있기 때문이다. 어느 날

백악관 잔디밭에 비행접시가 착륙한다 해도, 문이 열리며 외계인 지도자가 직접 나타나지는 않을 것이다. 그는 고향 행성에 머물면서 서로게이트나 아바타를 통해 자신의 의식을 전송하고 있을 것이다.

가장 그럴듯한 시나리오는 외계문명이 우리 달에 탐사로봇을 보내는 것이다. 달에는 대기가 없어서 지질학적으로 안정되어 있기 때문이다. 이 탐사로봇은 자기복제가 가능하여, 도착하자마자 공장을 짓고 자신과 똑같은 수천 개의 탐사로봇을 만들어낸다(이런 방식을 '폰 노이만 탐사von Neumann Probe'라 한다. 노이만은 디지털 컴퓨터의 기초를 확립한 독일 출신의 수학자로, 자기복제가 가능한 기계를 최초로 신중하게 연구했다). 여기서 탄생한 2세대 탐사로봇들은 각자 다른 태양계로 날아가서 또 다시 공장을 짓고 수천 개의 3세대 탐사로봇을 만들어낸다. 이제 탐사로봇은 100만 개로 늘어났고, 여기서 한 세대를 더 거치면 10억 개가 된다. 처음에 단 하나의 탐사로봇에서 시작하여 1천 개, 100만 개, 10억 개로 늘어날 것이다. 다섯 세대를 거치면 탐사로봇은 1조 개로 불어나 거의 광속으로 퍼져나갈 것이고, 이런 식으로 계속 번식하다 보면 수십만 년 안에 은하 전체를 식민지로 만들 수 있다.

데이비스 박사는 폰 노이만의 자기복제 아이디어를 적극적으로 수용하여, 달에 외계인이 방문했던 흔적을 찾는다는 계획을 세우고 연구비 지원을 요청했다. 달을 전파망원경으로 세밀하게 스캔하여 라디오파가 비정상적으로 나타나는 지역이 있으면, 그곳이 바로 외계인의 방문흔적일 가능성이 높다(방문시기는 아마도 수백만 년 전일 것이다). 데이비스는 로버트 와그너Robert Wagner 박사와 함께 〈악타 아스트로노티카Acta Astronautica〉라는 과학저널에 발표한 논문에서 "달 정찰궤도탐사선(Lunar Reconnaissance Orbiter, LRO)을 이용하여 달 표면을

1.5피트(약 45cm)까지 식별할 수 있는 고해상도 사진을 찍어야 한다"고 주장했다.

두 사람의 논문에는 다음과 같이 적혀 있다. "달에 외계인의 방문 흔적이 남아 있을 가능성은 아주 적지만, 무엇보다 지구와 거리가 가까우므로 확인해볼 가치가 충분히 있다."[14] 게다가 달에는 대기가 없어 풍화작용이 일어나지 않으므로, 외계인(또는 서로게이트나 아바타)이 흔적을 남겼다면 세월이 아무리 흘렀어도 지금까지 보존되어 있을 것이다(1969년과 1970년대에 NASA의 우주인들이 달에 남긴 발자국은 그곳에 운석이 떨어지지 않는 한, 앞으로 수십억 년 동안 남아 있을 것이다).

한 가지 문제는 외계인이 보낸 자기복제 탐사로봇이 너무 작아서 카메라에 잡히지 않을 수 있다는 점이다. 나노탐침은 미세전자기계시스템MEMS을 적용한 분자 크기의 기계이므로, 이들이 달에 착륙하여 공장을 짓고 수천 개를 복제했다 해도 그 흔적은 기껏해야 빵을 담는 상자 크기일 것이다(물론 더 작을 수도 있다. 이런 탐사로봇이 우리 집 뒷마당에 착륙해도 눈치채지 못할 것이다).

그러나 기하급수로 늘어나는 폰 노이만식 자기복제로봇은 은하식민지를 개척하는 가장 효율적인 방법이다(바이러스가 우리 몸 안에 퍼질 때에도 이 방법을 사용한다. 처음에 침투하는 바이러스는 몇 개밖에 안 되지만, 이들이 우리 체세포를 복제공장으로 리모델링하여 수많은 바이러스를 만들어낸다. 단 하나의 바이러스가 침투하여 2주가 지나면 바이러스는 수조 마리로 늘어나고, 그 결과는 재채기로 나타난다).

이 시나리오가 맞는다면, 우리 주변에서 외계인이 방문할(또는 이미 방문했을) 가능성이 가장 큰 곳은 달이다. 이것은 영화 〈2001: 스페이스 오디세이〉의 주된 줄거리인데, 외계인과의 조우를 가장 현실적으로 묘사한 영화로 지금까지 회자하고 있다. 지금으로부터 수백만 년 전, 지구에서 진행되던 생명의 진화를 관찰하기 위해 탐사로봇 하나가 달에 착륙했다가 생명체의 삶에 개입하여 진화를 가속시킨다. 그리고 이 정보가 중계소인 목성을 거쳐 고대 외계문명의 고향행성으로 전송된다는 이야기다.

수십억 개의 별을 동시에 스캔하는 첨단 외계문명이라면, 어떤 행성을 식민지로 삼을지 마음대로 고를 수 있을 것이다. 모자라는 자원을 충당하는 것이 이들의 목적이라면, 그토록 많은 행성과 달 중에서 굳이 지구를 택할 이유가 없다. 지구는 지구에서 진화한 생명체들에게나 최상의 낙원일 뿐, 외계생명체에게는 한없이 낯설고 지나치게 축축한 곳일지도 모른다.

미래의 제국은 정신의 제국일 것이다.
_윈스턴 처칠Winston Churchill

지혜와 신중함 없이 기술개발에만 몰두한다면
우리가 만든 하인들은 결국 사형집행관이 될 것이다.
_오마 브래들리 장군General Omar Bradley

15 맺음말

지난 2000년에 과학자들 사이에서 격한 논쟁이 벌어졌다. 선컴퓨터Sun Computers의 창업자 중 한 사람인 빌 조이Bill Joy가 잡지 〈와이어드Wired〉에 첨단기술이 인간의 도덕성을 위협한다는 취지로 다소 자극적인 글을 기고한 것이 논쟁의 발단이었다.[1] 그는 "미래는 우리를 필요로 하지 않는다The Future Does Not Need Us"라는 제목으로 "로봇공학과 유전공학 그리고 나노기술 등 21세기를 대표하는 첨단기술이 인류를 심각하게 위협하고 있다"고 주장하여, 연구실에서 첨단기술개발에 전념하는 수많은 과학자를 화나게 했다. 그의 말이 맞는다면 대부분의 과학자들은 인류를 돕는다는 미명하에 해악을 끼치는 사람이 된다. 또한 그는 "첨단기술은 긍정적인 측면이 있지만, 그로 인해 초래된 위험은 모든 장점을 가리고도 남는다"고 주장했다.

빌 조이는 모든 첨단기술이 문명을 파괴하는 쪽으로 진화하여, 결국 이 세상은 죽음의 반이상향이 될 것이라고 했다. 그가 지적한 세 가지 위험요소는 다음과 같다.

- 미래의 어느 날, 유전공학으로 탄생한 병균이 실험실을 탈출하여 온 세상을 폐허로 만들 것이다. 이 생명체는 수거할 수조차 없어서, 순식간에 퍼져나가 중세의 흑사병보다 훨씬 치명적인 전염병을 퍼뜨린다. 또한 생물공학은 "민주주의의 기본인 동등성의 개념을 위협하는 변종"을 탄생시켜 진화의 방향을 바꿔놓을 것이다.[2]
- 미래의 나노봇은 그 수가 기하급수로 늘어나고 점차 광포해지면서 지구 전체를 덮어버릴 것이다. 이것이 바로 지구 종말을 예견하는 "그레이 구gray goo" 시나리오다. 이 나노봇들은 일상적인 물질을 소화하여 새로운 형태의 물질을 만들어낼 수 있기 때문에, 나노봇이 오작동을 일으키면 지구의 상당 부분을 먹어 치울 것이다. 빌 조이는 자신의 글에 다음과 같이 적어놓았다. "인류의 역사는 그레이 구에 의해 비극적인 종말을 맞이할 것이다. 이것은 불이나 얼음보다 훨씬 치명적이다. 그런데 더욱 황당한 것은 이 끔찍한 종말이 실험실에서 저지른 하찮은 실수에서 초래된다는 사실이다."
- 미래의 로봇은 인간을 밀어내고 먹이사슬의 최고위치를 차지할 것이다. 이들은 인간보다 똑똑하고 힘도 세다. 로봇에 밀려난 인간은 진화노트의 한 페이지에 조그만 주석으로 남게 된다. 빌 조이는 다음과 같이 적어놓았다. "로봇은 어느 모로 보나 우리가 낳은 아이가 아니다… 우리가 최고의 가치를 부여하는 인간성은 장차 로봇에 의해 말살될 것이다."

빌 조이는 이 세 가지 기술이 가져올 위험이 1940년대의 원자폭탄보다 훨씬 더 위험하다고 주장했다. 당시 아인슈타인은 이런 말을 한 적이 있다. "핵기술은 인류문명을 파괴할 수 있다. 내가 보기에, 우리가 개발한 기술은 인간성을 앞서나가는 것 같다. 그 결과는 상상하기 어려울 정도로 참담할 것이다." 그나마 핵폭탄은 정부의 강력한 규제로 극히 제한적으로 제작되었지만, 위에 언급한 유전공학과 나노기술 그리고 로봇공학은 개인기업이 주도하고 있어서 규제하기가 쉽지 않다.

빌 조이는 "첨단기술이 단기적으로는 일부 고통을 덜어줄 수 있지만, 장기적으로는 아마겟돈(Armageddon: 지구의 종말)을 초래하여 인류는 결국 멸망할 것"이라고 했다.

또한 그는 과학자들이 더욱 살기 좋은 세상을 표방하고 있지만, 사실은 경솔하고 이기적인 사람들이라고 비난했다. "전통적인 유토피아(이상향)는 좋은 사회와 좋은 삶에 기반을 둔다. 그리고 좋은 삶을 누리려면 주변에 좋은 사람들이 있어야 한다. 그런데 기술에 기반을 둔 유토피아는 병에 걸리지 않고, 죽지 않고, 시력이 좋아지고, 똑똑해지는 것이 전부이다. 소크라테스와 플라톤에게 이런 곳이 낙원이라고 주장한다면 너무나 기가 막혀 웃지도 못할 것이다."[3]

빌 조이의 글은 다음과 같은 내용으로 마무리된다. "나는 우리가 극단적인 악惡을 만들어가고 있다고 생각한다. 이것은 절대 과장된 말이 아니다. 이 악은 그동안 만들어온 대량살상무기보다 훨씬 강력하다."

결론은 무엇인가? 그는 "인간의 멸종, 또는 그와 비슷한 상황"을 경고한 것이다.

당연한 결과겠지만, 빌 조이의 글은 과학자들 사이에 격렬한 논쟁을 일으켰다.

이 글이 〈와이어드〉에 실린 지 거의 14년이 지났다. 14년이면 첨단 과학의 세대가 바뀌고 남을 정도로 긴 시간이니, 이제 빌 조이의 관점을 다시 한 번 돌아볼 때가 되었다. 사실 그의 글은 많은 부분이 과장되었지만, 과학자들에게는 '항상 좋은 것'으로 당연시되던 과학연구가 과연 윤리적, 도덕적으로 타당한 것인지, 그리고 미래사회에 어떤 결과를 가져올 것인지 다시 한 번 생각하는 계기가 되었다.

빌 조이의 글이 발표된 후, 많은 사람은 "우리는 누구인가?"라는 근본적 질문을 다시 한 번 떠올렸다. 두뇌의 비밀을 파헤치면서 그것을 단순한 원자와 뉴런의 집합체로 간주하지는 않았는가? 뇌라는 밀림 속에서 개개의 나무에 집착한 나머지 숲의 존재를 아예 망각하지는 않았는가? 뇌의 뉴런 지도를 완성하고 신경전달경로를 완벽하게 알아낸다면, "우리는 누구인가?"라는 미스터리가 자연스럽게 풀릴 것인가?

빌 조이의 글에 대한 각계의 반응

로봇공학과 나노기술이 인간을 위협할 가능성은 얼마든지 있다. 그러나 내가 보기에 빌 조이는 그 시기를 너무 빠르게 잡은 것 같다. 사전에 충분히 준비해둔다면, 우리의 후손들은 그가 걱정했던 일련의 사태를 피해갈 수 있을 것이다. 예를 들어 통제 불가능한 로봇이 만들어질 것 같은 연구는 법으로 금지하고, 로봇이 사람에게 위험한 행동을 할 때 전원을 차단하는 칩을 삽입하고, 비상시에는 모든 로봇을 일시에 무력화시키는 안전장치를 만드는 식이다.

빌 조이가 예견했던 부작용은 로봇공학보다 생명공학에서 먼저 나타날 가능성이 높다. 무엇보다, 실험실에서 배양 중인 치명적 세균이 외부로 누출되면 대형참사를 피할 길이 없다. 실제로 레이 커즈와일과 빌 조이는 1918년에 창궐했던 스페인 독감 바이러스의 완벽한 게놈을 밝혀낸 과학자를 신랄하게 비판한 적이 있다. 스페인 독감은 근대사를 통틀어 가장 치명적인 바이러스의 하나로서, 제1차 세계대전 때보다 많은 사망자를 낳았다. 과학자들은 그 옛날 스페인 독감으로 사망한 시체에서 피와 유전자를 채취하여 바이러스의 완벽한 유전자 서열을 알아내는 데 성공했고, 연구결과를 곧바로 웹사이트에 공개했다.

위험한 바이러스의 공개범위를 제한하는 안전장치는 이미 마련되어 있다. 그러나 의외의 사태를 방지하려면 관련 법규를 강화하고 새로운 규정을 추가할 필요가 있다. 특히 외진 곳에서 새로운 바이러스가 갑자기 나타나는 경우에 대비하여, 과학자들은 바이러스의 확산을 차단하고, 유전자서열을 밝히고, 백신을 제작하는 신속대응팀을 미리 꾸려둘 필요가 있다.

'미래정신'의 함축적 의미

빌 조이에 의해 촉발된 논쟁은 인간 정신의 미래에도 직접적인 영향을 미쳤다. 현재 신경과학은 아직도 초보적인 단계에 머물러 있다.

이 분야의 과학자들이 할 수 있는 일이란 살아 있는 뇌에서 진행되는 단순한 생각을 읽거나 촬영하고, 몇 개의 기억을 기록하고, 뇌를 기계팔에 연결하고, 마비 환자가 주변기기를 제어할 수 있게 하고, 자기장을 이용하여 특정 뇌 부위의 기능을 마비시키고, 일부 정신질환을 일으키는 뇌 부위를 알아내는 정도이다.

그러나 신경과학은 앞으로 수십 년 안에 막강한 위력을 발휘할 것이다. 지금 진행 중인 다양한 연구과제들은 엄청난 발견을 코앞에 두고 있다. 머지않은 미래에 우리는 생각만으로 주변 물체를 움직이고, 뇌에 인공기억을 주입하고, 정신질환을 치료하고, 지능을 향상하고, 뇌를 뉴런 단위로 이해하고, 뇌의 복사본을 만들고, 다른 사람과 텔레파시로 대화를 나누게 될 것이다. 주로 신체적 능력에 의존하며 살았던 과거와 달리, 미래는 마음이 모든 것을 좌우하는 '정신의 세계'가 될 것이다.

빌 조이는 고통경감이라는 신경과학의 긍정적 측면을 언급하지 않은 채, "자신의 능력을 인공적으로 향상시킨 사람들 때문에 세상이 양분될 것"이라고 주장했다. 신경과학의 도움을 받아 육체와 정신 능력을 향상시킨 사람은 극소수에 불과하고, 대부분의 사람들은 무식하고 가난하게 살게 된다는 이야기다. 그는 "인류는 두 부류로 양분되거나, 인간이라는 종이 아예 사라질 것"이라고 경고했다.

앞에서 말한 대로, 첨단기술은 처음 도입된 시기에는 가격이 비싸기 때문에 부자들의 전유물이 되기 마련이다. 과거에 라디오와 유선전화가 그랬고, 자동차 역시 예외가 아니었다. 그러나 제아무리 비싼 물건도 시간이 흘러 대량생산이 가능해지면 누구나 사용할 수 있을 정도로 값이 내려간다. 사진기, TV, 개인용 컴퓨터, 노트북 컴퓨터 그리고 휴대전화 등은 한결같이 이런 절차를 밟아왔다.

과거 사례에서 알 수 있듯이, 과학은 인류를 '가진 자'와 '못 가진 자'로 나누지 않고 전체적인 번영의 원동력이 되어왔다. 역사이래 인류가 사용해온 모든 도구 중에서 가장 강력하고 파급효과가 컸던 것은 단연 '과학'이었다. 과학은 우리 주변에 널려있는 모든 부富의 원천이기도 하다. 그러나 과학은 계층 간 격차를 조장하지 않고 오히려 완화해왔다. 1900년 무렵 우리 증조할아버지들이 어떻게 살았는지 상상해보라. 당시 미국인의 평균기대수명은 49살이었고, 수많은 아이가 유아기를 넘기지 못하고 사망했다. 이웃과 대화하려면 창문을 열고 소리치는 수밖에 없었으며, 우편물은 말이 배달하던 시절이었다. 의학도 아주 초보적인 수준이어서, 실제로 효과가 있는 처방이라곤 감염부위를 (마취도 하지 않고) 잘라내는 절단수술과 고통을 덜어주는 모르핀뿐이었다. 저장시설이 없어 음식은 며칠 만에 부패했고, 상하수도는 아예 존재하지도 않았다. 이런 환경에서 사람들은 항상 전염병의 위험에 노출되어 있었으며, 끼니 걱정을 하지 않는 사람은 극소수의 부자와 그보다 수가 조금 많은 중산층뿐이었다.

과학기술이 이 모든 것을 바꿔놓았다. 지금 우리는 음식을 얻기 위해 창을 들고 숲 속에서 헤맬 필요가 없다. 그냥 가까운 슈퍼마켓에 가면 된다. 무거운 짐이 있으면 등에 질 필요 없이 차에 실으면 된다 (사실, 기술의 발달로 인류에게 닥친 가장 큰 위험은 살인자 로봇이나 미쳐 날뛰는 나노봇이 아니라 나태해진 생활습관이다. 음식은 과할 정도로 많이 먹으면서 운동량이 턱없이 부족하여 당뇨병과 비만, 심장병, 암 등이 마치 유행병처럼 퍼져나가고 있다. 이것은 과학의 잘못이 아니라, 그것을 사용하는 사람들이 자초한 결과이다).

이러한 변화는 전 세계적으로 진행되었다. 지난 수십 년 사이에 역사 깊은 가난에서 벗어난 사람은 수억 명이나 된다. 일시적인 변화로 소규모 집단이 가난을 극복한 사례는 종종 있었지만, 이렇게 많은 사람의 삶의 질이 단기간에 향상된 것은 역사상 처음 있는 일이었다. 그리고 이 기간 동안 전 세계 인류의 상당수가 오직 생계를 위해 농사를 짓다가 중산층으로 진입했다.

서양의 여러 국가는 산업화를 이루는 데 수백 년이 걸렸다. 그러나 첨단기술이 보급되면서 중국과 인도는 이 과정을 수십 년 만에 이루어냈다. 무선통신과 인터넷 덕분에 정보교환이 쉽고 빨라졌기 때문이다. 서양의 선진국은 낡은 도시기반시설 때문에 골머리를 앓고 있는 반면, 개발도상국은 첨단기술을 이용하여 도시 전체를 새로 건설하고 있다(내가 대학원에서 박사학위를 받던 무렵, 중국과 인도의 박사과정 학생들은 학술지에 논문을 보내고 답장을 받기까지 몇 달, 또는 거의 1년이 걸렸다. 게다가 이들은 서양의 과학자나 공학자들과 접촉할 기회가 거의 없었다. 경제적 여건이 열악하여 외국여행을 할 수 있는 사람이 드물었기 때문이다. 이것은 기술개발의 발목을 잡는 커다란 걸림돌이었다. 그러나 요즘 과학자들은 인터넷 덕분에 다른 사람의 논문을 거의 실시간으로 조회할 수 있으며, 굳이 외국으로 나가지 않아도 인터넷을 통해 전 세계 과학자들과 공동연구를 할 수 있다. 정보를 교환하는 속도가 엄청나게 빨라진 것이다. 이 기술 덕분에 우리는 진보와 번영을 함께 누리게 되었다).

내가 보기에는 "인공적으로 지능을 향상시키면 인류가 두 계급으로 양분된다"는 주장은 별로 설득력이 없다. 사람들은 대부분 돈을 많이 벌거나, 남들에게 존경받거나, 이성에게 매력적으로 보이기를 원한다. 그런데 복잡한 수학방정식을 잘 풀거나 기억력이 탁월하다고 해서 이런 것을 이룬다는 보장은 전혀 없다. 뇌의 기능이 좋아져도 동굴인간원리는 여전히 적용된다.

마이클 가자니가Michael Gazzaniga 박사는 이런 말을 한 적이 있다. "멀쩡한 사람의 장기를 건드리는 것은 매우 번잡한 일이다. 지능을 높여서 어디에 쓰겠다는 것인가? 어려운 문제를 풀고 싶은가? 아니면 크리스마스 카드를 더 많이 받고 싶은가…?"[4]

5장에서 말한 대로, 이 기술이 상용화되면 실업자들이 새로운 기술을 빨리 익혀서 재취업이 쉬워지고, 실업문제가 줄어들면서 세계경제가 활성화된다. 한 개인이 얻는 이득만 생각하면 부정적인 면이 주로 드러나지만, 큰 범위에서 보면 효율이 높아지고 변화에 빠르게 대처하는 등 긍정적인 측면도 있다.

지혜와 민주주의에 관한 논쟁

일부 비평가들은 빌 조이가 일으킨 논쟁이 과학과 자연의 2파전이 아니라, 과학과 자연 그리고 사회가 연루된 3파전이라고 지적했다.

그런가 하면 컴퓨터 과학자인 존 브라운John Brown과 폴 두기드Paul Duguid 박사는 다음과 같은 반응을 보였다. "화약과 인쇄기, 철도, 전보, 인터넷 등 한 시대를 풍미했던 과학기술은 사회를 근본적으로 변화시켰다. 그러나 사회는 새 기술이 나타나 자신을 바꿔주기를 기다리는 수동적 존재가 아니다. 정부와 법원, 공식 또는 비공식적 조직들, 각종 사회단체, 전문가 네트워크, 지역사회, 시장조합 등으로 구성된 사회는 새로운 기술의 형태와 나아갈 방향을 정하고 발전속도를 조절한다."[5]

여기서 중요한 것은 기술의 속성을 분석할 때 사회적 측면까지 고려해야 한다는 점이다. 최선의 아이디어가 어떤 미래를 가져올지는 궁극적으로 우리의 마음가짐에 달려 있다.

기술을 지혜롭게 사용하려면 민주적 토론이 선행되어야 한다. 머지않아 민감한 과학적 이슈를 투표로 결정하는 날이 올 것이다. 기술의 앞날을 밀실회담으로 결정할 수는 없다.

철학적 질문들

비평가 중에는 이렇게 주장하는 사람도 있다. "과학은 정신세계의 비밀을 지나치게 드러내어 인간의 존엄성을 훼손했다. 과학자들 말대로라면 신경전달물질을 뇌에 주입하여 신경회로 몇 개만 활성화시키면 되는데, 무엇하러 새로운 것을 발견하고, 새 기술을 배우고, 휴가여행을 가려 애쓴다는 말인가?" 만물의 영장이라 자부하던 인간이 천문학 때문에 우주의 먼지로 전락한 것처럼, 신경과학이 인간을 신경회로에 흐르는 전기신호의 노예로 만들었다는 것이다. 글쎄, 과연 그럴까?

우리의 여정은 이 책의 서두에서 두 개의 가장 큰 미스터리를 언급하면서 시작되었다. '인간의 정신'과 '우주'가 바로 그것이다. 이들은 지난 세월 동안 비슷한 역사를 거쳐왔고, 철학적 배경도 비슷하다(앞으로 닥칠 운명 또한 크게 다르지 않은 것 같다). 과학은 블랙홀의 내부를 들여다보고 멀리 떨어진 행성을 탐사하면서 '코페르니쿠스 원리

Copernican Principle'와 '인류원리Anthropic Principle'라는 두 가지 철학을 탄생시켰다. 특이한 것은 이들이 거의 모든 과학분야에 적용되면서도 정반대의 의미를 담고 있다는 점이다.

코페르니쿠스 원리는 400여 년 전에 망원경으로 하늘을 관측하면서 탄생했다. 이 원리에 의하면 인간은 우주에서 조금도 특별한 존재가 아니다. 한때 우주의 중심으로 여겨졌던 지구는 새로운 발견이 이루어질 때마다 변방으로 밀려나, 지금은 거의 한 줌 먼지나 다름없는 신세가 되었다. 코페르니쿠스 원리는 지난 수천 년 동안 명맥을 유지해오던 온갖 신화와 철학을 완전히 무색하게 만들었다.

아담과 이브가 선악과를 몰래 따먹었다가 에덴동산에서 쫓겨난 후로, 인간은 여러 차례에 걸쳐 신분이 '강등'되는 굴욕을 당했다. 갈릴레오 갈릴레이Galileo Galilei는 망원경으로 천체를 관측하다가 우주의 중심이 지구가 아닌 태양이라는 사실을 깨달았다. 그로부터 약 300년 후, 천문학자들은 우리의 태양계가 우리 은하Milky Way Galaxy라는 거대한 회전은하의 한 점에 불과하다는 사실을 밝혀냈다. 알고 보니 태양계는 은하수의 중심으로부터 무려 3만 광년이나 떨어져 있는 '별 볼 일 없는 조연'이었다. 그러나 강등은 여기서 끝나지 않았다. 1920년에 에드윈 허블Edwin Hubble은 우주에 은하의 무리가 존재한다는 충격적인 사실을 알아냈다. 지구가 은하수 변방에 있다는 것도 충격이었는데, 그 은하수마저 우주의 중심이 아니었던 것이다. 게다가 수십 년 전에 허블 우주망원경이 보내온 자료에 의하면 관측 가능한 우주 안에는 약 1천억 개의 은하가 존재한다. 지구는 말할 것도 없고, 우리 은하마저 방대한 우주의 한 점에 불과했다.

최근 대두된 우주론은 우주에서 인간의 지위를 또 한 번 강등시켰다. 인플레이션 우주론에 의하면, 약 1천억 개의 은하로 이루어진 우리 우주는 이보다 훨씬 큰 '팽창하는 우주'의 한 점에 불과하다. 원래의 우주는 너무 방대하여, 빛 대부분은 아직 지구에 도달하지도 않았다. 즉, 우주 대부분은 망원경으로 관측할 수 없으며, 빛보다 빠른 이동수단이 발명되지 않는 한 시간이 아무리 흘러도 그곳을 방문할 수 없다. 이뿐만이 아니다. 끈 이론이 옳다면(나의 전문분야이기도 하다), 우리는 3차원이 아닌 11차원 초공간에 살고 있으며, 그 속에는 여러 개의 우주가 공존하고 있다. 눈에 보이는 3차원 공간이 전부가 아닐 수도 있는 것이다. 물리적 현상이 일어나는 배경은 유니버스(UNI-verse: 하나의 우주)가 아니라, 거품우주로 가득 차 있는 '멀티버스(MULTI-verse: 다중우주)'였다.

이런 관점은 더글러스 애덤스Douglas Adams의 SF 소설 《은하수를 여행하는 히치하이커를 위한 안내서The Hitchhiker's Guide to the Galaxy》에 등장하는 '모든 관점 보텍스Total Perspective Vortex'에 잘 표현되어 있다. 이것은 멀쩡한 사람을 거의 미치게 하는 심리적 고문기계인데, 이 안에 들어가면 방대한 우주지도가 눈앞에 나타나면서 자신이 얼마나 미미한 존재인지를 뼛속 깊이 느끼게 된다.

코페르니쿠스 원리는 우리가 우주공간을 목적 없이 떠도는 한 조각 티끌에 불과하다는 점을 강조하고 있지만, 최근 얻은 천문관측 데이터는 이와 정반대 관점인 인류원리를 지지하는 것처럼 보이기도 한다.

인류원리가 주장하는 바는 간단하다. "우주는 생명체에 호의적이다." 언뜻 듣기에는 별 내용 아닌 것 같지만, 그 저변에는 매우 심오한 뜻이 담겨 있다. 신기하게도, 우주에 존재하는 모든 힘은 생명이 탄생하고 살아가는 데 더할 나위 없이 적절한 세기로 작용하고 있다. 그래서 물리학자 프리먼 다이슨Freeman Dyson은 "우주는 우리가 이 세상에 등장할 것을 미리 알고 있었던 것 같다"고 했다.

예를 들어 핵력이 지금보다 조금만 더 강했다면 태양은 이미 수십억 년 전에 다 타서 사라지고, DNA는 전혀 생성되지 못했을 것이다. 또는 핵력이 지금보다 조금 약했다면 태양이 타오르지 못하여 생명체가 있다 해도 살아남지 못했을 것이다.

이뿐만이 아니다. 중력이 지금보다 조금 더 강했다면 우주는 수십억 년 전에 작은 점으로 똘똘 뭉쳐서 최후를 맞이했을 것이고(이것을 빅 크런치Big Crunch라 한다), 반대로 조금 약했다면 우주는 엄청난 속도로 팽창하여 꽁꽁 얼어붙었을 것이다(이것을 빅 프리즈Big Freeze라 한다).

우리 몸을 이루는 원자들은 죽은 별의 잔해이다. 우리 주변에 있는 모든 원자는 먼 옛날 용광로 같은 별의 내부에서 생성되었다. 그러므로 우리는 모두 별의 후손인 셈이다.

그러나 수소 원자를 더 무거운 원자로 변환하는 핵융합반응은 극도로 복잡한 과정이어서, 언제든지 잘못될 수 있다. 만일 그랬다면 우리 몸을 이루는 무거운 원자들은 만들어지지 않았을 것이고, DNA와 생명체 역시 탄생하지 못했을 것이다.

다시 말해서, 생명은 기적 같은 과정을 거쳐 탄생한 값진 존재라는 이야기다.

생명이 탄생하고 번성하려면 이 밖에도 여러 변수가 세밀하게 세팅되어 있어야 한다. 물론 이 모든 조건이 충족되었기에 지금 우리가 존재할 수 있었다. 이것이 과연 우연일까? 학계에는 우연이 아니라고 주장하는 학자도 있다. 인류원리는 약원리와 강원리로 나뉘는데, 약원리는 생명체의 존재 자체가 우주의 물리적 변수들을 정교하게 결정했다는 것이고, 강원리는 여기서 한 걸음 더 나아가 태초에 창조주가 생명체에게 유리한 쪽으로 우주를 창조했다고 주장한다.

철학과 신경과학

코페르니쿠스 원리와 인류원리 사이에 열띤 논쟁이 벌어지면서, 그 불똥이 신경과학 쪽으로 튀었다. 인간이라는 존재가 원자와 분자 그리고 뉴런의 집합에 불과하다면, 인간은 우주에서 조금도 유별난 존재가 아니지 않은가?

데이비드 이글먼 박사는 자신의 저서에 다음과 같이 적어놓았다. "당신의 뇌에 트랜지스터와 나사가 제 위치에 있지 않다면, 친구들에게 사랑받는 '당신'은 존재하지 않았을 것이다. 내 말이 믿어지지 않는다면 신경과 병원에 가보라. 머리를 다친 환자는 손상 부위가 아무리 작아도 많은 능력을 상실한다. 이런 사람들은 동물의 이름을 기억하지 못하거나, 음악을 듣고 아무런 감정도 느끼지 못하거나, 별다른 생각 없이 위험한 행동을 하거나, 색을 구별하지 못한다. 개중에는 아주 사소한 결정조차 내리지 못하는 사람도 있다."[6]

이런 점에서 보면 뇌는 '트랜지스터와 나사' 없이는 제대로 작동하지 못할 것 같다. 그래서 이글먼은 "우리가 느끼는 현실은 생물학적 지식에 의해 좌우된다"고 결론지었다.[7]

인간이라는 존재가 로봇처럼 (생물학적) 볼트와 너트에 불과하다면 우주에서의 지위는 한없이 초라해진다. 우리는 '마음'이라는 소프트웨어가 작동하고 있는 웨트웨어(wetware: 하드웨어와 소프트웨어를 연결하는 매체, 즉 '인간의 두뇌'를 뜻함—옮긴이)에 불과하다. 머릿속에 떠오르는 온갖 생각과 욕망, 희망 등은 전전두엽에 흐르는 전기신호일 뿐이다. 이것이 바로 코페르니쿠스 원리를 사람의 마음에 적용한 결과이다.

그러나 인류원리를 마음에 적용하면 정반대의 결과가 얻어진다. 이 원리에 의하면, 우주의 환경은 의식이 있는 생명체에게 유리한 쪽으로 맞춰져 있다. 무작위로 일어나는 사건 속에서 마음이 탄생할 확률은 엄청나게 낮지만, 어쨌거나 우주는 이런 기적이 가능하도록 설계되었다. 빅토리아 시대의 위대한 생물학자였던 토머스 헉슬리Thomas Huxley는 이렇게 말했다. "조급하고 쉽게 흥분하는 생체조직(뇌)에서 어떻게 의식이 탄생할 수 있을까? 이것은 알라딘이 램프를 문질러 요정을 불러내는 것보다 훨씬 더 신기하다."[8]

게다가 대부분의 천문학자들은 "장차 외계행성에서 생명체가 발견된다면, 그것은 수십억 년 전에 지구의 바다에서 번성했던 미생물과 비슷할 것"으로 예측하고 있다. 거대한 도시나 제국이 아니라, 미생물들이 떠다니는 바다가 발견될 확률이 훨씬 높다는 이야기다.

하버드대학교의 생물학자였던 고故 스티븐 제이 굴드Stephen Jay Gould는 생전에 나와 인터뷰하면서 자신의 관점을 다음과 같이 피력했다. "지금 우리가 45억 년 전의 지구와 똑같은 쌍둥이 행성을 만든다면, 앞으로 45억 년 후에 지금의 지구와 똑같은 모습을 하고 있을까?[9] 그럴 가능성은 거의 없다고 본다. 이곳에서 DNA와 원시 생명체가 탄생할 확률은 지극히 낮고, 의식이 있는 지적생명체가 늪에서 출현할 확률은 훨씬 더 낮다."

굴드는 자신의 저서에 다음과 같이 적어놓았다. "호모 사피엔스(인간)는 진화나무에서 갈라져 나온 작은 가지에 불과하다… 그러나 이 가지는 5억 년 전 캄브리아기 대폭발(생물의 종류가 폭발적으로 늘어난 사건-옮긴이) 후로 다세포생물 역사상 가장 탁월한 질적 성장을 이루었다. 햄릿에서 히로시마에 이르기까지, 온갖 후유증을 겪으면서도 '의식意識'이라는 보물을 개발한 것이다."[10]

지구의 역사를 돌아보면, 지적생명체가 거의 멸종 직전에 처한 적이 여러 번 있었음을 알 수 있다. 6,500만 년 전에 지구에 대형운석이 충돌하여 공룡을 비롯한 상당수 생명체가 대량으로 멸종했던 사건 외에, 인간도 거의 멸종 직전까지 간 적이 있다. 모든 인간은 유전적으로 매우 긴밀하게 연결되어 있는데, 그 비슷한 정도는 다른 종種의 개체 간 유사성보다 훨씬 가깝다. 겉으로 보면 인종 간 차이가 매우 큰 것 같지만, 우리의 유전자와 화학적 구조를 분석해보면 전혀 그렇지 않다. 전 세계 인구 중 무작위로 두 사람을 골라 유전자를 비교해봐도 놀라울 정도로 비슷하여, '유전적 이브genetic Eve'와 '유전적 아담'이 출현한 시기까지 계산할 수 있을 정도다. 그뿐만 아니라 지금까지 지상에서 살다간 인간의 머릿수까지 계산할 수 있다.

유전학적 계산에 따르면, 지금으로부터 7만~10만 년 전 지구에는 겨우 수백 수천 명의 인간만이 생존해 있었다(그 원인에 관해서는 여러 가지 가설이 있는데, 약 7만 년 전에 인도네시아의 토바Toba 화산이 폭발하여 기온이 급격하게 내려갔다는 설이 제일 유력하다). 이 소수의 인류가 전 세계를 탐험하면서 다른 동물을 압도하고 지구 전체를 장악한 것이다.

여러 차례의 멸종위기에도 불구하고 인류가 살아남은 것은 거의 기적에 가까웠다. 다른 행성에 생명체가 존재한다 해도, 의식이 있는 생명체는 극히 일부일 것이다. 그러므로 우리의 '의식'은 그 자체만으로 매우 값진 존재이다. 아마도 이것은 우주에서 가장 복잡하고 희귀한 존재일 것이다.

인류의 미래를 생각하다 보면 때때로 스스로 자멸하는 최악의 시나리오가 떠오른다. 화산폭발이나 지진이 인류의 종말을 가져올 수 있지만, 가장 끔찍한 것은 핵전쟁이나 인공세균의 확산 등 인간 스스로 불러온 종말일 것이다. 이런 일이 발생한다면 인류는 지구에서 사라질 것이다. 아니, (아마도) 우리 은하에서 유일하게 의식이 있는 생명체가 사라질 것이다. 이것은 우리만의 비극이 아니라, 범우주적인 비극이다. 우리는 의식을 당연하게 여기지만, 이렇게 되기까지 생명체가 겪어온 길고 험난한 생물학적 사건에 관해서는 아는 바가 거의 없다. 심리학자 스티븐 핑커Steven Pinker는 이렇게 말했다. "의식이 존재하는 모든 순간은 말할 수 없이 값지면서 깨지기 쉬운 선물과 같다. 이 사실을 안다면 삶의 목적을 놓고 고민할 필요가 없다고 생각한다. 존재하는 것 자체만으로 커다란 목적이 될 수 있기 때문이다."[11]

의식의 기적

과학이 무언가를 알아낼 때마다 신비함이 사라진다고 불평하는 사람들이 있다. 마음에 숨어 있는 비밀이 밝혀지면 고귀하게 여겨왔던 인간의 정신이 별것 아닌 일상사가 되어버린다는 것이다. 그러나 나는 뇌에 관하여 많이 알게 될수록 더욱 놀랍기만 하다. 우리가 아는 한 뇌는 우주에 존재하는 모든 만물 중에서 가장 복잡한 물체이다. 데이비드 이글먼 박사는 말한다. "뇌는 자연이 창조한 경이로운 걸작이다. 그리고 두뇌분석 기술이 존재하는 시대에 살면서 뇌에 관심을 갖고 있는 우리는 정말로 운 좋은 사람들이다. 뇌는 우리가 우주에서 발견한 것 중 가장 경이로운 구조물이며, 그것이 바로 우리 자신이다."[12] 뇌를 많이 알수록 신비감은 줄어들지 않고, 오히려 커져간다.

2천여 년 전에 소크라테스는 이렇게 말했다. "지혜는 자기 자신을 아는 것에서 시작된다." 우리는 이 소명을 완수하기 위해 머나먼 길을 가고 있는 중이다.

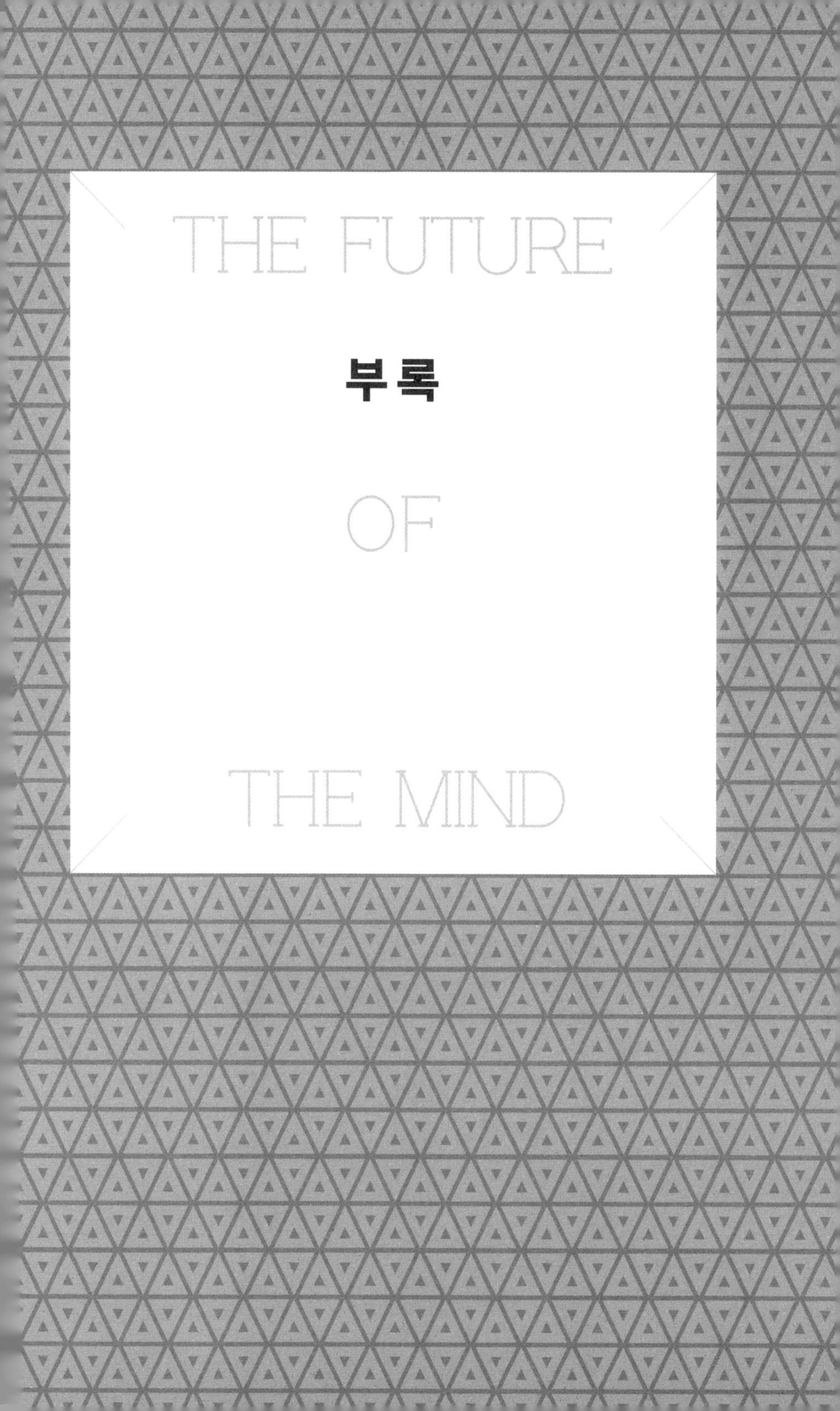
THE FUTURE
부록
OF
THE MIND

양자적 의식

두뇌스캔을 비롯한 첨단기술의 놀라운 발전에도 불구하고, 일각에서는 "인간의 의식은 과학을 넘어선 곳에 존재하므로, 과학자들은 의식의 비밀을 영원히 밝히지 못할 것"이라고 주장하는 사람들이 있다. 그들에게 의식은 원자와 분자 그리고 원자핵보다 근본적인 존재로서, 의식으로부터 실체의 특성이 결정된다. 또한 이들은 의식이 물질계를 창조한 근본적 존재라고 주장하면서, 이를 증명하기 위해 과학 역사상 가장 지독한 미스터리이자 실체의 정의를 근본부터 뒤흔들었던 '슈뢰딩거의 고양이 역설'을 예로 들었다. 이 역설은 역대 노벨 물리학상 수상자들조차 의견이 제각각일 정도로 엄청나게 난해하여, 지금까지 풀리지 않은 채 남아 있다. 실체란 무엇인가? 그 답은 고양이 역설이 어떤 결론에 도달하는가에 따라 크게 달라진다.

슈뢰딩거의 고양이 역설은 양자역학의 기본개념을 좌우하는 중요한 문제이다. 원래 양자역학은 미시세계에 적용하는 물리학으로 출발했지만, 지금은 레이저와 MRI, 라디오, TV, 현대 전자공학, GPS, 원격통신 등 다양한 기술에 적용되면서 세계경제를 떠받치는 주춧돌이 되었다. 양자역학으로 예견된 물리량은 실험을 통해 측정한 값과 거의 1천억 분의 1 이하의 오차범위 안에서 정확하게 들어맞는다.

내가 박사학위를 받은 후로 지금까지 해온 연구는 한결같이 양자역학에 기초를 두고 있다. 그러나 이토록 완벽한 양자역학에도 아킬레스건이 있다. 내가 평생을 바쳐 연구해온 내용이 역설에 기초한 이론에서 파생되었다고 생각하면 마음이 몹시 심란해진다.

이 역설을 만들어낸 사람은 오스트리아의 물리학자이자 양자이론의 창시자 중 한 사람인 에르빈 슈뢰딩거Erwin Schrödinger였다. 당시 그는 입자성과 파동성을 동시에 가진 전자의 희한한 거동방식을 설명하기 위해 고군분투하고 있었다. 점입자로 알려진 전자가 어떻게 두 가지 상반된 특성을 가진다는 말인가? 전자는 어떤 경우에는 입자처럼 행동하면서 안개상자(입자의 궤적을 추적하는 장치-옮긴이)에 뚜렷한 궤적을 남기고, 또 어떤 경우에는 파동처럼 행동하면서 작은 구멍을 통과한 후 연못에 퍼져나가는 물결처럼 간섭무늬를 만든다.

1925년에 슈뢰딩거는 과학 역사상 가장 중요한 방정식인 슈뢰딩거 방정식을 유도하여 양자역학의 새로운 장을 열었고, 이 공로를 인정받아 1933년 노벨 물리학상을 받았다. 슈뢰딩거 방정식을 수소 원자에 적용하면 전자의 파동적 거동을 정확하게 알 수 있다. 그런데 놀랍게도 이 방정식은 수소뿐만 아니라 주기율표에 등장하는 원소 대부분의 물리적 특성을 서술하고 있었다. 마치 화학과 생물학이 슈뢰딩거 방정식의 해解에 불과한 것처럼 보일 정도였다. 심지어 일부 물리학자들은 별과 행성 그리고 인간까지 포함한 우주 전체를 이 방정식의 해로 설명할 수 있다고 주장했다.

그러나 당시 물리학자들은 지금까지 회자되는 난해한 질문을 제기하기 시작했다. "전자의 거동이 파동함수로 서술된다면, 그 파동의 정체는 과연 무엇인가?"

1927년 베르너 하이젠베르크Werner Heisenberg는 물리학계를 양분하는 하나의 원리를 발견했다. 이른바 '불확정성원리uncertainty principle'로 알려진 이 원리에 의하면, 우리는 전자의 위치와 운동량을 '동시에 정확하게' 측정할 수 없다. 이것은 측정장비가 불완전하거나 사용자의 손놀림이 부정확해서 생긴 오차가 아니라, 물리학 자체에 내재하는 불확정성이다. 우주를 창조한 신이라 해도, 전자의 정확한 위치와 운동량을 동시에 알 수는 없다.

알고 보니 슈뢰딩거 방정식에 등장하는 파동함수는 특정 시간, 특정 위치에서 '전자가 발견될 확률'을 나타내는 함수였다. 지난 수천 년 동안 과학자들은 자신의 논리에서 확률이라는 모호한 개념을 어떻게든 제거하려고 애써왔는데, 하이젠베르크가 뒷문을 통해 확률의 도입을 허용한 것이다.

이와 함께 등장한 새로운 철학을 간단히 정리하면 다음과 같다. 전자는 점입자이지만, 그것이 발견될 확률은 파동으로 서술된다. 불확정성원리는 바로 이 파동에서 기인한 결과이며, 모든 확률파동은 슈뢰딩거의 방정식을 따른다.

이 사실이 알려지면서 물리학계는 두 파벌로 양분되었다. 한쪽 진영은 새로운 물리학체계(양자역학)를 적극적으로 수용한 닐스 보어Niels Bohr와 베르너 하이젠베르크, 그리고 원자물리학자 대부분이 포진하고 있었는데, 이들은 거의 매일같이 새로운 사실을 밝혀내면서 한동안 노벨 물리학상을 독식하다시피 했다. 당시 양자역학은 젊은 물리학자들에게 일종의 '가이드북'이었으므로, 커다란 업적을 남기기 위해 물리학의 석학이 될 필요가 전혀 없었다. 그저 주어진 조리법을 잘 따라가기만 하면 누구나 양자역학의 역사에 자신의 이름을 남길 수 있었다.

반대쪽 진영을 대표하는 인물은 양자역학에 철학적 이의를 제기했던 알베르트 아인슈타인과 에르빈 슈뢰딩거, 그리고 루이 드 브로이 Louis de Broglie였다. 특히 슈뢰딩거는 양자역학의 기본방정식을 유도한 장본인이었지만, "내 방정식 때문에 물리학에 확률이 도입될 것을 미리 알았다면, 나는 결코 그것을 유도하지 않았을 것"이라며 후회했을 만큼 확률의 개념에 심한 거부감을 나타냈다.

이때 촉발된 논쟁은 80년이 지난 지금까지 계속되고 있다. 물리학에 확률이 도입되는 것을 몹시 싫어했던 아인슈타인은 "신은 주사위 놀음을 하지 않는다"는 명언을 남겼고, 닐스 보어는 "신의 의도를 함부로 예측하지 말라"며 개인적 신념에 기초한 아인슈타인의 주장을 일축해버렸다.

1935년 슈뢰딩거는 물리학의 주류로 떠오른 양자물리학자들을 일거에 날려버리겠다는 일념으로 역사에 길이 남을 '고양이 역설'을 제안했다. 가이거 계수기(Geiger counter: 입자 검출장치)를 설치한 상자 안에 건강한 고양이 한 마리와 독가스를 채운 유리병, 그리고 우라늄 한 덩어리를 집어넣는다. 우라늄은 불안정한 원자이므로 시간이 지나면 입자를 방출하고, 이 입자가 가이거 계수기에 도달하면 망치가 작동하여 유리병을 깨뜨린다. 이런 식으로 상자 안에 독가스가 유출되면 고양이는 죽게 된다.

이 고양이의 상태를 어떻게 서술해야 하는가? 양자물리학자들은 이렇게 말할 것이다. "우라늄 원자는 붕괴될 수도 있고, 붕괴되지 않을 수도 있으므로, 우라늄 원자의 상태는 '붕괴될 수도 있고 붕괴되지 않을 수도 있는 파동'으로 서술된다. 따라서 우라늄 원자의 정확한 상태를 얻으려면 두 파동을 더해야 한다." 우라늄이 붕괴되어 고양이가 죽은 상태는 하나의 파동으로 서술되고, 붕괴되지 않아서 고양이가 살아 있는 상태 역시 하나의 파동으로 서술된다. 그러므로 고양이의 상태를 정확하게 서술하려면 '살아 있는 고양이 파동'과 '죽은 고양이 파동'을 더해야 한다.

이는 곧 고양이가 살아 있지도 않고, 죽지도 않았다는 뜻이다! 고양이는 죽은 고양이를 서술하는 파동과 살아 있는 고양이를 서술하는 파동의 합, 즉 살지도 죽지도 않은 중간쯤에 존재한다.

물론 고양이가 '반쯤 죽었다'는 뜻은 아니다. 고양이는 완전히 건강한 모습으로 멀쩡하게 살아 있거나, 독가스를 마시고 완전히 죽었거나, 둘 중 하나이다. 그러나 누군가가 상자의 뚜껑을 열어서 내부상태를 확인하지 않는 한 고양이는 삶과 죽음이 중첩된 세계에 존재한다.

바로 이 부분이 역설의 핵심이다. 살지도, 죽지도 않은 어정쩡한 상태에 놓인 고양이는 거의 한 세기 동안 물리학의 전당에서 가장 난해한 수수께끼로 군림해왔다. 이 역설을 어떻게 해결해야 할까? 지금까지 알려진 방법은 크게 세 가지가 있다(이들을 조금 변형한 설명까지 고려하면 수백 가지에 달한다).

첫 번째 방법은 닐스 보어와 하이젠베르크가 이끌었던 코펜하겐 학파의 해석을 따르는 것이다. 대부분의 양자역학 교과서에는 이 해석을 정설로 다루고 있는데(나도 양자역학을 처음 가르칠 때 코펜하겐 해석을 따랐다), 내용은 다음과 같다. 고양이의 상태를 하나로 결정하려면 누군가가 상자의 뚜껑을 열어서 내부를 들여다봐야 한다. 간단히 말해서, 관측measurement을 실행해야 한다는 것이다. 그러면 고양이의 파동(죽은 고양이 파동과 살아 있는 고양이 파동의 합)이 '붕괴되면서' 하나의 파동만 살아남고, 고양이의 생사가 하나로 결정된다. 즉, 고양이의 존재와 상태를 결정하는 것은 다름 아닌 '관측행위'이다. 양자계에 관측행위가 개입되면 두 개(또는 여러 개)의 파동이 마술처럼 사라지고, 단 하나의 파동만 남게 된다.

아인슈타인은 이 해석을 몹시 싫어했다. 지난 수백 년 동안 과학자들은 "물체를 직접 관측하지 않는 한, 그 물체는 존재하지 않는다"는 유아론(唯我論, solipsism), 또는 주관적 관념론subjective idealism을 놓고 치열한 논쟁을 벌여왔다. 이 철학 사조에 따르면 실제로 존재하는 것은 마음뿐이며, 물질세계는 마음속에 투영된 관념에 불과하다. 그래서 조지 버클리 주교(Bishop George Berkeley: 18세기 아일랜드 성공회 주교이자 영국 고전경험론을 대표하는 철학자-옮긴이) 같은 유아론자들은 "숲 속에서 나무가 쓰러져도 그것을 본 사람이 없다면 나무는 쓰러지지 않은 것"이라고 주장했다. 반면에 이 모든 것을 난센스로 치부했던 아인슈타인은 객관적 실체가 유일한 진리라고 생각했다. 즉, 이 우주는 인간의 관측행위와 상관없이 단 하나의 유일한 상태로 존재한다는 것이다. 독자들 대부분은 아마도 아인슈타인의 관점에 마음이 더 끌릴 것이다.

객관적 실체의 기원은 아이작 뉴턴까지 거슬러 올라간다. 이 시나리오에 의하면 원자와 소립자는 작은 쇠 구슬과 비슷하여, 4차원 시공간 상에서 명확한 하나의 점을 점유한다. 이 구슬의 물리적 상태는 운동방정식에 의해 결정되며, 여기에는 어떤 확률도, 모호함도 존재하지 않는다. 객관적 실체의 개념은 행성과 별, 은하와 같이 규모가 큰 천체의 운동을 매우 정확하게 서술할 수 있었다. 그리고 상대성이론도 객관적 실체에 기초하여 블랙홀과 팽창하는 우주까지 정확하게 설명해냈다. 그러나 뉴턴의 고전물리학과 아인슈타인의 상대성이론이 참담하게 실패한 영역이 있었으니, 그것은 바로 원자 내부의 세계였다.

뉴턴과 아인슈타인을 추종하는 고전물리학자들은 객관적 실체가 주관적 관념론을 물리학에서 영원히 추방했다고 생각했다. 칼럼니스트인 월터 리프만Walter Lippmann은 자신의 기사에 다음과 같이 적어놓았다. "현대과학은 '별과 원자를 움직이는 힘이 인간의 선택에 따라 달라진다'는 믿음을 부정하는 것으로 시작된다."

그러나 양자역학은 물리학에 새로운 형태의 유아론을 도입했다. 이 이론에 의하면 나무는 누군가에 의해 관측되지 않은 한 묘목, 숯, 톱밥, 이쑤시개 등 어떤 상태로든 존재할 수 있다. 하지만 당신이 바라보는 순간, 나무의 파동이 갑자기 붕괴되면서 하나의 상태로 결정된다. 원래 유아론자들은 '쓰러지거나 쓰러지지 않은 나무'를 문제 삼았던 반면, 새로 등장한 양자적 유아론자들은 나무의 '모든 가능한 상태'를 도입하여 문제를 더욱 복잡하게 만들었다.

아인슈타인이 볼 때, 이것은 지나치게 파격적인 발상이었다. 그는 어느 날 자신의 집을 찾아온 손님에게 물었다고 한다. "생각해보세요. 쥐 한 마리가 쳐다봤기 때문에 저 달이 존재한다는 게 말이 됩니까?" 양자물리학자에게 물었다면 "yes"라고 대답했을 것이다.

아인슈타인과 그의 동료들은 보어에게 질문을 던졌다. "양자적 미시세계(산 고양이와 죽은 고양이가 공존하는 세계)와 우리 주변의 상식적인 세계는 완전히 다른데, 이들이 어떻게 공존할 수 있다는 말인가?" 그러자 보어에게서 "우리가 살고 있는 거시적 세계와 원자세계를 구분하는 '벽'이 존재한다"는 답이 돌아왔다. 한쪽 영역에는 상식의 법칙이 적용되고, 다른 한쪽에는 양자적 법칙이 적용된다는 것이다. 당신이 원한다면 벽의 위치를 옮길 수 있지만, 결과는 달라지지 않는다.

선뜻 이해가 가지 않겠지만, 어쨌거나 양자물리학자들은 지난 80년 동안 이렇게 가르쳐왔다. 그런데 최근 들어 코펜하겐 해석에 약간의 의문이 제기되었다. 요즘 나노기술은 개개의 원자를 다루는 수준까지 발전했다. 주사형 터널현미경(scanning tunneling microscope, STM)을 통해 보면 원자가 희미한 테니스공처럼 보인다(나는 BBC TV의 촬영팀과 함께 캘리포니아 산호세에 있는 IBM 알마덴 연구소를 방문했다가, 그곳에서 초소형 탐침으로 개개의 원자를 직접 옮겨본 적이 있다. 과거에는 원자를 보는 것이 불가능하다고 생각했지만, 지금은 장난감처럼 갖고 노는 수준까지 발전했다).

앞서 말한 대로 실리콘 시대는 서서히 막을 내리고 있다. 머지않아 분자 트랜지스터가 실리콘 트랜지스터를 대신할 것이다. 이때가 되면 모든 컴퓨터는 양자역학의 역설에 기초하여 만들어지고, 세계경제도 이 역설에 전적으로 의지하게 될 것이다.

우주적 의식과 다중우주

코펜하겐 해석 외에 고양이 역설을 해석하는 방법에는 두 가지가 더 있는데, 그 내용을 이해하려면 '신神'과 '다중우주'라는 낯선 세계로 들어가야 한다.

양자역학의 기초를 확립한 노벨상 수상자이자 원자폭탄 개발에도 참여했던 유진 위그너Eugene Wigner는 1967년 고양이 역설에 관한 두 번째 해석을 내놓았다. 그는 "오직 의식이 있는 인간만이 관측을 통해 파동함수를 붕괴시킨 수 있다"고 주장했다. 하지만 그런 사람이 존재한다는 것을 어떻게 알 수 있는가? 관측자와 관측대상을 분리할 수 없으니, 그 관측자도 살아 있는지 죽었는지 알 수 없다. 다시 말해서, 관측자와 고양이를 모두 포함하는 새로운 파동함수가 존재한다는 뜻이다. 관측자가 살아 있음을 확인하려면 두 번째 관측자가 첫 번째 관측자를 관측해야 한다. 흔히 '위그너의 친구'라 불리는 두 번째 관측자가 첫 번째 관측자를 바라보는 순간, 첫 번째 관측자와 고양이를 포함하는 파동함수가 붕괴된다. 그렇다면 두 번째 관측자는 살아 있는가? 이것을 확인하려면 세 번째 관측자가 있어야 하고, 이런 식의 연결고리는 끝없이 계속된다. 이전의 파동함수를 붕괴시켜서 관측자가 살아 있음을 확인하려면 무한히 많은 '친구'가 있어야 하므로, 결국 우리는 '우주적 의식' 또는 '신'이라는 개념을 도입해야 한다.

위그너는 "의식을 도입하지 않으면 타당한 양자법칙 체계를 구축할 수 없다"고 결론지었다. 그는 말년에 힌두교의 베단타Vedanta 철학에 심취하여 과학과 종교의 합일을 추구했다고 전해진다.

위그너의 해석에 의하면, 신 또는 영원한 의식이 우리 모두를 지켜보면서 우리의 파동함수를 붕괴시키고 있기 때문에 우리가 살아 있는 것이다. 또한 이 해석은 코펜하겐 해석과 물리적 결과가 동일하기 때문에 반증조차 할 수 없다. 그러나 만물의 근원이 원자가 아닌 의식이라는 점에서 다분히 철학적 뉘앙스를 풍긴다. 물질계는 왔다가 가는 한시적 세계이지만, 의식은 원소를 정의하는 영원한 존재이다. 어떤 면에서 보면 의식은 실체를 창조하는 주인이라고 할 수 있다. 우리 주변에 널려 있는 원자의 존재는 그들을 보고 만지는 우리의 능력에 기초하고 있다(이 시점에서 한 가지 짚고 넘어갈 것이 있다. 일각에서는 "의식이 존재를 결정한다는 것은 의식이 존재를 제어한다는 뜻이며, 이를 실현하는 것이 명상冥想"이라고 주장하는 사람이 있다. 이들의 생각이 옳다면 우리는 자신이 원하는 대로 실체를 창조할 수 있다. 누구나 마술사가 될 수 있다니 상당히 매력적인 생각이긴 한데, 안타깝게도 양자역학에는 부합되지 않는다. 양자역학에서 의식은 관측을 실행하여 실체의 상태를 결정하지만, 어떤 상태가 실제로 존재할지 미리 알 수는 없기 때문이다. 양자역학은 임의의 상태가 선택될 확률을 예측할 수 있을 뿐, 관측자가 바라는 결과가 나오도록 만들 수는 없다. 예를 들어 도박할 때 로열 플러시가 뜰 확률을 수학적으로 계산할 수는 있지만, 로열 플러시가 손에 들어오도록 카드를 조작할 수 없는 것과 마찬가지다. 상자를 열기 전에 고양이가 살아있는지 죽었는지 미리 알 수 없는 것처럼, 누구도 입맛에 맞는 우주를 선택할 수 없다).

다중우주

1957년에 휴 에버렛Hugh Everett은 고양이 역설을 해석하는 세 번째 방법, 이른바 '다중세계 해석many-world interpretation'을 제안했다(이 책에서 세 가지 방법을 나열한 순서는 시대적 순서와 무관하다-옮긴이). 이 해석에 따르면 우주는 끊임없이 여러 갈래로 갈라지면서 다중우주(평행우주)의 형태로 존재한다. 하나의 우주에서는 고양이가 살아 있고, 다른 우주에서는 고양이가 죽어 있는 식이다. 이것을 한 문장으로 요약하면 다음과 같다. "파동함수는 붕괴되지 않고 여러 개로 갈라진다." 에버렛의 다중우주이론이 코펜하겐 해석과 다른 점은 파동함수의 붕괴와 관련된 마지막 가정뿐이다. 어떤 면에서 보면 다중우주는 양자역학의 가장 단순한 형식이라 할 수 있지만, 그와 동시에 가장 받아들이기 어려운 해석이기도 하다.

다중우주 접근법은 매우 의미심장한 결과를 낳았다. 제아무리 희한하고 불가능해 보인다 해도, 이론적으로 가능한 우주는 모두 존재한다(단, 희한할수록 존재확률은 낮아진다).

그러므로 우리 우주에서 죽은 사람이 다른 우주에서는 멀쩡하게 살아 있을 수도 있다. 이런 사람은 자신이 살아 있는 우주가 진정한 우주이며, 우리가 사는 우주(자신이 죽은 우주)는 가짜라고 우길 것이다. 그러나 죽은 사람이 다른 우주에서 살아 있다면, 우리는 왜 그들을 만날 수 없는가? 우리는 왜 평행우주를 만질 수 없는가? (이상하게 들리겠지만, 평행우주 중 어딘가에는 엘비스가 살아 있다. 물론 개중에는 엘비스가 배관공으로 일하는 우주도 존재한다.)

평행우주 중에는 생명체가 아예 존재하지 않는 우주도 있겠지만, 대부분은 우리 우주와 거의 비슷할 것이다. 그러나 이들 사이에는 중요한 차이점이 있다. 한 가지 예를 들어보자. 하나의 우주선cosmic ray이 지상에 있는 물체와 충돌하는 것은 아주 사소한 양자적 사건에 불과하다. 그런데 이 우주선이 아돌프 히틀러를 임신한 어머니의 배에 충돌하여 유산했다면 어떻게 될까? 이 사소한 양자적 사건 때문에 우주가 반으로 나뉠 것이다. 한 우주에서는 제2차 세계대전이 일어나지 않은 채 사람들이 평화롭게 살아가고, 다른 우주에서는 세계대전이 발발하여 6천만 명이 죽는다. 두 개의 우주는 완전히 다른 길을 가고 있지만, 아주 사소한 양자적 사건 하나 때문에 갈라져 나온 우주이다.

필립 딕Philip K. Dick의 공상과학소설《높은 성의 사나이The Man in the High Castle》는 하나의 사소한 사건 때문에 평행우주가 탄생한다는 이야기다. 프랭클린 루스벨트 대통령이 암살당하자 대통령직을 승계한 부통령 존 가너가 고립주의를 표방하면서 미국의 군사력을 축소한다. 그 바람에 제2차 세계대전에서 나치와 일본이 승리를 거두고, 두 나라가 미국을 양분하여 다스리게 된다.

그러나 루스벨트를 향해 겨눈 총이 제대로 발사되었는지 또는 불발되었는지는 탄환에 든 화약의 점화 여부에 달려 있고, 이것은 또 전자의 운동을 포함한 분자의 반응 여부에 달려 있다. 즉, 화약에서 일어나는 양자적 요동이 총의 발사 여부를 결정하고, 이것은 제2차 세계대전에서 누가 승리할 것인지를 결정한다.

그러므로 양자세계와 거시적 세계를 구분하는 "벽"은 존재하지 않는다. 양자이론의 희한한 특성이 상식적인 세계에서도 나타날 수 있기 때문이다. 파동함수는 붕괴되지 않고 계속 갈라지기만 하면서 수많은 평행우주를 만들어내고, 이 과정은 영원히 멈추지 않는다. 미시세계의 역설(죽은 상태와 살아 있는 상태의 공존, 같은 시간에 두 장소에 존재하기, 한 장소에서 갑자기 사라졌다가 다른 장소에서 나타나기 등)은 우리가 사는 세계에서도 얼마든지 나타날 수 있다.

그런데 파동이 정말로 끊임없이 가지를 치면서 완전히 새로운 우주를 만들어낸다면, 우리는 왜 그 우주를 방문할 수 없는 것일까?

노벨상 수상자인 스티븐 와인버그Steven Weinberg는 이것을 '거실에서 라디오 듣기'에 비유했다. 거실 안에는 전 세계에서 송출한 수많은 라디오파가 혼재하고 있지만, 당신의 라디오는 그중 단 하나의 주파수에 맞춰져 있다. 즉, 다른 주파수와는 '결어긋남 상태decohered state'에 있는 것이다(레이저빔처럼 모든 파동이 동일한 위상으로 똑같이 진동하는 상태를 '결맞음 상태cohered state'라 하고, 각 파동의 위상이 어긋난 채 진동하는 상태를 '결어긋남 상태'라 한다). 다른 주파수의 라디오파도 분명히 존재하지만, 당신의 라디오는 그들과 주파수가 일치하지 않으므로 수신할 수 없다. 즉, 그들은 우리와 결어긋남 상태에 있다.

이와 마찬가지로, 죽은 고양이와 산 고양이의 파동함수는 시간이 흐름에 따라 결어긋남 상태로 갈라진다. 거실에 편히 앉아 라디오를 듣는 당신은 공룡과 해적, 외계인 그리고 온갖 괴물의 파동과 공존하고 있다. 그러나 다행히 당신의 몸을 이루는 원자는 그들의 원자와 진동이 일치하지 않기 때문에 그들의 존재를 모른다. 평행우주는 머나먼 나라에 있는 것이 아니라, 지금 바로 당신 옆에 공존하고 있다.

다른 평행우주로 진입하는 것을 '양자도약quantum jump', 또는 '슬라이딩sliding'이라 하는데, 이것은 공상과학소설의 단골메뉴이기도 하다. 평행우주로 들어가려면 그곳을 향해 양자도약을 해야 한다(TV 드라마 〈슬라이더Sliders〉에서는 사람들이 시도 때도 없이 다른 우주로 이동한다. 이 드라마는 한 소년이 책을 읽는 장면에서 시작하는데, 하필이면 그 책이 내가 집필한 《초공간Hyperspace》이었다. 이 자리를 빌어 드라마에서 도입된 물리학 원리들은 나의 책임소관이 아님을 밝혀두는 바이다).

실제로 다중우주 사이의 왕래는 결코 쉬운 일이 아니다. 나는 박사과정 학생들에게 "당신이 벽을 관통하여 반대쪽에서 나타날 확률을 계산하라"는 문제를 종종 내주는데, 정답은 우리의 상식에서 크게 벗어나지 않는다. 이런 일이 일어나려면 우주의 나이보다 더 긴 세월을 기다려야 한다.

거울에 비친 영상

거울에 비친 모습은 진정한 내가 아니다. 첫째, 빛이 내 얼굴을 때리고 거울을 향해 날아갔다가 다시 반사되어 내 눈에 도달할 때까지는 약 10억 분의 1초가 걸린다. 따라서 거울에 비친 내 얼굴은 지금의 모습이 아니라 10억 분의 1초 전 모습이다. 둘째, 거울 속 영상은 수십억×수십억 개의 파동함수들이 만들어낸 영상의 평균값이다. 물론 이 평균은 나의 실제 모습과 거의 비슷하지만, 완벽하게 일치하진 않는다. 내 주변에는 나를 닮은 여러 개의 영상이 모든 방향으로 나를 에워싸고 있다. 즉, 수많은 평행우주가 나를 에워싼 채 끊임없이 가지를 쳐나간다. 그러나 내가 다른 우주로 진입할 확률이 너무 낮아서, 뉴턴의 고전역학이 잘 맞는 것처럼 보인다.

이런 식으로 묻는 사람도 있다. "어떤 해석이 맞는지 실험으로 검증할 수 있지 않은가? 과학자들은 왜 검증을 시도하지 않고 말로만 떠드는가?" 그 속사정은 이렇다. 전자를 대상으로 어떤 실험을 수행해도 세 가지 해석이 모두 동일한 결과를 낳으므로, 어느 것이 옳은지 판단할 수가 없다. 즉, 어떤 해석이 옳은지를 판단하는 것은 실험의 한계를 넘어선 문제다.

앞으로 수백 년이 흘러도 물리학자와 철학자들은 이 문제를 놓고 여전히 논쟁을 벌일 것이다. 실험결과만으로는 세 가지 해석 중 어느 것이 옳은지 결정할 수 없으므로, 결론이 날 가능성은 거의 없다. 그러나 이 탁상공론 같은 논쟁에 자유의지free will를 도입하면 내용이 좀 더 피부에 와 닿는다. 자유의지는 인간의 원초적 권리이자, 도덕의 갈 길을 정하는 지침이기도 하다.

자유의지

모든 문명은 자유의지에 뿌리를 두고 있다. 그리고 자유의지는 보상과 처벌, 그리고 개인적 책임에 영향을 준다. 그런데 자유의지는 정말로 존재하는 것일까? 아니면 과학원리에 어긋나지만 사회를 유지해나가기 위해 어쩔 수 없이 도입한 가상의 개념일까? 이 논쟁은 양자역학의 핵심과 깊이 관련되어 있다.

앞으로 더욱 많은 신경과학자가 "자유의지는 존재하지 않는다"는 쪽으로 결론을 내릴 것이다. 그 반대일 수도 있지만, 이렇게 말해두는 편이 안전하다. 뇌의 특정 부위가 손상되어 이상한 행동을 하는 것이라면, 누군가가 범죄를 저질러도 과학적으로는 책임을 물을 수 없다. 이런 사람이 거리를 활보하는 것은 매우 위험한 일이므로, 병원이나 기타 보호시설에 감금해둬야 한다. 그러나 뇌에 종양이 있거나 뇌졸중에 걸린 사람을 처벌할 수는 없다. 이들은 의학이나 심리학적 치료가 필요한 환자일 뿐이다. 뇌의 손상 부위를 치료하면 그는 사회의 건설적인 일원이 될 수 있다.

케임브리지대학교의 심리학자 사이먼 배런-코헨Simon Baron-Cohen은 나와 인터뷰하는 자리에서 "병적인 살인자 중 상당수(전부는 아님)는 비정상적인 두뇌를 갖고 있다"고 했다.[1] 이들의 뇌를 스캔했더니, 다른 사람이 고통을 당할 때 감정이입이 되지 않고 오히려 그 상황을 즐기는 것으로 나타났다고 한다(이런 사람들에게 누군가가 고통받는 장면을 보여주면 편도체와 신경핵 그리고 쾌락중추가 활성화된다).

이런 사람은 사회에서 격리되어 마땅하지만, 잔인한 행동에 궁극적인 책임을 물을 수는 없다. 이들은 두뇌 자체가 비정상이므로 처벌보다 치료가 필요한 사람들이다. 어떤 면에서 보면 이들은 자유의지에 따라 범죄를 저지른 사람이 아니다.

1985년 벤저민 리벳Benjamin Libet 박사는 일련의 실험을 실행한 후 자유의지의 존재에 관하여 강한 의문을 제기했다. 예를 들어 당신이 피험자들에게 "시계를 보다가 손가락을 움직이기로 마음먹었을 때 신호를 보내달라"고 부탁했다고 하자. EEG 스캐너를 사용하면 두뇌가 결정을 내리는 순간을 정확하게 측정할 수 있다. 그런데 이 두 가지 시간(피험자가 신호를 보낸 시간과 EEG 스캐너로 측정한 시간)을 비교해보면 약간의 차이가 있다. 두뇌가 결정을 내린 시간은 피험자가 마음먹은 시간보다 0.3초 정도 빠르다.

이는 곧 자유의지가 가짜임을 의미한다. 뇌는 의식이 알아차리기 전에 이미 결정을 내렸고, 그 직후에 마치 의식이 결정한 것처럼 전후 상황을 무마한다. 마이클 스위니는 리벳 박사의 실험결과를 접하고 "뇌는 우리가 결정을 내리기도 전에 무엇을 결정할지 미리 알고 있는 것 같다"고 했다.[2]

사회의 주춧돌로 여겨졌던 자유의지는 좌뇌가 만들어낸 환상일지도 모른다. 지금까지 실행된 실험은 이 점을 강하게 시사하고 있다. 과연 우리는 삶의 주인인가, 아니면 두뇌의 속임수에 놀아나는 꼭두각시인가?

몇 가지 방법으로 이 질문의 답을 찾아보자. 사실 자유의지는 결정론determinism이라는 철학 사조에 어긋난다. 결정론에 의하면 미래는 물리법칙에 따라 이미 결정되어 있다. 뉴턴은 우주를 "태초에 태엽이 감긴 후 방치된 시계"로 생각했다. 조물주가 시계의 태엽을 다 감아놓고 물리법칙을 부과한 후 혼자 돌아가도록 방치했기 때문에, 우주의 모든 미래는 처음부터 이미 결정되어 있으며 모든 사건은 예측 가능하다는 것이다.

그렇다면 인간도 그 시계의 일부인가? 우리가 취하는 모든 행동도 이미 결정되어 있는가? 이것은 철학 및 종교적인 측면에서 매우 중요한 질문이다. 대부분의 종교는 결정론과 운명(또는 천명)에 긍정적인 견해를 취하고 있다. 전지전능하고 어디에나 존재하는 신은 미래를 모두 알고 있으므로, 그의 뜻에 따라 미래는 이미 결정되어 있다. 신은 당신이 태어나기도 전에 당신이 천국으로 갈지, 아니면 지옥으로 떨어질지 다 알고 있다.

가톨릭교회는 종교개혁을 겪는 동안 이 문제 때문에 두 파로 양분되었다. 당시 가톨릭교리에 의하면 모든 신도는 헌신을 통해 자신의 운명을 바꿀 수 있었다. 특히 교회에 돈을 헌납하면 아무리 죄를 많이 지었어도 천국행이 보장된다고 했다(당시 성직자들은 신도에게 돈을 받고 천국 입장권, 즉 면죄부를 팔기까지 했다). 간단히 말해서, 지갑의 두께에 따라 운명이 바뀔 수 있다는 이야기다. 마틴 루터Martin Luther는 금전만능에 빠진 가톨릭교회에 환멸을 느낀 나머지 1517년에 95조항을 선포함으로써 역사적인 종교개혁에 첫발을 내디뎠다. 이로 인해 교회는 두 파로 양분되었고, 이후 100여 년 동안 수백만 신도들과 유럽 전역을 황폐하게 만들었다.

그러나 1925년에 양자역학의 불확정성원리가 알려지면서 갑자기 모든 것이 불확실해졌다. 우리는 여러 가지 가능한 미래의 확률만 알 수 있을 뿐, 정확하게 어떤 미래가 닥쳐올지는 결코 알 수 없다. 그러므로 양자역학에 의하면 자유의지는 존재하지 않는다. 일각에서는 양자역학이 자유의지의 개념을 새롭게 정의했다고 주장하는 사람도 있었다. 그러나 결정론자들은 여기에 굴하지 않고 "양자적 효과는 너무나 미미해서, 거시적 존재인 인간의 자유의지에 아무런 영향을 주지 않는다"고 반박했다.

지금은 상황이 더욱 복잡해졌다. "자유의지는 존재하는가?"라는 질문은 "삶이란 무엇인가?"라는 질문과 비슷한 점이 많다. DNA가 발견된 후로 삶에 관한 질문은 의미가 많이 퇴색되었다. 이런 질문은 굳이 철학자가 아니어도 누구나 답할 수 있고, 사람마다 답도 제각각이다. 이 점에서는 자유의지도 크게 다르지 않을 것이다.

사실 "자유의지"라는 말은 개념부터가 모호하다. 자유의지를 정의하는 한 가지 방법은 우리의 행동이 예측 가능한지를 묻는 것이다. 만일 자유의지가 존재한다면 절대로 예측할 수 없다. 예를 들어 영화는 스토리가 이미 정해져 있으므로 모든 장면이 예측 가능하다. 이런 곳에서는 자유의지가 끼어들 여지가 없다. 그러나 현실 세계는 두 가지 면에서 영화와 완전 딴판이다. 첫째, 현실 세계는 양자역학에 의해 모든 가능한 미래가 중첩되어 있지만, 영화에서는 오직 하나의 시나리오만 존재한다. 둘째, 현실 세계는 혼돈이론의 지배를 받는다. 고전물리학에 의하면 원자의 모든 운동을 완벽하게 예측할 수 있지만, 실제로는 원자 수가 너무 많아서 도저히 불가능하다. 하나의 원자에 조금만 힘을 가해도 그 효과가 일파만파로 번져서 엄청난 재앙이 초래될 수도 있다.

날씨를 예로 들어보자. 대기를 이루는 모든 원자의 움직임을 알 수만 있다면, 대형 컴퓨터를 동원하여 100년 후 날씨까지 정확하게 예측할 수 있다. 그러나 현실적으로는 도저히 불가능하다. 날씨가 화창했다가도 몇 시간만 지나면 폭풍우가 몰아치는 등 너무 복잡하게 변하기 때문에, 100년은커녕 며칠 후의 날씨조차 예측하기 어렵다.

이것이 바로 "나비효과butterfly effect"이다. 나비의 날갯짓이 대기에 작은 진동을 일으키고, 이것이 점점 증폭되면 초대형 폭풍으로 자랄 수 있다. 폭풍의 원인이 나비의 날갯짓이라면, 정확한 일기예보는 일찌감치 포기하는 게 낫다.

잠시 스티븐 제이 굴드의 사고실험으로 되돌아가보자. 45억 년 전의 지구와 똑같은 행성을 만들어서 45억 년 동안 진화하도록 내버려둔다면, 지금과 똑같은 지구가 만들어질 것인가?

혼돈으로 가득 찬 대기와 바다, 그리고 누구도 예측할 수 없는 양자적 효과를 고려하면 생명체가 탄생한다 해도 결코 지금과 같은 모습은 아닐 것이다. 특히 인간은 우리와 전혀 다른 형태로 진화할 가능성이 높다. 불확정성과 혼돈이 함께 존재하는 세상에 결정론을 적용하는 것은 처음부터 불가능하다.

양자두뇌

이 논쟁의 향방은 뇌의 역설계에도 적지 않은 영향을 미친다. 역설계를 통하여 트랜지스터 두뇌를 만드는 데 성공했다면, 이는 곧 두뇌가 결정론적 물체이고 예측 가능하다는 뜻이다. 이 두뇌에 질문을 던지면 똑같은 답을 반복할 것이다. 컴퓨터도 동일한 질문에는 항상 같은 답을 출력하므로, 결정론적 기계라 할 수 있다.

바로 여기서 심각한 모순이 발생한다. 우주는 양자역학과 혼돈이론 때문에 예측이 불가능하므로, 자유의지가 존재하는 것 같다. 그런데 트랜지스터로 만든 역설계 두뇌는 정의에 의해 예측 가능하고, 이것은 이론적으로 사람의 뇌와 완전히 동일하므로 사람의 뇌 또한 예측 가능하고, 자유의지는 존재할 수 없다.

일부 과학자들은 "양자이론에 의해 주어진 한계 때문에, 역설계 두뇌나 생각하는 기계는 결코 만들 수 없다"고 주장하고 있다. 인간의 두뇌는 트랜지스터의 집합체가 아닌 양자적 기계이기 때문에, 유럽연합에서 추진 중인 프로젝트는 실패할 수밖에 없다는 것이다. 대표적 인물로는 옥스퍼드대학교 물리학과 교수이자 상대성이론의 권위자로 알려진 로저 펜로즈Roger Penrose 박사를 들 수 있다. 그는 인간의 의식이 양자적 과정의 결과라고 굳게 믿는 사람으로, 쿠르트 괴델Kurt Gödel의 '불완전성 정리incompleteness theorems'를 인용하여 자신의 논리를 펼쳐나갔다. 괴델은 1931년에 대수학이 불완전하다는 충격적 사실을 증명했다. 즉, 모든 대수학체계에는 공리만으로 증명될 수 없는 명제가 반드시 존재한다. 그런데 펜로즈의 주장에 의하면 수학뿐만 아니라 물리학도 불완전하다. 그는 기계와 뇌의 차이점을 면밀히 분석한 끝에 다음과 같이 결론지었다."기본적으로 사람의 뇌는 양자역학적 기계장치이고, 괴델의 불완전성 정리에 의하면 어떤 기계도 풀 수 없는 문제가 존재한다. 그러나 인간은 이 수수께끼를 직관으로 해결할 수 있다."

역설계 두뇌가 제아무리 복잡하다 해도 결국은 트랜지스터와 전선의 집합체이므로 결정론을 따를 것이다. 따라서 우리는 이 기계의 미래를 정확하게 예측할 수 있다(결정론적 운동방정식은 이미 잘 알려져 있다). 그러나 양자적 체계는 불확정성원리의 지배를 받고 있으므로, 본질적으로 예측이 불가능하다. 우리가 할 수 있는 일이란 여러 가지 가능한 미래 중 어느 하나가 나타날 확률을 계산하는 것뿐이다.

역설계 두뇌가 인간의 행동을 재현할 수 없다면, 과학자들은 예측할 수 없는 힘(뇌 안에서 일어나는 양자적 효과 등)이 작용한다는 것을 인정해야 한다. 펜로즈 박사는 뇌에서 양자적 과정이 일어나는 곳으로 뉴런 내부의 '미세소관(微細小管, microtubules)'을 지목했다.

이 문제에 관해서는 아직도 의견이 분분하다. 대부분의 과학자들은 펜로즈의 접근법을 회의적인 시각으로 바라보고 있다. 그러나 과학은 다수가 반대한다고 해서 부결되지 않는다. 과학적 사실은 검증 가능하고 재현 가능하면서 반증도 가능한 이론을 통해 결정된다.

나는 디지털 및 아날로그 계산을 동시에 수행하는 뉴런의 거동을 트랜지스터로 재현할 수 없다고 생각한다. 사실 뉴런은 정보를 흘리거나 간간이 오작동할 수 있고 주변 환경에 매우 민감하며, 나이를 먹을수록 기능이 떨어지는 등 기계장치로 재현하기에는 너무 번잡하다. 내가 보기에 트랜지스터로 구현한 뇌는 대략적인 모형에 불과할 것 같다. 6장에서 말한 대로 뉴런의 축삭돌기가 가늘어지면 정보가 밖으로 새기 때문에, 화학반응이 제대로 일어나지 않는다. 그리고 정보누수와 오작동은 양자적 효과 때문에 나타날 수도 있다. 뉴런을 가늘고 빽빽하게 만들면 정보전달 속도는 빨라지겠지만, 그럴수록 양자적 효과가 크게 나타난다. 이는 곧 정상적인 뉴런도 정보가 새거나 불안정할 수 있다는 뜻이며, 이런 문제는 고전역학과 양자역학에 모두 존재한다.

결론적으로 말해서, 역설계로 만든 로봇은 인간의 뇌를 완벽하게 흉내 낼 수 없다. 펜로즈의 주장과 달리, 나는 트랜지스터를 이용하여 결정론적인 로봇을 만들 수 있다고 생각한다. 이 로봇은 인간과 비슷한 의식이 있지만 자유의지는 없다. 또한 이 로봇은 튜링테스트를 통과할 것이다. 그러나 양자적 효과 때문에 로봇과 인간은 결코 같아질 수 없다고 생각한다.

자유의지는 정말로 존재하는가? 아마 그럴 것이다. 그러나 여기서 말하는 자유의지는 완고한 개인주의자들이 "나는 내 운명의 주인이다!"라고 주장하는 것과 의미가 다르다. 우리는 모든 선택을 자신의 뜻대로 한다고 생각하지만, 뇌는 이미 결정된 수천 가지 요인에 무의식적으로 영향을 받고 있다. 물론 그렇다고 해서 우리가 언제든지 재생할 수 있는 영화 속 배우라는 뜻은 아니다. 영화의 결말은 아직 정해지지 않았기 때문에, 양자적 효과와 혼돈의 미묘한 조합이 결정론적 요소를 붕괴시킨다. 결국 우리는 언제까지나 운명의 주인으로 남을 것이다.

감사의 글

나는 이 책을 집필하는 동안 각 분야를 선도하는 저명한 과학자들을 만나 인터뷰하면서 이루 말할 수 없는 보람과 기쁨을 느꼈다. 귀한 시간을 쪼개서 인터뷰에 응해주고 과학의 미래에 관하여 값진 고견을 들려준 그들에게 이 자리를 빌려 심심한 감사를 드린다. 그들은 나의 안내자였고, 영감을 불어넣어 주었으며, 다양한 분야에서 확고한 기초를 심어주었다.

각 분야의 선구자와 개척자들, 특히 내가 BBC TV, 디스커버리Discovery, 사이언스 TV 채널에서 진행하는 프로그램, 그리고 라디오 프로그램인 〈사이언스 판타스틱Science Fantastic〉과 〈익스플로레이션Exploration〉에 출연해준 과학자들에게 감사드린다. 이들의 명단은 다음과 같다.

피터 도허티 Peter Doherty 노벨상 수상자, 세인트주드어린이병원St. Jude Children's Research Hospital

제럴드 에델만 Gerald Edelman 노벨상 수상자, 스크립스연구소Scripps Research Institute

레온 레더만 Leon Lederman 노벨상 수상자, 일리노이기술연구소Illinois Institute of Technology

머리 겔만 Murray Gell-Mann 노벨상 수상자, 산타페연구소Santa Fe Institute, 캘리포니아

공과대학Cal Tech

(고) 헨리 켄들 Henry Kendall 노벨상 수상자, MIT

월터 길버트 Walter Gilbert 노벨상 수상자, 하버드대학교

데이비드 그로스 David Gross 노벨상 수상자, 카블리 이론물리학연구소Kavli Institute of Theoretical Physics

조지프 로트블랫 Joseph Rotblat 노벨상 수상자, 세인트바톨로뮤병원St. Bartholomew's Hospital

요이치로 남부 Yoichiro Nambu 노벨상 수상자, 시카고대학교

스티븐 와인버그 Steven Weinberg 노벨상 수상자, 텍사스대학교(오스틴)

프랭크 윌첵 Frank Wilczek 노벨상 수상자, MIT

아미르 아첼 Amir Aczel 《우라늄 전쟁Uranum Wars》의 저자

버즈 올드린 Buzz Aldrin NASA 우주인, 인류 역사상 두 번째로 달에 발자국을 남긴 인물

제프 앤더슨 Geoff Andersen 미국 공군사관학교, 《망원경The Telescope》의 저자

제이 바브리 Jay Barbree 《문샷Moon Shot》의 저자

존 배로 John Barrow 물리학자, 케임브리지대학교, 《불가능Impossibility》의 저자

마샤 바투시악 Marcia Bartusiak 《아인슈타인의 미완성교향곡Einstein's Unfinished Symphony》의 저자

짐 벨 Jim Bell 코넬대학교 천문학자

제프리 베넷 Jeffrey Bennet 《UFO를 넘어서Beyond UFOs》의 저자

밥 버먼 Bob Berman 천문학자, 《밤하늘의 비밀Secret of the Night Sky》의 저자

레슬리 비세커 Leslie Biesecker 미국 국립보건원

피에르 비조니 Piers Bizony 《우주선 만들기How to Build Your Own Spaceship》의 저자

마이클 블래즈 Michael Blaese 미국국립보건원

알렉스 보스 Alex Boese 허풍 박물관Museum of Hoaxes 설립자

닉 보스트롬 Nick Bostrom 트랜스휴머니스트(transhumanist, 변환인간주의자), 옥스포드대학교

로버트 바우먼 Lt. Col. Robert Bowman 우주안보연구소Institute for Space and Security Studies

신시아 브리질 Cynthia Breazeal 인공지능 전문가, MIT 미디어연구소

로렌스 브로디 Lawrence Brody 미국국립보건원

로드니 브룩스 Rodney Brooks MIT 인공지능연구소 소장

레스터 브라운 Lester Brown 지구정책연구소Earth Policy Institute

마이클 브라운 Michael Brown 천문학자, 캘리포니아공과대학Cal Tech

제임스 캔턴 James Canton 《극단적인 미래예측The Extreme Future》의 저자

아서 카플란 Arthur Caplan 펜실베이니아대학교 생명윤리센터 소장

프리초프 카프라 Fritjof Capra 《레오나르도의 과학The Science of Leonardo》의 저자

숀 캐럴 Sean Carroll 우주론학자, 캘리포니아공과대학Cal Tech

앤드루 체이킨 Andrew Chaikin 《달 위의 사람A Man on the Moon》의 저자

리로이 차오 Leroy Chiao NASA 우주인

에릭 시비안 Eric Chivian 핵전방지를 위한 국제의사기구International Physicians for the Prevention of Nuclear War

디팩 초프라 Deepak Chopra 《슈퍼브레인Super Brain》의 저자

조지 처치 George Church 하버드 컴퓨터유전학센터Harvard's Center for Computational Genetics 소장

토머스 코크란 Thomas Cochran 물리학자, 천연자원보호협회Natural Resources Defence Council

크리스토퍼 코키노스 Christopher Cokinos 천문학자, 《무너진 하늘The Fallen Sky》의 저자

프랜시스 콜린스 Fransis Collins 미국국립보건원

비키 콜빈 Vicki Colvin 나노기술 전문가, 텍사스대학교

닐 코민스 Neal Comins 《우주여행의 위험요소The Hazards of Space Travel》의 저자

스티브 쿡 Steve Cook NASA 대변인

크리스틴 코스그로브 Christine Cosgrove 《Normal at Any Cost》의 저자

스티브 커즌스 Steve Cousins 윌로우 개인 로봇 프로그램Willow Garage Personal Robot Program의 최고경영자CEO

필립 코일 Phillip Coyle (전) 미국 국방차관보

대니얼 크리비에 Daniel Crevier 인공지능 전문가, 코레로Corero 최고경영자

켄 크로스웰 Ken Croswell 천문학자, 《장엄한 우주Magnificent Universe》의 저자

스티븐 쿠머 Steven Cummer 컴퓨터 과학자, 듀크대학교Duke University

마크 커트코스키 Mark Cutkosky 스탠퍼드대학교 기계공학과 교수

폴 데이비스 Paul Davies 물리학자, 《초힘Superforce》의 저자

대니얼 데닛 Daniel Dennett 철학자, 터프츠대학교Tufts University

(고) 마이클 더투조스 Michael Dertouzos MIT 컴퓨터공학과 교수

제러드 다이아몬드 Jared Diamond 퓰리처상 수상자, 캘리포니아대학교(로스앤젤레스, UCLA)

마리엣 디크리스티나 Marriot DiChristina 〈사이언티픽 아메리칸Scientific American〉 편집장

피터 딜워스 Peter Dilworth MIT 인공지능연구소

존 도너휴 John Donoghue 브라운대학교, 브레인게이트Braingate 발명자

앤 드루얀 Ann Druyan 칼 세이건Carl Sagan의 미망인, 코스모스 스튜디오Cosmos Studios

프리먼 다이슨 Freeman Dyson 프린스턴고등연구소

데이비드 이글먼 David Eagleman 신경과학자, 베일러의과대학

존 엘리스 John Ellis 유럽입자물리연구소CERN 물리학자

폴 에를리히 Paul Erlich 환경운동가, 스탠퍼드대학교

대니얼 페어뱅크스 Daniel Fairbanks 《에덴의 유적Relics of Eden》의 저자

티머시 페리스 Timothy Ferris 캘리포니아대학교, 《은하수에서 성년 되기Coming of Age in the Milky Way Galaxy》의 저자

마리아 피니초 Maria Finitzo 줄기세포 전문가, 피바디상Peabody Award 수상자

로버트 핀켈스타인 Robert Finkelstein 인공지능 전문가

크리스토퍼 플라빈 Christopher Flavin 월드워치 연구소World Watch Institute

루이스 프리드먼 Louis Friedman 행성협회Planetary Society 공동설립자

잭 갤런트 Jack Gallant 신경과학자, 캘리포니아대학교(버클리)

제임스 가빈 James Garwin NASA 수석연구원

에벌린 게이츠 Evalyn Gates 《아인슈타인의 망원경 Einstein's Telescope》의 저자

마이클 가자니가 Michael Gazzaniga 신경과학자, 캘리포니아대학(산타바바라)

잭 가이거 Jack Geiger 사회적 책임을 위한 의사협회Physicians for Social Responsibility 공동설립자

데이비드 젤런트너 David Gelenter 컴퓨터 과학자, 예일대학교, 캘리포니아대학교

닐 쉔펠 Neal Gershenfeld MIT 미디어연구소

대니얼 길버트 Daniel Gilbert 심리학자, 하버드대학교

폴 길스터 Paul Gilster 《센타우리 꿈Centauri Dreams》의 저자

레베카 굿버그 Rebecca Goodberg 환경보호기금Environmental Defense Fund

돈 골드스미스 Don Goldsmith 천문학자, 《달아나는 우주Runaway Universe》의 저자

데이비드 골드스타인 David Goldstein 캘리포니아공과대학Cal Tech 교무처장

리처드 고트 3세J. Richard Gott III 프린스턴대학교, 《아인슈타인의 우주에서 떠나는 시간여행Time Travel in Einstein's Universe》의 저자

(고) 스티븐 제이 굴드 Stephen Jay Gould 생물학자, 하버드대학교

토머스 그레이엄 대사 Ambassador Thomas Graham 첩보위성, 정보수집 전문가

존 그랜트 John Grant 《타락한 과학Corrupted Science》의 저자

에릭 그린 Eric Green 미국국립보건원

로널드 그린 Ronald Green 《디자인된 아기Babies by Design》의 저자

앨런 구스 Alan Guth 물리학자, 《인플레이션 우주The Inflationary Universe》의 저자

윌리엄 핸슨 William Hanson 《의학의 변방The Edge of Medicine》의 저자

레너드 헤이플릭 Leonard Hayflick 캘리포니아대학교 샌프란시스코의과대학

도널드 힐브랜드 Donald Hillebrand 아르곤National Labs 국립연구소

프랭크 폰 히펠 Frank N. von Hippel 물리학자, 프린스턴대학교

앨런 홉슨 Allan Hobson 정신과의사, 하버드대학교

제프리 호프만 Jeffrey Hoffman NASA 우주인, MIT

더글러스 호프스태터 Douglas Hofstadter 퓰리처상 수상자, 인디애나대학교, 《괴델, 에셔, 바흐Gödel, Escher, Bach》의 저자

존 호건 John Horgan 스티븐스과학원Stevens Institute of Technology, 《과학의 종말The End of Science》의 저자

제이미 하이네만 Jamie Hyneman TV 시리즈 〈호기심 해결사MythBusters〉 진행자

크리스 임페이 Chris Impey 우주인, 《살아 있는 우주Living Cosmos》의 저자

로버트 이리 Robert Irie MIT 인공지능연구소

P. J. 야코보비츠 P. J. Jacobowitz 〈PC〉 매거진

제이 야로슬라프 Jay Jaroslav MIT 인공지능연구소

도널드 요한슨 Donald Johanson 인류학자, 최초의 인간 루시Lucy 발견자

조지 존슨 George Johnson 〈뉴욕 타임스〉 과학기자

톰 존스 Tom Jones NASA 우주인

스티브 케이츠 Steve Kates 천문학자

잭 케슬러 Jack Kessler 줄기세포 전문가, 피바디상 수상자

로버트 커쉬너 Robert Kirshner 천문학자, 하버드대학교

크리스 쾨니히 Kris Koenig 천문학자

로렌스 크라우스 Lawrence Krauss 애리조나주립대학교, 《스타트렉의 물리학Physics of Star Trek》의 저자

로렌스 쿤 Lawrence Kuhn 영화제작자, 철학자, 〈진리에 더 가까이Closer to Truth〉 제작

레이 커즈와일 Ray Kurzweil 발명가, 《정신기계의 시대The Age of Spiritual Machines》의 저자

로버트 란자 Robert Lanza 생명공학자, 어드밴스드 셀 테크놀로지Advanced Cell Technologies

로저 라우니우스 Roger Launius 《우주의 로봇Robots in Space》의 저자

스탠 리 Stan Lee 만화책 출판사 '마블 코믹스' 명예회장, 〈스파이더맨〉 작가

마이클 레모닉 Michael Lemonick 〈타임Time〉 과학부 편집부장

아서 러너 램 Arthur Lerner-Lam 지질학자, 화산학자

사이먼 르베이 Simon LeVay 《과학이 잘못 되었을 때When Science Goes Wrong》의 저자

존 루이스 John Lewis 천문학자, 애리조나대학교

앨런 라이트맨 Alan Lightman MIT, 《아인슈타인의 꿈Einstein's Dream》의 저자

조지 리네한 George Linehan 《스페이스원Space One》의 저자

세스 로이드 Seth Lloyd MIT, 《프로그래밍 유니버스Programming The Universe》의 저자

베르너 뢰벤슈타인 Werner R. Loewenstein 전 세포물리학연구소 소장, 컬럼비아대학교

조셉 리켄 Joseph Lykken 물리학자, 페르미연구소Fermi National Laboratory

패티 마에스 Pattie Maes MIT 미디어연구소

로버트 만 Robert Mann 《과학수사Forensic Detective》의 저자

마이클 폴 메이슨 Michael Paul Mason 《헤드 케이스: 두뇌부상과 그 후의 이야기Head Cases: Stories of Brain Injury and Its Aftermath》의 저자

패트릭 맥크레이 Patrick McCray 《하늘 관찰하기Keep Watching the Skies!》의 저자

글렌 맥기 Glenn McGee 《완벽한 아기The Perfect Baby》의 저자

제임스 맥러킨 James McLurkin MIT 인공지능연구소

폴 맥밀런 Paul McMillan 우주감시체계Space Watch 프로젝트 총책임자

풀비 멜리아 Fulivio Melia 천문학자, 애리조나대학교

윌리엄 멜러 William Meller 《에볼루션 Rx Evolution Rx》의 저자

폴 멜처 Paul Meltzer 미국국립보건원

마빈 민스키 Marvin Minsky MIT, 《마음의 사회The Society of Mind》의 저자

한스 모라벡 Hans Moravec 《로봇Robot》의 저자

(고) 필립 모리슨 Phillip Morrison 물리학자, MIT

리처드 뮬러 Richard Muller 천체물리학자, 캘리포니아대학교(버클리)

데이비드 나하무 David Nahamoo IBM 인간언어기술Human Language Technology

크리스티나 닐 Christina Neal 화산학자

미겔 니코렐리스 Miguel Nicolelis 신경과학자, 듀크 대학교Duke University

신지 니시모토 Shinji Nishimoto 신경과의사, 캘리포니아대학교(버클리)

마이클 노바첵 Michael Novacek 미국 자연사박물관

마이클 오펜하이머 Michael Oppenheimer 환경론자, 프린스턴대학교

딘 오니시 Dean Ornish 암 및 심장병 전문의

피터 팔레스 Peter Palese 바이러스학자, 마운트사이나이의과대학Mount Sinai School of Medicine

찰스 펠러린 Charles Pellerin NASA 임원

시드니 페르코비츠 Sidney Perkowitz 《할리우드의 과학Hollywood Science》의 저자

존 파이크 John Pike 글로벌 시큐리티Globalsecurity.org

제나 핀콧 Jena Pincott 《신사는 정말로 금발을 좋아하는가?Do Gentlemen Really Prefer Blondes?》의 저자

스티븐 핀커 Steven Pinker 심리학자, 하버드대학교

토마소 포지오 Thomaso Poggio 인공지능 전문가, MIT

코리 파월 Correy Powell 〈디스커버Discover〉 편집인

존 파월 John Powell JP 에어로스페이스JP Aerospace 창설자

리처드 프레스턴 Richard Preston 《핫 존The Hot Zone》과 《냉동고 속의 유령The Demon in the Freezer》의 저자

라만 프린자 Raman Prinja 천문학자, 유니버시티칼리지런던University College London

데이비드 쾀멘 David Quammen 진화생물학자, 《신중한 다윈The Reluctant Mr. Darwin》의 저자

캐서린 램스랜드 Katherine Ramsland 과학수사 전문가, 법의학자

리사 랜들 Lisa Landall 하버드대학교, 《숨겨진 우주 Warped Passages》의 저자

마틴 리스 경 Sir Martin Rees 천문학자, 케임브리지대학교, 《태초 그 이전Before the Begin-ning》의 저자

제레미 리프킨 Jeremy Rifkin 경제동향연구재단Foundation for Economic Trends

데이빗 리키에 David Riquier MIT 미디어연구소

제인 리슬러 Jane Rissler 참여과학자연대Union of Concerned Scientists

스티븐 로젠버그 Steven Rosenberg 미국 국립보건원

올리버 색스 Oliver Sacks 신경과의사, 컬럼비아대학교

폴 사포 Paul Saffo 미래학자, 미래연구소Institute of the Future

(고) 칼 세이건 Carl Sagan 코넬대학교, 《코스모스 Cosmos》의 저자

닉 세이건 Nick Sagan 《이것이 미래인가? You Call This the Future?》의 공동저자

마이클 살라먼 Michael H. Salaman NASA의 "아인슈타인 넘어서기Beyond Einstein" 프로그램

아담 새비지 Adam Savage TV 시리즈 〈호기심 해결사Mythbusters〉 진행자

피터 슈워츠 Peter Schwartz 미래학자, 글로벌 비즈니스 네트워크Global Business Net-work 설립자

마이클 셔머 Michael Shermer 회의주의학회Skeptic Society 설립자, 〈스켑틱Skeptic〉

도나 셜리 Donna Shirley NASA 화성 프로그램

세스 쇼스탁 Seth Shostak SETI 연구소

닐 슈빈 Neil Shubin 《내 안의 물고기Your Inner Fish》의 저자

폴 슈츠 Paul Shurch SETI 연맹

피터 싱어 Peter Singer 《하이테크 전쟁Wired for War-로봇 혁명과 21세기 전투》의 저자

사이먼 싱 Simon Singh 《빅뱅 Big Bang》의 저자

개리 스몰 Gary Small 《아이브레인iBrain》의 저자

폴 스퍼디스 Paul Spudis 《제한된 달 여행Odyssey Moon Limited》의 저자

스티븐 스퀴레스 Stephen Squyres 천문학자, 코넬대학교

폴 스타인하르트 Paul Steinhardt 프린스턴대학교, 《끝없는 우주Endless Universe》의 저자

잭 스턴 Jack Stern 줄기세포 전문의

그레고리 스톡 Gregory Stock UCLA, 《인간 재디자인하기Redesigning Humans》의 저자

리처드 스톤 Richard Stone 《지구근접궤도NEOs》와 《퉁구스카Tunguska》의 저자

브라이언 설리번 Brian Sullivan 헤이든천체과학관Hayden Planetarium

레너드 서스킨드 Leonard Susskind 물리학자, 스탠퍼드대학교

대니얼 태멋 Daniel Tammet 《브레인맨, 천국을 만나다Born on a Blue Day》의 저자

제프리 테일러 Geoffrey Taylor 물리학자, 멜버른대학교

테드 테일러 Ted Taylor 미국 핵탄두설계자

막스 테그마크 Max Tegmark 우주론학자, MIT

앨빈 토플러 Alvin Toffler 《제3의 물결The Third Wave》의 저자

패트릭 터커 Patrick Tucker 세계미래학회World Future Society

크리스 터니 Chris Turney 울런공대학교University of Wollongong, 《얼음, 진흙 그리고 피Ice, Mud and Blood》의 저자

닐 디그래스 타이슨 Niel deGrasse Tyson 헤이든천체과학관Hayden Planetarium 관장

세시 벨라무어 Sesh Velamoor 미래재단Foundation for the Future

로버트 월러스 Robert Wallace 《스파이크래프트Spycraft》의 저자

케빈 워릭 Kevin Warwick 인간사이보그, 영국 레딩대학교University of Reading

프레드 왓슨 Fred Watson 천문학자, 《스타게이저Stargazer》의 저자

(고) 마크 와이저 Mark Weiser 제록스 팰로앨토연구소Xerox PARC

앨런 와이즈먼 Alan Weisman 《인간 없는 세상The World Without Us》의 저자

대니얼 베르트하이머 Daniel Wertheimer SETI@Home, 캘리포니아대학교(버클리)

마이크 웨슬러 Mike Wessler MIT 인공지능연구소

로저 와이언스 Roger Wiens 천문학자, 미국로스앨러모스국립연구소Los Alamos National Laboratory

아서 위긴스 Arthur Wiggins 《물리학의 즐거움The Joy of Physics》의 저자

앤서니 윈쇼 보리스 Anthony Wynshaw-Boris 미국국립보건원
칼 짐머 Carl Zimmer 생물학자, 《진화Evolution》의 저자
로버트 짐머만 Robert Zimmerman 《멀어져 가는 지구Leaving Earth》의 저자
로버트 주브린 Robert Zubrin 화성학회Mars Society 창립자

최근 몇 년 동안 항상 가까운 곳에 있으면서 이 책을 집필하는 데 값진 조언을 해준 나의 출판대리인 스튜어트 크리체프스키Stuart Krichevsky에게도 감사한다. 내 생각을 고집하지 않고 그의 조언을 따르기만 하면 항상 좋은 결과가 나왔다. 또한 이 책의 방향을 결정하고 전체적인 윤곽을 잡아준 편집자 에드워드 카스텐마이어Edward Kastenmeier와 멜리사 다나츠코Melissa Danaczko에게도 감사의 마음을 전한다. 그리고 신경과학의 미래에 관하여 나와 토론하면서 유익하고 값진 정보를 제공해준 뉴욕 마운트사이나이병원의 신경과학자이자 나의 사랑하는 딸, 미셸 카쿠Dr. Michelle Kaku 박사에게 깊은 고마움을 느낀다. 미셸이 내 원고를 꼼꼼하게 읽어준 덕분에 글의 완성도가 높아지고 내용이 훨씬 풍부해졌다.

역자의 글

이 책의 저자(미치오 카쿠)는 물리학자이다. 그것도 현상론과 거리가 먼 끈 이론을 연구해온 이론물리학자이다. 그와 개인적인 친분은 없지만 나 역시 이론물리학자로서 짐작건대, 아마도 그는 학위를 받은 후 초미시세계(양자역학)와 초거대세계(우주론, 은하, 블랙홀 등)를 연구하면서 대부분의 시간을 보내왔을 것이다. 이런 분야는 사람 사는 세상과 너무 동떨어져 있어서 연구가 지지부진해도 연구비를 지원한 전주錢主 외에는 크게 탓하는 사람이 없고, 획기적인 결과가 얻어져도 당장은 큰 관심을 끌지 못한다. 게다가 세상살이와 거의 무관한 분야이다 보니 어떤 물리학자가 아무리 황당한 주장을 펼쳐도 일반대중은 별다른 반감이 없고, 자신의 의견을 개진할 여유도 없다. 작년에 힉스Higgs 입자가 발견되어 물리학계가 한바탕 난리를 치렀지만, 자세한 내용을 모르는 일반대중에게는 '그들만의 잔치'에 불과했다.

그러나 뇌과학자가 "먹기만 하면 머리가 좋아지는 알약을 개발했다"고 하면 세상은 당장 뒤집어질 것이다. 물리학이나 뇌과학이나 똑같은 과학일진대, 후자의 반향이 압도적으로 큰 이유는 연구대상이 '나'와 직접 관련이 있기 때문이다. 그래서 특정 분야의 연구결과가 나의 삶에 영향을 미칠 때까지 걸리는 시간이 짧으면 '응용과학'이고,

수십에서 수백 년이 걸리면 '순수과학'이 된다. 말이 좋아 '순수'지, 사실은 '먹고사는 데 별 영향을 미치지 못하는 변두리 분야'라는 뜻이다.

미치오 카쿠는 그동안 《초공간Hyperspace》《평행우주Parallel Worlds》《불가능은 없다Physics of the Impossible》《미래의 물리학Physics of the Future》 등 주로 물리학을 주제로 한 교양과학서를 집필하면서 과학의 대중화를 위해 애써오더니, 이번에는 자신의 전공과 다소 동떨어진 뇌과학을 도마 위에 올렸다. 모르긴 몰라도, 물리학보다는 두뇌와 관련된 이야기가 대중들에게 더 친근하게 다가간다고 생각했기 때문일 것이다. 물론 바람직한 생각이다. 궁극적으로 뇌과학의 기본은 물리학이므로, 물리학 전도사라면 누구나 욕심낼 만한 과제이다. 그러나 이것을 실천에 옮기고, 소기의 성과를 올릴 수 있는 물리학자가 이 세상에 과연 몇이나 될까?

자신의 전공이 아닌 타 분야를 주제로 책을 집필한다는 것은 확실히 부담스러운 일이다. 아니, 부담 정도가 아니라 웬만한 학자들은 상상조차 하기 어렵다. 그러나 미치오 카쿠는 자신의 주특기인 정보수집력과 분석력을 십분 발휘하여 이 어려운 작업을 훌륭하게 완수해냈다. 뇌과학을 이끄는 세계적인 석학들을 일일이 만나 지금까지의 연구동향과 이후 전망을 경청하고, 그 내용을 이론물리학자 특유의 분석력으로 낱낱이 해부하여 뇌과학이 나아갈 방향을 나름대로 제시했으니, 이 정도면 물리학자 겸 미래학자라 불러도 손색이 없을 듯하다.

지금 뇌과학은 첨단기기의 발전에 힘입어 하루가 다르게 성장하고 있다. 지지부진한 물리학과 비교하면 토끼와 거북이의 경주를 연상케

한다. 사실 이것은 물리학자들이 게을러서가 아니라, 물리학의 발전을 견인할 '동료 분야'가 거의 없기 때문이다. 반면에 뇌과학과 신경과학은 물리학, 화학, 공학, 컴퓨터, 생물학, 의학 등 다른 분야의 발전에 직접적인 영향을 받을 뿐만 아니라, 그동안 알려진 내용이 별로 없었던 탓에 뒤늦은 혁명기를 맞이하고 있다. 저자의 예견대로 앞으로 당분간은 뇌과학이 현대과학을 주도할 것이며, 우리의 삶에 가장 깊은 영향을 주는 연구분야로 자리매김할 것이다.

"의식의 기원은 어디인가?" "나는 어디에 있는가?" "나는 누구인가?"… 이 모든 질문에는 아직 명확한 답이 없고, 누구나 한마디씩 할 수도 있다. 그러나 우리에게 필요한 것은 개인적 경험에 바탕을 둔 추론이 아니라, 실험데이터에 입각한 '팩트fact'이다. 그리고 이 책은 세계적 석학들이 알아낸 팩트와 이론물리학자의 분석을 통해 내린 다양한 예측으로 가득 차 있다. 숲 속을 헤매면서 나무를 보지 못하다가 어렵게 나무가 눈에 들어왔다면, 그다음에는 나무를 바라보는 자신을 되돌아볼 차례다. 되돌아보는 방법에는 여러 가지가 있지만, 그 중에서도 가장 과학적이고 논리적인 시각으로 자신을 객관화할 필요성을 느낀다면 이 책이 듬직한 안내자가 되어줄 것이다. 60대 후반의 나이에도 불구하고 청소년 같은 순수함과 호기심으로 세상을 바라보는 저자에게 깊은 존경을 표하며, 앞으로도 과학전도사로 꾸준히 활동해주기를 기원한다.

2015년 4월

수리산 자락에서 역자 박병철

후주

서문

1 이 점을 이해하기 위해, 계의 복잡한 정도를 '계에 저장될 수 있는 정보의 양'으로 가늠해보자. 정보의 양에 관한 한, 우리 몸 안에서 두뇌와 경쟁할 만한 상대는 DNA뿐이다. 우리 몸속 DNA에는 약 30억 개의 염기(鹽基, base)가 존재하며, 각 염기는 A, T, G, C 중 하나의 핵산을 포함하고 있다. 그러므로 DNA에 저장될 수 있는 총 정보량은 $4^{30억}$이다. 그러나 두뇌는 1천억 개의 뉴런으로 이루어져 있고 각 뉴런은 활성 상태나 비활성 상태에 놓일 수 있으므로, 두뇌가 취할 수 있는 초기 상태는 $2^{1천억}$ 가지나 된다. 게다가 DNA의 정보는 고정되어 있지만, 두뇌의 정보는 수백 분의 1초마다 변한다. 아주 간단한 생각을 할 때조차 뉴런은 수백 단계에 걸쳐 활성화된다. 그러므로 두뇌에 저장될 수 있는 정보의 양은 최소 $(2^{1천억})^{100}$ 이상이다. 그런데 두뇌는 밤낮을 가리지 않고 항상 무언가를 계산하고 있으므로, 일반적으로 뉴런이 N 단계에 걸쳐 활성화된다면 총 정보량은 $(2^{1천억})^N$이며, 이 값은 상상할 수 없을 정도로 크다. 간단히 말해서, 두뇌에 저장할 수 있는 정보의 양은 DNA와 비교가 안 될 만큼 방대하다. 이것은 (인간을 제외한) 태양계에 저장할 수 있는 정보의 양보다 많으며, 아마도 은하수 전체의 정보를 합친 것보다 많을 것이다.

2 Boleyn-Fitzgerald, p. 89

3 Boleyn-Fitzgerald, p. 137

1장_ 마음 해독하기

1 Sweeney, pp. 207~208

2 Carter, p. 24

3 Horstman, p. 87

4 Carter, p. 28

5 〈뉴욕 타임스New York Times〉, 2013년 4월 10일자 1면

6 Carter, p. 83

7 2007년 2월, BBC TV 시리즈 〈Visions of the Future〉에서 방영된 민스키 박사의 인터뷰에서 발췌. 2009년 11월에 미국 라디오 방송 〈Science Fantastic〉에서도 동일한 내용의 인터뷰가 있었음

8 2003년 9월, 라디오 방송 〈Exploration〉에 출연한 핀커 박사의 인터뷰에서 발췌

9 핀커의 저서 《Your Brain: A User's Guide(New York: Time Inc. Specials, 2011)》 참조

10 Boleyn-Fitzgerald, p. 111

11 Carter, p. 52

12 2012년 9월, 라디오 방송 〈Science Fantastic〉에 출연한 마이클 가자니가의 인터뷰에서 발췌

13 Carter, p. 53

14 Boleyn-Fitzgerald, p. 119

15 2012년 5월, 라디오 방송 〈Science Fantastic〉에 출연한 데이비드 이글먼의 인터뷰에서 발췌

16 Eagleman, p. 63

17 Eagleman, p. 43

2장_ 의식: 물리학적 관점

1 스티븐 핀커의 저서 《How the Mind Works》, pp. 561~565

2 〈Biological Bulletin〉 215, no. 3 (2008년 12월): 216

3 2단계 의식의 세부수준은 무리 짓고 사는 동물들이 다른 개체와 교류할 때 작동하는 피드백회로의 개수로 가늠할 수 있다. 무리를 이루는 개체 수를 A라 하고, 한 개체가 다른 개체와 교환하는 감정이나 몸짓의 수를 B라 하면, 피드백회로의 수는 대충 A×B가 될 것이다. 그러나 이것은 상황을 극도로 단순화한 모형이므로 모든 동물에 적용할 수는 없다.
예를 들어 살쾡이는 무리 짓고 살지만 사냥은 혼자 한다. 그래서 사냥할 때는 무리의 개체 수를 한 마리로 간주하고, 짝짓기할 때는 무리 전체를 고려해야 한다. 즉, 사냥할 때 살쾡이의 의식은 2단계 중 낮은 레벨에 속하고, 짝짓기할 때는 높은 레벨로 업그레이드된다.

게다가 암컷 살쾡이가 새끼를 낳아 키울 때는 다른 개체와의 교류가 훨씬 많아진다. 이처럼 사냥을 혼자 하는 동물들 역시 무리 속에서는 혼자가 아니므로, 피드백 회로의 개수가 매우 많다.
늑대의 경우, 무리의 개체 수가 줄어들면 2단계 의식의 수준도 낮아지는 경향을 보인다. 이 점을 감안하려면 각 개체의 2단계 개별수치와 함께 모든 동물에 적용되는 '2단계 평균수치'를 도입할 필요가 있다.
2단계 평균수치는 모든 종種에 공통으로 적용되므로 개체 수가 줄어들어도 변하지 않지만, 2단계 개별수치(각 개체의 정신활동과 의식수준을 나타내는 수)는 변할 수 있다.
이것을 사람에게 적용한다면 2단계 평균수치는 약 150이다. 이것은 한 사람이 교류하는 주변 인물의 평균수치로서, 흔히 '던바의 수Dunbar number'로 알려졌다. 따라서 인간의 2단계 의식의 수치는 '타인과 교류할 때 나타나는 감정과 몸짓의 수'에 '던바의 수(150)'를 곱한 값과 같다(그러나 친구 수와 교류방식은 개인차가 커서, 2단계 의식의 수치는 사람마다 다르다).
또 한 가지, 1단계 의식밖에 없는 생명체(곤충이나 파충류 등)도 사회적 행동을 보일 때가 있다. 예를 들어 개미는 다른 개미와 마주쳤을 때 냄새를 풍겨서 정보를 교환하고, 벌은 춤을 추면서 동료에게 화단의 위치를 알려준다. 파충류도 원시적이나마 두뇌피질이 있다. 그러나 일반적으로 곤충과 파충류는 감정을 느끼지 않는다고 알려져 있다.

4 Gazzaniga, p. 27
5 Gilbert, p. 5
6 Gazzaniga, p. 20
7 Eagleman, p. 144
8 Brockman, p. xiii
9 Bloom p. 51
10 Bloom p. 51
11 2012년 9월 라디오 방송 〈Science Fantastic〉, 마이클 가자니가의 인터뷰에서 발췌
12 Gazzaniga, p. 85

3장_ 텔레파시: 무슨 생각을 그리 골똘히 하는가?

1 http://www.ibm.com/5in5
2 2012년 7월 11일, 버클리 캘리포니아대학교에서 진행된 잭 갤런트Jack Gallant 박

사의 인터뷰 및 2012년 7월 방영된 라디오 방송 〈Science Fantastic〉 인터뷰에서 발췌

3 버클리 뉴스레터(2011년 9월 22일). http://newscentcr.bekrely.edu/20211/09/22/brain-movie.htm

4 Brockman, p. 236

5 나는 버클리 캘리포니아대학교의 브라이언 파슬리(Brian Pasley) 박사를 2012년 7월 11일에 방문했다.

6 솔트레이크시티 유타대학교, 브레인연구소, http://brain.utah.edu

7 http://i09/543338/a-device-that-lets-i09.com/543338/a-device-that-lets-ou-type-with-your-mind

8 http://news.discovery.com/tech/type-with-your-mind-110309.html

9 〈Discover Magazine Presents the Brain〉, 2012년 봄, p. 43

10 〈Scientific American〉, 2008년 11월호, p. 68

11 Garreau, pp. 23~24

12 이 모임은 2004년 3월에 사이언스 픽션 채널에서 후원한 미래과학 심포지엄이었다.

13 2009년 4월, 캘리포니아주 애너하임 컨퍼런스

14 Garreau, p. 22

15 Garreau, p. 19

16 http://www.nbcnews.com/health/words-from-brain-waves-may-let-scientist-read-your-mind-1C6435988

4장_ 염력: 마음으로 물체를 조종하다

1 〈뉴욕 타임스〉 2012년 3월 17일자. p. A17. 이 기사는 http://www.masbc.mns.com/id/47447302/ns/health-health-care/t/parallyzed-woman-gets-robotic-arm.html에서 읽을 수 있다.

2 2009년 11월, 라디오 방송 〈Science Fantastic〉에 출연한 존 도너휴 박사의 인터뷰에서 발췌

3 미국질병통제예방센터, 워싱턴 D.C. http://www.edc.gov/traumaticbraininjury/scifacts.html

4 http://deptwww.physio.northwestern.edu/faculty/Miller.htm;http://www.northwestern.edu/newscenter/stories/2012/04/miller-paralyzed-

technology.html

5 http://www.northwestern.edu/newscenter/stories/2012/04/millerparalyzed-technology.html

6 http://www.darpa.mil/Our-Work/DSO/Programs/Revolutionizing-Prosthetics.aspx.CBS 〈60 Minutes〉, 2012년 12월 30일 방영

7 상동

8 상동

9 〈월 스트리트 저널〉, 2102년 3월 29일자

10 2011년 4월, 라디오 방송 〈Science Fantastic〉에 출연한 니코렐리스의 인터뷰에서 발췌

11 2013년 3월 13일자 〈뉴욕타임즈New York Times〉 참조. http://nytimes.com/2013/03/01/science/new-research-suggests-two-rat-brains-can-be-linked. 이 기사는 2013년 2월 28일자 〈허핑턴 포스트〉에도 게재되었음. http://huffington-post.com/2013/2/28mind-melds0brain-communication.

12 2013년 8월 8일자 〈USA Today〉 p. 1D

13 2011년 4월 니코렐리스 박사의 인터뷰에서 발췌

14 인공외골격의 자세한 내용은 니코렐리스의 저서 《Beyond Boundaries: The New Neuroscience of Connecting Brains with MAchines - and How It Will Change Our Lives》, New York: W. W. Norton, 2009, pp. 303-307을 참조할 것

15 http://asimo.honda.com

16 http://discovermagazine.com/2007/may/review-test-driving-the-future

17 2011년 12월 9일 〈Discover〉 참조. http://discovermagazine.com/2011/dec/09-mind-over-motor-controlling-robots-with-your-thoughts

18 니코렐리우스 《Beyond Boundaries: The New Neuroscience of Connecting Brains with MAchines - and How It Will Change Our Lives》, New York: W. W. Norton, 2009, p. 135 참조

19 2010년 8월에 방영된 디스커버리 및 사이언스 채널의 〈Sci Fi Science〉 시리즈에서 카네기멜론대학교의 과학자들과 나눈 인터뷰

5장_ 주문 제작된 생각과 기억들

1 Wade, p. 89

2 상동, p. 91
3 Damasio, pp. 130~153
4 Wade, p. 232
5 http://www.newscientist.com/article/dn3488
6 http://eurekalert.org/pub_release/2011-06/uosc-rmro3211.php
7 http://hplusmagazine.com/2009/03/18/artificial-hippocampus
8 http://articles.washingtonpost.com/2013-07-12/national/40863765_1_brain-cells-mice-new-memories
9 메시지를 전달하는 비둘기와 철새 그리고 고래도 장기기억력이 있을까? 이들은 먹이를 찾고 새끼를 양육하기 위해 수백~수천 km를 이동한다. 그 비결은 아직 밝혀지지 않았지만, 이들의 장기기억력은 뇌에 저장된 데이터에 기초한 것이 아니라, 이동경로에 놓여 있는 표지물(섬이나 호수 등)에 의존하는 것으로 추정된다. 다시 말해서, 미래를 시뮬레이션할 때 과거의 기억을 참고하지 않는다는 뜻이다. 그렇다면 이들의 장기기억력은 일련의 표지를 기억하는 것에 불과하다. 미래를 시뮬레이션할 때 장기기억을 참고하는 동물은 인간밖에 없다.
10 Michael Lemonick, "Your Brain: A User's Guide", 〈Time〉, 2011년 12월, p. 78, 잡지에 실린 글
11 http://sciencedaily.com/videos/2007/0210-brain_scans_of_the_future.htm
12 http://www.sciencedaily.com/videos/2007/0710
13 〈뉴욕 타임스〉, 2012년 9월 12일자, p. A18
14 http://www.tgdaily.com/general-science-features/58736-aitificial-cerebellum-restores-rats
15 미국알츠하이머재단, http://www.alzfdn.org
16 ScienceDaily.com, 2009년 10월, http://sciencedaily.com/releases/2009/10/091019122647.htm
17 상동
18 Wade, p. 113
19 상동
20 상동, p. 114
21 Bloom, p. 244
22 SATI e-News, 2007년 6월 28일, http://www.mysati.com/enews/June2007/

ptsd.htm.

23 Boleyn-Fitzgerald, p. 104

24 상동

25 상동, p. 105

26 상동, p. 106

27 Nicolelis, p. 318

28 〈New Scientists〉, 2003년 3월 12일, http://www.newscientists.com/article/dn3488

6장_ 아인슈타인의 뇌: 지능 높이기

1 http://abcnews.go.com/blogs/headlines/2012/03/einsteins-brainarrives-in-on-afterdd

2 Gould, p. 109

3 www.sciencedaily.com/releases/2011/12/111208257120.htm

4 Gladwell, p. 40

5 C. K. Holahan and R. R. Sears의 《The Gifted Group in Later Maturity(Stanford University Press, 1995)》 참조

6 Boleyn-Fitzgerald, p. 48

7 Sweeney, p. 26

8 Bloom, p. 12

9 상동, p. 15

10 http://www.daroldtreffert.com

11 Tammet, p. 4

12 2007년 10월 라디오 방송 〈Science Fantastic〉에 대니얼 태멋이 출연했을 때 그와 인터뷰할 기회가 있었다.

13 〈Science Daily〉, 2012년 3월호, http://www.sciencedaily.com/releases/2012/03/120322100313.htm

14 AP wire story, 2004년 11월 8일, http://www.Space.com

15 〈Neurology 51(1998년 10월)〉, pp. 978~982

16 Sweeney, p. 252

17 Center of the Mind, 호주 시드니, http://www.centerofthemind.com

18 R. L. Young, M. C. Ridding, and T. L. Morrell, "Switching Skills on by Turning Off Part of the Brain", 〈Neurocase 10(2004)〉: 215, 222
19 Sweeney, p. 311
20 〈Science Daily〉, 2012년 5월, http://www.sciencedaily.com/releases/2012/05/120509180113.htm
21 상동
22 Sweeney, p. 294
23 Sweeney, p. 295
24 Katherine S. Polland, "What Makes Us Different", 〈Scientific American Special Collectors Edition(2013년 겨울)〉: 31~35
25 상동
26 상동
27 〈TG Daily〉, 2012년 11월 15일, http://www.tgdaily.com/general-sciences-features/67503-new-found-gene-separates-man-from-apes
28 Gazzaniga, 《Human: The Science Behind What Makes Us Unique》
29 Gilbert, p. 15
30 Douglas Fox, "The Limits of Intelligence", 《Scientific American》, 2011년 7월, p. 43
31 상동, p. 42

7장_ 꿈속에서

1 C. Hall and R. Van de Castle, 《The Content Analysis of Dreams(New York: Appleton-Century-Crofts, 1966)》
2 2012년 7월 라디오 방송 〈Science Fantastic〉에 출연한 앨런 홉슨의 인터뷰에서 발췌
3 Wade, p. 229
4 〈New Scientist〉, 2008년 12월 12일, http://www.newscientist.com/article/dn16267-mindreading-software-could-record-your-dreams.html
5 갤런트 박사의 연구소를 방문한 날짜는 2012년 7월 11일이었다.
6 〈Science Daily〉, 2011년 10월 28일, http://www.sciencedaily.com/releases/2011/111028113626.htm

7 http://www.wearable-technologies.com/262

8장_ 마음 조종하기

1 Miguel Nicolelis, 《Beyond Boundaries(New York: Henry Holt, 2011)》, pp. 228~232
2 http://www.nytimes.com/packages/pdf/national/13inmate-Project-MKUNTRA.pdf
3 Rose, p. 292
4 상동, p. 293
5 http://documents.theblackvault.com/documents/mindcontrol/hypnosisinintelligence.pdf
6 Boleyn-Fitzgerald, p. 57
7 Sweeney, p. 200
8 Boleyn-Fitzgerald, p. 58
9 http://www. nytimes.com/2011/05/17/science/17optics.html
10 〈뉴욕 타임스〉, 2011년 3월 17일자, http://nytimes.com/2011/05/17/science/17optics.html

9장_ 달라진 의식

1 Eagleman, p. 207
2 Boleyn-Fitzgerald, p. 122
3 Ramachandran, p. 280
4 David Biello, 〈Scientific American〉, p. 41, www.sciammind.com.
5 상동, p. 42
6 상동, p. 45
7 상동, p. 44
8 Sweeney, p. 166
9 상동, p. 90
10 상동, p. 165
11 상동, p. 208
12 Ramachandran, p. 267
13 Carter, pp. 100~103

14 Baker, pp. 46~53

15 상동, p. 3

16 Carter, p. 98

17 〈뉴욕 타임스〉, 2013년 2월 26일, http://www.nytimes.com/2013/03/01/health/study-finds-genetic-risk-factors-shared-by-5

18 상동

10장_ 인공정신과 실리콘의식

1 Crevier, p. 109

2 상동

3 Kaku, p. 79

4 Brockman, p. 2

5 2007년 4월, BBC-TV 시리즈 〈Visions of the Future〉 제작팀이 일본 나고야에 있는 혼다연구소를 방문했을 때 ASIMO 제작팀과 인터뷰한 내용

6 2002년 4월 라디오 방송 〈Exploration〉에 출연한 로드니 브룩스의 인터뷰에서 발췌

7 나는 2010년 4월 13일에 디스커버리 및 사이언스 채널의 과학 시리즈 〈Sci Fi Scien-ce〉 제작팀과 함께 MIT 미디어연구소를 방문했다.

8 Moss, p. 168

9 Gazzaniga, p. 352

10 상동, p. 252

11 〈Guardian〉, 2010년 8월 9일, http://www.guardian.co.uk/technology/2010/aug/09/nao-robot-develop-emotions.htm

12 http://cosmomagazine.com/news/4177/reverse-engineering-brain

13 Damasio, pp. 108~129

14 Kurzweil, p. 248

15 Pinker, "The Riddle of Knowing You're Here", 《Your Brain: A User's Guide, Winter》, 2011, p. 19

16 Gazzaniga, p. 352

17 Kurzweil.net, 2012년 8월 24일, http://www.kurzweil.net/robot-learns-self-awareness

18 1998년 11월 라디오 방송 〈Exploration〉에 출연한 한스 모라벡의 인터뷰에서 발췌.

19 Sweeney, p. 316

20 2002년 4월 라디오 방송 〈Exploration〉에 출연한 로드니 브룩스의 인터뷰에서 발췌

21 TED 강연, http://www.ted.com/talks/lang/en/rodney_brooks_on_robots.html

22 http://phys.org/news205059692.html

11장_ 두뇌의 역설계

1 http://actu.epfl.ch/news/the-human-brain-project-wins-top-european-science

2 http://ted.com/talks/henry-markram_supercomputing_the_brain's_secrets.html

3 Kushner, p. 19

4 상동, p. 2

5 Sally Adee, "Reverse Engineering the Brain", 〈IEEE Spectrum〉, http://spectrum.ieee.org/ biomedical/ethics/reverse-engineering-the-brain

6 http://cnn.com/2012/01/tech/innovation/brain-map-connectome/index.html

7 http://www.ted.com/talks/lang.en/sebastian_seung.html

8 http://ts-si.org/neuroscience/29735-allen-human-brain-atlas-updates-with-comprehensive

9 TED 강연, 2010년 1월, http://www.ted.com

12장_ 미래: 물질을 초월한 정신

1 Nelson, p. 137

2 상동, p. 140

3 〈National Geographic News〉, 2010년 4월 8일, http://news.nationalgeographic.com/news/2010/04/100408-near-death-experience-blood-carbon.htm; Nelson, p. 126

4 Nelson, p. 126

5 상동, p. 128
6 2012년 11월에 개최된 아랍 에미레이트 두바이 학회
7 Bloom, p. 191
8 Sweeney, p. 298
9 Carter, p. 298
10 2009년 9월 라디오 방송 〈Exploration〉에 출연한 로버트 란자의 인터뷰에서 발췌
11 Sebastian Seung, TED 강연, http://www.ted.com/talks/lang/en/sebastian_seung.html
12 http://www.bbc.com.uk/sn/tvradio/programmes/horizon/broadband/tx/isolation
13 1998년 11월 라디오 방송 〈Exploration〉에 출연한 한스 모라벡의 인터뷰에서 발췌
14 2003~2004년 〈Chemical and Engineering News〉 참조
15 Garreau, p. 128

13장_ 순수한 에너지로 존재하는 의식

1 Sir Martin Lees, 《Our Final Hour(New York: Perseus Books, 2003)》, p. 182.

14장_ 외계인의 마음

1 Kepler 웹페이지, http://kepler.nasa.hov.
2 상동
3 1999년 6월 라디오 방송 〈Exploration〉에 출연한 워트하이머의 인터뷰에서 발췌
4 2012년 5월 라디오 방송 〈Science Fantastic〉에 출연한 세스 쇼스탁의 인터뷰에서 발췌
5 상동
6 Davies, p. 22
7 Sagan, p. 221
8 상동
9 상동
10 상동, p. 113
11 Eagleman, p. 77

12 2012년 4월 라디오 방송 〈Science Fantastic〉에 출연한 폴 데이비스의 인터뷰에서 발췌

13 Davies, p. 159

14 〈Discovery News〉, 2011년 12월 27일, http://news.discovery.com/space/seti-to-scour-the-moon-for-alien-tech-111227.htm

15장_ 맺음말

1 〈Wired〉, 200년 4월, http://www.wired.com/wired/archive/8.04/joy.html/

2 Garreau, p. 139

3 상동, p. 180

4 상동, p. 353

5 상동, p. 182

6 Eagleman, p. 205

7 상동, p. 208

8 Pinker, p. 132

9 1996년 11월 라디오 방송 〈Exploration〉에 출연한 스티븐 제이 굴드의 인터뷰에서 발췌

10 Pinker, p. 133

11 Pinker, "The Riddle of Knowing You're Here", 《Time: Your Brain: A User's Guide(Winter 2011)》, p. 19

12 Eagleman, p. 224

부록_ 양자적 의식

1 2005년 7월 라디오 방송 〈Exploration〉에 출연한 사이먼 배런-코헨의 인터뷰에서 발췌

2 Sweeney, p. 150

참고문헌

Baker, Sherry. "Helen Mayberg." *Discover Magazine Presents the Brain*. Waukesha, WI: Kalmbach Publishing Co., Fall 2012.

Bloom, Floyd. *Best of the Brain from Scientific American: Mind, Matter, and Tomorrow's Brain*. New York: Dana Press, 2007.

Boleyn-Fitzgerald, Miriam. *Pictures of the Mind: What the New Neuroscience Tell Us About Who We Are*. Upper Saddle River, N.J.: Pearson Education, 2010.

Brockman, John, ed. *The Mind: Leading Scientists Explore the Brain, Memory, Personality, and Happiness.* New York: Harper Perennial, 2011.

Calvin, William H. *A Brief History of the Mind.* New York: Oxford University Press, 2004.

Carter, Rita. *Mapping the Mind*. Berkeley: University of California Press, 2010.

Crevier, Daniel. *AI: The Tumultuous History of the Search for Artifi cial Intelligence.* New York: Basic Books, 1993.

Crick, Francis. *The Astonishing Hypothesis: The Science Search for the Soul.* New York: Touchstone, 1994.

Damasio, Antonio. *Self Comes to Mind: Constructing the Conscious Brain.* New York: Pantheon Books, 2010.

Davies, Paul. *The Eerie Silence: Renewing Our Search for Alien Intelligence.* New York: Houghton Miffl in Harcourt, 2010.

Dennet, Daniel C. *Breaking the Spell: Religion as a Natural Phenomenon.* New York: Viking, 2006.

___. *Conscious Explained.* New York: Back Bay Books, 1991.

DeSalle, Rob, and Ian Tattersall. *The Brain: Big Bangs, Behaviors, and Beliefs.* New Haven, CT: Yale University Press, 2012.

Eagleman, David. *Incognito: The Secret Lives of the Brain*. New York: Pantheon Books, 2011.

Fox, Douglas. "The Limits of Intelligence," *Scientific American*, July 2011.

Garreau, Joel. *Radical Evolution: The Promise and Peril of Enhancing Our Minds, Our Bodies-and What It Means to Be Human*. New York: Random House, 2005.

Gazzaniga, Michael S. *Human: The Science Behind What Makes Us Unique.* New York: HarperCollins, 2008.

Gilbert, Daniel. *Stumbling on Happiness.* New York: Alfred A. Knopf, 2006.

Gladwell, Malcolm. *Outliers: The Story of Success.* New York: Back Bay Books, 2008.

Gould, Stephen Jay. *The Mismeasure of Man.* New York: W. W. Norton, 1996.

Horstman, Judith. *The Scientifi c American Brave New Brain.* San Francisco: John Wiley and Sons, 2010.

Kaku, Michio. *Physics of the Future.* New York: Doubleday, 2009.

Kurzweil, Ray. *How to Create a Mind: The Secret of Human Thought Revealed.* New York: Viking Books, 2012.

Kushner, David. *"The Man Who Builds Brains."* Discover Magazine Presents the Brain. Waukesha, WI: Kalmbach Publishing Co., Fall 2001.

Moravec, Hans. *Mind Children: The Future of Robot and Human Intelligence.* Cambridge, MA: Harvard University Press, 1988.

Moss, Frank. *The Sorcerers and Their Apprentices: How the Digital Magicians of the MIT Media Lab Are Creating the Innovative Technologies That Will Transform Our Lives.* New York: Crown Business, 2011.

Nelson, Kevin. *The Spiritual Doorway in the Brain.* New York: Dutton, 2011.

Nicolelis, Miguel. *Beyond Boundaries: The New Neuroscience of Connecting Brains with Machines—and How It Will Change Our Lives.* New York: Henry Holt and Co., 2011.

Pinker, Steven. *How the Mind Works*. New York: W. W. Norton, 2009.

____. *The Stuff of Thought: Language as a Window into Human Nature.* New York: Viking, 2007.

___. "The Riddle of Knowing You're Here." *In Your Brain: A User's Guide*. New York: Time Inc. Specials, 2011.

Piore, Adam. "The Thought Helmet: The U.S. Army Wants to Train Soldiers to Communicate Just by Thinking." *The Brain, Discover Magazine Special*, Spring 2012.

Purves, Dale, et al., eds. *Neuroscience*. Sunderland, MA: Sinauer Associates, 2001.

Ramachandran, V. S. *The Tell-Tale Brain: A Neuroscientist's Quest for What Makes Us Human*. New York: W. W. Norton, 2011.

Rose, Steven. *The Future of the Brain: The Promise and Perils of Tomorrow's Neuroscience*. Oxford, UK: Oxford University Press, 2005.

Sagan, Carl. *The Dragons of Eden: Speculations on the Evolution of Human Intelligence*. New York: Ballantine Books, 1977.

Sweeney, Michael S. *Brain: The Complete Mind: How It Develops, How It Works, and How to Keep It Sharp*. Washington, D.C.: National Geographic, 2009.

Tammet, Daniel. *Born on a Blue Day: Inside the Extraordinary Mind of an Autistic Savant*. New York: Free Press, 2006.

Wade, Nicholas, ed. *The Science Times Book of the Brain*. New York: New York Times Books, 1998.

ILLUSTRATION CREDITS

Page 35: Jeffrey L. Ward
Page 37: Jeffrey L. Ward
Page 39: Jeffrey L. Ward
Page 42: Jeffrey L. Ward
Page 48(top): AP Photo / David Duprey
Page 48(bottom): Tom Barrick, Chris Clark / Science Source
Page 52: Jeffrey L. Ward
Page 90: Jeffrey L. Ward
Page 92: Jeffrey L. Ward
Page 95: Jeffrey L. Ward
Page 150: The Laboratory of Dr. Miguel Nicolelis, Duke University
Page 173: Jeffrey L. Ward
Page 357(top): MIT Media Lab, Personal Robots Group
Page 357(bottom): MIT Media Lab, Personal Robots Group, Mikey Siegel

찾아보기

2001: 스페이스 오디세이(2001: A Space Odyssey)[영화] 338, 383, 461, 493
2차 산업혁명 441
AIBO 387
ASPM 246, 247, 249, 250
ATR전산신경과학연구소 278
BBC 293, 431, 521, 536
CIA에 의한 마인드컨트롤 실험 288~293
CREB 억제제 190, 191
CREB 활성제 190, 191
CT 스캐너 43
CYC 프로그램 343
DARPA(Defense Advanced Research Projects Agency, 미국방위고등연구계획국) 120~123, 137, 339
DNA 94, 129, 242, 243, 330, 350, 377, 427, 429, 440, 442, 463, 475, 488, 507, 509, 531, 549
EEG 헬멧 140, 144, 156, 161
FOX2 영역 245, 246
FOX2 유전자 245, 249, 250
GPS(Global Positioning System, 위성항법장치) 121, 514
IBM 106, 334, 339, 398, 403, 404, 411, 521
IQ 84, 89, 216, 217, 219, 220, 222, 261
LSD 290, 291, 298
M13 구상성단 465
MEMS(미세전자기계시스템, micro-electrical-mechanical systems) 158, 159, 326, 393, 493
METI 프로젝트(Messaging to Extra-Terrestrial Intelligence) 465
MIT 미디어연구소 355~357
MIT 인공지능연구소 345, 387
MIT(메사추세츠공과대학) 62, 176, 177, 188, 301, 339, 345, 359, 424
MK-ULTRA 프로젝트 289~291, 295
NASA 25, 120, 148, 153, 463, 464, 493
NMDA 314
NR2B 유전자 188~190
PCP(향정신성 의약품) 240, 314
PET(positron emission tomography, 양전자방출단층촬영) 17~19, 50, 51, 57
PGO파(pontine-geniculate-occipital waves) 276, 277
RIM-941[유전자] 248
SAT(미국의 대학수능시험) 218
SETI(Search for Extraterrestrial Intelligence) 464~468, 470, 485, 489
SUNY 다운스테이트메디컬센터(SUNY Do-

wnstate Medical Center) 198
UFO 122, 195, 468
X선 32, 43, 65, 153, 458

ㄱ

가상현실 139, 143, 433, 487
가속변형 제1영역(HAR1) 244, 245, 247, 249, 250
가속변형 제2영역(HAR2) 249
가시고기 83
가지돌기(수상돌기, dendrite) 41, 42
각회(角回, angular gyrus) 211
간질병 34, 67, 112, 114, 308, 332
갈릴레오 갈릴레이(Galileo Galilei) 505
감각운동피질(sensorimotor cortex) 281
감각정보 37, 79, 90, 91, 125, 146, 172, 173, 328, 374
감각질(qualia) 374, 375, 376
감각차단 탱크 419
감정 16, 20, 26, 38, 40, 41, 43, 61, 62, 68, 69, 78, 79, 82, 84, 85, 91, 92, 93, 116, 126, 144, 145, 146, 148, 172, 181, 182, 190, 198, 219, 257, 275, 278, 287, 297, 301, 304, 308, 309, 310, 316, 318, 320, 346, 348, 352, 354, 355, 356, 358~366, 369, 387, 388, 405, 409, 413, 416, 432, 460, 476, 508, 550, 551
감정의 종류 362
감정이입 351, 363, 528
강박장애(OCD) 317, 318, 319, 323, 324, 326, 332
강한 핵력 57
개미 459, 470, 471, 479, 551
거문고자리(Lyra) 463
거울뉴런(mirror neuron) 93, 94, 353
거울테스트 97, 378
거짓말탐지기 46, 47, 129
게르빈 샬크(Gerwin Schalk) 117
게리 루빈(Gerry Rubin) 406, 407
게리 카스파로프(Garry Kasparov) 339
겨울잠(동면) 82, 482
결정론(determinism) 529, 531~533
경두개자기자극술(transcranial magnetic stimulation, TMS) 234, 235, 238, 309
경두개전자기스캐너(transcranial electro-magnetic scanner, TES) 51~53, 226, 254, 258, 331
고트프리트 라이프니츠(Gottfried Leibniz) 73
공간지각(력) 274, 311
공상과학(SF) 12, 54, 120, 141, 151, 153, 161, 165, 170, 175, 200, 223, 242, 262, 442, 444, 452, 456, 458, 460, 482, 486, 506
과실파리 55, 190, 191, 193, 237, 300, 301, 406, 407
과잉기억증후군(hyperthymestic syndrome) 232, 233
광유전학(optogenetics) 51, 54, 55, 176, 299, 300, 301, 302
광자 453
구거테크놀로지스(Guger Technologies) 114
구성주의(constructivism) 374, 376
구스타프 프리치(Gustav Fritsch) 34
근적외선분광기(near-infrared spectroscopy, NIRS) 51, 281
글루탐산(glutamate) 314
글루탐산수용체(glutamate receptor) 314
금지된 행성(Forbidden Planet)[영화] 12, 165, 166
급속안구운동(rapid eye movement, REM) 273, 275, 277, 280, 281, 294
기계 팔(인공팔) 138, 139, 141, 142
기능성 MRI(functional MRI, fMRI) 44, 45, 48

기억 지우기 195, 198, 200, 290
기억상실증 183, 190, 191, 194, 195
기억의 저장 262
기저핵(基底核, basal ganglia) 38, 179, 318
꿈 263
꿈의 기원 269
꿈의 다섯 가지 특성 275
꿈의 해석(The Interpretation of Dreams)[도서] 269
끈 이론 506, 546

ㄴ

나노기술 126, 326, 396, 435, 440, 495, 498, 521
나노봇(nanobot) 439, 440, 441~443, 496, 501
나노탐침 126, 146, 159, 326, 493
나비효과 532
나오(Nao)[로봇] 358, 359, 360
나트륨 18, 50
내측 전전두피질(medial prefrontal cortex) 98
네안데르탈인 246, 411
네이선 로젠(Nathan Rosen) 455
넥시(Nexi)[로봇] 355, 356, 357
노라 볼코우(Nora Volkow) 299
노르아드레날린(noradrenaline) 41, 298
노먼 게슈빈트(Norman Geschwind) 308
노화 439, 440
높은 성의 사나이(The Man in the High Tower)[소설] 524
뇌 맵핑마인드(Mapping the Mind)[도서] 62
뇌(두뇌) 손상 33, 238, 289, 299, 328, 331
뇌(두뇌)의 역설계 21, 331, 392~415, 425, 437
뇌(두뇌)의 진화 21, 38~41, 61, 64, 80, 81, 85, 86, 93, 101, 215, 241~255, 323
뇌: 완전한 정신(Brain: The Complete Mind)[도서] 219, 315
뇌-기계 인터페이스(brain-machine interface, BMI) 25, 113, 122, 139, 141, 278
뇌-기계-뇌 인터페이스(brain-machine-brain interface, BMBI) 141, 142, 143
뇌도(腦島, insula) 299, 310
뇌량(腦梁, corpus callosum) 39, 67, 68, 70, 231
뇌량밑 대상영역(subcallosal cingulate region) 325
뇌세포의 노화 439~440
뇌수술 34, 36
뇌심부자극술(deep brain stimulation, DBS) 17, 53, 54, 236, 301, 324, 325, 326, 327, 328, 329, 331, 332, 413
뇌자도측정기(magnetoencephalography, MEG) 51, 52, 117, 118, 331
뇌전도(electroencephalogram, EEG) 17, 47, 49~51, 107, 108, 112, 114, 115, 118, 119, 134, 139, 140, 144, 146, 156, 157, 160, 161, 174, 272, 281, 294, 331, 529
뇌졸중 53, 106, 113, 132, 136, 139, 174, 177, 299, 301, 332
뇌종양 53, 332
뇌파 모바일 헤드셋(Mindwave Mobile headset) 140
뇌회결손(腦回缺損, lissencephaly) 245
뉴런(neuron) 15, 21, 22, 24, 26, 41, 42, 45, 46, 48, 54, 55, 57~60, 93, 94, 136, 137, 151, 159, 175~177, 180, 181, 190, 214, 215, 226, 235, 238, 247, 254, 257, 258, 300~302, 315, 326, 328, 330~332, 344, 391, 393~398, 402~409, 411~413, 415, 423, 424, 430, 435, 437, 438, 498, 500, 508, 534, 535, 549
뉴런의 구조 42
뉴런의 길이 257

뉴런의 밀도 257
뉴런의 칼슘통로 제어기능 330
뉴로스카이시(NeuroSky) 139, 140
뉴욕 타임스[신문] 55, 382
니코(Nico)[로봇] 378, 379
니콜라우스 코페르니쿠스(Nicolaus Copernicus) 388
닐리 라비(Nilli Lavie) 230
닐스 보어(Niels Bohr) 376, 516~518

ㄷ

다멘드라 모드하(Dharmendra Modha) 398, 400
다시 걷기 프로젝트(Walk Again Project) 149, 150
다중우주(평행우주) 506, 523, 524~527
닥터스트레인지러브증후군(Dr. Strangelove syndrome) 68
단기기억(력) 172, 181, 186, 188, 191, 195
달정찰궤도탐사선(Lunar Reconnaissance Orbiter, LRO) 492
대뇌변연계(limbic system) 39, 40, 53, 79, 82, 85, 92, 126, 199, 297, 301, 314, 316, 352, 405
대뇌피질(cerebral cortex) 35, 40, 245, 325, 475
대니얼 길버트(Daniel Gilbert) 81, 254
대니얼 데닛(Daniel Dennett) 376
대니얼 레비틴(Daniel Levitin) 216
대니얼 태멧(Daniel Tammet) 228
대니얼 힐(Daniel Hill) 392
대럴드 트레퍼트(Darold Treffert) 227
대상피질(cingulate cortex) 273, 316~318, 323, 324
댄 워트하이머(Dan Wertheimer) 466, 469
더글라스 폭스(Douglas Fox) 258
더글러스 애덤스(Douglas Adams) 506
더글러스 호프스태터(Douglas Hofstadter) 384
데이비드 이글먼(David Eagleman) 70, 71, 83, 307, 474, 508, 511
데이비드 차머스(David Chalmers) 73, 374
데이비드 프리맥(David Premack) 93
데이비드 마구스(David Magus) 198
데이비드 비엘로(David Biello) 309, 311
데이비드 포펠(David Poeppel) 117
데카르트 14
데헹 왕(Deheng Wang) 189
도널드 헵(Donald Hebb) 215
도약운동(saccade) 65
도파민 41, 237, 296~298, 314
돌고래의 뇌 477
돌고래의 언어 478
동굴인간원리(Caveman Principle) 432~434
동물의 뇌(두뇌) 20, 270, 303, 397
동물의 의식 25, 79, 80, 83, 472, 473~481
동물의 자아인식 97
동물의 행동 55, 182
두뇌 박물관에서 보내온 엽서(Postcards from the Brain Museum)[도서] 210
두뇌를 위한 줄기세포 239~240
두뇌스캔 기술 56, 57, 129, 272, 312, 514
두뇌스캔 데이터 175, 182, 219, 231~233, 280, 294, 311, 311~313, 318, 320, 408
두뇌스캔 장치(장비) 57
두뇌의 질량 15
두려움(공포) 40, 61, 91, 275, 352, 353, 363
두정엽(parietal lobe) 37, 46, 91, 111, 172, 219, 311, 321, 352, 404, 405, 419, 420, 421, 477
드레이크 방정식 469
드와이트 아이젠하워(Dwight Eisenhower) 120
디스커버리채널 293, 537
딥블루(Deep Blue) 339

딥워터 호라이즌(Deepwater Horizon) 원유유출사고 158

ㄹ

라디오 22, 24, 148, 177, 228, 311, 465, 485, 500, 514, 525, 536
라디오파 18, 43~45, 49, 52, 107, 119, 124, 126, 155, 156, 526
라마찬드란(V. S. Ramachandran) 17, 70, 94, 308, 413
라이어 라이어(Lair Lair)[영화] 367
라제시 라오(Rajesh Rao) 156
런던 택시기사 214
레오나르도 다빈치(Leonardo da Vinci) 59
레오나르도 포가시(Leonardo Fogassi) 93
레이 브래드버리(Ray Bradbury) 486
레이 커즈와일(Ray Kurzweil) 423~428, 443, 499
레이저빔 446, 447, 450, 451, 453, 454, 457, 458, 525
레인맨(Rain Man)[영화] 227
로널드 레이건(Ronald Reagan) 364
로드니 브룩스(Rodney Brooks) 345, 387~389
로렌스 리버모어 국립연구소(Lawrence Livermore National Laboratory) 398, 399
로마인 489
로버트 란자(Robert Lanza) 427
로버트 맥컬리(Robert McCarley) 275
로버트 와그너(Robert Wagner) 492
로버트 제이 리프턴(Robert Jay Lifton) 292
로보닥(robo-doc)[로봇] 335
로봇(Robot)[도서] 384
로봇공학 389, 396, 497, 498, 499
로봇의 감정 354, 362, 365, 369
로봇의 권리 369
로봇의 목적 381, 383
로봇의 사고능력 374, 375
로봇의 의식 263, 346~349
로봇의 지능 389
로봇자동차 339
로섬의 만능로봇(Rossum's Universal Robots, R. U. R.)[희곡] 381
로슈 한계(Roche limit) 457
로이 커(Roy Kerr) 455, 456
로잔연방공과대학 157, 400
로저 스페리(Roger W. Sperry) 67, 68
로저 펜로즈(Roger Penrose) 533, 534
로저 피트만(Roger Pitman) 198
롤라 카냐메로(Lola Cañamero) 359
루게릭병(ALS) 113, 134, 136
루이 드 브로이(Louis de Broglie) 517
루이스 브라운(Louise Brown) 205
루이스 터먼(Lewis Terman) 216, 217
리 밀러(Lee Miller) 136, 137
리보솜(ribosome) 442, 443
리처드 도킨스(Richard Dawkins) 311
리처드 스몰리(Richard Smalley) 441~443
리처드 에른스트(Richard Ernst) 19
리처드 파인만(Richard Feynman) 419
리처드 헬름스(Richard Helms) 290
리타 카터(Rita Carter) 62, 69
리튬(Li) 319

ㅁ

마녀재판 418
마리오 뷰리가드(Mario Beauregard) 310, 311
마법사 더닝거(The Amazing Dunninger)[TV 프로그램] 12
마비 환자 19, 129, 134~138, 150, 151, 157, 159, 301, 500
마빈 민스키(Marvin Minsky) 62, 285, 338, 340, 424
마사히로 모리(Masahiro Mori) 351
마시멜로 실험 217, 221

마음 바꾸기 약 295
마음 읽기 112, 113
마음 조종하기: 정신적으로 문명화된 세상을 향하여(Physical Control of the Mind: Toward a Psychocivilized Society)[도서] 287
마음(정신) 12, 14, 20, 23, 25, 26, 41, 59, 62, 72, 74, 92, 93, 99, 105, 107, 108, 112, 114, 118, 123, 124, 125, 131, 132, 143, 144, 154, 160, 161, 167, 168, 171, 200, 244, 278, 279, 285, 286, 287, 291, 292, 295, 298, 304, 316, 319, 340, 348, 367, 378, 383, 391, 415, 417~420, 434, 437, 438, 444, 459, 460, 473, 475, 478, 488, 500, 504, 508, 509, 511, 515, 519, 529
마음의 인터넷(internet of the mind) 20, 143
마음이론(Theory of Mind) 93, 348, 377
마이너리티 리포트(Minority Report)[영화] 355
마이크로소프트사(Microsoft) 350, 397, 426, 467
마이크로파 펄스 291
마이클 가자니가(Michael Gazzaniga) 69, 81, 99, 100, 503
마이클 골드블랫(Michael Goldblatt) 121~123
마이클 스위니(Michael Sweeney) 219, 220, 234, 315, 320, 529
마이클 치쉬(Michael Czisch) 281
마이클 패러데이(Michael Faraday) 125
마이클 퍼싱어(Michael Persinger) 309
마인드컨트롤 139, 288~293, 299, 302~304
마인드플렉스(Mindflex) 139
마지막 질문(The Last Question)[소설] 444
마키아벨리의 지능이론 252
마틴 루터(Martin Luther) 530
마틴 리스 경(Sir Martin Rees) 444
막스플랑크연구소 17, 281
만물이론(theory of everything) 212
만족지연 217~219
말콤 글래드웰(Malcom Gladwell) 216
망막 65, 180, 283, 300, 390, 394, 409
망상(妄想) 311, 313, 317~319, 320
망원경 16, 17, 24, 452, 458, 463, 505, 506
매끈한 뇌(smooth brain) 245
매사추세츠종합병원 329, 330, 408
매트리오슈카 두뇌(Matrioshka brain) 486
매트릭스(The Matrix)[영화] 20, 169, 487
맨 인 블랙(Men in Black)[영화] 195, 196
맨츄리안 캔디데이트(Manchurian Candidate)[영화] 288, 289
멋진 신세계(Brave New World)[소설] 289
메렐 킨트(Merel Kindt) 196, 197
메멘토(Memento)[영화] 195
메모리[컴퓨터] 172, 334, 341, 387, 398, 432
메이요 클리닉(Mayo Clinic) 114
메탐페타민 297
명상(冥想) 97, 276, 523
모나리자[명화] 110
모피어스[로봇] 156, 157
몽유병 282
몽크(Monk)[TV 드라마] 317
무어의 법칙(Moore's law) 25, 337, 349, 350, 425
무중력 상태 154
무통증(無痛症, congenital analgesia) 368, 369
문화전쟁 372
물리학 14, 17, 19, 22, 42, 43, 50, 57, 75, 129, 209, 212, 213, 223, 256, 257, 260, 292, 373, 380, 406, 426, 441, 443, 445, 446, 449, 457, 515~518, 520, 526, 533
미겔 니코렐리스(Miguel Nicolelis) 141, 142~144, 147~151, 157, 204
미국 공군 220, 422

미국국립과학재단 121
미국국립보건원(National Institutes of Health) 408
미국국립의료박물관 208
미국대법원 295
미국백악관생명윤리자문위원회 197
미래 시뮬레이션 89, 94~96, 221
미래는 우리를 필요로 하지 않는다(The Future Does Not Need Us)[기사] 495
미래의 물리학(Physics of the Future)[도서] 14, 547
미상핵(caudate nucleus/nuclei) 233, 239, 286, 310, 318, 319, 324
미셸 드 몽테뉴(Michel de Montaigne) 269, 473, 476
미스터 Z(Mr. Z) 224, 225
미적분학 75, 201
미트 페어런츠 2(Meet the Fockers)[영화] 295
미하일 고르바초프(Mikhail Gorbachev) 155

ㅂ

바디캡슐(Fantastic Voyage)[영화] 158
바이러스 187, 192, 241, 242, 300, 440, 493, 499
박쥐(의 인지) 474, 476
반 보그트(A. E. van Vogt) 12
반물질 18
반텡(banteng) 427
방추상회(fusiform gyrus) 413
배외측 전전두피질(dorsolateral prefrontal cortex) 81, 95, 96, 182, 274, 280, 322
배측선조체(ventral striatum) 218
뱃멀미 420
버나드 윌리엄스(Bernard Williams) 206
버락 오바마(Barack Obama) 21, 25, 238, 392, 393, 405
번식 39, 40, 251, 382, 478, 479, 492
벌 390, 478~481
베르너 하이젠베르크(Werner Heisenberg) 349, 516, 518
베르니케 영역(Wernicke's area) 113, 315
베른하르트 블뤼미히(Bernhard Blümich) 118, 119
벤저민 러시(Benjamin Rush) 227
벤저민 리벳(Benjamin Libet) 529
벤저민 프랭클린(Benjamin Franklin) 125
벤젠 269
복내측피질(ventromedial cortex) 321,
복사에너지 153, 154
복제인간 213, 427, 429, 430, 440
복측피개영역(ventral tegmental area, VTA) 297, 298
본 아이덴티티(Bourne Identity)[영화] 194, 195
볼테르(Voltaire) 342
부검 33, 209, 328
분노 363~365
불가능은 없다(Physics of the Impossible) [도서] 14, 547
뷰티풀 마인드(A Beautiful Mind)[영화] 313
브라이언 버렐(Brian Burrell) 209
브라이언 파슬리(Brian Pasley) 112, 113
브레인게이트(Braingate) 132, 134
브레인넷(brain-net) 20, 143, 144~148, 202
브레인맨, 천국을 만나다(Born on a Blue Day)[자서전] 228
브레인스톰(Brainstorm)[영화] 199, 200
브로드만 영역 25(Brodmann's area number 25) 54, 325, 326, 413
브로카 실어증(Broca's aphasia) 33
브루스 밀러(Bruce Miller) 232
블랙홀 454~459, 509, 519, 546

블루 두뇌 프로젝트(Blue Brain Project) 403
블루진(Blue Gene) 398~400
블루진/Q 세쿼이아(Blue Gene/Q Sequoia) 399
비글호 항해기(The Voyage of the Beagle) [도서] 351
비전(Visions)[도서] 14
비토리오 갈레세(Vittorio Gallese) 93
비호감 계곡(uncanny valley) 351~354
빅뱅이론[TV 드라마] 229
빌 게이츠(Bill Gates) 426
빌 워터슨(Bill Watterson) 460
빌 조이(Bill Joy) 495~500, 503
빛 43, 54, 55, 65, 71, 78, 145, 176, 209, 212, 213, 299, 302, 421, 422, 426, 445, 446, 449, 450, 452~455, 458, 506, 527
빛의 속도 426, 453
뻐꾸기 둥지 위로 날아간 새(One Flew Over the Cuckoo's Nest)[소설, 영화] 287

ㅅ

사라 스제판스키(Sara Szczepanski) 112
사랑의 블랙홀(Groundhog day)[영화] 171
사이먼 러플린(Simon Laughlin) 257
사이먼 배런-코헨(Simon Baron-Cohen) 530
사이언티픽 아메리칸(Scientific American) [잡지] 257, 309
사이클롭스(Cyclops) 464, 465
사지마비 환자 20, 132, 136,
사진 같은 기억력 231, 236, 238, 261
상대성이론 223, 260, 520, 533
상업용 로봇 385
샌디에이고 박물관 427
샘 데드와일러(Sam Deadwyler) 184
생물공학 496
생물정보학 244
서로게이트(surrogate) 20, 151, 152, 154, 155, 158, 164, 165, 436, 437, 439, 445, 448~450, 453, 491, 493
서로게이트(surrogate)[영화] 151, 153, 417
서번트(savant) 224~239, 261
선충의 뉴런 397
성 토마스 아퀴나스(St. Thomas Aquinas) 473
성경 268, 312,
성녀 조안(Saint Joan)[희곡] 307
세로토닌 41, 296, 298
세바스천 승(Sebastian Seung, 한국명 승현준) 408, 409, 430, 431, 451
세스 쇼스탁(Seth Shostak) 467, 470, 489
세일럼 빌리지(salem village) 418
센타우리(Centauri) 451
셀마 헤이엑(Salma Hayek) 110
소뇌(cerebellum) 38, 39, 179, 185, 231
소니사(Sony Corporation) 387
소두증(小頭症, microcephaly) 246
소련 120, 121, 155, 284, 288~291
소크라테스 497, 512
손자병법 490
수면마비 273
수면주기 271
수학 49, 210, 211, 219, 223, 228, 260, 261, 313, 337, 361, 376, 533
슈뢰딩거의 고양이 514
스마트 트럭(smart truck) 339
스크립스연구소(Scripps Research Institute) 237
스키너(B. F. Skinner) 375
스타니슬라스 드핸느(Stanislas Dehaene) 111
스타워즈(Star Wars)[영화] 161
스타트렉(Star Trek)[영화, TV 드라마] 119, 127, 142, 143, 354, 416
스티브 로즈(Steve Rose) 292

스티븐 라베지(Stephen LaBerge) 280
스티븐 와인버그(Steven Weinberg) 525
스티븐 제이 굴드(Stephen Jay Gould) 509, 532, 540
스티븐 코슬린(Stephen Kosslyn) 172
스티븐 킹(Stephen King) 165
스티븐 핀커(Steven Pinker) 62, 73, 105, 340, 511
스티븐 호킹(Stephen Hawking) 134, 461, 462
스페인 독감 499
스푸트니크(Sputnik)[인공위성] 120
슬라이더(Sliders)[TV 드라마] 526
시각피질(visual cortex) 109, 110, 180, 181, 186, 272, 276, 352, 353
시냅스(synapse) 41, 268, 296
시상(thalamus) 39, 40, 79, 89, 90, 126, 173, 328
시상하부(hypothalamus) 39, 40, 96
시신경 64, 180, 390
시어도어 버거(Theodore Berger) 175
시차(視差, parallax) 66
시험관아기 127, 205, 289
신 유전자 309
신경과학 15, 17, 21~24, 26, 27, 34, 42, 43, 54, 67, 101, 171, 256, 269, 275, 278, 292, 306, 396, 434, 435, 499, 500, 504, 508, 545
신경망 54~56, 238, 239, 271, 272, 304, 344, 345, 359, 394, 397, 401, 402, 405, 409, 410, 437
신경보철학(neuroprosthetics) 134
신경전달경로 498
신경전달물질 41, 42, 237, 238, 268, 296, 297, 298, 314, 319, 331, 332, 504
신시아 브리질(Cynthia Breazeal) 355, 356, 359
신의 헬멧(God Helmet) 309, 310, 311
신인동형설 474
신지 니시모토(Shinji Nishimoto) 109, 278
신진대사 257, 482
신토(神道, shinto) 386
신피질 컬럼(neocortical column) 403
신피질(neocortex) 36, 37, 39, 41, 175, 184, 394, 403, 476, 477
실리콘밸리 229, 349, 350

ㅇ

아드레날린 197
아드레날린성 제제(adrenergics) 276
아레시보 전파망원경 465, 466, 472
아르투르 쇼펜하우어(Arthur Schopenhauer) 208
아리스토텔레스 14
아밀로이드반(amyloid plague) 332
아바타(서로게이트 참조) 140, 149, 151~153, 417, 491, 492, 493
아바타[영화] 152, 153, 449
아서 클라크(Arthur C. Clark) 460
아스텍(Aztecs) 462
아스퍼거증후군(Asperger's syndrome) 228~230
아시모(ASIMO)[로봇] 156, 342
아우구스트 케쿨레(August Kekulé) 269
아웃라이어(Outliers)[도서] 216
아이로봇(I, Robot)[영화] 383
아이로봇(iRobot) 345, 387
아이작 뉴턴(Isaac Newton) 75, 76, 124, 212, 228, 455, 519, 520, 527, 529
아이작 아시모프(Isaac Asimov) 12, 148, 434, 444, 445, 454, 458
아인슈타인- 로젠 다리 455
아인슈타인을 넘어서(Beyond Einstein)[도서] 14
아인슈타인의 우주(Einstein's Cosmos)[도서] 23, 211

악타 아스트로노티카(Acta Astronautica)[과학저널] 492
안드레 펜슨(Andre Fenson) 199
안면운동피질(facial motor cortex) 113
안와전두피질(orbitofrontal cortex) 47, 95, 96, 231, 234, 274, 276, 318, 324, 353
안토니오 다마시오(Antonio Damasio) 174, 360, 361
안토니오 모니스(António Moniz) 287
알리 레자이(Ali Rezai) 328
알마덴연구소 521
알바로 페르난데즈(Alvaro Fernandez) 140
알버트 아인슈타인(Albert Einstein) 22, 76, 167, 207, 208, 209, 210~213, 454~456, 497, 517, 519~521
알츠하이머병 23, 25, 45, 186, 187, 193, 194, 206, 240, 241, 297, 332, 393, 401, 410
알치노 실바(Alcino Silva) 191
알코올 299
알프레드 노스 화이트헤드(Alfred North Whitehead) 132
알프레드 비네(Alfred Binet) 216
암페타민 297, 314
앤더스 에릭손(Anders Ericsson) 215
앨런 망원경 467
앨런 배열 망원경 468
앨런 스나이더(Allan Snyder) 234
앨런 존스(Allen Jones) 410
앨런 튜링(Alan Turing) 334
앨런 홉슨(Allan Hobson) 274~277, 280
앨저넌에게 꽃을(Flowers of Algernon)[소설] 222
야콥 브로노프스키(Jacob Bronowski) 416
약물치료 54, 222, 325
약한 핵력 57
양자물리학(양자이론, 양자역학) 26, 158, 223, 260, 349, 350, 376, 442, 450, 452, 454, 514~517, 519~525, 528, 531, 533, 535, 546
언어중추 69, 100
언캐니(The Uncanny)[도서] 351
에너지 15, 45, 50, 64, 65, 109, 130, 213, 256~258, 261, 298, 369, 400, 416, 443~446, 452~454, 456, 458, 479, 487, 490
에덴의 용(The Dragons of Eden)[도서] 15
에드가 가르시아-릴(Edgar Garcia-Rill) 276
에드워드 램버트(Edward Lambert) 422, 423
에드워드 보이든(Edward Boyden) 301
에드워드 퍼셀(Edward Purcell) 18, 19
에드윈 허블(Edwin Hubble) 505
에르난 코르테스(Hernán Cortés) 462
에르빈 슈뢰딩거(Erwin Schrödinger) 514~517
에릭 드렉슬러(Eric Drexler) 441~443
에릭 캔들(Eric R. Kandel) 17
에밀리 디킨슨(Emily Dickinson) 208
에블린 아인슈타인(Evelyn Einstein) 210
에칭(etching) 158
엑소시스트(The Exorcist)[영화] 353
엑스맨: 최후의 전쟁(X-Man: The Last Stand)[영화] 160
엔도르핀 421
엘리너 루스벨트(Eleanor Roosevelt) 267
엘리노어 맥과이어(Eleanor Maguire) 215
엘리자베스 피터스(Elizabeth Peters) 416
역설계 두뇌 414, 415, 432, 436, 437, 533, 534
염력(telekinesis) 131, 132~168
영(R. L. Young) 234,
영생 417, 429, 431, 432, 436, 437, 439, 440
오르트구름(Oort cloud) 451
오마 브래들리(Omar Bradley) 495
오바마 뇌 프로젝트(Brain Research

Through Advancing Innovative Neurotechnologies, BRAIN) 25, 238, 392, 393, 397, 406, 408
오스트랄로피테쿠스 246
오즈마 프로젝트(Project Ozma) 464
오토 뢰비(Otto Loewi) 268
올더스 헉슬리(Aldous Huxley) 289
올라프 블랑케(Olaf Blanke) 419, 420
올란도 세렐(Orlando Serrell) 225
옵신(opsin) 300
와이어드(Wired) [잡지] 426, 495, 498
와일더 펜필드(Wilder Penfield) 34, 35
완전한 고립(Total Isolation) [TV 프로그램] 431
왓슨(Watson)[컴퓨터] 334~336, 377
외계인의 의식 459, 460~494
외골격 20, 149~152, 390, 435~437
외상후 스트레스장애(post-traumatic stress disorder, PTSD) 196, 197, 199, 225
외치(Ötzi) [냉동인간] 118, 119
요나스 프리센(Jonas Frisén) 240
요셉(Joseph) 268
우뇌 32, 34, 66~70, 98~101, 221, 231, 232, 234, 236, 271, 320, 323
우디 앨런(Woody Allen) 417, 418
우울증 25, 54, 55, 199, 321, 325, 326, 330, 332, 413
우주여행 20, 22, 31, 60, 121, 126, 153, 447, 485
우주적 의식 521~523
우주전쟁(The War of the Worlds)[소설] 460
운동피질(motor cortex) 35, 113, 133, 142, 143, 179, 281 352, 353
울리히 크라프트(Ulrich Kraft) 221
원숭이 40, 55, 81, 93, 135, 136, 141, 142, 149, 151, 183, 184, 241, 242, 244, 248~250, 254, 286, 348, 353, 367
원숭이의 지능 242, 249
원자 349, 439, 440~442, 446, 452, 453, 457, 458, 498, 507, 508, 514, 520, 521, 523, 526, 531
원자폭탄 212, 470, 497, 522
월드와이드웹(World Wide Web) 486
월터 리프만(Walter Lippman) 520
월터 미셸(Walter Mischel) 217, 218
웜홀(wormhole) 444, 454~458
웨이크포레스트대학교 침례의료센터(Wake Forest Baptist Medical Center) 183
윈스턴 처칠(Winston Churchill) 495
윌리엄 셰익스피어(William Shakespear) 165, 305
유니버시티칼리지런던(University College London) 214
유도(柔道) 490
유럽연합 25, 358, 393, 396, 397, 400, 401, 533
유로파(Europa) 484
유전공학 188, 224, 239, 300, 495, 496, 497
유전병 192, 411, 412
유전자치료법 226, 250, 258, 330, 331, 413, 192
유진 위그너(Eugene Wigner) 521
유체이탈 274, 418~421, 423
유키야수 카미타니(Yukiyasu Kamitani) 278
은하수를 여행하는 히치하이커를 위한 안내서(The Hitchhiker's Guide to the Galaxy)[소설] 506
음에너지 456, 457
의식수준 77~80, 85, 346, 347, 349, 551
의식의 정의 76~80
의식의 CEO 60~63, 81, 83, 84, 95, 96, 101, 322
이원설(dualism) 32
이터널 선샤인(Eternal Sunshine of the

Spotless Mind)[영화] 194
인간 게놈 프로젝트(Human Genome Project) 21, 392, 393, 407, 411
인간 두뇌 프로젝트(Human Brain Project) 25, 393, 394, 400, 401, 403
인간 커넥톰 프로젝트(Human Connectome Project) 408, 409, 430, 431
인간(사람)의 지능 207, 222, 226, 245~247, 252~256, 258, 483
인간의 뇌(The Human Brain)[소설] 148
인공기억 20, 170, 178, 500
인공망막 390, 435
인공소뇌 185~186
인공지능(AI) 332~334, 391
인공해마 175~177, 182, 183, 185, 186
인류원리 505~509
인셉션(Inception)[영화] 269, 282
인터넷 141, 143, 144, 147, 148, 159, 202, 203, 283, 379, 380, 381, 396, 409, 451, 459, 502, 503
인터넷용 콘택트렌즈 143, 283
인텔사(Intel Corporation) 140, 163
인플레이션 우주론 506
임사체험(臨死體驗, near-death experience) 421~423

ㅈ

자기공명 18, 19
자기공명영상(MRI, Magnetic Resonance Imaging) 17, 19, 24, 42~51, 56~58, 89, 108~112, 115, 117~119, 124, 129, 146, 162, 231, 232, 270, 277, 278, 281~283, 294, 297, 299, 310, 315, 322, 327, 331, 352, 393, 437, 514
자기복제 441, 449, 492, 493
자기장 18, 43, 44, 51~53, 57, 118, 124, 144, 162, 235, 239, 259, 309, 500
자동온도조절기(자동온도조절장치) 77
자아의식 336, 346, 348, 377~379, 381~383, 405, 486
자유의지 74, 527~533, 535
자코모 리촐라티(GiacomoRizzolatti) 93
자폐증 224~232, 329, 408, 410
잔다르크(Joan of Arc) 304, 305, 306, 307
장기기억(력) 40, 171, 173, 175, 182, 186, 187, 191, 193, 195, 197, 414, 415, 554
잭 갤런트(Jack Gallant) 108, 109, 110, 112, 124, 278, 279
잰 셔먼(Jan Sherman) 138
저스틴 하트(Justin Hart) 378
저퍼디(Jeopardy)[TV 퀴즈쇼] 334
적외선 안경 390
전두엽 절제술 287, 288
전두엽(frontal lobe) 32, 36, 37, 39, 46, 81, 174, 226, 273, 287, 288, 476
전두측두엽 치매(frontotemporal dementia, FTD) 232
전자(electrons) 516, 525
전자기 복사 107
전자기파의 스펙트럼 65
전자기학(electromagnetism) 19, 24, 26, 51, 118, 167, 207, 222, 485
전전두엽(prefrontal lobe) 46, 219, 234, 287, 295, 314, 323, 324, 352, 360, 509
전전두피질(prefrontal cortex) 36, 37, 61, 63, 82, 84, 85, 89, 90~93, 95, 98, 173, 181, 186, 218, 276, 280, 316, 361
전파망원경 464~468, 472, 492
전화 41, 59, 106, 145, 148, 222, 335, 466, 500
정광훈 56
정신병 101, 288, 304, 312, 313, 315, 329~331, 402, 431, 436
제리 시(Jerry Shih) 114
제리 인(Jerry Yin) 190
제이콥 베리(Jacob Berry) 237

제임스 맥거프(James McGaugh) 182, 197
제임스 클럭 맥스웰(James Clerk Maxwell) 24, 118
제프리 링(Geoffrey Ling) 137, 138, 139
제프리 슈워츠(Jeffrey Schwartz) 318
조던 스몰러(Jordan Smoller) 330
조력(潮力, tidal force) 457, 458, 484
조셉 첸(Joseph Tsien) 188, 189
조엘 개로(Joel Garreau) 123
조엘 데이비스(Joel Davis) 176
조울증(양극성 장애) 319~321, 323, 324, 329~332, 393
조지 버나드 쇼(George Bernard Shaw) 307
조지 버클리(George Berkeley) 474, 519
조지프 캠벨(Joseph Campbell) 344
조지프 콘래드(Joseph Conrad) 73
조현병(schizophrenia, 정신분열증) 23, 245, 329, 393, 414, 418, 431
존 내시(John Nash) 313
존 도너휴(John Donoghue) 133~135
존 로크(John Locke) 474
존 브라운(John Brown) 503
존 페리 발로우(John Perry Barlow) 128
존 폰 노이만(John von Neumann) 375
존 할로(John Harlow) 32
존 F. 케네디(John F. Kennedy) 470
종교개혁 530
종교적 믿음 311
좌뇌 32~34, 66~70, 99~101, 221, 224, 225, 231, 232, 234, 236, 271, 320, 323, 529
좌전측두피질(left anterior temporal cortex) 231, 232
주의력결핍 과잉행동장애ADHD 330
줄기세포 224, 226, 239, 240, 332
줄리오 토노니(Giulio Tononi) 74
중독(유혹) 218, 296~299
중력 57, 76, 78, 124, 154, 212, 343, 419, 445, 448, 455~458, 484, 507
쥐의 해마 176
증기기관 두뇌모형 59
지구 대 비행접시(Earth vs. Flying Saucers) [영화] 460, 489
지그문트 프로이트(Sigmund Freud) 59, 95, 96, 269, 275, 351
지능의 근원 251~254
지능의 진화 240~256, 479
지능측정법 216, 219
지질(脂質, lipid) 55, 56
진실의 약(truth serum) 290, 295
질 프라이스(Jill Price) 233

ㅊ

찰리(Charly)[영화] 222, 224
찰스 다윈(Charles Darwin) 38, 80, 97, 213, 251, 351, 365, 388
채트봇(chat-bot) 335, 367
척수 90, 135, 137, 180, 200, 394, 435
척수손상 135
천재의 유전학적 연구(Genetic Studies of Genius) 216
천체물리학 462
청각피질 117, 477
체감각피질(somatosensory cortex) 142
체르노빌 원전사고 155, 156
초공간(Hyperspace)[도서] 14, 526, 547
초자연적 경험 420
최면(술) 290, 293, 294, 302, 303
축삭돌기(신경돌기) 41, 42, 257, 534
측두두정피질(temporoparietal cortex) 274
측두엽(側頭葉, temporal lobe) 33, 36~38, 53, 126, 172, 211, 231~233, 298, 299, 308, 315, 321, 323, 324, 413, 419~421, 477
측두엽간질 307~309, 312

측위신경핵(nucleus accumbens) 218, 297, 298
치매 23, 177, 186, 332, 412
침팬지의 감정적 행동 359
침팬지의 뇌 249
침팬지의 DNA 243

ㅋ

카렐 차페크(Karel Čapek) 381
카르멜 수녀회 310
카프그라 망상(Capgras delusion) 413
칼 베르니케(Carl Wernicke) 33
칼 세이건(Carl Sagan) 15, 31, 421, 458, 469
칼 짐머(Carl Zimmer) 98
칼 프리드리히 가우스(Carl Friedrich Gauss) 210, 211, 245
캐리(Carrie)[소설, 영화] 165
캐서린 폴라드(Katherine Pollard) 242~245, 248
캐슬린 맥더모트(Kathleen McDermott) 183
캐시 허친슨(Cathy Hutchinson) 132, 133
캘빈 홀(Calvin Hall) 271
컴퓨터 두뇌모형 60, 344
컴퓨터 지능 425
컴퓨터의 연산능력 25, 118, 337
컴퓨터의 지능 425
케빈 켈리(Kevin Kelly) 426
케플러 위성 462, 463
켄 제닝스(Ken Jennings) 336
켄 케지(Ken Kesey) 287
코마(혼수상태, coma) 327~328
코카인 296, 298, 299
코페르니쿠스 원리(Copernican Principle) 504~506, 508, 509
콘스탄티누스 대제 268
콜린 맥긴(Colin McGinn) 73
콜린성 상태(cholinergic state) 276
쿠르트 괴델(Kurt Gödel) 533
큐리오시티(Curiosity)[화성탐사로봇] 346
크리슈나 셰노이(Krishna Shenoy) 301
크리스토퍼 리브(Christopher Reeve) 135
클래러티(Clarity) 56
클로미프라민염산염(clomipramine hydrochloride) 319
클로자핀(clozapine) 314
킴 피크(Kim Peek) 227, 231
킵 손(Kip Thorne) 456

ㅌ

타임(Time)[TV 다큐멘터리] 293
탄소나노튜브 126, 435
탈리도마이드(thalidomide) 205
태양 11, 16, 160, 388, 390, 451, 457, 469, 505, 507
터미네이터(The Terminator)[영화] 340, 379, 382
테렌스 세즈노프스키(Terrence Sejnowski) 360
테리 샤이보(Terri Schiavo) 327, 328
텔레파시 12, 13, 101, 105~131, 145, 164, 167, 262
텔레파시 받아쓰기 115~116
텔레파시 헬멧 116~118, 158
템페스트(The Tempest)[희곡] 165, 166
토드 헤더튼(Todd Heatherton) 98
토머스 램퍼트(Thomas Lampert) 422
토머스 하비(Thomas Harvey) 209, 210
토머스 헉슬리(Thomas Huxley) 11, 509
토바(Toba) 화산 510
토탈리콜(Total Recall)[영화] 170
투렛증후군(Tourette's syndrome) 314
튜링테스트(Turing Test) 415, 535
트랜지스터 59, 158, 262, 344, 349~351, 394, 397, 405, 406, 425, 430, 438, 439, 442, 451, 508, 521, 532~534

트루 라이즈(True Lies)[영화] 295
티머시 툴리(Timothy Tully) 190, 191

ㅍ

파라오의 꿈 268
파레이돌리아[pareidolia, 변상증(變像症)] 317
파운데이션 3부작(Foundation Trilogy)[소설] 12, 434
파울 에렌페스트(Paul Ehrenfest) 23
파이어니어(Pioneer) 10호, 11호[우주탐사선] 480
파충류 38~40, 78, 79, 85, 185, 346, 347, 478, 551
파충류 뇌 38~40, 78, 79
파킨슨병 25, 45, 54, 55, 301, 314, 325, 332, 393, 401, 410
패러데이 상자(Faraday cage) 125, 130
페르미 역설(Fermi paradox) 470
펜토탈 나트륨(sodium pentothal) 295
펜필드 다이어그램(Penfield diagram) 475
펠릭스 블로흐(Felix Bloch) 18
편도체 40, 91, 92, 95, 126, 172, 273, 275, 297, 323, 324, 414, 528
평행우주(Parallel Worlds)[도서] 14, 547
포니 익스프레스(Pony Express) 453
포퓰러 매커닉스(Popular Mechanics)[잡지] 338
폴 데이비스(Paul Davies) 485, 486, 492
폴 두기드(Paul Duguid) 503
폴 디랙(Paul Dirac) 228
폴 맥린(Paul MacLean) 38
폴 아브라함(Paul Abraham) 339
폴 앨런(Paul Allen) 397, 410, 467, 468
폴라 익스프레스(The Polar Express)[영화] 351
프란체스코 세풀베다(Francesco Sepulveda) 185
프랜시스 크릭(Francis Crick) 376
프랭크 드레이크(Frank Drake) 464, 469
프랭크 모스(Frank Moss) 356
프레데터(Predator) 382, 383
프로그램 가능한 물체(programmable matter) 163, 164
프로프라놀롤(propranolol) 196~198
프리먼 다이슨(Freeman Dyson) 461, 507
프리온(prion) 187
플루타르코스(Ploutarchos, 플루타르크) 473
플리니우스(Plinius, 플리니) 473
피니어스 게이지(Phineas Gage) 27, 31~33, 37
피닉스 프로젝트(Phoenix Project) 465
피드백회로 67, 77, 78, 81~85, 317, 319, 322~324, 347, 404, 550
피에르 폴 브로카(Pierre Paul Broca) 33
피질전도(electrocorticogram, ECOG) 112~115, 117, 126, 161
필릭스 그로잉(Feelix Growing) 356
필립 딕(Philip K. Dick) 524
필즈(W.C. Fields) 86, 87

ㅎ

하이젠베르크의 불확정성원리 349, 450, 516, 530, 534
한여름밤의 꿈[희곡] 305
한국전쟁(6·25 전쟁) 130, 289, 292
한스 모라벡(Hans Moravec) 384, 437~439
항정신병 치료제 314
해리 후디니(Harry Houdini) 105, 106
해마(hippocampus) 39, 40, 79, 91, 92, 98, 147, 170~182, 184, 186, 188, 195, 199, 203, 214, 239, 240, 273, 297, 327, 332, 414, 427
해마와 기억의 상관관계 170
해마의 기억세포 증진 327

해마의 신경지도 178
햅틱 테크놀로지(haptic technology, 감각 기술) 142, 143
행동주의 74
행동주의자 375
허거블(Huggable) 355~357
허버트 사이먼(Herbert Simon) 338
허버트 조지 웰스(Herbert George Wells) 460
허블 우주망원경 463, 505
헌팅턴병(Huntington's disease) 412
헨리 구스타프 몰레이슨(Henry Gustav Molaison) 170
헨리 마크람(Henry Markram) 400~403
헬렌 메이버그(Helen Mayberg) 325
현미경 41, 55, 163, 406, 407, 452, 521
혈뇌장벽(blood-brain barrier) 295, 297
형태인식 341, 424
호문쿨루스(homunculus, 뇌난쟁이) 58, 62,
호세 델가도(José Delgado) 286~288, 303
혹성탈출: 반격의 서막(The Rise of the Planet of the Apes)[영화] 241
혹성탈출: 원숭이의 행성(Planet of the Apes)[영화] 241
혼다사(Honda Corporation) 156, 342
혼돈이론(chaos theory) 60, 531, 532
환상지통(phantom limb pain) 326
환상특급(The Twilight Zone)[TV 드라마] 487
환영(幻影) 62, 65~66, 276, 287, 298, 303, 312~317, 420, 423, 431
효소 193, 255, 440, 442
후각신경구 239
후두엽(後頭葉, occipital lobe) 37, 38, 146, 172, 180, 390, 413
후두피질(occipital cortex) 90
후천성 서번트증후군(acquired savant syndrome) 225, 231, 238
후쿠시마(원전사고) 155, 156
휴 에버렛(Hugh Everett) 523
힌두교 522